为读者出好书
　与作者共成长

www.epubit.com

软件调试

（第2版）

卷2：Windows平台调试
（下册）

张银奎 著

人民邮电出版社

北京

◀ 目 录 ▶

第四篇 编译器的调试支持

第五篇 调 试 器

第 26 章 调试器概览 ················ 673

第四篇
编译器的调试支持

在计算机科学尤其是软件的发展历史中，格蕾丝·穆雷·赫柏（Grace Murray Hopper）（1906—1992）是一位做出了重大贡献的杰出女科学家。她的主要成就之一就是发明了编译器——可以将程序语言翻译成机器码的自动编码工具。格蕾丝于1951年到1952年间开发了A-0编译器，A-0编译器被公认为计算机历史上的第一个编译器。

编译器的出现为编程语言的繁荣和软件产业的形成奠定了基础。有了编译器，人们把烦琐的编码工作交给机器来完成，编码时间一下减小到几乎可以忽略的地步，以至于今天我们很少再关心机器码的产生过程，就连编码这个词的主要含义也由本来的编写机器码演变为编写源代码。

编译器的出现，对软件调试也有着极其重要的意义。在1955年题为"数字计算机自动编码"的著名演讲中，格蕾丝在谈到自动编码的优势时，首先讲的是它缩短了调试时间，因为编译器编码比人工编码更加准确，而且可以做很多自动的检查。可见，格蕾丝在设计第一个编译器时便考虑到了检查编程错误和支持软件调试。今天的编译器尽管与50多年前格蕾丝所发明的编译器相比有了很大的变化，但是有一点没有变，那就是支持调试仍然是编译器设计中的一项基本任务，很多调试技术都是建立在编译器的有关支持基础上的。可以把编译器的调试支持概括为以下几个方面。

（1）编译期检查。编译器在编译过程中，除了检查代码中的语法错误，还会检查可能存在的逻辑错误和设计缺欠，并以编译错误或警告的形式报告出来。

（2）运行期检查。为了帮助发现程序在运行阶段所出现的问题，编译器在编译时可以产生并加入检查功能，包括内存检查、栈检查等。

（3）调试符号。今天的大多数软件是使用更易于人类理解的中高级编程语言（如C/C++、Pascal等）编写的，然后由编译器编译为可执行程序交给CPU执行。当调试这样的程序时，我们可以使用源程序中的变量名来观察变量，跟踪或单步执行源程序语句，仿佛CPU就是在直接执行高级语言编写的源程序。我们把这种调试方式称为源代码级调试（source code level debugging）。要支持源代码级调试，调试器必须有足够的信息将CPU使用的二进制地址与源程序中的函数名、变量名和源代码行联系起来，起到这种桥梁作用的便是编译器所产生的调试符号（debugging symbol）。调试符号不仅在源代码级调试中起着不可缺少的作用，在没有源代码的汇编级调试和故障转储文件分析时，也是非常宝贵的资源。有了正确的调试符号，我们便可以看到要调用的函数名称或要访问的变量名（只要调试符号中包含它）。当对冗长晦涩的汇编指令进行长时间跟踪时，这些符号的作用就好像是黑夜中航行时所遇到的一个个灯塔。

（4）内存分配和释放。使用内存的方法和策略关及软件的性能、稳定性、资源占用量等诸多指标，很多软件问题也都与内存使用不当有关。因此，如何降低内存使用的复杂度，减少因为内存使用所导致的问题便很自然地成为编译器设计中的一个重要目标。例如，在编译调试版本时，编译器通常会使用调试版本的内存分配函数，加入自动的错误检查和报告功能。

（5）异常处理。Windows 操作系统和 C++这样的编程语言都提供了异常处理与保护机制。编译包含异常保护机制的代码需要编译器的支持。

（6）映射（MAP）文件。很多时候，我们可以得到程序崩溃或发生错误的内存地址，之后我们很想得到的信息就是这个地址属于哪个模块、哪个源文件甚至哪个函数更好。调试符号包含了这些信息，但是调试符号通常是以二进制的数据库文件形式存储的，适合调试器使用，不适合人工直接查阅。映射文件以文本文件的形式满足了这一需要。

本篇将先介绍编译有关的基本概念和编译期检查（第 20 章），然后介绍运行时库和运行期检查（第 21 章），接着分别介绍栈与堆的原理和有关问题（第 22 章和第 23 章），随后介绍编译器编译异常处理代码的方法（第 24 章），最后将详细讨论调试符号（第 25 章）。

◆ 第 20 章　编译和编译期检查 ◆

除了基本的编译功能,检查并报告被编译软件中的错误是编译器设计中的另一个主要目标。为了实现这一目标,编译器在编译源代码和链接目标程序时会做很多检查工作,这些检查有些是为了实现编译目标所必需的,比如不完整的语句会直接阻碍编译过程;有些是为了发现设计缺欠的,比如数据类型检查。

老雷评点　开头之语出自编译器之发明人格蕾丝 • 穆雷 • 赫柏。

本章的前半部分将介绍编译器的基本常识,包括构建程序的一般过程(20.1 节)、编译器的组成(20.2 节)及 VC 编译器(20.3 节)。后半部分将介绍编译错误(20.4 节)和编译期检查(20.5 节),最后讨论用于增强编译期检查效果的标准标注语言(SAL)(20.6 节)。

『 20.1　程序的构建过程 』

软件是程序及其文档的集合,软件开发的核心任务就是生产出可以满足用户需要的程序。图 20-1 勾勒出了构建并执行一个 C 语言程序的典型过程。最左侧是源程序,它经过编译器(compiler)被编译为等价的汇编语言模块,再经过汇编器(assembler)产生出与目标平台 CPU 一致的机器码模块。尽管机器码模块中包含的指令已经可以被目标 CPU 所执行,但其中可能还包含没有解决(unresolved)的名称和地址引用,因此需要链接器(linker)解决这些问题,并产生出符合目标平台上的操作系统所要求格式的可执行模块。当用户执行程序时,操作系统的加载器(loader)会解读链接器记录在可执行模块中的格式信息,将程序中的代码和数据"布置"在内存中,成为真正可以运行的内存映像。[1]

编译器和汇编器所做的主要都是翻译工作,因此以目标代码(机器码)为分界,可以把程序的构建(build)过程分为编译和链接两个阶段,我们将在下一节介绍编译器的更多内容,本节只简要讨论链接器和加载器。

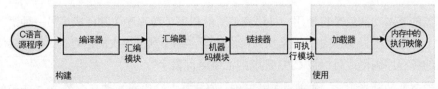

图 20-1　构建和运行程序的典型过程

20.1.1　链接器

链接器的主要职责是将编译器产生的多个目标文件合成为一个可以在目标平台下执行的执行映像。这里说的目标平台是指程序的运行环境,包括 CPU 和操作系统。举例来说,如果我们要在 Windows 操作系统下运行应用程序,那么链接器应该根据 Windows 操作系统定义的可执行文件格式来产生可执行文件,也就是产生 PE（Portable Executable）格式的执行映像文件。要产生一个 PE 格式的可执行文件,链接器要完成的典型任务如下。

（1）解决目标文件中的外部依赖,包括函数调用和变量引用。如果调用的函数是 Windows API 或其他位于 DLL 模块中的函数,那么需要为这些调用建立导入目录表（Import Directory Table，IDT）和导入地址表（Import Address Table，IAT）。IDT 用来描述被引用的文件,IAT 用来记录或重定位被引用函数的地址。链接器会把 IDT 和 IAT 放在 PE 文件的输入数据段（.idata）中。

（2）生成代码段（.text）,放入已经解决了外部引用的目标代码。

（3）生成包含只读数据的数据段（.data）。

（4）生成包含资源数据的资源段（.rsrc）。

（5）生成包含基地址重定位表（base relocation table）的.reloc 段。当链接器产生 PE 文件时,它会假定一个地址作为本模块的基地址,比如 VC6 编译器为 EXE 模块定义的默认基地址是 0x00400000。当程序运行时,如果加载器将一个模块加载到与默认值不同的基地址,那么便需要用重定位表来进行重定位。可以通过链接器的链接选项来指定模块的默认基地址,也可以使用 Visual Studio 所附带的 Rebase 工具来修改 DLL 文件的默认基地址。

（6）如果定义了输出函数和变量,则产生包含输出表的.edata 段。输出表通常出现在 DLL 文件中,EXE 文件一般不包含.edata 段,但 NTOSKRNL.EXE 是个例外。

（7）生成 PE 文件头,文件头描述了文件的构成和程序的基本信息。

理解链接器和 PE 文件细节的一种极好的方法是使用 PEView 工具,或者 SDK 附带的 dumpbin 工具来观察和分析链接器所产生的 PE 文件。我们在第 19 章介绍驱动验证和应用程序验证时讨论过 IAT,在第 25 章介绍 PE 文件的头格式及使用 dumpbin 工具的一些例子。

20.1.2　加载器

加载器是操作系统的一个部分,它负责将可执行程序从外部存储器（如硬盘）加载到内存中,并做好执行准备,包括遍历 IDT 加载依赖模块,遍历 IAT 绑定动态调用的函数,对基地址发生冲突的模块执行调整工作等。NTDLL.DLL 包含了一系列以 Ldr 开头的函数,用于完成以上任务,第 19 章简要介绍了其中的部分函数。

20.2　编译

编译器的基本功能就是将使用一种语言编写的程序（源程序）翻译成用另一种语言表示的等价程序（目标程序）。现实中,通常从高层次的语言翻译到低层次的语言,比如,将使用 C++ 语言编写的源程序编译成可以被 CPU 理解的汇编语言程序。

尽管编译器的种类很多,实现也千差万别,但其基本结构通常都是由图 20-2 所示的前端和后端两个部分组成的。前端主要负责理解源代码的含义,即分析（analysis）功能；后端负责产生等价的目标程序,即合成（synthesis）功能。

前端和后端之间的媒介是中间代码,又称为中间表示（Intermediate Representation，IR）。编译器前端对源程序进行词法分析、语法分析和语义分析,并将其映射到中间表示,后端对中间表示进行优化处理，再将其映射到用机器码表示的目标程序中。而后，链接器再使目标程序经链接成为可以执行的执行映像。

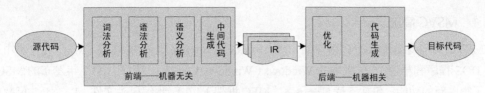

图 20-2　编译器的基本结构

20.2.1　前端

编译器的前端（front end）负责扫描和分析源程序并产生中间表示（IR），它主要完成如下几项任务。

（1）**词法分析**（lexical analysis）。读入并扫描源程序文件的字符流，剔除其中的空格和注释内容，并根据构词规则识别出单词，将源代码中的字节流转换成记号流（token stream）。实现该功能的部分通常称为扫描器（scanner）。

（2）**语法分析**（syntax analysis）。对词法分析产生的记号流进行层次分析，根据语法规则（syntax rules）把单词序列组成语法短语，并表示为语法树（syntax tree）或推导树（derivation tree）的形式。

（3）**语义分析**（semantic analysis）。对语法树中的语句进行语义处理，审查数据类型的正确性，以及运算符使用是否符合语言规范。因为编译阶段的语义分析无法分析程序运行时才确定的动态语义，所以编译时的语义分析又称为静态语义分析（Static Semantic Analysis，SSA）。

（4）**中间代码生成**。产生编译器前端和后端交流所使用的中间表示，有时也称为中间代码。中间表示的具体形式因编译器的不同而不同，常见的有三元式（three-address code）、四元式（4-tuple code）等。

20.2.2　后端

编译器的后端（back end）负责对前端产生的中间代码进行优化处理，并产生使用目标代码表示的目标程序。优化后的代码仍然是使用中间代码表示的。目标程序经过链接最终成为在特定平台上运行的可执行程序。

编译器的前端-后端设计使它们分工明确，前端与被编译的语言相关，不必关心目标平台（CPU），而后端与目标平台相关，不必关心源程序语言。这样的好处是编译器的前端和后端松耦合，更容易支持新的语言和新的目标平台。

本节简要介绍了编译器的基本构成，以及编译过程的 6 个主要步骤——词法分析、语法分析、语义分析、中间代码生成以及优化和目标代码生成。我们将在 20.3 节以 VC 编译器为例进一步理解这些步骤。除了完成以上 6 个步骤，编译器还有另外两个重要任务，那就是符号表（symbol table）管理和错误处理。这两项功能与以上 6 个步骤几乎都有关系。我们将在第 25 章讨论符号表有关的内容，在 20.4 节介绍编译器的错误处理。

20.3　Visual C++编译器

微软的 Visual C++（简称 MSVC 或 VC）编译器是开发 C 和 C++程序的最常用编译器之一。

因为本书的大多数内容是以 MSVC 为例来讨论的，几乎所有演示代码也是用它来编译的，所以本节将概要性地介绍 VC 编译器。

20.3.1 MSVC 简史

MSVC 的前身是微软的 C 编译器（Microsoft C Compiler），简称 MSC。MSC 的主要用途是开发 DOS 程序和早期 16 位版本的 Windows（Windows 1.0～3.x）程序。1992 年发布的 MSC 7.0 加入了很多新的功能，包括支持 C++语言、MFC 框架（1.0）、预编译头文件、P-Code、函数内联和远程调试等。

为了写作本节的内容，笔者特意安装了一份 MSC 7.0，看到了很多亲切的名字。比如，它的调试器叫作 CodeView，此名字还存在于今天的很多文档中。它的集成环境叫作 Programmer's WorkBench，简称 PWB。PWB 是运行在 DOS 下的一个"窗口"程序。

因为支持 C++语言，所以 MSC 7.0 的正式名称为 Microsoft C/C++ Compiler 7.0，但事实上它所包含的 C++编译器还是第一个版本。因此当 8.0 版本发布时，MSC 便更名为 Microsoft Visual C++ 1.0（MSVC 1.0）。

MSVC 1.0 分为 16 位版本和 32 位版本。32 位版本可以开发 Windows NT 程序和 Windows 3.x 下的 Win32s 程序。MSVC 1.0 的第一个版本也是在 1992 年发布的。MSVC 1.0 包含了 MFC 2.0 框架。表 20-1 列出了 MSC 和 MSVC 的主要版本、发布时间和它们新增的主要功能。[2-4,6]

表 20-1 MSC 和 MSVC 的主要版本

版　　本	发布时间	新增主要功能
MSC 7.0	1992	C++、MFC 1.0
MSVC 1.0	1992	32 位支持，MFC 2.0
MSVC 2.0	1994	MFC 3.0
MSVC 4.0	1995	MFC 4.0，Developer Studio IDE（MSDEV.exe），ClassView
MSVC 4.2	1996	MFC 4.2
MSVC 5.0	1997	MFC 4.21，COM
MSVC 6.0	1998	运行时错误检查，编辑和继续（edit and continue），MFC 6.0
MSVC 7.0	2002	Visual Studio .NET 2002（又称 VS7.0）的一部分，.NET 支持，链接时代码生成（link time code generation），MFC 7.0
MSVC 7.1	2003	Visual Studio .NET 2003（又称 VS7.1）的一部分，Visual J#，MFC 7.1
MSVC 8.0	2005	Visual Studio 2005（又称 VS8.0）的一部分，C++/CLI，OpenMP，MFC 8.0
MSVC 9.0	2007	Visual Studio 2008（又称 VS9.0）的一部分
MSVC 10.0	2010	部分支持 C++11，Visual Studio 2010 的一部分
MSVC 11.0	2012	Visual Studio 2012 的一部分
MSVC 12.0	2013	Visual Studio 2013 的一部分
MSVC 14.0	2015	Visual Studio 2015 的一部分
MSVC 14.1	2017	Visual Studio 2017 的一部分
MSVC 14.2	2019	Visual Studio 2019 的一部分

VC 编译器的发展可以分为两个主要阶段。第一阶段从 VC1.0 开始到 VC6.0 结束，这一阶段的核心功能是使用 C/C++语言开发本地的 Windows 应用程序。VC7 开始引入了.NET 支持，可以开发托管（managed）程序。下面以 VC6 作为代表加以介绍。

20.3.2 MSVC6

MSVC6（简称 VC6）是使用最广泛的 C/C++编译器之一，今天运行在 Windows 系统上的很多软件都是由它编译、产生的。尽管它发布于 1998 年，但至今仍被广泛应用着。

VC6 是 Microsoft Visual Studio 6.0 软件集合的一个部分，同集合的还有 VB6、Visual Foxpro 等。图 20-3 显示了 VC6 在磁盘中的目录布局（左侧）和它的部分文件（右侧）。

图中 Common 目录用来存放 Visual Studio 的公共组件，其中 MSDev98 目录下存放了集成开发环境所使用的各种文件，MSDev98 下的 Bin 目录中的 MSDEV.EXE 是 IDE 的主程序。MSDEV 是 Microsoft Developer Studio 的缩写，

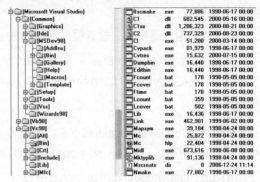

图 20-3 VC6 的目录布局和部分文件

这是从 VC4.0 便开始使用的 IDE 名称。在 Bin 目录下还有一些重要的文件，如实现 IDE 主要界面逻辑（shell）的 devshl.dll、负责生成 PDB 文件的 mspdb60.dll、用于反汇编的 msdis110.dll、实现编辑和继续（Edit and Continue，EnC）功能的 msenc10.dll、编译资源文件的 RC.exe、用于远程调试的 MSVCMON.EXE，以及供集成调试器使用的 eecxx.dll（评估 C++表达式）、dm.dll（被调试程序模块）和 em.dll（执行模型）等。

Vc98 目录中存放着 VC6 专用的各种文件，其下的 Bin 目录包含了 C/C++编译器的核心模块（右侧）。例如，C1.dll 和 C1xx.dll 分别是 C 编译器与 C++编译器的前端，C2.dll 是编译器的后端。Cl.exe 是所谓的编译推动器（compiler driver），当编译一个源程序时，我们只要执行 Cl.exe，它会依次调用前端和后端，并在没有编译错误的情况下调用 Link.exe 以进行链接操作。这个目录中的重要文件还有用于编译消息文件的 Mc.EXE、编译接口描述语言（IDL）文件的 Midl.exe，以及处理调试信息的 Cvpack.exe。

在 MSDev98\Bin 目录下还有一个重要的名为 IDE 的子目录，其下面有一系列以 PKG 为后缀的文件，这些实际上是 DLL 格式的程序模块，每个 PKG 模块都至少输出了 InitPackage 和 ExitPackage 两个函数。以下是几个重要的 PKG 模块：Devbld.pkg 包含了 CBuildEngine 类的实现，是执行构建功能的主要模块；Devdbg.pkg 是实现调试功能的主要模块；Devclvw.pkg 是用于显示类视图（ClassView）的模块。

从图 20-3 中可以看到，有些文件的日期是 1998 年的，有些是 2000 年的，后者是在安装 VC6 的 SP5（Service Pack 5）时更新的。

20.3.3 VS7 和 VS8

Visual Studio .NET 2002 是 Visual Studio 6.0（VS6）的下一个版本，因此又称为 Visual Studio 7.0，简称 VS7。VS7 引入的一个最重要的功能就是支持开发.NET 程序，包括 ASP.NET 网络应用和 Windows Form。下面列出了 VS7 引入的其他变化。

（1）支持 C#语言，称为 Visual C#。

（2）真正把不同语言所使用的 IDE 统一放在一起，主程序为 devenv.exe。此前，不同的语

言使用的 IDE 程序是不同的，如 VC6 的 IDE 是 MSDEV.EXE，而 VB6 的 IDE 是 VB6.exe。

（3）实现了对使用 VB、VC 和 C#语言开发的多个模块的跨语言调试。

（4）引入了混合调试（interop debugging）的概念，支持在一个调试会话中同时调试托管代码和本地代码。

（5）VC 编译器增加了检查缓冲区溢出的安全 Cookie，又称 GS 编译开关（/GS）。

2003 年推出的 Visual Studio .NET 2003（又称为 VS7.1）修正了 2002 版本存在的问题，除了增加了 Visual J#语言，新增的功能不多。在调试方面，VS7.1 开始支持自动从符号服务器下载调试符号。

2005 年推出的 Visual Studio 2005（VS2005 或 VS8）是微软开发工具产品中在 VS6 后的最重要版本，它完善了 Visual Studio .NET 2002 和 2003 的各种功能，并引入了很多新的功能，如 C++/CLI。

图 20-4 显示了 VS8 在磁盘上的目录结构和部分文件。从图中可以看出，它的结构仍保留了很多 VS6 的痕迹，但增加了很多新的内容，如用于访问符号文件的 DIA SDK、支持团队开发和手机开发的各种工具及.NET SDK 等。

Common7 的 IDE 目录存放了集成开发环境的各个模块，包括主程序 devenv.exe、实现 IDE 主要逻辑的 msenv.dll、用于反汇编的 msdis150.dll、用于产生 PDB 文件的 mspdb80.dll 和 mspdbcore.dll、实现 EnC 的 msenc80.dll 等。

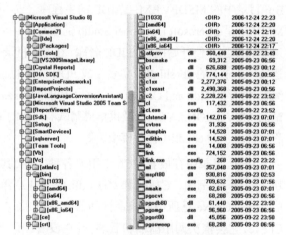

图 20-4　VS8 的目录结构和部分文件

Common7 的 Packages 目录用于存放 VS8 所使用的组件包，包括用来以所见即所得的方式（WYSIWYG）设计 HTML 页面的 Vswebdesign.dll、编辑 HTML 源文件的 srcedit.dll 等。在这个目录下的 Debugger 子目录包含了 VS8 的集成调试器的大多数模块，如 vsdebug.dll（调试器主模块，CDebugger 类）、NatDbgDE.dll（本地调试引擎）、NatDbgEE.dll（表达式评估）、vcencbld.dll（用于 EnC 的构建器）和 msdia80.dll（访问符号）等。

20.3.4　构建程序

下面以 VC8 为例介绍构建一个应用程序的过程。清单 20-1 显示了 VC8 的一个工作线程在执行构建动作时的函数调用序列。最下面是 CVCBuildThread 类的 BuildThread 方法，CConfiguration 是读取项目配置信息的类，而后是 CDynamicBuildEngine 开始执行真正的构建操作，调用 ExecuteCmdLines 方法产生命令行，再使用 CConsoleSpawner 根据命令行创建在后台运行的编译进程。观察 SpawnCommandLine 方法的第二个参数，可以看到执行的命令行。

```
cl.exe @c:\...\HiWorld\Debug\RSP00000252485908.rsp /nologo /errorReport:prompt
```

其中 cl.exe 正是我们前面提到的编译推动器程序。以上命令行中的第一个参数是 VS8 动态产生的文件，用于向 CL 传递要执行的任务，以下是其中的内容。

```
/Od /Oi /D "WIN32" /D "_DEBUG" /D "_WINDOWS" /D "_UNICODE" /D "UNICODE" /Gm /Ehsc
/RTC1 /MDd /Yu"stdafx.h" /Fp"Debug\HiWorld.pch" /Fx /FAs /Fa"Debug\\" /Fo"Debug
\\" /Fd"Debug\vc80.pdb" /W3 /c /Wp64 /Z7 /TP .\HiWorld.cpp
```

可见，尽管是在 IDE 中执行构建操作，IDE 还是会以命令行的方式来执行真正的编译任务。启动 CL 程序后，VC8 会一直等待这个进程退出，清单最上面的两个栈帧即 CConsoleSpawner 对象读取 CL 进程输出的执行结果。

清单 20-1 函数调用序列

```
0:016> k
ChildEBP RetAddr
0746e8c0 5aedfdd9 kernel32!ReadFile+0x16c
0746f950 5aee0245 VCProjectEngine!CConsoleSpawner::ReadChildProcessOutput+…
0746fa3c 5aedf79b VCProjectEngine!CConsoleSpawner::SpawnCommandLine+0x9e4
0746faf4 5aedfc4f VCProjectEngine!CConsoleSpawner::SpawnCommandLines+0x334
0746fb34 5aedfbc6 VCProjectEngine!CDynamicBuildEngine::ExecuteCmdLines+0x5b
0746fb60 5aedfb45 VCProjectEngine!CDynamicBuildEngine::ExecuteCommandLines+…
0746fbac 5aedfa90 VCProjectEngine!CVCToolImpl::ExecuteBuild+0x9a
0746fbe4 5aedef65 VCProjectEngine!CVCToolImpl::PerformBuildActions+0x7f
0746fc3c 5aedeef6 VCProjectEngine!CBldToolWrapper::PerformBuildActions+0x20d
0746fc94 5aee3774 VCProjectEngine!CDynamicBuildEngine::PerformActualBuild+…
0746fdb4 5aee3833 VCProjectEngine!CDynamicBuildEngine::DoBuild+0x47b
0746fde4 5aee3157 VCProjectEngine!CDynamicBuildEngine::DoBuild+0x36
0746fec0 5aee32c3 VCProjectEngine!CConfiguration::DoPreparedBuild+0x6fe
0746ff40 5aee2ad3 VCProjectEngine!CConfiguration::TopLevelBuild+0x112
0746ffb4 7c80b683 VCProjectEngine!CVCBuildThread::BuildThread+0x2c9
0746ffec 00000000 kernel32!BaseThreadStart+0x37
```

在编译通过后，VC8 会通过类似的过程执行 link.exe，其命令行如下。

```
link.exe @c:\...\HiWorld\Debug\RSP00000452485908.rsp /NOLOGO
/ERRORREPORT:PROMPT
```

VC6 构建程序的过程与此非常类似，也是使用一个临时（.tmp）文件将要执行的任务传递给 cl.exe 或 link.exe。

20.3.5 调试

在 IDE 中调试程序时，我们会加载集成的调试器模块来进行调试。清单 20-2 显示了 VC8 集成调试器调试工作线程的过程，此时这个线程正在调用 NtWaitForDebugEvent 内核服务等待调试事件。

清单 20-2 VC8 集成调试器调试工作线程的过程

```
0:018> k
ChildEBP RetAddr
0746fe34 7c90e996 ntdll!KiFastSystemCallRet
0746fe38 7c95072b ntdll!NtWaitForDebugEvent+0xc
0746fe50 7c85a621 ntdll!DbgUiWaitStateChange+0x1e
0746fecc 5be11783 kernel32!WaitForDebugEvent+0x21
0746fed8 5be119c5 NatDbgDE!Win32Debugger::RawWaitForDebugEvent+0x28
0746fefc 5be116a5 NatDbgDE!ProcessCreateProcessEvent+0x270
0746ff74 781329aa NatDbgDE!DmPollLoop+0x27
0746ffac 78132a36 MSVCR80!_callthreadstartex+0x1b
0746ffb4 7c80b683 MSVCR80!_threadstartex+0x66
0746ffec 00000000 kernel32!BaseThreadStart+0x37
```

上面清单中包含的 NatDbgDE 模块是 VC8 的本地代码调试引擎（native debug engine）。

『 20.4 编译错误和警告 』

在编译过程中，编译器如果发现被编译代码中的问题，或者编译器自身出现了故障，它会以错误或警告的形式报告出来。为了更好地标志错误以便了解错误的来源和含义，编译器会为每个错误或警告信息赋予唯一的标识符（ID），这些标识符在编译器的各个版本间保持兼容。下面以 VC 编译器为例，介绍常见错误种类和错误标识符的编排方式。

20.4.1 错误 ID 和来源

首先，每个标识符是以 1 个或多个大写字母开头的，后面跟 4 位阿拉伯数字，字母用来表示报告错误信息的组件，数字用来表示错误或警告的原因。表 20-2 列出了各类错误 ID 的格式及来源。

表 20-2 各类错误 ID 的格式及来源

起 始 字 符	全 称	错 误 来 源
Cxxxx	Compiler	编译器（前端和后端组件）
LNKxxxx	Linker	链接器
Dxxxx	Driver	cl.exe
PRJxxxx	Project	项目构建工具，或者项目构建工具执行自定义构建时发生错误
RCxxxx	Resource Compiler	资源编译器
Uxxxx	—	NMAKE

其次，对于同一来源的错误，处于不同范围的 ID 通常对应不同的严重级别，分为致命错误、错误和警告等。警告还可能分成多个级别，表 20-3 列出了各类错误的 ID 范围划分方法。

表 20-3 各类错误的 ID 范围划分方法

错 误 来 源	错误码范围
编译器	C999～C1999 为致命错误（fatal error），C2001～C3999 为错误，C4xxx 为警告
链接器	LNK4xxx 为警告（除 LNK4096 外），其他为链接错误
CL.EXE	D8xxx 为错误，D9xxx 为警告
NMAKE	U1xxxx 和 U2xxx 为错误，U4xxx 为警告
资源编译器	RC1xxx 为致命错误，RC2xxx 为错误，C4xxx 为警告
项目构建工具	没有规律

对于每个错误或警告，在编译器的手册（或 MSDN）中有详细的描述，通过 ID，我们就可以查找到这些信息。

20.4.2 编译警告

下面我们重点看看编译器的警告信息，这里的编译器是指严格意义上的编译器，即编译器的前端和后端。为了区分不同程度的警告，VC 编译器把警告信息分为 4 个级别（level），从 1 级到 4 级，严重程度逐渐递减。可以通过设置编译器的编译选项来配置如何显示编译警告。表 20-4 列出了这些设置所对应的命令行开关。

表 20-4　命令行开关

命令行开关	含　义
/w	禁止所有编译警告
/Wn	显示严重程度最高为 n（n 为 0 到 4 的整数）的警告，W0 禁止所有警告，W4 显示所有警告
/Wall	启用所有警告
/Wln	将 ID 值为 n 的编译警告的级别设置为 l，l 应该为 1 到 4 的整数
/wdn	禁止 ID 值为 n 的编译警告
/wen	启用 ID 值为 n 的编译警告
/WX	将所有编译警告视为错误
/won	只报告一次（only once）ID 值为 n 的编译警告

通过表 20-4，可以看到我们根据需要很方便地开启或关闭某一级别或某一个编译警告。

除了编译选项，我们也可以在源代码中通过编译器的#pragma warning 指令（compiler directive）来控制编译警告。比如，如下两条语句分别会禁止 4705 号警告和将其恢复为默认设置。

```
#pragma warning( disable : 4705 )
#pragma warning( default : 4705 )
```

如下语句会禁止 4507 号和 4034 号（小于 1000 的 ID 会自动加上 4000）警告，只报告一次 4385 号警告，将 4164 号警告当作错误。

```
#pragma warning( disable : 4507 34; once : 4385; error : 164 )
```

可以用#pragma warning（push）将所有编译警告的当前设置保存起来，而后再用#pragma warning(pop)恢复保存的值。

```
#pragma warning( push )
#pragma warning( disable : 4705 4706 4707 )
// 一些代码
#pragma warning( pop )
```

编译警告主要来源于编译器前端的语义分析组件，语义分析可以从上下文的角度来检查代码的类型匹配情况和其他潜在的问题。为了及早发现代码中的设计问题，程序员应该认真对待每个错误和警告信息。尤其是在项目的早期或寻找难以发现的错误时，应该启用所有编译警告，对于确认确实没有问题的警告，可以在导致该警告的代码前使用#pragma 指令暂时禁止警告，在这段代码后再立即恢复该警告。

20.5　编译期检查

根据 20.4 节的介绍，编译器在编译过程中会把被编译代码中所包含的问题以编译错误和编译警告的形式报告出来，我们把这种编译器在编译阶段所做的检查称为编译期检查。编译是软件生产中必不可少的一步，而且是比较早的一步。如果能在编译期发现软件设计中的问题，那么可以节约测试时间，降低开发成本，对于软件工程有着重要意义。出于这个因素，如何在编译期进行更有效的检查并将更多的问题消灭在 "摇篮阶段"，一直是编译器设计者和很多研究者努力的方向。

在编译的 6 个主要阶段中，词法分析可以发现非法字符、语句不完整等明显的错误，语法分析可以检查语句或表达式是否符合编程语言的语法规则，语义分析可以结合语句的上下文环境进一步检查变量的有效性（是否定义）、变量或参数的类型是否匹配等更深层次的问题。

综上所述，编译期检查可以发现代码中的词法、语法及少量语义方面的问题。为了发现更多的问题，可以通过编译器指令手动加入检查，或者使用 VS2005 引入的标准标注语言向代码中加入标注，再一种方法就是使用静态分析工具。

下面我们先介绍两种常见的编译期检查——未初始化的局部变量和类型不匹配，然后讨论后 3 种方法。

20.5.1　未初始化的局部变量

局部变量是指定义在某个函数内的变量，当编译器编译函数时会自动为其分配空间。分配的方法有两种，一种是在当前线程的栈上为其分配空间，另一种是将其映射到某个寄存器（更多讨论见 22.4 节）。因为大多数局部变量是分配在栈上的，所以我们这里也只讨论这种情况。

在函数的入口处，编译器产生的代码会通过调整栈指针来为局部变量分配空间，在函数返回前，编译器产生的代码恢复栈指针的位置，从而释放这些空间。也就是说，从栈上分配和释放空间的过程，基本上就是调整栈指针的简单过程（不包括栈检查，我们将在第 22 章讨论）。从这个意义上来看，局部变量具有简单高效的优点。

当编译器编译调试版本时，会自动将所分配的局部变量区域全部初始化为一个固定的值，对于 x86 系统，这个值是 0xCC，即 INT 3 指令的机器码。当编译发布版本时，考虑到初始化工作需要空间和时间开销，编译器不会加入这些初始化代码。这样，如果程序员自己的代码也没有初始化某个局部变量，那么这个变量的值便是分配给它的栈空间中的本来值，这个值可能是前一个函数的局部变量所留下的，也可能是栈上的其他数值，或者说是随机的。这便导致了调试版本和发布版本的一个重要差异，这个差异也是导致调试版本和发布版本的运行行为不一致的一个原因。

使用一个随机的值很可能会埋下隐患，因此，使用局部变量前应该先将其初始化。如果没有这样做，编译器会发现并给出警告。例如，VC 编译器在编译以下函数时，便会给出 C4700 号警告。

```
int func()
{
    int i;
    return i;
}
C:\...\chap20\CompChk\mfc.c(10) : warning C4700: local variable 'i' used without
having been initialized
```

在 VS2005 中，除了给出 C4700 号警告，对于调试版编译器，还会插入指令，在运行到使用未初始化的局部变量的代码时，跳出警告对话框。因为理解该功能的工作原理需要对栈有比较深刻的理解，所以我们将在 22.11 节详细讨论这个功能。

20.5.2　类型不匹配

编译器在进行语义分析时会检查变量比较、赋值等操作，目的是发现潜在的问题。比如，当有符号整数和无符号整数比较大小时，VC 编译器会给出如下警告。

```
warning C4018: '>' : signed/unsigned mismatch
```

当赋值语句可能丢失信息时，也会给出警告，比如当把一个双精度的浮点数赋给一个单精度类型的变量时，VC 编译器会给出如下警告。

```
warning C4244: '=' : conversion from 'double' to 'float', possible loss of data
```

当编译函数调用时，编译器会根据函数原型逐一检查每个参数的类型。另外，当向指针类型的变量赋值时，编译器也会做类型检查。

20.5.3 使用编译器指令

增加编译期检查的最简单方法是直接在头文件或源文件中通过编译器指令加入特别的检查语句。当编译器编译这些语句时，会评估这些检查语句，如果检查的条件满足，那么编译器便会执行所定义的动作，通常以编译错误的形式将异常情况报告出来。例如，MFC 类库的 afx.h 头文件一开始便包含了如下检查语句。

```
// <afx.h>
#ifndef __cplusplus
    #error MFC requires C++ compilation (use a .cpp suffix)
#endif
```

该检查语句的含义是如果符号__cplusplus 没有定义，那么便"执行"下面的#error 指令，显示指令后的错误信息。因为 C/C++编译器根据被编译源文件的扩展名来决定是使用 C 还是 C++语言规范来编译，而且 MFC 是一套用 C++语言编写的库，所以如果要使用 MFC，则必须使用 C++编译器，也就是要求包含 afx.h（使用 MFC）的源文件必须具有.cpp 扩展名。如果一个扩展名为.c 的源文件包含了 afx.h（示例见 code\chap20\compchk\mfc.c），那么编译时便会得到如下致命错误。

```
Compiling...
mfc.c
c:\program files\microsoft visual studio\vc98\mfc\include\afx.h(15) : fatal error
C1189: #error :  MFC requires C++ compilation (use a .cpp suffix)
Error executing cl.exe.
```

上面的#ifndef、#error 和#endif 都是编译器指令，MSDN 描述了更多编译器指令及它们的详细用法。以下是 DDK 的 wdm.h 文件中使用编译器指令检查编译器版本的例子。

```
// <wdm.h>
#if _MSC_VER < 1300
#error Compiler version not supported by Windows DDK
#endif
```

#if 指令判断的条件表达式中可以使用通过#define 语句定义的符号，也可以使用在项目属性（preprocessor definition）中定义的符号。

20.5.4 标注

增加编译期检查的另一种方法是向代码中加入标注信息（annotation），为编译器提供帮助，使其可以检查出更多的问题。标注的一个典型应用就是在声明函数原型时使用特定的符号标注函数的参数和返回值。这种方法很早便用在描述组件接口的 IDL（Interface Definition Language）中。VS2005 引入了一种名为标准标注语言（Standard Annotation Language，SAL）的标注方法，定义了一整套标注符号和标注规范。我们将在下一节详细介绍。

20.5.5 驱动程序静态验证器

增加编译期检查的第 3 种方法是使用更复杂的分析和检查算法，通过模式识别、数据挖掘等技术找出代码中满足知识库中所定义规则或与已知错误模式相匹配的"嫌疑"代码。例如，Windows Vista 的 WDK 中就包含了一个名为 SDV 的工具用于对驱动程序代码进行各种静态检查。

SDV 的全称是 Static Driver Verifier，即静态的驱动程序验证器，说其静态的原因有二：一是因为 SDV 的功能是对驱动程序的源代码做编译期的静态检查；二是与对驱动程序进行运行期检查的驱动验证器（第 19 章）相区别。

与驱动验证器相比，SDV 更复杂，整个工具由程序文件、规则文件、示例程序等近 300 个文件组成。SDV 的主目录位于 WDK 的 tools 目录下（例如：c:\winddk\6000\tools\sdv）。SDV 的主目录中包含了如下几个子目录。

（1）bin：用于存放 SDV 的程序文件、C 编译器和分析引擎。

（2）data：用于存放 XML 数据文件。

（3）osmodel：用于存放一些头文件和 C 代码用于模拟操作系统的函数。

（4）rules：用于存放规则文件，SDV 配备了 7 套针对驱动程序的规则。

（5）samples：示例，内部包含一个存在问题的驱动程序。

使用 SDV 进行检查的方法与编译驱动程序很类似，启动一个带有 WDK 环境变量的命令行窗口后，只要输入类似如下的命令，SDV 便会对当前目录下的驱动程序运行所有检查规则。

```
staticdv /rule:*
```

如果只运行某个或某些规则，那么可以指定规则的名称。

```
staticdv /rule:Pnp*
```

也可以把规则放在一个文件中，让 SDV 运行文件中所定义的所有规则，这样的文件称为规则列表文件。Samples 目录下包含了多个适用于不同场景的规则列表文件。例如如下命令会运行 IRQL.SDV 中定义的所有规则，以对当前目录的驱动程序进行 IRQL（中断请求优先级）有关的各种检查：

```
staticdv /config:%WDK%\tools\sdv\samples\rule_sets\wdm\irql.sdv
```

检查结束后，可以使用 staticdv/view 命令来观察 SDV 的检查报告。

PREfast 和 FxCop 是微软开发的另两个常用的静态分析工具。使用 PREfast，可以分析 C/C++代码（应用程序和驱动程序）中的典型错误，比如空指针引用、缓冲区溢出等。FxCop 可以分析托管代码中的潜在错误。PREfast 和 FxCop 都可以与 VS IDE 集成，更多的信息请大家查阅 MSDN。

『 20.6　标准标注语言 』

VS2005 还引入了一种名为标准标注语言（Standard Annotation Language，SAL）的机制来帮助编译器和其他分析工具发现源代码中的安全问题，提高代码的安全性。SAL 定义了一套标注符号和标注方法，通过 SAL 可以准确地描述出函数参数的特征及函数使用参数的方法。

VC2005 的头文件 sal.h 包含了所有 SAL 符号的定义，以及每个符号的基本用法和示例。可以把 SAL 的符号分为两大类：一类是用来描述函数参数和返回值的，称为缓冲区标注符；另一类称为高级标注符。

20.6.1　缓冲区标注符

缓冲区标注符用来描述函数的参数或返回值，包括指针特征、缓冲区长度，以及函数使用该参数（或设置返回值）的方法。一个缓冲区标注符可以描述一个参数，而且每个参数也只能有一个缓冲区标注符。但一个缓冲区标注符可以包含多个元素，分别用来描述参数的某个方面的特征。可以使用连接符（_）将多个元素连接在一起构成一个完整的缓冲区标注符。表 20-5列出了目前版本的 SAL（VS2005）所定义的用来组成缓冲区标注符的基本选项（元素）。[5]

表 20-5　组成缓冲区标注符的基本选项

类　别	选　项	含　义
指针的间接级别 （Indirection Level）	(none) _deref _deref_opt	用来描述参数或返回值的间接层次（indirection level）。比如参数 p，如果不加限定，那么 p 便是缓冲区指针；如果加了_deref，那么*p 是指向缓冲区的指针，所以 p 不应该为空；如果加了_deref_opt，那么*p 可能是指向缓冲区的指针，p可以为空，也可以不为空
用法（Usage）	(none) _in _out _inout	用来描述参数使用缓冲区的方法。如果不加修饰，则函数不会访问该缓冲区；如果加了_in，那么函数仅会读该参数，因此调用函数必须提供并初始化该缓冲区；如果加了_out，那么函数仅会写该缓冲区；如果与_deref一起用，或者在返回值上使用，那么被调用函数应该提供并初始化缓冲区；否则调用者必须提供缓冲区，被调用函数对其初始化；如果由_inout 修饰，那么函数可以自由读写该缓冲区，调用者必须提供并初始缓冲区；如果与_deref合用，那么函数可以重新分配缓冲区
大小（Size）	(none) _ecount _bcount	用来描述缓冲区的总大小。如果不加修饰，则不指定大小；如果加了_ecount描述，则缓冲区大小是以元素为单位来计数的；如果加了_bcount描述，则缓冲区大小是以字节为单位来计数的
输出（Output）	(none) _full _part	描述函数初始化缓冲区的程度。_full 表示完全初始化，_part 表示部分初始化。如果不加描述，则使用类型隐含表示初始化程度，比如对于 LPWSTR类型，它一定是以 0 结束的
Null-Termination	_z _nz	描述是否使用 '\0' 来表示缓冲区中的最后一个有效元素
可选性（Optional）	(none) _opt	描述缓冲区本身是否是可选的。如果不加修饰，那么指针一定要指向一个有效的缓冲区；如果加了_opt，那么指针可能为空
Parameters	(none) (size) (size, length)	描述参数所代表缓冲区的总长度（size）和已经初始化的长度（length）

下面举几个例子来帮助大家理解，先来看简单的用法。

```
void MyPaintingFunction(
    __in HWND hwndControl,              // 调用者初始化该参数，函数只会读这个参数
    __in_opt HDC hdcOptional,           // 调用者初始化的只读参数，可能为空
    __inout IPropertyStore *ppsStore    // 调用者初始化该参数，函数可以读写
);
```

以下是使用 deref 和 bcount 的一个例子。

```
HRESULT SHLocalAllocBytes(size_t cb, __deref_bcount(cb) T **ppv);
```

其中，__deref_bcount(cb)的含义是这个函数会把参数 ppv 的提领（dereference，即*ppv）当作 cb 字节长的缓冲区来使用，而且使用前不会初始化这个缓冲区。如果初始化，则标注符中会包含_full 或_part。

函数声明是函数编写者和函数调用者之间的重要契约，SAL 无疑为更清楚地定义这个契约提供了一种简单有效的方法，VC2005 已经为大部分库函数的声明加上了 SAL 标注。建议大家在设计函数时也尽可能地使用 SAL，这不仅可以提高代码的可读性，而且还为使用编译器或其他分析工具来扫描代码的潜在问题奠定了基础。

20.6.2 高级标注符

除了用来描述函数声明的缓冲区标注符，SAL 还定义了一些高级的标注符（表 20-6），用来描述缓冲区标注符无法表达的约束或限定，实现更高级的编译期检查功能。

表 20-6 SAL 的高级标注符

高级标注符	含　义
__success(expr) f	修饰函数 f，expr 为函数成功的条件。如果有此修饰，那么函数声明中所描述的承诺只有在函数成功时才是有保证（guarantee）的。如果函数前没有此修饰，那么函数应该始终保证其承诺。对于使用标准方式（如 HRESULT）指示是否成功的函数，会被自动加上这个修饰
__nullterminated p	指针 p 是以 0 结束的缓冲区
__nullnullterminated p	指针 p 是以两个连续的 0 结束的缓冲区
__reserved v	保留，v 的值为 0 或 NULL
__checkReturn v	调用者必须检查函数的返回值 v
__typefix(ctype) v	将值 v 的类型当作 ctype，而不是声明的类型
__override f	指定 C#式的'override'行为，重载虚函数
__callback f	函数 f 可以用作函数指针
__format_string p	字符串 p 包含 printf 风格的%标记
__blocksOn(resource) f	资源（如事件、信号量等）会阻塞函数 f
__fallthrough	修饰希望实现穿透（fall-through）效果的 case 语句，以便与忘记 break 语句的 case 情况相区别

以下是使用 SAL 的高级标注符来标注 Windows 的 PathCanonicalize API 的例子。

```
__success(return == TRUE) BOOL
PathCanonicalizeA(__out_ecount(MAX_PATH) LPSTR pszBuf, LPCSTR pszPath);
```

以上标注的含义是，PathCanonicalizeA 函数的成功返回值是 TRUE，只有当该函数返回 TRUE 时，才能保证 pszBuf 指向的缓冲区是以 0 结束的合法字符串。__out_ecount(MAX_PATH) 的含义是，pszBuf 是包含 MAX_PATH 个元素（字符）的缓冲区，因为没有_deref 修饰，所以调用者提供该缓冲区，被调用函数只会写该缓冲区。

以下是 VS2005 的 malloc.h 中关于 malloc 函数的声明。

```
_CRTIMP _CRT_JIT_INTRINSIC _CRTNOALIAS _CRTRESTRICT // CRT 函数声明
__checkReturn    // 调用者应该检查函数的返回值
__bcount_opt(_Size)  // 返回值的长度为_Size 字节，但可能为空
void * __cdecl malloc(__in size_t _Size); // _Size 参数是只读的
```

在笔者写作此内容时，尽管普通 VS2005 也能识别 SAL 标注（不会有未定义错误），但是只有使用 Vistal Studio 2005 Team System 或 Visual Studio 2005 Team Edition for Developers 并使用 /analyze 开关进行编译，SAL 标注才会真正被评估和检查。

20.7 本章总结

本章介绍了编译器的基本部件、编译的基本过程，并比较深入地讨论了编译错误和编译期检查。第 21 章将介绍编译器的运行时库和运行期检查。

参 考 资 料

[1] 张素琴, 吕映芝, 等. 编译原理. 北京：清华大学出版社, 2005.

[2] Major Changes from Visual C++ 4.2 to 5.0. Microsoft Corporation.

[3] Major Changes from Visual C++ 5.0 to 6.0. Microsoft Corporation.

[4] Major Changes from Visual C++ 6.0 to Visual C++.NET. Microsoft Corporation.

[5] Microsoft Minimizes Threat of Buffer Overruns, Builds Trustworthy Applications. Microsoft Corporation.

[6] Microsoft Announces Visual C++ 5.0, Professional Edition. Microsoft Corporation.

第 21 章　运行时库和运行期检查

第 20 章介绍了编译期检查，利用编译期检查可以发现代码的词法、语法和部分语义错误。但编译期检查分析的主要是程序的静态特征，对于程序运行过程中才体现出的错误，编译期检查通常是难以发现的。为了发现只有在运行期才显露出的问题，编译器通常还设计了运行期检查功能。编译器的运行时库（run-time library）是支持运行期检查的载体。

本章的前 3 节将简要地介绍运行时库的基本概念（21.1 节）、链接运行时库的方式（21.2节）、运行时库的初始化和清理（21.3 节）。接下来介绍基本的运行期检查（21.4 节），最后介绍报告运行期检查错误（21.5 节）。与栈和堆密切相关的运行期检查功能将分别在第 22 章与第 23章介绍。

21.1　C/C++运行时库

编译器在将高级语言编译到低级语言的过程中，由于高级语言中的某些比较复杂的运算符对应比较多的低级语言指令，因此为了防止这样的指令段多次重复出现在目标代码中，编译器通常将这些指令段封装为函数，然后将高级语言的某些操作翻译为函数调用。比如 VC 编译器通常把 n = f（n 为整型，f 为浮点型）这样的赋值编译为调用__ftol 函数，把 new 和 delete 操作符编译为对 malloc 和 free 函数的调用。同时，为了增强编程语言的能力，加快软件开发速度，几乎所有编程语言都定义了相配套的函数库或类库，比如 C 标准定义的标准 C 函数、C++标准定义的 C++标准类库，这些库通常称为支持库（support library）。支持库是编程语言和编译器的不可分割的部分，实现支持库是实现编译器的一项重要任务。

对于使用某一支持库编译的程序来说，支持库是它们运行的必要条件，这些程序在运行时必须以某种方式找到支持库。出于这个原因，支持库有时也称为运行时库。以 VC 编译器为例，它同时提供了支持 C 语言的 C 运行时库和支持 C++语言的 C++标准库，下面分别介绍。

21.1.1　C 运行时库

为了提高使用 C 语言开发软件的效率，C 语言标准（ANSI/ISO C）定义了一系列常用的函数，称为标准 C 库函数，简称 C 库函数。C 标准定义了 C 库函数的原型和功能，但没有提供实现，它把这个任务留给了编译器。每个编译器实现的通常是标准 C 函数库的一个超集，一般称为 C 支持库或 C 运行时库（C Run-Time library），简称 CRT 库。表 21-1 列出了微软编译器所实现的 C 运行时库所包含的主要函数。

可以看出，C 支持库包含了内存分配、错误处理、字符串处理、浮点计算、数据类型转换、文件和输入/输出等方面的大量函数，这些函数有些是 C 标准所定义的标准 C 函数，有些是针对 Windows 操作系统而特别设计的，并不属于标准 C 函数。MSDN 更全面地列出了每类函数，并详细描述了每个函数。

表 21-1 微软编译器的 C 运行时库包含的主要函数

分 类	典型函数/宏	用 途
参数访问	va_arg, va_start, va_end	访问函数的参数
浮点运算	powf, modf, acosf, ……	浮点计算
缓冲区处理	memcmp, memmove, memset, memcpy, ……	处理内存缓冲区
输入/输出	vsprintf, fwrite, fgetc, _read, _write, _commit, _getch, _outp, ……	读写文件，读写控制台及端口，低级 I/O
字节分类（byte classification）	isleadbyte, mbsinit, ……	测试多字节字符的指定字节是否满足某一条件
国际化	localeconv, setlocale, ……	多语言和国际化支持
内存分配	new[], malloc, free, calloc, _set_new_mode, ……	内存分配、释放，我们将在第 23 章详细讨论内存有关的内容
数据对齐	_aligned_malloc, _aligned_free, ……	按照指定的数据对齐边界分配内存
进程和执行环境控制	abort, exit, _execvpe, _pipe, raise, signal, _spwenle, system, ……	创建终止进程，执行系统命令等
数据类型转换	_itoa, tolower, strtol, atof, mbtowc, labs, _gcvt, _fcvt, ……	数据转换
鲁棒性	set_terminate, set_unexpected, _set_new_handler, _set_se_transltor	设置内存分配错误、异常终止处理函数，提高程序的鲁棒性
调试	_ASSERT, _CrtCheckMemory, _CrtDbgBreak, _RPT, _free_dbg	断言、内存分配检查、报告运行期检查错误，以及其他调试支持，我们将在下一节详细讨论这些函数
运行期错误检查（run-time error checking）	_RTC_GetErrDesc, _RTC_NumErrors, _RTC_SetErrorFunc, _RTC_SetErrorType	读取运行期检查发现的错误，定制检查方式
目录控制	_chdrive, _getcwd, _getdrive, _mkdir, _chdir	获取目录信息，切换目录（即文件夹）
搜索及排序	bsearch, _lfind, qsort, ……	搜索及排序
错误处理	_set_error_mode, _set_purecall_handler, clearer, ……	设置错误处理函数和错误报告模式
操纵字符串	strcoll, strcat, strcspn, wcscspn, _mbscspn, ……	处理字符串，包括单字节字符串、多字节字符串和宽字符串
异常处理	_set_se_translator, set_unexpected, terminate, unexpected, ……	设置终止和异常处理函数，处理异常
系统调用	_findfirst, _findnext, ……	调用操作系统的服务
文件处理	_filelength, _fstat, _set_mode, _fullpath, _remove, _makepath, ……	创建、删除、操纵文件，设置和检查文件访问权限
时间管理	ctime, clock, asctime, difftime, strftime, ……	读取时间，转换，格式化时间

在 VC 编译器的安装目录中可以找到 CRT 函数的源程序文件，包括头文件和.c 文件。对于 VC6，其默认目录是 c:\Program Files\Microsoft Visual Studio\VC98\CRT\SRC\；对于 VC8，其默认位置是 c:\Program Files\Microsoft Visual Studio 8\VC\crt\src。

21.1.2 C++标准库

与 C 标准类似，C++的国际标准（ISO C++）也既包含了对 C++语言本身的定义，又规定了 C++标准库的内容。C++标准库是为了方便使用 C++语言编程而设计的一套函数、常量、类和对象库，包括标准输入/输出、字符串、容器（列表、队列、map 等），以及排序和搜索算法、数学运算等。

C++标准库由三大部分组成：第一部分是 C 标准库，基本上是表 21-1 所列出的 C 标准支持函数；第二部分是 I/O 流（iostream）；第三部分是标准模板库（Standard Template Library，STL）。

清单 21-1 给出了一个使用 I/O 流和 STL 容器类的 C++程序 CppSLib（完整源代码位于 \code\chap21\cppslib 文件夹下）。

清单 21-1　示例程序 CppSLib

```cpp
// CppSLib.cpp : 用于探索支持库的示例程序
//
#include "stdafx.h"
#include <iostream>
#include <string>
#include <vector>
using namespace std;
typedef vector<int> INTVECTOR;
int main(int argc, char* argv[])
{
    INTVECTOR iv;
    string s="Explore C++ Standard Library";
    int i;

    for (i = 0; i < s.length(); i++)
        iv.push_back(s.at(i));

    INTVECTOR::iterator iter;
    // 输出 iv 的内容
    cout << "[ " ;
    for (iter = iv.begin(); iter != iv.end();
         iter++)
    {
        cout << (char)*iter;
        if (iter != iv.end()-1)
            cout << "-";
    }
    cout << " ]" << endl ;
    cin>>i;
    return i;
}
```

使用 Dependency Walker 工具观察 VC6 编译器编译好的 CPPSLIB.EXE（图 21-1），从图的左侧可以看到 CPPSLIB 程序依赖于 MSVCRT.DLL 和 MSVCP60.DLL。其中 MSVCRT.DLL 是 VC6 编译器的 C 运行时库 DLL，MSVCRT 是 MS Visual C Runtime 的缩写，MSVCP60.DLL 是 VC6 编译器的 I/O 流和 STL 库的 DLL，MSVCP60 是 MS Visual C Plus Plus（C++）6.0 的缩写。图中右侧的列表显示了 MSVCP60 所

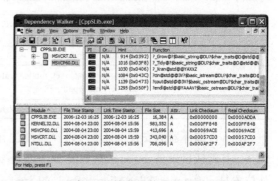

图 21-1　观察 VC6 编译器编译好的 CPPSLIB.DLL

输出的 basic_string、basic_istream 和 basic_ostream 类的部分成员和方法。

使用 VC8 编译上面的代码，可以看到与图 21-1 非常类似的情形，只不过两个 DLL 变为 VC8 版本的两个支持库——MSVCR80.DLL 和 MSVCP80.DLL。

通过以上分析，可以看出 VC 编译器是将 C++编译器所使用的 C 标准库与 C 编译器所使用的 C 运行时库一起实现的（即 MSVCRT 或 MSVCR80），而把 I/O 流和标准模板库单独来实现（即

MSVCP60 或 MSVCP80）。为了行文方便，我们用 MSVCR 来泛指 VC 编译器的 C 运行时库，用 MSVCP 来泛指 VC 编译器的标准 C++类库。

21.2 链接运行时库

为了满足不同情况的需要，编译器的运行时库通常有多个版本。举例来说，为了辅助软件调试，编译器的支持库包含了很多供调试使用的函数和变量，比如表 21-1 所列出的断言、内存检查、RTC 函数等。为了使这些专门用于调试的函数不影响软件发布后的性能，编译器通常将大多数调试支持只放在调试版本的支持库中。调试版的支持库增加了一些发布版中没有用于调试的函数，且调试版还在很多同样存在于发布版本的函数中加入了更多的错误检查和辅助调试代码。

调试版本和发布版本的支持库是共享源代码的，但是.lib 文件和 DLL 文件是不同的。表 21-2 列出了 VC 编译器支持的库，包括 VC6、VC7 和 VC8 的 C 运行时库，标准 C++类库的发布版本 DLL，以及对应的调试版 DLL。

表 21-2　VC 编译器支持的库

支 持 的 库	发 布 版	调 试 版
VC6 编译器的 C 运行时库	MSVCRT.DLL	MSVCRTD.DLL
VC6 编译器的 C++类库	MSVCP60.DLL	MSVCP60D.DLL
VC7 编译器的 C 运行时库	MSVCR71.DLL	MSVCR71D.DLL
VC7 编译器的 C++类库	MSVCP71.DLL	MSVCP71D.DLL
VC8 编译器的 C 运行时库	MSVCR80.DLL	MSVCR80D.DLL
VC8 编译器的 C++类库	MSVCP80.DLL	MSVCP80D.DLL

我们将在第 23 章进一步讨论如何使用调试版支持库的内存（堆）检查功能。

21.2.1　静态链接和动态链接

为了使编译好的程序可以顺利运行，使用运行时库的程序在运行时必须找到库中的函数。实现这一目的有两种方法，一种是静态链接，另一种是动态链接。

简单来说，静态链接将程序所使用的支持库中的函数复制到程序文件中，这样一来，这些支持库函数的实现就位于程序模块中，成为本模块中的代码。

当在 VC6 中创建一个控制台类型的项目时，默认的配置是静态链接 C 运行时库。对于这样的程序，调试时我们可以在程序模块中看到静态链接的支持库函数。例如，清单 21-2 中显示出的符号便都是静态链接到可执行程序模块（HelloVC6）的支持库变量和函数。

清单 21-2　静态链接到可执行文件中的支持库变量和函数

```
0:000> x hellovc6!*crt*
00428114 HelloVC6!_crtheap = 0x00370000
00424e20 HelloVC6!_crtDbgFlag = 1
00424e28 HelloVC6!_crtBreakAlloc = -1
00424cc0 HelloVC6!_crtAssertBusy = -1
…
```

因为静态链接必须把支持库中的函数复制到目标程序中，所以产生的程序文件会比较大。对于由多个模块组成的较大型软件来说，如果属于同一个进程的几个模块都选择了静态链接 C 运行时库，那么在这个进程内，某些 C 运行时库的函数便会重复存在于多个模块中。

动态链接是利用动态链接库技术，在程序运行时再动态地加载包含支持函数的动态链接库

（DLL），并更新程序的 IAT，使程序可以
顺利地调用 DLL 中的支持函数。使用
Dependency Walker 工具观察到的依赖模块
就是这个程序选择与之动态链接的那些模
块。当运行一个程序时，如果操作系统的
加载器找不到它所依赖的模块，那么会显
示一个类似于图 21-2 的消息框。

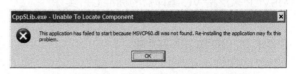

图 21-2　操作系统的加载器找不到依赖
模块（MSVCP60.DLL）时显示的对话框

可以通过编译器选项来设置链接支持库的方式。/MT 开关代表静态链接，/MD 代表动态链接。
如果要使用调试版本的支持库，则在后面加一个 d，即/MTd 或/MDd。VC6 的支持库还配有不带多
线程支持的版本，如果要使用这个版本，则使用选项/ML 或/MLd，二者都是静态链接。VC8 不再
支持单线程版本的支持库和选项，也就是说，VC8 只提供了带有多线程支持的支持库。

图 21-3 显示了 VC 编译器的项目属性中关于链接运行时库（run-time library）的所有选项，
左侧是 VC6 编译器所使用的，右侧是 VC8 的。值得注意的是，这个选项是在 C/C++编译选项
下的 Code Generation 选项卡中，并不在
linker（链接器）选项下。另一点要说明的是，
界面上显示的是使用运行时库（Use run-time
library）的方式，这里的运行时库既包括 C
运行时库，又包括标准 C++类库。也就是说，
只能以同一种方式来使用这两个库，不可以
为其中某一个定义不同的链接方法。

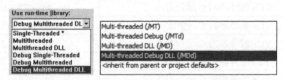

图 21-3　VC6（左）和 VC8（右）
中关于链接运行时库的选项

以上选项都是针对 C/C++本地程序的。对于.NET 程序，VC8 定义了/clr 和/clr:pure 两个选
项，前者输入本地的 C 运行时库，产生的程序为本地代码和托管代码相混合的程序；后者将 C
运行时库也编译为.NET 字节码，产生的程序为 100%的托管代码。

21.2.2　lib 文件

无论是静态链接还是动态链接，都离不开 lib 文件。VC 编译器的 lib 目录（如 c:\Program Files
\Microsoft Visual Studio 8\VC\lib\）包含了链接运行时库所需的各种 lib 文件。表 21-3 显示了 VC8
所使用的用来链接运行时库的各个 lib 文件。

表 21-3　链接运行时库的 lib 文件（VC8 中）

文　件　名	大　　小（字节）	用　　途
libcmt.lib	7716360	静态链接 C 运行时库，mt 的含义是多线程支持
libcmtd.lib	9758380	静态链接调试版本的 C 运行时库
libcpmt.lib	4991534	静态链接标准 C++类库
libcpmtd.lib	6703474	静态链接调试版本的标准 C++类库
msvcrt.lib	939484	动态链接 C 运行时库
msvcrtd.lib	974050	动态链接调试版本的 C 运行时库
msvcprt.lib	1480526	动态链接标准 C++类库
msvcprtd.lib	1623976	动态链接调试版本的标准 C++类库

文 件 名	大 小（字节）	用 途
msvcmrt.lib	967418	以混合方式链接 C 运行时库，m 的含义是 mixed 的
msvcmrtd.lib	1004566	以混合方式链接调试版本的 C 运行时库
msvcurt.lib	5958948	生成纯托管代码，urt 的含义是 Universal Runtime
msvcurtd.lib	6632868	生成调试版本的纯托管代码

表 21-3 给出的文件大小只是想让大家看出不同用途的 lib 文件的大小差异，其具体数值会因 VC 编译器的版本不同而不同。

21.3　运行时库的初始化和清理

前面两节讨论了运行时库的作用和链接方式。本节将继续讨论运行时库是如何工作的，包括介入应用程序中的方法，以及如何进行初始化和清理[1]。

21.3.1　介入方法

在什么时候执行初始化运行时库的代码呢？或者说在哪里调用运行时库的初始化函数呢？因为很多运行时库函数和设施是运行其他代码的基础，比如 CRT 堆必须在其他代码调用 CRT 的内存分配函数（malloc 函数等）之前被初始化好。这意味着，必须在执行用户代码（应用程序开发者所编写的代码，相对于编译器的运行时库代码）之前初始化运行时库。我们知道程序是从入口函数开始执行的，也就是说，要在入口函数的开始处或之前调用运行时库的初始化函数。要求每个应用程序开发者调用运行时库的初始化函数虽然能做到，但是不够好。

事实上的做法是，编译器会为每个模块自动插入一个"编译器编写"的入口函数，在这个入口函数中完成好各种初始化工作后再调用用户的入口函数，在用户的入口函数返回后再运行自己的清理函数。我们把编译器插入的这个入口函数称为 CRT 入口函数。其伪代码如下。

```
CRT 入口函数()
{
    CRT 初始化
    调用用户的入口函数
    CRT 清理
}
```

对于 EXE 模块，因为程序类型的不同，用户的入口函数名也有所不同，通常为表 21-4 第一列中的某一个。相应地，编译器为每种类型的用户入口函数准备了 CRT 入口函数（第二列）。

表 21-4　EXE 模块的入口函数一览

用户入口函数	CRT 入口函数	应 用
main	mainCRTStartup	控制台程序
wmain	wmainCRTStartup	宽字符的控制台程序
WinMain	WinMainCRTStartup	Win32 应用程序
wWinMain	wWinMainCRTStartup	宽字符的 Win32 应用程序

DLL 模块的用户入口函数是 DllMain，因为 DllMain 没有字符类型的参数，所以对于宽字

符（Unicode）的 DLL 模块，其入口函数也是 DllMain。

```
BOOL WINAPI DllMain(
        HANDLE  hDllHandle,    //模块句柄，即基地址
        DWORD   dwReason,      //调用原因
        LPVOID  lpreserved ) ;
```

编译器为 DLL 模块准备的 CRT 入口函数是_DllMainCRTStartup 函数，其函数原型与 DllMain 完全相同。

在链接阶段，模块的入口函数是被注册到目标程序文件（PE 文件）中的，默认情况下，链接器会将 CRT 入口函数注册为模块的入口，这样模块执行时，首先执行的是 CRT 的入口函数，它可以在完成运行时库的初始化工作后再调用用户的入口函数。等用户的入口函数返回后，CRT 的入口函数可以执行清理工作。不过，链接器支持通过/ENTRY:function 选项指定其他函数作为入口。如果在项目"链接"选项（"高级"或"输出"子类）中将"入口点符号"（Entry-point symbol）指定为 WinMain 函数名，或者直接在命令行参数中加入/ENTRY:"WinMain"，那么便将 WinMain 函数设置为程序的入口了。此时，就需要用户自己考虑如何初始化和清理运行时库了，这种做法是不推荐的。

21.3.2 初始化

在 CRT 源代码的 crt0.c 中包含了 CRT 入口函数的源代码，从中我们可以看到执行各种初始化的代码。概括来说，CRT 入口函数执行的初始化工作主要有如下几项。

（1）调用__security_init_cookie()初始化安全 Cookie。

（2）初始化全局变量，包括环境变量和标识操作系统版本号的全局变量等。

（3）调用_heap_init()函数创建 C 运行时库所使用的堆，简称 CRT 堆，程序中调用 malloc 等函数时所得到的内存便是从这个堆中分配的。_heap_init 函数是专门用来创建和初始化 CRT 堆的。

（4）调用_mtinit()函数初始化多线程支持。

（5）如果使用 VC7 引入的运行期检查（RTC，见 21.4 节）功能，那么需要调用_RTC_Initialize()。

（6）调用_ioinit()函数初始化低级 I/O。

（7）调用_cinit()函数初始化 C 和 C++数据，包括初始化浮点计算包、除零向量（已经过时），以及调用_initterm(__xi_a,__xi_z)执行注册在 PE 文件数据区的初始化函数，调用_initterm(__xc_a,__xc_z)执行 C++的初始化函数，例如全局 C++对象的构造函数。

我们将在 22.12 节详细讨论安全 Cookie，在第 23 章讨论 CRT 堆。下面将集中介绍 CRT 是如何初始化数据（全局变量）的。

在 crt0dat.c 中包含了_cinit()函数的源代码，其中最主要的代码便是以下两次函数调用。

```
_initterm( __xi_a, __xi_z ); // 初始化
_initterm( __xc_a, __xc_z ); // C++初始化
```

其中__xi_a、__xi_z 和__xc_a、__xc_z 是两对特殊的全局变量，分别指向两个函数指针表的起始点和结束点。_initterm 函数的实现也非常简单，它只是遍历参数中指定的函数指针表，调用其中的每个函数。编译器在编译时，会为需要初始化的数据产生一个函数，为这个函数定义一个函数指针，并对这个函数指针完成一个类似下面的段声明。

```
CRT$XCU      SEGMENT
 _$S3      DD      FLAT:_$E2
CRT$XCU      ENDS
```

这样，当链接器链接可执行文件时便会将这个函数指针（_$S3）放到 PE 文件的特定位置，使其位于上面介绍的函数指针表中，也就是将变量 $S3 放在 __xc_a 和 __xc_z 之间。值得说明的是，__xc_a 和 __xc_z 只是用来标识函数指针表的起至，并不代表这个表中只能有 a～z 个元素。

下面通过一个示例来加深印象。在 HelloVC6 程序（code\chap21\HelloVc6）中，我们定义了一个全局对象——Cat 类的实例 c。清单 21-3 中的栈回溯（由 VC6 调试器产生）显示了实例 c 的构造函数被调用的过程。

清单 21-3 实例 c 的构造函数被调用的过程

```
Cat::Cat() line 11 + 22 bytes        //对象 c 的构造函数
$E1() line 14 + 34 bytes             //编译器为全局对象 c 产生的初始化函数
$E2() + 29 bytes                     //编译器产生的变量初始化函数
_initterm(void (void)** 0x00424104 $S3,void (void)** 0x00424208 ___xc_z) line 525
_cinit() line 192 + 15 bytes         //运行时库函数
mainCRTStartup() line 205            //编译器插入的入口函数
KERNEL32! 7c816ff7()                 //系统的进程启动函数 kernel32!BaseProcessStart
```

其中，$E2() 是编译器编译时产生的简单函数，$S3 是指向函数 $E2 的函数指针。函数 $E1() 也是编译器产生的，它对应的就是定义全局对象的源代码行。清单 21-4 包含了 $E1() 的汇编代码。

清单 21-4 $E1() 的汇编代码

```
14:   Cat c;                                    //对应的源代码（全局对象定义）
00401090   push      ebp                        //保存父函数的栈帧基地址
00401091   mov       ebp,esp                    //建立本函数的栈帧基地址
...                                             //省略保存寄存器的多行
004010A8   mov       ecx,offset c (00427f68)    //将对象地址（this 指针）赋给 ECX
004010AD   call      @ILT+15(Cat::Cat) (00401014) //调用构造函数
...                                             //省略恢复寄存器的多行
004010B8   cmp       ebp,esp                    //比较栈寄存器和栈帧基地址寄存器
004010BA   call      __chkesp (00401370)        //调用栈指针检查函数
004010BF   mov       esp,ebp                    //恢复栈指针寄存器
004010C1   pop       ebp                        //恢复父函数的栈帧基地址
004010C2   ret                                  //返回
```

在 CRT 源代码的 cinitexe.c 中，我们可以看到函数指针表的起至变量（__xi_a 等）的定义（清单 21-5）。

清单 21-5 函数指针表的起至变量（__xi_a 等）的定义

```
#pragma data_seg(".CRT$XIA")
PFV __xi_a = 0;   /* C 语言的初始化器 */
#pragma data_seg(".CRT$XCA")
PFV __xc_a = 0;   /* C++语言的初始化器 */
#pragma data_seg(".CRT$XPA")
PFV __xp_a = 0;   /* C 语言的前置终结器 */
#pragma data_seg(".CRT$XTA")
PFV __xt_a = 0;    /* C 语言的终结器 */
...
#pragma data_seg()  /* reset */
```

以 data_seg(".CRT$XIA")为例，句点之后的 3 个字符是数据段名称，即 CRT；$是分隔符，其后的第二位代表类别——"I"的含义是 C 初始化（C init），"C"代表 C++初始化，"P"代表 Pre-terminator（在终结器之前执行），"T"代表终结器（terminator）。

理解了 initerm 函数的原理后，也可以在自己的程序文件中通过以上机制来注册初始化和清理函数。比如如下代码便注册了 myinit 函数，在 C 初始化阶段执行。

```
int myinit()
{
    MessageBox(NULL, "my init function test", "_initterm ", 0);
    return 0;
}
typedef int cb(void);
#pragma data_seg(".CRT$XIU")
static cb *autostart[] = { myinit };
#pragma data_seg()
```

将以上代码插入一个 HelloVC6 程序中（code\chap21\HelloVc6）执行时，myinit 便会在 main 函数执行前被执行。

21.3.3　多个运行时库实例

下面我们考虑一个进程中的多个模块都使用了运行时库的情况。在 Windows 程序中，这是很普遍的。

对于静态链接运行时库的程序模块，不论是 EXE 还是 DLL，每个模块内部都复制了一份运行时库的变量和代码（部分）。也就是说，在这样的每个模块中都有一个运行时库的实例。对于 DLL 项目，VC6 的默认设置也是静态链接运行时库。清单 21-6 显示了静态链接 CRT 的 DLL 模块 HpDllVC6 所包含的 CRT 变量和函数。

清单 21-6　观察静态链接 CRT 的 DLL 模块 HpDllVC6 所包含的 CRT 变量和函数

```
0:000> x HpDllVC6!*crt*
10034464 HpDllVC6!_crtheap = 0x00370000
1002ea5c HpDllVC6!_crtDbgFlag = 1
1002ea64 HpDllVC6!_crtBreakAlloc = -1
1002ec74 HpDllVC6!_crtAssertBusy = -1
…
```

当进程中有多个运行时库实例时，每个运行时库实例会各自使用自己的数据（变量）和资源（堆），理论上这是可以正常工作的，但有时也可能引发问题。其中之一就是一个 CRT 堆分配的内存被送给另一个 CRT 实例来释放，在调试版本中，CRT 的内存检查功能会发现这一问题并报告错误，但在发布版本中，这会导致严重的问题。

『 21.4　运行期检查 』

顾名思义，运行期检查（run-time check）就是在程序运行期间对其进行的各种检查。更多时候，运行期检查是与编译期检查相对的，二者都是与编译器密切相关的概念。特别是在本章中，我们讨论的只是编译器所提供的运行期检查功能。

运行期检查的目的是发现程序在运行时所暴露出的各种错误，即运行期错误（run-time error）。因为程序运行是编译过程结束后才发生的事情，所以要实现运行期检查，编译器通常采取如下几种措施。

（1）使用调试版本的支持库和库函数，调试版本的库函数包含了更多的调试支持和检查功能。比如调试版本的内存分配和释放函数会插入额外的信息来支持各种内存检查功能（第 23 章）。

（2）在编译时插入额外代码对栈指针、局部变量等进行检查。

（3）提供断言（assert）、报告（_RPT）等机制让程序员在编写程序时加入检查代码和报告运行期错误。

前两种检查是由编译器的运行时库和编译过程自动提供的，我们称其为编译器的自动（运行期）检查。第三种检查需要程序员插入代码来调用编译器提供的宏或函数，我们称其为手工插入的（运行期）检查。

运行期检查需要额外的空间和时间开销，所以，为了避免影响软件产品的性能，大多数运行期检查只用于调试版本，比如，_ASSERT 和_RPT 等宏定义只在调试版本中有作用。

不同的编译器所提供的运行期检查功能有所不同，下面我们便以 VC8 编译器为例，介绍它的运行期检查功能。我们首先介绍自动的运行期检查，然后介绍断言。我们将在 21.5 节将介绍报告运行期检查错误的方法。

21.4.1 自动的运行期检查

VC8 编译器可以自动检查以下运行期错误。

（1）栈指针破坏（stack pointer corruption），负责栈指针检查的函数是_RTC_ CheckEsp。

（2）分配在栈上的局部变量越界（overrun），以及因此而导致的栈破坏（stack corruption）。

（3）依赖未初始化过的局部变量，负责该功能的 RTC 函数是_RTC_UninitUse。

（4）因为赋值给较短的变量会导致数据丢失，所以负责该项检查的 RTC 函数是_RTC_ Check_x_to_y，其中 x 和 y 可以是 8、4、2、1 几个值的组合，如_RTC_Check_2_to_1(short)、_RTC_Check_4_to_1(int)、_RTC_Check_4_to_2(int)、_RTC_Check_8_to_1(int64)、_RTC_Check_ 8_to_2(int64)、_RTC_Check_8_to_4(int64)。

（5）使用堆有关的错误。

以下几个编译器开关用来控制运行期检查功能。

（1）/RTCs 栈检查。包括栈指针检查（VC6 的/GZ 开关），栈上的变量是否被破坏等。负责栈上变量检查的函数是_RTC_CheckStackVars。

（2）/RTCu 局部变量检查。如果程序中使用了没有初始化过的局部变量，那么编译器在编译期会给出 C4700 或 C4701 号警告。但因为 C4700 或 C4701 号警告属于第 4 级别的警告（level 4 warning），所以有可能被屏蔽掉或被忽视。为此，如果启用了/RTCu 开关，那么 VC8 编译器会插入检查代码，当程序运行到使用未初始化过的局部变量时，会弹出错误报告对话框。

（3）/RTCc 数据赋值时的截断检查。比如把较大的数值赋给一个较短的变量。如果编译器的警告级别为 W4 或设置了/WX 开关（将警告视为错误），那么编译器在编译时会给出 C4244 号警告。

（4）/RTC1。相当于同时设置了/RTCs 和/RTCu。

（5）/GS。缓冲区溢出，该检查在发布版本中仍有作用。

（6）**/GZ**。VC6 中用来启动栈指针检查功能，VC8 将该开关的功能合并到/RTCs 中。

为了描述方便，我们经常使用以上编译器开关来指代它所对应的检查功能，并将/RTC 开头的几种检查统称为 RTCx。

如果指定了 RTCx 中的任一个选项，那么编译器便会定义宏_＿MSVC＿RUNTIME＿CHECKS。因此，可以通过检查这个宏是否已定义来判断是否启用了 RTCx 中的功能。

因为要理解 RTCx 和 GS 检查功能的工作原理，需要对栈布局有较深的理解，所以我们将在第 22 章再讨论该部分内容，并在第 23 章中讨论堆有关的错误检查。

21.4.2　断言

断言是程序员手工插入运行期检查的一种常用方法，通常用来检查某一条件是否成立。要断言的条件以参数的形式传递给断言宏。如果该参数表达式的结果为真，那么断言成功并直接返回；否则，断言失败，会弹出图 21-4 所示的断言消息框（assert message box）。

断言消息框通常包含断言发生的源文件名称（HiAssert.cpp）、行号（Line: 8）和被检查的表达式（lpsz!=NULL），使程序员可以一目了然地看到哪里出了问题。

图 21-4　断言消息框

VC 运行时（CRT）库定义了两个宏来提供断言功能，分别是_ASSERT 和_ASSERTE，名字中的下画线表示这是 VC 编译器的扩展，不属于 C/C++标准。在头文件<crtdbg.h>中可以找到这两个宏的定义，如清单 21-7 所示。

清单 21-7　_ASSERT 和_ASSERTE 的宏定义（调试版本）（crtdbg.h）

```
#define _ASSERT(expr) \
        do { if (!(expr) && \
             (1 == _CrtDbgReport(_CRT_ASSERT,__FILE__,__LINE__,NULL,NULL)))\
          _CrtDbgBreak(); } while (0)

#define _ASSERTE(expr) \
        do { if (!(expr) && \
             (1 == _CrtDbgReport(_CRT_ASSERT,__FILE__,__LINE__,NULL,#expr)))\
          _CrtDbgBreak(); } while (0)
```

在上面的定义中，do{}while(0)用于将大括号中的多条语句封装成一个整体，使这个宏在各种环境下（比如 if 语句后）都可以正确使用，并不是为了实现循环。因此_ASSERT 宏与清单 21-8 中的代码片段是等价的。

清单 21-8　_ASSERT 宏展开后的等价代码

```
if (!(expr) )
{
    int nRet = _CrtDbgReport(_CRT_ASSERT, __FILE__, __LINE__, NULL, NULL);
    if (nRet==1)
        _CrtDbgBreak();
}
```

也就是说，如果被断言的表达式（expr）的结果为 0，那么便调用_CrtDbgReport 函数。_CrtDbgReport 是 VC 运行时库中用来报告 CRT 事件的一个重要函数，可以把事件信息输出到调试文件、调试器的监视窗口，或者弹出一个消息窗口（类似图 21-4），我们将在 21.5 节详细讨论这个函数。

比较这两个宏的定义，可以看到它们只是断言失败后调用_CrtDbgReport 的方式不同，_ASSERTE 会将断言表达式传递给 CrtDbgReport 函数，而_ASSERT 不会。因此，使用_ASSERTE 宏产生的断言消息框中包含断言表达式（图 21-4），而_ASSERT 宏产生的不包含。下面通过一个示例程序（code\chap21\Assert）来进一步说明断言宏的原理和用法。先来看下面的 Foo 函数。

```
void Foo(char * lpsz)
{
    _ASSERTE(lpsz!=NULL);
    //...
}
```

在 main 函数中我们以 NULL 为参数调用这个函数，使断言失败。在 VC 调试器中执行以上调用，对于弹出的断言对话框，我们选择重试。于是调试器停在_ASSERTE(lpsz!=NULL)行。显示反汇编语句，可以看到 ASSERTE 宏被展开后所对应的汇编语句（清单 21-9）。

清单 21-9   _ASSERTE 宏所对应的汇编语句

```
1   11:                _ASSERTE(lpsz!=NULL);
2   00401048   cmp         dword ptr [ebp+8],0
3   0040104C   jne         Foo+45h (00401075)
4   0040104E   push        offset string "lpsz!=NULL" (00423058)
5   00401053   push        0
6   00401055   movsx       eax,word ptr [`Foo'::`2'::__LINE__Var (00425a30)]
7   0040105C   add         eax,1
8   0040105F   push        eax
9   00401060   push        offset string "C:...\chap21\\As"... (0042301c)
10  00401065   push        2
11  00401067   call        _CrtDbgReport (004013c0)
12  0040106C   add         esp,14h
13  0040106F   cmp         eax,1
14  00401072   jne         Foo+45h (00401075)
15  00401074   int         3
16  00401075   xor         ecx,ecx
17  00401077   test        ecx,ecx
18  00401079   jne         Foo+18h (00401048)
```

第 2 行是判断被断言的条件（[ebp+8]即参数 lpsz），如果不等于 NULL，则跳到第 16 行，第 16~18 行对应于 while(0)，因此相当于继续向下执行。如果第 2 行的判断结果为相等，那么断言失败，于是开始执行第 4 行，第 4~11 行调用_CrtDbgReport 函数，报告断言失败，默认情况下会弹出断言消息框。因为_CrtDbgReport 函数采用的是 C 调用协议，需要调用它的函数清理栈上的参数，所以第 12 行用于清理前面压入栈的 5 个参数（共 20 字节）。第 13 行判断_CrtDbgReport 函数的返回值（在 eax 中），如果等于 1（即用户选择了重试），那么便执行第 15 行的 int 3。如果用户选择忽略，那么返回值为 0，第 14 行的条件转移语句会使 CPU 跳转到第 16 行，使程序继续执行。

_ASSERT 和_ASSERTE 宏只在调试版本中起作用，在发布版本中，这两个宏被定义为空（清单 21-10）。因此使用这两个宏的断言语句不会被编译到发布版本的目标程序中。

清单 21-10   _ASSERT 和_ASSERTE 的宏定义（发布版本）（crtdbg.h）

```
#define _ASSERT(expr) ((void)0)
#define _ASSERTE(expr) ((void)0)
```

这也意味着_ASSERT 和_ASSERTE 宏不能代替常规的错误检查与处理。例如，下面的代码是需要改进的。

```
char * lpsz=new char[BIG_ARRAY];
_ASSERT(lpsz!=NULL);
memset(lpsz,0,BIG_ARRAY);
//...
```

在发布版本中如果内存分配失败，那么没有任何检查，会导致非法访问。正确的做法是应该在_ASSERT 语句下加入常规的错误检查代码。

对断言机制的另一种误用就是在断言表达式中执行计算。比如_ASSERT（*lpsz++!='\0'），因为参数中的表达式在发布版本中根本不存在，所以对应的指针递增操作在发布版本中根本不会执行。

标准 C 也提供了一个名为 assert（全小写）的宏来实现断言，使用这个宏的好处是代码具有更好的移植性。

```
void assert( int expression );
```

VC 编译器对 assert 宏的实现与_ASSERT 宏非常类似，在此不再赘述。

对于 MFC 程序，MFC 框架定义了 ASSERT 宏和 VERIFY 宏（清单 21-11）。

清单 21-11　MFC 框架中用于断言的宏（afx.h）

```
#ifdef _DEBUG
#define ASSERT(f) \
    do \
    { \
    if (!(f) && AfxAssertFailedLine(THIS_FILE, __LINE__)) \
        AfxDebugBreak(); \
    } while (0) \
#define VERIFY(f)              ASSERT(f)
#define ASSERT_VALID(pOb)   (::AfxAssertValidObject(pOb, THIS_FILE, __LINE__))
#else // _DEBUG
#define ASSERT(f)              ((void)0)
#define VERIFY(f)              ((void)(f))
#define ASSERT_VALID(pOb)   ((void)0)
#endif // !_DEBUG
```

在 afxasert.cpp 文件（位于 mfc\src\文件夹）中，我们可以看到 AfxAssertFailedLine 函数在没有定义_AFX_NO_DEBUG_CRT 标志时会调用_CrtDbgReport 函数。而 AfxDebugBreak 宏与_CrtDbgBreak 是等价的。

```
#define AfxDebugBreak() _CrtDbgBreak()
```

因此，可以说 MFC 的 ASSERT 宏与 CRT 的_ASSERT 宏几乎是相同的。

VERIFY 宏在调试版本中等同于 ASSERT 宏，但在发布版本中，其表达式仍会被编译进目标代码，所以 VERIFY 宏检查的条件表达式中可以包含函数调用或计算。因此像下面这样使用 VERIFY 宏是可以的，但是不可以像下面这样使用 ASSERT 宏。

```
CWnd * pWndParent;
VERIFY(pWndParent=GetParent());
```

ASSERT_VALID 宏用于检查从 CObject 派生出的类实例指针，AfxAssertValidObject 函数（源代码文件为 mfc\src\objcore.cpp）除了检查指针是否为空，还会检查对象的方法表（VTable）是否有效，并调用对象的 AssertValid()方法。

MFC 还定义了一个 ASSERT_KINDOF，用来检查某个对象是否是某个类的实例。

```
#define ASSERT_KINDOF(class_name, object) \
```

```
ASSERT((object)->IsKindOf(RUNTIME_CLASS(class_name)))
```

被检查的类必须具有 DECLARE_DYNAMIC 和 DECLARE_SERIAL 声明。

21.4.3 _RPT 宏

在 VC8 中，可以通过_RPT 系列宏调用_CrtDbgReport 函数报告调试信息。_RPT 宏有以下两个系列。

一个系列是"_RPT0，_RPT1，_RPT2，_RPT3，_RPT4"，简称_RPTn。它们都具有如下原型。

```
_RPTn( reportType, format, ...[args] );
```

其中，reportType 可以是_CRT_WARN、_CRT_ERROR 和 CRT_ASSERT 这 3 个常量之一；n 的值为 0~4，代表可变参数的个数。比如_RPT1 宏的定义如下。

```
#define _RPT1(rptno, msg, arg1) \
        do { if ((1 == _CrtDbgReport(rptno, NULL, 0, NULL, msg, arg1))) \
                _CrtDbgBreak(); } while (0)
```

另一个系列是"_RPTF0，_RPTF1，_RPTF2，_RPTF3，_RPTF4"，简称_RPTFn。它们的原型和使用方法与_RPTn 宏都相同，唯一的差别是_RPTFn 的报告包含源文件名和行号。比如_RPTF1 宏的定义如下。

```
#define _RPTF1(rptno, msg, arg1) \
    do { if ((1 == _CrtDbgReport(rptno,__FILE__,__LINE__,NULL,msg,arg1)))\
            _CrtDbgBreak(); } while (0)
```

在发布版本中，以上宏均定义为空，因此这些宏输出的信息也只有在调试版才有作用。

21.5 报告运行期检查错误

本节将介绍 CRT 报告运行期检查错误的方法，包括使用_CrtDbgReport 函数等，如何配置报告，以及如何编写回调函数参与报告过程。

21.5.1 _CrtDbgReport

_CrtDbgReport 是报告运行期检查信息的一个主要函数，根据我们在 21.4 节的介绍，断言失败和_RPT 宏都是通过调用_CrtDbgReport 函数来报告调试信息的。_CrtDbgReport 函数的函数原型如下。

```
int _CrtDbgReport( int reportType, const char *filename,
    int linenumber, const char *moduleName, const char *format [, argument] ... );
```

其中，第一个参数是报告类型，可以为_CRT_WARN（0）、_CRT_ERROR（1）和_CRT_ASSERT（2）常量之一；filename 是要报告的文件名；linenumber 是要报告的行号；moduleName 是模块名；format 是一个格式串，与 printf 函数的格式串类似，format 后是数量不定的具体数据。如果 reportType 参数为_CRT_ASSERT，那么 format 参数会被看作断言表达式的内容，在其前面加上"Expression:"后显示出来，这也是_ASSERT 和_ASSERTE 间的唯一区别。

_CrtDbgReport 函数的返回值逻辑如下。

```
if (MessageBox)                 // 如果信息输出到消息框
{
    Abort -> aborts             // 如果用户选择终止，那么退出程序，不再返回
    Retry -> return TRUE        // 如果用户选择重试，则返回1
    Ignore-> return FALSE       // 如果用户选择忽略，则返回0
```

```
        }
        else
                return FALSE              // 如果输出到文件或调试器，那么总返回 0
```

如果在处理过程中发生了异常情况，那么_CrtDbgReport 函数会返回−1。

在 CRT 的源文件目录中我们可以找到_CrtDbgReport 函数的源代码。对于 VC6，源文件是 VC98\crt\src\dbgrpt.c。对于 VC8，_CrtDbgReport 函数的实现分布在 3 个文件中，分别是 Vc\crt\src\dbgrpt.c、dbgrptt.c 和 dbgrptw.c，其中 dbgrptw.c 包含的是宽字符版本，即_CrtDbgReportW 函数，dbgrptt.c 包含了_VCrtDbgReportW 和_VCrtDbgReportA 两个内部函数，dbgrpt.c 包含了 _CrtDbgReportT 函数和_CrtDbgReportTV 函数。这些函数的调用关系是，_CrtDbgReportT 将不定个数的参数放到 arglist 数组（使用 va_start）中，然后调用_CrtDbgReportTV，_CrtDbgReportTV 会根据需要决定调用_VCrtDbgReportW 或_VCrtDbgReportA。清单 21-12 中的栈回溯显示了 CRT 的变量检查函数发现错误并调用错误报告函数的过程。

清单 21-12　栈回溯

```
001218c8 0041ad77 USER32!MessageBoxW+0x45              // MessageBox API
00121910 004079b9 rtcsample!__crtMessageBoxW+0x257
00123b7c 00419304 rtcsample!__crtMessageWindowW+0x3b9
0012bc1c 004075e8 rtcsample!_VCrtDbgReportW+0x8b4       // 执行实际的报告逻辑
0012ec48 004072a9 rtcsample!_CrtDbgReportWV+0x328       // 数组方式的_CrtDbgReport
0012ec70 004030d2 rtcsample!_CrtDbgReportW+0x29         // UNICODE 版本
0012fadc 0040336c rtcsample!failwithmessage+0x152       // 见下文
0012ff04 00401595 rtcsample!_RTC_StackFailure+0x10c     // 报告栈失败的入口函数
0012ff24 00401171 rtcsample!_RTC_CheckStackVars+0x45    // 检查栈变量
0012ff4c 00401082 rtcsample!TrashStackVariable+0x51 [rtcsamp.cpp @ 59]
0012ff54 00402d13 rtcsample!main+0x12 [rtcsamp.cpp @ 24] // 用户的入口函数
0012ffb8 00402add rtcsample!__tmainCRTStartup+0x233 [crt0.c @ 318]
0012ffc0 7c816fd7 rtcsample!mainCRTStartup+0xd          // CRT 的入口函数
0012fff0 00000000 kernel32!BaseProcessStart+0x23        // 系统的进程启动函数
```

其中 failwithmessage 函数是 VC8 的 RTC 系列函数（即_RTC_CheckXXX），用来报告错误的枢纽，其函数原型如下。

```
void __cdecl failwithmessage(void * retaddr, int crttype,
                    int errnum, const char * msg);
```

failwithmessage 内部会检查当前程序是否在被调试。它先调用 DebuggerProbe 函数来判断是否在 IDE 的集成调试器中执行。DebuggerProbe 函数的检测方法是调用 RaiseException API 抛出一个代码为 406D1388h 的特殊异常。当使用 VC 的集成调试器进行调试时，调试器会处理这个异常，使 DebuggerProbe 返回 1；否则，DebuggerProbe 会返回 0。

在 DebuggerProbe 返回 1 后，failwithmessage 会像下面这样调用 DebuggerRuntime 函数。

```
DebuggerRuntime(unsigned long dwErrorNumber=0x2, int bRealBug=0x1,
    void * pvReturnAddr=0x00401171, const wchar_t * pwMessage=0x0012ecb0)
```

其中 0x00401171 是 TrashStackVariable 函数中调用 RTC 检查函数（_RTC_CheckStackVars）的下一条指令地址。

```
0040116C call            _RTC_CheckStackVars (401540h)
00401171 pop             eax
```

参数 pwMessage 的内容是 "Stack around the variable 'stackvar' was corrupted."，其中 stackvar 是 TrashStackVariable 函数中的变量。

DebuggerRuntime 函数内部会再次通过抛出 406D1388h 号异常的方式与 VC 调试器通信，这次，调试器会显示图 21-5 所示的 RTC 错误。

如果当前的调试器不是 IDE 的集成调试器，那么 failwithmessage 会调用 IsDebuggerPresent API 判断是否是在其他调试器中运行。如果是，那么 failwithmessage 函数会调用 DbgBreakPoint 触发断点将当前程序直接中断到调试器（清单 21-13）。

图 21-5　VC8 报告的 RTC 错误

清单 21-13　在有调试器时先中断给调试器

```
0:000> k
ChildEBP RetAddr
0012ec8c 004031a4 ntdll!DbgBreakPoint
0012fadc 0040336c rtcsample!failwithmessage+0x224
0012ff04 00401595 rtcsample!_RTC_StackFailure+0x10c
0012ff24 00401171 rtcsample!_RTC_CheckStackVars+0x45
0012ff4c 00401082 rtcsample!TrashStackVariable+0x51 [rtcsamp.cpp @ 59]
0012ff54 00402d13 rtcsample!main+0x12 [rtcsamp.cpp @ 24]
0012ffb8 00402add rtcsample!__tmainCRTStartup+0x233 [crt0.c @ 318]
0012ffc0 7c816fd7 rtcsample!mainCRTStartup+0xd [crt0.c @ 187]
0012fff0 00000000 kernel32!BaseProcessStart+0x23
```

如果 IsDebuggerPresent 也返回 0，便如清单 21-12 那样使用_CrtDbgReport 函数来报告错误，那个清单是在 CRT 报错对话框弹出后才附加调试器而产生的。

21.5.2　_CrtSetReportMode

_CrtDbgReport 函数可以把参数中指定的调试信息送往 3 个目的地——调试文件、调试器的监视窗口和图 21-4 所示的断言消息框。

可以调用_CrtSetReportMode 和_CrtSetReportFile 函数来配置 CRT 的报告方式，默认的输出是调试消息对话框。我们先来看一下_CrtSetReportMode 函数，其原型如下。

```
int _CrtSetReportMode(int reportType,   int reportMode);
```

其中 reportType 可以是_CRT_WARN、_CRT_ERROR 和_CRT_ASSERT 这 3 个常量之一，reportMode 可以为表 21-5 所列出的 3 种模式中的零或多种。

表 21-5　运行期检查的信息输出模式

报 告 模 式	值	信息输出目的地
_CRTDBG_MODE_DEBUG	2	调试器的输出（output）窗口
_CRTDBG_MODE_FILE	1	通过_CrtSetReportFile 函数设置的文件或其他输出终端（例如 stdout 或 stderr）
_CRTDBG_MODE_WNDW	4	包含 Abort、Retry 和 Ignore 按钮的消息框

如果想获取某种报告类型的当前输出设置，那么可以在调用_CrtSetReportMode 时把 reportMode 参数设置为_CRTDBG_REPORT_MODE(-1)。

在 VC 运行时库内部，CRT 使用一个名为_CrtDbgMode 的全局数组来记录报告模式。

```
int _CrtDbgMode[_CRT_ERRCNT] = {
#ifdef _WIN32
```

```
             _CRTDBG_MODE_DEBUG,  _CRTDBG_MODE_WNDW,
             _CRTDBG_MODE_WNDW
#else   /* _WIN32 */
             _CRTDBG_MODE_DEBUG,  _CRTDBG_MODE_DEBUG,
             _CRTDBG_MODE_DEBUG
#endif  /* _WIN32 */
             };
```

也就是对于 WIN32 程序，警告信息的默认输出是调试窗口，其他两类信息输出到消息对话框；对于控制台程序，所有信息都输出到调试器。

若消息要输出到消息对话框，则_CrtDbgReport 函数会调用另一个名为 CrtMessageWindow 的内部函数来弹出消息对话框。

```
static int CrtMessageWindow( int nRptType, const char * szFile, const char * szLine,
        const char * szModule, const char * szUserMessage)
```

CrtMessageWindow 函数弹出的消息对话框包含 3 个按钮——Abort（终止）、Retry（重试）和 Ignore（忽略）。如果单击 Abort 按钮，那么 CrtMessageWindow 便调用 ExitToShell()函数（或_exit(3)）退出进程了。如果单击 Retry 按钮，那么 CrtMessageWindow 函数会返回 1 给_CrtDbgReport，_CrtDbgReport 函数再将这个值返回到它的调用者。如果调用者是 ASSERT 宏，那么从清单 21-8 可以看出，接下来会执行_CrtDbgBreak，_CrtDbgBreak 也是个宏定义。对于 x86 平台，_CrtDbgBreak 被定义为 int 3 指令。

```
#define _CrtDbgBreak() __asm { int 3 }
```

因此，如果单击 Retry 按钮，接下来便会执行 INT 3 指令。如果该程序正在被调试，便会中断到调试器；否则，会导致一个断点异常。如果应用程序没有捕捉这个异常，那么系统的默认异常处理会启动应用程序错误对话框。如果系统中安装了 JIT 调试器，那么可以开始 JIT 调试。如果不进行 JIT 调试，那么应用程序错误对话框被关闭后，应用程序也就被强行停止了；如果进行调试，应用程序会停在 int 3 指令的位置。

如果单击 Ignore 按钮，则_CrtDbgReport 函数返回 0，程序会继续执行。但如果导致断言失败的错误条件仍然存在，则程序继续运行很可能会导致其他错误。

21.5.3　_CrtSetReportFile

可以通过_CrtSetReportFile 函数为每一种报告类型指定一个文件句柄,当该报告类型所对应的模式（_CrtDbgMode）中包含_CRTDBG_MODE_FILE 标志时，_CrtDbgReport 函数便会将调试信息写到该文件中。_CrtSetReportFile 函数的原型如下。

```
_HFILE _CrtSetReportFile( int reportType, _HFILE reportFile );
```

其中 reportFile 参数可以是一个文件句柄（比如使用 CreateFile API 创建的），也可以用 _CRTDBG_FILE_STDOUT ((_HFILE)-4)或_CRTDBG_FILE_STDERR ((_HFILE)-5)来指定标准输出（stdout）和标准错误输出（stderr）。在参数 reportFile 中指定_CRTDBG_REPORT_FILE 可以读取当前的设置。

在 VC 运行时库内部，CRT 使用一个名为_CrtDbgFile 的全局数组来记录各个文件句柄。

```
_HFILE _CrtDbgFile[_CRT_ERRCNT] = { _CRTDBG_INVALID_HFILE,
          _CRTDBG_INVALID_HFILE, _CRTDBG_INVALID_HFILE };
```

在调试时可以通过观察这个全局数组来直接读取这个设置。

21.5.4　_CrtSetReportHook

除了可以通过以上两个 CRT 函数来控制运行期检查的信息输出，还可以通过调用 _CrtSetReportHook 函数来设置一个回调函数。这样，每当 _CrtDbgReport 函数被调用时，_CrtDbgReport 都会先调用这个回调函数。回调函数应该具有如下原型。

```
int OurReportHook( int reportType, char *message, int *returnValue );
```

定义好这样一个函数后，便可以调用 _CrtSetReportHook 函数将其注册给 CRT。

```
_CRT_REPORT_HOOK _CrtSetReportHook(_CRT_REPORT_HOOK reportHook);
```

其中 reportHook 便是指向回调函数的函数指针。在内部，CRT 使用一个名为 _pfnReportHook 的全局变量来记录用户注册的回调函数。因此 _CrtSetReportHook 的操作其实很简单，只是将参数指定的函数指针赋给 _pfnReportHook 变量，并将原来的值返回。

_CrtSetReportHook 函数没有直接提供卸载回调函数的方法，因此一种可能的间接做法是将 _CrtSetReportHook 函数的返回值保存起来，当需要卸载自己的回调函数时将这个保存的值设置回去。但是这样做在多个 DLL 被动态加载和卸载时可能导致问题，因为如果多个 DLL 的卸载顺序不严格是 LIFO（后进先出）的，那么 _pfnReportHook 指针就可能指向一个已经卸载的模块中的函数，这样当 _CrtDbgReport 再次被调用时就会导致应用程序崩溃。为了避免这个问题，对于 DLL 模块，应该使用下面介绍的 _CrtSetReportHook2 函数来注册回调函数。

21.5.5　_CrtSetReportHook2

为了克服 _CrtSetReportHook 存在的不足，VC7 引入了 _CrtSetReportHook2 函数和新的以链表机制来管理 CRT 报告的回调函数。_CrtSetReportHook2 函数的原型如下。

```
int _CrtSetReportHook2( int mode,_CRT_REPORT_HOOK pfnNewHook);
```

_CrtSetReportHook2 使用一个名为 _pReportHookList 的链表来记录注册的回调函数。链表的每个节点都是一个指向 ReportHookNode 结构的指针。该结构定义在 vc\crt\src\dbgint.h 文件中。

```
typedef struct ReportHookNode {
        struct ReportHookNode *prev;     // 指向前一个节点
        struct ReportHookNode *next;     // 指向后一个节点
        unsigned refcount;               // 引用计数
        _CRT_REPORT_HOOK pfnHookFunc;    // 本节点的回调函数
} ReportHookNode;
```

新版的 _CrtDbgReport 函数会先扫描 _pReportHookList 链表并依次调用其中包含的每个回调函数，然后调用通过 _CrtSetReportHook 设置的回调函数，感兴趣的读者可以阅读 vc\crt\src\dbgrptt.cpp 中的 _VCrtDbgReportW 函数的源代码，观察其详细过程。

21.5.6　使用其他函数报告 RTC 错误

对于 VC8，如果不想使用 CRT 的 _CrtDbgReport 函数报告 RTC 错误，那么可以自己定义一个与 _CrtDbgReport 函数具有相同函数原型的函数，然后调用 _RTC_SetErrorFuncW 将其设置为 RTC 报告函数。

```
_RTC_error_fnW _RTC_SetErrorFuncW( _RTC_error_fnW function );
```

此设置会影响到所有_RTC_CheckXXX 函数的输出，但不会改变 ASSERT 类宏的输出。从清单 21-12 可以看到，_RTC_CheckXXX 函数如果检测到错误，那么会调用 failwithmessage 函数，failwithmessage 会调用_RTC_GetErrorFuncW 函数来获取当前的 RTC 错误报告函数指针。

```
_RTC_GetErrorFuncW:
00401D2E  mov        eax,dword ptr [_RTC_ErrorReportFuncW (4071A8h)]
00401D33  ret
```

从以上_RTC_GetErrorFuncW 函数的反汇编指令可以看出，_RTC_GetErrorFuncW 函数只是简单地读取全局变量_RTC_ErrorReportFuncW。

_RTC_ErrorReportFuncW 是在_CRT_RTC_INITW 函数中被初始化的，_CRT_RTC_INITW 函数的默认实现是将_CrtDbgReportW 函数赋给_RTC_ErrorReportFuncW 变量。

```
0:000> u _CRT_RTC_INITW
rtcsample!_CRT_RTC_INITW:
004036a0 55            push    ebp
004036a1 8bec          mov     ebp,esp
004036a3 b880724000    mov     eax,offset rtcsample!_CrtDbgReportW (00407280)
004036a8 5d            pop     ebp
004036a9 c3            ret
```

在不使用 C 运行时库的情况下使用 RTC 机制

如果不使用 C 运行时库，即在"链接"选项的"输入"（In put）栏目中指定忽略/NODEFAULTLIB 开关，或者指定忽略 C 运行时库的 lib 文件（msvcrtd.lib_msvcrt.lib_libc.lib_libcd.lib_libmt.lib_libmtd.lib），那么是否还可以使用 RTC 机制呢？答案是肯定的。MSDN 的 rtcsample 例子便演示了这种用法。简单来说，要完成以下几个步骤。

（1）像上面介绍的那样定义一个自己的 RTC 错误报告函数。

（2）实现一个_CRT_RTC_ INITW 函数，在这个函数中返回自己定义的 RTC 错误报告函数，类似下面这样。

```
extern "C" _RTC_error_fnW _CRT_RTC_INITW(void *, void **, int , int , int )
{
    return &Catch_RTC_Failure;
}
```

（3）程序初始化和退出前分别调用_RTC_Initialize()与_RTC_Terminate()函数。最后需要在链接选项中加入 RunTmChk.lib，以便链接器链接 RTC 函数。更多细节可以参阅 rtcsample 示例，对于使用特殊 C 运行时库的项目，如果还希望使用 RTC 机制，那么本技术是很有用的。另外，使用 CRT 和没有使用 CRT 产生的可执行文件大小有着非常明显的差异。[2]

〖 21.6 本章总结 〗

本章前半部分（前 3 节）详细介绍了编译器的运行时库，包括 C 运行时库和 C++运行时库。后半部分介绍了编译器所提供的运行期检查功能，包括自动插入的检查和程序员利用断言等机制手工插入的检查，以及报告检查错误的方法。接下来的两章将分别详细介绍栈和堆有关的运行期检查。

参 考 资 料

[1] Jac Goudsmit. Running Code Before and After Main (or WinMain or DllMain).

[2] Using Run-Time Checks Without the C Run-Time Library. Microsoft Corporation.

第 22 章 栈和函数调用

在当今无法计数的众多软件中，不同软件所使用的技术大多也千差万别，但可以肯定地说，很难发现哪个软件没有使用栈（stack）和函数调用（function call）这两项技术。可以说，这两项技术是支撑软件"大厦"的两块重要基石。也许正是因为这两项技术太基本了，所以大多数文档和图书在论及相关的内容时默认读者已经熟悉它们了。但事实上，很多人对这两项技术还存在着很多疑问。这两项技术与软件调试也有着密不可分的联系，是很多调试技术的基础。

 老雷评点　　在写《栈上风云》时，笔者花了很多时间探索栈的历史。概而言之，图灵最早描述了栈的用法，但没有给它取名字，迪杰斯特拉（Dijkstra）命名了栈。

本章将先介绍栈的基本概念（22.1 节）和栈的创建过程（22.2 节），然后分别介绍栈在函数调用（22.3 节）和局部变量分配（22.4 节）方面所起的作用，以及栈帧的概念、帧指针省略（22.5节）和栈指针检查（22.6 节）。22.7 节将详细介绍调用协定（calling convention）。22.8 节将介绍栈空间的分配和自动增长机制，22.9～22.12 节将介绍栈有关的安全问题，以及编译器所提供的检查和保护机制。

『 22.1　简介 』

什么是栈？可以从以下几个角度来回答这个问题。

从数据结构角度来看，栈是一种用来存储数据的容器（container）。放入数据的操作称为压入（push），从栈中取出数据的操作称为弹出（pop）。存取数据的一条基本规则是后进先出（Last-In-First-Out，LIFO），即最后放入的数据最先被取出。

对基于栈的计算机系统而言，栈是存储局部变量和进行函数调用必不可少的连续内存区域。编译器、操作系统和 CPU 按照规范各尽其责，保证正确合理地使用栈。编译器在编译时会将函数调用和局部变量存取编译为合适的栈操作。操作系统在创建线程时，会为每个线程创建栈，包括分配栈所需的内存空间和初始化有关的数据结构及寄存器。以 x86 系统为例（如不特别说明，本章的讨论均基于 x86 系统），SS（Stack Segment）寄存器用来描述栈所在的内存段，ESP（Extended Stack Pointer）寄存器用来记录栈的栈顶地址。CPU 在执行程序时，会假定 SS 和 ESP 寄存器已经指向一个设置好的栈，执行 PUSH 指令时便向 ESP 所指向的内存地址写入数据，然后调整 ESP 的值，使其指向新的栈顶（也就是新压入的数据）；执行 POP 指令时便从栈顶弹出数据，并会在栈底调整 ESP 寄存器的值，保证它始终指向栈的顶部。当 CPU 执行 CALL 和 RET 这样的函数调用指令时，它也会使用栈。

从线程角度来看，栈是每个 Windows 线程的必备设施。在 Windows 系统中，每个线程至少有一个栈，系统线程之外的每个线程都有两个栈，一个供该线程在用户态下执行时使用，称为用户态栈；另一个供该线程在内核态下执行时使用，称为内核态栈。在一个运行着多任务的系统中，因为有很多个线程，所以会有很多个栈。尽管有如此多的栈，但是对于 CPU 而言，它只使用当前栈，即 SS 和 ESP 寄存器所指向的栈。当进行不同任务间的切换，以及同一任务内的内核态与用户态之间的切换时，系统会保证 SS 和 ESP 寄存器始终指向合适的栈。

老雷评点　　　　从调试角度看，栈上记录着软件的执行经过，从哪里来。

另外值得说明的是，在 x86 系统中，栈是朝低地址生长的。也就是说，压入操作会导致 ESP 寄存器（栈指针）的值减小，弹出操作会导致 ESP 的值变大。这也意味着，后压入数据的内存地址比先压入数据的地址小。

老雷评点　　　　如此设计，方便了使用，不利于安全。

22.1.1　用户态栈和内核态栈

一个线程可能在不同的特权（privilege）级下执行，比如用户态的代码调用系统服务时，该线程会被切换到系统模式下执行，待所调用的系统服务执行完毕后再切换回用户态执行（这个切换过程通常称为模式切换）。如果让用户态的代码和系统服务使用同一个栈，那么必然存在安全问题（22.10 节）。为了保证不同优先级的代码和数据的安全，线程在不同优先级下运行时会使用不同的栈。以 x86 系统为例，系统中共有 4 种特权级，CPU 在执行跨越特权级的代码转移时，会自动切换到不同的栈。那么 CPU 是如何找到每个特权级应该使用的栈的呢？答案是每个任务的任务状态段（TSS）记录了不同优先级所使用的栈的基本信息。在 TSS 中，偏移量 4～28 的 24 字节是用来记录栈的 SS 和 ESP 值的。

Windows 系统只使用了 x86 CPU 定义的 4 种特权级中的两种，所以每个普通的 Win32 线程都有两个栈。一个供线程在内核态下执行时使用，称为内核态栈（kernel-mode stack）；另一个供线程在用户态下执行时使用，称为用户态栈（user-mode stack）。这里之所以说普通的 Win32 线程，是因为那些只运行在内核模式下的系统线程没有用户态栈，因为它们不需要在用户模式下运行。

在 Windows 系统为每个线程所维护的基本数据结构中，记录了内核态栈和用户态栈的基本信息。内核态栈记录在_KTHREAD 结构中，用户态栈记录在_TEB 结构中。

每个 Windows 线程都拥有一个名为_KTHREAD 的数据结构，该数据结构位于内核空间中，是 Windows 系统管理与记录线程信息和进行线程调度的重要依据。在_KTHREAD 结构中，有几个成员是专门用于记录栈信息的。

（1）StackBase：内核态栈的基地址，即栈的起始地址。

（2）StackLimit：内核态栈的边界，因为栈是向下生长的，所以其值等于 StackBase 减去内核态栈的大小。

（3）LargeStack：表示是否已经切换成大内核态栈（参见下文）。

（4）KernelStack：内核态栈的栈顶地址，用于保存栈顶地址。

（5）KernelStackResident：表示内核态栈是否位于物理内存中。

（6）InitialStack：供内核态代码逆向调用用户态代码时记录本来的栈顶位置。

（7）CallbackStack：也在逆向调用时使用，Vista 之前用来记录栈指针值，KiCallUserMode 在将执行权交给用户态代码之前将当时的内核态栈指针保存在这个字段中，待用户态函数执行完毕用户态的代码通过触发 INT 2B 返回时，对应的处理例程 KiCallbackReturn 再将这里保存的值恢复到 ESP 寄存器中。

可见，通过以上字段足以了解内核态栈的各种基本信息，如基地址、边界、栈顶等。可以通过 WinDBG 的.thread 命令得到一个线程的_ETHREAD 地址。

```
kd> .thread
Implicit thread is now 81af8bf0
```

因为_ETHREAD 结构的第一个成员 Tcb 就是_KTHREAD 类型的，所以以上地址也就是_KTHREAD 结构的地址。可以使用 dt 命令来观察上面介绍的各个字段。

```
kd> dt nt!_KTHREAD 81af8bf0
   +0x018 InitialStack        : 0xf4d2bb90
   +0x01c StackLimit          : 0xf4d26000
   +0x028 KernelStack         : 0xf4d2bcb4
   +0x12a KernelStackResident : 0x1 ''
   +0x12c CallbackStack       : 0xf4d2bb98
   +0x142 LargeStack          : 0x1 ''
   +0x168 StackBase           : 0xf4d2c000
```

其中 StackBase 的值是 0xf4d2c000，可以看出这个地址是一个内核空间的地址，StackLimit 的值是 0xf4d26000，StackLimit−StackBase 等于 0x6000，即 24576，说明这个线程的内核态栈的大小是 24KB。此时 LargeStack 字段已经为 1，意味着这已经是大内核栈，普通的内核态栈通常为 12KB。

因为速度和支持多种处理器等，Windows 系统没有采用 x86 CPU 的硬件级任务切换机制（以 TSS 为核心），但是为了让 CPU 在模式切换时可以找到合适的栈信息（参见下一节对跨优先级调用的讨论），Windows 系统会为系统内的普通线程建立一个共享的 TSS。当进行软件方式的任务切换时，Windows 系统会把当前任务的内核态栈信息复制到 TSS 中。

用户态栈的基本信息记录在线程信息块（_NT_TIB）结构中，NT_TIB 是线程环境块（TEB）结构的第一个部分，因此可以根据 TEB 的地址来显示_NT_TIB 结构（清单 22-1）。

清单 22-1　观察线程的_NT_TIB 结构

```
0:001> ~
   0    Id: 10d4.140 Suspend  : 1 Teb: 7ffdf000 Unfrozen
.  1    Id: 10d4.175cSuspend  : 1 Teb: 7ffde000 Unfrozen
0:001> dt _NT_TIB 7ffdf000
ntdll!_NT_TIB
   +0x000 ExceptionList       : 0x0007ff10 _EXCEPTION_REGISTRATION_RECORD
   +0x004 StackBase           : 0x00080000
   +0x008 StackLimit          : 0x0007d000
   +0x00c SubSystemTib        : (null)
   +0x010 FiberData           : 0x00001e00
   +0x010 Version             : 0x1e00
   +0x014 ArbitraryUserPointer : (null)
   +0x018 Self                : 0x7ffdf000 _NT_TIB
```

其中 StackBase 即用户态栈的基地址，StackLimit 即栈的边界。用户态栈具有按照需要自动增长的特性，我们将在 22.6 节详细讨论。

从功能和使用方式来看，用户态栈与内核态栈是相同的。但因为它们一个是为用户态代码服务的，另一个是为内核态代码服务的，所以它们的特征还是有差异的。用户态栈是被分配在其所在进程的用户空间中的，而内核态栈是被分配在系统空间中的。我们知道用户空间是共享的，而系统空间是全局性的。换句话说，一个系统内的用户空间有很多个，而系统空间只有一个。以典型的 32 位 Windows 系统为例，系统内每个进程都拥有自己的 2GB 用户空间，不过这看似独有的空间使用的都是 0～0x7FFFFFFF 这一段相同的地址空间；而系统空间是全局性的，整个系统只有 0x80000000～0xFFFFFFFF 这 2GB 的空间，被所有进程所共享。因为线程的内核态栈都是分配在系统空间中的，所以系统内每个线程的内核态栈占用的都是宝贵的系统空间。笔者在写作此内容时，所使用的 Windows 系统中共有 660 个线程（略有浮动，可以使用 PerfMon 工具观察 System 的 Threads 计数器）。这意味着即使每个线程的内核态栈只占用较少的空间，加起来也很大了。这很自然地产生了内核态栈和用户态栈的一个重要区别：用户态栈是可指定大小的，其默认大小为 1MB；而内核态栈是完全由系统来控制大小的，其大小因处理器结构的不同而不同，但通常在十几千字节到几十千字节之间。以下是基于不同处理器的 Windows 系统的默认内核态栈大小。

（1）在基于 x86 CPU 的系统中，内核态栈的初始大小是 12KB。

（2）在基于 x64 CPU（英特尔 64 和 AMD64）的系统中，内核态栈的初始大小是 24KB。

（3）在基于安腾（Itanium）处理器的系统中，内核态栈的初始大小是 32KB。

考虑 GUI 线程在调用 GDI 等内核服务时通常需要更大的内核态栈，所以在一个线程被转变为 GUI 线程后（创建时，所有线程都是非 GUI 线程），Windows 系统会为其创建一个较大的可增长的内核态栈（称为大内核态栈）来替换掉原来的栈，下一节将详细讨论。

22.1.2　函数、过程和方法

在软件工程中，函数（function）、过程（procedure 或 subroutine）和方法（method）这 3 个术语经常被替换使用，因为它们都可以用来指代一段可调用的程序代码。它们有什么区别吗？简单来说，函数可以返回一个结果值（result value），而严格意义上的过程却不能，这一点在 VB 语言中体现得最为明显。C 语言中，只有函数可以返回值也可以不返回值（返回类型为 void）。在面向对象的语言（如 C++）中，通常使用方法这一术语来指代类中的各个函数。

尽管以上 3 个术语有着细微的差异，且不可轻易说它们是一回事，但是因为本章主要以 C/C++ 和汇编语言为例来讨论调试技术，所以除非特别指出，我们统一使用函数这一术语来泛指以上 3 个概念。

22.2　栈的创建过程

对每个 Windows 线程来说，栈是线程内的代码进行函数调用和变量分配的必备设施，因此拥有可使用的栈是线程能够运行的前提条件。操作系统在创建线程时，就为其创建了栈。或者说，创建栈是创建线程的一个必不可少的步骤。我们先来看每个线程的内核态栈是如何创建的。

22.2.1　内核态栈的创建

PspCreateThread 是 Windows 内核中用于创建线程的一个重要内部函数。无论是创建系统线程（PsCreateSystemThread）还是用户线程（NtCreateThread 服务），都离不开这个函数。除了创建重要的 ETHREAD 结构，PspCreateThread 函数的另一个重要任务就是创建内核态栈。

前面我们说过，对于 GUI 线程，Windows 系统会为其创建大内核栈。不过，当创建线程时，所有线程都不是 GUI 线程。Windows 系统是在线程第一次调用 Windows 子系统的内核服务（Win32K）时将其转变为 GUI 线程的。因此当创建线程时，PspCreateThread 函数总是调用 MmCreateKernelStack 函数创建一个默认大小的内核态栈，这个栈的大小是固定的，而且是不可增长的。

当一个线程被转化为 GUI 线程时，系统的 PsConvertToGuiThread 函数会为该线程重新创建一个栈，然后使用 KeSwitchKernelStack 切换到新的栈。新的栈是可以改变大小的，称为大内核态栈。大内核态栈的最大值记录在名为 MmLargeStackSize 的全局变量中。

```
kd> dd MmLargeStackSize l1
80542720  0000f000
```

另外两个全局变量 MmLargeStacks 和 MmSmallStacks 分别用来记录系统中大型栈和小型栈的总个数。

```
kd> dd nt!MmLargeStacks l1
8054be18  0000004a
kd> dd nt!MmSmallStacks l1
8054be14  000000d1
```

在一个线程被转变为 GUI 线程后，其 KTHREAD 结构的 LargeStack 字段会改为 1，同时其 Win32Thread 字段也会由 0 变为非 0（这可以作为判断该线程是否是 GUI 线程的一个依据）。转换后，新的栈通常不会立即增大，而是当需要时，调用 MmGrowKernelStack 函数来增长栈（参见下文），每次增长的幅度至少为一个页面的大小（x86 中为 4KB）。内核态的代码（如驱动程序）可以调用 IoGetStackLimits 函数与 IoGetRemainingStackSize 函数分别得到当前栈的边界和剩余大小。

22.2.2 用户态栈的创建

Windows 线程的用户态栈是由 KERNELBASE.DLL 中的 BaseCreateStack 函数创建的。对于每个进程的初始线程，用户态栈是在父进程中创建的，当 CreateProcess 函数调用 NtCreateProcess 创建好新进程的地址空间、进程句柄等各种基本结构后，调用 BaseCreateStack 函数为新进程的初始线程创建栈。

初始线程之外的其他线程通常是调用 CreateThread 或 CreateRemoteThread 函数创建的。事实上，CreateThread 函数只是简单地调用 CreateRemoteThread 函数。CreateRemoteThread 函数在调用内核服务 NtCreateThread 前，会调用 BaseCreateStack 函数来创建用户态栈。

因此，无论是系统创建的初始线程还是用户代码创建的其他线程，都是在使用 BaseCreateStack 创建好用户态栈后再调用 NtCreateThread 来创建线程的。

BaseCreateStack 是位于 KERNELBASE.DLL 中的一个未公开函数，其原型大致如下。

```
NTSTATUS BaseCreateStack(IN HANDLE hProcess,
    IN DWORD dwCommitStackSize, IN DWORD dwReservedStackSize,
    OUT PINITIAL_TEB pInitialTeb)
```

简单来说，BaseCreateStack 函数在 hProcess 所指定的进程空间中根据 dwReservedStackSize 参数保留一段内存区域，并在这个区域中按照 dwCommitStackSize 参数所指定的大小提交一部分作为栈的初始空间。BaseCreateStack 函数将所保留和提交内存区域的参数保存到 pInitialTeb 指向的结构中，而后这些参数会传递给 NtCreateThread 内核服务，最终保存到线程环境块（TEB）

结构中。当用户态调试时，可以使用!teb 命令来观察 TEB 中包含的栈信息。

```
0:002> !teb
TEB at 7ffdc000
    ExceptionList:        00f7ffe4
    StackBase:            00f80000
    StackLimit:           00f7f000 …
```

也可以使用 dt 命令来观察。

```
0:002> dt _Teb 7ffdc000 -b
ntdll!_TEB
   +0x000 NtTib        : _NT_TIB
      +0x000 ExceptionList    : 0x00f7ffe4
      +0x004 StackBase        : 0x00f80000
      +0x008 StackLimit       : 0x00f7f000 …
```

下面我们来看一下参数 dwReservedStackSize 和 dwCommitStackSize，它们分别用来指定要创建栈的保留内存区大小和已经提交的内存区大小，也就是为栈保留的最大内存地址空间，以及初始提交的内存空间大小，后者属于前者的一部分。保留空间实际上只保留一个地址范围，在使用前还必须进行提交，提交时系统才真正进行内存分配。

对于使用 CreateThread 或 CreateRemoteThread 创建的线程，可以通过参数 dwStackSize 指定栈的保留大小（在 dwCreationFlags 中设置 STACK_SIZE_PARAM_IS_A_RESERVATION 标志）和初始提交大小。那么初始线程的栈大小是如何指定的呢？答案是可执行文件（PE 文件）的文件头信息。在 PE 文件的 IMAGE_OPTIONAL_HEADER 中，SizeOfStackReserve 和 SizeOfStackCommit（都为 DWORD 类型）字段就是分别用来指定栈的默认保留大小和提交大小的。当我们调用 CreateThread 用 0 作为 dwStackSize 参数时，系统也会使用 IMAGE_OPTIONAL_HEADER 中指定的大小。SizeOfStackReserve 和 SizeOfStackCommit 字段的值是链接程序（linker）在生成 EXE 文件时根据链接选项写入的。对于 VC 编译器，可以通过如下开关进行设定。

```
/STACK:reserve[,commit]
```

其中 reserve 和 commit 分别是保留空间与提交空间的字节数（如果不是 4 的倍数，会自动取整为 4 的倍数）。也可以在 DEF 文件中使用 STACKSIZE 语句来设定。

```
STACKSIZE reserve[,commit]
```

对于链接好的 EXE 文件，还可以通过 EDITBIN 工具来修改这两个值。

进一步来说，保留和提交内存都是通过系统的虚拟内存分配函数来完成的，SDK 中公开了 VirtualAlloc 和 VirtualAllocEx API，事实上它们都调用内核服务 NtAllocateVirtualMemory。

```
NTSTATUS NtAllocateVirtualMemory( IN HANDLE hProcessHandle,
    IN OUT PVOID lpBaseAddress, IN ULONG ZeroBits, IN OUT PULONG plRegionSize,
    IN ULONG flAllocationType, IN ULONG flProtect );
```

其中，lpBaseAddress 是地址指针；plRegionSize 是区域大小；flAllocationType 为要分配的内存类型——MEM_RESERVE 是保留内存，MEM_COMMIT 为提交内存；flProtect 用来指定所分配内存的保护属性，如 PAGE_READONLY（只读）和 PAGE_READWRITE（读写）等。

可以把 BaseCreateStack 创建用户态栈的过程归纳为如下几个重要步骤。

（1）将提交空间大小取整为内存页大小的倍数，将总保留大小取整为内存分配的最小粒度

（4 字节）。

（2）调用内存分配函数（NtAllocateVirtualMemory）保留内存地址空间，内存分配类型为 MEM_RESERVE，分配的大小为栈空间保留大小。

（3）调用 NtAllocateVirtualMemory 在保留空间的高地址端提交初始栈空间，内存分配类型为 MEM_COMMIT，分配的大小为初始提交大小（参见下一步）。

（4）如果保留空间大于初始提交空间，则第 3 步会多提交一个页面用作栈保护页面。保护的方法是调用虚拟内存保护函数（VirtualProtect）对这个页面（已提交栈低地址端的一个页面）设置 PAGE_GUARD 属性。

其中第 4 步创建的栈保护页面是实现栈自动增长功能所必需的，我们将在 22.8 节详细介绍栈增长机制。

22.2.3　跟踪用户态栈的创建过程

下面通过一个实验来加深大家对用户态栈创建过程的理解。为了跟踪 BaseCreateStack 函数的工作过程，我们特意编写了一个名为 AllocStk 的小程序，在这个程序中调用 CreateProcess API 创建另一个进程（EvtLog.exe）。

启动 WinDBG，选择 File → Open Executable，切换 code\bin\debug 目录，选择 AllocStk.exe，并在命令行参数中指定 EvtLog.exe。然后用 bp 命令对 kernel32!BaseCreateStack 函数设置一个断点，输入 g 命令让程序执行，断点会随即命中，输入 kv 命令观察函数调用过程（清单 22-2）。

清单 22-2　函数调用过程

```
0:000> knL
 # ChildEBP RetAddr
00 0012f1fc 7c819d88 kernel32!BaseCreateStack               // 为新进程创建栈
01 0012fc38 7c81d5af kernel32!CreateProcessInternalW+0x19d5  // UNICODE 版本
02 0012fd24 7c802393 kernel32!CreateProcessInternalA+0x29c   // 内部函数
03 0012fd5c 004010e7 kernel32!CreateProcessA+0x2c            // 创建新进程（EvtLog.exe）
04 0012ff30 00401463 AllcStk!WinMain+0x67                    // 用户的入口函数
05 0012ffc0 7c816ff7 AllcStk!WinMainCRTStartup+0x113         // CRT 的入口函数
06 0012fff0 00000000 kernel32!BaseProcessStart+0x23          // 系统的进程启动函数
```

此时任务管理器中已经可以看到新进程，但是线程数是 0，因为初始线程尚未创建。观察栈上的参数。

```
0:000> dd 0012f1fc+8 l4
0012f204   000007bc 00001000 00100000 0012f484
```

其中 7bc 是新进程的句柄，0x1000B（即 4KB）为栈初始提交大小，0x100000B 为栈保留大小，即 1MB。

接下来对 ntdll!ZwAllocateVirtualMemory 设置一个断点，因为 BaseCreateStack 会多次调用它来创建栈。当 ntdll!ZwAllocateVirtualMemory 处的断点命中时，观察其参数。因为其参数较多，所以我们直接使用 dd esp 命令来观察栈中的参数。

```
0:000> dd esp l8
0012f1c8   7c810327 000007bc 0012f1f8 00000000
0012f1d8   0012f20c 00002000 00000004 00000000
```

其中 7c810327 是返回地址，000007bc 是进程句柄（参数 1），0012f1f8 是参数 lpBaseAddress，用来存放分配到的地址，其目前值为 0。0012f20c 是参数 plRegionSize，其内容是要申请的内存区大小。

```
0:000> dd 0012f20c l1
0012f20c  00100000
```

接下来的 00002000 和 00000004 分别代表分配类型 MEM_RESERVE 与内存页保护属性 PAGE_READWRITE，WinNT.h 中定义了这些常量。

```
#define MEM_RESERVE        0x2000      //保留
#define PAGE_READWRITE     0x04        //读写
#define MEM_COMMIT         0x1000      //提交
#define PAGE_GUARD         0x100       //保护
```

输入 gu 命令让程序继续，完成这个系统调用，再观察 0012f1f8 处的值。

```
0:000> dd 0012f1f8 l1
0012f1f8  00030000
```

这说明系统分配给栈的 1MB 空间是从 0x30000 开始的，终止地址应该为 0x130000。

按 F5 快捷键继续执行，应该再次命中 ntdll!ZwAllocateVirtualMemory 处的断点。再次显示其参数。

```
0:000> dd esp
0012f1c8  7c810552 000007bc 0012f1f8 00000000
0012f1d8  0012f208 00001000 00000004 00000000
```

参数 5 等于 00001000 表示这在提交初始栈空间。观察参数 2 指定的地址值。

```
0:000> dd 0012f1f8 l1
0012f1f8  0012e000
```

这说明 BaseCreateStack 在提交从 0x0012e000 开始到 0x130000 的 0x2000B（即 8KB）空间，第一步中的保留参数是 0x1000，即 4KB，这里提交 8KB 用于为栈保护页面多提交 4KB（一个页面）。

接下来，BaseCreateStack 会调用 VirtualProtectEx API 对栈保护页面加 PAGE_GUARD 属性，这个 API 会调用 NtProtectVirtualMemory 系统服务，因此我们对 ntdll!ZwProtectVirtualMemory 设置断点，然后按 F5 快捷键继续执行。随即待断点命中后，观察栈。

```
0:000> dd esp l8
0012f1cc  7c8103ab 000007bc 0012f1f8 0012f1f4
0012f1dc  00000104 0012f1f0 00000000 00000003
```

其中 000007bc 是第一个参数 hProcess，0012f1f8 是第二个参数 lpAddress，它的内容是要保护页面的地址，使用 dd 命令可以看到其值为 0012e000。0012f1f4 中包含的是要保护的内存区大小，其值为 0x1000B，即 4KB（1 个内存页）。参数 4（00000104）为新的内存页属性，0x100 即 PAGE_GUARD，最后一个参数 0012f1f0 是个指针，用来接收旧的页保护属性。

图 22-1（a）画出了刚创建好的栈的示意图，此时栈的基地址为 0x130000，栈的边界为 0x12f000，栈中可使用空间为 4KB，栈的总大小为 1MB。

地址 0x12f000 和 0x12e000 之间的一个页是保护页，当已经提交的栈空间用完并触及到保护页时，系统的栈增长机制会提交更多空间并移动保护页，图 22-1（b）表示栈自动增长一个内存页后的情形。

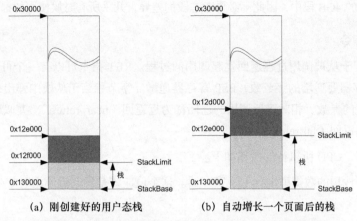

（a）刚创建好的用户态栈　　　（b）自动增长一个页面后的栈

图 22-1　刚创建好的用户态栈和自动增长一个页面后的栈

22.3 CALL 和 RET 指令

在基于 x86 处理器的系统中，CALL 和 RET 指令是专门用来进行函数调用和返回的。理解这两条指令有助于我们深刻理解函数调用的内部过程和栈的使用方法。

22.3.1 CALL 指令

CALL 指令是 x86 CPU 中专门用于函数调用的指令，简单来说，它的作用就是将当前的程序指针（EIP 寄存器）值保存到栈中（称为 linking information），然后转移到（branch to）目标操作数所指定的函数（被调用过程）继续执行。

根据被调用过程是否位于同一个代码段，调用分为近调用（near call）和远调用（far call）两种。对于近调用，CPU 所执行的操作如下。

（1）将 EIP 寄存器的当前值压入栈中供返回时使用。

（2）将被调用过程的偏移量（相对于当前段）加载到 EIP 寄存器中。

（3）开始执行被调用过程。

对于远调用，CPU 所执行的操作如下。

（1）将 CS 寄存器的当前值压入栈中供返回时使用。

（2）将 EIP 寄存器的当前值压入栈中供返回时使用。

（3）将包含被调用过程的代码段的段选择子加载到 CS 寄存器中。

（4）将被调用过程的偏移量加载到 EIP 寄存器中。

（5）开始执行被调用过程。

易见，近调用和远调用的差异在于是否处理段寄存器，因为近调用是发生在一个代码内的调用，所以不需要向栈中压入和切换代码段，而远调用由于发生在不同代码段间，因此需要保存和切换代码段。近调用和远调用的机器码是不一样的，编译器在编译时会决定使用何种调用。在编写 16 位的 Windows 程序（Windows 3.x）时，在某些函数声明中会带有 FAR 声明，表示调用这样的函数时应该使用远调用。对于 NT 系列的 Windows，因为使用了平坦内存模型，同一进程内的代码都在一个大的 4GB 段中，因此不必再考虑段的差异，几乎所有时候使用的都是近调用。

22.3.2　RET 指令

RET 指令用于从被调用过程返回发起调用的过程。RET 指令可以有一个可选的参数 n，用于指定 ESP 寄存器要递增的字节数，ESP 寄存器递增 n 字节相当于从栈中弹出 n 字节，经常用来释放压在栈上的参数。相对于近调用的返回称为近返回（near return），类似地，相对于远调用的返回称为远返回（far return）。

对于近返回，CPU 所执行的操作如下。

（1）将位于栈顶的数据弹出到 EIP 寄存器。这个值应该是发起近调用时 CALL 指令压入的返回地址。

（2）如果 RET 指令包含参数 n，那么便将 ESP 寄存器的字节数递增 n。

（3）继续执行程序指针所指向的指令，通常就是父函数中调用指令的下一条指令。

对于远返回，在第（1）步和第（2）步之间，CPU 会弹出执行远调用时压入的 CS 寄存器。从以上过程我们看到，RET 指令只是单纯地返回执行这条指令时栈顶所保存的地址，如果 ESP 寄存器没有指向合适的位置或栈上的地址被破坏了，那么 RET 指令就会返回其他地方，这也正是缓冲区溢出攻击的基本原理，我们将在 22.10 节讨论更多细节。

22.3.3　观察函数调用和返回过程

下面通过一个程序实例来加深大家的理解。清单 22-3 所示的代码是我们特意编制的一个名为 HiStack 的控制台程序的源代码（完整代码位于 code\chap22\histack）。

清单 22-3　HiStack 程序的源代码

```
1    #include <stdio.h>
2
3    int __stdcall Proc(int n)
4    {
5        int a=n;
6        printf("A test to inspect stack, n=%d,a=%d.",n,a);
7        return n*a;
8    }
9    int main()
10   {
11       return Proc(122);
12   }
```

因为编译器会为调试版本分配额外的变量和加入栈检查功能（22.11 节），所以我们使用发布（release）版本来进行观察。为了可以在调试器中看到函数名信息，我们让编译器为发布版本产生调试符号。其操作过程是：选择项目属性，切换到发布版本（Win32 Release），然后在链接设置中选中 Generate debug info（生成调试信息）复选框。

接下来，使用 WinDBG 打开编译好的发布版本的 HiStack.exe 程序。使用 bp histack!main 命令为 main 函数设置一个断点，然后让程序执行到这个断点。这时从 Disassembly（反汇编）窗口可以看到以上源代码所对应的汇编代码（清单 22-4）。

清单 22-4　HiStack 程序的 main 和 Proc 函数所对应的汇编指令

```
1    HiStack!Proc:
```

```
 2    00401000 56           push    esi
 3    00401001 8b742408     mov     esi,[esp+0x8]
 4    00401005 56           push    esi
 5    00401006 56           push    esi
 6    00401007 6830804000   push    0x408030
 7    0040100c e81f000000   call    HiStack!printf (00401030)
 8    00401011 83c40c       add     esp,0xc
 9    00401014 8bc6         mov     eax,esi
10    00401016 0fafc6       imul    eax,esi
11    00401019 5e           pop     esi
12    0040101a c20400       ret     0x4
13    0040101d 90           nop
14    0040101e 90           nop
15    0040101f 90           nop
16    HiStack!main:
17    00401020 6a7a         push    0x7a
18    00401022 e8d9ffffff   call    HiStack!Proc (00401000)
19    00401027 c3           ret
```

输入 "r eip, esp" 命令（显示寄存器值），可以看到此时的 EIP（程序指针）和 ESP（栈指针）寄存器的值。

```
0:000> r eip, esp
eip=00401020 esp=0012ff84
```

也就是说，目前栈顶的地址是 0012ff84；CPU 即将执行 00401020 处的指令，即第 17 行的 push 0x7a，0x7a 即要传递给 Proc 函数的参数 122。

输入 p 命令单步执行一次，再显示 EIP 和 ESP 寄存器的值。

```
0:000> r eip, esp
eip=00401022 esp=0012ff80
```

可见程序指针指向下一条指令（第 18 行的 CALL），ESP 也指向了新的地址 0012ff80。新的地址与刚才的地址相差 4 字节，这正好是用于存放刚刚压入的 0x7a 所需的空间。使用内存显示命令可以观察到地址 0012ff80 处的内容就是 0x7a。这也验证了 ESP 寄存器总是指向位于栈顶的数据。

```
0:000>  dd 0012ff80 l1
0012ff80  0000007a
```

输入 t 命令跟踪执行第 18 行的 CALL 指令，会发现代表当前执行位置的光标移动到函数 Proc 的第一条指令，即清单 20-4 的第 2 行，再次观察 EIP 和 ESP 寄存器的值。

```
0:000> r esp, eip
esp=0012ff7c eip=00401000
```

可以发现 EIP 指向即将执行的函数 Proc 的第一条指令，ESP 又递减了 4 字节，根据我们前面对 CALL 指令的介绍，这应该是 CALL 指令压入的函数返回地址。由于这是近调用，因此只需要压入偏移地址，不需要压入段寄存器。使用 dd 命令观察栈顶的数据，可以发现其值为 00401027，这正是第 19 行的指令的地址，即执行 Proc 函数后应该返回的地址。

```
0:000> dd 0012ff7c l1
0012ff7c  00401027
```

我们在介绍 CALL 指令时说，CPU 压入的是 EIP 寄存器的当前值。也就是说，CPU 在执行 CALL 指令时，EIP 指针已经指向了其后的那条指令，这与 EIP 寄存器总是指向即将执行的下一条指令相吻合。

第 2～11 行是 Proc 函数内部的代码，我们不再仔细介绍，将光标移到第 12 行，然后按 Ctrl+F10 组合键直接执行到这一行。输入"r esp, eip"命令看此时的 EIP 和 ESP 寄存器的值。

```
0:000> r esp, eip
esp=0012ff7c eip=0040101a
```

可见接下来要执行的是位于第 12 行的 ret 0x4 指令，而此时的 ESP 值与进入 Proc 函数时的值相同。使用 dd 命令显示 ESP 寄存器的值，它仍然是函数的返回地址，这便是所谓的保持栈平衡。保持栈平衡是判断一个函数是否正确使用栈的一个基本标准。只有保持栈平衡，函数才可能返回正确的位置。

```
0:000> dd 0012ff7c l1
0012ff7c  00401027
```

输入 p 命令再次单步执行，会发现光标如预期那样移动到第 19 行，即从 Proc 函数中返回 main 函数，准备执行 CALL 指令之后的下一条指令。再次观察 ESP 指针。

```
0:000> r esp, eip
esp=0012ff84 eip=00401027
```

可见，ESP 寄存器的值从 0012ff7c 变为 0012ff84，递增了 8 字节。根据我们前面对 ret 指令的介绍，其中 4 字节是由于弹出返回地址到 EIP 寄存器导致的，另外 4 字节是按参数 n（n=4）指定的值释放参数所占用的空间而导致的。另外大家可以发现，此时，ESP 寄存器的值与进入 main 函数时的值是完全一致的，也就是说，调用 Proc 函数没有影响 ESP 寄存器的值。这样看来，尽管单纯从 main 函数来看，第 17 行的压栈操作 push 0x7a 似乎没有对应的弹出操作，但是因为被调用函数进行了清理参数的操作，所以栈还是平衡的。这种清理栈中参数的方法就是所谓的被调用者清理栈，我们将在 22.7 节讨论函数调用协定时进一步介绍各种清理栈的方法。

顺便说一下，第 13～15 行的 nop 指令是用来填补空位进行内存对齐的，CPU 执行 nop 指令时，除了递增 EIP 寄存器，不做任何其他操作。

22.3.4　跨特权级调用

通常，发起调用的函数和被调用的函数都是位于同一个特权级的代码中的，这种调用叫作同特权级调用。另一种情况是位于不同特权级代码段中的代码相互调用，称为跨特权级调用。跨特权级调用通常是通过一个所谓的调用门（call gate）来完成的。调用门的全称是调用门描述符（call-gate descriptor），其结构（图 22-2）与中断描述符非常类似。调用门描述符可以出现在 GDT 和 LDT 中，不可以出现在 IDT 中。

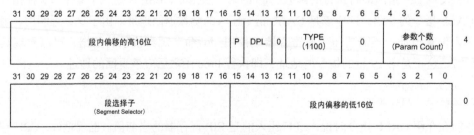

图 22-2　调用门描述符（32 位）

其中，段选择子用来指定被调用代码所在的段，段内偏移用来指定被调用代码的偏移地址。

DPL 代表了这个段描述符的特权级。下面以低特权级的代码调用高特权级的代码为例介绍 CPU 执行跨特权级调用的过程。

（1）进行访问权限检查，如果检查失败，则产生保护性异常。

（2）将 SS、ESP、CS、EIP 寄存器的值临时保存到 CPU 内部。

（3）从任务状态段中找到目标代码所处特权级的栈信息，并将段选择子与栈指针加载到 SS 和 ESP 寄存器中。这一步进行的动作通常称为栈切换。

（4）将第（2）步保存的 SS 和 ESP 寄存器值依次压入新的栈。这一步的目的是将发起调用的代码的栈信息压入被调用代码所使用的栈。

（5）将参数从发起调用的栈复制到新的栈。调用门中的 Param Count（参数个数）字段描述了要复制的参数个数，这里是以 DWORD 为单位的，最多可以复制 32 个 DWORD。

（6）将第（2）步保存的 CS 和 EIP 值压入新的栈中。

（7）将要调用的代码段的段选子和函数偏移地址分别加载到 CS 与 EIP 寄存器中。

（8）开始执行被调用的代码。

当被调用的代码执行完毕时，可使用 RET 指令返回到发起调用的函数，其过程从略。

CPU 在处理中断或异常时，如果 CPU 当前正在执行用户代码段中的低特权级代码，而中断处理例程位于高特权级的内核代码段中，那么 CPU 所做的动作与上面的跨特权级调用非常类似，只不过使用的是中断描述符。Windows 操作系统使用 INT 2E 或专门的快速系统调用指令来实现从用户态（低特权）到内核态（高特权）的系统调用，没有使用调用门。但是某些根件（rootkit）会使用调用门来从用户态调用内核空间的代码。

22.4　局部变量和栈帧

所谓局部变量（local variable）就是指作用域和生命期都局限于所在函数或过程范围内的变量，它是相对全局可见的全局变量（global variable）而言的。编译器在为局部变量分配空间时通常有两种做法——使用寄存器和使用栈。

从性能上看使用寄存器来分配局部变量是最好的，因为访问寄存器比访问内存要快许多倍，但由于寄存器的空间和数量都非常有限（尤其对于 x86 系统，见 2.1 节），因此字符串或数组这样的局部变量是不适合分配在寄存器中的。通常编译器只会把频繁使用的临时变量分配在寄存器中，比如 for 循环中的循环变量。当编译器的优化选项打开时，编译器会充分利用可用的寄存器来给存放临时变量，以提高程序的性能。对于调试版本，优化选项默认是关闭的，编译器会在栈上分配所有变量。在 C/C++ 程序中，可以在声明变量时加上 register 关键字，请求编译器在可能的情况下将该变量分配在寄存器中，但也只是"尽可能"，并不能保证所描述的变量一定分配在寄存器中。大多数时候，编译器根据全局设置和编译器自身的逻辑来决定是否把一个变量分配在寄存器中。

编译器在编译阶段根据变量特征和优化选项为每个局部变量选择以上两种分配方法之一。使用栈来分配局部变量是最主要的做法，大多数局部变量是分配在栈上的。

根据分配方法，我们把分配在寄存器中的局部变量称为寄存器变量（register variable），把分配在栈上的局部变量称为栈变量（stack variable）。本章讨论的重点是分配在栈上的局部变量。因此以下如不特别说明，我们说的局部变量都是指栈变量。因为分配在栈上的变量和对象会随着函数的调用和返回而自动分配和释放，所以栈有时也称为自动内存。

22.4.1 局部变量的分配和释放

概言之，局部变量的分配和释放是由编译器插入的代码通过调整栈指针（stack pointer）的位置来完成的。编译器在编译时，会计算当前代码块（如函数或过程）中所声明的所有局部变量所需要的空间，并将按照内存对齐规则取满足对齐要求的最接近整数值。在 32 位 Windows 系统中，内存分配是按 4 字节对齐的，这意味着不满 4 字节的空间分配会按 4 字节来分配。举例来说，如果某个 ANSI 类型的字符数组的长度是 13 字节，那么编译器会分配 16 字节。

计算好所需空间后，编译器会插入适当的指令来调整栈指针，为局部变量挪动（分配）出空间来。对于 x86 系统，栈指针保存在 ESP 寄存器中，所以调整栈指针实际上也就是调整 ESP 寄存器的值。

编译器有几种方法来调整 ESP 寄存器的值。一种方法是直接对其进行加减运算，比如：

```
sub esp, 10h ;        // 将 ESP 寄存器中的值减去 16
add esp, 10h ;        // 将 ESP 寄存器中的值加上 16
add esp, 0FFFFFFCC ;  // 加上一个负数（-34），相当于减去 34
```

另一种方法是使用 PUSH 和 POP 指令，因为这两个指令也会改变 ESP 寄存器的值。PUSH 与 POP 指令比 SUB 和 ADD 指令执行得更快，所以当只需要一两个 PUSH 或 POP 指令就能达到目的时，编译器就会使用 PUSH 或 POP 指令，而不用加减指令。另外 enter、leave 和 ret 指令也可以改变 ESP 寄存器的值。

因为栈是向低地址方向生长的，所以分配空间时使 ESP 寄存器递减，释放空间时使 ESP 寄存器递增。下面举个例子来加深大家的印象。清单 22-5 列出了本节的示例程序 LocalVar（完整代码位于 code\chap22\LocalVar 目录）中的 FuncA 函数的源代码。

清单 22-5　LocalVar 中的 FuncA 函数的源代码

```
1    int FuncA()
2    {
3        int l,m,n;
4        char sz[]="Advanced SW Debugging";
5        l=sz[0];
6        m=sz[4];
7        n=sz[8];
8        return l*m*n;
9    }
```

从 FuncA 函数的源代码我们可以看到，该函数中共定义了 4 个局部变量、3 个整数和一个字符串。3 个整数需要 12 字节的空间，可以分配在寄存器中，也可以分配在栈上。字符串中包含了 21 个字符，加上末尾的结束符 0，共需 22 字节，字符串变量是无法分配在寄存器中的，因此一定要分配在栈上。下面我们通过观察汇编代码来看编译器是如何分配这些变量的。清单 22-6 列出了 FuncA 函数的反汇编代码，它是使用 WinDBG 调试器针对 LocalVar 程序的发布版本（优化选项是速度最大化）产生的。

清单 22-6　FuncA 函数的反汇编代码（发布版本）

```
1    LocalVar!FuncA:
2    00401000 83ec18              sub      esp,0x18
3    00401003 b905000000          mov      ecx,0x5
4    00401008 56                  push     esi
5    00401009 57                  push     edi
6    0040100a be30704000          mov      esi,0x407030
7    0040100f 8d7c2408            lea      edi,[esp+0x8]
8    00401013 f3a5                rep      movsd
9    00401015 66a5                movsw
10   00401017 0fbe442410          movsx    eax,byte ptr [esp+0x10]
11   0040101c 0fbe4c240c          movsx    ecx,byte ptr [esp+0xc]
12   00401021 0fbe542408          movsx    edx,byte ptr [esp+0x8]
13   00401026 0fafc1              imul     eax,ecx
14   00401029 5f                  pop      edi
15   0040102a 0fafc2              imul     eax,edx
16   0040102d 5e                  pop      esi
17   0040102e 83c418              add      esp,0x18
18   00401031 c3                  ret
```

　　下面通过分析清单 22-6 来看一看编译器到底是如何为以上 4 个变量分配空间的。从第 2 行可以看到，ESP 寄存器的值递减 24 字节，也就是分配了 24 字节的栈空间。这个空间是为字符串变量分配的，尽管字符串实际需要 22 字节，但因为内存对齐的需要，所以编译器实际会分配 24 字节。看来编译器想使用寄存器来存储 3 个整数变量，没有为它们在栈中分配空间。第 4 行和第 5 行保存 ESI 和 EDI 寄存器，因为接下来要使用它们操纵字符串，将变量 sz 初始化为字符串常量 "Advanced SW Debugging"。第 6 行将字符串常量的地址（源地址）赋给 ESI 寄存器，第 7 行将目标字符串的地址加载到 EDI 寄存器中。目标字符串也就是栈上的 sz 变量。因为第 4 行和第 5 行压入了两个 4 字节的寄存器，所以现在 sz 变量在栈顶加 8 字节的位置。第 8 行是条循环指令，循环的次数在 ECX 中，第 3 行将 ECX 寄存器的值设为 5，这就意味着 CPU 会执行 MOVSD 指令 5 次，每次将 ESI 开始的 4 字节赋给 EDI 指定的地址，然后将 ESI 和 EDI 递增 4 字节，ECX 递减 1 字节。循环 5 次可以复制 20 字节，因为字符串的长度是 22 字节（包括末尾的 0），所以第 9 行又复制了 2 字节（一个 WORD）。运行到这里时，我们先使用寄存器命令查看寄存器 ESP 的值，然后再使用内存观察变量观察栈内的详细情况（清单 22-7）。

清单 22-7　观察栈上的原始数据

```
0:000> r esp
esp=0012ff60
0:000> dd /c1 esp
0012ff60    00090000  <-这是栈内最接近栈顶的 4 字节，即第 5 行压入的 EDI 寄存器的以前值
0012ff64    0171fa9c  <-这是第 4 行压入的 ESI 寄存器的以前值
0012ff68    61766441  <-从这个地址开始就是局部变量 sz 的空间了，这 4 字节分别是 avdA
0012ff6c    6465636e  <-字符 decn
0012ff70    20575320  <-字符 WS （WS 前后各有一个空格）
0012ff74    75626544  <-字符 ubeD
0012ff78    6e696767  <-字符 nigg
0012ff7c    00400067  <-字符 g 和结束符 0，0040 是因为内存对齐而多分配的 2 字节
0012ff80    00401065  <-这是本函数的返回地址，即 main 函数中调用 FuncA 的下一条指令的地址
0012ff84    00401134  <-这是 main 函数的返回地址，这下面是 main 函数的参数
```

　　要说明的是，因为上面我们是按 4 字节（DWORD）格式来显示的，所以对于字符串数据来说，其次序是反的，以第 3 行为例，这 4 字节的起始地址是 0012ff68，首字节是 0x41（A），

然后依次是 0x64（d）、0x76（v）和 0x61（a）。

接下来，清单 22-6 中的第 10～12 行将字符串数组的元素赋给分配在寄存器中的局部变量，EDX 保存的是变量 l，ECX 保存的是变量 m，EAX 保存的是变量 n。这 3 行的顺序和源代码的顺序是相反的，但这不会影响计算的结果。第 13 行和第 15 行做乘法运算，计算的结果在 EAX 寄存器中，刚好作为返回值返回。第 17 行中，ESP 寄存器的值加上 0x18，释放了第 2 行所分配的空间。

22.4.2 EBP 寄存器和栈帧

对于分配在栈上的局部变量，编译器是如何引用它们的呢？这是软件调试中经常遇到的问题。当我们跟踪反编译过来的汇编指令时，如何知道当前指令是否使用了局部变量呢（如果使用了，使用了哪个局部变量）？

对于前面 FuncA 函数中的局部变量 sz，第 7 行的指令是通过 esp+8 来引用这个变量的，也就是使用 ESP 寄存器作为参照物来引用局部变量 sz。但我们知道所有入栈和出栈操作都会影响 ESP 寄存器的值，因此使用 ESP 寄存器来引用变量的缺点是不稳定，ESP 寄存器的值变化了，引用变量的偏移值也要变化。为了更好地说明这个问题，我们先看一下清单 22-8 所示的 FuncB 函数（仍属于 LocalVar 程序）。

清单 22-8 FuncB 函数的源代码

```
1    void FuncB(char * szPara)
2    {
3        char szTemp[5];
4        strncpy(szTemp,szPara,sizeof(szTemp)-1);
5        printf("%s;Len=%d.\n",szTemp,strlen(szTemp));
6    }
```

清单 22-9 是 FuncB 函数编译后的汇编代码（发布版本）。为了便于理解，每条指令后面都加上了简明的解释。

清单 22-9 FuncB 函数的反汇编代码（发布版本）

```
1    LocalVar!FuncB:
2    00401040 8b442404    mov      eax,[esp+0x4] ; 将参数 szPara 赋给 EAX 寄存器
3    00401044 83ec08      sub      esp,0x8 ; 为变量 szTemp 分配空间
4    00401047 8d4c2400    lea      ecx,[esp] ; 将 szTemp 的有效地址放入 ECX 寄存器
5    0040104b 57          push     edi ; 保存 EDI 寄存器的以前值
6    0040104c 6a04        push     0x4 ; 准备调用 strncpy，压入参数 4
7    0040104e 50          push     eax ; 压入 szPara
8    0040104f 51          push     ecx ; 压入 szTemp
9    00401050 e88b000000  call     LocalVar!strncpy (004010e0) ; 调用函数 strncpy
10   00401055 8d7c2410    lea      edi,[esp+0x10] ; 将 szTemp 的地址放入 EDI
11   00401059 83c9ff      or       ecx,0xffffffff ; 将 ECX 寄存器设为-1
12   0040105c 33c0        xor      eax,eax ; 将 EAX 置 0
13   0040105e 83c40c      add      esp,0xc ; 调整栈指针，释放第 6、7、8 行压入的参数
14   00401061 f2ae        repne    scasb ; 在 EDI 开始的字符串中寻找 0 (AL)，即求长度
15   00401063 f7d1        not      ecx ; 对 ECX 取反，使其由-4 变为 4*
16   00401065 49          dec      ecx ; 递减 ECX，变为 3
17   00401066 8d542404    lea      edx,[esp+0x4] ; 将变量 szTemp 的地址放入 EDX
18   0040106a 51          push     ecx ; 压入 ECX，即 strlen(szTemp)
19   0040106b 52          push     edx ; 压入 EDX，即 szTemp
20   0040106c 6848804000  push     0x408048 ; 压入字符串常量，即"%s;Len=%d.\n"
21   00401071 e82a000000  call     LocalVar!printf (004010a0) ; 调用 printf 函数
22   00401076 83c40c      add      esp,0xc ; 释放第 18~20 行压入的参数
23   00401079 5f          pop      edi ; 弹出第 5 行压入的 EDX 寄存器，恢复其以前值
24   0040107a 83c408      add      esp,0x8 ; 释放分配给局部变量的空间
25   0040107d c3          ret      ; 返回
```

*以使用参数 "Dbg" 来调用 FuncB 为例。

在清单 22-9 的汇编代码中，访问了局部变量 szTemp 3 次，分别在第 4、10 和 17 行。尽管都引用同一个局部变量，但是我们看到，3 次引用的表达方式就不同，分别是 esp、esp+0x10 和 esp+0x4。这是为什么呢？原因是 ESP 寄存器的值在变化。第 4 行中，刚刚为 szTemp 分配好栈空间，因此它就位于栈顶，所以 ESP 寄存器的值就是 szTemp 变量的起始地址。到了第 10 行时，由于第 5、6、7、8 这 4 行各有一条 PUSH 语句，压入了 16 字节，szTemp 离栈顶的距离变为 16（0x10）字节，因此就要用 esp+0x10 来引用它了。第 13 行因为清理第 6～8 行压入的参数向 ESP 加 0xC，这又使 szTemp 离栈顶近了，所以第 17 行用 esp+4 来引用 szTemp。

通过这个例子我们看到，尽管可以使用相对于栈顶（ESP 寄存器）的偏移量来引用局部变量，但是因为 ESP 寄存器经常变化，所以用这种方法引用同一个局部变量的偏移量是不固定的。这种不确定性对于 CPU 来说不成什么问题，但在调试时，如果要跟踪这样的代码，那么很容易就被转得头晕眼花，因为现实的函数大多有多个局部变量，可能还有层层嵌套的循环，栈指针变化非常频繁。

为了解决以上问题，x86 CPU 设计了另一个寄存器，这就是 EBP 寄存器。EBP 的全称是 Extended Base Pointer。使用 EBP 寄存器，函数可以把自己将要使用的栈空间的基地址记录下来，然后使用这个基地址来引用局部变量和参数。在同一函数内，EBP 寄存器的值是保持不变的，这样函数内的局部变量便有了一个固定的参照物。

通常，一个函数在入口处将当时的 EBP 值压入栈，然后把 ESP 值（栈顶）赋给 EBP 寄存器，这样 EBP 寄存器中的地址就是进入本函数时的栈顶地址，这一地址上面（地址值递减方向）的空间便是这个函数将要使用的栈空间，它下面（地址值递增方向）是父函数使用的空间。如此设置 EBP 寄存器后，便可以使用 EBP 寄存器加正偏移量来引用父函数的内容，使用 EBP 加负偏移量来引用本函数的局部变量。比如 EBP+4 指向的是 CALL 指令压入的函数返回地址；EBP+8 是父函数压在栈上的第一个参数，EBP+0xC 是第二个参数，以此类推；EBP-n 是第一个局部变量的起始地址（n 为变量的长度）。

因为在将栈顶地址（ESP 寄存器的值）赋给 EBP 寄存器之前先把旧的 EBP 寄存器的值保存在栈中，所以 EBP 寄存器所指向的栈单元中保存的是前一个 EBP 寄存器的值，这通常也就是父函数的 EBP 寄存器的值。类似的父函数的 EBP 寄存器所指向的栈单元中保存的是更上一层函数的 EBP 寄存器的值，以此类推，直到当前线程的最顶层函数。这也正是栈回溯的基本原理。

下面再以刚才的 LocalVar 程序为例看看 EBP 寄存器的实际用法，我们将 FuncB 函数复制并改名为 FuncC，然后在该函数前面加上#pragma optimize("", off)告诉编译器不要对此函数进行优化，在其后面再加上#pragma optimize("", on)恢复优化功能。这样编译后的 FuncC 函数所对应的反汇编代码如清单 22-10 所示。

清单 22-10　FuncC 函数的反汇编代码（发布版本，关闭优化）

```
1    LocalVar!FuncC:
2    00401080 55          push    ebp ; 压入 EBP 寄存器的当前值
3    00401081 8bec        mov     ebp,esp ; ESP 寄存器的值（栈顶）赋给 EBP
4    00401083 83ec08      sub     esp,0x8 ; 为变量 szTemp 分配空间
5    00401086 57          push    edi ; 保存 EDI 寄存器的以前值
6    00401087 6a04        push    0x4 ; 准备调用 strncpy，压入参数 4
7    00401089 8b4508      mov     eax,[ebp+0x8] ; 将 szPara 赋给 EAX
8    0040108c 50          push    eax ; 压入 szPara
9    0040108d 8d4df8      lea     ecx,[ebp-0x8] ; 将 szTemp 的有效地址放入 ECX 寄存器
10   00401090 51          push    ecx ; 压入 szTemp
```

```
11   00401091 e88a000000   call    LocalVar!strncpy (00401120) ; 调用函数 strncpy
12   00401096 83c40c       add     esp,0xc ; 调整栈指针，释放第 6、8、10 行压入的参数
13   00401099 8d7df8       lea     edi,[ebp-0x8] ; 将 szTemp 放入 EDI
14   0040109c 83c9ff       or      ecx,0xffffffff ; 将 ECX 寄存器设为-1
15   0040109f 33c0         xor     eax,eax ; 将 EAX 置 0
16   004010a1 f2ae         repne   scasb ; 在 EDI 开始的字符串中寻找 0（AL），即求长度
17   004010a3 f7d1         not     ecx ; 对 ECX 取反
18   004010a5 83c1ff       add     ecx,0xffffffff ; 对 ECX 减 1
19   004010a8 51           push    ecx ; 压入 ECX，即 strlen(szTemp)
20   004010a9 8d55f8       lea     edx,[ebp-0x8] ; 将 szTemp 的有效地址放入 EDX 寄存器
21   004010ac 52           push    edx; 压入 EDX，即 szTemp
22   004010ad 6848804000   push    0x408048 ; 压入字符串常量，即"%s;Len=%d.\n"
23   004010b2 e829000000   call    LocalVar!printf (004010e0) ; 调用 printf 函数
24   004010b7 83c40c       add     esp,0xc ; 释放第 19、21、22 行压入的参数
25   004010ba 5f           pop     edi ; 弹出第 5 行压入的 EDX 寄存器的值，恢复其以前值
26   004010bb 8be5         mov     esp,ebp ; 将 EBP 寄存器的值赋给 ESP 寄存器
27   004010bd 5d           pop     ebp ; 恢复 EBP 寄存器的以前值
28   004010be c3           ret     ; 返回
29   004010bf cc           int     3 ; 补位用的断点指令
```

比较清单 22-9 和清单 22-10，尽管清单 22-10 中也有 3 次对局部变量 szTemp 的引用（第 9、13 和 20 行），但是使用的都是[ebp-0x8]，而不是像清单 22-9 中那样 3 次各使用不同的偏移量。显然，清单 22-10 中的代码比清单 22-9 中的更容易理解，更容易辨识出局部变量和参数。

图 22-3 画出了当 CPU 执行 FuncC 函数时栈的状态，确切地说，是 CPU 执行完 PUSH EAX 指令（第 8 行）后的状态，此时的 EBP 和 ESP 寄存器的值分别如下。

```
0:000> r ebp,esp
ebp=0012ff74 esp=0012ff60
```

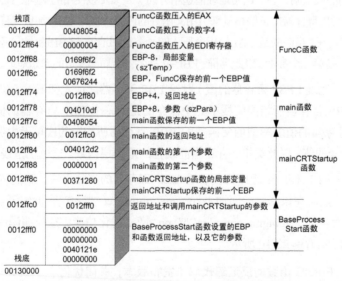

图 22-3　执行 LocalVar!FuncC 函数时栈的状态

图 22-3 中的柱体代表栈，表面的数字是栈中的内容，左侧的数字是地址，右侧是对栈中数据的说明。图中详细画出了 FuncC 函数、main 函数所使用的栈空间，包括局部变量、返回地址和参数。因为局部变量 szTemp 没有被初始化，所以它目前的值是随机的。使用 da 可以显示栈中参数 szPara 的值。

```
0:000> da 408054
00408054  "Dbg"
```

在 szPara 参数下面（更高地址）依次是 main 函数保存的 EBP 值、main 函数的返回地址和 main 函数的参数。我们知道，main 函数的第一个参数代表命令行参数的个数，此时为 1，代表第二个参数所指向的字符串数组有一个元素，使用如下命令可以看到其内容。

```
0:000> dd 00371280 l2
00371280  00371288 00000000
0:000> da 00371288
00371288  "C:\dig\dbg\author\code\bin\relea"
003712a8  "se\LocalVar.exe"
```

再下面是 mainCRTStartup 函数的数据、局部变量、保存的 EBP 寄存器的值、返回地址和参数。最下面是系统函数 BaseProcessStart 函数的栈内容。因为 BaseProcessStart 函数是这个线程的起始，它的函数返回地址（0x12fff4 处）是 0，它保存的 EBP 寄存器的值也是 0，0040121e 是它的参数，即这个程序的入口地址（mainCRTStartup）。清单 22-11 给出了栈中的原始数据，来帮助大家理解图 22-3。

清单 22-11　栈中的原始数据（对应图 22-3 中的状态）

```
0:000> dd esp 150
0012ff60  00408054 00000004 0169f6f2 0169f6f2
0012ff70  00676244 0012ff80 004010df 00408054
0012ff80  0012ffc0 004012d2 00000001 00371280
0012ff90  003712d8 0169f6f2 0169f76c 7ffda000
0012ffa0  00000001 00000006 0012ff94 80616337
0012ffb0  0012ffe0 004028f0 004070e0 0012ffc8
0012ffc0  0012fff0 7c816ff7 0169f6f2 0169f76c
0012ffd0  7ffda000 805441fd 0012ffc8 87681468
0012ffe0  ffffffff 7c839a30 7c817000 00000000
0012fff0  00000000 00000000 0040121e 00000000
```

从上面的分析我们看到，尽管栈中的数据是连续存储的，好像所有数据都混作一团（清单 22-11），但事实上，它们是按照函数调用关系依次存放的，而且这种顺序关系非常严格。为了更好地描述和指代栈中的数据，我们把每个函数在栈中所使用的区域称为一个栈帧（stack frame），有时也简称为帧。在图 22-3 中，栈内共有 4 个栈帧，分别属于 FuncC 函数、main 函数、mainCRTStartup 函数和 BaseProcessStart 函数。

关于栈帧还有以下几点值得说明。

（1）在一个栈中，依据函数调用关系，发起调用的函数（caller）的栈帧在下面（高地址方向），被调用的函数的栈帧在上面。

（2）每发生一次函数调用，便产生一个新的栈帧，当一个函数返回时，这个函数所对应的栈帧被消除（eliminated）。

（3）线程正在执行的那个函数所对应的栈帧位于栈的顶部，它也是栈内仍然有效的最年轻（建立时间最晚）栈帧。

从清单 22-10 中，我们可以归纳出建立栈帧的典型指令序列。

```
00401080 55      push   ebp ; 压入 EBP 寄存器的当前值
00401081 8bec    mov    ebp,esp ; ESP 寄存器的值（栈顶）赋给 EBP 寄存器
00401083 83ec08  sub    esp,0xXX ; 调整栈顶，为局部变量分配空间
```

在函数的出口，通常有对应的消除栈帧的指令序列：

```
004010bb 8be5    mov    esp,ebp ; 将 EBP 寄存器的值赋给 ESP 寄存器
004010bd 5d      pop    ebp ; 恢复 EBP 寄存器的以前值
```

以上两段指令通常分别出现在一个函数的开始和结束处,分别称为函数的 prolog(序言)和 epilog(结语)。在 Windows 的很多系统函数中,我们可以看到在函数入口附近会调用 _SEH_prolog,在函数出口附近调用_SEH_epilog,这两个函数便是用来建立栈帧和消除栈帧的,同时还具有登记和注销结构化异常处理器的功能。

22.4.3　帧指针和栈帧的遍历

指向每个栈帧的指针称为帧指针(frame pointer),因为在 x86 系统中,EBP 寄存器通常作为帧指针使用,所以经常使用 ChildEBP 或 EBP 来代指帧指针。

当一个函数建立一个新的栈帧时,它会将当时的 EBP 寄存器的值压入栈保存起来,然后立即把当时的栈指针的值赋给 EBP 寄存器。这样,EBP 寄存器的值便是新栈帧的基地址,而这个地址在栈中的值便是 EBP 寄存器的以前值,也就是前一个栈帧的基地址。以图 22-3 所示的情况为例,此时 EBP 寄存器的值是 0x0012ff74,栈内这个地址的值是 0x0012ff80,这正是 main 函数的栈帧基地址;再观察栈地址 0x0012ff80 处的值是 0x0012ffc0,这正是 mainCRTStartup 的栈帧基地址,以此类推,我们就可以遍历整个栈中的所有栈帧。这也正是调试器的 Calling Stack 功能(显示函数调用序列)的基本原理。

下面通过一个试验来加深大家的印象。使用 WinDBG 打开 Release 目录下的 LocalVar.exe,使用 bp LocalVar!FuncC+9 设置一个断点,然后输入 g 命令并执行。程序应该停在清单 22-10 的第 7 行处。此时输入 "r ebp, esp, eip" 命令,显示出当前的 EBP、ESP 和 EIP 寄存器的值。

```
0:000> r ebp, esp, eip
ebp=0012ff74 esp=0012ff64 eip=00401089
```

EBP 寄存器的值就是当前栈帧的地址,根据图 22-3,EBP+4 处应该是返回地址,EBP+8 处是第一个参数。使用内存观察命令可以看到这些值。

```
0:000> dd ebp+4 l4
0012ff78   004010df 00408054 0012ffc0 004012d2
```

使用 ln eip(列出与 EIP 值最近的符号)命令可以找到即将执行的下一条指令。

```
0:000> ln eip
(00401080)   LocalVar!FuncC+0x9   |   (004010c0)   LocalVar!main
```

因为 eip=00401089,所以 LocalVar!FuncC 离得更近。将以上内容放在一起便得到当前栈帧的基本信息。

```
帧指针       返回地址    参数                                程序指针
0012ff74   004010df 00408054 0012ffc0 004012d2   LocalVar!FuncC+0x9
```

那么如何得到父函数栈帧的情况呢?根据刚才的介绍,每一帧的帧指针指向的就是其外层帧的基地址。也就是说,EBP 寄存器所代表地址处保存的就是外层帧的基地址。显示 EBP 寄存器的值。

```
0:000> dd ebp l1
0012ff74   0012ff80
```

这说明父函数栈帧的基地址是 0012ff80,这个地址+4 的位置便是返回地址,+8 的位置便是参数。

```
0:000> dd 0012ff80+4 l4
0012ff84   004012d2 00000001 00370ec0 00370f28
```

使用 ln 命令寻找这个返回地址对应的符号。

```
0:000> ln 004010df
(004010c0)   LocalVar!main+0x1f   |   (004010e6)   LocalVar!printf
```

这说明 FuncC 的父函数是 main 函数，将以上信息放在一起，便得到了 main 函数栈帧的数据，以此类推，我们可以得到再上一级栈帧的情况，重复这一过程直到帧指针指向的地址为空，说明已经到达栈底。最后将所有数据放在一起便得到清单 22-12 所示的函数调用序列。

清单 22-12　函数调用序列

帧指针	返回地址	参数			程序指针
0012ff74	004010df	00408054	0012ffc0	004012d2	LocalVar!FuncC+0x9
0012ff80	004012d2	00000001	003d0ec0	003d0f28	LocalVar!main+0x1f
0012ffc0	7c816d4f	00090000	08ebfa9c	7ffd7000	LocalVar!mainCRTStartup+0xb4
0012fff0	00000000	0040121e	00000000	78746341	kernel32!BaseProcessStart+0x23

以上数据每一行描述一个栈帧，由上至下分别描述了栈中由顶到底的各个栈帧。这样从当前栈帧层层追溯而得到函数调用记录的过程称为栈回溯（stack backtrace）。栈回溯信息对软件调试有着非常重要的意义，比如可以通过参数值核对参数的正确性，根据帧指针观察局部变量，根据程序指针信息了解函数调用关系。因此，大多数调试器提供了显示栈回溯信息的功能，比如 WinDBG 提供了以 k 开头的一系列命令（k、kb、kd、kp、kp 和 kv）来显示各种格式的栈回溯信息（30.14 节）。清单 22-13 给出了使用 WinDBG 的 kv 命令显示的栈回溯信息。

清单 22-13　栈回溯信息

```
0:000> kv
ChildEBP RetAddr  Args to Child
0012ff74 004010df 00408054 0012ffc0 004012d2 LocalVar!FuncC+0x9
0012ff80 004012d2 00000001 003d0ec0 003d0f28 LocalVar!main+0x1f
0012ffc0 7c816d4f 00090000 08ebfa9c 7ffd7000 LocalVar!mainCRTStartup+0xb4
0012fff0 00000000 0040121e 00000000 78746341 kernel32!BaseProcessStart+0x23(FPO:
[Non-Fpo])
```

比较以上两个清单，我们看到其结果几乎是一样的，只是 WinDBG 显示的最下一行多了 (FPO: [Non-Fpo])信息。

22.5　帧指针省略

我们在 22.4 节介绍了栈帧的概念和用于标志栈帧位置的帧指针。帧指针不仅对函数中的代码起到定位变量和参数的参照物作用，还将栈中的一个个栈帧串联在一起，形成一个可以遍历所有栈帧的链条。但是并不是所有函数都会建立帧指针，某些优化过的函数省去了建立和维护帧指针所需的指令，这些函数所对应的栈帧就不再有帧指针，这种情况称为帧指针省略（Frame Pointer Omission，FPO）。

清单 22-9 所示的 FuncB 函数便使用了 FPO，从其反汇编代码中我们找不到建立和恢复帧指针的指令。从理论上讲，使用 FPO 可以省略一些指令，减小目标文件，提高运行速度，因此 FPO 成为速度优化和空间优化的一种方法。VC6 编译器在编译发布版本时默认会开启 FPO 选项。

在使用 FPO 的函数中，因为没有固定位置的帧指针可以参考，所以必须使用其他参照物来引用局部变量，如我们前面所讨论的，在 x86 系统中，通常使用 ESP 寄存器。因为 ESP 寄存器的值是经常变化的，所以对同一个局部变量的引用所需的偏移量也是变化的，这给跟踪这样的代码增加了难度。使用 FPO 的另一个副作用就是对于采用 FPO 优化的函数,因为没有了帧指针,所以给生成栈回溯信息带来了不便。

当执行使用 FPO 优化过的函数时,EBP 寄存器指向的仍然是前一个栈帧。这使得我们很难为这样的函数产生帧信息。为了解决这一问题,编译器在生成调试符号时,会为使用 FPO 的函数产生 FPO 信息。利用调试符号中的 FPO 信息,调试器可以为省略帧指针的函数生成回溯信息。

我们先来做个实验,在 WinDBG 中加载发布版本的 LocalVar 程序,用 bp LocalVar!FuncB+0x7 设置一个断点,然后执行到这个位置。发出 kv 命令看 WinDBG 产生的栈回溯信息。

```
0:000> kv
ChildEBP RetAddr  Args to Child
0012ff74 004010d2 00408054 0012ffc0 004012d2 LocalVar!FuncB+0xc (FPO: [1,2,1])
0012ff80 004012d2 00000001 00371280 003712d8 LocalVar!main+0x12
0012ffc0 7c816ff7 0169f6f2 0169f76c 7ffde000 LocalVar!mainCRTStartup+0xb4
0012fff0 00000000 0040121e 00000000 78746341 kernel32!BaseProcessStart+0x23 ...
```

我们看到,WinDBG 产生了非常好的栈回溯信息,也为经过 FPO 优化的 FuncB 函数产生了完整的帧信息。观察此时的 EBP 和 ESP 寄存器。

```
0:000> r ebp, esp
ebp=0012ff80 esp=0012ff70
```

可以看到 EBP 寄存器指向的仍然是 main 函数的栈帧。那么 WinDBG 是如何生成 FuncB 函数的栈帧信息的呢?答案是依靠调试符号中的附加信息。我们先来看一下 FuncB 函数那一行的末尾方括号中的信息(FPO: [1,2,1])代表的含义。FPO 代表对应的函数采用了 FPO 优化,方括号中的 3 个数字中,1 表示 FuncB 函数有一个参数;2 表示为局部变量分配的栈空间是 2 个 DWORD 长(即 8 字节);1 表示使用栈保存的寄存器个数为 1,即有一个寄存器(第 5 行压入的 EDI)被压入栈中并保存。

以上信息来源于符号文件中的帧数据(FrameData)表,下面我们介绍一下 WinDBG 是如何利用这些信息来产生 FuncB 的栈帧记录的。仍然根据 EIP 寄存器的值寻找最靠近的函数符号,也就是找到 FuncB。在 FuncB 的符号信息中有一个字段是这个函数的 RVA,也就是这个函数的入口相对于模块起始地址的偏移量,其值为 0x1040。根据 FuncB 的 RVA,WinDBG 可以在符号文件中搜索到这个函数的 FPO 信息,在符号文件中 FPO 信息是按照它所描述函数的 RVA 来组织的。根据 FPO 信息,WinDBG 可以知道函数的参数长度(0x4)、局部变量的长度(0x8)、代码块的长度(0x62)等信息。根据这些信息和当前的程序指针位置以及栈指针值,结合反汇编,调试器可以推算出当前函数的帧指针值。比如对于我们目前分析的执行点,CPU 执行到 FuncB 的偏移 7 字节处,根据反汇编分析 WinDBG 可以知道已经执行了局部变量分配操作,因此 ESP 寄存器的值加上局部变量的长度便是当前栈帧的边界,即 ESP+8=0012ff78。根据惯例,帧指针指向的应该是当前栈帧的第一个 DWORD,因此应该把这个值减去 4,即 0x0012ff74 是当前函数的帧指针(ChildEBP)。得到帧指针后,便可以像处理普通帧那样显示参数和返回值了。

为了证明调试符号对产生栈回溯信息的重要性,停止调试并将 LocalVar.PDB 文件改名为 LocalVar.BAK,然后再重复以上过程(可以直接使用地址来设置断点 bp 0040104b)。这时 kv 命令显示的信息如下。

```
0:000> kv
ChildEBP RetAddr  Args to Child
```

```
WARNING: Stack unwind information not available. Following frames may be wrong.
0012ff80 004012d2 00000001 00371280 003712d8 LocalVar+0x104b
0012ffc0 7c816ff7 0169f6f2 0169f76c 7ffde000 LocalVar+0x12d2
0012fff0 00000000 0040121e 00000000 78746341 kernel32!BaseProcessStart+0x23 …
```

WinDBG 显示了一行警告信息，告诉我们下面的信息可能是错误的。另外，这时只显示了
3 个栈帧的信息，而不是刚才的 4 个。也就是说，失去了调试符号的帮助后，调试器已经没有
办法再为省略了帧指针的函数生成栈帧信息。

接下来为 FuncC 函数设置一个断点（bp 00401087）并执行至此，然后使用 kv 命令显示栈
回溯信息。

```
0:000> kv
ChildEBP RetAddr  Args to Child
WARNING: Stack unwind information not available. Following frames may be wrong.
0012ff74 004010df 00408054 0012ffc0 004012d2 LocalVar+0x1087
0012ff80 004012d2 00000001 00371280 003712d8 LocalVar+0x10df
0012ffc0 7c816ff7 0169f6f2 0169f76c 7ffde000 LocalVar+0x12d2
0012fff0 00000000 0040121e 00000000 78746341 kernel32!BaseProcessStart+0x23…
```

尽管仍然有警告信息，但是此时正确显示出了 4 个栈帧的情况。可见，同样没有调试符号
的情况下，对于采用 FPO 的 FuncB 函数，调试器无法显示出它的帧信息；而对于未采用 FPO
的 FuncC 函数，调试器仍然可以显示出帧信息。也就是说，没有采用 FPO 优化的函数具有更好
的可调试性，因此，编译器在编译调试版本时通常会禁止包括 FPO 在内的所有优化选项。

最后要说明的是，处理 FPO 对于调试器来说是一件比较复杂的操作，有时也可能出现错误。
例如，如果当前位置在 FuncB 的入口处，那么 WinDBG 会将 FuncB 函数显示到 main 函数所在
的栈帧，产生的包含错误的栈回溯如清单 22-14 所示。

清单 22-14　WinDBG 产生的包含错误的栈回溯

```
0:000> kv
ChildEBP RetAddr  Args to  Child
0012ff80 004012d2 00000001 00371280 003712d8 LocalVar!FuncB (FPO: [1,2,1])
0012ffc0 7c816ff7 0169f6f2 0169f76c 7ffde000 LocalVar!mainCRTStartup+0xb4
0012fff0 00000000 0040121e 00000000 78746341 kernel32!BaseProcessStart+0x23
```

总的来说，FPO 是不利于调试的，因此 Windows Vista 的很多系统模块在编译时禁止了 FPO 选项。

22.6　栈指针检查

与生活中客栈的人员流动性类似，栈空间的"客人"也是你来我往，更替频繁。为了维
护栈空间的秩序，每个函数使用栈时都必须遵守严格的规则，保证函数返回时 ESP 寄存器的值
与进入函数时一致，即保持栈平衡。否则的话，栈数据就可能错位甚至面目全非。

下面通过一个例子来说明，在 CheckEsp 程序（完整源代码位于\code\chap22\CheckESP 目
录）中我们编写了一个 BadEsp 函数，通过嵌入式汇编向栈中压入了 4 字节的内容，但是没有
对应的弹出操作。

```
void BadEsp()
{
    _asm push eax;
}
```

当执行到这个函数时，栈顶存放的是返回地址，执行 PUSH EAX 指令后，栈顶存放的内容变为 EAX 寄存器的值。当执行 RET 指令时，因为 RET 指令总是返回到栈顶所存放的地址处，所以执行 RET 后程序会跳转到 EAX 寄存器所包含的值。以下是笔者跟踪执行 RET 指令后的结果。

```
0:000> p
eax=0000000d ebx=7ffdf000 ecx=00408070 edx=7c90eb94 esi=00000000 edi=00000000
eip=0000000d esp=0012ff80 ebp=0012ffc0 iopl=0         nv up ei pl nz na po nc
cs=001b ss=0023 ds=0023 es=0023 fs=003b gs=0000                efl=00000206
0000000d ??                    ???
```

可见程序指针指向了 0000000d 的位置，这里根本不是有效的代码区。"??"代表 WinDBG 无法显示这个地址的内容。

为了及时发现以上问题，编译器设计了专门的栈指针检查函数来帮助发现问题。我们先来介绍 VC6 的做法，然后再推广到 VC8。

当编译调试版本时，VC6 会自动在每个函数的末尾插入指令来调用一个名为 _chkesp 的函数。在清单 22-15 所示的 BadEsp 函数的调试版本反汇编代码中我们可以看到这个调用。

清单 22-15　调试版本的 BadEsp 函数的反汇编代码

```
1      6:         void BadEsp()
2      7:         {
3    0040D630    push      ebp ; 保存 EBP 寄存器的本来值
4    0040D631    mov       ebp,esp ; 将进入函数时的栈指针值保存到 EBP 寄存器
5    0040D633    sub       esp,40h ; 调试版本为函数分配的默认局部变量，64 字节长
6    0040D636    push      ebx ; 保存 EBX 寄存器的本来值
7    0040D637    push      esi ; 保存 ESI 寄存器的本来值
8    0040D638    push      edi ; 保存 EDI 寄存器的本来值
9    0040D639    lea       edi,[ebp-40h] ; 取局部变量的起始地址
10   0040D63C    mov       ecx,10h ; 设置循环次数
11   0040D641    mov       eax,0CCCCCCCCh ; CC 即 INT 3 指令的机器码
12   0040D646    rep stos  dword ptr [edi] ; 循环，将缓冲区初始化为 CC
13     8:        _asm push eax; 源代码中的嵌入式汇编语句
14   0040D648    push    eax ; 编译后的嵌入式汇编语句
15     9:  }
16   0040D649    pop       edi ; 弹出 EDI，与第 8 行对应
17   0040D64A    pop       esi ; 弹出 ESI，与第 7 行对应
18   0040D64B    pop       ebx ; 弹出 EBX，与第 6 行对应
19   0040D64C    add       esp,40h ; 释放分配的局部变量，与第 5 行相对应
20   0040D64F    cmp       ebp,esp ; 比较 EBP 和 ESP 寄存器的值
21   0040D651    call      __chkesp (0040d6a0) ; 调用栈指针检查函数
22   0040D656    mov     esp,ebp ; 将 EBP 寄存器的值赋给 ESP 寄存器，与第 4 行相对应
23   0040D658    pop       ebp ; 弹出保存的 EBP 寄存器的值，与第 3 行相对应
24   0040D659    ret       ; 返回
```

我们看到，编译器为只包含一条汇编指令的 BadEsp 函数生成了 20 多条指令。这是因为在调试版本中，编译器插入了很多指令来帮助检查错误和支持调试。比如，尽管我们没有定义局部变量，但是编译器仍会分配一段空间，并使用 0xCC（即 INT 3 指令）来填充，以便万一 CPU 意外执行到该区域时，可以中断到调试器。

观察上面的代码，我们可以看出函数入口和出口附近的代码有着非常好的对应性，这些相互呼应的操作是为了使栈保持平衡。但因为我们插入了一个额外的不对称的 PUSH 操作，所以可以

想到第 16～18 行的弹出操作都错位了，EDI 寄存器会被恢复成 EAX 寄存器的值，ESI 寄存器会被恢复为本来 EDI 寄存器的值……而且第 19 行执行后 ESP 寄存器的值也会比预期的小 4。本来第 5～19 行的所有栈操作相互抵消，ESP 寄存器的值应该保持不变，也就是与 EBP 寄存器中保存的值相等。但是现在二者不等了，这会导致_chkesp 函数弹出图 22-4 所示的错误对话框。

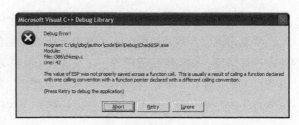

图 22-4　栈指针检查函数
（_chkesp）弹出的错误对话框

_chkesp 是 C 运行时库（CRT）中的一个函数，用来检查栈指针的完好性。检查方法是比较 ESP 和 EBP 寄存器的值（第 20 行），看其是否相等。如果相等，则通过；否则，就准备参数调用_CrtDbgReport 函数报告错误。

```
__chkesp:
004010B0   jne          __chkesp+3 (004010b3)    ;检查比较结果
004010B2   ret                                   ;相等则返回
…                                                 ;不等则准备参数
004010D1   call         _CrtDbgReport (00401410) ;报告错误
```

因为_chkesp 函数需要借助建立栈帧时 EBP 寄存器中保存的值，所以不适用于使用 FPO 优化的函数。编译器的编译选项/GZ 用来控制是否插入栈指针检查函数。该选项包含在调试版本的默认设置中，但不在发布版本中，因为/GZ 选项与发布版本中的优化选项（/O）是矛盾的。

VC8 的_RTC_CheckEsp 函数与_chkesp 原理和工作方法是一样的，只是改变了函数名称和报告错误的方式。以下是调用_RTC_CheckEsp 的一个例子。

```
004010E7   cmp          ebp,esp
004010E9   call         _RTC_CheckEsp (401510h)
```

_RTC_CheckEsp 的实现也与以前非常类似。

```
_RTC_CheckEsp:
00401510   jne          esperror (401513h)      ;检查比较结果
00401512   ret                                   ;相等则返回
esperror:
…                                                 ;不等则准备参数
00401524   call         _RTC_Failure (402E60h)  ;报告错误
```

检查比较结果，如果不等，则转到 esperror 处，准备参数，调用_RTC_Failure 报告 RTC 错误。那么为什么没有把比较 ESP 和 EBP 那条指令放在_chkesp 和_RTC_CheckEsp 内部呢？因为函数调用会影响 ESP 寄存器的值。

22.7 调用协定

早在 20 世纪 40 年代，计算机科学家们就开始将一些具有通用性的代码整理出来，以便可以很方便地复用这些代码。他们将这些能完成一定功能而且相对独立的代码片段称为子过程（subroutine）。在名为"数字计算机自动编码"的论文中，格蕾丝提到了使用子过程所带来的好处——复用编写好而且已经测试过的代码。这也许是为实现"软件复用"这一目标所做的最早努力之一。尽管今天已经出现了 COM/DCOM、Web Service 等模块一级或更高层次的软件复用技术，但是函数和过程一级的代码复用仍是最基本而且最重要的。[1]

要复用现有函数和过程的一个基本问题就是如何调用这些函数，包括如何传递参数、如何接收计算结果、如何维持程序的上下文（context）状态和清理栈，等等。考虑到要调用的函数可能是不同人使用不同语言和不同编译器开发的，所以这个看似简单的问题并不简单。通过上一节对栈的介绍，我们知道参数传递或栈操作中的任何误差都可能导致严重的错误。

要解决以上问题，在发起调用的一方和被调用函数之间必须建立一种契约，这便是函数调用协定（calling convention）。通常在设计一个函数时，将调用协定写在函数声明中，其一般格式如下。

```
return-type [调用协定] function-name[(argument-list)]
```

例如：

```
BOOL WINAPI IsDebuggerPresent( VOID );
```

其中 BOOL 是返回值类型，WINAPI 是调用协定名称，如果没有指定调用协定，那么编译器会根据语言环境使用默认的调用协定。

在长期的软件开发实践中，人们设计并归纳出了很多种函数调用协定以适应不同的需求。其中，在 x86 系统中应用得比较广泛的有 C 调用协定、标准调用协定、快速调用协定和 C++成员函数使用的 this 调用协定。对于非 x86 系统（如 Itanium、PowerPC 等），调用协定通常比较单一。本节将分别讨论 x86 和 x64 系统所使用的各种调用协定。[2]

22.7.1　C 调用协定

C 调用协定是 C/C++程序的普通函数所使用的默认调用协定，完全使用栈来传递参数，函数调用者（caller）在发起调用前将参数按从右到左的顺序依次压入栈中，并且负责在函数返回后调整栈指针，清除压入栈的参数。从右到左压入参数的好处是对于被调用函数来说第一个参数相对于栈顶的偏移量总是固定的，而且调用者负责清理参数，所以 C 调用协定支持可变数目的参数。例如，常用的 printf 函数使用的就是 C 调用协定，可以使用不同个数的参数来调用这个函数。

```
int printf(const char* format [, argument]... );
```

C 调用协定所使用的关键字是＿＿cdecl。

22.7.2　标准调用协定

标准调用协定与 C 调用协定很类似，也用栈来传递参数，传递顺序也是从右到左。但不同的是，标准调用协定规定被调用函数清理栈中的参数。对于频繁调用的函数，这样做的好处是可以减小目标程序，因为清理栈的指令不必反复出现在调用函数中。标准调用协定使用的关键字是＿＿stdcall。

大多数 Windows 系统函数和 API 使用的是标准调用协定，只不过通常使用＿＿stdcall 关键字的别名。搜索 Windows SDK 的头文件 windef.h，我们很容易发现，常见的 WINAPI 和 CALLBACK 关键字其实就是＿＿stdcall。

```
#define CALLBACK    __ stdcall
#define WINAPI      __ stdcall
#define WINAPIV     __ cdecl
#define APIENTRY    WINAPI
#define APIPRIVATE  __ stdcall
#define PASCAL      __ stdcall
```

大多数 Windows API 和回调函数使用的是标准调用协议。所有使用标准调用协定的函数必须有函数原型。

22.7.3 快速调用协定

由于 CPU 访问寄存器的速度要比访问内存的速度快很多，所以使用寄存器传递参数比使用栈速度更快，因此很多编译器都设计了使用寄存器传递参数的调用协定。在 x86 平台上，比较典型的便是所谓的快速调用（fastcall）协定。对于 32 位程序，快速调用协定使用 ECX 寄存器和 EDX 寄存器来传递前两个（左起）长度不超过 32 位的参数，其他参数使用栈来传递（从右到左）。举例来说，如果第一个参数（左起）是 __int64，第二个参数是 int，第三个参数是 char，那么第一个参数会使用栈传递，第二个参数会使用 ECX 寄存器传递，第三个参数会使用 EDX（DL）寄存器来传递。类似地，对于 16 位程序，使用 CX 和 DX 传递前两个不超过 16 位的参数。快速调用协定的关键字是 __fastcall。举例来说，以下是一个声明使用快速调用协定的函数 FastCallFunc，它共有 4 个参数，这 4 个参数的类型分别是浮点类型、整数类型、类和整数类型。

```
int __fastcall FastCallFunc(float f, int a, Cat c, int b)
{
    printf("FastCallFunc:%f,%d,%s,%d",f,a,c.Name(),b);
    return 30;
}
```

清单 22-16 给出了调用这个函数的源代码和反汇编代码。

清单 22-16 调用 FastCallFunc 函数的源代码和反汇编代码

```
51:         FastCallFunc(1.5,10,cat,20);
004012A6    mov     edx,14h                              ;使用 EDX 寄存器来传递常数 20
004012AB    sub     esp,14h                              ;为参数 cat 分配空间
004012AE    mov     ecx,5                                ;设置复制 cat 要循环的次数
004012B3    lea     esi,[ebp-14h]                        ;将复制操作的源指向 cat 对象
004012B6    mov     edi,esp                              ;将复制目标指向栈（刚刚分配的参数 cat）
004012B8    rep movs dword ptr [edi],dword ptr [esi]     ;开始复制
004012BA    mov     ecx,0Ah                              ;使用 ECX 寄存器来传递参数 10
004012BF    push    3FC00000h                            ;使用栈来传递浮点参数 1.5
004012C4    call    @ILT+25(FastCallFunc) (0040101e) ;
```

因为参数 f 是浮点类型，所以使用栈来传递；参数 a 是第一个适合使用寄存器传递的参数，所以使用 ECX 来传递；参数 Cat 是 C++类的实例，是通过复制到栈上传递的；参数 b 是第二个适合使用寄存器传递的参数，所以使用 EDX 来传递。

在调试时，kv 这样的栈回溯命令只显示放在栈上的参数，不会显示使用寄存器传递的参数，因此使用快速调用协定是不利于调试的。Windows 系统 I/O 管理器的某些函数使用了快速调用协定，如 NTSTATUS FASTCALL IofCallDriver(IN PDEVICE_OBJECT DeviceObject, IN OUT PIRP Irp)。

22.7.4 This 调用协定

C++程序中的成员函数（类方法）默认使用的调用协定是 this 调用协定。这种调用协定的最重要特征就是 this 指针会被放入 ECX 寄存器（Borland 编译器使用 EAX）传递给被调用的方法。this 调用协定也要求被调用函数负责清理栈，因此不支持可变数量的参数。当我们在 C++类中定义了可变数量参数的成员函数时，编译器（VC）会自动改为使用 C 调用协定。当调用这样的方法时，编译器会将所有参数压入栈之后，再将 this 指针压入栈。举例来说，下面的 Cat 类包含了一个可变数目参数的方法 ChooseFood。

```
enum MEAL {BREAKFAST, LUNCH, SUPPER};
class Cat
{
public:
    char* ChooseFood(MEAL i, ...);
};
```

清单 22-17 给出了调用以上方法的一个示例和对应的汇编代码。

清单 22-17 调用以上方法的一个示例和对应的汇编代码

```
Cat cat;
printf("Cat choose food %s.",cat.ChooseFood(BREAKFAST,"meat","beaf","rice"));
// 以下是对应的汇编指令
00401011 6854804000      push    0x408054 ; 压入指向字符串"rice"的指针
00401016 684c804000      push    0x40804c ; 压入指向字符串"beaf"的指针
0040101b 6844804000      push    0x408044 ; 压入指向字符串"meat"的指针
00401020 8d44240c        lea     eax,[esp+0xc]     ; 取 cat 实例的地址
00401024 6a00            push    0x0            ; 压入枚举常量 BREAKFAST
00401026 50              push    eax            ; 压入 cat 实例的地址,即 this 指针
00401027 e8d4ffffff      call    CallConv!Cat::ChooseFood (00401000) ; 发起调用
0040102c 83c414          add     esp,0x14       ;清理栈,前面共压入 20 字节
0040102f 50              push    eax            ; 将刚才的返回值压入栈
00401030 6830804000      push    0x408030 ; 压入字符串常量
00401035 e806000000      call    CallConv!printf (00401040) ; 发起调用的 printf 函数
```

当执行到 ChooseFood 方法中时,使用 kv 命令显示栈回溯信息,其结果如下。

```
0:000> kv
ChildEBP RetAddr  Args to Child
0012ff64 0040102c 0012ff80 00000000 00408044 CallConv!Cat::ChooseFood+4 ...
0012ff80 00401125 00000001 00370ec0 00370f28 CallConv!main+0x1c (FPO: [0,1,0])
...
```

其中 0012ff80 是 this 指针的值,其后的 00000000 是枚举常量 BREAKFAST,00408044 是字符串常量 "meat" 的地址。

VC8 以前的 VC 编译器没有为 this 调用协定定义关键字,因此程序员不能显式地指定 this 调用协定(通常也没有这个必要)。VC8 加入了__thiscall 作为 this 调用协定的关键字,原因是托管的 C++类默认使用新定义的 CLR 调用协定,如果要改为使用传统的 this 调用协定,那么就需要显式在声明中加上__thiscall 关键字。

22.7.5 CLR 调用协定

在 VC8 以前,编译器会为每个托管函数生成两个入口点,一个是托管(managed)入口点,另一个是本地(native)入口点。这样当托管代码使用本地入口点调用该函数时(虚拟函数必须始终使用本地入口点调用),本地入口点需要将调用转给托管入口点,这样便会造成不必要的托管/非托管上下文切换和参数/返回值的复制,这种现象称为双重转换(double thunking)。因为双重转换会导致性能损失,所以 Visual Studio 2005 引入了一个新的调用约定关键字,如果一个托管函数不会被非托管代码使用指针调用,那么可以在声明此函数时用新增的__clrcall 修饰符阻止编译器生成两个入口点。

因为使用传统的 DLL 输出方法(dllexport)输出一个托管函数也会导致编译器为其产生两个入口点,而且任何通过 DLL 方法对该函数的调用都会使用本地入口点(再转给托管入口点)。为

了防止这种情况的双重转换，SDK 的文档建议使用.NET 模块引用方法，不要用传统的 DLL 方法。

22.7.6　x64 调用协定

x64 系统通常只使用一种派生自快速调用的调用协定，使用寄存器传递前 4 个参数，其他参数使用栈来传递。RCX、RDX、R8、R9 这 4 个 64 位的寄存器用于 64 位或短于 64 位的整数类型和指针类型，XMM0～XMM3 用于浮点类型。结构类型会被自动当作指针类型（引用）进行传递。比如对于如下函数：

```
int Func64(__m64 a, _m128 b, struct c, float d);
```

当调用这个函数时，参数 a 会被放入 RCX 寄存器，指向 b 的指针会被放入 RDX 寄存器，指向结构 c 的指针会被放入 R8 寄存器，参数 d 会被放入 XMM3 寄存器。

需要指出的是，64 位的快速调用固定使用 ECX 寄存器或 XMM0 来传递第一个参数，使用 EDX 寄存器或 XMM1 传递第二个参数，以此类推，最多可能有 4 个寄存器用来传递（前 4 个）参数。这与 32 位的快速调用有所不同，在 32 位的快速调用中，ECX 寄存器和 EDX 寄存器用来传递前两个适合使用它们传递的参数，所以它们实际可能传递第 3 个或第 5 个参数（参见前面的 FastCallFunc 函数示例）。

与 32 位的快速调用协定的另一个重要差异是，x64 调用协定规定调用者（而不是被调用函数）清理栈，这使得 x64 调用协定也可以支持可变数目的参数。

22.7.7　通过编译器开关改变默认调用协定

对于函数声明中没有指定调用协定的函数，编译器会根据情况使用合适的默认调用协定。可以通过编译器选项来定义默认的调用协定。以 VC 编译器为例，它支持如下 3 个选项。

（1）/Gd，默认设置，使用 C 调用协定（__cdecl）作为默认调用协定。

（2）/Gr，使用快速调用协定（__fastcall）作为默认调用协定。

（3）/Gz（注意 z 小写），使用标准调用协定（__stdcall）作为默认调用协定。

以上选项仅适用于目标平台是 x86 的情况，因为其他平台通常只使用一种调用协定，无须设置。

22.7.8　函数返回值

如何传递函数的返回值也是调用协定要定义的一个重要内容。要说明的是，我们这里说的返回值就是指使用 return 语句或其他等价方式显式返回的计算结果，不包括通过全局变量或参数指针来传递计算结果的情况。

传递返回值的方法远不像传递参数那样有很多种。大多数编译器通常使用统一的一种方法。因此在以上介绍每个调用协定时，我们没有一一介绍传递返回值的方法，目的是留在这里统一介绍。

通常编译器会根据以下原则来选择传递返回值的方法（以 x86 平台的 32 位编译器为例）。

（1）如果返回值是 EAX 寄存器能够容纳的整数、字符或指针（4 字节或少于 4 字节），那么使用 EAX 寄存器。

（2）如果返回值是超过 4 字节但少于 8 字节的整数，那么使用 EDX 寄存器来存放 4 字节以上的值。

（3）如果要返回一个结构或类，那么分配一个临时变量作为隐含的参数传递给被调用函数，被调用函数将返回值复制到这个隐含参数之中，并且将其地址赋给 EAX 寄存器。

（4）浮点类型的返回值和参数通常是通过专门的浮点指令使用栈来传递的，其细节从略。

下面通过一个例子来说明返回结构或类的情况。我们首先将刚才使用的 Cat 类扩充成如下形式。

```
#define NAME_LENGTH 20
class Cat
{
    char m_szName[NAME_LENGTH];
public:
    Cat(){m_szName[0]=0;}
    Cat(char* sz);
    char* ChooseFood(MEAL i, ...);
    Cat GetChild(int n);
    char * Name(){return m_szName;}
};
```

其中的 GetChild 方法的实现如下。

```
Cat Cat::GetChild(int n)
{
    Cat c("Caty");
    return c;
}
```

这个方法返回一个 Cat 类的实例，乍一看，有些读者可能会说这样编写的方法直接返回定义在栈上的局部变量，有明显的错误。其实不然，看了下面的解释大家就会明白其实返回的并非局部变量本身。

接下来我们在 main 函数中定义两个实例，并调用 GetChild 方法。

```
Cat cat("Looi"),cat2("");
cat2=cat.GetChild(2);
```

上面的第二条语句对应的反汇编指令如下。

```
45:        cat2=cat.GetChild(2);
004011BD   push        2                        ; 压入参数 2
004011BF   lea         ecx,[ebp-3Ch]            ;取用作隐含参数的局部变量的地址
004011C2   push        ecx                       ; 将这个隐含参数压入栈
004011C3   lea         ecx,[ebp-14h]            ; 取 cat 变量的地址，传递 this 指针
004011C6   call        @ILT+35(Cat::GetChild) (00401028)       ; 调用 GetChild 函数
004011CB   mov         esi,eax                  ; 将返回值（即隐含参数指针）赋给 ESI
004011CD   mov         ecx,5                     ; 设置循环次数，Cat 类的大小是 20 字节
004011D2   lea         edi,[ebp-28h]            ; 将 cat2 的地址赋给 EDI
004011D5   rep movs    dword ptr [edi],dword ptr [esi] ; 开始复制
```

也就是说，编译器会定义一个额外的临时对象，并将它传递给函数，当函数返回时，EAX 寄存器指向的就是这个临时对象。

从 WinDBG 显示的栈回溯信息中我们也可以看到隐含参数。

```
0:000> kb
ChildEBP RetAddr  Args to Child
0012ff30 004010bd 0012ff70 00000002 ffffffff CallConv!Cat::GetChild+0x3
0012ff80 004012d3 00000001 00370ec0 00370f28 CallConv!main+0x5d
```

其中 0012ff70 便是指向临时对象的指针，下面再看看 GetChild 方法内部的 return 语句所对应的操作。

```
38:         return c;
0040112A    mov         ecx,5                      ; 设置循环次数，Cat 类的大小是 20 字节
0040112F    lea         esi,[ebp-18h]              ; 将局部变量 c 的地址赋给 ESI
00401132    mov         edi,dword ptr [ebp+8]      ; 将参数 1（隐含参数）的地址赋给 EDI
00401135    rep movs    dword ptr [edi],dword ptr [esi] ; 开始复制
00401137    mov         eax,dword ptr [ebp+8]      ; 将参数 1（隐含参数）的地址赋给 EAX
```

从以上汇编代码可以明显看出，尽管源代码中的 return c 很容易让人误认为直接返回局部变量 c，但事实上，编译器在编译时会自动生成代码将局部变量 c 复制给传入的隐含参数，实际上返回的是指向隐含参数的指针。因此从函数调用的角度来看 Cat Cat::GetChild(int n)函数是作为 Cat* Cat::GetChild(Cat *, int n)的形式来编译的。

在上面的调用过程中，共发生了两次对象复制操作，一次在 GetChild 函数中将局部变量 c 赋给隐含参数，另一次把隐含参数赋给 main 函数中的局部变量 cat2。尽管这样的设计方法是 C++语言和编译器所支持的，但是因为需要定义额外的局部变量和承担对象复制所需的开销，所以其效率是比较低的。一种改进的方法是将 cat2 对象以指针或引用的形式直接传递给被调用函数。

22.7.9 归纳和补充

前面我们介绍了有关调用协定的重要内容，除了以上内容，还有以下两点值得说明。

（1）对于 32 位程序，所有长度小于 32 位的参数会被自动加宽到 32 位，换句话来说，每个参数所占的空间至少是 32 位，不论是在栈中，还是寄存器中。类似地，在 16 位程序和 64 位程序中，长度小于 16 位或 64 位的参数也会被加宽到 16 位或 64 位。

（2）在函数调用过程中，被调用函数必须保证某些寄存器的内容在函数返回时和进入函数时是一样的，这些寄存器称为非易失性（nonvolatile）寄存器。如果一个函数要使用非易失性寄存器，那么它应该先将寄存器的本来内容保存起来，待函数返回时，再将这些寄存器的值恢复成原来的值。在 32 位的 x86 程序中，ESI、EDI、EBX 和 EBP 寄存器是非易失性寄存器；在 x64 中，RDI、RSI、RBX、RBP、R12、R13、R14 和 R15 寄存器是非易失性寄存器。

表 22-1 归纳了 Windows 系统（微软编译器）下常用的调用协定。

表 22-1 调用协定

代 码 段	调用协定	用于传递参数的寄存器	参数入栈顺序	栈 清 理
16 位	cdcel	无	从右向左	调用者
	pascal	无	从左向右	被调用者
	fastcall	AX、DX、BX	从右向左	被调用者
32 位	cdcel	无	从右向左	调用者
	stdcall	无	从右向左	被调用者
	fastcall	EAX、EDX	从右向左	被调用者
	thiscall	ECX（this 指针）	从右向左	被调用者
64 位	—	rcx/xmm0、rdx/xmm1、r8/xmm2、r9/xmm3	从右向左	调用者

本节的内容对调试，特别是理解栈回溯信息是很有帮助的。在 kv 或 kb 等栈回溯命令的结果中，返回地址右侧的 3 列称为 Args to child，通常解释为函数的前 3 个参数。这种解释其实是不准确的。以下面的调用 FastCallFunc 函数栈回溯信息为例。

```
0:000> kb
ChildEBP RetAddr  Args to Child
0012fed8 004012c9 3fc00000 696f6f4c 00000000 CallConv!FastCallFunc+0x20
0012ff80 00401669 00000001 00370f20 00370fa8 CallConv!main+0xb9
…
```

3fc00000 确实是第一个参数（浮点数 1.5），但是 696f6f4c 和 00000000 不是第二个和第三个参数，它们是第三个参数 cat 对象的前 8 字节。而真正的第二个和第四个参数分别在 ECX 和 EDX 寄存器中。使用 r 命令可以看到它们。

```
0:000> r ecx,edx
ecx=0000000a edx=00000014
```

因此准确的说法是，kv 或 kb 命令显示的是栈帧中参数区域的前 3 个 DWORD，这 3 个 DWORD 的确切含义要视函数所采用的调用协定而定。因为大多数的 Windows 系统函数使用的是标准调用，所以很多时候前 3 个 DWORD 确实对应于前 3 个参数。

22.8 栈空间的增长和溢出

栈为函数调用和定义局部变量提供了一块简单易用的内存空间，定义在栈上的变量根本不需要考虑内存申请和释放这样的麻烦事，因为编译器会生成代码来完成这些任务。从栈上分配空间意味着栈指针下移（向更低地址移动），腾出更多空间；释放空间意味着栈指针移回到原来的位置（图 22-5）。也就是说，只要调整栈指针就可以分配和释放栈中的空间，这比从堆上分配空间要高效得多。

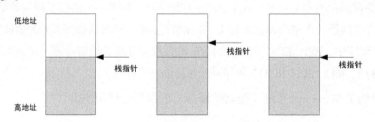

图 22-5　从栈上分配空间（中）和释放空间（右）

那么栈空间到底有多大呢？是不是取之不尽用之不竭的呢？栈空间被用完了又会怎样呢？本节会回答这些问题。

22.8.1　栈空间的自动增长

对于每个进程的初始线程，它的大小是构建时指定的。例如，在 VC 编译器的项目属性中可以定义栈的参数（默认值情况下保留大小为 1MB），初始提交大小为 4KB，这意味着系统会为这个进程的初始线程创建一个 1MB 大小的栈，并先提交其中的一小部分（8KB，其中 4KB 为保护页）供程序使用。提交一小部分的目的是节约内存。但是，只有已经提交的内存才是可以访问的，访问保留的内存仍然会导致访问违例。提交的内存空间用完了怎么办呢？答案是触发栈增长机制来扩大提交区域。

在 22.2 节介绍栈的创建过程时，我们提到系统在提交栈空间时会故意多提交一个页面，并将这个页面称为栈保护页面（stack guard page）。栈保护页面具有特殊的 PAGE_GUARD 属性，当具有如此属性的内存页被访问时，CPU 会产生页错误异常并开始执行系统的内存管理函数。在内存管理函数检测到 PAGE_GUARD 属性后，会先清除对应页面的 PAGE_GUARD 属性，然后调用一个名为 MiCheckForUserStackOverflow 的系统函数，这个函数会从当前线程的 TEB 中读取用户态栈的基本信息并检查导致异常的地址。如果导致异常的被访问地址不属于栈空间范围，则返回 STATUS_GUARD_PAGE_VIOLATION；否则，MiCheckForUserStackOverflow 函数会计算栈中是否还有足够的剩余保留空间可以创建一个新的栈保护页面。如果有，则调用 ZwAllocateVirtualMemory 从保留空间中再提交一个具有 PAGE_GUARD 属性的内存页。新的栈保护页与原来的紧邻。经过这样的操作后，栈的保护页向低地址方向平移了一位，栈的可用空间增大了一个页面的大小，这便是所谓的栈空间自动增长（图 22-1（b））。

22.8.2　栈溢出

当提交的栈空间又一次被用完并且栈保护页又被访问时，系统便会重复以上过程，直到当栈保护页距离保留空间的最后一个页面只剩一个页面的空间时（图 22-6（a）），MiCheckForUserStackOverflow 函数会提交倒数第二个页面，但不再设置 PAGE_GUARD 属性（图 22-6（b））。因为最后一个页面永远保留，不可访问，所以这时栈增长到它的最大极限。为了让应用程序知道栈即将用完，MiCheckForUserStackOverflow 函数会返回 STATUS_STACK_OVERFLOW，触发栈溢出异常。

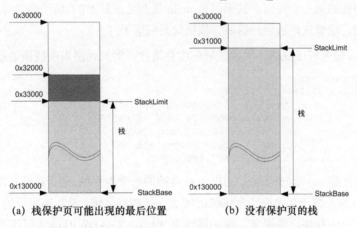

图 22-6　栈保护页可能出现的最后位置和没有保护页的栈

栈溢出异常是个警告性的异常，在其发生后，栈的倒数第二个页面通常还没有真正用完，所以应用程序还可以继续运行，但当这个页面用完并且访问到最后一个页面时，便会引发访问违例异常。

下面通过清单 22-18 所示的 StackOvr 程序来演示栈的增长和溢出过程。

清单 22-18　StackOvr 程序

```
1    #include "stdafx.h"
2    #include <windows.h>
3    int g_nCount=0;          // 用来记录递归次数的全局变量
4    int g_ESP;               // 用来记录栈顶位置的全局变量
5    #pragma optimize("",off) // 关闭编译器的优化功能
6    void deadloop()
7    {
```

```
8           g_nCount++;              // 递增递归次数
9           char szMsg[512]="";      // 定义一个局部变量，消耗栈空间
10          _asm mov g_ESP,esp;      // 记录栈顶地址
11          deadloop();              // 递归调用本函数
12      }
13      #pragma optimize("",on)     // 开启编译器的优化功能
14      int main(int argc, char* argv[])
15      {
16          printf("Stack overflow example!\n");
17          deadloop();              // 调用上面的死循环函数
18          return g_nCount;
19      }
```

为以上程序的发布版本生成调试符号后，在 WinDBG 中打开发布版本的 StackOvr.exe，使用 bp deadloop 命令设置下一个断点，然后让程序执行。

当断点第一次命中时，观察 ESP 寄存器的值和栈信息。

```
0:000> r esp
esp=0012ff80
0:000> !teb
    StackBase:          00130000
StackLimit:             0012e000
```

此时栈的状态正是图 22-1（b）所示的情形，栈保护页位于栈的第三个页面，栈边界位于栈的第二个页面起始处。这说明栈已经增长过一次，也就是栈指针曾经指向过栈的第二个页面，尽管目前它指向栈的第一个页面，其原因是 main 函数之前的 CRT 启动函数曾经调用过使用栈较多的某些函数，随着这些函数的返回，栈指针又回落了。

使用!address 命令可以观察不同栈区域的内存属性，例如观察当前栈顶的地址。

```
0:000> !address esp
    00030000 : 0012e000 - 00002000
                    Type        00020000 MEM_PRIVATE
                    Protect     00000004 PAGE_READWRITE
                    State       00001000 MEM_COMMIT
                    Usage       RegionUsageStack
                    Pid.Tid     cf0.158c
```

第 2 行的含义是 esp 指向的是从 0012e000 开始的一个内存块,这个块的长度是 00002000B,即 8KB。这 8KB 的块属于起始地址为 00030000 的一个内存区域。从状态字段的 MEM_COMMIT 标志可以看到这个内存块已经提交，保护属性为 PAGE_READWRITE（可读写）。再指定一个属于保护页范围的地址来观察。

```
0:000> !address 12d800
    00030000 : 0012d000 - 00001000
                    Type        00020000 MEM_PRIVATE
                    Protect     00000104 PAGE_READWRITE | PAGE_GUARD
                    State       00001000 MEM_COMMIT
                    Usage       RegionUsageStack
                    Pid.Tid     cf0.158c
```

可见这个内存块的大小是 0x1000B（4KB），具有 PAGE_GUARD 属性。再选择一个属于未提交区域的地址，可以看到其状态为 MEM_RESERVE（保留）。

```
0:000> !address 12c800
    00030000 : 00030000 - 000fd000
                    Type        00020000 MEM_PRIVATE
```

```
State       00002000 MEM_RESERVE
Usage       RegionUsageStack
Pid.Tid     cf0.158c
```

接下来，禁止断点（bd 0）并让程序执行，因为 deadloop 函数递归调用自身，所以会使用越来越多的栈空间，促使栈不断增长，直到导致栈溢出。以下是 WinDBG 显示的栈溢出异常信息（节选）。

```
(e34.894): Stack overflow - code c00000fd (first chance)
eip=00401009 esp=00032f60 ebp=00033160 iopl=0      nv up ei pl nz na po nc
```

其中，c00000fd 是栈溢出异常的异常代码，即 STATUS_STACK_OVERFLOW，从 ESP 寄存器的值可以看出此时的栈指针指向的是栈的倒数第 3 页，即当栈处于图 22-6 左侧所示的状态时，程序触及了栈保护页。

观察栈边界信息，可以看到栈边界已经递减到倒数第二个页面的起始位置。

```
0:000> !teb
   StackBase:        00130000
StackLimit:          00031000
```

观察内存地址 00031000 和 00030000 的属性。

```
0:000> !address 00031000
   00030000 : 00031000 - 000ff000
               Type      00020000 MEM_PRIVATE
               Protect   00000004 PAGE_READWRITE
               State     00001000 MEM_COMMIT
0:000> !address 00030000
   00030000 : 00030000 - 00001000
               Type      00020000 MEM_PRIVATE
               State     00002000 MEM_RESERVE
```

可见此时最后一个页面的属性仍是 MEM_RESERVE（保留），倒数第二个页面已经提交，而且不具有保护属性，正是我们前面介绍的图 22-6（b）的状态。

观察全局变量 g_nCount(dd StackOvr!g_nCount l1)，它的值为 0x79b，说明函数 deadloop 已经循环了这么多次。

按 F5 快捷键让程序继续执行，系统会给调试器第二次处理机会，再按 F5 快捷键，系统会恢复程序继续执行。于是 deadloop 函数继续循环，继续消耗栈空间，当访问到栈的最后一个页面时，会触发访问异常。

```
(e34.894): Access violation - code c0000005 (first chance)
eip=00401009 esp=00030e20 ebp=00031020 iopl=0      nv up ei pl nz na pe nc
```

从 ESP 寄存器的值可以看到栈指针已经指向了没有提交的最后一个页面。

观察全局变量 g_ESP，其值为 00031028，这说明函数 deadloop 最后一次成功执行时 ESP 寄存器的值为 00031028，当时程序使用的是栈的倒数第二个页面，也就是栈的最后一个可用页面。

再次观察全局变量 g_nCount，其值为 0x7ab，可见函数 deadloop 在发生栈溢出异常后，又运行了（7ab–79b）次 = 16 次。

C 运行时库提供了一个名为 _resetstkoflw 的函数用来帮助应用程序从栈溢出异常中恢复，以防止应用程序悄无声息地退出，VC 安装目录的 crt\src\resetstk.c 包含了 _resetstkoflw 函数的源代码。Windows XP 的 x64 版本支持通过名为 SetThreadStackGuarantee 的 API 设置报告栈溢出异常时仍然可用的栈空间。调用这个 API 可以预留更大的栈空间来处理栈溢出异常。

22.8.3 分配检查

前文介绍了利用栈保护页实现栈自动增长的工作原理。根据该原理，在提交的栈空间用完后，对栈空间的继续分配自然延伸到栈保护页，当访问位于栈保护页的内容时，CPU 产生页错误异常，然后系统平移栈保护页，增大栈，如此往复。但如果某一次栈分配需要的空间特别大，超过了一个页面，这个栈帧的某些部分就有可能一下子被分配到保护页之外的未提交空间，这便会导致访问违例。为了防止这种情况发生，对于要分配较大（超过一个页面）栈空间的情况，编译器会自动调用一个分配检查函数来把超过一个页面的分配分成很多次。

具体来说，对于超过一个页面的栈分配，分配检查函数会按照每次不超过一个页面大小逐渐调整栈指针，而且每调整一次，它会访问一次新分配空间中的内容，称为 Probe，目的是触发栈保护页平移，让栈增长。页面大小因处理器不同可能有所变化，x86 和 x64 中都是 4KB，IA64 中是 8KB。

VC 编译器使用的分配检查函数名叫_chkstk，VC 安装目录下的 crt\src\intel\子目录中的 chkstk.asm 文件包含了这个函数的汇编语言源代码。编译器通常会对这个函数进行静态链接，也就是_chkstk 函数通常直接包含在使用它的模块中。

为了观察分配检查函数的工作方法，我们特意编写了一个名为 StackChk 的程序（项目文件位于\code\chap22\StackChk 目录），其源代码如清单 22-19 所示。

清单 22-19　StackChk 程序的源代码

```
#include "stdafx.h"

#define BUFF_SIZE 1024*4             // 定义常量，大小为 x86 系统的内存页面大小（4KB）
void Func()
{
    char sz[BUFF_SIZE];              // 定义一个在栈上分配的局部变量
    for(int i=0;i<BUFF_SIZE;i++)     // 循环操作局部变量
        sz[i]=(i+1)%127;             // 赋值
    printf("%s",sz);                 // 显示
}
void main()
{
    Func();   //调用 Func 函数
}
```

在 Func 函数中，我们定义了一个比较大的局部变量 sz，其大小为 4KB。笔者的系统是基于 x86 的，因此 Func 函数满足了编译器插入栈检查函数的条件。在 VC6 中开始调试，然后使用反汇编窗口观察 Func 函数，在函数入口附近，可以看到有一个函数调用。

```
7:     void Func()
8:     {
00401020   push      ebp
00401021   mov       ebp,esp
00401023   mov       eax,1044h    // 将要分配的栈空间大小放入 EAX
00401028   call      $$$00001 (004011e0)
```

单步跟踪进入这个$$$00001 函数，看到的便是_chkstk 函数（清单 22-20）。_chkstk 函数使用 EAX 寄存器作为输入参数，在函数内部直接调整 ESP 寄存器，在栈上分配出 EAX 长的栈帧。

清单 22-20　栈检查函数

```
1    _chkstk:
2    004011E0    push    ecx ; 保存 ECX 寄存器的值（0），第 17 行恢复
3    004011E1    cmp     eax,1000h ; 比较要分配的栈帧是否大于 4KB
4    004011E6    lea     ecx,[esp+8] ; 取调用本函数前的栈顶（TOS）
5    004011EA    jb      lastpage (00401200) ; 如果第 3 行的比较结果为小于，则转到第 12 行
6    probepages:         ; 这个代码块的作用是分配整页（4KB）的部分
7    004011EC    sub     ecx,1000h ; 对 ECX 寄存器递减 4KB，ECX 寄存器用来记录新的栈顶值
8    004011F2    sub     eax,1000h ; 对 EAX 寄存器（未分配大小）递减 4KB
9    004011F7    test    dword ptr [ecx],eax ; 访问（Probe）新分配空间的最顶部一次
10   004011F9    cmp     eax,1000h ; 比较还未分配的空间是否大于 4KB
11   004011FE    jae     probepages (004011ec) ; 如果大于或等于，则转到第 6 行
12   lastpage:           ; 这个代码块的作用是分配不足 4KB 的零头部分
13   00401200    sub     ecx,eax ; 递减 ECX 寄存器，即将 EAX 寄存器剩余的零头部分分配完
14   00401202    mov     eax,esp ; 将 ESP 寄存器的值放入 EAX，现在 EAX=12FF24
15   00401204    test    dword ptr [ecx],eax ; 访问（Probe）新分配空间的最顶部一次
16   00401206    mov     esp,ecx ; 将新的栈顶值赋给 ESP 寄存器，即调用本函数前的 ESP 寄存器
                          的值-EAX 寄存器的值
17   00401208    mov     ecx,dword ptr [eax] ; 恢复第 1 行压入的 ECX 寄存器值（0）
18   0040120A    mov     eax,dword ptr [eax+4] ; 将函数返回地址赋给 EAX 寄存器
19   0040120D    push    eax ; 将返回地址压到栈顶，RET 指令使用后会自动将其弹出
20   0040120E    ret
```

在 Func 函数调用_chkstk 前 ESP 寄存器的值是 0x12FF2C，又返回到 Func 函数时，ESP 寄存器的值为 0x12EEE8，二者的差恰好为 0x1044，即要分配的栈帧大小。

默认情况下，编译器在编译程序时，会对超过一个内存页大小的栈帧自动插入_chkstk 函数，可以通过编译器选项来改变这个阈值。

```
/Gs[size]
```

例如，我们可以在项目属性的 C++编译选项中加入/Gs2048，然后将#define BUFF_SIZE 1024*4 改为#define BUFF_SIZE 1024*2，此时尽管 Func 函数要分配的空间不足一个内存页大小，但是编译器会插入_chkstk 函数。如果去掉/Gs2048，那么对于修改后的程序，编译器就不会插入_chkstk 函数了。

也可以通过#pragma 指令来控制是否插入分配检查函数。

```
#pragma check_stack([ {on | off}] )
#pragma check_stack{+ | -}
```

但是这只能控制栈帧大小低于规定阈值的函数，不会阻止编译器为栈帧超过规定阈值的函数插入_chkstk 函数。比如下面的 FuncVia 函数，尽管其前面有 check_stack -，但因为其栈帧有 98KB，所以编译器还是会为其加入_chkstk 函数的。

```
#pragma check_stack -
void FuncVia()
{
    char sz[1024*98];
    sz[0]=66,sz[1]=0;

    printf("%s\n",sz);
}
#pragma check_stack()
```

强制编译器不要加入_chkstk 函数的方法是，在项目属性中设置一个很大的阈值，如

/Gs102400。这样设置并编译后，再执行这个函数时便会导致访问异常。这是因为当 FuncVia 函数对新分配的局部变量进行访问时（sz[0]=66），由于该内存页尚未提交而导致异常。观察此时 FuncVia 函数的反汇编代码，可以看到不再有_chkstk 函数。

```
StackChk!FuncVia:
00401050 81ec00880100    sub     esp,0x18800
00401056 8d442400        lea     eax,[esp]
0040105a c644240042      mov     byte ptr [esp],0x42
```

观察发生异常时的 ESP 和 EIP 寄存器，以及栈的边界。

```
0:000> r esp,eip
esp=00117784 eip=0040105a
0:000> !teb
    StackBase:          00130000
StackLimit:         0012e000
```

可以看到栈顶的地址 0x117784 已经越过栈边界 12e000 很多个页面，这便是我们前面说的直接跳过栈保护页而访问未提交空间的情况，从这个例子我们可以理解_chkstk 函数的必要性。

「 22.9　栈下溢 」

通常把访问栈边界以上的空间称为栈溢出（stack overflow），比如 22.8 节介绍的 StackOvr 程序由于 deadloop 函数无限循环而导致了栈溢出。类似地，把访问栈底以下的空间称为栈下溢（stack underflow）。这里的"以上"和"以下"都是相对于栈顶（stack top）在上、栈底（stack base）在下的栈布局图而言的，而不是指地址大小。因为栈是向低地址方向生长的，栈顶的地址小，栈底的地址大，所以以栈底以下是指比栈底的地址还大的内存区域。

以下是一个用来演示栈下溢的小程序 StkUFlow 的源代码。

```
#pragma optimize("",off)
void main()
{
    char sz[20];
    sz[2000]=0;
}
```

执行以上程序会导致访问违例（access violation）异常，异常发生在赋值语句中。

```
(12b4.ed8): Access violation - code c0000005 (first chance)
StkUFlow!main+0x6:
00401006 c685bc07000000    mov    byte ptr [ebp+0x7bc],0x0 ss:0023:0013073c=00
```

也就是向地址 ebp+0x7bc（0013073c）赋值时触发了异常，使用!address 命令观察这个地址。

```
0:000> !address 0013073c
    00130000 : 00130000 - 00003000
                    Type      00040000 MEM_MAPPED
                    Protect   00000002 PAGE_READONLY
                    State     00001000 MEM_COMMIT
                    Usage     RegionUsageIsVAD
```

可见，这个内存地址所在的内存块具有只读属性（PAGE_READONLY），所以上面的操作导致了访问违例。观察 EBP 和 ESP 寄存器的值。

```
0:000> r ebp,esp
ebp=0012ff80 esp=0012ff6c
```

也就是 0012ff6c～0012ff80 的 20 字节是分配给局部变量 sz 的。因此可以用 ESP 寄存器来引用它（ESP 寄存器指向 sz 数组的第一个元素），也可以用 ebp − 0x14 来引用它。这样算来 ebp+0x7bc=ebp+1980 也就等于 ebp-0x14+2000，即 ebp+0x7bc 正是 sz[2000]。

使用!teb 命令观察栈的基地址。

```
0:000> !teb
    StackBase:              00130000
    StackLimit:             0012e000
```

可见 ebp+0x7bc=0013073c，已经超越了栈底，也就是指向了栈之外的区域，形成了栈下溢。在 Windows 98 中，为了防止栈下溢，系统会在栈底之下保留额外的 64KB，用于捕捉栈下溢错误。但是在 NT 系列的 Windows 系统中没有这种保护。

22.10 缓冲区溢出

缓冲区是程序用来存储数据的连续内存区域，一旦分配完成，其起止地址（边界）和大小便固定下来。当使用缓冲区时，如果使用了超出缓冲区边界的区域，那么便称为缓冲区溢出，或缓冲区越界。如果缓冲区是分配在栈上的，那么又称为栈缓冲区溢出，如果是分配在堆上的，又称为堆缓冲区溢出，本节将讨论发生在栈上的缓冲区溢出。[3]

22.10.1 感受缓冲区溢出

下面我们通过一个非常简单的 BufOvr 程序来感受由于缓冲区溢出所导致的程序崩溃（清单 22-21）。

清单 22-21　BufOvr 程序的源代码

```
1    int main(int argc, char* argv[])
2    {
3        char szInput[5];
4        printf("Enter string:\n");
5        gets(szInput);
6        printf("You Entered:\n%s\n",szInput);
7        return 0;
8    }
```

在命令行窗口运行编译好的 BufOvr 程序，然后根据提示输入一串字符 987654321012345，再按 Enter 键结束输入。

```
Enter string:
987654321012345
```

而后程序显示出已经输入的字符串。

```
You Entered:
987654321012345
```

但紧接着便出现"应用程序错误"对话框，说明该程序内发生了崩溃性错误，观察错误的异常代码，是 0xC0000005，即访问违例。

如果在调试器（VC6）中运行，输入同样的一串数字，则会接收到访问违例异常的第一次处理机会。观察此时的程序指针寄存器，其值为 0x00353433，把这个地址与进程内的各个模块起止地址相匹配，发现它不属于任何模块。这是缓冲区溢出的一个典型症状，由于缓冲区溢出，存放在栈上的函数返回地址被破坏，因此函数返回错误的地方。

分析源代码，问题应该出现在调用 gets 函数读取用户输入这一行，即 gets(szInput)。重新运行程序，为 gets 函数设置断点，当断点命中时，观察栈顶（ESP 寄存器）的值为 0x12ff2c，使用内存窗口显示出栈内容（图 22-7 左），对照 main 函数的反汇编代码，可以看出栈顶的 3 行分别保存的是 EDI、ESI 和 EBX 寄存器的值，接下来从 12FF38 到 12FF78 的 64 字节是调试版为每个函数分配的默认局部变量。从 12FF78 开始的 8 字节便是分配给 szInput 变量的了。尽管我们定义了 5 字节的字符串数组，但因为 32 位系统下栈分配的最小单位是 4 字节，所以为 szInput 变量分配了 8 字节。因为我们没有对缓冲区进行初始化，所以编译器插入的代码帮助我们用 0xCC（INT 3 指令的机器码）填充整个缓冲区。

单步执行 gets(szInput) 语句，输入 987654321012345，然后按 Enter 键，程序会再次中断到调试器。此时的栈指针依然为 0x12ff2c。再观察栈内数据（图 22-7 右），加框的区域（0x12FF78～0x12FF88）是已经发生变化的数据。我们看到 szInput 变量的内容变化了，其前 4 字节的数据为 0x36373839，如果显示为字符则为 "9876"，接下来的 4 字节（地址为 0x12FF7C）为 "5432"，这正是我们输入的字符。但因为我们只定义了 5 字节的缓冲区，尽管系统多分配给我们 3 字节，现在还是已经用完了。我们共输入了 15 个字符，有 8 个现在保存在 szInput 变量所申请的缓冲区中，剩下的 7 个呢？继续向下（高地址方向）看，在本来用来保存栈帧指针的地方（地址为 0x12FF80）我们发现了 "1012" 这 4 个字符，在本来保存 main 函数返回地址的地方可以看到 "345" 这 3 个字符，另一字节是 0，即字符串的结束符。

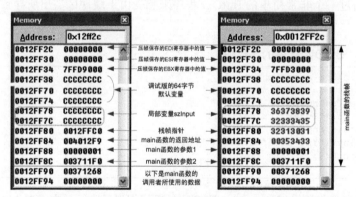

图 22-7　缓冲区溢出前（左）后（右）的栈内数据

可见，由于 gets 函数向本来只申请 5 字节长度的缓冲区存放了 15 个字符（实际上是 16 个，包括结束的 0），这导致了缓冲区溢出，将栈中的栈帧指针和函数返回地址都意外地覆盖掉了。因为被覆盖掉的是 main 函数的返回地址，get() 函数的返回地址（在地址小于 0x12ff2c 的更上方）没有受到影响，所以 gets() 函数还可以顺利返回 main 函数中。接下来 main 函数可以继续执行一段时间，所以我们可以看到 printf 函数打印出的输入字符串。这是缓冲区溢出错误的另一个特征，即错误不会立刻体现出来，程序可能继续执行一段时间才暴露出异常。

显示出 "反汇编" 窗口，继续跟踪 main 函数中的 return 语句，尽管编译器自动加入了 _chkesp 函数，但由于该函数只是检查栈指针（ESP）值与保存在 EBP 寄存器中的进入函数时的栈指针值是否相同，因此它并不能发现缓冲区溢出所导致的栈破坏。当执行到 ret 指令时，栈指针的值为 0x0012FF84，即刚好指到本来存放函数返回地址的地方。但是系统不知道现在的返回地址已经是错误的了，继续执行，程序便返回错误的 0x00353433 处。因为该地址不属于任何模块，对应的内存区不具有合适的类型和保护属性，所以当 CPU 读取并执行这里的指令时产生了访问违例异常。包含代码的内存块通常具有 MEM_IMAGE 类型和 PAGE_EXECUTE_READ 保护属性。

如果再执行一遍这个程序，仍然在调试器中执行调试版本的 BufOvr.exe，并取除一切断点，而且这次将输入换为"987654321012i4@"（不包括引号，共 15 个字符）。我们发现这次程序打印出输入的字符串后中断到调试器，停在 00403469 处，此处的指令为 INT 3（CC）。

```
(c64.ccc): Break instruction exception - code 80000003 (first chance)
eax=00000000 ebx=7ffd7000 ecx=00425a58 edx=00425a58 esi=00000000 edi=00191f18
eip=00403469 esp=0012ff88 ebp=32313031 iopl=0         nv up ei pl zr na po nc
cs=001b  ss=0023  ds=0023  es=0023  fs=003b  gs=0000            efl=00000246
BufOvr!_setenvp+0x149:
00403469 cc                  int     3
```

可以看出，返回的地址（00403469）就是我们输入的最后 3 个字符"i4@"的 ASCII 码。输入这 3 个字符是我们"精心"设计的。通过浏览反汇编后的程序代码，发现这个地址处有编译器补用的断点指令，于是我们将这个地址换为对应的字符。

推而广之，只要我们巧妙设计要输入给缓冲区的数据，就可以控制该缓冲区所在函数的返回位置。如果我们加长输入的内容，使其包含一段代码，然后再将返回地址指向这段代码，那么就可以让这个程序执行我们动态注入的代码了。这便是利用缓冲区溢出进行恶意攻击的基本原理。

22.10.2　缓冲区溢出攻击

我们再来看一个例子，清单 22-22 是我们用来演示缓冲区攻击的 BoAttack 程序的主要代码。其中的 HandleInput 函数是用来处理用户输入的一个函数，它接收一个字符串类型的参数，其内部首先将参数所指定的字符串复制到一个缓冲区 szBuffer 中，然后再进行解析和处理（省略）。类似这样的代码在不少软件中都可以看到，但其中隐藏着严重的安全漏洞，如果参数指定的字符串长度大于 32 字节，那么便会导致缓冲区溢出。

清单 22-22　BoAttack 程序的主要代码

```
1    void HandleInput(LPCTSTR lpszInput)
2    {
3        TCHAR szBuffer[31];
4        strcpy(szBuffer,lpszInput);
5        OutputDebugString(szBuffer);
6        // 处理缓冲区中的内容
7    }
8
9    int APIENTRY WinMain(HINSTANCE hInstance,
10     HINSTANCE hPrevInstance, LPSTR lpCmdLine, int nCmdShow)
11   {
12       MessageBox(NULL,"A sample to demo buffer overflow attack.",
13           "AdvDbg",MB_OK);
14       HandleInput(SZ_INPUT);
15       return 0;
16   }
```

出于演示方便，我们用一个设计好的字符串（常量 SZ_INPUT，稍后分析）作为输入来调用 HandleInput 函数，现实中的攻击可能是通过网页或窗口界面输入给程序的。执行程序，我们会发现，除了源代码中第 12 行和第 13 行弹出的对话框，还会弹出一个带有 OK 和 CANCEL 按钮的空白对话框（图 22-8），单击 OK 按钮后该对话框会再次弹出，直到单击 Cancel 按钮，而后程序崩溃结束。

图 22-8　通过缓冲区溢出弹出的空白对话框

这个空白对话框就是因为缓冲区溢出而执行字符串中的"恶意"代码而弹出的，"恶意"代码都包含在传递给 HandleInput 函数的参数字符串（即 SZ_INPUT）中。

```
TCHAR SZ_INPUT[]="\x6a\x01\x33\xc0\
\x50\x50\x50\xba\x0b\x05\xd8\x77\
\xff\xD2\x48\x85\xc0\x74\xed\
\x32\x32\x32\x32\x32\x31\x31\x31\x31\
\x31\x31\x31\x31\x31\x31\x31\x31\
\x30\x4a\x42";
```

上面的字符串包含 3 部分内容，前 3 行是"恶意"代码的机器码，最后一行是用来覆盖函数返回地址的新地址，即"恶意"代码的内存地址，中间部分是用来调整位置的。前 3 行的机器码所对应的汇编指令如下。

```
TAG_LOOP:
push MB_OKCANCEL        ; 压入 MessageBoxA 的最后一个参数 uType
xor eax,eax             ; 将 EAX 寄存器清 0
push eax                ; 压入 MessageBoxA 的参数 lpCaption
push eax                ; 压入 MessageBoxA 的参数 lpText
push eax                ; 压入 MessageBoxA 的参数 hWnd
mov edx, 77d8050bh      ; 将函数 MessageBoxA 的地址赋给 EDX 寄存器
call edx                ; 调用 MessageBoxA 函数
dec eax                 ; 将 MessageBoxA 函数的返回值递减
test eax,eax            ; 测试返回值
jz TAG_LOOP             ; 选择 OK（1）则循环，选择 CANCEL 则返回值为 2
```

看了以上代码，大家就明白了空白对话框是因为调用 MessageBox API 弹出的，lpText 和 lpCaption 参数都设为 NULL，所以它没有标题和提示信息。

因为仅用于演示，所以我们的"恶意"代码并无恶意，只是显示一个丑陋的对话框。但通过这段代码我们知道，既然可以执行代码、调用 MessageBox API，那么便可以调用其他函数，执行其他操作。通过这个例子，我们应该认识到缓冲区溢出攻击的危险性。

『 22.11　变量检查 』

为了及时发现缓冲区溢出，Visual Studio（VS）的 C/C++编译器逐步引入了一系列功能来帮助应用程序检查缓冲区溢出，包括用于精确检查每个局部变量是否溢出的变量检查功能，以及用于保护函数返回地址的安全 Cookie 功能。本节和 22.12 节将分别介绍这两种功能。

我们通过一个例子来感受变量检查功能。使用 VC8 创建一个空白的 C++项目（Windows 本地程序），取名为 SecChk，然后把 22.10 节的 HandleInput 函数和有关的常量复制过来。编译并运行该程序的调试版本，我们会看到图 22-9 所示的错误消息。如果在 VS2005 集成开发环境中执行，VS 的集成调试器会显示一个包

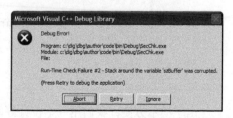

图 22-9　错误消息

含类似提示信息和 Break/Continue 按钮的对话框。

看来编译器插入的代码检测到了缓冲区溢出，还指出了发生溢出的变量名是"szBuffer"。那么，编译器插入了什么样的代码？如何进行检查的呢？我们先来看一看 VC8 编译的 HandleInput 函数的反汇编代码（清单 22-23），以了解其中的奥秘。

清单 22-23　VC8 编译出的 HandleInput 函数的反汇编代码（调试版本）

```
1       void HandleInput(LPCTSTR lpszInput)
2       {
3       004113C0    push      ebp       ; 保存发起调用函数的栈帧指针
4       004113C1    mov       ebp,esp ; 建立栈帧
5       004113C3    sub       esp,0ECh ; 分配局部变量, ECh=236 字节
6       004113C9    push      ebx       ; 保存非易失性寄存器 EBX 的值
7       004113CA    push      esi       ; 保存非易失性寄存器 ESI 的值
8       004113CB    push      edi       ; 保存非易失性寄存器 EDI 的值
9       004113CC    lea       edi,[ebp-0ECh] ; 取局部变量的起始地址
10      004113D2    mov       ecx,3Bh ; 设置循环次数
11      004113D7    mov       eax,0CCCCCCCCh ; 将 INT 3 机器码放入 EAX 寄存器
12      004113DC    rep stos  dword ptr es:[edi] ; 将 EAX 寄存器中的值循环复制到 EDI 寄存器
                                                    指向的区域
13      004113DE    mov       eax,dword ptr [__security_Cookie (417030h)] ;
14      004113E3    xor       eax,ebp ; 将 EAX 寄存器中的安全 Cookie 与 EBP 寄存器的值做异或运
                                          算, 增大随机性
15      004113E5    mov       dword ptr [ebp-4],eax ; 将安全 Cookie 赋给局部变量
16              TCHAR szBuffer[31];
17              strcpy(szBuffer,lpszInput);
18      004113E8    mov       eax,dword ptr [ebp+8] ; 参数 1 的值赋给 EAX 寄存器
19      004113EB    push      eax       ; 将 EAX 压入栈, 作为 strcpy 的参数
20      004113EC    lea       ecx,[ebp-28h] ; 取局部变量 szBuffer 的地址
21      004113EF    push      ecx       ; 压入 szBuffer, 作为 strcpy 的参数
22      004113F0    call      @ILT+170(_strcpy) (4110AFh) ;
23      004113F5    add       esp,8 ; 释放因为调用 strcpy（使用 C 调用协定）而压入的参数
24              OutputDebugString(szBuffer);
25      004113F8    mov       esi,esp ; 将当前栈指针的值赋给 ESI 寄存器
26      004113FA    lea       eax,[ebp-28h] ; 取局部变量 szBuffer 的地址
27      004113FD    push      eax       ; 压入 szBuffer
28      004113FE    call      dword ptr [__imp__OutputDebugStringA@4 (41825Ch)] ;调用
29      00411404    cmp       esi,esp ; 比较现在的 ESP 寄存器的值是否与第 25 行保存起来的值一样
30      00411406    call      @ILT+315(__RTC_CheckEsp) (411140h) ; 调用栈指针检查函数
31              // 处理缓冲区中的内容
32      }
33      0041140B    push      edx       ; 保存 EDX 寄存器
34      0041140C    mov       ecx,ebp ; 将栈帧指针的值赋给 ECX 寄存器, 供变量检查函数使用
35      0041140E    push      eax       ; 保存 EAX 寄存器的值
36      0041140F    lea       edx,[ (41143Ch)] ; 取变量信息表的地址, 放入 EDX 寄存器
37      00411415    call      @ILT+145(@_RTC_CheckStackVars@8) (411096h) ;变量检查函数
38      0041141A    pop       eax       ; 弹出第 35 行保存的 EAX 寄存器的值
39      0041141B    pop       edx       ; 弹出第 33 行保存的 EDX 寄存器的值
40      0041141C    pop       edi       ; 弹出第 8 行保存的 EDI 寄存器的值
41      0041141D    pop       esi       ; 弹出第 7 行保存的 ESI 寄存器的值
42      0041141E    pop       ebx       ; 弹出第 6 行保存的 EBX 寄存器的值
43      0041141F    mov       ecx,dword ptr [ebp-4] ;将第 15 行保存的安全 Cookie 赋给 ECX 寄存器
44      00411422    xor       ecx,ebp ; 再次与 EBP 寄存器的值异或, 与第 14 行相呼应
45      00411424    call      @ILT+30(@__security_check_Cookie@4)(411023h);安全检查
46      00411429    add       esp,0ECh ; 释放局部变量, 与第 5 行对应
47      0041142F    cmp       ebp,esp ; 比较 EBP 寄存器的值和 ESP 寄存器的值
```

48	00411431	call	@ILT+315(__RTC_CheckEsp) (411140h) ; 调用栈指针检查函数
49	00411436	mov	esp,ebp ; 将 EBP 寄存器的值赋给 ESP 寄存器
50	00411438	pop	ebp ; 弹出保存的发起调用函数的栈帧
51	00411439	ret	; 返回发起调用的函数

观察上面的反汇编代码，我们可以看出 VC8 与 VC6 编译产生的代码有以下几点明显的不同。

（1）VC8 为每个函数的调试版本所分配的默认局部变量比 VC6 更长，VC6 分配的长度通常是 64 字节，VC8 分配的是 192 字节。即使一个函数内部没有任何语句，编译器也会在栈帧中为这个默认局部变量分配空间。

（2）VC8 会在紧邻栈帧指针的位置分配 4 字节，用于存放安全 Cookie。安全 Cookie 好似一个安全护栏，用于保护其下的栈帧指针和函数返回地址。安全 Cookie 一旦损坏则说明函数内已经发生了缓冲区溢出，栈帧数据可能已经受损。在函数的出口，VC8 会插入代码（第 43～45 行）检查安全 Cookie 的完好性，下一节将详细讨论。

（3）在给每个局部变量分配空间时，除了补齐内存对齐所需的零头部分，VC8 还会给每个变量多分配 8 字节，前面 4 字节、后面 4 字节，这前后各 4 字节总被初始化为 0xCCCCCCCC。这样，每个变量都相当于有了前后两个屏障，一旦这两道屏障受损，则说明该变量附近发生了溢出。为了行文方便，我们将这两个字段称为变量的屏障字段。比如上面的代码，szBuffer 的定义长度是 31 字节，按内存对齐要求应该分配 32 字节，再加上前后各 4 字节则 szBuffer 真正被分配了 40 字节。加上安全 Cookie 占 4 字节，默认分配 192 字节，所以第 5 行总共分配 192 字节+40 字节+4 字节=236 字节。

（4）VC8 默认使用_RTC_CheckEsp 函数来检查栈指针的平衡性，其原理与 VC6 使用的_chkesp 完全相同。不过除了像 VC6 那样在函数末尾（第 47 行和第 48 行）检查栈指针，当函数调用其他函数时，如果要调用的函数采用的是被调用函数清理栈的调用协定，VC8 会在调用这个函数前记录下栈指针的值，调用函数后进行检查。在上面的代码中，strcpy 使用的是 C 调用协定，发起调用的函数负责清理栈（第 23 行），所以没有对这个函数插入栈指针检查代码。而 OutputDebugString 函数使用的是标准调用协定，被调用函数负责清理栈，所以 VC8 在调用这个函数前后插入了用于进行栈指针检查的代码（第 25 行和第 29、30 行），确保调用这个函数前后栈指针没有发生变化。

（5）对于有可能发生缓冲区溢出的函数（如上面的函数），在函数返回前，VC8 会调用_RTC_CheckStackVars 做变量检查，也就是检查每个变量前后的屏障字段是否完好无损。如果发现屏障字段的内容发生变化（不再全是 0xCC），则调用错误报告函数报告错误，图 22-9 中的对话框展示了_RTC_CheckStackVars 函数检查到 szBuffer 变量后面（高地址端）的屏障字段被破坏而发出的错误报告。

在以上措施中，我们把插入和检查安全 Cookie 称为安全检查（security check）。检查栈指针和针对每个变量的检查是运行期检查（runtime check）的一部分，我们在第 21 章和 22.6 节已经介绍了一些运行期检查功能。

下面继续介绍变量检查的工作原理，我们将其分为 3 个部分。第一，在分配局部变量时编译器会为每个局部变量多分配 8 字节的额外空间（前后各 4 字节），用作屏障字段，在填充局部变量区域时，这些屏障字段以及变量尾部的因为内存对齐而分配的补足字节都会被 0xCC（INT

3 指令的机器码）所填充，我们把这些 0xCC 称为栅栏字节。第二，为了在运行期仍能够准确知道每个变量的长度、位置和名称，编译器会产生一个变量描述表，用来记录局部变量的详细信息。第三，在函数返回前，调用_RTC_CheckStackVars 函数，根据变量描述表逐一检查其中包含的每个变量，如果发现变量前后的栅栏字节发生变化则报告检查失败。

为了更好地理解以上内容，我们再来看一个包含更多变量的函数。在清单 22-24 所示的 VarCheck 函数（也位于 SecChk 项目中）中，我们一共定义了 7 个局部变量、3 个字符串数组、3 个整数和 1 个字符串指针。

清单 22-24　用于演示变量检查功能的 VarCheck 函数

```
1      void VarCheck(LPCTSTR lpszInput)
2      {
3          int n;
4          TCHAR szFstBuffer[3];
5          LPTSTR lpsz;
6          TCHAR szSndBuffer[5];
7          int m=9;
8          TCHAR szThdBuffer[3];
9          int j;
10         j=n=m=strlen(lpszInput);
11         sprintf(szFstBuffer,"%d\n",n);
12         OutputDebugString(szFstBuffer);
13
14         lpsz=szThdBuffer;
15         strcpy(lpsz,lpszInput);
16         strcat(szSndBuffer,lpsz);
17         OutputDebugString(szSndBuffer);
18     }
```

在 WinMain 函数中使用 VarCheck("DB") 调用该函数并使用 VC8 的集成调试器单步跟踪到函数末尾（第 18 行）。通过寄存器窗口可以看到此时的 EBP 和 ESP 寄存器的值。

```
ESP = 0012FD0C EBP = 0012FE34
```

打开一个内存观察窗口，观察 0012FD0C 开始的内存区域，便可以看到栈中的原始数据（图 22-10）。

图 22-10　观察局部变量在栈上的分配情况

在图 22-10 中，我们可以清楚地看到每个局部变量的位置、内容以及它们前后的栅栏字节。除了屏障字段，在字符串变量的补齐位置，我们也可以看到编译器填充的 0xCC，例如 szFstBuffer，它的定义长度是 3 字节，补齐后为 4 字节，第 4 字节被初始化为 0xCC。因为图 22-10 是按 4 字节（DWORD）显示的，所以对于字符串型数据，我们应该颠倒过来观察。以变量 szFstBuffer 为例，图中以 DWORD 格式显示，内容为 0xcc000a32，恢复成字节顺序是 320a00cc，其中 32 是 ASCII 码 '2'，0a 是换行符 '\n'，00 是字符串的结束符，cc 是填充的断点指令。

在图中，我们也可以看到安全 Cookie，它位于局部变量和重要的栈帧信息（栈帧指针及函数返回地址）之间。这样，如果 Cookie 之上的局部变量发生溢出，在漫延到栈帧信息前会先覆盖 Cookie，因此通过检查 Cookie 的完整性可以探测到可能危及栈帧信息的溢出情况。

靠近栈顶的 3 个 DWORD 是保存的非易失性寄存器，即 EDI、ESI 和 EBX，因为根据函数调用协定，每个函数退出时都应保证这 3 个（其实还有 EBP）寄存器的值保持不变。中间的大块区域是调试版本的默认布局变量（192 字节）。

在对变量分配有了比较深入的理解之后，我们看一下编译器插入的 _RTC_CheckStackVars 函数，该函数的原型如下。

```
void     __fastcall _RTC_CheckStackVars(void *_Esp, _RTC_framedesc *_Fd);
```

其中第一个参数是栈指针，但它并不是调用此函数时的栈顶位置，而是建立函数栈帧时的栈顶位置，也就是 EBP 寄存器的值。第二个参数是一个指向 _RTC_framedesc 结构的指针。_RTC_framedesc 用来描述栈帧内的每个变量，也就是我们前面说的变量描述表，rtcapi.h 文件中包含了这个结构的定义。

```
typedef struct _RTC_framedesc {
    int varCount;
    _RTC_vardesc *variables;
} _RTC_framedesc;
```

可以把 _RTC_framedesc 结构理解成一个表格的头部，其中 varCount 是这个表格所描述变量的个数（行数），variables 指向被描述的每个变量，它是一个数组结构，每个元素是一个 _RTC_vardesc 结构。

```
typedef struct _RTC_vardesc {
    int addr;       //变量的偏移量
    int size;       //变量的大小，以字节为单位
    char *name;     //变量的名称
} _RTC_vardesc;
```

其中 addr 是变量的地址，它是用相对于栈帧地址（即 EBP 寄存器）的偏移量来表示的，因此都是负数。size 是变量的长度（以字节为单位），这里的长度是指定义长度，不是实际分配长度，因此不包括栅栏字节。name 指向包含变量名称的字符串。

编译器在编译需要加入变量检查的函数时，会以静态变量的形式来定义变量描述表，观察编译器产生的汇编文件可以清楚地看到这些定义。首先在"项目"属性中打开编译器的汇编输出功能（选择 C/C++ → Output Files → Assembler Ouput → Assembly with Source Code (/FAs)），重新编译后打开 seccheck.asm 文件（位于项目的 Debug 目录中）。清单 22-25 给出了 VarCheck 函数的主要代码。

清单 22-25　VarCheck 函数的主要代码

```
?VarCheck@@YAXPBD@Z PROC        ; VarCheck, COMDAT
;…函数的汇编语言代码，省略多行
$LN7@VarCheck:
```

```
        DD      3                   ; 变量个数，即 varCount 字段
        DD      $LN6@VarCheck       ; variables 字段，以下是连续的_RTC_vardesc 结构
$LN6@VarCheck:
        DD      -24     ; fffffffe8H, 变量 1 的偏移地址，相对于帧的基地址（EBP）
        DD      3                   ; 变量 1（szFstBuffer）的长度 3
        DD      $LN3@VarCheck
        DD      -52     ; ffffffccH, 变量 2 的偏移地址，相对于帧的基地址（EBP）
        DD      5                   ; 变量 2（szSndBuffer）的长度 5
        DD      $LN4@VarCheck
        DD      -76     ; ffffffb4H, 变量 3 的偏移地址，相对于帧的基地址（EBP）
        DD      3                   ; 变量 3（szThdBuffer）的长度 3
        DD      $LN5@VarCheck
$LN5@VarCheck:                      ;变量 1 的名称
        DB      115                 ; 00000073H, 字符 s
        ; ...省略多行
        DB      0
$LN4@VarCheck:                      ; 变量 2 的名称
        DB      115                 ; 00000073H, 字符 s
        ; ...省略多行
        DB      0
$LN3@VarCheck:                      ; 变量 3 的名称
        DB      115                 ; 00000073H, 字符 s
                                    ; ...省略多行
        DB      0
?VarCheck@@YAXPBD@Z ENDP            ; VarCheck
```

这些静态变量按照上面的布局存储在目标文件的静态变量区中，形成了一个_RTC_framedesc 结构，图 22-11 所示的变量描述表显示了它们在内存中的排列方式。

图 22-11 中，先是_RTC_framedesc 结构的头信息，而后是多个相邻的表项，每一项是一个_RTC_vardesc 结构。之后是变量名字符串。图中共包含了 3 个变量的描述，依次为 szFstBuffer、szSndBuffer 和 szThdBuffer。我们知道 VarCheck 实际上共有 7 个局部变量，这里只有 3 个，因为 VC8 目前只检查更容易发生溢出错误的字符串数组变量，所以没有为整型变量和指针变量建立描述信息。

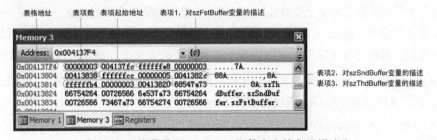

图 22-11 编译器为 VarCheck 函数产生的变量描述表

在调用_RTC_CheckStackVars 函数时，编译器会将变量信息表的地址传递给_RTC_CheckStackVars 函数，以下是编译器插在 VarCheck 函数末尾的代码。

```
004137C2 push            edx
004137C3 mov             ecx,ebp
004137C5 push            eax
004137C6 lea             edx,[ (4137F4h)]
004137CC call            @ILT+145(@_RTC_CheckStackVars@8) (411096h)
```

因为_RTC_CheckStackVars 函数使用的是快速调用协定，所以我们看到 EBP 寄存器的值被放入 ECX 寄存器，变量描述表的地址（4137F4h）被放入 EDX 寄存器。

有了以上基础后，我们就可以很容易地理解_RTC_CheckStackVars 函数的工作方法了。清单 22-26 给出了_RTC_CheckStackVars 函数的伪代码。

清单 22-26 _RTC_CheckStackVars 函数的伪代码

```
1    void    __fastcall RTC_CheckStackVars(void *_Frame, _RTC_framedesc * _Fd)
2    {
3        DWORD* pdwFense,_RetAddr;
4
5        _RTC_vardesc * pVarDesc= _Fd->variables;
6
7        for( int i=0; i< _Fd->varCount;i++)
8        {
9            pdwFense=(DWORD*)((DWORD)_Frame+
10               (DWORD)pVarDesc->addr-sizeof(DWORD));
11           if(*pdwFense!=0xCCCCCCCC)
12               goto TAG_CORRUPT_FOUND;
13           pdwFense=(DWORD*)((DWORD)_Frame+
14               (DWORD)pVarDesc->addr+pVarDesc->size);
15           if(*pdwFense!=0xCCCCCCCC)
16           {
17   TAG_CORRUPT_FOUND:
18               _asm mov edx,dword ptr [ebp+4] ;
19               _asm mov _RetAddr, edx;
20               _RTC_StackFailure((void *)_RetAddr,pVarDesc->name);
21           }
22
23           pVarDesc++;
24       }
25   }
```

以上代码循环检查参数_Fd 所指定的变量描述表中的每个变量，检查方法就是根据变量的偏移量和参数_Frame 传入的栈帧基地址得到变量的起始地址，然后再向前偏移 4 字节得到变量前的屏障字段地址（第 9～10 行），接着检查其值是否为 0xCCCCCCCC（第 11 行）。类似地，栈帧量加上变量的偏移量再加上变量长度，便得到变量后的栅栏字节的地址。需要说明的是，如果有用于补齐的字节，那么_RTC_CheckStackVars 函数检查的是从第一个补齐字节开始的 4 字节，也就是说，即使小于 4 字节的少量溢出只是破坏了补齐字节，也是可以检测到的。

若_RTC_CheckStackVars 函数发现变量前后的栅栏被破坏，便会调用_RTC_StackFailure 函数报告错误，_RTC_StackFailure 函数的原型如下。

```
void _RTC_StackFailure(void * _RetAddr,char const* szVarName);
```

其中第一个参数是从栈上取得的_RTC_CheckStackVars 函数的返回地址，它是位于被检查函数中的。当我们在 VC8 的集成调试中调试时，如果单击错误报告窗口中的 Break 按钮，那么就中断到这个地址。如果是在其他调试器中运行，那么单击图 22-9 中的 Retry 按钮，也可以中断到这个地址。_RTC_StackFailure 函数的第二个参数是检测出问题的变量名称，错误报告窗口中显示的变量名就是这个参数传递过去的。

VC8 编译器新引入的/RTCs（s 代表 stack）选项用来启用包括变量检查功能在内的栈检查机制。不过在 VC8 生成的项目文件中，为调试版本设置的默认选项使用的通常是/RTC1，RTC1

是 RTCsu 的等价形式，即同时启用 RTCs 和 RTCu。RTCu 的作用是对没有初始化过的变量发出警告错误。例如对于如下代码，如果启用了/RTCu 选项，编译器会为变量 n 定义一个标志变量，位于栈帧中调试版默认局部变量上方。

```
int n,j;
j=n;
```

标志变量为 bool 类型，但其前后也会加上屏障字段，因此每个标志要占用 12 字节的栈空间。标志变量用来记录变量是否已经被初始化，在函数入口处，编译器会插入指令将该标志赋值为 0。在对该变量赋值的地方，编译器会加入代码将该标志设置为 1。在访问该变量的地方会加入如下代码。

```
00411503  cmp          byte ptr [ebp-12Dh],0
0041150A  jne          VarCheck+59h (411519h) ;
0041150C  push         offset  (411668h) ;
00411511  call         @ILT+200(__RTC_UninitUse) (4110CDh) ;
```

其中第 1 行判断初始化标志是否为 0，以避免当这个变量被赋了值后还发出警告。第 3 行压入指向变量名的地址指针，而后调用_RTC_UninitUse 函数，发出警告错误。_RTC_UninitUse 函数弹出的错误报告对话框与发现变量溢出的错误对话框外观一样，只是错误信息是类似如下的描述。

```
Run-Time Check Failure #3 - The variable 'n' is being used without being defined.
```

编译器会判断变量在函数中的使用情况，只为可能被"取值"的变量定义标志和加入检查逻辑，以上面的代码为例，编译器不会为变量 j 定义标志变量。

因为变量检查功能（溢出检查和初始化检查）需要使用变量信息描述表和插入较多的额外指令和函数调用，对可执行文件的大小和运行性能都会产生影响，所以该功能不能用于启用了优化选项的发布版本，当试图向发布版本的编译选项中加入这些选项时，会得到如下错误信息。

```
cl : Command line error D8016 : '/O2' and '/RTCu' command-line options are incompatible
cl : Command line error D8016 : '/O2' and '/RTCs' command-line options are incompatible
```

22.12　基于 Cookie 的安全检查

22.11 节介绍的变量检查功能可以检测变量溢出，而且能报告出发生溢出（或受损）的位置和变量名称。但是其由于开销较大，因此通常只用于调试版本。为了在发布版本中也能检测到缓冲区溢出，防止程序因缓冲区而受到攻击，VS2005 还支持基于 Cookie 的安全检查机制。

在计算机领域，"Cookie"一词最早出现在网站开发中，是指网站的服务程序通过浏览器保存到客户端的少量数据，这些数据是二进制的，或者经过加密的，通常用来记录用户身份和登录情况等信息。后来人们用这个词泛指一方签发给另一方的认证或标志信息。

22.12.1　安全 Cookie 的产生、植入和检查

VC8 编译器在编译可能发生缓冲区溢出的函数时，会定义一个特别的局部变量，该局部变量会被分配在栈帧中所有其他局部变量和栈帧指针与函数返回地址之间（图 22-10），这个变量专门用来保存 Cookie，因此我们将其称为 Cookie 变量。Cookie 变量是一个 32 位的整数，它的值是从全局变量__security_cookie 得到的。该全局变量是定义在 C 运行时库中的，在 CRT 源代

码目录（默认安装后的路径为 c:\Program Files\Microsoft Visual Studio 8\VC\crt\src）中的 gs_cookie.c 文件中我们可以看到其定义。

```
#define DEFAULT_SECURITY_COOKIE 0xBB40E64E
DECLSPEC_SELECTANY UINT_PTR __security_cookie = DEFAULT_SECURITY_COOKIE;
DECLSPEC_SELECTANY UINT_PTR __security_cookie_complement = ~(DEFAULT_SECURITY_COOKIE);
```

可见，这里已经为__security_cookie 变量赋了默认值。在 VC8 编译器的启动函数（如 WinMainCRTStartup）中还会调用__security_init_cookie 函数对该变量进行正式的初始化。在 crt0.c 文件中，我们可以看到启动函数_tmainCRTStartup 的源代码。

```
int _tmainCRTStartup( void )
{
        /*
         * The /GS security Cookie must be initialized before any exception
         * handling targetting the current image is registered.  No function
         * using exception handling can be called in the current image until
         * after __security_init_Cookie has been called.
         */
        __security_init_cookie(); // 初始化安全 Cookie

        return __tmainCRTStartup(); // 调用以前的启动函数
}
```

__security_init_cookie()函数的源代码包含在 gs_support.c 文件中。其中初始化安全 Cookie 的代码（去除了针对 64 位版本的部分）如清单 22-27 所示。

清单 22-27 初始化安全 Cookie

```
GetSystemTimeAsFileTime(&systime.ft_struct);
Cookie = systime.ft_struct.dwLowDateTime;
Cookie ^= systime.ft_struct.dwHighDateTime;

Cookie ^= GetCurrentProcessId();
Cookie ^= GetCurrentThreadId();
Cookie ^= GetTickCount();

QueryPerformanceCounter(&perfctr);
Cookie ^= perfctr.LowPart;
Cookie ^= perfctr.HighPart;
__security_cookie = Cookie;
__security_cookie_complement = ~Cookie;
```

为了达到较好的随机性，先以当前时间值作为基础，而后再与其他具有随机性的数据（进程 ID、线程 ID、系统的 TickCount 和性能计数器）进行逐位异或。

因为在启动函数中初始化全局变量__security_cookie，所以在该进程以后的运行过程中，Cookie 值是保持不变的。如果使用 VC8 的集成环境进行调试，可以通过 Immediate 窗口来观察__security_cookie 的值。

```
? __security_cookie
0x3f4b9fee
```

类似地，在 WinDBG 中可以使用 dd 命令来观察。

```
0:000> dd SecChk!__security_init_cookie l1
00401fd6  83ec8b55
```

编译器在为一个函数插入安全 Cookie 时，它还会与当时的 EBP 寄存器的值做一次异或操作，然后再保存到 Cookie 变量中，这些指令通常出现在函数的序言（Prolog）之后。清单 22-28 所示的反汇编代码显示了初始化栈帧和存放安全 Cookie 的典型过程。

清单 22-28　初始化栈帧和存放安全 Cookie 的典型过程

```
SecChk!VarCheck:
00401040 55              push    ebp                        ; 保存栈帧指针的旧值
00401041 8bec            mov     ebp,esp                    ; 建立栈帧
00401043 83ec18          sub     esp,0x18                   ; 为局部变量在栈上分配空间
00401046 a12c404000      mov     eax,[SecChk!__security_Cookie (0040402c)] ;
0040104b 33c5            xor     eax,ebp                    ; 与 EBP 寄存器的值异或
0040104d 8945fc          mov     [ebp-0x4],eax              ; 存入 Cookie 变量
```

与 EBP 寄存器的值异或有两个好处：一是可以进一步提高安全 Cookie 的随机性，尽可能使每个函数的安全 Cookie 都不同；另一个好处是可以起到检查 EBP 寄存器的值使其不被破坏的作用。因为在检查 Cookie 变量时，先要再与 EBP 寄存器的值做一次异或，如果 EBP 寄存器的值没有变化，那么两次异或后 Cookie 变量的值就应该恢复成全局变量__security_Cookie 的值。清单 22-29 显示了函数末尾检查 Cookie 变量的过程。

清单 22-29　检查 Cookie 变量的过程

```
004010e5 8b4dfc          mov     ecx,[ebp-0x4] ; 将 Cookie 变量的值赋给 ECX 寄存器
004010e8 5f              pop     edi          ; 弹出栈中保存的 EDI 寄存器的值（与 Cookie 无关）
004010e9 33cd            xor     ecx,ebp      ; 将 Cookie 变量的值与 EBP 寄存器的值异或
004010eb 5e              pop     esi          ; 弹出栈中保存的 ESI 寄存器的值（与 Cookie 无关）
004010ec e8b5000000      call    SecChk!__security_check_cookie (004011a6) ;
004010f1 8be5            mov     esp,ebp      ; 恢复栈顶，释放分配的局部变量，即撤销栈帧
004010f3 5d              pop     ebp          ; 将 EBP 寄存器的值恢复成上一栈帧的值
004010f4 c3              ret                  ; 返回
```

以上代码将 Cookie 变量的值与 EBP 寄存器的值异或后传递给__security_check_cookie 函数，crt\src\intel\ secchk.c 文件中包含了__security_check_cookie 函数的源代码。

```
void __declspec(naked) __fastcall __security_check_Cookie(UINT_PTR Cookie)
{
    /* x86 version 写在 asm 以保护所有寄存器 */
    __asm {
        cmp ecx, __security_Cookie
        jne failure
        rep ret /* REP 用于避免 AMD branch 预测的代价 */
failure:
        jmp __report_gsfailure
    }
}
```

为了降低对可执行文件大小和运行性能的影响，__security_check_cookie 函数是直接使用汇编语言编写的，整个函数只有 4 条汇编指令，没有使用任何变量和改变任何寄存器（标志寄存器除外）。因为使用的是快速调用协定，所以唯一的参数存放在 ECX 寄存器中，第一条指令比较 ECX 的值是否与全局变量记录的值相同。如果相同，则说明被检查函数的 Cookie 变量（以及 EBP 寄存器）的值完好，于是返回；如果不同，则跳转到__report_gsfailure 函数，报告错误。这样做的目的是单独处理异常情况，尽可能降低正常情况所需的开销。

22.12.2　报告安全检查失败

缓冲区溢出可能覆盖掉函数本来的返回地址，使函数返回未知的地方，从而导致程序失去控制。为了避免程序继续运行可能造成的不可预期的后果，安全检查失败被看作致命的错误（fatal error）。一旦捕捉到这种错误，该应用程序就该终止。但为了支持调试，在终止程序前，__report_gsfailure 函数会记录下错误发生时的重要信息，并提供 JIT 调试机会。

在 crt\src\gs_report.c 文件中，我们看到 __report_gsfailure 函数的完整源代码，可以将其工作过程分为如下几个步骤。

首先，__report_gsfailure 函数将当前寄存器的值保存到一个名为 GS_ContextRecord 的全局变量中。GS_ContextRecord 是一个 CONTEXT 类型的结构，用来描述 CPU 的寄存器值和上下文信息。类似地，还有两个全局变量用来记录错误信息，分别是 GS_ExceptionPointers 和 GS_ExceptionRecord。

```
static EXCEPTION_RECORD          GS_ExceptionRecord;
static CONTEXT                   GS_ContextRecord;
static const EXCEPTION_POINTERS GS_ExceptionPointers = {
    &GS_ExceptionRecord,
    &GS_ContextRecord
};
```

在将重要寄存器的值都保存到 GS_ContextRecord 后，__report_gsfailure 函数会设置 GS_ExceptionRecord 结构的字段。

```
GS_ExceptionRecord.ExceptionCode = STATUS_STACK_BUFFER_OVERRUN;
GS_ExceptionRecord.ExceptionFlags = EXCEPTION_NONCONTINUABLE;
```

可以把以上过程看作模拟一个发生异常的现场，异常的代码是 STATUS_STACK_BUFFER_OVERRUN。这样做的目的是可以使用处理异常的方法来处理安全检查失败。

接下来，如果定义了_CRTBLD（编译 CRT 库时此符号是定义了的），会判断当前程序是否在被调试，并将这一信息记录到局部变量 DebuggerWasPresent 中。然后调用_CRT_DEBUGGER_HOOK，给 CRT 的调试挂钩函数一次处理机会。

```
#if defined (_CRTBLD) && !defined (_SYSCRT)
    DebuggerWasPresent = IsDebuggerPresent();
    _CRT_DEBUGGER_HOOK(_CRT_DEBUGGER_GSFAILURE);
#endif  /* 定义的(_CRTBLD) && !defined (_SYSCRT) */
```

VC8 的默认_CRT_DEBUGGER_HOOK 函数不采取任何动作。函数中唯一的行只是为了防止该函数在编译发布版本时被优化器删除。

```
__declspec(noinline)
void __cdecl _CRT_DEBUGGER_HOOK(int _Reserved)
{
    /* 向 _debugger_hook_dummy 变量赋 0,以便编译发布版本时保留 */
    (_Reserved);
    _debugger_hook_dummy = 0;
}
```

完成以上工作后，__report_gsfailure 函数会通过调用 UnhandledExceptionFilter 函数，来显示"应用程序错误"对话框。我们在第 12 章详细讨论过 UnhandledException Filter 函数和"应用程序错误"对话框。在调用 UnhandledExceptionFilter 函数前，__report_gsfailure 函数首先调用

SetUnhandledExceptionFilter 清除顶层过滤函数。

```
SetUnhandledExceptionFilter(NULL);
UnhandledExceptionFilter((EXCEPTION_POINTERS *)&GS_ExceptionPointers);
```

如果用户在"应用程序错误"对话框中单击 Continue 按钮，那么 UnhandledExceptionFilter 函数就会调用 NtTerminateProcess 终止进程，也就是再也不会返回__report_gsfailure 函数。

如果用户单击 Debug 按钮，那么 UnhandledExceptionFilter 函数会启动注册表中登记的 JIT 调试器。启动 JIT 调试器后，UnhandledExceptionFilter 函数开始等待 JIT 调试器设置通过命令行传递给调试器的调试器就绪事件（event）。等待成功后，UnhandledExceptionFilter 函数返回 EXCEPTION_ CONTINUE_SEARCH。这使得 CPU 又返回继续执行__report_gsfailure 函数，即如下代码。

```
if (!DebuggerWasPresent)
{
        _CRT_DEBUGGER_HOOK(_CRT_DEBUGGER_GSFAILURE);
}
TerminateProcess(GetCurrentProcess(), STATUS_STACK_BUFFER_OVERRUN);
```

这段代码的含义是如果 DebuggerWasPresent 标志为假，则再次调用_CRT_DEBUGGER_HOOK 函数，并让_CRT_DEBUGGER_HOOK 函数触发调试器让调试器将该进程中断下来。因为继续执行，下面就是 TerminateProcess，但_CRT_DEBUGGER_HOOK 函数什么都不做就返回了，所以如果不及时中断到调试器还是会继续执行 TerminateProcess，导致进程终止。

如果使用 WinDBG 作为 JIT 调试器（因为 WinDBG 不会立即中断被调试进程，而是让目标进程继续执行），就会使得未处理的异常被再次分发（第二轮处理机会）。于是 WinDBG 得到第二轮处理机会，将进程中断到调试器。

如果使用 VC8 作为 JIT 调试器，因为 VC8 总是询问用户是否中断进程（图 22-12），所以如果单击 Continue 按钮，可以使进程停止在_CRT_DEBUGGER_HOOK()函数的位置。

图 22-12　VC8 询问用户是否中断进程

Windows 8 内核引入了名为快速失败（fast fail）的机制来支持安全检查，在新的__report_gsfailure 函数中如果检测到系统支持"快速失败"，那么便会通过下面这样的调用发起软中断，飞跃进内核，目的是防止继续在用户空间执行时被黑客抢夺到执行机会。

```
__fastfail(FAST_FAIL_STACK_COOKIE_CHECK_FAILURE);
```

在今天的 VC8 编译器中，缓冲区安全检查是默认启用的，但也可以在编译选项加入/GS 显式地启用安全检查。如果要禁止该功能，则应在编译选项中加入/GS-。

22.12.3　编写安全的代码

编译器为降低因为缓冲区溢出而导致的安全问题做了很多努力，变量检查功能可以帮助我们及时发现问题，自动的安全 Cookie 检查可以及时终止出问题的进程，防止进一步的危害。然而，比这些措施更好的解决方案是在设计和编写代码时合理地使用缓冲区，避免在代码中埋下缓冲区溢出隐患，特别应该注意以下几点。[4]

（1）在向缓冲区写入数据前应该检查源和目标的长度，防止向小的缓冲区写入超出其容量的数据。

（2）在设计函数时，如果需要使用缓冲区作为参数来回传数据，应该设计一个参数供调用者指定缓冲区长度。以 GetWindowText(HWND hWnd, LPTSTR lpString, int nMaxCount) API 为例，第三个参数用来指定第二个参数所指向的缓冲区最多可以容纳的字符数。

（3）尽可能避免使用不安全的库函数或 API，某些早期设计的 C 运行时库中的函数为了性能考虑缺少必要的安全检查，比如 sprintf(char *buffer, const char *format [, argument] ...)函数和 strcpy(char *strDestination, const char *strSource)函数都不会检查目标缓冲区的长度，很容易发生溢出。最好避免使用这些函数，如果一定要使用，最好在调用这些函数前后做必要的检查。VS2005 的 C 运行时库为以上存在安全问题的函数提供了新的安全版本，这些新的函数在原来的函数名后加上了_s 后缀，如 sprintf_s(char *buffer, size_t sizeOfBuffer, const char *format [, argument] ...)和 strcpy_s(char *strDestination, size_t sizeInBytes, const char *strSource)。新的函数与原来的函数相比除了加上用来指定缓冲区长度的参数，其他参数和用法都保持了与以前版本的兼容性。

使用我们在第 20 章介绍的标准标注语言可以帮助编译器和其他分析工具发现代码的安全问题，提高代码的安全性。

举例来说，尽管函数 strncpy 设计中考虑到了使用第 3 个参数 count 来指定 strDest 缓冲区的大小，以防 strSource 长度大于 strDest 缓冲区时发生溢出，但如果调用者错误地传递了 count 参数，那么还是可能发生缓冲区溢出，例如下面的代码：

```
char szBuffer[20];
strncpy(szBuffer, szInput, 100);
```

既然在 strncpy 的函数声明中就假定了第 3 个参数应该是第一个参数对应的缓冲区大小，那么编译器是不是可以检测出上面的调用代码存在问题呢？答案是可以，如果使用 SAL 技术，并且在编译选项中指定/analyze 进行编译，那么就会得到如下警告信息。

```
c:\xx\xx.cpp(xx) : warning C6203: Buffer overrun for non-stack buffer 'szBuffer'
in call to 'strncpy': length '100' exceeds buffer size '20'
```

编译器是利用函数声明中的 SAL 信息发现以上问题的。在 VC8 的 C 运行时库头文件中，所有函数原型都加上了 SAL 标注，如带有 SAL 标注的 strncpy 函数的声明如下。

```
_CRTIMP char * __cdecl strncpy(__out_ecount (_MaxCount) char * _Dst,
__in_z const char * _Src,__in size_t _MaxCount);
```

其中，__out_ecount(_MaxCount)、__in_z 和__in 都是 SAL 标注符号，__out_ecount(_MaxCount)的含义是其后的参数是输出类型的，其长度为_MaxCount，这个函数会向这个参数写入数据，因此它不能为 NULL；__in_z 表示其后的参数是输入类型的以 0 结尾的字符串，该函数不会改变它的值；__in 表示其后的参数是输入类型的。

⌈ 22.13 本章总结 ⌋

本章围绕着栈和函数调用这两个相互联系的主题比较深入地讨论了编译器在这两方面的调试支持。全章可以分为前后两大部分，前半部分（22.1～22.7 节）讨论了用户态栈和内核态栈（22.1 节）、栈的创建过程（22.2 节）、CALL 和 RET 指令（22.3 节）、局部变量和栈帧（22.4 节）、帧指针省略（22.5 节）、栈指针检查（22.6 节）、函数调用协定（22.7 节）等基本内容。后半部分讨论了栈空间的分配和自动增长机制（22.8 节）、栈下溢（22.9 节）、缓冲区溢出（20.10 节），以及编译器提供的检查措施（22.11 节和 22.12 节）。

表 22-2 归纳了编译器在产生栈和函数调用有关的代码时所加入的支持软件调试的机制，以及这些机制在调试版本与发布版本中的可用性。

表 22-2　支持软件调试的机制

编译器的动作	对软件调试的意义	可 用 性	相 关 节
建立帧指针	产生栈回溯信息的基础	视优化选项而定	22.4 节
使用 0xCC 填充局部变量区	如果 CPU 因为缓冲区溢出等意外执行到这些区域，可以立即中断	仅应用于调试版本	22.11 节
为局部变量分配和建立屏障字段，并在运行期进行变量检查（RTCu）	检测缓冲区溢出，可以报告出发生溢出的局部变量名称	仅应用于调试版本	22.11 节
栈指针检查（RTCs）	检测不匹配的函数调用，及时发现栈指针异常	仅应用于调试版本	22.6 节
对可能发生缓冲区溢出的函数自动加入基于安全Cookie的检查机制（GS Switch）	及时发现缓冲区溢出和栈受损	调试版本和发布版本	22.12 节

<h2 style="text-align:center">参 考 资 料</h2>

[1]　Grace Murray Hopper. Automatic Coding for Digital Computers.

[2]　Agner Fog. Calling conventions for different C++ compilers and operating systems.

[3]　Microsoft Corporation. Microsoft Minimizes Threat of Buffer Overruns, Builds Trustworthy Applications.

[4]　Michael Howard. Writing Secure Code. Microsoft Press, 2002.

第 23 章　堆和堆检查

内存是软件工作的舞台，当用户启动一个程序时，系统会将程序文件从外部存储器（硬盘等）加载到内存中。当程序工作时，需要使用内存空间来放置代码和数据。在使用一段内存之前，程序需要以某种方式（库函数或 API 等）发出申请，接收到申请的一方（C 运行时库或各种内存管理器）根据申请者的要求从可用（空闲）空间中寻找满足要求的内存区域并分配给申请者。当程序不再需要该空间时应该通过与申请方式相对应的方法归还该空间，即释放。

在软件开发实践中，尤其是在较大型的软件项目中，合理地分配和释放内存是非常重要的，由于内存使用不当而导致的各种问题经常成为软件项目的严重障碍。提高内存的使用效率，降低内存分配和释放过程的复杂性一直是软件行业中的永恒话题。Java 和.NET 语言的一个共同优势就是可以自动回收不再需要的内存，使程序员可以不用编写释放内存的代码。第 22 章介绍的通过栈来分配局部变量也可以看作简化内存使用的一种方法。

堆（heap）是组织内存的另一种重要方法，是程序在运行期动态申请内存空间的主要途径。与栈空间由编译器产生的代码自动分配和释放不同，堆上的空间需要程序员自己编写代码来申请（调用 malloc 或者 HeapAlloc 等）和释放（调用 free 或者 HeapFree 等），而且分配和释放操作应该严格匹配，忘记释放或多次释放都是不正确的。

与栈上的缓冲区溢出类似，如果向堆上的缓冲区写入超过其大小的内容，也会因为溢出而破坏堆上的其他内容，可能导致严重的问题，包括程序崩溃。

老雷评点　　　　内存问题是软件世界的住房问题，牵涉面广而且关系重大。

为了帮助发现堆使用方面的问题，堆管理器、编译器和软件类库（如 MFC、.NET Framework等）提供了很多检查和辅助调试机制。比如，NT 堆支持参数检查、溢出检查及释放检查等功能。VC 编译器设计了专门的调试堆并提供了一系列用来追踪和检查堆使用情况的函数，在编译调试版本的可执行文件时，我们可以使用这些调试支持来解决内存泄漏等问题。

本章将先介绍堆的基本概念（23.1 节），然后分两大部分分别介绍 NT 堆和 CRT 堆。前半部分将介绍 NT 堆的创建和销毁方式（23.2 节）、使用方法（23.3 节）、内部结构（23.4 节），以及低碎片堆（23.5 节）和 NT 堆的调试支持（23.6～23.10 节）。后半部分将介绍 CRT 堆的概况（23.11 节）、堆块结构（23.12 节）和 CRT 堆的调试支持（23.13～23.15 节）。

23.1　理解堆

栈是分配局部变量和存储函数调用参数及返回位置的主要场所，系统在创建每个线程时会自动为其创建栈。对于 C/C++这样的编程语言，编译器在编译阶段会生成合适的代码来从栈上分配和释放空间，不需要程序员编写任何额外的代码，出于这个原因栈得到了"自动内存"这样一个美名。

不过从栈上分配内存也有不足之处。首先，栈空间（尤其是内核态栈）的容量是相对较小的，为了防止栈溢出，不适合在栈上分配特别大的内存区。其次，由于栈帧通常是随着函数的调用和返回而创建和消除的，因此分配在栈上的变量只在函数内有效，这使栈只适合分配局部变量，不适合分配需要较长生存期的全局变量和对象。最后，尽管也可以使用_alloca()这样的函数来从栈上分配可变长度的缓冲区，但是这样做会给异常处理带来麻烦，因此，栈也不适合分配运行期才能决定大小（动态大小）的缓冲区。

堆克服了栈的以上局限，是程序申请和使用内存空间的另一种重要途径。应用程序通过内存分配函数（如 malloc 或 HeapAlloc）或 new 操作符获得的内存空间都来自堆。

从操作系统的角度来看，堆是系统的内存管理功能向应用软件提供服务的一种方式。通过堆，内存管理器（memory manager）将一块较大的内存空间委托给堆管理器（heap manager）来管理。堆管理器将大块的内存分割成不同大小的很多个小块来满足应用程序的需要。应用程序的内存需求通常是频繁而且零散的，如果把这些请求都直接传递给位于内核中的内存管理器，那么必然会影响系统的性能。有了堆管理器，内存管理器就只需要处理大规模的分配请求。这样做不仅可以减轻内存管理器的负担，而且可以大大缩短应用程序申请内存分配所需的时间，提高程序的运行速度。从这个意义上来说，堆管理器就好像经营内存零售业务的中间商，它从内存管理器那里批发大块的内存，然后零售给应用程序的各个模块。图 23-1 显示了 Windows 系统中实现的这种多级内存分配体系。[1]

在图 23-1 中，我们用不同类型的箭头来代表不同层次的内存分配方法。具体来说，用户态的代码应该调用虚拟内存分配 API 来从内存管理器分配内存。虚拟内存 API 包括 VirtualAlloc、VirtualAllocEx、VirtualFree、VirtualFreeEx、VirtualLock、VirtualUnlock、VirtualProtect、VirtualQuery等。内核态的代码可以调用以上 API 所对应的内核函数，比如 NtAllocateVirtualMemory、NtProtectVirtualMemory 等。

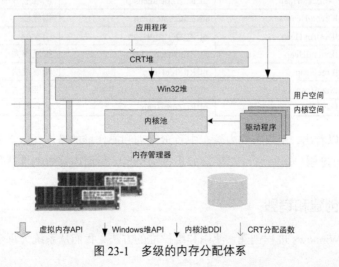

图 23-1 多级的内存分配体系

为了满足内核空间中的驱动程序等内核态代码的内存分配需要，Windows 系统的内核模块中实现了一系列函数来提供内存"零售"服务。为了与用户空间的堆管理器相区别，我们把这些函数统称为池管理器（pool manager）。池管理器公开了一组设备驱动程序接口（DDI）以向外提供服务，包括 ExAllocatePool、ExAllocatePoolWithTag、ExAllocatePoolWithTagPriority、

ExAllocatePoolWithQuota、ExFreePool、ExFreePoolWithTag 等。

与内核模块中的池管理器类似，在 NTDLL.DLL 中实现了一个通用的堆管理器，目的是为用户态的应用程序提供内存服务，通常称为 Win32 堆管理器。SDK 公开了一组 API 来访问 Win32 堆管理器的功能，比如 HeapAlloc、HeapFree 等。本章后文将详细介绍 Win32 堆管理器。

为了支持 C 的内存分配函数和 C++的内存分配运算符（new 和 delete）（以下统称 CRT 内存分配函数），编译器的 C 运行时库会创建一个专门的堆供这些函数使用，通常称为 CRT 堆。根据分配堆块的方式不同，CRT 堆有 3 种工作模式——SBH（Small Block Heap）模式、旧 SBH（Old SBH）模式和系统模式。当创建 CRT 堆时，会选择其中的一种。对于前两种模式，CRT 堆会使用虚拟内存分配 API 从内存管理器批发大的内存块过来，然后分割成小的堆块满足应用程序的需要。对于系统模式，CRT 堆只是把堆块分配请求转发给它所基于的 Win32 堆，因此处于系统模式的 CRT 堆只是对 Win32 堆的一种简单封装，在原来的基础上又增加了一些附加的功能。我们将在 23.11～23.13 节详细介绍 CRT 堆和它的调试支持。

应用程序开发商也可以实现自己的堆管理器，只需要通过虚拟内存 API 从内存管理器"批发"内存块过来后提供给自己的客户代码使用，但这超出了本书的讨论范围。

从实现角度来讲，内核态的池管理器和用户态的 Win32 堆管理器是共享一套基础代码的，它们以运行时库的形式分别存在于 NTOSKRNL.EXE 和 NTDLL.DLL 模块中。使用 WinDBG 的检查符号命令分别列出 NTDLL.DLL 和 NTOSKRNL.EXE 模块中包含 Heap 单词的符号，便可以看到很多相同的函数，表 23-1 列出了其中的一部分。

表 23-1　NTDLL.DLL 和 NTOSKRNL.EXE 中的堆管理函数

	用户态的堆管理函数	内核态的堆管理函数	功　　能
位置	NTDLL.DLL	NTOSKRNL.EXE	
	ntdll!RtlAllocateHeap	nt!RtlAllocateHeap	从堆上分配内存
	ntdll!RtlCreateHeap	nt!RtlCreateHeap	创建堆
	ntdll!RtlDestroyHeap	nt!RtlDestroyHeap	销毁堆
函数列表	ntdll!RtlExtendHeap	nt!RtlpExtendHeap	扩展堆大小
	ntdll!RtlFreeHeap	nt!RtlFreeHeap	释放堆块
	ntdll!RtlSizeHeap	nt!RtlSizeHeap	取堆块大小
	ntdll!RtlZeroHeap	nt!RtlZeroHeap	清零或填充空闲堆块

从表 23-1 可以看出，用户态和内核态中负责管理和操作堆的基本函数都是相同的，因此接下来我们将集中讨论用户态的 Win32 堆。如不特别指出，后面内容中的堆就是指 Win32 堆。

23.2　堆的创建和销毁

本节将介绍 Windows 进程创建、使用和维护堆的方法，我们从系统为每个进程所自动创建的默认堆谈起。

23.2.1　进程的默认堆

Windows 系统在创建一个新的进程时，在加载器函数执行进程的用户态初始化阶段，会调用 RtlCreateHeap 函数为新的进程创建第一个堆，称为进程的默认堆，有时简称进程堆（process heap）。

清单 23-1 中的栈回溯记录包含了 LdrpInitializeProcess 函数调用 NTDLL.DLL 中的堆创建函数的过程。此时，新进程中还只有应用程序的 EXE 模块和 NTDLL.DLL 模块，尚未加载其他任何模块，EXE 模块中的用户代码也还没有执行。

清单 23-1　栈回溯记录

```
0:000> kb
ChildEBP RetAddr  Args to Child
0012fb04 7c921e0a 00000002 00000000 00100000 ntdll!RtlCreateHeap
0012fc94 7c921639 0012fd30 7c900000 0012fce0 ntdll!LdrpInitializeProcess+0x4b7
0012fd1c 7c90eac7 0012fd30 7c900000 00000000 ntdll!_LdrpInitialize+0x183
00000000 00000000 00000000 00000000 00000000 ntdll!KiUserApcDispatcher+0x7
```

创建好的堆句柄会保存到进程环境块（PEB）的 ProcessHeap 字段中。可以使用 WinDBG 的 dt 命令来观察 PEB 结构，以下是与进程堆有关的几个字段。

```
0:000> dt _PEB 7ffd5000
   +0x018 ProcessHeap        : 0x00150000  //进程（默认）堆句柄
   +0x078 HeapSegmentReserve : 0x100000    //堆的默认保留大小，字节数，1MB
   +0x07c HeapSegmentCommit  : 0x2000      //堆的默认提交大小，8KB
```

其中，ProcessHeap 即进程堆的句柄；HeapSegmentReserve 是进程堆的保留大小，其默认值为 1MB（即 0x100000）；HeapSegmentCommit 是进程堆的初始提交大小，其默认值为两个内存页大小；x86 系统中普通内存页的大小为 4KB，因此是 0x2000，即 8KB。可以通过链接选项 /HEAP 来改变进程堆的保留大小和初始提交大小。

```
/HEAP:reserve[,commit]
```

使用 GetProcessHeap API 可以取得当前进程的进程堆句柄。

```
HANDLE GetProcessHeap(void);
```

事实上，GetProcessHeap 函数只是简单地找到 PEB 结构，然后读出 ProcessHeap 字段的值。得到进程堆的句柄后，就可以使用 HeapAlloc API 从这个堆上申请空间，如：

```
CStructXXX * pStruct = HeapAlloc(GetProcessHeap(), 0, sizeof(CStructXXX));
```

23.2.2　创建私有堆

除了系统为每个进程创建的默认堆，应用程序也可以通过调用 HeapCreate API 创建其他堆，这样的堆只能被发起调用的进程访问，通常称为私有堆（private heap）。

```
HANDLE HeapCreate( DWORD flOptions, SIZE_T dwInitialSize, SIZE_T dwMaximumSize);
```

其中，dwInitialSize 用来指定堆的初始提交大小；dwMaximumSize 用来指定堆空间的最大值（保留大小），如果为 0，则创建的堆可以自动增长。尽管可以使用任意大小的整数作为 dwInitialSize 和 dwMaximumSize 参数，但是系统会自动将其取整为大于该值的临近页边界（即页大小的整数倍）。flOptions 参数可以为如下标志中的零个或多个。

（1）HEAP_GENERATE_EXCEPTIONS(0x00000004)，通过异常来报告失败情况，如果没有该标志则通过返回 NULL 报告错误。

（2）HEAP_CREATE_ENABLE_EXECUTE(0x00040000)，允许执行堆中内存块上的代码。

（3）HEAP_NO_SERIALIZE(0x00000001)，当堆函数访问这个堆时，不需要进行串行化控制

（加锁）。指定这一标志可以提高堆操作函数的速度，但应该在确保不会有多个线程操作同一个堆时才这样做，通常在将某个堆分给某个线程专用时这么做。也可以在每次调用堆函数时指定该标志，告诉堆管理器不需要对那次调用进行串行化控制。

HeapCreate 内部主要调用 RtlCreateHeap 函数，因此私有堆与默认堆并没有本质的差异，只是创建的用途不同。RtlCreateHeap 内部会调用 ZwAllocateVirtualMemory 系统服务从内存管理器申请内存空间，初始化用于维护堆的数据结构（23.4 节），最后将堆句柄记录到进程的 PEB 结构中，确切地说是我们将要介绍的 PEB 结构的堆列表中。

23.2.3　堆列表

每个进程的 PEB 结构以列表的形式记录了当前进程的所有堆句柄，包括进程的默认堆。具体来说，PEB 中有 3 个字段用于记录这些句柄。NumberOfHeaps 字段用来记录堆的总数，ProcessHeaps 字段用来记录每个堆的句柄，它是一个数组，这个数组可以容纳的句柄数记录在 MaximumNumberOfHeaps 字段中。如果 NumberOfHeaps 达到 MaximumNumberOfHeaps，那么堆管理器会增大 MaximumNumberOfHeaps 值，并重新分配 ProcessHeaps 数组。

```
0:000> dt _peb 7ffd5000                      //显示进程的 PEB 结构
ntdll!_PEB
+0x018 ProcessHeap           : 0x00150000 //进程默认堆句柄
+0x088 NumberOfHeaps         : 3          //进程中堆的总数
+0x08c MaximumNumberOfHeaps  : 0x10       //ProcessHeaps 数组的目前大小
+0x090 ProcessHeaps          : 0x7c97de80  -> 0x00150000      //存放堆句柄的数组
```

使用 dd 命令观察 ProcessHeaps 字段的值便可以看到当前进程的所有堆指针。

```
0:000> dd 7c97de80 l3
7c97de80  00150000 00250000 00260000
```

使用 WinDBG 的!heap 命令可以列出当前进程的所有堆。

```
0:000> !heap -h
Index   Address  Name       Debugging options enabled
  1:    00150000 Segment at 00150000 to 00250000 (00003000 bytes committed)
  2:    00250000 Segment at 00250000 to 00260000 (00006000 bytes committed)
  3:    00260000 Segment at 00260000 to 00270000 (00003000 bytes committed)
```

可以看到!heap 命令显示的结果与我们用 dd 命令直接观察到的结果是一致的。另外，堆句柄的值实际上就是这个堆的起始地址。

23.2.4　销毁堆

应用程序可以调用 HeapDestroy API 来销毁进程的私有堆。HeapDestroy 内部主要调用 NTDLL 中的 RtlDestroyHeap 函数。后者会从 PEB 的堆列表中将要销毁的堆句柄移除，然后调用 NtFreeVirtualMemory 向内存管理器归还内存。

应用程序不需要也不应该销毁进程的默认堆，因为进程内的很多系统函数会使用这个堆。不必担心这会导致内存泄漏，因为当进程退出和销毁进程对象时，系统会两次调用内存管理器的 MmCleanProcessAddressSpace 函数来释放清理进程的内存空间。具体来说，第一次是在退出进程中执行的，当 NtTerminateProcess 函数调用 PspExitThread 退出线程时，如果退出的是最后一个线程，那么 PspExitThread 会调用 MmCleanProcessAddressSpace，后者会先删除进程用户空间中的文件映射和虚拟地址，释放虚拟地址描述符，然后删除进程空间的系统部分，最后删除进程的页表和页目录设施。这是在退出进程上下文中执行的最后几项任务之一。

而后，当系统的工作线程删除进程对象时会再次调用 MmCleanProcessAddressSpace 函数，清单 23-2 所示的栈回溯序列显示了这次调用的经过。

清单 23-2　栈回溯序列

```
kd> kn
 # ChildEBP RetAddr
00 f86c0c58 805922ba nt!MmCleanProcessAddressSpace    //清理进程的地址空间
01 f86c0c74 805921d1 nt!PspExitProcess+0x1fe          //进程退出函数
02 f86c0ca8 8057e49d nt!PspProcessDelete+0x11a         //删除进程对象
03 f86c0cc4 804ecc07 nt!ObpRemoveObjectRoutine+0xdd    //调用对象的删除函数
04 f86c0ce8 80581110 nt!ObfDereferenceObject+0x5d      //减少引用次数
05 f86c0d00 8058132d nt!ObpCloseHandleTableEntry+0x153  //处理句柄表的一个表项
06 f86c0d48 8058136e nt!ObpCloseHandle+0x85            //对象管理器的关闭句柄函数
07 f86c0d58 804da140 nt!NtClose+0x19                   //关闭句柄内核服务
08 f86c0d58 7ffe0304 nt!KiSystemService+0xc4           //分发系统服务
09 0051ff40 00000000 SharedUserData!SystemCallStub+0x4  //调用系统服务关闭进程句柄
```

因此，应用程序退出时没有必要——销毁每个私有堆，系统在清理进程空间时会自动释放。

23.3　分配和释放堆块

当应用程序调用堆管理器的分配函数向堆管理器申请内存时，堆管理器会从自己维护的内存区中分割出一个满足用户指定大小的内存块，然后把这个块中允许用户访问部分的起始地址返回给应用程序，堆管理器把这样的块叫作一个 Chunk，本书将其译为"堆块"。应用程序用完一个堆块后，应该调用堆管理器的释放函数归还堆块。本节将介绍分配和释放堆块的典型方法，并讨论这些方法的区别和联系。

23.3.1　HeapAlloc

在 Windows 系统中，从堆中分配空间的最直接方法就是调用 HeapAlloc API，其原型如下。

```
LPVOID HeapAlloc( HANDLE hHeap, DWORD dwFlags, SIZE_T dwBytes);
```

其中，hHeap 是要从中分配空间的内存堆的句柄，dwBytes 为所需内存块的字节数，dwFlags 可以为如下标志位的组合。

（1）HEAP_GENERATE_EXCEPTIONS(0x00000004)，使用异常来报告失败情况，如果没有此标志，则使用 NULL 返回值来报告错误。异常代码可能为 STATUS_ACCESS_VIOLATION 或 STATUS_NO_MEMORY。

（2）HEAP_ZERO_MEMORY(0x00000008)，将所分配的内存区初始化为 0。

（3）HEAP_NO_SERIALIZE(0x00000001)，不需要对该次分配实施串行化控制（加锁）。如果希望对该堆的所有分配调用都不需要串行化控制，那么可以在创建堆时指定 HEAP_NO_SERIALIZE 选项。对于进程堆，调用 HeapAlloc 时永远不应该指定 HEAP_NO_SERIALIZE 标志，因为系统的代码（比如 Ctrl+C 快捷键的处理函数）可能随时会调用堆函数访问进程堆。

如果 HeapAlloc 函数成功，那么它会返回指向所分配内存块的指针，也就是程序可以使用的内存块的起始地址。如果失败，而且 dwFlags 中没有包含 HEAP_GENERATE_EXCEPTIONS 标志，那么返回 NULL。如果包含，则会产生异常。

观察调用 HeapAlloc API 的代码所对应的汇编指令，我们可以看到实际上调用的是 NTDLL.DLL 中的 RtlAllocateHeap 函数。

```
0040129e ff1510704000 call dword ptr [HiHeap!_imp__HeapAlloc (00407010)] ds:0023:
00407010={ntdll!RtlAllocateHeap (7c9105d4)}
```

因此，HeapAlloc API 只不过是 RtlAllocateHeap 的一个别名，二者实际上是等价的。

可以使用 HeapReAlloc API 来改变一个从堆中分配的内存块的大小，其原型如下。

```
LPVOID HeapReAlloc(HANDLE hHeap, DWORD dwFlags, LPVOID lpMem, SIZE_T dwBytes);
```

其中，lpMem 指向以前分配的内存块，dwBytes 为重新分配的大小，dwFlags 除了可以包含上面讲的 HeapAlloc API 的 3 种标志位，还可以指定 HEAP_REALLOC_IN_PLACE_ONLY (0x00000010)，含义是不改变原来内存块的位置。

23.3.2　CRT 分配函数

也可使用标准 C 所定义的内存分配函数来从堆中分配内存，如 malloc 和 calloc。

```
void *malloc( size_t size );
void *calloc( size_t num, size_t size );
```

这两个函数会从我们在 23.1 节提到的 CRT 堆中分配内存。编译器的运行时库在初始化阶段会创建 CRT 堆，创建前会选择 3 种模式之一，大多时候选择的是系统堆模式。在这种模式下，CRT 堆是建立在 Win32 堆之上的，所以以上内存分配函数最终也是调用 HeapAlloc 函数来分配内存块的。清单 23-3 所示的栈回溯显示了在本节的示例程序 HiHeap 中 malloc 函数间接调用 HeapAlloc（即 RtlAllocateHeap）的过程。

清单 23-3　malloc 函数间接调用 HeapAlloc 的过程（VC6 发布版本）

```
0:000> k
ChildEBP RetAddr
0012ff10 004012a4 ntdll!RtlAllocateHeap+0x1a      //NTDLL.DLL 中的 Win32 堆分配函数
0012ff24 00401216 HiHeap!_heap_alloc+0x72          //CRT 堆的分配函数
0012ff2c 00401203 HiHeap!_nh_malloc+0x10           //支持分配处理器的函数
0012ff38 004010fa HiHeap!malloc+0xf                //标准 C 函数
0012ff40 0040116c HiHeap!TestMalloc+0xa            //测试 malloc 函数
0012ff80 00401393 HiHeap!main+0x3c                 //用户入口
0012ffc0 7c816d4f HiHeap!mainCRTStartup+0xb4       //CRT 的入口函数
0012fff0 00000000 kernel32!BaseProcessStart+0x23   //系统的进程启动函数
```

其中，_heap_alloc 是 CRT 堆块的分配函数，它内部调用 Win32 堆的分配函数实际分配堆块，然后封装成 CRT 格式的堆块；_nh_malloc 是支持分配处理器（new handler）的中间函数，它内部除了调用_heap_alloc，还会调用_callnewh 来检查是否有注册的分配处理器，如果有，则调用。

在 C++语言中，经常使用 new 操作符来创建对象和分配内存，例如：

```
char * lpsz=new char[2048];
```

跟踪以上语句的执行过程，我们可以看到，事实上，编译器产生的代码仍是调用 CRT 堆的内存分配函数，后者再调用 RtlAllocateHeap 来从堆上分配内存，清单 23-4 显示了其调用过程。

清单 23-4 new 操作符间接调用 HeapAlloc（即 RtlAllocateHeap）的过程（VC6 发布版本）

```
0:000> k
ChildEBP RetAddr
0012ff14 004012a4 ntdll!RtlAllocateHeap          // NTDLL.DLL 中的 Win32 堆分配函数
0012ff28 00401216 HiHeap!_heap_alloc+0x72        // CRT 堆的分配函数
0012ff30 004011f1 HiHeap!_nh_malloc+0x10         // 支持分配处理器的函数
0012ff3c 004010da HiHeap!operator new+0xb        // new 运算符
0012ff44 00401165 HiHeap!TestNew+0xa             // 测试 new 操作符
0012ff80 00401393 HiHeap!main+0x35               // 用户入口
0012ffc0 7c816d4f HiHeap!mainCRTStartup+0xb4     // CRT 的入口函数
0012fff0 00000000 kernel32!BaseProcessStart+0x23 // 系统的进程启动函数
```

比较清单 23-3 和清单 23-4，可以看到，无论源程序中使用的是 malloc 函数还是 new 运算符，编译器所产生的代码都是通过 CRT 堆的分配函数间接调用 RtlAllocateHeap 函数来从堆上分配内存的。那么，为什么要通过 C 运行时库的中间函数来间接调用系统的堆分配函数呢？一个好处是降低编译器与操作系统间的耦合度，另一个好处是借助这些中间函数加入内存检查功能来辅助调试。

清单 23-3 和清单 23-4 显示的都是 VC6 编译器产生的代码（发布版本）。在 VC2005（VC8）所产生的发布版本代码中，new 操作符调用的是 malloc 函数，malloc 函数直接调用 RtlAllocateHeap。但在调试版本中，仍会调用_nh_malloc_dbg 和_heap_ alloc_dbg 等中间函数，我们将在介绍 CRT 堆时详细讨论这些中间函数的作用。

23.3.3 释放从堆中分配的内存

应该调用 HeapFree API 来释放使用 HeapAlloc API 所分配的内存。HeapFree API 的原型如下。

```
BOOL HeapFree( HANDLE hHeap, DWORD dwFlags, LPVOID lpMem);
```

其中，dwFlags 可以包含 HEAP_NO_SERIALIZE（0x00000001）标志，用来告诉堆管理器不需要对该次调用进行防止并发的串行化操作以提高速度；lpMem 用来指定要释放内存块的地址，也就是使用 HeapAlloc 函数申请内存时所得到的返回值。

与 HeapAlloc 链接到 NTDLL.DLL 中的 RtlAllocateHeap 类似，HeapFree 函数实际上总是链接到 NTDLL.DLL 中的 RtlFreeHeap 函数。

通过 malloc 和 calloc 分配的内存应该使用 free()函数来释放，通过 new 操作符分配的内存应该使用 delete 操作符来释放，但二者内部最终都调用 HeapFree（RtlFreeHeap）函数来真正从堆上释放指定的内存块。在发布版本中，为了提高执行效率，delete 操作符通常被编译为跳转，而不是函数调用，即：

```
004010f8 e9c5000000          jmp       HiHeap!operator delete (004011c2)
```

而 delete 操作符只是简单地跳转到 free 函数。

```
HiHeap!operator delete:
004011c2 e959010000          jmp       HiHeap!free (00401320)
```

在 free 函数中，delete 操作符会调用 HeapFree，即 RtlFreeHeap，delete 操作符释放从堆上申请的内存块的过程，如清单 23-5 所示。

清单 23-5 delete 操作符释放从堆上申请的内存块的过程（VC8 发布版本）

```
0:000> k
ChildEBP RetAddr
```

```
0012fef4 0040138e ntdll!RtlFreeHeap          //Win32 堆的释放函数
0012ff34 00401184 HiHeap!free+0x6e            //C 标准函数
0012ff70 00401772 HiHeap!main+0x34            //程序的用户代码入口
0012ffc0 7c816d4f HiHeap!__tmainCRTStartup+0x15f   //CRT 代码的入口函数
0012fff0 00000000 kernel32!BaseProcessStart+0x23    //系统的进程启动函数
```

在调试版本中, 为了支持内存检查功能, 其过程会复杂得多, 我们将在以后各节中逐步讨论。

23.3.4　GlobalAlloc 和 LocalAlloc

16 位的 Windows (Windows 3.x) 支持所谓的全局堆和局部堆。简单来说, 局部堆是进程内的, 全局堆是系统提供给所有进程来共享的, 从全局堆和局部堆分配内存的 API 是不同的, 全局堆应该使用 GlobalAlloc 和 GlobalFree, 局部堆应该使用 LocalAlloc 和 LocalFree。

NT 系列的 Windows 不再支持全局堆, 但为了保持与 16 位的 Windows 程序兼容, 以上 API 仍保留着, 不过无论是 GlobalAlloc 还是 LocalAlloc, 实际上都从进程的默认堆上来分配内存。也就是说, 今天这两个函数已经没有大的差异, 新的程序也不该再使用它们。清单 23-6 中的栈回溯显示了 GlobalAlloc 和 LocalAlloc 函数调用 RtlAllocateHeap 的过程。

清单 23-6　GlobalAlloc 和 LocalAlloc 函数调用 RtlAllocateHeap 的过程

```
0:000> kbn
 # ChildEBP  RetAddr  Args to  Child
00 0012fef4 7c80fe8f 00140000 00100000 0000006f ntdll!RtlAllocateHeap+0xf
01 0012ff40 0040114a 00000000 0000006f 0040119c kernel32!GlobalAlloc+0x66
02 0012ff4c 0040119c 00408058 00001000 00010000 HiHeap!TestGlobal+0xa
// 以下是 LocalAlloc 的情况
00 0012fef4 7c8099ff 00140000 00140000 0000006f ntdll!RtlAllocateHeap+0x5
01 0012ff40 0040115b 00000000 0000006f 0040119c kernel32!LocalAlloc+0x58
02 0012ff4c 0040119c 00408058 00001000 00010000 HiHeap!TestGlobal+0x1b
```

其中 00140000 是 RtlAllocateHeap 的堆句柄参数 (hHeap), 实际上就是进程的默认堆句柄, KERNEL32.DLL 中用一个名为 BaseHeap 的全局变量来记录这个句柄值。栈帧#00 Args to Child 列的 00100000 和 00140000 是 RtlAllocateHeap 的第二个参数 dwFlags, 我们在调用 GlobalAlloc 和 LocalAlloc 函数时没有指定任何标志位, 因此这两个标志位是 GlobalAlloc 和 LocalAlloc 加入的。栈帧#00 接下来一列中的 0000006f 是要分配的内存块长度。

23.3.5　解除提交

释放从堆上分配的内存并不意味着堆管理器会立刻把这个内存块所对应的空间归还给系统的内存管理器。考虑到应用程序可能很快还会申请内存和减少与内存管理器的交互次数, 堆管理器只在以下两个条件都满足时才会立即调用 ZwFreeVirtualMemory 函数向内存管理器释放内存, 通常称为解除提交 (decommit)。第一个条件是本次释放的堆块大小超过了堆参数中的 DeCommitFreeBlockThreshold 所代表的阈值, 第二个条件是累积起来的总空闲空间 (包括本次) 超过了堆参数中的 DeCommitTotalFreeThreshold 所代表的阈值。DeCommitFreeBlockThreshold 和 DeCommitTotalFreeThreshold 是放在堆管理区的参数, 创建堆时会使用 PEB 结构中的 HeapDeCommitFreeBlockThreshold 和 HeapDeCommitTotalFreeThreshold 字段的值来初始化这两个参数。以下是使用 dt_PEB 命令观察到的这两个字段和它们的取值。

```
+0x080 HeapDeCommitTotalFreeThreshold : 0x10000
+0x084 HeapDeCommitFreeBlockThreshold : 0x1000
```

也就是说，当要释放的堆块超过 4KB 并且堆上的总空闲空间达到 64KB 时，堆管理器才会立即向内存管理器执行解除提交操作以真正释放内存；否则，堆管理器会将这个块加到空闲块列表中，并更新堆管理区的总空闲空间（TotalFree）值。清单 23-7 所示的栈回溯反映了 RtlFreeHeap 函数调用 RtlpDeCommitFreeBlock 函数归还内存的过程。

清单 23-7　栈回溯

```
0:000> kn
 # ChildEBP RetAddr
00 0012fdfc 7c918331 ntdll!ZwFreeVirtualMemory               //释放内存的系统调用
01 0012fe20 7c9183dc ntdll!RtlpSecMemFreeVirtualMemory+0x1b
02 0012fe6c 7c910eca ntdll!RtlpDeCommitFreeBlock+0x1fb       //堆管理器的解除提交函数
03 0012ff3c 004011df ntdll!RtlFreeHeap+0x3a2                 //释放堆块
04 0012ff54 00401283 HiHeap!TestDecommit+0x6f               //测试解除提交的示例函数
05 0012ff80 00401835 HiHeap!main+0x53                       //用户代码的入口函数
06 0012ffc0 7c816ff7 HiHeap!mainCRTStartup+0xb4             //CRT 插入的入口函数
07 0012fff0 00000000 kernel32!BaseProcessStart+0x23         //系统的进程启动函数
```

以上栈回溯中释放的堆块的用户区大小为 65536 字节，满足上面说的两个条件。值得说明的是，堆管理器内部是以分配粒度为单位来表示上面说的那两个阈值和计算堆块大小的。调用 GetSystemInfo API 可以取得分配粒度，通常为 8 字节。在 WinDBG 中使用!heap –v 命令可以观察堆的分配粒度和解除提交阈值（清单 23-8）。

清单 23-8　观察堆的参数信息

```
0:000> !heap 140000 -v                                        //140000 即进程堆句柄
Index   Address  Name     Debugging options enabled //未启用任何调试选项
  1:   00140000                                               //这个命令支持列出多个堆的信息
    Segment at 00140000 to 00240000 (00015000 bytes committed)
                                                              //堆的内存段范围和提交字节数

    Flags:                 00000002        //堆标志
    ForceFlags:            00000000        //强制标志
    Granularity:           8 bytes         //堆块分配粒度
    Segment Reserve:       00100000        //堆的保留空间
    Segment Commit:        00002000        //每次向内存管理器提交的内存大小
    DeCommit Block Thres:  00000200        //解除提交的单块阈值
    DeCommit Total Thres:  00002000        //解除提交的总空闲阈值
    Total Free Size:       00000000        //堆中空闲块的总大小
    …                                      //省略其他信息
```

其中，表示单块阈值的参数等于 0x200，因为它是以分配粒度（8 字节）为单位的，所以将其乘以 8 便是 0x1000，与 PEB 中的 HeapDeCommitFreeBlockThreshold 是一致的。

也可以通过任务管理器来观察堆管理器是否执行了解除提交动作，在执行了这个动作后，进程的 VM Size 值会变小。以本节的 HiHeap 程序为例，在命令行指定堆块的大小，在分配堆块前观察这个进程的 VM Size 值（180KB），然后按任意键让程序分配堆块，观察 VM Size 值，再按键让程序释放堆块，观察 VM Size 值。如果指定的堆块参数大于 64KB，那么释放动作会触发解除提交动作，可以看到 VM Size 值减小。表 23-2 记录了笔者所做的两次试验的结果。

表 23-2　使用任务管理器观察 HiHeap 程序所使用的虚拟内存量（VM Size 值）的试验结果

试验编号	参数（堆块大小）	分配前的虚拟内存量/KB	分配后的虚拟内存量/KB	释放后的虚拟内存量/KB
#1	65535	180	248	180
#2	60000	180	240	240

可见两次分配都触发了堆管理器向内存管理器提交内存，因此进程的虚拟内存使用量变大。但是只有第一次的释放动作触发了堆管理器立刻向内存管理器归还内存。

23.4　堆的内部结构

我们在 23.3 节介绍了堆的基本概念，并从应用角度介绍了从堆上分配与释放内存的方法。本节将介绍堆的内部结构，以及堆管理器组织堆中数据的方法。

23.4.1　结构和布局

正如我们在 23.1 节所介绍的，可以把堆管理器想象为经营内存业务的零售商，它从 Windows 内核的内存管理器那里批发内存块过来，然后零售给应用程序。图 23-2 显示了一个 Win32 堆所拥有的内存块。左侧的大矩形是这个堆创建之初所批发过来的第一个段（Segment），我们将其简称为 0 号段（Segment00）。每个堆至少拥有一个段，即 0 号段，最多可以有 64 个段。堆管理器在创建堆时会建立一个段，在一个段用完后，如果这个堆是可增长的，也就是堆标志中含有 HEAP_GROWABLE(2) 标志，那么堆管理器会再分配一个段。

在 0 号段的开始处存放着堆的头信息，是一个 HEAP 结构，其中定义了很多个字段用来记录堆的属性和"资产"状况，比如 Segments 数组记录了这个堆拥有的所有段。每个段都用一个 HEAP_SEGMENT 结构来描述自己，对于 0 号段，这个结构位于 HEAP 结构之后，对于其他段，这个结构就在段的起始处。例如，图 23-2 中右侧上方的矩形代表了这个堆的 1 号段，它的最上方就是一个 HEAP_SEGMENT 结构。

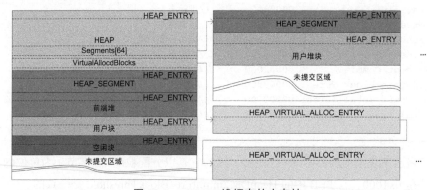

图 23-2　Win32 堆拥有的内存块

这样，堆中的内存区便被分割为一系列不同大小的堆块。每个堆块的起始处一定是一个 8 字节的 HEAP_ENTRY 结构，后面便是供应用程序使用的区域，通常称为用户区。HEAP_ENTRY 结构的前两字节是以分配粒度表示的堆块大小。分配粒度通常为 8 字节，这意味着每个堆块的最大值是 2 的 16 次方乘以 8 字节，即 0x10000 × 8 字节 = 0x80000 字节 = 524288 字节=512KB，因为每个堆块至少要有 8 字节的管理信息，所以应用程序可以使用的最大堆块便是 0x80000 字

节 – 8 字节 = 0x7FFF8 字节，这也正是 SDK 文档中所给出的数值（位于 HeapCreate 函数 dwMaximumSize 参数的说明中）。不过这并不意味着不可以从 NT 堆上分配到更大的内存块。当一个应用程序要分配大于 512KB 的堆块时，如果堆标志中包含 HEAP_GROWABLE（2），那么堆管理器便会直接调用 ZwAllocateVirtualMemory 来满足这次分配，并把分得的地址记录在 HEAP 结构的 VirtualAllocdBlocks 所指向的链表中。这意味着，堆管理器批发过来的大内存块有两种形式，一种形式是段，另一种形式就是直接的虚拟内存分配，我们将后一种形式称为大虚拟内存块。图 23-2 右下方的两个矩形代表了这个堆所拥有的两个大虚拟内存块。因为对管理器是以链表方式来管理大虚拟内存块的，所以其数量是没有限制的。每个大虚拟内存块的起始处是一个 HEAP_VIRTUAL_ALLOC_ENTRY 结构（32 字节）。HiHeap 程序中的 TestVirtualAlloc 函数演示了如何触发堆管理器分配大虚拟内存块。考虑到大虚拟内存块属于堆块的特例，而且是少数情况，所以接下来的内容将集中讨论段中的普通堆块。

HEAP_SEGMENT 结构后面是一个特殊的堆块，它用来存放已经释放堆块的信息，主要是一个旁视列表。当应用程序释放一个普通的小型堆块时，堆管理器可能把这个堆块的信息加入旁视列表中，然后就返回。在分配新的堆块时，堆管理器会先搜索旁视列表，看是否有合适的堆块。因为从旁视列表中分配堆块是优先于其他分配逻辑的，所以它又叫前端堆（front end heap），前端堆主要用来提高释放和分配堆块的速度。

段中的所有已经提交的空间都属于某一个堆块，即使是 HEAP 结构和 HEAP_ SEGMENT 结构所占用的空间也分别属于一个单独的堆块，因此这两个结构的起始处都是一个 HEAP_ENTRY 结构。下面我们分别介绍 HEAP、HEAP_SEGMENT 和 HEAP_ENTRY 这 3 种管理堆的重要数据结构。

23.4.2 HEAP 结构

堆管理器使用 HEAP 结构来记录和维护堆的管理信息，因此我们把这个结构称为堆的管理结构，因为这个结构总是在每个堆的开始处，所以有时也称为堆的头结构。事实上，HeapCreate 返回的句柄便是指向 HEAP 结构的指针。SDK 没有详细介绍 HEAP 结构，但是在 NTDLL.DLL 的调试符号中包含了 HEAP 结构的定义。清单 23-9 显示了 HEAP 结构的各个字段及它们在进程堆中的取值。

清单 23-9　HEAP 结构的各个字段及它们在进程堆中的取值

```
0:000> dt ntdll!_HEAP 00140000              //00140000 为进程堆句柄
  +0x000 Entry                  : _HEAP_ENTRY//用于存放管理结构的堆块结构
  +0x008 Signature              : 0xeeffeeff //HEAP 结构的签名，固定为这个值
  +0x00c Flags                  : 2          //堆标志，2 代表 HEAP_GROWABLE
  +0x010 ForceFlags             : 0          //强制标志
  +0x014 VirtualMemoryThreshold : 0xfe00     //最大堆块大小，见下文
  +0x018 SegmentReserve         : 0x100000   //段的保留空间大小
  +0x01c SegmentCommit          : 0x2000     //每次提交内存的大小
  +0x020 DeCommitFreeBlockThreshold : 0x200  //解除提交的单块阈值（以分配粒度为单位）
  +0x024 DeCommitTotalFreeThreshold : 0x2000 //解除提交的总空闲块阈值（粒度数）
  +0x028 TotalFreeSize          : 7          //空闲块总大小，以分配粒度为单位
  +0x02c MaximumAllocationSize  : 0x7ffdefff //可分配的最大值
  +0x030 ProcessHeapsListIndex  : 1          //本堆在进程堆列表中的索引
  +0x032 HeaderValidateLength   : 0x608      //头结构的验证长度，实际占用 0x640 字节
  +0x034 HeaderValidateCopy     : (null)
  +0x038 NextAvailableTagIndex  : 0          //下一个可用的堆块标记索引
```

```
+0x03a MaximumTagIndex          : 0                  //最大的堆块标记索引号
+0x03c TagEntries               : (null)             //指向用于标记堆块的结构
+0x040 UCRSegments              : (null)             //UnCommitedRange Segments
+0x044 UnusedUnCommittedRanges:0x140598 _HEAP_UNCOMMMTTED_RANGE
+0x048 AlignRound               : 0xf
+0x04c AlignMask                : 0xfffffff8         //用于地址对齐的掩码
+0x050 VirtualAllocdBlocks      : _LIST_ENTRY [ 0x140050 - 0x140050 ]
+0x058 Segments                 : [64] 0x00140640 _HEAP_SEGMENT //段数组
+0x158 u                        : __unnamed
+0x168 u2                       : __unnamed
+0x16a AllocatorBackTraceIndex  : 0                  //用于记录回溯信息
+0x16c NonDedicatedListLength   : 0
+0x170 LargeBlocksIndex         : (null)
+0x174 PseudoTagEntries         : (null)
+0x178 FreeLists                : [128] _LIST_ENTRY [ 0x140178 - 0x140178 ] //空闲块
+0x578 LockVariable             : 0x00140608 _HEAP_LOCK //用于串行化控制的同步对象
+0x57c CommitRoutine            : (null)
+0x580 FrontEndHeap             : 0x00140688 //用于快速释放堆块的"前端堆"
+0x584 FrontHeapLockCount       : 0                  //"前端堆"的锁定计数
+0x586 FrontEndHeapType         : 0x1 ''             //"前端堆"的类型
+0x587 LastSegmentIndex         : 0 ''               //最后一个段的索引号
```

解释一下 VirtualMemoryThreshold 字段的含义，它是以分配粒度为单位的堆块阈值，即我们前面提到过的可以在段中分配的堆块最大值，它是以用户数据区的大小来衡量的，$0xfe00 \times 8$ 字节 = $0x7f000$ 字节 = 508KB，这个值小于真正的最大值，为堆块的管理信息区保留了 4KB 的空间，是一个很稳妥的上限。这个阈值意味着这个堆中最大的普通堆块的用户数据区是 508KB，对于超过这个数值的分配申请，堆管理器会直接调用 ZwAllocateVirtualMemory 来满足这次分配，并把分得的地址记录在 VirtualAllocdBlocks 所指向的链表中。这样做的前提是标志中包含 HEAP_GROWABLE（2）。如果堆标志中不包含 HEAP_GROWABLE，这样的分配就会失败。或者说，如果一个堆是不可增长的，那么可以分配的最大用户数据区便是 512KB，即使堆中空闲空间远远大于这个值。

Segments 字段用来记录堆中包含的所有段，它是一个数组，其中每个元素是一个指向 HEAP_SEGMENT 结构的指针。LastSegmentIndex 字段用来标识目前堆中最后一个段的序号，其值加一便是段的总个数。

FreeLists 是一个包含 128 个元素的数组，用来记录堆中空闲堆块链表的表头。当有新的分配请求时，堆管理器会遍历这个链表寻找可以满足请求大小的最接近堆块。如果找到了，便将这个块分配出去；否则，便要考虑为这次请求提交新的内存页和建立新的堆块。当释放一个堆块时，除非这个堆块满足解除提交的条件，要直接释放给内存管理器，大多数情况下对其修改属性并加入空闲链表中。稍后我们还会详细介绍堆块的分配和释放过程。

23.4.3　HEAP_SEGMENT 结构

清单 23-10 给出了用来描述堆中 HEAP_SEGMENT 结构的各个字段，其中字段的取值是针对进程堆的第一个段的，即清单 23-9 中 Segments 数组的第一个元素。

清单 23-10　HEAP_SEGMENT 结构的各个字段

```
0:000> dt _HEAP_SEGMENT 0x00140640
ntdll!_HEAP_SEGMENT
   +0x000 Entry                         : _HEAP_ENTRY      //段中存放本结构的堆块
```

```
+0x008 Signature            : 0xffeeffee        //段结构的签名,固定为这个值
+0x00c Flags                : 0                 //段标志
+0x010 Heap                 : 0x00140000 _HEAP  //段所属的堆
+0x014 LargestUnCommittedRange : 0xfc000
+0x018 BaseAddress          : 0x00140000        //段的基地址
+0x01c NumberOfPages        : 0x100             //段的内存页数
+0x020 FirstEntry           : 0x00140680 _HEAP_ENTRY  //第一个堆块
+0x024 LastValidEntry       : 0x00240000 _HEAP_ENTRY  //堆块的边界值
+0x028 NumberOfUnCommittedPages : 0xfc          //尚未提交的内存页数
+0x02c NumberOfUnCommittedRanges : 1            //UnCommittedRanges数组元素数
+0x030 UnCommittedRanges    : 0x00140588 _HEAP_UNCOMMMTTED_RANGE
+0x034 AllocatorBackTraceIndex : 0              //初始化段的UST记录序号
+0x036 Reserved             : 0
+0x038 LastEntryInSegment   : 0x00143128 _HEAP_ENTRY  //最末一个堆块
```

上面显示的是堆的第一个段的信息,在这个段的开头存放的是堆的管理结构,其地址范围是 0x140000～0x140640 字节,从 0x00140640 开始是 0x40 字节长的段结构,即上面的结构,之后便是段中的第一个用户堆块,FirstEntry 字段用来直接指向这个堆块。堆管理器使用 HEAP_ENTRY 结构来描述每个堆块。

23.4.4 HEAP_ENTRY 结构

描述堆块的最重要数据结构是 HEAP_ENTRY。同样,SDK 文档没有介绍过这个结构,但是 NTDLL.DLL 的调试符号中包含了这个结构的描述,表 23-3 列出了使用 WinDBG 的 dtntdll!_HEAP_ENTRY 命令观察到的 HEAP_ENTRY 结构的各个字段。

表 23-3 HEAP_ENTRY 结构的各个字段

字 段		含 义
+0x000 Size	: Uint2B	堆块的大小,以分配粒度为单位
+0x002 PreviousSize	: Uint2B	前一个堆块的大小
+0x004 SmallTagIndex	: UChar	用于检查堆溢出的 Cookie
+0x005 Flags	: UChar	标志
+0x006 UnusedBytes	: UChar	因为补齐而多分配的字节数
+0x007 SegmentIndex	: UChar	这个堆块所在段的序号

其中,Flags 字段代表堆块的状态,其值是表 23-4 列出的标志的组合,这些标志是根据!heap -a 命令的输出结果整理得到的。

表 23-4 堆块的部分标志

标 志	值	含 义
HEAP_ENTRY_BUSY	01	该块处于占用(busy)状态
HEAP_ENTRY_EXTRA_PRESENT	02	这个块存在额外(extra)描述
HEAP_ENTRY_FILL_PATTERN	04	使用固定模式填充堆块
HEAP_ENTRY_VIRTUAL_ALLOC	08	虚拟分配(virtual allocation)
HEAP_ENTRY_LAST_ENTRY	0x10	该段的最后一个块

HEAP_ENTRY 结构的长度固定为 8 字节长,位于堆块起始处,其后便是堆块的用户数据。也就是说,将 HeapAlloc 函数返回的地址减去 8 字节便是这个堆块的 HEAP_ENTRY 结构的地址。

23.4.5 分析堆块的分配和释放过程

下面举个例子来说明从堆上分配和释放内存块的过程。在 WinDBG 中打开 bin\debug 目录下的 HiHeap 程序，然后在 TestAlloc 函数的如下语句中设置断点。

```
void * pStruct = HeapAlloc(GetProcessHeap(), 0, MAX_PATH);
```

这条语句从进程堆中申请一个长度为 MAX_PATH（260）字节的内存块。单步执行完这条语句，观察到函数返回的地址为 00142a80，这个地址指向的是分配给应用程序的内存区的起始地址，也就是用户数据区的起始地址。使用 dd 00142a80 观察该地址，会发现整个内存区都被填充为 0xBAADF00D（英文 Bad Food），这是因为我们在调试器中运行程序，系统自动启用了堆的调试支持（23.6 节）。

```
0:000> dd 00142a80
00142a80   baadf00d baadf00d baadf00d baadf00d
…
```

在此地址，前 8 字节便是 HEAP_ENTRY 结构，可以使用 dt 命令观察。

```
0:000> dt ntdll!_HEAP_ENTRY 00142a80-8
   +0x000 Size             : 0x24        //以分配粒度表示的块大小，不包括本结构
   +0x002 PreviousSize     : 9           //前一个堆块的大小
   +0x000 SubSegmentCode   : 0x00090024  //子段代码
   +0x004 SmallTagIndex    : 0x8a ''     //堆块的标记序号
   +0x005 Flags            : 0x7 ''      //堆块的状态标志
   +0x006 UnusedBytes      : 0x1c ''     //用户数据区后的未使用字节数
   +0x007 SegmentIndex     : 0 ''        //所在段序号
```

其中 0x24 是以分配粒度为单位的块大小，0x24 × 8 字节 = 288 字节 = 用户请求大小（260 字节）+ UnusedBytes（28 字节）。Flags 为 7，表明该块处于占用状态，这个块存在额外描述（位于块尾），而且进行过模式填充（baadf00d）。SegmentIndex 为 0，表示这个堆块是从这个堆的 0 号段（Segment00）中分配的。

继续跟踪 TestAlloc，单步执行下面的 HeapFree 语句。

```
HeapFree(GetProcessHeap(),0, pStruct);
```

单步执行好以上语句后，再次观察刚才的两个地址。

```
0:000> dd 00142a80
00142a80   00140178 00140178 feeefeee feeefeee
00142a90   feeefeee feeefeee feeefeee feeefeee
…
```

也就是用户区除前 8 字节外的区域都被填充为 feeefeee，看起来像英文的 free，这正是堆管理器对已经释放堆块所自动填充的内容。

再观察 HEAP_ENTRY 结构。

```
0:000> dt ntdll!_HEAP_ENTRY 00142a80-8
   +0x000 Size             : 0xb1        //以分配粒度表示的块大小
   +0x002 PreviousSize     : 9           //前一个堆块的大小
   +0x000 SubSegmentCode   : 0x000900b1
   +0x004 SmallTagIndex    : 0x8a ''     //堆块的标记序号
   +0x005 Flags            : 0x14 ''     //堆块的状态标志
   +0x006 UnusedBytes      : 0x1c ''     //残留的信息
   +0x007 SegmentIndex     : 0 ''        //所在段序号
```

块大小从刚才的 0x24 字节变为 0xb1，即 0xb1×8 字节=1416 字节，这表示堆管理器将刚才释放的块与其后的空闲区域合并成了一个大的空闲块，留作以后使用，合并的过程叫作拼接（coalesce）。RtlpCoalesceFreeBlocks 和 RtlpCoalesceHeap 函数便是用来完成空闲堆块拼接任务的。

另外，堆块的 Flags 字段由刚才的 0x7 变为 0x14，表示这个块已经空闲，是这个段中的最后一个块，而且进行过模式填充。

事实上，对于已经释放的堆块，堆管理器专门定义了 HEAP_FREE_ENTRY 结构来描述。这个结构的前 8 字节与 HEAP_ENTRY 一样，但增加了 8 字节用于存放空闲链表（free list）的节点。因此，可以使用 dt ntdll!_HEAP_FREE_ENTRY 来观察刚才的地址。

```
0:000> dt ntdll!_HEAP_FREE_ENTRY 00142a80-8
   +0x000 Size           : 0xb1          //堆块的大小，以分配粒度为单位
   +0x002 PreviousSize   : 9             //上一堆块的大小，以分配粒度为单位
   +0x000 SubSegmentCode : 0x000900b1    //子段代码
   +0x004 SmallTagIndex  : 0x8a ''       //堆块的标记序号
   +0x005 Flags          : 0x14 ''       //堆块标志
   +0x006 UnusedBytes    : 0x1c ''       //残留信息
   +0x007 SegmentIndex   : 0 ''          //所在段序号
   +0x008 FreeList       : _LIST_ENTRY [ 0x140178 - 0x140178 ] //空闲链表的节点
```

刚才我们观察释放后的内存地址，看到的起始 8 字节便是 FreeList 字段。堆结构中包含了一个 FreeLists 数组（128 项）用来存放各个空闲链表的表头。因为这个堆块是最后一个块，所以 LIST_ENTRY 结构的 Flink 和 Blink 字段指向的都是这个空闲链表的头节点。

23.4.6 使用!heap 命令观察堆块信息

使用 WinDBG 的!heap 命令加上-h 开关和堆句柄可以显示出堆的堆块信息。清单 23-11 给出了针对 HiHeap 程序进程堆的执行结果。

清单 23-11 执行结果

```
0:000> !heap 140000 -hf
Index   Address  Name       Debugging options enabled
  1:   00140000                                //堆句柄，!heap 命令支持显示多个堆
    Segment at 00140000 to00240000 (000f6000 bytes committed)    //0 号段
    Segment at 00410000 to00510000 (0007a000 bytes committed)    //1 号段
    Flags:                00000002   //段标志
    Total Free Size:      000009ae   //空闲链表中堆块的总大小（以分配粒度为单位）
    Virtual Alloc List:   00140050   //大虚拟内存块链表
    UCR FreeList:         001405a8   //空闲的 UnCommitedRange 链表头
    FreeList Usage:       00000000 00000000 00000000 00000000
    FreeList[ 00 ] at 00140178: 00233140 . 00488160    //0 号空闲链表
        00488158: 00110 . 01ea8 [10] - free    //空闲堆块
        00233138: 78008 . 02ec8 [10] - free    //空闲堆块
    Heap entries for Segment00 in Heap 00140000 //0 号段中的堆块
        00140640: 00640 . 00040 [01] - busy (40)              //段结构所占的堆块
        00140680: 00040 . 01808 [01] - busy (1800) (Tag d0)   //前端堆占的堆块
        …   //省略多个用户堆块
        00143128: 00078 . 78008 [01] - busy (78000) (Tag 25) //用户堆块
        001bb130: 78008 . 78008 [01] - busy (78000) (Tag 26) //用户堆块
        00233138: 78008 . 02ec8 [10]                 //段中的最后一个块，是空闲块
        00236000:        0000a000    - uncommitted bytes.   //未提交区
    Heap entries for Segment01 in Heap 00140000 //1 号段中的堆块
```

```
00410000: 00000 . 00040 [01] - busy (40) //段结构所占的堆块
00410040: 00040 . 78008 [01] - busy (78000) (Tag 8)    //用户堆块
00488048: 78008 . 00110 [01] - busy (104) (Tag 9)      //用户堆块
00488158: 00110 . 01ea8 [10]                //段中的最后一个块，是空闲块
0048a000:       00086000      - uncommitted bytes.    //未提交区
```

我们解释一下空闲堆块的有关描述，第 7 行显示的是空闲链表中堆块的总大小（0x9ae），它是以分配粒度为单位的，乘以 8 可以换算为字节数，即 0x9ae×8 字节＝0x4d70 字节。第 12 行和第 13 行显示出了两个空闲堆块的信息，第一个的大小是 0x1ea8 字节，第二个的大小是 0x2ec8 字节，加起来正好是 0x4d70 字节。

以上列表中关于堆块的显示格式是"堆块的起始地址：前一个堆块的字节数.本堆块的字节数[堆块标志] – 堆块标志的文字表示（堆块的用户数据区字节数）（堆块的标记序号）"。其中堆块的起始地址就是 HEAP_ENTRY 结构的地址，用户区字节数不包含多分配的未使用字节（unused byte），后两个部分是可选的。

以倒数第 3 行为例，其节点地址为 00488048，接下来的 78008 是前一个块的大小，00110 是当前块的大小（字节数）。01 是标志，代表繁忙（busy）；104 是用户数据区的字节数，也就是调用 HeapAlloc 时应用程序申请的大小。

23.5　低碎片堆

在堆上的内存空间被反复分配和释放一段时间后，堆上的可用空间可能被分割得支离破碎，当再试图从这个堆上分配空间时，即使可用空间加起来的总额大于请求的空间，但是因为没有一块连续的空间可以满足要求，所以分配请求仍会失败，这种现象称为堆碎片（heap fragmentation）。堆碎片与磁盘碎片的形成机理是一样的，但比磁盘碎片的影响更大。多个磁盘碎片加起来仍可以满足磁盘分配请求，但是堆碎片是无法通过累加来满足内存分配要求的，因为堆函数返回的必须是地址连续的一段空间。

针对堆碎片问题，Windows XP 和 Windows Server 2003 引入了低碎片堆（Low Fragmentation Heap，LFH）。那么 LFH 是如何来降低碎片的呢？LFH 将堆上的可用空间划分成 128 个桶位（bucket），编号为 1～128，每个桶位的空间大小依次递增，1 号桶为 8 字节，128 号桶为 16384 字节（即 16KB）。当需要从 LFH 上分配空间时，堆管理器会根据堆函数参数中所请求的字节将满足要求的最小可用桶分配出去。例如，如果应用程序请求分配 7 字节，而且 1 号桶空闲，那么便将 1 号桶分配给它，如果 1 号桶已经分配出去了（busy），那么便尝试分配 2 号桶。另外，LFH 为不同编号区域的桶规定了不同的分配粒度，桶的容量越大，分配桶时的粒度也越大，比如 1～32 号桶的粒度是 8 字节，这意味着这些桶的最小分配单位是 8 字节，对于不足 8 字节的分配请求，也至少会分配给 8 字节。表 23-5 列出了 LFH 各个桶位的分配粒度和适用范围。

通过 HeapSetInformation API 可以对一个已经创建好的 NT 堆启用低碎片堆支持。例如，下面的代码对当前进程的进程堆启用 LFH 功能。

```
ULONG  HeapFragValue = 2;
BOOL bSuccess = HeapSetInformation(GetProcessHeap(),
    HeapCompatibilityInformation, &HeapFragValue, sizeof(HeapFragValue));
```

调用 HeapQueryInformation API 可以查询一个堆是否启用了 LFH 支持。

表 23-5 LFH 中不同桶位的分配粒度和适用范围

桶位（bucket）	粒度（granularity）	范围（range）
1~32	8	1~256
33~48	16	257~512
49~64	32	513~1024
65~80	64	1025~2048
81~96	128	2049~4096
97~112	256	4097~8192
113~128	512	8193~16384

23.6 堆的调试支持

为了帮助发现内存有关的问题，堆管理器提供了一系列功能来辅助调试。

（1）堆尾检查（Heap Tail Checking，HTC），在堆块的末尾附加额外的标记信息（通常为 8 字节），用于检查堆块是否发生溢出，其原理与我们在第 22 章介绍的防止栈上缓冲区溢出的栅栏字节类似。

（2）堆释放检查（Heap Free Checking，HFC），在释放堆块时对堆进行各种检查，可以防止多次释放同一个堆块。

（3）参数检查，对传递给堆管理器的参数进行更多的检查。

（4）调用时堆验证（Heap Validation on Call，HVC），即每次调用堆函数时都对整个堆进行验证和检查。

（5）堆块标记（heap tagging），为堆块增加附加标记（tag），以记录堆块的使用情况或其他信息。

（6）用户态栈回溯（User mode Stack Trace，UST），将每次调用堆函数的函数调用信息记录到一个内存数据库中。

（7）专门用于调试的页堆（Debug Page Heap），简称 DPH。

HTC、HVC 和 DPH 主要用来检测堆上的缓冲区溢出，我们将在 23.8 节和 23.9 节介绍，在 23.7 节介绍 UST 功能，本节接下来将介绍启用调试支持的方法和 HFC 功能。

23.6.1 全局标志

创建堆时，堆管理器根据当前进程的全局标志来决定是否启用堆的调试功能。操作系统的进程加载器在加载一个进程时会从注册表中读取进程的全局标志值，具体来说，在 HKEY_LOCAL_MACHINE\SOFTWARE\Microsoft\Windows NT\CurrentVersion\Image File Execution Options 表键下寻找以该程序名（如 MyApp.EXE，不区分大小写）命名的子键。如果存在这样的子键，那么读取下面的 GlobalFlag 键值（REG_DWORD 类型）。

可以使用 gflags 工具（gflags.exe）来编辑系统的全局标志或某个程序文件的全局标志。WinDBG 帮助文件中列出了所有全局标志。表 23-6 列出了与堆有关的全局标志，其中"缩写"列是可以传递给 gflags 工具的命令行参数，比如 gflags/i HiHeap.exe +ust 便为 HiHeap.exe 程序增加了 FLG_USER_STACK_TRACE_DB 标志。事实上，gflags 工具只是将标志信息保存在上面所说的注册表表键下（如果不存在，会先创建），所以使用 gflags 工具与直接手工向注册表中加入键值是等价的。

表 23-6　与堆有关的全局标志

标　　志	值	缩　写	描　述
FLG_HEAP_ENABLE_FREE_CHECK	0x20	hfc	释放检查
FLG_HEAP_VALIDATE_PARAMETERS	0x40	hpc	参数检查
FLG_HEAP_ENABLE_TAGGING	0x800	htg	附加标记
FLG_HEAP_ENABLE_TAG_BY_DLL	0x8000	htd	通过 DLL 附加标记
FLG_HEAP_ENABLE_TAIL_CHECK	0x10	htc	堆尾检查
FLG_HEAP_VALIDATE_ALL	0x80	hvc	全面验证
FLG_HEAP_PAGE_ALLOCS	0x02000000	hpa	DPH
FLG_USER_STACK_TRACE_DB	0x1000	ust	用户态栈回溯
FLG_HEAP_DISABLE_COALESCING	0x00200000	dhc	禁用合并空闲块

如果是在调试器中运行一个程序，而且注册表中没有设置 GlobalFlag 键值，那么操作系统的加载器会默认将全局标志设置为 0x70，也就是启用 htc、hfc 和 hpc 这 3 项堆调试功能。如果注册表中设置了，那么会使用注册表中的设置。例如，在 WinDBG 中打开 HiHeap.exe 后，执行!gflag 命令就可以观察当前进程的全局标志取值。

```
0:000> !gflag
Current NtGlobalFlag contents: 0x00000070
    htc - Enable heap tail checking
    hfc - Enable heap free checking
    hpc - Enable heap parameter checking
```

如果附加到一个已经运行的进程，那么它的全局标志值就是它的本来值（来自注册表和程序文件），对于普通程序默认为 0。

23.6.2　堆释放检查

很多堆损坏的情况是由于错误的释放动作所导致的，比如多次释放同一个堆块，或者从一个堆释放本不属于这个堆的堆块。堆释放检查（HFC）功能可以比较有效地发现这类问题。为了便于说明，我们编写了一个名为 HeapHFC 的控制台程序，其代码如清单 23-12 所示。

清单 23-12　演示堆释放检查的 HeapHFC 程序

```
#include <windows.h>
int main(int argc, char* argv[])
{
    void * p;
    BOOL bRet;
    HANDLE hHeap;                        //堆句柄

    printf("Heap Free Check (HFC)!\n");
    hHeap=HeapCreate(0, 4096, 0);        //创建一个新的堆
    p = HeapAlloc(hHeap, 0, 20);         //分配 20 字节的堆块
    bRet=HeapFree(hHeap, 0, p);          //第一次释放
    printf("Free pointer p first time, %d\n", bRet);
    bRet=HeapFree(hHeap, 0, p);          //第二次释放同一堆块
    printf("Free pointer p second time, %d\n", bRet);
    bRet=HeapValidate(hHeap, 0, NULL);   //验证堆
```

```
    printf("HeapValidate returned %d\n", bRet);
    bRet=HeapDestroy(hHeap);                //销毁堆
    printf("HeapDestroy returned %d\n", bRet);
    return getchar();
}
```

HeapHFC 会创建一个新的堆，然后从这个堆上分配一个堆块，并两次调用 HeapFree 释放这个堆块。多次释放是导致堆损坏的一个重要因素。

直接执行调试版本或发布版本的 HeapHFC 程序，在输出如下内容后，HeapHFC 程序开始占用非常高（99%）的 CPU，表现出死循环的症状。

```
c:\dig\dbg\author\code\bin\release>HeapHFC
Heap Free Check (HFC)!
Free pointer p first time, 1
Free pointer p second time, 3743233
^C
```

看来在执行 HeapValidate 函数时出了问题，按 Ctrl+C 组合键可以将其强行停止。上面第 3 行中的信息表明第一次释放返回 1，是成功的。第二次释放返回的是 3743233，一个较大的非零整数，根据 SDK 文档，非零即表示 HeapFree 成功，看来第二次释放尽管是明显错误的，但是堆管理器并没有发现和通过返回值报告这个错误。但当 HeapValidate 函数对堆做全面检查时，该函数遇到了问题。

下面我们启用释放检查功能，即在 HeapHFC.exe 所在目录执行以下命令。

```
gflags -i HeapHFC.exe +hfc
```

此时再执行 HeapHFC，得到的结果如下。

```
C:\dbg\author\code\bin\release>HeapHFC
Heap Free Check (HFC)!
Free pointer p first time, 1
Free pointer p second time, 0  // 返回 0 代表释放失败
HeapValidate returned 1
HeapDestroy returned 1
```

看来这次堆管理器发现了错误，并通过返回值报告了这个错误。HeapValidate 返回 1，表示堆仍然是完好的。堆完好，表明第二次释放被及时制止了。

下面我们看看在调试器中执行的情况。在 WinDBG 中打开发布版本的 HeapHFC.exe。为了说明 HFC 功能对于调试版本也适用，我们以发布版本为例，事先已经为发布版本的 HeapHFC.exe 生成了调试符号（项目链接属性中选中 Generate debug info）。

当初始断点发生时，使用!gflag 扩展命令确认全局标志中已经包含了 hfc 标志。

按 F5 快捷键让程序执行，在控制台窗口打印两行消息（第一次释放）后，程序中断到调试器，WinDBG 显示了清单 23-13 中的调试信息和异常断点。

清单 23-13　堆管理器检测到释放错误后打印的调试信息和触发的断点异常

```
HEAP[HeapHFC.exe]: Invalid Address specified to RtlFreeHeap( 00390000, 00391EA0 )
(41c.1688): Break instruction exception - code 80000003 (first chance)
eax=00391e98 ebx=00391e98 ecx=7c91eb05 edx=0012fb16 esi=00390000
...
ntdll!DbgBreakPoint:
7c901230 cc                      int     3
```

第 1 行的调试信息表明堆管理器检测到了 HeapHFC.exe 程序在调用 RtlFreeHeap 从堆 00390000 上释放堆块 00391EA0（用户指针）时指定的地址参数非法。第 2 行的信息表明应用程序因为断点异常而中断到了调试器，其中(41c.1688)是 HeapHFC 的进程 ID 和线程 ID。事实上，这是因为堆管理器检测到了错误情况并判断当前程序正在被调试后故意触发了断点异常。使用 k 命令可以看到完整的执行过程（清单 23-14）。

清单 23-14　完整的执行过程

```
0:000> k
ChildEBP RetAddr
0012fd1c 7c96c943 ntdll!DbgBreakPoint                    //触发断点异常
0012fd24 7c96cd80 ntdll!RtlpBreakPointHeap+0x28          //堆管理器的触发断点函数
0012fd38 7c96df66 ntdll!RtlpValidateHeapEntry+0x113      //验证堆块
0012fdac 7c94a5d0 ntdll!RtlDebugFreeHeap+0x97            //支持调试功能的释放函数
0012fe94 7c9268ad ntdll!RtlFreeHeapSlowly+0x37           //慢速的堆块释放函数
0012ff64 0040104e ntdll!RtlFreeHeap+0xf9                 //HeapFree API
0012ff80 00401355 HeapHFC!main+0x4e                      //程序的用户入口
0012ffc0 7c816fd7 HeapHFC!mainCRTStartup+0xb4            //编译器插入的入口函数
0012fff0 00000000 kernel32!BaseProcessStart+0x23         //系统的进程启动函数
```

RtlpBreakPointHeap 函数会检查当前进程是否处于被调试状态，如果不在被调试状态，那么便不会触发断点异常。

对于某些版本的堆实现（NTDLL.DLL），需要同时启用 hpc 标志，否则可能不会自动触发断点异常。

本节介绍了启用 NT 堆调试支持的方法和释放检查功能。要说明的一点是，一旦启用了堆的调试功能，那么堆管理器会把安全检查和调试支持放在第一位，会使用带有全面检查功能的分配和释放函数，这会导致程序的执行速度下降。例如，RtlAllocateHeap 会调用 RtlAllocateHeapSlowly 执行真正的堆分配功能，相应的 RtlFreeHeap 函数也会将调用转给 RtlFreeHeapSlowly 来执行。

23.7　栈回溯数据库

当调试内存问题时，很多时候我们希望知道每个内存块是由哪段代码或哪个函数分配的，而且最好有这个函数被调用的完整过程，这样便可以大大提高定位错误代码的速度。堆管理器所实现的用户态栈回溯（User-mode Stack Trace，UST）机制就是为了实现这个目的而设计的。

23.7.1　工作原理

如果当前进程的全局标志中包含了 UST 标志（FLG_USER_STACK_TRACE_DB，0x1000），那么堆管理器会为当前进程分配一块大的内存区，并建立一个 STACK_TRACE_DATABASE 结构来管理这个内存区，然后使用全局变量 ntdll!RtlpStackTraceDataBase 指向这个内存结构。这个内存区称为用户态栈回溯数据库（User-Mode Stack Trace Database），简称栈回溯数据库或 UST 数据库。清单 23-15 显示了 UST 数据库的头结构。

清单 23-15　UST 数据库的头结构

```
0:001> dt ntdll!_STACK_TRACE_DATABASE 00410000
    +0x000 Lock                 : __unnamed //同步对象
    +0x038 AcquireLockRoutine   : 0x7c901005  ntdll!RtlEnterCriticalSection+0
```

```
+0x03c ReleaseLockRoutine    : 0x7c9010ed    ntdll!RtlLeaveCriticalSection+0
+0x040 OkayToLockRoutine     : 0x7c952080    ntdll!NtdllOkayToLockRoutine+0
+0x044 PreCommitted          : 0 ''          //数据库提交标志
+0x045 DumpInProgress        : 0 ''          //转储标志
+0x048 CommitBase            : 0x00410000    //数据库的基地址
+0x04c CurrentLowerCommitLimit : 0x00422000
+0x050 CurrentUpperCommitLimit : 0x0140f000
+0x054 NextFreeLowerMemory   : 0x00421acc    ""      //下一空闲位置的低地址
+0x058 NextFreeUpperMemory   : 0x0140f4fc    "???"   //下一空闲位置的高地址
+0x05c NumberOfEntriesLookedUp : 0x3fb
+0x060 NumberOfEntriesAdded  : 0x2c1  //已加入的表项数
+0x064 EntryIndexArray       : 0x01410000 -> (null)
+0x068 NumberOfBuckets       : 0x89   //Buckets 数组的元素数
+0x06c Buckets : [1] 0x00410a50 _RTL_STACK_TRACE_ENTRY // Buckets 数组
```

其中，dt 命令中的地址就是 UST 数据库的起始地址，是通过观察全局变量 RtlpStackTraceDataBase 得到的。

```
0:001> dd ntdll!RtlpStackTraceDataBase l1
7c97c0d0  00410000
```

Buckets 是个指针数组，数组的每个元素指向的是一个桶位。堆管理器在存放栈回溯记录时，先计算这个记录的散列值，然后对桶位数（NumberOfBuckets）求余（%），将得到的值作为这个记录所在的桶位。位于同一个桶位的多个记录是以链表方式链接在一起的。每个栈回溯记录是一个 RTL_STACK_TRACE_ENTRY 结构。清单 23-16 列出了 UST 数据库的回溯记录，其中包括 RTL_STACK_TRACE_ENTRY 结构的各个字段，以及针对第一个回溯记录的取值。

清单 23-16　UST 数据库的回溯记录

```
0:001> dt _RTL_STACK_TRACE_ENTRY 0x00410a50
   +0x000 HashChain      : 0x00410e9c _RTL_STACK_TRACE_ENTRY
   +0x004 TraceCount     : 1          //本回溯发生的次数
   +0x008 Index          : 0x23       //记录的索引号
   +0x00a Depth          : 0xe        //栈回溯的深度，即 BackTrace 的元素数
   +0x00c BackTrace      : [32] 0x7c96d6dc       //从栈帧中得到的函数返回地址数组
```

其中 HashChain 字段指向的是属于同一桶位的下一个记录的地址。因为 BackTrace 数组的长度是 32 字节，所以栈回溯的最大深度为 32 字节。

建立了 UST 数据库后，当堆块分配函数再被调用的时候，堆管理器便会将当前的栈回溯信息记录到 UST 数据库中，其过程如下。

（1）堆分配函数调用 RtlLogStackBackTrace 发起记录请求。

（2）RtlLogStackBackTrace 判断 ntdll!RtlpStackTraceDataBase 指针是否为 NULL。如果是，则返回；否则，调用 RtlCaptureStackBackTrace。

（3）RtlCaptureStackBackTrace 调用 RtlWalkFrameChain 遍历各个栈帧并将每个栈帧中的函数返回地址以数组的形式返回。

（4）RtlLogStackBackTrace 将得到的信息放入一个 RTL_STACK_TRACE_ENTRY 结构中，然后根据新数据的散列值搜索是否已记录过这样的回溯记录。如果搜索到，则返回该项的索引值；如果没有找到，则调用 RtlpExtendStackTraceDataBase 将新的记录加入数据库中，然后将新加入

项的索引值返回。每个 UST 记录都有一个索引值，我们将其称为 UST 记录索引号。RTL_STACK_TRACE_ENTRY 结构中的 TraceCount 字段用来记录这个栈回溯发生的次数，如果它的值大于 1，便说明这样的函数调用过程发生了多次。

（5）堆分配函数（RtlDebugAllocateHeap）将 RtlLogStackBackTrace 函数返回的索引号放入堆块末尾一个名为 HEAP_ENTRY_EXTRA 的数据结构中，这个数据结构是在分配堆块时就分配好的，它的长度是 8 字节，依次为 2 字节的 UST 记录索引号，2 字节的堆块标记（Tag）号，最后 4 字节用来存储用户设置的数值。

可以使用 gflags 工具来配置 UST 数据库的大小，如下命令便将 heapmfc.exe 程序的 UST 数据库设置为 24MB。

```
gflags /i heapmfc.exe /tracedb 24
```

也可以在注册表中 HKEY_LOCAL_MACHINE\SOFTWARE\Microsoft\Windows NT\Current Version\Image File Execution Options\heapmfc.exe 键下直接修改 StackTraceDatabaseSizeInMb 表项（REG_DWORD）达到同样的目的。

可以使用 WinDBG 的 dds 命令来观察 UST 回溯记录所对应的调用过程，例如：

```
0:001> dds 0x00410a50
00410a50  00410e9c                             // HashChain 字段，不对应任何符号
00410a54  00000001                             // TraceCount 字段
00410a58  000e0023                             // Index 和 Depth 字段
00410a5c  7c96d6dc ntdll!RtlDebugAllocateHeap+0xe1    // BackTrace 数组的元素 0
00410a60  7c949d18 ntdll!RtlAllocateHeapSlowly+0x44   // BackTrace 数组的元素 1
00410a64  7c91b298 ntdll!RtlAllocateHeap+0xe64        // BackTrace 数组的元素 2
… //省略 11 行 BackTrace 数组所对应的符号
```

但是这样做只适合分析少量的 UST 记录，如果希望自动转储和分析大批的 UST 记录，那么可以使用下面将介绍的软件工具。

23.7.2　DH 和 UMDH 工具

可以使用 DH.EXE（Display Heap）和 UMDH.EXE（User-Mode Dump Heap）工具来查询包括 UST 数据库在内的堆信息。尽管这两个工具的用法不尽相同，但它们的基本功能和工作原理是基本一致的，都是利用堆管理器的调试功能将堆信息显示出来或转储（dump）到文件中。

这两个工具都是在命令行运行的，通过-p 开关指定要观察的进程。如果要转储 UST 数据库，那么应该先设置好符号文件的路径。

例如，通过以下命令可以将进程 5622 的堆信息转储到文件 DH_5622.dmp 中。

```
C:\>set _NT_SYMBOL_PATH=D:\symbols
C:\>dh -p 5622
```

尽管以.dmp 为扩展名，但 DH 生成的文件就是文本文件。内部包含了进程中所有堆的列表和 UST 数据库中的所有栈回溯记录（称为 Hogs）。

可以针对应用程序运行的不同时间点生成多个转储文件，然后使用 dhcmp.exe 工具比较这些文件的差异，利用这种方法可以为定位内存泄漏提供线索。WinDBG 工具包中的 UMDH 将转储和比较的功能都集成在一个工具中，因此更适合使用它来定位内存泄漏。

23.7.3 定位内存泄漏

下面介绍使用 UMDH 来定位内存泄漏的基本步骤。我们以本节的示例程序 HeapMfc 程序（code\chap23\heapmfc）为例。

（1）使用 gflags 工具启用 ust 功能，也就是在 HeapMfc.exe 所在的目录中执行 gflags /i HeapMfc.exe +ust。

（2）运行 HeapMfc 程序，并使用 UMDH 工具对其进行第一次采样，即执行 c:\windbg\umdh -p:1228 -d -f:u1.log –v。

（3）单击 HeapMfc 对话框中的 New 按钮，这会导致 HeapMfc 程序分配内存，但是并不释放，也就是模拟一个内存泄漏情况。

（4）再次执行 UMDH 对程序进行采样，即 c:\windbg\umdh -p:1228 -d -f:u2.log –v。

（5）使用 UMDH 比较两个采样文件，即 c:\windbg\umdh -d u1.log u2.log –v，清单 23-17 列出了命令的执行结果和注释。

清单 23-17　利用 UMDH 工具定位内存泄漏

```
c:\dig\dbg\author\code\bin\release>c:\windbg\umdh -d u1.log u2.log -v
// Debug library initialized ...          //加载和初始化符号库，即 DBGHELP.DLL
DBGHELP: HeapMfc - private symbols & lines //加载 HeapMfc 程序的符号文件
        .\HeapMfc.pdb                      //符号文件路径和名称
DBGHELP: ntdll - public symbols            //加载 NTDLL.DLL 的符号文件
    d:\symbols\ntdll.pdb\36515FB5D04345E491F672FA2E2878C02\ntdll.pdb
                                           //省略加载其他符号文件的信息
// 以下是 UMDH 发现的两次采样间的差异，即可能的内存泄漏线索
+    100 (  11308 -  11208)    20 allocs    BackTraceA2
+      1 (     20 -     19)    BackTraceA2    allocations
       ntdll!RtlDebugAllocateHeap+000000E1
       ntdll!RtlAllocateHeapSlowly+00000044
       ntdll!RtlAllocateHeap+00000E64
       msvcrt!_heap_alloc+000000E0
       msvcrt!_nh_malloc+00000013
       msvcrt!malloc+00000027
       MFC42!operator new+00000031
//归纳结果
Total increase == 100 requested + 28 overhead = 128
```

UMDH 会比较两次采样中的每个 UST 记录，并将存在差异的记录以如下格式显示出来。

```
+ 字节差异 （新字节数 –旧字节数） 新的发生次数 allocs BackTrace UST 记录的索引号
+ 发生次数差异 （新次数值 – 旧次数值） BackTrace UST 记录的索引号 allocations 栈回溯列表
```

在上面的结果中，UMDH 共发现了一个差异，第 9～18 行报告了这一差异的详情。第 9 行的含义是，索引号为 A2（BackTraceA2）的 UST 记录在两次采样中新增 100 字节（用户数据区大小），新的字节数为 11308，上次的字节数为 11208。这一记录所代表函数调用过程的发生次数是 20。第 10 行的含义是，BackTraceA2 所代表的调用过程在两次采样间新增 1 次，新的发生次数是 20，旧的发生次数是 19。最后一行的含义是，第 2 次采样比第 1 次总增加 128 字节，其中 100 字节属于用户数据区（请求长度），28 字节属于堆的管理信息，8 字节为 HEAP_ENTRY 结构，另 20 字节为堆块末尾的自动填充和 HEAP_ENTRY_EXTRA 结构。

「 23.8　堆溢出和检测 」

我们在第 22 章讨论过，如果对分配在栈上的缓冲区写入超出其容量的数据，就可能将存放在栈上的栈帧指针、函数返回地址等信息覆盖掉，即所谓的栈缓冲区溢出。类似地，对于分配在堆上的缓冲区，也可能因为访问其分配空间以外的区域而导致溢出，即所谓的堆缓冲区溢出，有时也简称为堆溢出。

23.8.1　堆缓冲区溢出

根据前两节的介绍，堆可划分为很多个堆块（chunk），每个堆块又可分为用于管理该堆块的控制数据和该堆块的用户数据区两个部分。对于已经分配（即处于 busy 状态）的堆块，用户数据前面是 HEAP_ENTRY 结构，后面可能有 HEAP_ENTRY_EXTRA 结构。对于空闲的堆块，起始处是一个 HEAP_FREE_ENTRY 结构。因为堆上的用户数据和控制数据是混合存放的，并不是把所有的控制数据放在一个单独的地方特殊保护起来，所以如果访问用户数据区之前或之后的空间，都可能将控制数据覆盖掉。

以图 23-3 所示的情况为例，p0 是堆块的起始处，p1～p2 是用户数据区，堆分配函数（HeapAlloc）会将地址 p1 以返回值的形式返回给应用程序，让应用程序通过它来使用用户数据区，假设应用程序使用指针 pMem 来记录这个地址。p2～p3 是可能存在的放在堆块末尾的附属信息，从 p3 开始便是下一个堆块。正常情况下，应用程序只读写用户数据区，也就是 pMem 只在 p1～p2 变化。但是因为指针操作不当等，pMem 可能指向小于 p1 的空间，这时应用程序便可能破坏当前堆块的控制结构或上一个堆块的数据，更严重时可能破坏堆的段结构（HEAP_SEGMENT）或整个堆的管理结构（HEAP），这种情况通常称为下溢（underflow）。如果 pMem 指向大于 p2 的空间，应用程序便可能破坏放在堆尾的管理信息和下一个堆块的数据，这种情况通常称为上溢（overfow）。因为上溢的情况发生得更多，所以通常说的溢出都是指上溢，我们也只讨论这种情况。

图 23-3　堆缓冲区溢出示意图

下面通过一个小程序来进一步说明，程序的名字叫作 HeapOver，清单 23-18 给出了它的主要代码。

清单 23-18　演示堆缓冲区溢出的 HeapOver 程序

```
1    #include <windows.h>
2
3    int main(int argc, char* argv[])
4    {
5        char * p1,*p2;
6        HANDLE hHeap;
7        hHeap = HeapCreate(0, 1024, 0);   // 创建一个私有堆
8        p1=(char*)HeapAlloc(hHeap, 0, 9);   // 分配一个用户区长度为9字节的堆块
9        for(int i=0;i<50; i++)   // 循环访问堆块，存在溢出
```

```
10        *p1++=i;
11
12        p2=(char*)HeapAlloc(hHeap, 0, 1);   // 再分配一个堆块
13        printf("Allocation after overflow got 0x%x\n",p2);
14        HeapDestroy(hHeap);
15        return 0;
16  }
```

使用 WinDBG 打开 HeapOver.exe（位于 bin\debug\目录），然后执行到第 8 行（停在此行）。观察 hHeap 句柄，其值为 0x00390000。

```
0:000> dd hHeap l1
0012ff74  00390000
```

事实上，这个值就是堆内存区的起始地址，即 HEAP 结构的地址。将这个值作为参数传递给!heap 便可以观察这个堆的信息。

```
0:000> !heap -a 00390000
…
    Heap entries for Segment00 in Heap 00390000
        00390000: 00000 . 00640 [01] - busy (640)      // 用于存放 HEAP 结构
        00390640: 00640 . 00040 [01] - busy (40)       // 用于存放段结构
        00390680: 00040 . 01818 [07] - busy (1800), tail fill    // "前端堆"
        00391e98: 01818 . 01168 [14] free fill         // 空闲堆块
        00393000:        0000d000      - uncommitted bytes.
```

从上面的结果可以看出堆中已经有 4 个堆块——3 个是占用堆块，另一个是空闲的堆块。3 个占用堆块是堆管理器用于存放管理数据的。空闲堆块的起始地址为 0x00391e98，使用 dt 命令可以得到该块的更多信息。

```
0:000> dt ntdll!_HEAP_FREE_ENTRY 0x00391e98
    +0x000 Size            : 0x22d
    +0x002 PreviousSize    : 0x303
    +0x000 SubSegmentCode  : 0x0303022d
    +0x004 SmallTagIndex   : 0xee ''
    +0x005 Flags           : 0x14 ''
    +0x006 UnusedBytes     : 0xee ''
    +0x007 SegmentIndex    : 0 ''
    +0x008 FreeList        : _LIST_ENTRY [ 0x390178 - 0x390178 ]
```

如果直接观察该地址所在的内存，其内容如图 23-4（a）所示，也就是除了 16 字节的控制数据，用户数据区都被填充为 0xfeeefeee。

单步执行第 8 行的语句，调用 HeapAlloc 申请分配 9 字节的缓冲区。执行完该行后，观察返回的指针 p2，其值为 0x00391ea0。

```
0:000> dd p1 l1
0012ff7c  00391ea0
```

此时 Memory 窗口显示的内容变为图 23-4（b）所示的情况。其中，第 1~2 行的前 8 字节是 HEAP_ENTRY 结构，第 3~4 行的 8 字节加上第 5 行的第一字节（0xee）是堆管理器分配给应用程序的 9 字节，之后（第 5~7 行）是 8 字节的 0xab，这是堆管理器为了支持溢出检测而多分配的，我们稍后再详细介绍，第 7~8 行中的 0xfeee 是堆尾补齐用的未使用字节，第 9~10 行的 8 字节是 HEAP_ENTRY_EXTRA 结构，因为没有启用 UST 功能，所以它的值都是 0。从

第 11 行开始是新的空闲块，也就是说，堆管理器将刚才的空闲块分配一部分满足我们的需要，然后把空闲块的位置向后调整了，再使用!heap 命令观察，也可以看到这一点。

```
0:000> !heap -a 00390000
…
        00390680: 00040 . 01818 [07] - busy (1800), tail fill
        00391e98: 01818 . 00028 [07] - busy (9), tail fill
        00391ec0: 00028 . 01140 [14] free fill
        00393000:       0000d000       - uncommitted bytes.
```

倒数第 3 行即刚刚分配的堆块，p1 值指向该块的数据区，00391e98 是该块的 HEAP_ENTRY 结构的地址。这一块的大小为 0x28（40）字节，即图 23-4（b）靠上方的 40 字节。倒数第 2 行是新的空闲块信息，其起始位置由前面的 00391e98 变为 00391ec0，大小由 0x01168 变为 0x01140，二者的差刚好是 40（0x28）字节。

执行到第 12 行，再观察 Memory 窗口，其内容变成了图 23-4（c）所示的样子。因为我们向申请空间为 9 字节的缓冲区写入了 50 字节，所以该缓冲区严重溢出，不仅覆盖掉了本堆块堆尾的内容，还将本堆块后面空闲堆块的 HEAP_FREE_ENTRY 结构完全覆盖了。此时再执行!heap 命令。

```
0:000> !heap -a 00390000
……
    FreeList[ 00 ] at 00390178: 00391ec8 . 00391ec8
        00391ec0: 11910 . 10900 [25] - free
    Unable to read nt!_HEAP_FREE_ENTRY structure at 2b2a2920
        Heap entries for Segment00 in Heap 00390000
        00390000: 00000 . 00640 [01] - busy (640)
……
        00391ec0: 11910 . 10900 [25] - busy (108da), tail fill, user flags (1)
```

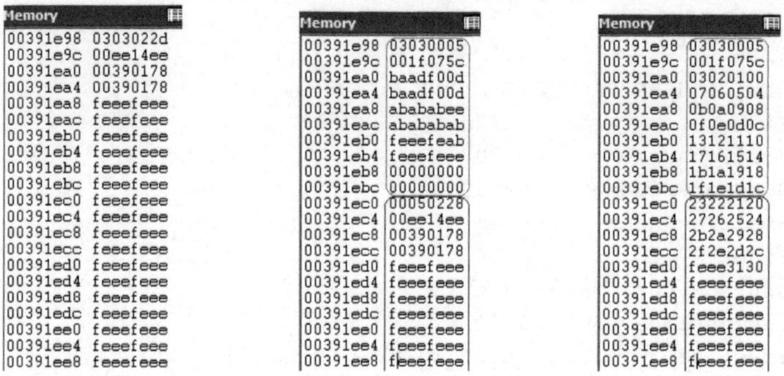

图 23-4 堆块处于空闲状态、已分配状态和溢出后状态下的 Memory 窗口

因为空闲块的控制结构被覆盖了，所以关于空闲块的描述完全混乱了。使用 dt 命令观察位于 00391ec0 地址处的 HEAP_FREE_ENTRY（清单 23-19）。

清单 23-19　被破坏了的 HEAP_FREE_ENTRY 结构

```
0:000> dt ntdll!_HEAP_FREE_ENTRY 00391ec0
    +0x000 Size         : 0x2120
    +0x002 PreviousSize : 0x2322
    +0x000 SubSegmentCode : 0x23222120
    +0x004 SmallTagIndex : 0x24 '$'
    +0x005 Flags        : 0x25'Unknown format character… character
    +0x006 UnusedBytes  : 0x26 '&'
    +0x007 SegmentIndex : 0x27 '''
    +0x008 FreeList         : _LIST_ENTRY [ 0x2b2a2928 - 0x2f2e2d2c ]
```

可见，所有信息都失常了，特别是最后 FreeList 的两个指针也被覆盖为无效的值。

单步执行第 12 行，试图从堆上再分配一段内存，会得到访问异常。

```
0:000> p
(d78.1768): Access violation - code c0000005 (first chance)
First chance exceptions are reported before any exception handling.
This exception may be expected and handled.
eax=00391ec8 ebx=2f2e2d2c ecx=00002120 edx=00390168 esi=00391ec0 edi=2b2a2928
eip=7c91b3fb esp=0012f80c ebp=0012fa28 iopl=0         nv up ei pl nz ac po nc
cs=001b  ss=0023  ds=0023  es=0023  fs=003b  gs=0000          efl=00010212
ntdll!RtlAllocateHeapSlowly+0x6aa:
7c91b3fb 8b0b            mov     ecx,dword ptr [ebx]  ds:0023:2f2e2
```

观察导致异常的指令和寄存器的当前值，ebx 的值为 2f2e2d2c，这正是由于缓冲区溢出而覆盖到 HEAP_FREE_ENTRY 中的值。因为 0x2f2e2d2c 不是一个有效的内存地址，所以访问该内存时会发生保护性违例。

事实上，上面的异常是这样导致的。当第 12 行的代码又调用 HeapAlloc 时，堆管理器接到调用后会遍历空闲块链表，寻找满足要求的空闲块，因为这个块的 Flags 字段被错误地标记为占用块（第 0 位为 1），所以堆管理器需要通过 Flink 指针访问下一个节点，因此访问到了这个地址。

值得说明的是，如果溢出时覆盖到链表指针处的数据是有效的内存地址，而且堆块的标志仍为 free，那么堆管理器下次分配堆块时便会从该块分割出一个堆块，然后调整空闲块的位置。这时需要更新链表指针，但因为指针已经指向了被修改过的地址，所以就会导致堆管理器向新的地址写入数据。如果精心设计新的地址和写入内容，那么便可能意外修改系统的数据，导致系统执行意外的代码，所谓的堆溢出攻击便是基于类似的原理实施的。

23.8.2 调用时验证

为了及时发现堆中的异常情况，可以让堆管理器在堆函数每次被调用时对堆进行检查，这便是堆的调用时验证（Heap Validation on Call，HVC）功能。

因为验证会影响执行速度，所以 HVC 功能默认是关闭的。如 23.6.1 节所介绍的，可以使用 gflags 工具来启用 HVC 功能。例如，如果要对前面的 HeapOver 程序启用 HVC 功能，那么只要执行命令 gflags/i HeapOver.exe+hvc 便可以了。也可以在 WinDBG 调试中通过!gflag +hvc 命令来启用 HVC 功能。

启用 HVC 功能后，再在 WinDBG 中打开并执行 HeapOver 程序，会得到如下信息。

```
HEAP[HeapOver.exe]: dedicated (0000) free list element 00391EC0 is marked busy
(864.1688): Break instruction exception - code 80000003 (first chance)
eax=00391ec0 ebx=00000000 ecx=7c91eb05 edx=0012f846 esi=00391ec0 edi=00390000
eip=7c901230 esp=0012fa50 ebp=0012fa54 iopl=0         nv up ei pl nz na po nc
cs=001b  ss=0023  ds=0023  es=0023  fs=003b  gs=0000          efl=00000202
ntdll!DbgBreakPoint:
7c901230 cc              int     3
```

这是因为发生堆溢出后又调用 HeapAlloc 函数（第 12 行）时触发了堆管理器的验证功能，该功能报告检测到专用的空闲链表中位于 00391EC0 的元素被标志位占用后，触发断点异常中断到调试器。使用 kn 命令可以观察到详细的执行过程（清单 23-20）。

清单 23-20 详细的执行过程

```
0:000> kn
 # ChildEBP RetAddr
00 0012fa4c 7c96c943 ntdll!DbgBreakPoint                   //触发断点异常
01 0012fa54 7c96d208 ntdll!RtlpBreakPointHeap+0x28          //调用堆的断点触发函数
02 0012fa84 7c96d6a0 ntdll!RtlpValidateHeap+0x43f           //验证堆
03 0012fb04 7c949d18 ntdll!RtlDebugAllocateHeap+0xa5 //支持调试的分配函数
04 0012fd34 7c91b298 ntdll!RtlAllocateHeapSlowly+0x44       //调用慢速的分配函数
05 0012ff68 00401032 ntdll!RtlAllocateHeap+0xe64            //堆块分配函数
06 0012ff80 00401106 HeapOver!main+0x32                     //应用程序的入口函数
07 0012ffc0 7c816ff7 HeapOver!mainCRTStartup+0xb4           //编译器插入的入口函数
08 0012fff0 00000000 kernel32!BaseProcessStart+0x23         //系统的进程启动函数
```

其中 RtlpValidateHeap 函数便是用来验证堆的函数，它会执行一系列动作，对堆的头信息、段信息和堆块进行全面检查。

如果不是在调试器中执行，而且启用了 HVC，那么验证函数仍会发现错误，但不会触发断点异常，本次分配会失败，因此 HeapOver 程序会执行到第 13 行（清单 23-18），打印出 Allocation after overflow got 0x0 这样的信息。如果没有启用 HVC 功能，那么执行第 12 行时便会触发访问异常而被操作系统关闭，不会执行到底（第 13 行）。

23.8.3 堆尾检查

除了使用 HVC 功能，也可以使用堆尾检查（Heap Tail Check，HTC）功能来发现堆溢出。该功能的原理是在每个堆块的用户数据后附加 8 字节（与分配粒度相同）的固定内容模式。如果该内容被破坏，便说明发生了溢出。全局变量 CheckHeapFillPattern 定义了附加在堆块末尾的模式常量，通常为连续的 8 字节的 0xAB。

```
0:000> dd ntdll!CheckHeapFillPattern l2
7c95dbac  abababab abababab
```

一旦启用堆尾检查，那么堆管理器在分配堆块时就会附加 8 字节的 CheckHeapFillPattern。如果要触发堆管理器检查这个模式是否被破坏，那么还要启用其他两种调试检查——释放检查和参数检查。其目的是让堆管理器使用支持调试检查的 Slowly 系列的堆函数，如 RtlFreeHeapSlowly 和 RtlAllocHeapSlowly，我们不妨将它们称为慢速堆函数。慢速堆函数在执行时会调用包含检查功能的释放和分配函数，如 RtlDebugFreeHeap 和 RtlDebugAllocHeap。

如果在调试器中打开被检查的程序，操作系统的进程加载器会自动启用堆尾检查（htc）、堆释放检查（hfc）和堆参数检查（hpc）功能。但值得说明的是，如果注册表的 Image File Execution Options 子键下存在关于该程序的设置，尤其是只有一个空的子键（即存在以程序名命名的子键，但是没有任何键值），那么加载器便可能不再自动启用默认的 3 项检查。所以应该在调试器中通过!gflag 扩展命令进行检查确认。如果没有设置，那么可以通过!gflag 命令进行设置。如!gflag +htc + hfc + hpc 便为当前进程增加了堆尾检查、堆释放检查和堆参数检查。如果要去除某项检查，只要使用减号。注意，应该在创建堆之前做修改。

下面以名为 FreCheck 的程序为例做进一步说明。该程序的源代码如清单 23-21 所示。

清单 23-21 FreCheck 程序的源代码

```
1    #include <windows.h>
```

```
2
3    int main(int argc, char* argv[])
4    {
5        char * p;
6        HANDLE hHeap;
7        hHeap = HeapCreate(0, 1024, 0);
8        p=(char*)HeapAlloc(hHeap, 0, 9);
9        for(int i=0;i<50; i++)
10            *(p+i)=i;
11
12       if(!HeapFree(hHeap, 0, p))
13           printf("Free %x from %x failed.", p, hHeap);
14
15       if(!HeapDestroy(hHeap))
16           printf("Destroy heap %x failed.", hHeap);
17
18       printf("Exit with 0");
19       return 0;
20   }
```

在 WinDBG 中打开 FreCheck.exe（bin\debug 目录），输入!gflag 命令检查当前的检查选项。默认应包含 htc、hfc 和 hpc 这 3 项。

```
0:000> !gflag
Current NtGlobalFlag contents: 0x00000070
    htc - Enable heap tail checking
    hfc - Enable heap free checking
    hpc - Enable heap parameter checking
```

单步执行到第 9 行，然后观察返回的用户地址，即指针 p 的值。

```
0:000> dd p l1
0012ff7c   00391ea0
```

使用 dd 命令观察整个堆块。

```
0:000> dd 00391ea0-8
00391e98   03030005 001f078a baadf00d baadf00d
00391ea8   abababee abababab feeefeab feeefeee
00391eb8   00000000 00000000 00050228 00ee14ee
00391ec8   00390178 00390178 feeefeee feeefeee
```

因为申请了 9 字节，所以从 0x00391ea0 开始的 9 字节分配给我们的用户数据区。从 00391ea9 开始的 8 字节（abababee abababab）便是用于堆尾检查功能的 CheckHeapFillPattern。因为我们是以 DWORD 格式显示的，所以某些字节的顺序是反的，如果是以字节格式显示的，便可以看得更加清楚。

```
0:000> db 00391ea9 l10
00391ea9  ab ab ab ab ab ab ab ab-fe ee fe ee fe ee fe 00   ................
```

从 00391eb1（00391ea9+8）开始到 00391eb8 间的 7 字节是为了满足分配粒度要求而多分配的内容。从 00391eb8 开始的 8 字节即所谓的额外信息区，即 HEAP_ENTRY_EXTRA 结构，从 00391ec0 开始便是下一个空闲堆块的内容了。

现在使用!heap 命令观察堆，可以看到堆块的归纳信息。

```
0:000> !heap -a 00390000
```

```
00391e98: 01818 . 00028 [07] - busy (9), tail fill - unable to read heap entry
extra at 00391eb8
```

按 F5 快捷键继续执行，会得到堆管理器的一个调试信息。

```
HEAP[FreCheck.exe]: Heap block at 00391E98 modified at 00391EA9 past requested
size of 9
```

并且程序因为断点异常中断到调试器。

```
(c38.1168): Break instruction exception - code 80000003 (first chance) …
```

堆管理器打印出的调试信息的意思是堆块 00391E98 的 00391EA9 处被意外篡改了，这超出了用户数据区的长度——9 字节。00391EA9 是用户数据区后的第一字节，即附加在用户数据区后的 CheckHeapFillPattern 模式的第一字节。观察此地址处的内存值。

```
0:000> db 00391ea9 l10
00391ea9  09 0a 0b 0c 0d 0e 0f 10-11 12 13 ee fe ee fe 00  ................
```

可见，本来的 ab ab ab ab ab…已经被覆盖成其他值了。

打印栈回溯信息（清单 23-22），可以看到检查的完整过程和发起释放堆块的源程序位置（FreCheck.cpp 的第 16 行）。

清单 23-22　栈回溯信息

```
0:000> k
ChildEBP RetAddr
0012fcb4 7c96c943 ntdll!DbgBreakPoint
0012fcbc 7c95db9c ntdll!RtlpBreakPointHeap+0x28
0012fcd4 7c96cd11 ntdll!RtlpCheckBusyBlockTail+0x76
0012fce8 7c96df66 ntdll!RtlpValidateHeapEntry+0xa4
0012fd5c 7c94a5d0 ntdll!RtlDebugFreeHeap+0x97
0012fe44 7c9268ad ntdll!RtlFreeHeapSlowly+0x37
0012ff14 00401094 ntdll!RtlFreeHeap+0xf9
0012ff80 004012f9 FreCheck!main+0x84 [C:\...\FreCheck.cpp @ 16]
0012ffc0 7c816fd7 FreCheck!mainCRTStartup+0xe9 [crt0.c @ 206]
0012fff0 00000000 kernel32!BaseProcessStart+0x23
```

即 main 函数调用 HeapFree API，该 API 直接被链接到 NTDLL.DLL 中的 RtlFreeHeap。RtlFreeHeap 检查到堆标志中的调试选项，将调用转给 RtlFreeHeapSlowly 函数。接下来 RtlDebugFreeHeap 调用 RtlpValidateHeapEntry 对堆块的完整性进行验证，再接着 RtlpCheckBusyBlockTail 检查到堆块末尾的固定模式被修改，调用 DbgBreakPoint 函数（即 INT 3）发起断点异常，中断到调试器。

除了上面介绍的 HVC 和 HTC，下一节将介绍另一种更强大的堆溢出检查方法。

23.9　页堆

利用堆尾检查可以在释放堆块时发现堆溢出，或者在调用其他函数（如再次分配内存）时检查到堆结构被破坏，但这些检查都是滞后的，是在堆溢出发生之后下次再调用堆函数时才检查到的。这样虽然知道了被破坏的堆块，但是仍然很难知道堆块是何时和如何被破坏的，不容易追查出是执行哪段代码时导致的溢出。为了解决这一问题，Windows 2000 引入了专门用于调试的页堆（Debug Page Heap，DPH）。一旦启用该机制，堆管理器会在堆块后增加专门用于检测溢出的栅栏页（fense page），这样一旦用户数据区溢出并触及栅栏页便会立刻触发异常。DPH

包含在 Windows 2000 之后的所有 Windows 版本中，也加入 NT 4.0 的 Service Pack 6 中。检查 NTDLL.DLL 的调试符号，我们可以看到很多包含 dph 字样的函数，这些函数便是用于实现 DPH 功能的。

23.9.1 总体结构

图 23-5 画出了页堆的结构，其中的地址是以 x86 系统中的一个典型页堆为例的。左侧的矩形是页堆的主体部分，右侧是附属的普通堆。创建每个页堆时，堆管理器都会创建一个附属的普通堆，其主要目的是满足系统代码的分配需要，以节约页堆上的空间。

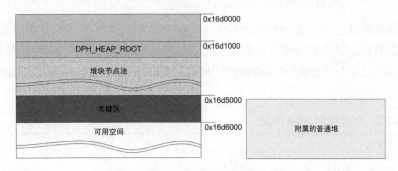

图 23-5 页堆的结构

页堆上的空间大多是以内存页来组织的。第 1 个内存页（起始 4KB）用来伪装普通堆的 HEAP 结构，但大多空间被填充为 0xeeeeeeee，只有少数字段（Flags 和 ForceFlags）是有效的，这个内存页的属性是只读的，因此可以用于检测应用程序意外写 HEAP 结构的错误。第 2 个内存页的开始处是一个 DPH_HEAP_ROOT 结构，该结构包含了 DPH 的基本信息和各种链表，是描述和管理页堆的重要资料。它的第一个字段是这个结构的签名（signature），固定为 0xffeeddcc，与普通堆结构的签名 0xeeffeeff 不同。它的 NormalHeap 字段记录着附属普通堆的句柄。

DPH_HEAP_ROOT 结构之后的一段空间用来存储堆块节点，称为堆块节点池（node pool）。为了防止堆块的管理信息被覆盖，除了在堆块的用户数据区前面存储堆块信息，页堆还会在节点池为每个堆块记录一个 DPH_HEAP_BLOCK 结构，简称 DPH 节点结构。多个节点是以链表的形式链接在一起的。DPH_HEAP_BLOCK 结构的 pNodePoolListHead 字段用来记录这个链表的开头，pNodePoolListTail 字段用来记录链表的结尾。它的第一个节点描述的是 DPH_HEAP_ROOT 结构和节点池本身所占用的空间。节点池的典型大小是 4 个内存页（16KB）减去 DPH_HEAP_ROOT 结构的大小。

节点池后的一个内存页用来存放同步用的关键区对象，即_RTL_CRITICAL_SECTION 结构。这个结构之外的空间被填充为 0。DPH_HEAP_BLOCK 结构的 HeapCritSect 字段记录着关键区对象的地址。

23.9.2 启用和观察页堆

可以全局启用页堆，也可以对某个应用程序启用页堆。以上一节使用过的 FreCheck 程序为例，在命令行中输入命令 gflags /p /enable frecheck.exe /full 或 gflags /i frecheck.exe +hpa 便对这个程序启用了 DPH。以上两个命令都会在注册表中建立子键 HKEY_LOCAL_MACHINE\SOFTWARE\Microsoft\Windows NT\CurrentVersion\ Image File Execution Options\frecheck.exe，

并加入如下两个键值。

```
GlobalFlag (REG_SZ) = 0x02000000
PageHeapFlags (REG_SZ) = 0x00000003
```

如果使用第一个命令，那么还会加入以下键值。

```
VerifierFlags (REG_DWORD) = 1
```

在 WinDBG 中打开 frecheck.exe（bin\debug 目录），输入!gflag 命令确认已经启用完全的 DPH。

```
0:000> !gflag /p
Current NtGlobalFlag contents: 0x02000000
    hpa - Place heap allocations at ends of pages
```

也可以通过观察全局变量 ntdll!RtlpDebugPageHeap 的值来了解当前进程的页堆机制是否被启用，如果启用，那么它的值应该为 1。执行到 FreCheck 程序的第 8 行，即创建好堆，观察 hHeap 句柄，记录下它的值（016d0000），然后使用!heap –p 命令显示当前进程的堆列表（清单 23-23）。

清单 23-23 当前进程的堆列表

```
0:000> !heap -p
    Active GlobalFlag bits:
        hpa - Place heap allocations at ends of pages
    StackTraceDataBase @ 00430000 of size 01000000 with 00000011 traces
    PageHeap enabled with options:
        ENABLE_PAGE_HEAP  COLLECT_STACK_TRACES
    active heaps:
    + 140000  ENABLE_PAGE_HEAP COLLECT_STACK_TRACES  // DPH
        NormalHeap - 240000                                    // 附属的普通堆
            HEAP_GROWABLE
......[省略数行]
    + 16d0000  ENABLE_PAGE_HEAP COLLECT_STACK_TRACES
        NormalHeap - 17d0000
            HEAP_GROWABLE HEAP_CLASS_1
```

"+"号后面的是页堆句柄，对于每个 DPH，堆管理器还会为其创建一个普通的堆，比如16d0000 堆的普通堆是 17d0000。如果!heap 命令中不包含/p 参数，那么列出的堆中只包含每个DPH 的普通堆，不包含 DPH。如果要观察某个 DPH 的详细信息，那么应该在!heap 命令中加入-p 开关，并用-h 来指定 DPH 的句柄（清单 23-24）。

清单 23-24 DPH 的详细信息

```
0:000> !heap -p -h 16d0000
    _DPH_HEAP_ROOT @ 16d1000                //DPH_HEAP_ROOT 结构的地址
    Freed and decommitted blocks            //释放和已经归还给系统的块列表
      DPH_HEAP_BLOCK : VirtAddr VirtSize    //列表的标题行，目前内容为空
    Busy allocations                        //占用（已分配）的块
      DPH_HEAP_BLOCK : UserAddr  UserSize - VirtAddr VirtSize //列表的标题行
    _HEAP @ 17d0000                          //普通堆的句柄，亦即 HEAP 结构的地址
      _HEAP_LOOKASIDE @ 17d0688             //旁视列表（"前端堆"）的地址
      _HEAP_SEGMENT @ 17d0640              //段结构的地址
      CommittedRange @ 17d0680             //已提交区域的起始地址
      HEAP_ENTRY Size Prev Flags    UserPtr UserSize - state //普通堆上的堆块列表
      * 017d0680 0301 0008  [01]   017d0688   01800 - (busy)
        017d1e88 022f 0301  [10]   017d1e90   01170 - (free)
      VirtualAllocdBlocks @ 17d0050        //直接分配的大虚拟内存块列表头
```

可见此时页堆上还没有分配任何用户堆块，普通堆上只有一个管理堆块。

23.9.3　堆块结构

与普通堆块相比，页堆的堆块结构有很大不同。每个堆块至少占用两个内存页，在用于存放用户数据的内存页后面，堆管理器总会多分配一个内存页，这个内存页是专门用来检测溢出的，我们将其称为栅栏页（fense page）。栅栏页的工作原理与我们在第 22 章介绍的用于实现栈自动增长的保护页相似。栅栏页的页属性被设置为不可访问（PAGE_NOACCESS），因此，一旦用户数据区发生溢出并触及栅栏页，便会引发异常，如果程序在被调试，那么调试器便会立刻收到异常，使调试人员可以在第一现场发现问题，从而迅速定位到导致溢出的代码。为了及时检测溢出，堆块的数据区是按照紧邻栅栏页的原则来布置的，以一个用户数据大小远小于一个内存页的堆块为例，这个堆块会占据两个内存页，数据区在第一个内存页的末尾，第二个内存页紧邻在数据区的后面，图 23-6 显示了这样的一个页堆堆块（DPH_HEAP_BLOCK）的数据布局。

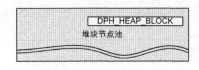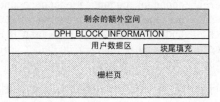

图 23-6　页堆堆块的数据布局

页堆堆块的数据区由 3 个部分组成：起始处是一个固定长度的 DPH_BLOCK_ INFORMATION 结构，我们将其称为页堆堆块的头结构；中间是用户数据区；最后是用于满足分配粒度要求而多分配的额外字节。如果应用程序申请的长度（即用户数据区的长度）正好是分配粒度的倍数，比如 16 字节，那么第 3 部分就不存在了。除了以上 3 个部分，对于每个页堆堆块，在页堆的堆块节点池中还会有一个 DPH_HEAP_BLOCK 结构，即我们前面曾提到的 DPH 节点结构。

下面以一个实际的页堆堆块为例来详细描述以上结构。仍然用前面的 FreCheck 程序，单步执行第 8 行代码，从堆上分配一段内存。

```
p=(char*)HeapAlloc(hHeap, 0, 9);
```

观察返回的指针，其值为 016d6ff0，把这个地址与页堆和它所配套的普通堆的基地址（分别为 0x16d0000 和 0x17d0000）比较，可以推测出这个堆块是从页堆上分配的。把用户数据区的地址减去 DPH_BLOCK_INFORMATION 结构的大小（32 字节）便得到页堆堆块的头结构地址，然后就可以使用 dt 命令来观察这个结构的内容（清单 23-25）。

清单 23-25　页堆堆块的头结构

```
0:000> dt ntdll!_DPH_BLOCK_INFORMATION 016d6ff0-20
   +0x000 StartStamp      : 0xabcdbbbb      //头结构的起始签名，固定为这个值
   +0x004 Heap            : 0x016d1000      //DPH_HEAP_ROOT 结构的地址
   +0x008 RequestedSize   : 9              //堆块的请求大小（字节数）
   +0x00c ActualSize      : 0x1000         //堆块的实际字节数，不包括栅栏页
   +0x010 FreeQueue       : _LIST_ENTRY [ 0x12 - 0x0 ] //释放后使用的链表结构
   +0x010 TraceIndex      : 0x12           //在 UST 数据库中的追踪记录序号
   +0x018 StackTrace      : 0x00346a60     //指向 RTL_TRACE_BLOCK 结构的指针
   +0x01c EndStamp        : 0xdcbabbbb      //头结构的结束签名，固定为这个值
```

为了方便地检验 DPH_BLOCK_INFORMATION 结构的完好性，其起始 4 字节（StartStamp）和最后 4 字节（EndStamp）都是固定的模式值，分别称为 Start Magic 和 End Magic。表 23-7 列出了堆管理器对页堆堆块不同区域的填充数据，第 2 列是针对占用堆块的，第 3 列是针对空闲堆块的。

表 23-7　页堆堆块的填充模式

	占 用 堆 块	空 闲 堆 块
头结构的 Start Magic	ABCDBBBB	ABCDBBBA
头结构的 End Magic	DCBABBBB	DCBABBBA
用户区	C0（或者 00，如果用户要求初始化为 0）	F0
用户数据后的填充部分	D0	N/A

使用 dd 命令直接观察堆块附近的数据，可以看到堆管理器所填充的信息。

```
0:000> dd 016d6fc0
016d6fc0    00000000 00000000 00000000 00000000
016d6fd0    abcdbbbb 016d1000 00000009 00001000
016d6fe0    00000012 00000000 00346a60 dcbabbbb
016d6ff0    c0c0c0c0 c0c0c0c0 d0d0d0c0 d0d0d0d0
016d7000    ???????? ???????? ???????? ????????
```

第 1 行是内存页中没有使用的空闲数据，因为页堆要保证用户数据位于内存页的末尾，所以前面通常会空出一些空间。第 2 行开始是 32 字节的 DPH_BLOCK_ INFORMATION 结构，即清单 23-25 中所显示的数据。第 4 行的前 9 字节是用户数据区，被填充为 c0，如果我们在调用 HeapAlloc 时指定 HEAP_ZERO_MEMORY 标志，那么用户区会被初始化为 0。第 4 行后面的 7 字节是为了满足分配粒度（8 字节）而用于补齐的数据，被填充为 d0。第 5 行属于不可访问的栅栏页，所以显示问号。

再次执行 !heap -p -h 16d0000 命令，可以看到页堆的占用堆块列表中出现了一项。

```
0:000> !heap -p -h 16d0000
……
    Busy allocations
      DPH_HEAP_BLOCK : UserAddr  UserSize - VirtAddr VirtSize
            016d110c : 016d6ff0  00000009 - 016d6000 00002000
……
```

这一项正对应于刚才所申请的内存，第 1 列是专门用于描述页堆堆块的 DPH_HEAP_BLOCK 结构地址。第 2 列是用户地址，即 HeapAlloc 返回的地址。第 3 列是用户数据区的长度，即 9 字节。第 4 列是该堆块的起始地址（虚拟地址）。第 5 列是该堆块所占用的虚拟内存大小，0x2000 即 8KB。可见，为了满足 9 字节的内存需求，页堆实际使用了 8KB，外加存放在堆块节点池中的（地址 016d110c 处）DPH_HEAP_BLOCK 结构所占的空间。堆块的前 4KB（016d6000～016d6FFF）的大多数空间没有使用，后 4KB（016d7000～016d7FFF）用作栅栏页。如果使用 dd 命令来显示栅栏页的内容，会发现都是 "??"，这是因为栅栏页具有不可访问属性，调试器无法访问这个空间。如果使用 Memory 窗口观察，那么会得到如下错误信息。

```
Unable to retrieve information, Win32 error 30: The system cannot read from the
specified device.
```

使用 !address 命令观察后栅栏页所对应空间的状态和属性信息，可以看到以下内容。

```
0:000> !address 016d7000
    016d0000 : 016d7000 - 000f9000
                         Type     00020000 MEM_PRIVATE
                         Protect  00000001 PAGE_NOACCESS   // 保护属性
                         State    00001000 MEM_COMMIT      // 已经提交
                         Usage    RegionUsagePageHeap      // 用于 DPH
                         Handle   016d1000 //_DPH_HEAP_ROOT 结构地址
```

其中第一行的含义是，第一个数字是所观察地址所属的较大内存区，第二个数字是这个较大内存区的较小区域，第三个数字是区域的总大小。

下面我们再观察 DPH_HEAP_BLOCK 结构，从刚才列出的 Busy allocations 列表中取出第 1 列的地址便可以使用 dt 命令来观察了（清单 23-26）。

清单 23-26　观察第 1 列的地址

```
0:000> dt ntdll!_DPH_HEAP_BLOCK 016d110c -r
    +0x000 pNextAlloc        : (null)
    +0x004 pVirtualBlock     : 0x016d6000  ""   // 用于该堆块的内存页起始地址
    +0x008 nVirtualBlockSize : 0x2000            // 用于该堆块的总空间大小（8KB）
    +0x00c nVirtualAccessSize: 0x1000            // 可访问区域大小（4KB）
    +0x010 pUserAllocation   : 0x016d6ff0  "???"  // 用户区起始地址
    +0x014 nUserRequestedSize: 9                  // 用户请求大小，以字节为单位
    +0x018 nUserActualSize   : 0x10               // 用户区实际大小，以字节为单位
    +0x01c UserValue         : (null)             // 供应用程序使用的用户数据
    +0x020 UserFlags         : 0                  // 供应用程序使用的用户标志
    +0x024 StackTrace        : 0x00346a30 _RTL_TRACE_BLOCK  // 栈回溯信息
```

其中 StackTrace 指向的是用于记录分配这个堆块的栈回溯信息（函数调用序列）的_RTL_TRACE_BLOCK 结构，可以使用 dds 命令将 Trace 数组中的函数返回地址值翻译为符号并显示出来。

```
0:000> dds 0x00346a50 l4
00346a50  7c91b298 ntdll!RtlAllocateHeap+0xe64
00346a54  00401053 FreCheck!main+0x43 [C:\...FreCheck.cpp @ 12]
00346a58  00401309 FreCheck!mainCRTStartup+0xe9 [crt0.c @ 206]
00346a5c  7c816fd7 kernel32!BaseProcessStart+0x23
```

在前面的堆块头结构中也有一个 StackTrace 字段，它指向的也是_RTL_TRACE_BLOCK 结构。二者的差异是记录的时间不同，节点结构中记录的是创建节点时的栈回溯，栈顶的函数是 RtlAllocateHeap；头结构记录的是创建堆块时的栈回溯，栈顶的函数是 RtlAllocateHeapSlowly。

23.9.4　检测溢出

对页堆有了比较深刻的理解后，我们来看一下使用它检测堆溢出的效果。我们知道在 FreCheck 程序中包含了故意设计的溢出，因此按 F5 快捷键继续执行 FreCheck 程序，会发现 g 命令执行后 FreCheck 程序立刻又中断回调试器。

```
0:000> g
(172c.14f8): Access violation - code c0000005 (first chance) …
eax=016d6f10 ebx=7ffd9000 ecx=00000010 edx=016d7000 …
FreCheck!main+0x6b:
0040107b 8802            mov     byte ptr [edx],al        ds:0023:016d7000=??
```

从以上信息可以看出，应用程序中发生了访问异常（access violation）。导致异常的指令是最后一行所示的 MOV 指令，位于 main 函数的偏移量 0x6b 处。MOV 指令的目标操作数是 edx

所代表的地址，即 016d7000，这正位于我们前面分析看到的栅栏页面的起始地址。

于是可以推测出，由于 main 函数中的 for 循环越界访问了用户数据区后的栅栏页面，从而导致了异常并中断到调试器。

```
for(int i=0;i<20; i++)
    *p++=i;
```

从 EAX 寄存器的值，可以知道 al 的值为 0x10，即 16，也就是变量 i 此时的值为 16。这说明 for 循环在执行到第 17 次时触及了栅栏页，从而引发了异常。可见，通过页堆的栅栏页我们可以在堆缓冲区发生溢出的第一时间得到通知，观察到发生溢出的现场，这对于定位导致溢出的根本原因是非常有效的。

23.10　准页堆

由于使用页堆要为每个堆块至少多分配一个内存页，因此要多使用大量的内存，这对于内存密集型的应用程序来说可能是不可行的。对于这样的情况，可以让堆管理器从页堆的附属普通堆中分配堆块，这样既可以大大减少内存占用量，又可以部分发挥页堆的调试功能。因为这样分配的堆块不再有专门的栅栏页，所以我们将这种页堆称为准页堆。MSDN 的文档将准页堆称为常规页堆（Normal Debug Page Heap），简称常规 DPH，将页堆称为完全 DPH。

常规 DPH 不再为每个堆块分配栅栏页，只是在堆块前后增加类似于安全 Cookie 的附加标记。当释放堆块时，DPH 会检测这些标记的完好性，如果这些标记被破坏，那么这个堆块便发生过溢出。检测出溢出后，DPH 会产生一个断点异常，试图报告给调试器。因此，与完全的 DPH 一样，为了接收到 DPH 报告的信息，被检查的应用程序也应该在调试器中运行。调试器可以是任何类型的调试器，如 WinDBG、NTSD、VS 等。

23.10.1　启用准页堆

可以使用 gflags 命令对指定的程序启用准页堆，如 gflags /p /enable frecheck.exe。这样执行后，观察注册表，会发现注册表中 HKEY_LOCAL_MACHINE\SOFTWARE\ Microsoft\Windows NT\CurrentVersion\Image File Execution Options\frecheck.exe 键下存在如下键值。

```
GlobalFlag (REG_SZ) = 0x02000000
PageHeapFlags (REG_SZ) = 0x00000002
VerifierFlags (REG_DWORD) = 0x8000
```

注意，GlobalFlag 的值与启用完全页堆的情况下是一样的，但是 PageHeapFlags 的值由 3 变为 2。也可以使用 gflags /r +hpa 或 gflags /k +hpa 对整个系统内的所有应用程序启用常规 DPH 机制（需要重新启动后才能生效）。

使用 gflags /p 可以列出当前的 DPH 设置信息。

```
C:\>gflags /p
path: SOFTWARE\Microsoft\Windows NT\CurrentVersion\Image File Execution Options
    frecheck.exe: page heap enabled with flags (traces )
    heapover.exe: page heap enabled with flags (full traces )
```

其中，（traces）表示启用了准页堆（Normal DPH），（full traces）表示启用了完全页堆（Full DPH）。

在 WinDBG 中打开 FreCheck 程序，执行!gflag –p 命令或观察全局变量 ntdll!RtlpDebugPageHeap，

其结果与前面的完全 DPH 一样。但是!heap –p 命令显示出的 PageHeap 选项中没有了 ENABLE_PAGE_HEAP。

```
PageHeap enabled with options:
    COLLECT_STACK_TRACES
```

因此可以通过这一差异在 WinDBG 中判断当前使用的是完全 DPH 还是常规 DPH。

23.10.2　结构布局

准页堆的总体布局与页堆是一样的，也就是仍保持着图 23-5 中的结构。但是因为要从常规堆分配堆块，所以准页堆的堆块结构变化了，而且节点池中不再为其分配节点结构。图 23-7 画出了准页堆堆块的数据布局。首先是普通堆块所需要的 HEAP_ENTRY 结构，而后是页堆堆块的头结构，即 DPH_BLOCK_INFORMATION，然后是用户数据区。用户数据区后是用来检测缓冲区溢出的栅栏字节（8 或 16 字节长），栅栏字节的内容固定为 0xA0。栅栏字节后是满足分配粒度要求的补位字节，最后是用于存放附加信息的 HEAP_ENTRY_EXTRA 结构。

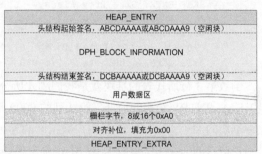

图 23-7　准页堆堆块的数据布局

为了与页堆堆块相区别，准页堆堆块的填充模式有所不同。表 23-8 列出了两种页堆使用的填充模式。

表 23-8　页堆堆块和准页堆堆块的填充模式

	占 用 堆 块		空 闲 堆 块	
	页 堆	准 页 堆	页 堆	准 页 堆
头结构的起始签名	ABCDBBBB	ABCDAAAA	ABCDAAA9	ABCDBBBA
头结构的结束签名	DCBABBBB	DCBABBBB	DCBAAAA9	DCBABBBA
用户区	C0	E0	F0	F0
栅栏字节	N/A	A0	N/A	N/A
补齐字节	D0	00	N/A	N/A

如果分配（调用 HeapAlloc）时指定了 HEAP_ZERO_MEMORY，那么用户区会被填充为 0。

下面仍以 FreCheck 程序为例来介绍准页堆的细节。在 WinDBG 中打开这个程序让其执行到第 8 行，创建一个新的堆，然后使用!heap –p 命令观察堆的概况，其结果与清单 23-23 非常相似，每个堆仍由页堆和附属的普通堆两部分组成。

```
0:000> !heap -p
…                                         //省略了概要信息和其他堆的信息
    + 16d0000                             //我们创建的页堆，即 hHeap 变量的值
        COLLECT_STACK_TRACES              //堆的启用选项
     NormalHeap - 17d0000                 //附属的普通堆句柄（基地址）
         HEAP_GROWABLE HEAP_CLASS_1       //附属堆的属性
```

执行完第 9 行，即分配一个堆块，然后观察指针 p 的值。

```
0:000> dd p l1
0012ff7c  017d1eb0
```

这便是新堆块的用户数据区的起始地址，把这个地址和页堆的基地址（0x16d0000）和普通堆的基地址（0x17d0000）相比较，可以分析出这个堆块是从普通堆上分配的。这正体现了完全DPH 和常规 DPH 的最主要区别：完全 DPH 从它的页堆分配用户堆块，常规 DPH 从它的普通堆中分配用户堆块，因此常规 DPH 比完全 DPH 的开销要小得多。使用!heap -p -h 16d0000 命令显示堆信息，也可以看出这一差异。

```
0:000> !heap -p -h 16d0000
    _DPH_HEAP_ROOT @ 16d1000
…
        HEAP_ENTRY Size Prev Flags    UserPtr UserSize - state
      * 017d0680  0301 0008 [01]      017d0688 01800 - (busy)    // "前端堆"
        017d1e88  0009 0301 [03]      017d1eb0 00009 - (busy)    // 用户堆块
        017d1ed0  0226 0009 [10]      017d1ed8 01128 - (free)    // 空闲堆块
      VirtualAllocdBlocks @ 17d0050
```

倒数第 3 行所代表的堆块就是我们刚才所分配的，017d1e88 是这个堆块的起始地址，也就是 HEAP_ENTRY 结构的地址。第 2 列的 0009 是本堆块的大小（以分配粒度为单位），0301 是上一堆块的大小，017d1eb0 是用户数据区的起始地址，也就是用户指针的值，第 6 列的 00009 是用户请求的大小（字节数）。使用 dt 命令观察 017d1e88 地址可以得到同样的信息。

```
0:000> dt ntdll!_HEAP_ENTRY 017d1e88
    +0x000 Size              : 9           //本堆块大小，以分配粒度为单位，因此是 72 字节
    +0x002 PreviousSize      : 0x301       //前一堆块大小，以分配粒度为单位
    +0x000 SubSegmentCode    : 0x03010009
    +0x004 SmallTagIndex     : 0x7b '{'    //堆块标记
    +0x005 Flags             : 0x3 ''      //标志
    +0x006 UnusedBytes : 0x17 ''           //未使用字节数
    +0x007 SegmentIndex      : 0 ''        //所在段序号
```

其中未使用字节数（UnusedBytes）等于 0x17（23）是因为用户数据后有用于检测溢出的栅栏字节（8 字节长），补位用的 7 字节，再加上 8 字节的额外信息，即 HEAP_ENTRY_ EXTRA 结构。使用 dd 命令观察堆块的附近内存区，可以看到每一部分的原始数据。

```
0:000> dd 017d1e88
017d1e88  03010009 0017037b abcdaaaa 816d1000
017d1e98  00000009 00000031 00000012 00000000
017d1ea8  00346728 dcbaaaaa e0e0e0e0 e0e0e0e0
017d1eb8  a0a0a0e0 a0a0a0a0 000000a0 00000000
017d1ec8  00000000 00000000 00090226 00001000
017d1ed8  017d0178 017d0178 00000000 00000000
```

第 1 行的前 8 字节即 HEAP_ENTRY 结构，之后的 32 字节是 DPH_BLOCK_ INFORMATION 结构。从 017d1eb0 开始的 9 字节是用户数据区，使用 e0 填充。017d1eb9 开始的 8 字节 a0 是栅栏字节，又称后缀模式（suffix pattern）。而后的 7 字节 00 是补位使用的。017d1ec8 开始的 8 字节是额外信息区（HEAP_ENTRY_ EXTRA），从 017d1ed0 开始是后面的空闲块。可以使用 dt 命令来观察堆块的头结构（清单 23-27）。

清单 23-27 堆块的头结构

```
0:000> dt ntdll!_DPH_BLOCK_INFORMATION 017d1e90
    +0x000 StartStamp        : 0xabcdaaaa //堆块头结构的起始签名
    +0x004 Heap              : 0x816d1000 //堆的根结构地址
```

```
+0x008 RequestedSize    : 9                //请求的大小
+0x00c ActualSize       : 0x31             //实际大小
+0x010 FreeQueue        : _LIST_ENTRY [ 0x12 - 0x0 ] //释放后使用的链表结构
+0x010 TraceIndex       : 0x12             //回溯记录在 UST 数据库中的序号
+0x018 StackTrace       : 0x00346728       //分配过程的栈回溯
+0x01c EndStamp         : 0xdcbaaaaa       //堆块头结构的结束签名
```

其中的 ActualSize（实际大小）字段是指 HEAP_ENTRY 结构之后到后缀模式结束间的总字节数。以本堆块为例，即地址 017d1e90 和 017d1ec1 之间共有 49 字节。

DPH_BLOCK_INFORMATION 结构（32 字节）+用户请求的大小（9 字节）+栅栏字节（8 字节）=49 字节

StackTrace 指向的是_RTL_TRACE_BLOCK 结构，因此可以使用 dt NTDLL!_RTL_TRACE_BLOCK 0x00346728 命令显示它的各个字段值，使用 dds 0x00346728 命令可以显示它所记录的函数调用过程。

23.10.3　检测溢出

如果分配在准页堆上的缓冲区发生溢出，那么用户数据后的栅栏字节就会被破坏，因此可以通过检查栅栏字节的完好性来检查是否发生溢出。当页堆的释放函数释放一个堆块时，它会检查栅栏字节的完好性，如果发现其中的任意一字节发生变化，那么便触发断点异常，向调试器报告。

以 FreCheck 程序为例，for 循环对 9 字节的缓冲区写入 20 字节的数据，显然导致了溢出，但因为准页堆不能像页堆那样立刻检测到溢出，所以 for 循坏可以全部执行完，但当调用 HeapFree 释放这个发生溢出的堆块时，调试器中会出现如下信息。

```
===============================================
VERIFIER STOP 00000008: pid 0x220: corrupted suffix pattern
    016D1000 : Heap handle
    017D1EB0 : Heap block
    00000009 : Block size
    00000000 :
===============================================
(220.1778): Break instruction exception - code 80000003 (first chance)…
```

并且程序因为断点异常中断到调试器。使用 k 命令观察栈回溯信息（清单 23-28），可以看出在 main 函数调用 RtlFreeHeap 释放堆块时，DPH 检查到了堆中的溢出错误。

清单 23-28　栈回溯信息

```
0:000> k
ChildEBP RetAddr
0012fbe0 7c9551ad ntdll!DbgBreakPoint                        //执行断点指令，触发断点异常
0012fbf8 7c969b7e ntdll!RtlApplicationVerifierStop+0x160     //验证器的停止函数
0012fc74 7c96ac57 ntdll!RtlpDphReportCorruptedBlock+0x17c    //报告损坏堆块
0012fc98 7c96ae5a ntdll!RtlpDphNormalHeapFree+0x2e           //释放准页堆块的 DPH 函数
0012fce8 7c96defb ntdll!RtlpDebugPageHeapFree+0x79           //页堆释放函数
0012fd5c 7c94a5d0 ntdll!RtlDebugFreeHeap+0x2c                //支持调试的堆释放函数
0012fe44 7c9268ad ntdll!RtlFreeHeapSlowly+0x37               //慢速的堆块释放函数
0012ff14 00401094 ntdll!RtlFreeHeap+0xf9                     //释放堆块的入口函数
0012ff80 004012f9 FreCheck!main+0x84 [C:\...\FreCheck.cpp @ 16]   //应用程序入口
0012ffc0 7c816fd7 FreCheck!mainCRTStartup+0xe9 [crt0.c @ 206]
0012fff0 00000000 kernel32!BaseProcessStart+0x23             //系统的进程启动函数
```

也可以用 PageHeap 工具（pageheap.exe）来启用页堆和准页堆。目前，PageHeap 工具已经成为应用程序验证器（application verifier）的一部分。事实上，启用应用程序验证器中的内存验证功能，就会启用页堆机制，我们在第 19 章详细讨论过应用程序验证器的工作原理。

「23.11　CRT 堆」

软件开发中，我们经常使用 C 库函数中的内存分配函数（malloc 等），或者 C++的 new 运算符来分配内存。23.1 节简要介绍过，这两种方式实际上都是从 CRT 堆上分配内存空间的。顾名思义，CRT 堆就是指 C/C++的运行时（CRT）库所使用的堆。因为 new 操作符也会被编译为对 CRT 函数的调用，所以下文将使用 CRT 内存分配函数来泛指 C 的内存分配函数和 C++的 new 运算符。[2]

23.11.1　CRT 堆的 3 种模式

根据分配堆块的方式，CRT 堆有 3 种工作模式——系统模式、旧 SBH 模式和 SBH 模式。CRT 库使用以下 3 个常量（定义在 winheap.h）分别代表这 3 种模式。

```
#define __SYSTEM_HEAP       1   //系统模式
#define __V5_HEAP           2   //旧 SBH 模式
#define __V6_HEAP           3   //SBH 模式
```

系统模式（__SYSTEM_HEAP）的含义是创建一个标准的 NT 堆，并从中分配堆块，也就是将堆块分配和释放请求一一转发给系统的堆管理器。SBH 模式（__V6_HEAP）的含义是使用 VC6 改进过的 Small Block Heap（简称 SBH）方式来分配和管理堆块。旧 SBH 模式（__V5_HEAP）的含义是使用 VC++ 5.0 的 Small Block Heap 方式来分配和管理堆块，为了与 VC6 的 SBH 相区别，VC5 的 SBH 称为旧 SBH，其声明和函数名中通常都带有 old_sbh 字样。

CRT 库初始化时，会选择以上 3 种模式之一，并将其保存在全局变量__active_heap 中。

为了隐藏堆块管理模式的差异，CRT 库定义了一组基础函数把堆的底层管理方式与上层隔离开来。例如，用来分配堆块的基础函数是_heap_alloc（调试版本使用别名_heap_alloc_base），释放堆块的基础函数是_free_base，重新分配堆块的是_realloc_base，为了行文方便，我们将这些函数简称为 CRT 堆基础函数。

CRT 堆基础函数会根据__active_heap 变量来判断当前的工作模式,并将应用程序的请求分发给合适的底层函数。如果使用系统模式，那么基础函数会将应用程序的分配和释放请求转发给系统堆的 API，即 HeapAlloc、HeapFree 等。这时的 CRT 分配函数相当于是对系统堆 API 的一种封装。如果使用 SBH 模式，那么内存分配和释放请求会被转发给专门设计的分配和释放函数，这些函数都以__sbh 开头的，如__sbh_alloc_block、__sbh_free_block 等。如果使用旧 SBH 模式，那么堆工作函数都是以__old_sbh 开头的，如__old_sbh_alloc_block、__old_sbh_free_block 等。清单 23-29 显示了 CRT 堆基础函数将应用程序对 malloc 函数的调用分发给 SBH 的堆块分配函数__sbh_alloc_block 的过程。

清单 23-29　CRT 堆基础函数将分配请求转发给 SBH 函数

```
0:000> kn     //VC6 调试版本
 # ChildEBP RetAddr
```

```
00  0012fef0  00405381  HiHeap!__sbh_alloc_block [sbheap.c @ 522]//SBH 分配函数
01  0012ff00  004018c2  HiHeap!_heap_alloc_base+0x21 [malloc.c @ 158]//堆基础函数
02  0012ff28  004016c9  HiHeap!_heap_alloc_dbg+0x1a2 [dbgheap.c @ 378]
03  0012ff44  0040167f  HiHeap!_nh_malloc_dbg+0x19 [dbgheap.c@248]//支持分配处理器
04  0012ff64  004092d0  HiHeap!_malloc_dbg+0x1f [dbgheap.c @ 165]//调试版本的 malloc
05  0012ff8c  0040378f  HiHeap!_setenvp+0xe0 [stdenvp.c @ 122]  //设置环境变量
06  0012ffc0  7c816ff7  HiHeap!mainCRTStartup+0xbf [crt0.c @ 178]  //CRT 入口函数
07  0012fff0  00000000  kernel32!BaseProcessStart+0x23  //进程启动函数
```

　　清单 23-3 和清单 23-4 描述了将 malloc 函数与 new 操作符分发给系统堆 API（RtlAllocHeap）的过程。

23.11.2　SBH 简介

　　图 23-8 画出了一个以 SBH 模式工作的 CRT 堆（以下简称 SBH 堆）的结构布局。概括来说，每个 SBH 堆由一个附属的普通 NT 堆和不确定数量的 SBH 区域（region）组成。NT 堆用来存储区域的管理信息和分配大小超过 SBH 阈值的堆块。SBH 区域用来分配小于 SBH 阈值的堆块。SBH 阈值是由全局变量 __sbh_threshold 所记录的，初始值为 0x3F8（1016）。每个 SBH 区域又划分为 32 个组（group），每个组包含 8 个内存页，每个内存页分为 256 个段落（paragraph），每个段落的大小是 16 字节。段落是 SBH 中的最小分配单位。以上常量定义在 winheap.h 文件中，可以调整，但调整后需要重新编译运行时库。

```
#define BYTES_PER_PARA      16      //每个段落的字节数
#define PARAS_PER_PAGE      256     //每个页的段落数
#define PAGES_PER_GROUP     8       //每个组的页数，可以调整
#define GROUPS_PER_REGION   32      //每个区域的组数，可以调整，但最大为 32
```

　　每个 SBH 区域在普通堆中都有一个 HEADER 结构和一个 REGION 结构。多个区域的 HEADER 结构是以数组形式存放的，数组的初始元素个数是 16，但用完后可以重新分配并增大（调用 HeapReAlloc）。全局变量 __sbh_pHeaderList 用来记录这个数组的起始位置，__sbh_sizeHeaderList 记录着目前的总元素数，__sbh_cntHeaderList 记录着已经使用的元素数。HEADER 结构的定义如下。

```
typedef struct tagHeader
{
    BITVEC              bitvEntryHi;    //可用空间位向量的高位部分
    BITVEC              bitvEntryLo;    //可用空间位向量的低位部分
    BITVEC              bitvCommit;     //区域中各个组的提交情况
    void *              pHeapData;      //堆块数据区的起始地址
    struct tagRegion *  pRegion;        //REGION 结构的指针
}HEADER, *PHEADER;
```

　　其中，pHeapData 用来记录该区域的堆块数据区地址，这个地址是通过 VirtualAlloc 从虚拟内存管理器申请的；pRegion 指向这个区域的 REGION 结构，REGION 结构是使用 HeapAlloc API 从普通堆上分配的。

　　bitvEntryHi 和 bitvEntryLo 用来标志区域中的空闲空间多少，这两个字段共有 64 个二进制位，1 个非零位代表 1 个空闲块，例如，bitvEntryHi 的第 0 位为 1，代表有长度为 1 个段落的空闲块，第 1 位为 1，代表有两个段落长的空闲块，以此类推，bitvEntryLo 的第 0 位为 1，代表有 33 个段落的空闲快，第 31 位为 1，代表有至少为 64 个段落长的空闲块。对于一个新建的区

域，bitvEntryHi 等于 0，bitvEntryLo 等于 1，表示区域中有一个长度大于 64 个段落的空闲块。当分配堆块时，SBH 会根据堆块的总大小（按段落大小对齐）计算出堆块的索引号，然后根据这个索引号来寻找可以满足需要的区域（图 23-8）。

考虑篇幅限制，我们不再深入讨论 SBH 的更多细节，CRT 库源代码目录中的 sbheap.c 包含了 SBH 管理函数的具体实现，winheap.h 中包含了结构声明和常量定义，感兴趣的读者可以自己去阅读这些源文件，本章的示例程序 SBHeap（code\chap23\sbheap）演示了如何启用 SBH 模式和从中分配堆块。

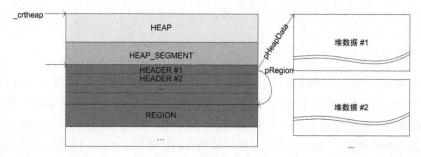

图 23-8　SBH 模式的 CRT 堆

23.11.3　创建和选择模式

在第 21 章介绍 CRT 库初始化时，我们提到了其中一个重要的步骤，那就是调用_heap_init()函数创建和初始化 CRT 堆。CRT 库的源程序文件 heapinit.c 包含了_heap_init()函数的完整代码。概括来说，_heap_init()主要执行以下 3 个动作。

（1）调用 HeapCreate 创建一个普通的 NT 堆，将其句柄保存在全局变量_crtheap 中。

```
_crtheap = HeapCreate( mtflag ? 0 : HEAP_NO_SERIALIZE,
                       BYTES_PER_PAGE, 0 ))
```

（2）调用__heap_select 函数选择使用 3 种模式中的 1 种，并将选择结果记录在全局变量__active_heap 中。

```
__active_heap = __heap_select();
```

（3）如果选择的是 SBH 或旧 SBH 模式（__active_heap 等于 2 或 3），便调用__sbh_heap_init 或__old_sbh_new_region 来初始化 SBH。

那么__heap_select 函数是如何选择工作模式的呢？简单来说，它会做以下 3 个判断。

（1）读取操作系统的版本号，如果是 Windows 2000 或更高，那么便返回__SYSTEM_HEAP(1)，即选择 SYSTEM_HEAP 模式。

```
if ( (osplatform == VER_PLATFORM_WIN32_NT) && (winmajor >= 5) )
    return __SYSTEM_HEAP;
```

（2）尝试读取"__MSVCRT_HEAP_SELECT"和"__GLOBAL_HEAP_SELECTED"这两个环境变量，如果读取到了有效设置，那么便返回读到的设置。

（3）调用_GetLinkerVersion 函数获取链接器的版本号。如果取得的主版本号大于或等于 6（VC6），那么便返回__V6_HEAP；否则，返回__V5_HEAP。

VC6 版本的__heap_select 函数和 VC2005 的实现略有差异，以上是 VC6 的做法。对于

VC2005，第二步放在检查 CRTDLL 标志的条件编译块中，而且被移到最前面。这意味着，CRT 库 DLL 中的＿＿heap_select 函数会先检查环境变量，然后再检查系统版本。因此，对于 VC2005 编译的程序，如果使用的是动态链接运行时库，那么设置环境变量可以配置它的 CRT 堆工作模式。

因为大多数系统没有设置上面所说的环境变量，而且系统的版本大多是 Windows 2000 以上，所以大多数情况下，CRT 堆的工作模式是系统模式（SYSTEM_HEAP）。调用_set_sbh_threshold 函数可以强制启用 SBH 模式，本章的 SBHeap 例子使用的就是这种方法。观察全局变量＿＿active_heap 可以知道 CRT 堆的当前工作模式。如果是"构建"选项定义的静态链接 CRT 库，那么这个变量定义在应用程序的模块中；如果"构建"选项定义的是动态链接 CRT 库，那么它定义在 VC 的运行时库 DLL 中。以 SBHeap 程序为例，它是使用 VC2005 编译的，而且使用的是动态链接 CRT（默认），因此可以使用如下命令。

```
0:000> dd MSVCR80D!__active_heap l1
10313980   00000003   // 3 代表 SBH 模式
```

值得注意的是，一个进程中可能有多个运行时库的实例，它们可以使用不同的工作模式。例如 SBHeap 程序中也加载了 msvcrt.dll 模块，它的 CRT 堆使用的就是系统模式。

```
0:000> dd msvcrt!__active_heap l1
77c6241c   00000001    // 1 代表系统模式
```

23.11.4　CRT 堆的终止

与进程的其他堆一样，销毁 CRT 堆是作为系统销毁进程的最后动作之一进行的。换句话说，尽管 heapinit.c 中存在一个名为＿＿heap_term 的函数，该函数中有销毁 CRT 堆的调用。

```
HeapDestroy(_crtheap);
_crtheap=NULL;
```

但是正常情况下，该方法是不会执行的。事实上，如果进程退出，WinDBG 得到最后的控制机会，进程的主线程已经退出，因此不能再执行任何恢复执行命令，但是我们还可以使用!heap 命令观察进程的各个堆（包括 CRT 堆）。这时观察任务管理器中的进程列表，仍然可以看到这个进程，这是因为程序的初始线程还在等待调试器的回复，而且调试器还在引用进程句柄，所以进程还没有完全退出。正如 23.2 节所介绍的，系统在清理进程的地址空间时会自动销毁进程的所有堆，因此＿＿heap_term 不会被调用也不会有资源泄漏问题。

〖 23.12　CRT 堆的调试堆块 〗

为了支持调试与内存分配有关的问题，CRT 特别设计了供调试使用的堆块结构和函数，分别简称为 CRT 堆的调试堆块和调试函数。与普通堆块相比，调试堆块增加了很多用于调试的信息，因此堆块所占用的空间更大了。

当编译调试版本的 C/C++应用程序时，编译器会默认使用 CRT 堆的调试函数和调试堆块结构。CRT 的源代码文件 dbgheap.c 包含了 CRT 堆调试函数的实现细节，头文件 crtdbg.h（INCLUDE 目录）中定义了 CRT 调试函数所公开的常量、数据结构和函数原型，头文件 dbgint.h（CRT\SRC 目录）中定义了 CRT 调试函数内部使用的数据结构和函数。本节将着重介绍 CRT 堆的调试堆块结构，23.13 节将介绍 CRT 堆的调试函数和应用。

23.12.1 _CrtMemBlockHeader 结构

可以把 CRT 堆的调试堆块分为 4 个部分：最前面是管理信息区，即一个固定长度的 _CrtMemBlockHeader 结构；中间是用户数据区，其长度是根据应用程序请求分配的长度而定的；数据区后是用来检测堆溢出的栅栏字节，又称为"不可着陆区"（No Mans Land），长度为 4 字节；最后一个部分是用于满足分配粒度要求的填充字节，如果前 3 个部分的长度恰好已经满足分配粒度要求，那么就不存在第 4 个部分。因为_CrtMemBlockHeader 结构的最后一个字段也是 4 字节的"不可着陆区"，所以实际上用户数据区的前后都有 4 字节的"栅栏"保护。

头文件 dbgint.h 中定义了_CrtMemBlockHeader 结构。

```
typedef struct _CrtMemBlockHeader
{
    struct _CrtMemBlockHeader * pBlockHeaderNext;//指向下一个块
    struct _CrtMemBlockHeader * pBlockHeaderPrev;//指向上一个块
    char *                      szFileName;      //源文件名
    int                         nLine;           //源代码行号
    size_t                      nDataSize;       //用户区的字节数
    int                         nBlockUse;       //块的类型
    long                        lRequest;        //块序号
    unsigned char               gap[nNoMansLandSize]; //不可着陆区
} _CrtMemBlockHeader;
```

pBlockHeaderNext 和 pBlockHeaderPrev 分别指向下一个块与前一个块的 _CrtMemBlockHeader 结构。szFileName 用来指向使用该块的源程序文件名，nLine 用来记录源代码的行号，这两个字段的值不总是有效的，我们将在下一节介绍启用它们的方法。nDataSize 是用户数据区的字节数，nBlockUse 代表该块的类型，稍后介绍。nNoMansLandSize 被定义为 4，即 gap 字段的长度是 4 字节，通常被填充为 0xFD。lRequest 是堆块分配的一个流水号。

因为每个堆块的_CrtMemBlockHeader 结构和用户数据是紧邻的，所以可以通过如下两个宏来从用户指针得到_CrtMemBlockHeader 结构指针，或者相反。

```
#define pbData(pblock) ((unsigned char *)((_CrtMemBlockHeader *)pblock + 1))
#define pHdr(pbData) (((_CrtMemBlockHeader *)pbData)-1)
```

可见，两个宏都先将源指针强制转换为指向_CrtMemBlockHeader 结构的指针，然后向前或向后偏移一个结构便是目标指针。

23.12.2 块类型

CRT 堆的调试堆块可以为如下 5 种类型之一（定义在 crtdbg.h 中）。

```
#define _FREE_BLOCK     0 // 空闲块
#define _NORMAL_BLOCK   1 // 常规块
#define _CRT_BLOCK      2 // CRT 内部使用的块
#define _IGNORE_BLOCK   3 // 堆检查时应该忽略的块
#define _CLIENT_BLOCK   4 // 客户块，高 16 位可以进一步定义子类型
```

其中，_IGNORE_BLOCK 用于屏蔽 CRT 的检查功能，比如在做堆块转储（dump）时，这样的块会被跳过。常规块是应用程序调用 CRT 分配函数时所默认使用的块。对于较大型的程序，或者为了追踪不同模块的内存分配情况，可以使用_CLIENT_BLOCK 类型，并使用高 16 位来记录模块 ID 或其他标志信息，因此高 16 位又称为子类型。块类型信息记录在堆块的

_CrtMemBlockHeader 结构的 nBlockUse 字段中。nBlockUse 字段为 32 位的整数，低 16 位为块的基本类型，即以上 5 个常量之一，高 16 位用于存储子类型。

使用_CrtReportBlockType 函数可以取得一个用户地址（pvData）所在堆块的堆块类型，也就是返回该堆块的_CrtMemBlockHeader 结构的 nBlockUse 字段。如果要进一步判断块的基本类型和子类型，那么可以使用如下两个宏。

```
#define _BLOCK_TYPE(block)              (block & 0xFFFF)
#define _BLOCK_SUBTYPE(block)           (block >> 16 & 0xFFFF)
```

下面以 MFC 类库为例介绍如何使用子类型来追踪堆块的用途。MFC 的根类 Cobject 对 new 操作符做了如下重载。

```
void* PASCAL CObject::operator new(size_t nSize)  //位于 afxmem.cpp 中
{
#ifdef _AFX_NO_DEBUG_CRT              //如果不使用 CRT 库的调试支持
    return ::operator new(nSize);   //使用普通的 new 操作符
#else                                //不然则使用专用的
    return ::operator new(nSize, _AFX_CLIENT_BLOCK, NULL, 0);
#endif                               // _AFX_NO_DEBUG_CRT
}
```

_AFX_NO_DEBUG_CRT 标志的含义是不使用 CRT 库的调试功能，其作用是满足某些特别情况下在调试版本中禁用 CRT 的调试支持。对于大多数情况，不会定义该标志，所以 CObject 的 new 操作符使用全局的 new 操作符从 CRT 堆上分配一个_AFX_CLIENT_BLOCK 类型的块。

_AFX_CLIENT_BLOCK 的定义如下。

```
#define _AFX_CLIENT_BLOCK (_CLIENT_BLOCK|(0xc0<<16))
```

低 16 字节为_CLIENT_BLOCK，高 16 字节为 0xc0。因为 CObject 是 MFC 类库中几乎所有其他类的基类，MFC 程序中的类也大多间接或直接从该类派生，所以这些派生类都继承了上面的 new 操作符。这样，当使用 new 操作符动态创建这些类对象时，这些类对象在堆上的堆块便都具有_AFX_CLIENT_BLOCK 类型。换句话说，当遍历堆时，可以很容易地辨别出该堆块是否是 CObject 类或其派生类的实例所使用的。事实上，用于转储 MFC 对象的_AfxCrtDumpClient 函数，就通过检查堆块类型是否等于_AFX_CLIENT_BLOCK 来判断一个指针是否指向 CObject 对象。

```
void __cdecl _AfxCrtDumpClient(void * pvData, size_t nBytes)   //位于 dumpinit.cpp 中
{
    if(_CrtReportBlockType(pvData) != _AFX_CLIENT_BLOCK) //判断块类型
        return;    //不是 CObject 对象
    CObject* pObject = (CObject*)pvData;    //类型强制转化
…    //其他代码省略
```

23.12.3 分配堆块

下面我们来看 CRT 调试堆块的分配过程并观察一个实际的堆块。调试版本的 CRT 分配函数大多实现在 dbgheap.c 文件中，阅读该文件，可以看到各个函数间的调用关系，如图 23-9 所示。

其中，new[]代表数组形式的 new 操作符，它会调用普通的 new 操作符，然后调用_nh_malloc_dbg 函数。以上函数名中的 "_nh" 是 new handler（分配处理器）的缩写，意味着这些函数在分配内存失败时，会调用已经注册的分配处理器函数，通过_set_new_handler 函数可

以设置分配处理器。

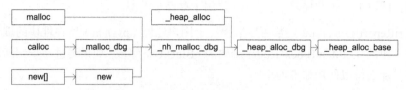

图 23-9 CRT 分配函数（调试版本）的调用关系

通过以上调用关系可以看到这些分配函数最终都调用_heap_alloc_base 函数。在 VC6 的 CRT 库源文件 malloc.c 中可以直接看到这个函数的实现，在 VC8 中，_heap_alloc_base 被定义为 _heap_alloc（malloc.c 中）函数的别名，也就是说，malloc.c 中的_heap_alloc 函数在调试版本中会被编译为_heap_alloc_base。_heap_alloc_base 所做的事情也并不复杂，它只是根据 CRT 堆的当前工作模式（记录在_ _active_heap 中），调用各个模式自己的分配函数。例如，如果分配模式是_ _ SYSTEM_HEAP，就调用 HeapAlloc API。

事实上，_heap_alloc_base 函数也是调试版本的分配函数和非调试版本函数的汇合处。到这里，调试版本和发布版本的工作方式就一样了。在这个函数之前的主要差异是调试版本会调用调试版本的中间函数，比如_nh_malloc_dbg、_heap_alloc_dbg 等，而_heap_ alloc_dbg 函数是分配调试堆块的中心，它的原型如下。

```
extern "C" void * _ _cdecl _heap_alloc_dbg( size_t nSize,  int nBlockUse,
       const char * szFileName, int nLine )
```

其中，nSize 是要分配的字节数（应用程序请求的字节数）；nBlockUse 为要分配的堆块类型；szFileName 和 nLine 用来指定发起调用的源文件名称与行号。

以 VC8 为例，_heap_alloc_dbg 函数的执行过程如下。

（1）调用_mlock(_HEAP_LOCK)锁定堆。

（2）进入一个_ _try 块，对应的_ _finally 块中有_munlock(_HEAP_LOCK)，保证退出此函数前会释放堆的锁信号。

（3）如果当前请求计数_lRequestCurr 等于_crtBreakAlloc，而且_crtBreakAlloc!=-1，那么调用_CrtDbgBreak()中断到调试器。_lRequestCurr 和_crtBreakAlloc 是 CRT 调试版本定义的两个全局变量。_lRequestCurr 用来记录从调试堆分配内存的流水号，_crtBreakAlloc 用来设置所谓的内存分配断点（23.13.1 节）。

（4）如果用来记录内存分配挂钩函数的全局函数指针_pfnAllocHook 不为空，那么便调用该指针所指向的函数。如果该函数返回 0（FALSE），便调用 RPT0 或 RPT2 报告错误。如果 szFileName 不为空，报告的内容为 "Client hook allocation failure at file %hs line %d"；如果 szFileName 为空，则报告的内容为 "Client hook allocation failure"。报告返回后，_heap_alloc_dbg 函数也随即返回了。

（5）检查 nBlockUse 参数，如果指定的不是合法的堆块类型，那么调用_RPT0 报告错误。如果用户选择忽略，那么该函数会继续执行，内存分配也会成功。但是使用 CRT 库的内存检查函数或作堆块转储时，CRT 库会发现错误类型的堆块，给出错误信息 "Bad memory block found at XXX"。

（6）计算堆块的大小，其算法是在请求大小的基础上先加上_CrtMemBlockHeader 结构所占的空间和隔离区的大小：

```
blockSize = sizeof(_CrtMemBlockHeader) + nSize + nNoMansLandSize;
```

然后，没有定义 WINHEAP 标志，再取整为最接近的分配粒度（x86 平台中为 8）倍数。

```
#ifndef WINHEAP
        blockSize = _ROUND2(blockSize, _GRANULARITY);
#endif  /* WINHEAP */
```

（7）调用_heap_alloc_base 函数分配 blockSize 字节的内存，将返回值赋给局部变量 pHead，如果 pHead 为空，那么将错误号码设置为 errno = ENOMEM，而后函数返回。

（8）递增记录在全局变量 _lRequestCurr 中的堆块分配次数计数。

（9）设置 _CrtMemBlockHeader 结构的各个字段。如果该块需要忽略（避开 CRT 库的检查功能，比如 CRT 自己分配的块），那么便将 pBlockHeaderNext 和 pBlockHeaderPrev 设置为空，nBlockUse 设置为_IGNORE_BLOCK，lRequest 设置为 IGNORE_REQ；否则，便将该块插入由全局变量 _pFirstBlock 和 _pLastBlock 所记录的链表的开头，并更新用于统计内存分配长度的全局变量 _lTotalAlloc（曾经分配的所有用户数据的总长度，包括已经释放的）、_lCurAlloc（已经分配的用户数据的长度净值，扣除了已经释放的）和_lMaxAlloc（迄今为止的最大用户数据长度）。

（10）使用静态变量 _bNoMansLandFill 的值（0xFD）填充用户数据区前后的隔离区。

（11）使用静态变量 _bCleanLandFill 的值（0xCD）填充整个用户数据区。这可以解释为什么 CRT 堆转储出的用户数据中经常包含很多个 CD。23.13 节将介绍转储 CRT 堆块的方法。

（12）使用 pbData(pHead)宏，返回指向用户数据区起始字节的指针。

从上面的过程我们知道，当分配 CRT 调试堆块时，CRT 库总会在用户数据前增加一个 _CrtMemBlockHeader 结构，默认增加 4 字节的保护字段。因为_CrtMemBlockHeader 结构的长度是 32 字节，这意味着，每次都至少要多分配 36 字节，这是使用 CRT 调试堆块的固定额外开销。

在上面的第 6 步中，_heap_alloc_base 函数会调用底层的堆块分配函数来实际分配堆块，根据 CRT 堆的工作模式，可能调用 NT 堆的分配函数，也可能调用 SBH 的分配函数，但是无论使用哪一种，这些底层的分配函数都需要为新的堆块再做一次"包装"，在原来的基础上增加新的管理结构。这就好像是网络通信中发送一个数据包时每个通信层中都会附加一个报头结构。以系统模式为例，每个 NT 堆块前都需要一个 HEAP_ENTRY 结构，因此一个 CRT 调试堆块在内存中的布局便是 NT 的管理结构（HEAP_ENTRY）+CRT 调试堆块的管理结构（_CrtMemBlockHeader）+用户数据+CRT 调试堆块的栅栏字节+ [CRT 调试堆块的补位字节] + [NT 堆块的栅栏字节]+[NT 堆块的额外信息]。

下面观察一个真实的堆块，该堆块是执行如下语句得到的。

```
void * p=malloc(5);
```

显示 p 的值，得到 003707b8，向前偏移 40 字节（32+8）得到该堆块的起始位置，然后显示从这个位置开始的内存区，其内容如下。

```
0:000> dd 003707b8-20-8
00370790  00290009 0018070f 00372fb8 00000000
003707a0  00000000 00000000 00000005 00000001
003707b0  00000039 fdfdfdfd cdcdcdcd fdfdfdcd
```

```
003707c0  baadf0fd baadf00d abababab abababab
003707d0  00000014 00000000 00090114 00ee04ee
003707e0  00374000 00370178 feeefeee feeefeee
```

第一行的前 8 字节是 HEAP_ENTRY 结构，可以使用 dt 命令显示其各个字段的值。

```
0:000> dt _HEAP_ENTRY 003707b8-20-8
     +0x000 Size             : 9              //以分配粒度为单位的堆块大小
     +0x002 PreviousSize     : 0x29           //前一个堆块的大小（以粒度为单位）
     +0x000 SubSegmentCode   : 0x00290009     //子段代码
     +0x004 SmallTagIndex    : 0xf ''         //堆块标记
     +0x005 Flags            : 0x7 ''         //堆块标志
     +0x006 UnusedBytes      : 0x18 ''        //未使用字节
     +0x007 SegmentIndex     : 0 ''           //所属段
```

注意，这里的 Size（9）是以粒度为单位的，也就是等于 72 字节，这是整个堆块的大小，这意味着我们请求的 5 字节所占用的堆块大小为 72 字节，即上面 dd 结果中的前 4 行加上第 5 行的 8 字节。

HEAP_ENTRY 结构后面是 32 字节的 _CrtMemBlockHeader 结构，我们可以看到 pBlockHeaderNext 字段的值为 00372fb8，即下一个块的 _CrtMemBlockHeader 结构的地址。pBlockHeaderPrev 字段的值为空，即当前块是第一个块，也就是新创建的块总是放在链表的开头（参见第 8 步）。

第 3 行的第 8~12 字节是用户数据区，即 5 字节的 0xCD，其前面是 4 字节的隔离区，即 _CrtMemBlockHeader 结构的 gap 字段，其后面也是 4 字节的隔离区（从 00372fbd 到 003707c0）。隔离区后是 7 字节长的补齐字节。这些字节仍保留着 NT 堆填充的 baadf00d 模式。而后的 8 字节 0xab 是 NT 堆填充的栅栏字节（CheckHeapFillPattern）。第 5 行的开始 8 字节是 NT 堆块的附加信息，即 HEAP_ENTRY_EXTRA 结构，它后面便是下一个堆块的内容了。

追踪 _heap_alloc_dbg 函数的执行过程，可以看到，_heap_alloc_dbg 函数计算出的 blockSize 为 41，也就是说，CRT 向 NT 堆请求的长度是 48 字节，即从第 1 行的后两个 DWORD 到第 4 行前两个 DWORD。相对于 NT 堆，这 48 字节都是数据区，会使用 baadf00d 来填充，但是返回后，CRT 又对这个区域进行了填充，因此只有最后 7 字节保留着原来的填充内容。对于 CRT 堆和应用程序来说，从 003707b8 开始的 5 字节是真正的数据区，因此被填充为 CD。从这种数据布局我们可以清楚地看到 CRT 库的调试堆块被包裹在 NT 的堆块之中，这与 OSI 模型中的网络包结构很类似，下面的层总是会对上层的数据再包装，使用户数据被层层包裹起来。

23.13　CRT 堆的调试功能

23.12 节介绍了 CRT 堆的调试堆块格式和堆块分配过程，本节和 23.14 节将介绍 CRT 堆所支持的各种调试功能。

23.13.1　内存分配序号断点

根据 23.12 节的介绍，CRT 堆会维护一个名为 _lRequestCurr 的全局变量，用来记录每次分配堆块的序号。为了支持调试，CRT 还定义了另一个全局变量，名为 _crtBreakAlloc。当每次从 CRT 库调试堆分配内存时，CRT 库的内存分配函数（_heap_alloc_dbg）会检查 _lRequestCurr 变量是否等于_crtBreakAlloc，如果相等，便调用_CrtDbgBreak()触发断点事件，试图中断到调试器。这种针对内存分配序号所设置的断点称为内存分配序号断点（breakpoint on an allocation number）。

每个 CRT 调试堆块的_CrtMemBlockHeader 结构中记录了这个堆块的分配序号。因此如果希望下次分配这个堆块时中断到调试器，那么可以将这个序号设置到_crtBreakAlloc 变量中，并按照上次的路线重新执行程序。可以通过以下 3 种方法之一来设置_crtBreakAlloc 变量。

（1）如果使用的是 Visual Studio 集成环境，那么可以在变量观察窗口输入_crtBreakAlloc（静态连接）或{,,msvcrXXd.dll}_crtBreakAlloc（动态链接），然后输入要中断的序号。msvcrXXd 中的 XX 是 C 运行时库的版本号。可以通过观察当前进程中的模块列表来了解当前使用的 CRT 库版本。

（2）如果使用的是 WinDBG 调试器，那么可以使用 ed 命令编辑_crtBreakAlloc 变量的值。

（3）如果想在程序中通过代码设置内存分配序号断点，那么可以直接向_crtBreakAlloc 变量赋值，或者调用_CrtSetBreakAlloc 函数。

_crtBreakAlloc 变量的默认值是−1，即禁用内存分配序号断点。

23.13.2　分配挂钩

如果希望对内存操作做更多的跟踪和记录，那么可以定义一个内存分配挂钩函数（allocation hook function）。然后调用 CRT 库的_CrtSetAllocHook 函数将其保存到全局变量_pfnAllocHook 中。分配挂钩函数应该具有如下原型。

```
int YourAllocHook( int allocType, void *userData, size_t size, int
  blockType, long requestNumber, const unsigned char *filename, int lineNumber);
```

其中 allocType 用来指定内存操作的类型，可以为_HOOK_ALLOC(1)、_HOOK_REALLOC(2)和_HOOK_FREE(3)这 3 个常量之一。当 CRT 即将分配一个堆块时，会调用已经注册的分配挂钩函数，并将 allocType 参数设置为_HOOK_ALLOC，userData 参数设置为空（因为内存尚未分配）。类似地，当 CRT 库即将重新分配一个堆块时，会使用_HOOK_REALLOC 参数调用分配挂钩函数，此时 userData 指向前一次分配的用户数据。当 CRT 库即将释放一个堆块时会使用_HOOK_FREE 参数调用分配挂钩函数，userData 参数指向要释放堆块的用户数据。

对于任意一种情况，如果分配挂钩函数返回 0（FALSE），那么 CRT 会报告错误并终止操作。因此可以利用分配挂钩函数强制内存分配申请失败（forced failure）。

23.13.3　自动和手动检查

调试版本的 CRT 库设计了一个名为_CrtCheckMemory 的函数用于检查 CRT 堆的完好性。该函数的源代码也位于 dbgheap.c 文件中，它执行的主要步骤如下。

（1）检查全局变量_crtDbgFlag（CRT 调试标志）中是否包含_CRTDBG_ALLOC_MEM_DF（1）标志，如果不包含，那么返回。_crtDbgFlag 变量的默认值中包含了_CRTDBG_ALLOC_MEM_DF 标志。

（2）调用_mlock(_HEAP_LOCK)锁定 CRT 堆，然后进入__try 块，对应的__finally 块包含了解锁操作。

（3）调用_heapchk()函数，该函数的源代码位于 heapchk.c 中，其作用是根据 CRT 堆的工作模式调用堆本身的检查函数，例如，如果使用的是系统模式(__SYSTEM_HEAP)，便调用 HeapValidate

API 进行检查。如果_heapchk()返回的结果有问题，便报告错误，然后返回 FALSE。

（4）根据_pFirstBlock 指针遍历堆中的所有堆块，逐一进行检查。对于每个堆块，首先检查块头中的 nBlockUse 字段是否是有效的堆块类型，然后检查用户数据区前后的隔离区是否完好。另外，对于空闲堆块会检查自动填充的 0xDD（变量_bDeadLandFill 的值）是否被破坏。如果被破坏，那么就说明被释放的堆块又被访问过，会通过 RPT 宏报告（_CRT_WARN）。如果检查到任何问题，_CrtCheckMemory 便会返回 FALSE；否则，返回 TRUE。

可以在程序中插入代码调用_CrtCheckMemory 函数，触发内存检查操作。事实上，CRT 堆的工作函数在被调用时也会自动调用_CrtCheckMemory 函数，其调用频率可以通过调用_CrtSetDbgFlag()函数来设置。对于 VC6，可以在参数中指定_CRTDBG_CHECK_ALWAYS_DF（4），告诉 CRT 堆每次执行分配、重新分配、计算大小（_msize_dbg）或释放操作时都进行内存检查。在 VC8 中，可以通过这个函数设置全局变量 check_frequency 的值，指定每多少次堆操作做一次检查，比如_CRTDBG_CHECK_EVERY_16_DF（0x00100000）代表每 16 次堆操作会执行一次检查，_CRTDBG_CHECK_EVERY_128_DF（0x00800000）代表每 128 次执行一次检查，_CRTDBG_CHECK_EVERY_1024_DF（0x04000000）代表每 1024 次执行一次检查，默认值是 1024。

当释放内存时，除了可能调用_CrtCheckMemory 进行上述检查，CRT 库还会进行一项很有意义的检查，那就是调用_CrtIsValidHeapPointer(pUserData)检查要释放的堆块是否属于当前堆。如果 CRT 堆的工作模式是__V6_HEAP 或__V5_HEAP，那么_CrtIsValidHeapPointer 函数会在当前堆中寻找是否可以找到与用户指针相对应的堆块（块头地址等于 pHdr(pUserData)）。如果找不到，那么这个用户指针就是非法的。如果 CRT 堆的工作模式是__SYSTEM_HEAP，那么_CrtIsValidHeapPointer 函数会调用 HeapValidate API 来检查 pHdr(pUserData)是否属于有效的 NT 堆块。我们知道一个 CRT 堆块是由块头和数据区两个部分组成的，返回给应用程序的是指向用户区的指针。在 CRT 内部，很多时候使用 pHdr 宏直接根据用户指针推算出块头指针，即 pHead = pHdr(pUserData)；如果用户指针因为意外操作改变了，也就是 pUserData 偏离了分配函数本来返回的值，那么便会导致推算出的块头指针也是无效的，对这样的指针继续执行任何操作都可能导致非法访问错误。

「 23.14 堆块转储 」

所谓堆块转储，就是将堆中的所有或一部分堆块以某种方式输出，用于分析和审查。CRT 提供了一系列函数来实现不同功能的堆块转储，包括转储所有堆块、转储从某一时刻开始的堆块等。本节将介绍这些功能的工作原理和使用方法。

23.14.1 内存状态和检查点

CRT 使用如下结构来描述某一时刻 CRT 堆的状态。

```
typedef struct _CrtMemState
{
        struct _CrtMemBlockHeader * pBlockHeader;        //堆中第一个堆块的地址
        unsigned long lCounts[_MAX_BLOCKS];              //每种类型堆块的总数
        unsigned long lSizes[_MAX_BLOCKS];               //每种类型堆块的总大小
        unsigned long lHighWaterCount;                   //分配的最大堆块大小
        unsigned long lTotalCount;                       //分配的所有堆块大小之和
} _CrtMemState;
```

　　pBlockHeader 指向堆中最近分配的一个堆块（忽略块除外），即采样时全局变量_pFirstBlock 的值。lCounts 和 lSizes 数组的一个元素对应于一种类型的堆块。lCounts 数组用来记录每种类型的堆块的总数，lSizes 数组用来记录每种类型的所有堆块的用户数据（nDataSize）的总和。lHighWaterCount 是采样时_lMaxAlloc 的值，即曾经分配的最大堆块的大小。lTotalCount 是采样时_lTotalAlloc 变量的值，即曾经分配的总内存数。lTotalCount 和_lTotalAlloc 的值都不包括已经分配的忽略块。

　　只要调用_CrtMemCheckpoint 函数便可以将当时的 CRT 堆的情况统计到_CrtMemState 结构中。在程序运行的不同时刻调用该函数便可以得到不同时刻的堆状态，比较这些状态可以帮助我们了解堆的变化信息，为寻找内存泄漏和发现其他问题提供参考。为了方便比较多个内存状态，CRT 设计了函数_CrtMemDifference，将两个状态的比较结果放入参数 stateDiff 指向的第三个_CrtMemState 结构中。

```
int _CrtMemDifference( _CrtMemState *stateDiff, const _CrtMemState *oldState,
    const _CrtMemState *newState );
```

　　_CrtMemDumpStatistics 函数可以把_CrtMemState 结构中的信息以文字的形式通过 RPT 宏输出到_CRT_WARN 信息所对应的目的地（调试器的 Output 窗口或文件，见 21.5.2 节）。

23.14.2　_CrtMemDumpAllObjectsSince

　　可以使用_CrtMemDumpAllObjectsSince 函数将从某一检查点以来的所有堆块转储到_CRT_WARN 信息所对应的目标输出中，它的函数原型如下。

```
void _CrtMemDumpAllObjectsSince( const _CrtMemState *state );
```

　　如果 state 参数等于 NULL，那么便转储所有的堆块，该函数的工作过程如下。

　　（1）调用_mlock(_HEAP_LOCK)锁定堆，然后进入__try 块，对应的__finally 块中有_munlock(_HEAP_LOCK)，保证退出此函数前会释放堆的锁信号。

　　（2）打印提示信息"Dumping objects ->"。

　　（3）如果 state 不为空，则将其中包含的头指针（pBlockHeader）赋给局部变量 pStopBlock。pStopBlock 用来控制转储循环的结束点，默认为 NULL，即一直循环到链表的最后一个节点。

　　（4）开始一个 for 循环，从当前堆列表的头开始，结束点为 pStopBlock。

```
for (pHead = _pFirstBlock; pHead != NULL && pHead != pStopBlock;
    pHead = pHead->pBlockHeaderNext)
```

　　以上指针都是_CrtMemBlockHeader 类型，即 CRT 调试堆块的头结构。

　　（5）在 for 循环中，对于每个节点（堆块），执行如下操作。首先检查块是否是需要忽略的块，如果是，则开始下一轮循环。满足如下 3 个条件之一的块都会被跳过：块类型为_IGNORE_BLOCK；块类型为_FREE_BLOCK；块类型为_CRT_BLOCK，而且全局变量_crtDbgFlag 中不包含_CRTDBG_CHECK_CRT_DF 标志。

　　对于需要转储的块，首先判断块头的 szFileName 字段是否为空，如果不为空，先调用_CrtIsValidPointer 检查是否是有效的指针。如果不是，则显示"#File Error#(%d) :"，其中%d 会被替换为块头的 nLine 字段的值。如果 szFileName 有效，则显示其内容和 nLine 字段的值，即执行

"_RPT2(_CRT_WARN, "%hs(%d) : ", pHead->szFileName, pHead->nLine);"，然后打印堆块的分配序号，即 lRequest 字段的值。

```
_RPT1(_CRT_WARN, "{%ld} ", pHead->lRequest);
```

接下来根据堆块类型，分别报告堆块的详细信息。如果堆块类型为_CLIENT_BLOCK，则显示"client block at 0x%p, subtype %x, %Iu bytes long.\n"。如果堆块类型为_NORMAL_BLOCK，则显示"normal block at 0x%p, %Iu bytes long.\n"。如果堆块类型为_CRT_BLOCK，则显示"crt block at 0x%p, subtype %x, %Iu bytes long.\n"。

最后，转储堆块中的用户数据。如果块类型为_NORMAL_BLOCK 和_CRT_BLOCK，则调用_printMemBlockData 函数打印出前 16 字节，示例如下。

```
Data: <This is the p2 s> 54 68 69 73 20 69 73 20 74 68 65 20 70 32 20 73
```

尖括号中是字符格式，后面是原始的十六进制值。

如果块类型为_CLIENT_BLOCK，则先判断用来记录转储挂钩函数的全局指针_pfnDumpClient 是否为空。如果不为空，则调用该函数；如果为空，则调用_printMemBlockData 函数打印出前 16 字节。

（6）循环结束后，打印提示信息 "Object dump complete.\n"，随即函数返回。

清单 23-30 显示了_CrtMemDumpAllObjectsSince 函数转储出的两个堆块信息，上面两行报告的是 59 号块，类型为_CLIENT_BLOCK，在块号前是分配该块的源文件名（完整路径，做了省略）和行号（第 127 行）。后面两行报告的是 55 号块，类型为_NORMAL_BLOCK。

清单 23-30　转储出的堆块信息

```
c:\...\memchk.cpp(127) : {59} client block at 0x00372430, subtype 0, 40 bytes long.
 Data: <p2 points to a C> 70 32 20 70 6F 69 6E 74 73 20 74 6F 20 61 20 43
{55} normal block at 0x00371038, 34 bytes long.
 Data: <This is the p2 s> 54 68 69 73 20 69 73 20 74 68 65 20 70 32 20 73
```

我们将在下一节介绍如何让转储信息中包含确切的源文件名和行号。

23.14.3　转储挂钩

上面介绍的堆块转储信息中，只包含用户数据前 16 字节的十六进制值和对应的 ASCII 码。那么可不可以将用户数据以结构化的方式显示出来呢？也就是按照用户数据的本来结构将其显示出来。答案是可以的，其做法如下。

（1）为对象结构设计一个子类型，以便可以通过子类型号确认一个堆块中存储的是这个数据类型。

（2）在类中重载 new 操作符，使得创建该类的对象时会分配指定子类型的用户块（_CLIENT_BLOCK），参见前面对 CObject 类的 new 操作符的介绍。

（3）定义并实现一个转储挂钩函数，用于将用户数据以结构化的形式显示出来。该函数应该具有如下原型和类似实现。

```
void DumpClientFunction( void *userPortion, size_t blockSize )
{
    CxxxClass * pObject;                    //判断块类型
```

```
if(_CrtReportBlockType(pvData) != _MY_CLIENT_BLOCK)  //如果不是则返回
return;                          //强制类型转换
pObject = (CxxxClass *) pUserData;  //显示 pObject 对象
…
```

可以参考 MFC 类库源程序 dumpinit.cpp 中的_AfxCrtDumpClient 函数。

（4）调用_CrtSetDumpClient 函数，注册上一步所定义的转储挂钩函数。

_CrtSetDumpClient 函数会将参数中指定的转储挂钩函数记录在全局变量_pfnDumpClient 中。CRT 的堆块转储函数（_CrtMemDumpAllObjectsSince）在转储 CLIENT_BLOCK 类型的堆块时，如果检测到_pfnDumpClient 不为空，那么便会调用这个函数，于是便可以结构化地显示用户数据了。MFC 程序便是通过以上方法来转储 MFC 对象的。具体来说，在 dumpinit.cpp 中定义了一个全局变量 afxDebugState。

```
PROCESS_LOCAL(_AFX_DEBUG_STATE, afxDebugState)
```

在该对象实例的构造函数中，会将_AfxCrtDumpClient 函数设置为转储挂钩函数。在 afxDebugState 变量被析构时，_AFX_DEBUG_STATE 的析构函数会调用_CrtDumpMemoryLeaks() 函数，后者在转储用户类型的堆块时会调用_AfxCrtDumpClient 函数。例如以下是关于一个 CDialog 对象的转储信息。

```
Dumping objects ->
C:\...\HeapMfc\HeapMfc.cpp(70) : {97} client block at 0x00374F80, subtype 0, 100
bytes long.
a CDialog object at $00374F80, 100 bytes long
Object dump complete.
```

清单 23-31 显示了一个 MFC 程序（HeapMfc）退出时_AFX_DEBUG_STATE 类的析构函数调用_CrtDumpMemoryLeaks 函数的过程。

清单 23-31　_AFX_DEBUG_STATE 类的析构函数调用_CrtDumpMemoryLeaks 函数的过程

```
0:000> k
ChildEBP RetAddr
0012cc4c 10215139 kernel32!OutputDebugStringA          //输出调试信息
0012fc88 10214b6b MSVCRTD!_CrtDbgReport+0x2f9          //CRT 报告函数
0012fce8 5f404f28 MSVCRTD!_CrtDumpMemoryLeaks+0x4b     //转储堆块
0012fcf8 5f404fff MFC42D!_AFX_DEBUG_STATE::~_AFX_DEBUG_STATE+0x18
0012fd04 5f49141f MFC42D!_AFX_DEBUG_STATE::`scalar deleting destructor'+0xf
0012fd24 5f40504f MFC42D!CProcessLocalObject::~CProcessLocalObject+0x37
0012fd30 5f404fa4 MFC42D!CProcessLocal<_AFX_DEBUG_STATE>::~CProcessLocal…+0xf
0012fd38 5f403ece MFC42D!_AFX_DEBUG_STATE::~_AFX_DEBUG_STATE+0x94
0012fd44 5f403fbb MFC42D!_CRT_INIT+0xde //CRT 初始化和清理函数
0012fd5c 7c9011a7 MFC42D!_DllMainCRTStartup+0xbb       //DLL 模块中的 CRT 入口函数
0012fd7c 7c923f31 ntdll!LdrpCallInitRoutine+0x14       //调用初始化和清理例程
0012fe00 7c81ca3e ntdll!LdrShutdownProcess+0x14f       //加载器的关闭进程函数
0012fef4 7c81cab6 kernel32!_ExitProcess+0x42           //进程退出
0012ff08 1020acf6 kernel32!ExitProcess+0x14            //进程退出 API
0012ff18 1020abd0 MSVCRTD!_c_exit+0xd6                 //CRT 的内部函数
0012ff2c 00402180 MSVCRTD!exit+0x10                    //CRT 的退出程序函数
0012ffc0 7c816d4f HeapMfc!WinMainCRTStartup+0x1c0 [crtexe.c @ 345]
0012fff0 00000000 kernel32!BaseProcessStart+0x23       //进程启动函数
```

本节介绍了 CRT 的堆块转储功能，23.15 节将介绍如何利用堆块转储来定位内存泄漏的根源。

『 23.15 泄漏转储 』

内存泄漏（memory leak）是 C/C++ 程序经常遇到的一个棘手问题。简单来说，内存泄漏就是没有释放本来应该释放的内存。我们知道，内存资源是有限的，即使今天的计算机系统大多安装了几吉字节的物理内存，而且有足够大的磁盘空间来提供非常多的虚拟内存，但是地址空间仍是有限的，因此大量的泄漏或累积起来的少量泄漏都可能把内存资源用完。

可以把解决内存泄漏问题分为两个步骤，第一步是定位泄漏的堆块，第二步是定位泄漏堆块是哪一段代码分配的。本节介绍如何使用 CRT 堆的调试支持来实现这两个目标。

23.15.1 _CrtDumpMemoryLeaks

CRT 库设计了一个名为 _CrtDumpMemoryLeaks 的函数来检测和报告发生在 CRT 堆中的内存泄漏。举例来说，下面便是这个函数所报告的内存泄漏信息。

```
Detected memory leaks!      //报告的标题
Dumping objects ->          //转储泄漏的堆块
{60} normal block at 0x00372488, 10 bytes long.          //堆块#60 的概要信息
 Data: <          > CD CD CD CD CD CD CD CD CD CD          //用户数据区的前 16 字节
Object dump complete.       //转储完成
```

易见，除了第一行的标题信息，其他信息与 _CrtMemDumpAllObjectsSince 函数的输出是一样的。观察位于 dbgheap.c 文件中的 _CrtDumpMemoryLeaks 函数源代码（清单 23-32）就可以发现它是基于 _CrtMemDumpAllObjectsSince 函数实现的。

清单 23-32　_CrtDumpMemoryLeaks 函数的源代码（格式略微调整）

```
extern "C" _CRTIMP int __cdecl _CrtDumpMemoryLeaks( void )
{
    _CrtMemState msNow;         //定义一个堆状态结构
    _CrtMemCheckpoint(&msNow);  //将堆的当前状态记录到 msNow 结构中
    if (msNow.lCounts[_CLIENT_BLOCK] != 0 || msNow.lCounts[_NORMAL_BLOCK] != 0 ||
      (_crtDbgFlag & _CRTDBG_CHECK_CRT_DF && msNow.lCounts[_CRT_BLOCK] != 0) )
    {                           //如果堆中仍有指定类型的堆块
        _RPT0(_CRT_WARN, "Detected memory leaks!\n");   //则认为是内存泄漏，开始报告
        _CrtMemDumpAllObjectsSince(NULL);   //转储堆块
        return TRUE;                        //若返回真，代表检测到内存泄漏
    }
    return FALSE;                           //若返回假，代表没有检测到内存泄漏
}
```

从源代码也可以看出，_CrtDumpMemoryLeaks 先调用 _CrtMemCheckpoint 取得当前堆的统计信息，然后检查以下 3 个条件：（1）用户类型（_CLIENT_BLOCK）的堆块数不等于 0；（2）常规类型（_NORMAL_BLOCK）的堆块数不等于 0；（3）CRT 类型（_CRT_BLOCK）的堆块数不等于 0，而且 CRT 调试标志变量（_crtDbgFlag）含有 _CRTDBG_CHECK_CRT_DF 标志（用于调试 CRT 库本身）。如果以上 3 个条件之一满足，则认为有内存泄漏，打印提示信息后，调用 _CrtMemDumpAllObjectsSince 函数将以上类型的所有堆块转储出来。

23.15.2　何时调用

从上面对 _CrtDumpMemoryLeaks 函数（以下简称泄漏转储函数）的分析我们知道，无论何

时调用这个函数，它都会将当时堆中满足 3 种条件的块视为泄漏的块而转储出来。为了防止把能正常释放的块误当作泄漏的块，我们必须选择合适的时机来调用这个函数。如果调用得太早，那么释放内存的应用程序代码还没有执行，很可能导致"误判"。这意味着要等可能导致内存泄漏的代码全部执行结束后再调用泄漏转储函数，那时堆中剩余的堆块如果仍是这段代码所分配的，那么便是内存泄漏了。

因为很多时候我们是在一个进程（应用程序）的范围内来寻找内存泄漏的，所以通常要等应用程序的所有用户代码都执行完毕再调用泄漏转储函数，这时堆中剩余的用户类型块和常规类型块便是内存泄漏了。那么何时才能算用户代码执行完毕呢？这让我们很自然地想到 main（或 WinMain）函数的末尾，因为执行到这里时，整个程序就要退出了。但是这样做仍会将全局对象的析构函数中会释放内存的操作也报为内存泄漏，因为全局对象的析构函数是在 main函数之后才执行的。举例来说，在本章的示例程序 memchk 中定义了一个 MemLeakTest 类的全局实例，相关代码如下。

```
class MemLeakTest //演示内存泄漏的 C++类
{
public:  //公共方法和属性
    MemLeakTest(){m_lpszName=new char[20];};      //构造函数，动态分配内存
    ~MemLeakTest(){delete m_lpszName;}            //析构函数，释放内存
    char * m_lpszName;      //属性
};                         //类定义结束
MemLeakTest g_MemLeakTest;//以全局变量形式定义一个类实例
```

在 main 函数的出口处，我们调用泄漏转储函数。正如我们所预料到的，因为此时析构函数～MemLeakTest 还没有执行，m_lpszName 所在的堆块还未释放，所以这个块被当作泄漏的内存而报告出来。避免这个问题的方法是再晚些调用泄漏转储函数，也就是等全局对象也都被析构后，再调用。为了简单地做到这一点，CRT 库的设计中已经包含了很好的支持。方法是调用_CrtSetDbgFlag 函数设置_CRTDBG_LEAK_CHECK_DF 标志。一旦设置了该标志，那么 CRT的退出函数（exit 和 doexit）会在执行完终结器（包含对全局对象的析构）后，再调用_CrtDumpMemoryLeaks。清单 23-33 列出了位于 crt0dat.c 文件中的有关代码。

清单 23-33　crt0dat.c 中的有关代码

```
#ifdef _DEBUG//条件编译，意味着以下代码只对调试版本有效
    if (!fExit && _CrtSetDbgFlag(_CRTDBG_REPORT_FLAG) & //检查静态变量 fExit
        _CRTDBG_LEAK_CHECK_DF)  //和调试标志变量中是否包含泄漏检查标志
    {                          //如果条件满足
        fExit = 1;             //将 fExit 变量设置为 1，防止多次执行
        __freeCrtMemory();     //释放 CRT 库本身使用的内存块
        _CrtDumpMemoryLeaks(); //调用泄漏转储函数
    }                          //
#endif  /* _DEBUG */           //条件编译结束
```

因为 fExit 变量的初始值是 0，所以调用泄漏转储的关键条件是 CRT 的调试标志变量（_crtDbgFlag）包含_CRTDBG_LEAK_CHECK_DF 标志。因为_crtDbgFlag 变量中默认是不包含这个标志的，所以如果使用 CRT 的泄漏转储功能，那么应该在程序中设置这个标志，也就是包含头文件 crtdbg.h，并加入如下代码。

```
_crtDbgFlag|=_CRTDBG_LEAK_CHECK_DF;
```

本章的示例程序 MemLeak(code\chap23\memleak)演示了这种方法并模拟了两次内存泄漏，读者可以运行这个程序观察实际的效果。

23.15.3　定位导致泄漏的源代码

了解了_CrtDumpMemoryLeaks 函数的工作原理和调用方法之后，下面我们看看如何利用该函数报告的信息定位导致内存泄漏的源代码。解决内存泄漏的根本方法是将泄漏的内存块在合适的时机释放，这就先要知道这块内存是何时分配的，或者说是哪段代码分配的。

解决这个问题的一个方法是根据转储信息中的堆块序号设置内存分配序号断点，然后重新执行程序，当再分配同样序号的堆块时程序便会中断到调试器，这样便可以利用栈回溯信息来定位分配这个堆块的代码。这种方法的缺点是，必须保证程序执行逻辑的稳定性，使两次执行分配堆块的顺序是一样的，否则触发断点的堆块和要分析的堆块就会不一致，难以追踪。

另一种方法是让 CRT 库转储出的堆块信息中包含源程序文件的文件名和行号。就像清单 23-30 中的第 59 块信息那样。回忆调试堆块的头结构（_CrtMemBlockHeader），它的 szFileName 和 nLine 字段就是用来记录分配这个堆块的源代码位置的。观察_heap_alloc_dbg 函数，它的最后两个参数就是 szFileName 和 nLine。也就是说，底层的数据结构和分配函数都包含了很好的支持。那么为什么有些堆块转储出来时不包含源代码位置信息呢？答案是顶层的分配函数没有向下提供这样的信息。观察 malloc 函数（dbgheap.c）的源代码，我们就可以清楚地看到这一点。

```
_CRTIMP void * __cdecl malloc (size_t nSize)
{
    void *res = _nh_malloc_dbg(nSize, _newmode, _NORMAL_BLOCK, NULL, 0);
    return res;
}
```

显而易见，malloc 调用_nh_malloc_dbg 时把最后两个参数都设置为 0，这两个参数便是 szFileName 和 nLine。也就是说，源代码信息在这一层就没有向下传递，于是_CrtMemBlockHeader 结构中记录的也都是 0，转储出来时当然看不到。

要解决以上问题，可以采取如下两种方法之一。

方法一：直接调用调试版本的分配函数或 new 操作符，把当前的源文件名和行号传递下去。幸运的是，可以始终使用__FILE__宏和__LINE__来表示当前的文件名和行号，因此只要这样写代码。

```
p1 = (char *)_malloc_dbg( 40, _NORMAL_BLOCK, __FILE__, __LINE__ );
p2 = (char *)::operator new(15, _NORMAL_BLOCK, __FILE__, __LINE__ );
```

尽管以上函数和操作符只在调试版本中才实现，但是 crtdbg.h 也为它们定义了发布版本的宏或 inline 函数，以保证可以顺利编译。

```
#ifndef _DEBUG
    #define _malloc_dbg(s, t, f, l)        malloc(s)
    inline void* __cdecl operator new(unsigned int s, int, const char *, int)
        { return ::operator new(s); }
#endif
```

也就是说，在发布版本中，size 之外的参数会被丢弃，调试版本的函数会被替换为简单的发布版本。但以上方法的一个明显缺点便是书写比较麻烦，于是便有了使用宏定义的方法二。

方法二：定义_CRTDBG_MAP_ALLOC 标志，可以在项目属性（选择 C/C++ → Preprocessor definitions）中定义，也可以在源文件中定义。如果在源文件中定义，那么应该在包含头文件 crtdbg.h 之前定义。

```
#define _CRTDBG_MAP_ALLOC
#include <crtdbg.h>
```

因为，如果定义了_CRTDBG_MAP_ALLOC，那么 crtdbg.h 中的宏定义就会使编译器将应用程序中的 malloc 调用当作宏来解析，直接编译为对_malloc_dbg 函数的调用，而且参数中指定了当前的源程序文件名（__FILE__）和行号（__LINE__）。

```
#ifdef _CRTDBG_MAP_ALLOC
#define malloc(s)      _malloc_dbg(s, _NORMAL_BLOCK, __FILE__, __LINE__)
#define calloc(c, s)   _calloc_dbg(c, s, _NORMAL_BLOCK, __FILE__, __LINE__)
#define realloc(p, s)  _realloc_dbg(p, s, _NORMAL_BLOCK, __FILE__, __LINE__)
#endif  /* _CRTDBG_MAP_ALLOC */
```

清单 23-34 显示了在定义_CRTDBG_MAP_ALLOC 标志的情况下，源代码中的 malloc 调用的执行情况。

清单 23-34　定义_CRTDBG_MAP_ALLOC 标志后 malloc 调用的执行情况

```
_nh_malloc_dbg(unsigned int 10,int 0,int 1,const char* 0x00422558,int 125)
_malloc_dbg(unsigned int 10,int 1,const char * 0x00422558,int 125)line 165+27
main() line 125 + 25 bytes            //用户程序的入口函数
mainCRTStartup() line 206 + 25 bytes  //编译器插入的入口函数
KERNEL32! 7c816fd7()                  //系统的进程启动函数，即 BaseProcessStart
```

可见，源代码中的 malloc 被当作宏解释，直接编译为对_malloc_dbg 函数的调用。如果没有定义_CRTDBG_MAP_ALLOC 标志，那么应用程序中的 malloc 调用 dbheap.c 中的 malloc 函数。那么既然这个函数也是专门为调试版本设计的，为什么不在这个函数调用_nh_malloc_dbg 时使用__FILE__ 和 __LINE__ 作参数呢？这是因为__FILE__ 和 __LINE__ 是两个编译器宏，它们描述的总是当前的源文件。即使 malloc 函数在参数中使用这两个参数，堆块中记录的也永远是 dbgheap.c 和这个文件中的行号，而不是调用 malloc 函数的源文件和行号。这个原因也导致了_CRTDBG_MAP_ALLOC 标志的一个缺欠，那就是使用 new 操作符分配的内存堆块被报告出来时的源程序文件总是 crtdbg.h，也就是下面的样子。

```
c:\program files\microsoft visual studio\vc98\include\crtdbg.h(552) : {55} norma
l block at 0x00372C58, 20 bytes long.
 Data: <                    > CD CD CD CD CD CD CD CD CD CD CD CD CD CD CD CD
```

微软知识库（KB）的 140858 号文章也描述了这个问题。导致这个问题的原因是 crtdbg.h 中将 new 操作符定义为一个内联函数。

```
#ifdef _CRTDBG_MAP_ALLOC
inline void* __cdecl operator new(unsigned int s)
        { return ::operator new(s, _NORMAL_BLOCK, __FILE__, __LINE__); }
#endif  /* _CRTDBG_MAP_ALLOC */
```

基于以上定义，编译器在编译用户代码中的 new 操作符时会将其编译为函数调用，而不是像前面处理 malloc 调用时做宏替换。而后当编译器编译这个内联函数时，因为这个函数就是实现 crtdbg.h 中的，所以它会将__FILE__ 宏替换为 crtdbg.h 的完整文件名。

避免以上问题的一个方法是像前面讲的那样，直接在源代码中调用调试版本的 new 操作符。

另一种做法是在使用 new 操作符的源程序文件中加入如下宏定义。

```
#ifdef _DEBUG
  #define MYDEBUG_NEW  new( _NORMAL_BLOCK, __FILE__, __LINE__ )
  #define new MYDEBUG_NEW
#endif// _DEBUG
```

有了以上宏定义后，编译器会将程序中的 new 操作符替换为 new(_NORMAL_BLOCK, __FILE__,__LINE__)，从而间接实现方法一中的调用调试版本的 new 操作符。MFC 类框架定义了 DEBUG_NEW 宏，其原理与上面的 MYDEBUG_NEW 相同。

归纳一下，如果利用方法二实现 CRT 内存分配函数和 new 操作符分配的堆块都含有源程序文件名，那么应该同时定义_CRTDBG_MAP_ALLOC 和类似于 MYDEBUG_NEW 的宏。

最后要说明的是，本节介绍的定位内存泄漏的方法只适用于调试版本，而且检查的是 CRT 堆，并不检查应用程序自己创建的其他堆。本章前半部分介绍的 NT 堆的调试支持没有这些局限。

23.16 本章总结

与内存有关的软件问题是软件开发和维护中比较常见和棘手的一类问题。因为这类问题经常涉及方方面面的很多个要素，所以很多时候我们会觉得无从下手和无计可施。本章使用较大的篇幅详细介绍了 NT 堆（23.1～23.10 节）和 CRT 堆（23.11～23.15 节）的工作原理和调试支持。NT 堆是 Windows 操作系统的重要部分，大多数 Windows 应用程序直接或间接地使用了 NT 堆。CRT 堆是 C 运行时库所使用的堆，大多数时候，CRT 堆是建立在 NT 堆之上的。NT 堆和 CRT 堆（调试版本）都提供了丰富的调试支持，以协助我们发现各种内存错误，表 23-9 归纳了 NT 堆和 CRT 堆的常用调试功能。

表 23-9 NT 堆和 CRT 堆的常用调试功能

调试机制	描 述	典型应用	适用版本	启用方法
栈回溯数据库（UST）	记录堆分配函数的调用过程，详见 23.7 节	检查内存泄漏	调试/发布	gflags /i +ust
堆尾检查（htc）	在堆块末尾设置模式字段，详见 23.8.3 节	检测堆缓冲区溢出	调试/发布	gflags /i +htc
释放检查（hfc）	在释放堆块时进行检查	发现多次释放	调试/发布	gflags /i +hfc
参数检查（hpc）	检查调用堆函数时的参数	发现错误的参数	调试/发布	gflags /i +hpc
页堆（DPH）	为堆块分配栅栏页，详见 23.9 节	检测堆缓冲区溢出	调试/发布	gflags /r +hpa
内存分配序号断点	针对 CRT 堆的堆块分配序号设置断点	检查某一次堆块分配的细节	调试	设置变量_crtBreakAlloc
内存状态快照（检查点）	记录 CRT 堆的统计状态	检查内存泄漏	调试	调用_CrtMemCheckpoint
堆块转储（dump）	转储 CRT 堆中的堆块，详见 23.14 节	检查堆块和内存泄漏	调试	设置_crtDbgFlag 标志或者调用转储函数

为了便于识别出堆块的不同区域，堆管理器会使用不同的字节模式来填充特定的区域。

为了方便大家在调试时检索不同字节模式的含义，表 23-10 归纳了 NT 堆和 CRT 堆的常用字节模式。

表 23-10 NT 堆和 CRT 堆的常用字节模式

字 节 模 式	堆管理器	用　　途	长　　度
0xFEEEFEEE	NT 堆	填充空闲块的数据区	堆块数据区
0xBAADF00D	NT 堆	填充新分配块的数据区	用户请求长度
0xAB	NT 堆	填充在用户数据之后，用于检测堆溢出	8 字节或 16 字节
0xFD	CRT 调试堆	填充用户数据区前后的隔离区	各 4 字节
0xDD	CRT 调试堆	填充释放的堆块（dead land）	整个堆块大小（包括块头、数据区和隔离区）
0xCD	CRT 调试堆	填充新分配的堆块（clean land）	用户数据区大小

页堆和准页堆使用的填充模式见表 23-8。

参 考 资 料

[1] Mark E. Russinovich and David A. Solomon. Microsoft Windows Internals 4th edition. Microsoft Press, 2005.

[2] Microsoft Corporation. Visual Studio 6.0 和 Visual Studio 2005 的 CRT 源代码.

第 24 章 异常处理代码的编译

异常处理是软件开发和调试中的一个永恒话题。在本书卷 1 和本卷第 3 篇中我们分别从 CPU 和操作系统的角度介绍了与异常有关的概念。本章将从编程语言和编译器的角度进一步探索 Windows 程序中的异常处理代码是如何被编译和执行的。

老雷评点

> 异常者，异乎寻常也。软件调试所面对的就是不寻常的问题，因此对"异常"的介绍，再多仍显不足。

根据运行模式和编程语言，Windows 系统中的程序可以选择使用不同的异常处理机制，比如驱动程序可以使用结构化异常处理（SEH）机制，C++语言编写的应用程序可以使用向量化异常处理和 C++标准定义的异常处理机制。其中，SEH 是其他异常处理机制的基础，因此，我们将以结构化异常处理代码的编译为中心展开讨论。

24.1 概览

结构化异常处理是 Windows 操作系统内建的异常处理机制。从理论上讲，各种编程语言和编译器都可以使用该机制。其主要完成两项任务。

（1）定义必要的关键字来表示异常处理逻辑，供编程人员使用。比如，VC 编译器定义了 __try、__except 和__finally 这 3 个扩展关键字，允许 C 和 C++程序使用这套关键字来编写异常处理代码。

（2）实现对以上关键字的编译，将使用这些关键字编写的异常处理代码与操作系统的 SEH 机制衔接起来。

我们在第 11 章（11.4 节）介绍过 SEH 的用法。概括来说，一段使用 SEH 的异常代码由被保护体、过滤表达式和异常处理块三部分组成，即：

```
__try
{
//被保护体，也就是要保护的代码块
}
__except(过滤表达式)
{
//异常处理块（exception-handling block）
}
```

从外部行为的角度来看，结构化异常处理的基本规则是，如果被保护体中的代码发生了异常，不论是 CPU 级的硬件异常还是软件发起的软件异常，系统都应该评估过滤表达式的内容，也就是执行过滤表达式中的代码。这意味着，程序的执行路线是从被保护体中飞跃到过滤表达式中的。要正确地飞跃到表达式中显然不那么简单，需要准确地知道过滤表达式的位置，还要保持栈的平衡。

为了实现这样的飞跃，编译器在编译期间必须产生必要的代码和数据结构与系统的异常分发函数密切配合。概括来说，首先要分析出异常处理代码的结构，并对每个部分进行必要的封装和标记。然后注册异常处理器函数，以便有异常发生时调用。记录和注册异常处理器的方式（也就是系统分发异常时的寻找方式）主要有两种。

（1）**栈帧**（stack frame）：将异常处理器注册在所在函数的栈帧中。使用这种方式注册的异常处理经常称为基于帧的异常处理（frame based exception handling）。32 位的 Windows 系统（x86）使用的就是此种方式。

（2）**表格**（table）：将异常处理器的基本信息以表格的形式存储在可执行文件（PE）的数据段中，这种方式简称为基于表的异常处理（table based exception handling）。64 位 Windows 系统（x64）中的 64 位程序使用了这种方式。

第 11 章介绍了 Windows 系统中负责异常分发和处理的数据结构与函数，包括分发异常的中枢——KiDispatchException 函数，用来恢复继续执行的 ZwContinue 系统服务。这些函数有些是操作系统的工作函数，有些是系统提供给应用程序的编程接口。为了支持异常分发，在 Windows 的内核模块和 NTDLL 模块中，还包括了一系列负责将异常分发到异常处理器的 RTL 函数。RTL 即运行时库（runtime library），是操作系统为了满足自身代码的执行需要而集成到系统模块中的，它们大多以 Rtl 开头，位于 NTOSKRNL.EXE 中是为了满足内核模块的需要，位于 NTDLL.DLL 中是为了满足用户态模块的需要。这两套 RTL 的函数名、参数和行为大多一致，很多函数是共享同一套源代码的。比如负责结构化异常分发的 RtlDispatchException 函数就是一个典型的例子，位于 NTOSKRNL.EXE 中的 RtlDispatchException 函数用于分发内核态代码的结构化异常，位于 NTDLL.DLL 中的 RtlDispatchException 函数用于分发用户态代码的结构化异常。这既满足了内核态代码和用户态代码都可以使用结构化异常，又保证了结构化异常的处理逻辑不论在内核态还是用户态都是一致的。

异常处理的另一个特征就是线程相关性。也就是说，异常的分发和处理是在线程范围内进行的，异常处理器的注册也是相对线程而言的。理解这一点对于理解系统寻找和调用异常处理器的方法很重要。

从 24.2 节开始，我们将从记录异常注册信息的 FS:[0]链条开始顺藤摸瓜，逐步理解寻找和执行异常处理代码的过程。

24.2　FS:[0]链条

Windows 系统中的每个用户态线程都拥有一个线程环境块（Thread Environment Block，TEB）。TEB 结构的具体定义因为 Windows 版本的不同会略有不同，但可以确定的是，在 TEB 结构的起始处总有一个称为线程信息块（Thread Information Block）的结构，简称 TIB。TIB 的第一个字段 ExceptionList 记录的就是用来登记结构化异常处理链表的表头地址。因为在 x86 系统中，段寄存器 FS 总是指向线程的 TEB/TIB 结构，也就是说，FS:[0]总是指向结构化异常处理链表的开头，所以我们把这个链表称为 FS:[0]链条。

24.2.1　TEB 和 TIB 结构

尽管 SDK 和 DDK 的文档中没有描述过_NT_TIB 结构，但是在 DDK 和 SDK 的 winnt.h 头文件中都可以看到这个结构的定义（清单 24-1 ）。

清单 24-1　TIB（_NT_TIB）结构的定义

```
typedef struct _NT_TIB {
    struct _EXCEPTION_REGISTRATION_RECORD *ExceptionList;    //指向异常登记链表
    PVOID StackBase;                //栈基地址
    PVOID StackLimit;               //栈的边界
    PVOID SubSystemTib;             //指向描述子系统（OS2 等）相关信息的结构
    union {                         //从 NT 3.51 SP3 开始改为联合体以存储纤程信息
        PVOID FiberData;            //指向描述纤程的信息结构
        DWORD Version;              //本结构的版本号
    };
    PVOID ArbitraryUserPointer;     //某些时候用来在内核态和用户态间传递信息
    struct _NT_TIB *Self;           //本结构的线性地址
} NT_TIB;
```

可见第一个地段就是与异常有关的，我们稍后会对其做详细介绍。现在来看看是如何访问 TIB 结构的。在 NTDLL.DLL 中有一个未公开的 NtCurrentTeb 函数，用来取得当前线程的 TEB 地址。在 x86 系统中，它的实现如下。

```
ntdll!__NtCurrentTeb:
7c901250 64a118000000 mov    eax,dword ptr fs:[00000018h]
7c901256 c3           ret
```

在 x86 系统中，当线程在用户态执行时，段寄存器 FS 总是指向当前线程的 TEB 结构，也就是说，FS:[0]的内容就是 TEB 结构的起始 4 字节的内容，因为 TIB 位于 TEB 的起始处，所以 FS:[0]的内容实际上就是 TIB 结构的前 4 字节，以此类推，fs:[00000018h]就是 NT_TIB 的 Self 字段，也就是 TEB 和 TIB 结构在进程空间中的虚拟地址。

因为 NtCurrentTeb 函数的代码非常短，所以它经常被编译器做内联处理了。例如 GetLastError API 就是这样的。以下是这个 API 的反汇编代码。

```
kernel32!GetLastError:
7c830699 64a118000000 mov    eax,dword ptr fs:[00000018h] // 得到逻辑地址
7c83069f 8b4034       mov    eax,dword ptr [eax+34h]    // LastErrorValue 字段
7c8306a2 c3           ret
```

我们可以看到它先通过 fs:[00000018h]得到 TEB/TIB 结构的虚拟地址，然后返回 LastErrorValue 字段的值，或者说是通过类似这样 "return NtCurrentTeb()->LastErrorValue;" 的源代码编译出来的。

使用 dd fs:[0]命令可以观察 fs 的内容。

```
0:001> dd fs:[0]
0038:00000000   0123ffe4 01240000 0123f000 00000000
0038:00000010   00001e00 00000000 7ffde000 00000000
```

其中 0123ffe4 是 ExceptionList 字段，01240000 是 StackBase 字段，0123f000 是 StackLimit 字段，00000000 是 SubSystemTib 字段，0x7ffde000 就是 Self 字段，即这个 TIB 结构的虚拟地址，有了这个地址后，就可以使用 dt ntdll!_NT_TIB 7ffde000 来结构化显示以上的字段了（清单 24-2 ）。

清单 24-2　使用 dt 命令观察 TIB 结构的字段

```
0:001> dt ntdll!_NT_TIB 7ffde000
   +0x000 ExceptionList    : 0x0123ffe4 _EXCEPTION_REGISTRATION_RECORD
```

```
    +0x004 StackBase          : 0x01240000
    +0x008 StackLimit         : 0x0123f000
    +0x00c SubSystemTib       : (null)
    +0x010 FiberData          : 0x00001e00
    +0x010 Version            : 0x1e00
    +0x014 ArbitraryUserPointer : (null)
    +0x018 Self               : 0x7ffde000 _NT_TIB
```

在内核模式中，内核态的代码仍然可以通过 FS:[0]来引用 TIB 结构，这个结构位于 CPU 的 KPCR 结构的开始处。KPCR 是与处理器相关的，系统在启动期间会为每个 CPU 创建一个 KPCR 结构和一个 KPRCB 结构。在内核调试中，可以使用!pcr 命令查看当前处理器的 KPCR 结构地址。

```
kd> !pcr
KPCR for Processor 0 at ffdff000:
    Major 1 Minor 1
        NtTib.ExceptionList: 805417d8
[...省略其他显示]
```

然后，可以使用 dt nt!_KPCR ffdff000 命令来显示 KPCR 结构，使用 dt nt!_NT_TIBffdff000 命令来显示 NT_TIB 结构，结果从略。考虑到内核态的情况与用户态的情况类似，而且更简单些，因此接下来我们只讨论用户态的情况。

24.2.2 ExceptionList 字段

下面我们集中讨论 TIB 的 ExceptionList 字段，因为该字段位于 TIB 结构的起始处，所以 FS:[0]的内容就是 ExceptionList 字段的内容。对于清单 24-2 所示的情况，它的值就是 0123ffe4。使用 dt 命令可以进一步观察这个字段的内容。

```
0:001> dt _EXCEPTION_REGISTRATION_RECORD 0x0123ffe4
    +0x000 Next        : 0xffffffff _EXCEPTION_REGISTRATION_RECORD
    +0x004 Handler     : 0x7c90ee18    ntdll!_except_handler3+0
```

其中 Next 字段用来指向下一个_EXCEPTION_REGISTRATION_RECORD 结构，0xffffffff(-1)代表这是最后一个节点。Handler 字段用来指向这个异常处理器的处理函数，它的值 0x7c90ee18 指向的是 NTDLL.DLL 中的_except_handler3 函数，并具有 SEH 函数的标准函数原型。

```
EXCEPTION_DISPOSITION SehHandler( _EXCEPTION_RECORD *ExceptionRecord,
    void * EstablisherFrame, _CONTEXT *ContextRecord, void * DispatcherContext);
```

其中第一个参数 ExceptionRecord 指向 EXCEPTION_RECORD 结构（11.2 节），用来描述要处理的异常。EstablisherFrame 参数指向的是放在栈帧中的异常登记结构，之所以叫这个名字，是因为它描述的是建立（登记）异常处理器的那个函数栈帧，也就是包含__ try{}__ except 代码的那个函数的栈帧。ContextRecord 参数用来传递发生异常时的线程上下文结构，DispatcherContext 供异常分发函数来传递额外信息。

将 ExceptionList 的值和 StackBase 及 StackLimit 的值进行比较，可以看出，ExceptionList 的值介于 StackLimit 和 StackBase 之间，即 FS:[0]链条的各个节点（_EXCEPTION_REGISTRATION_RECORD）是存储在栈上的。从 TIB 结构的地址（本例为 7ffde000）可以看出 TIB 结构不是在栈上的，这意味着 ExceptionList 字段本身不在栈上，但是它指向位于栈上的 EXCEPTION_REGISTRATION_RECORD 结构。可以把 FS 寄存器看作索引 TEB/TIB 结构的一种便捷方式，而 FS:[0]是索引结构化异常处理链的便捷方式。

介绍到这里，我们知道系统可以通过 FS:[0]这种便捷方式引用 ExceptionList 字段，获得一个链表的头指针，这个链表的每个节点是一个_EXCEPTION_REGISTRATION_ RECORD 结构，描述了一个结构化异常的处理器（handler）。当有异常发生时，系统只要依次调用这个链表上的处理器来分发异常。

概而言之，可以把结构化异常处理看作操作系统与用户代码协同处理软硬件异常的一种模型，而 FS:[0]链条便是这二者间协作的接口。当有异常需要处理时，操作系统通过 FS:[0]链条寻找异常处理器，给用户代码处理异常情况的机会。接下来我们将介绍用户代码是如何登记异常处理器的。

24.2.3　登记异常处理器

在理解了 FS:[0]链条的工作原理后，我们便可以手工编写代码来登记和注销异常处理器了。首先需要编写一个异常处理器，它应该具有标准的 SehHandler 原型。然后在栈上建立一个 EXCEPTION_REGISTRATION_RECORD 结构，并把这个结构的地址注册到 FS:[0]链表中。以下汇编代码便实现了这一目标。

```
push    seh_handler        //处理器的地址
push    FS:[0]             //前一个结构化异常处理器的地址
mov     FS:[0],ESP         //登记新的结构
```

其中，第 1 行的作用是将编写好的异常处理器（SehHandler）的地址压入栈，第 2 行将 FS:[0]（也就是 ExceptionList 字段）的当前值压入栈，这样，在栈上便动态建立了一个 EXCEPTION_REGISTRATION_RECORD 结构，栈顶地址便是这个结构的地址，也就是 ESP 寄存器的值目前正指向的这个结构，因此，第 3 行便把 ESP 寄存器的内容写到了 FS:[0]，实质上将刚构建的 EXCEPTION_REGISTRATION_RECORD 结构的地址赋给了 ExceptionList 字段，即将新的异常处理器插到了 FS:[0]链条的表头。到这里，一个新的异常处理器便登记（安装）完毕了，当 CPU 继续执行这段代码下面的代码时，如果有异常发生，那么当系统在遍历 FS:[0]链条时便会首先找到这个异常处理器，给其处理机会。因此，以上代码片段一旦插入，那么它之后的代码便进入了它所安装的异常处理器的"保护"范围，直到这个处理器被注销为止。

可以使用如下代码来注销前面登记的异常处理器。

```
mov     eax,[ESP]          //从栈顶取得前一个异常登记结构的地址
mov     FS:[0], EAX        //将前一个异常结构的地址赋给 FS:[0]
add     esp, 8             //清理栈上的异常登记结构
```

在理解注销异常处理器的代码之前，有必要重申一下栈平衡原则。所谓栈平衡，就是指栈的压入（push）和弹出（pop）动作的对称性，让栈的每个使用者都觉得当他每次使用栈时，栈的状态和他上次使用时是一样的。这是不同函数或同一函数的不同部分共享栈的基本原则。登记和注销异常处理器是典型的对称动作，因此，无论在这两个操作之间执行了多少代码，当执行注销动作时，栈的状态（栈顶和栈内的内容）应该和安装动作后的状态是一样的，也就是说，栈顶存放的是一个 EXCEPTION_REGISTRATION_RECORD，前 4 字节就是 Next 字段。因此，第 1 行把这个指针的内容赋给 EAX，第 2 行再将其写到 FS:[0]（ExceptionList），这样，FS:[0]的内容便又恢复到了安装这个结构化异常处理器前的状态。

使用 WinDBG 的 !exchain 命令可以列出当前线程的 FS:[0]链条。24.4 节的清单 24-8 列出了

使用该命令的一个示例。

24.3 遍历 FS:[0]链条

我们在 24.2 节介绍了 FS:[0]链条，这一节继续讨论当有异常发生时，系统是如何遍历这个链条来寻找和执行其中的异常处理器的，让我们从 RtlDispatchException 函数讲起。

24.3.1 RtlDispatchException

简单来说，RtlDispatchException 函数的工作过程就是找到注册在线程信息块（TIB）中异常处理器链表的头节点，然后依次访问每个节点，调用它的处理器函数，直到有人处理了异常，或者到了链表的末尾。图 24-1 显示了 RtlDispatchException 函数的工作流程。

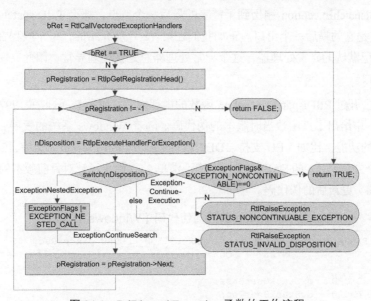

图 24-1　RtlDispatchException 函数的工作流程

图中的 RtlCallVectoredExceptionHandlers 为调用向量化异常处理器，这一操作只存在于用户态版本中。RtlpGetRegistrationHead 用来取得结构化异常处理器链表的首节点，从其反汇编代码可以看到就是返回 FS:[0]处的 ExceptionList 字段内容。

```
0:001> u ntdll!RtlpGetRegistrationHead
ntdll!RtlpGetRegistrationHead:
7c90392d 64a100000000    mov     eax,dword ptr fs:[00000000h]
7c903933 c3              ret
```

顾名思义，RtlpExecuteHandlerForException 是执行 Handler 函数的。我们暂不考虑它的内部细节，现在只需要知道它会返回一个枚举类型 EXCEPTION_DISPOSITION 的常量，表 24-1 列出了这个常量的可能值和含义。

若 RtlpExecuteHandlerForException 函数返回 ExceptionContinueExecution，而且异常标志中包含了 EXCEPTION_NONCONTINUABLE（值为 1）标志，则说明在试图恢复执行不可继续的异常，因此 RtlDispatchException 会调用 RtlRaiseException()再次抛出异常，异常的代码为 STATUS_NONCONTINUABLE_EXCEPTION。如果异常标志中不包含 EXCEPTION_NONCONTINUABLE

标志，那么 RtlpExecuteHandlerForException 会返回 TRUE，对于用户态异常，这会导致 KiUserExceptionDispatcher 函数调用 ZwContinue 服务，让 CPU 返回异常发生处继续执行。

表 24-1 EXCEPTION_DISPOSITION 常量和含义

常　量	取值	含　义
ExceptionContinueExecution	0	恢复执行触发异常的代码
ExceptionContinueSearch	1	继续寻找下一个异常处理器
ExceptionNestedException	2	在调用处理器的过程中又发生了异常，即嵌套异常

对于无效返回值，RtlDispatchException 会抛出新的异常，异常代码为 STATUS_INVALID_DISPOSITION（0xC0000026）。RtlRaiseException 函数如果成功，便不会再返回到 RtlDispatchException 函数中。

如果 RtlDispatchException 遍历到了链表的最后一个节点，那么 RtlDispatchException 便返回 FALSE，这是它的最后一个出口。正如我们在第 12 章所介绍的，每个线程在启动时，系统函数会为其登记默认的异常处理器，这个异常处理器总是会处理异常，因此，一般情况下不会执行到这个出口。

微软没有公开过 RtlDispatchException 函数的内部细节，Matt Pietrek 在 1997 年发表的文章（参考资料[1]）中给出了该函数当时版本的伪代码。随着 Windows 系统的发展，这个函数中也加入了一些新的功能，比如 VEH 支持、DEP（Data Execution Prevent）支持、Server 2003 SP0 和 Windows XP SP2 所引入的 SAFESEH 支持等。清单 24-3 给出了针对目前版本的 Windows 系统（Windows Vista）更新后的伪代码。

清单 24-3 RtlDispatchException 函数的伪代码（Windows Vista）

```
1    BOOLEAN RtlDispatchException( PEXCEPTION_RECORD pExcptRec,
2                CONTEXT * pContext )
3    {
4        DWORD    dwStackUserBase;
5        DWORD    dwStackUserTop;
6        PEXCEPTION_REGISTRATION_RECORD pRegistration;
7        PEXCEPTION_REGISTRATION_RECORD pNestedRegistration=0;
8        DWORD hLog;
9        EXCEPTION_DISPOSITION nDisposition;
10       DISPATCHER_CONTEXT DispatcherContext;
11
12       if(RtlCallVectoredExceptionHandlers(pExcptRec, pContext))
13          return TRUE;
14
15       // 从 FS:[4] 和 FS:[8] 读取栈的基地址（StackBase）和边界（Stack Limit）
16       RtlpGetStackLimits( &dwStackUserBase, &dwStackUserTop );
17
18       pRegistration = RtlpGetRegistrationHead();
19
20       while ( -1 != pRegistration)
21       {
22           PVOID justPastRegistrationFrame = &pRegistration + 8;
23           if ( dwStackUserBase > justPastRegistrationFrame )
24           {
25               pExcptRec->ExceptionFlags |= EH_STACK_INVALID;
26               return FALSE;
27           }
28
```

```
29              if ( dwStackUsertop < justPastRegistrationFrame )
30              {
31                  pExcptRec->ExceptionFlags |= EH_STACK_INVALID;
32                  return FALSE;
33              }
34
35              if ( pRegistration & 3 )
36              {
37                  pExcptRec->ExceptionFlags |= EH_STACK_INVALID;
38                  return FALSE;
39              }
40
41              // 异常处理器不应该是栈中的代码，这是为了支持 DEP 功能
42              if(pRegistration-> Handler> dwStackUsertop &&
43                      pRegistration-> Handler < dwStackUserBase)
44                      return FALSE;
45
46              // 为了支持 Server 2003 和 XP SP2 引入的 SAfESEH 功能
47              if(!RtlIsValidHandler(pRegistration-> Handler))
48                  return FALSE;
49
50              if (NtGlobalFlag & FLG_ENABLE_EXCEPTION_LOGGING /*0x80*/)
51              {
52                  hLog = RtlpLogExceptionHandler( pExcptRec, pContext, 0,
53                                                  pRegistration, 0x10 );
54              }
55
56              nDisposition = RtlpExecuteHandlerForException(pExcptRec,
57                              pRegistration,
58                          pContext, & DispatcherContext,
59                      pRegistration->Handler );
60
61              if (NtGlobalFlag & FLG_ENABLE_EXCEPTION_LOGGING)
62                  RtlpLogLastExceptionDisposition( hLog, Disposition);
63
64              if (pNestedRegistration == pRegistration )
65              {
66                  pExcptRec->ExceptionFlags &= ~ EXCEPTION_NESTED_CALL;
67                  pNestedRegistration = NULL;
68              }
69
70              EXCEPTION_RECORD excptRec2;
71              switch ( nDisposition )
72              {
73              case ExceptionContinueExecution : // 0
74                  if ( pExcptRec->ExceptionFlags & EXCEPTION_NONCONTINUABLE )
75                  {
76                      excptRec2.ExceptionRecord = pExcptRec;
77                      excptRec2. ExceptionCode = STATUS_NONCONTINUABLE_EXCEPTION;
78                      excptRec2.ExceptionFlags = EXCEPTION_NONCONTINUABLE;
79                      excptRec2.NumberParameters = 0
80                      RtlRaiseException( &excptRec2 );
81                  }
82                  else
83                      return TRUE;
84              }
85              case ExceptionContinueSearch: // 1
86                  break;
87              case ExceptionNestedException:
88                  pExcptRec->ExceptionFlags |= EXCEPTION_NESTED_CALL;
89                  if (DispatcherContext.RegistrationPointer >
                 pNestedRegistration)
```

```
90                          pNestedRegistration = DispatcherContext .RegistrationPointer;
91                          break;
92                     default:
93                          excptRec2.ExceptionRecord = pExcptRec;
94                          excptRec2. ExceptionCode = STATUS_INVALID_DISPOSITION;
95                          excptRec2.ExceptionFlags = EXCEPTION_NONCONTINUABLE;
96                          excptRec2.NumberParameters = 0
97                          RtlRaiseException( &excptRec2 );
98                     }
99                     pRegistration = pRegistration->Next;
100           }
101      return FALSE;
102  }
```

其中，第 12～13 行调用 Windows XP 引入的向量化异常处理器。因为执行这个调用时还没有遍历 FS:[0]链表，所以向量化异常处理器比结构化异常处理器先得到异常处理机会。第 18 行得到 FS:[0]链表的表头，第 20～100 行是一个 while 循环，遍历链表中的每个异常处理器。

第 22～39 行检查链表中的异常登记结构是否有效。第 42～44 行检查异常处理器是否位于栈空间中，以防止意外执行攻击程序动态布置在栈上的代码。第 46～48 行调用 SAFESEH 机制来检查异常处理器的有效性。第 56～59 行执行异常处理器，即 Handler 字段所代表的函数，我们将在下一节讨论其细节。第 71～98 行的 switch 结构针对执行异常处理函数的结果采取不同的动作。

24.3.2 KiUserExceptionDispatcher

对于发生在内核态代码中的异常，KiExceptionDispatch 便直接调用内核版本的 RtlDispatchException 函数寻找异常处理器，也即从 FS:[0]处的链表头开始，不过此时 FS 寄存器指向的内容与用户态的不同。对于发生在用户态代码中的异常，KiExceptionDispatch 需要把线程上下文的 EIP 字段指向 KeUserExceptionDispatcher 变量所记录的函数，也就是 NTDLL.DLL 中的 KiUserExceptionDispatcher 函数。然后 KiUserExceptionDispatcher 函数（清单 24-4）再调用 RtlDispatchException 函数。

清单 24-4 KiUserExceptionDispatcher 函数的伪代码

```
1    VOID KiUserExceptionDispatcher( PEXCEPTION_RECORD pExcptRec, CONTEXT * pContext )
2    {
3         DWORD dwRetValue;
4
5         if ( RtlDispatchException( pExcptRec, pContext ) )
6              dwRetValue = NtContinue( pContext, 0 );
7         else
8              dwRetValue = NtRaiseException( pExcptRec, pContext, 0 );
9
10        EXCEPTION_RECORD excptRec2;
11        excptRec2.ExceptionCode = dwRetValue;
12        excptRec2.ExceptionFlags = EXCEPTION_NONCONTINUABLE;
13        excptRec2.ExceptionRecord = pExcptRec;
14        excptRec2.NumberParameters = 0;
15        RtlRaiseException( &excptRec2 );
16    }
```

第 5～8 行的含义是如果 RtlDispatchException 返回真，就调用 NtContinue 系统服务，让程序继续执行；否则，便调用 NtRaiseException 服务发起对该异常的第二轮分发。不论是 NtContinue

还是 NtRaiseException，如果执行成功，都不会再返回 KiUserExceptionDispatcher 函数中，因此后半部分（第 10～15 行）的代码只有当调用 NtContinue 和 NtRaiseException 失败时才会执行。

24.4 执行异常处理函数

前面两节分别介绍了如何注册 SEH 处理函数（SEH_Handler），以及当有异常发生时系统是如何遍历 FS:[0]链条寻找 SEH 处理函数的。本节将介绍系统执行 SEH 处理函数的细节。

24.4.1 SehRaw 实例

为了便于理解，我们编写了一个简单的控制台程序 SehRaw（清单 24-5），名字的含义是手工注册原始的 SEH 处理函数，目的是与后面将介绍的编译器产生的自动注册方法相区别。

清单 24-5 SehRaw 程序的源代码

```
1    #include "stdafx.h"
2    #include <windows.h>
3
4    EXCEPTION_DISPOSITION __cdecl _raw_seh_handler(
5        struct _EXCEPTION_RECORD *ExceptionRecord,
6        void * EstablisherFrame, struct _CONTEXT *ContextRecord,
7        void * DispatcherContext )
8    {
9        printf("_raw_seh_handler: code-0x%x, flags-0x%x\n",
10           ExceptionRecord->ExceptionCode,
11           ExceptionRecord->ExceptionFlags);
12
13       if(ExceptionRecord->ExceptionCode==
14           STATUS_INTEGER_DIVIDE_BY_ZERO)
15       {
16           ContextRecord->Ecx = 10;
17           return ExceptionContinueExecution;
18       }
19       return ExceptionContinueSearch;
20   }
21
22   int main()
23   {
24       __asm
25       {
26           push    OFFSET _raw_seh_handler
27           push    FS:[0]
28           mov     FS:[0],ESP
29
30           xor     edx, edx           //将 EDX 寄存器清 0
31           mov     eax, 100           //设置 EAX 寄存器，被除数
32           xor     ecx, ecx           //将 ECX 寄存器清 0
33           idiv    ecx                //EDX:EAX 除以 ECX
34
35           mov     eax,[ESP]          //取 Next 字段的值
36           mov     FS:[0], EAX        //写入 TIB 的 ExceptionList 字段
37           add     esp, 8             //释放异常登记结构
38       }
39
40       printf("SehRaw exits\n");
41       return 0;
42   }
```

其中，第 4～20 行定义了一个符合 SehHandler 原型的异常处理函数_raw_seh_ handler，第 26～28 行使用前面介绍的手工方法将其注册到 FS:[0]链条中。第 33 行故意执行了一个除零操作以引发 CPU 级的除零异常。在_raw_seh_handler 被调用后，它如果检测到发生的是除零异常（第 13～14 行），便将上下文结构中的 ECX 寄存器的值改为非零（10），然后返回 ExceptionContinueExecution，让系统继续执行导致异常的代码。第二次执行除法指令时，因为除数不再为 0，所以便可以顺利执行了。

24.4.2　执行异常处理函数

下面我们来看一下异常发生后，系统调用和执行_raw_seh_handler 函数的过程。清单 24-6 显示的是系统调用_raw_seh_handler 函数的过程。

清单 24-6　系统调用_raw_seh_handler 函数的过程

```
0:000> kn
 # ChildEBP RetAddr
00 0012fbb0 7c9037bf SehRaw!_raw_seh_handler            //异常处理函数
01 0012fbd4 7c90378b ntdll!ExecuteHandler2+0x26         //见正文
02 0012fc84 7c90eafa ntdll!ExecuteHandler+0x24          //见正文
03 0012fc84 0040105c ntdll!KiUserExceptionDispatcher+0xe //参见 11.3.3 节
04 0012ff80 00401165 SehRaw!main+0x1c                   //入口函数
05 0012ffc0 7c816ff7 SehRaw!mainCRTStartup+0xb4         //编译器插入的入口函数
06 0012fff0 00000000 kernel32!BaseProcessStart+0x23     //系统的进程启动函数
```

在以上栈回溯中缺少了关于RtlDispatchException 和 RtlpExecuteHandlerForException 函数的信息，它们应该位于栈帧#02 和栈帧#03 之间。也就是说，KiUserExceptionDispatcher 会调用RtlDispatchException，RtlDispatchException 又调用 RtlpExecuteHandlerForException，然后再调用（实际上是跳转）ExecuteHandler。ExecuteHandler 函数的原型如下。

```
EXCEPTION_DISPOSITION ExecuteHandler( PEXCEPTION_RECORD pExceptionReccord,
    PEXCEPTION_REGISTRATION pExcepttionRegistration,
    CONTEXT * pContext, DISPATCHER_CONTEXT * pDispatcherContext,
    SehHandler pfnHandler )
```

其中：pDispatcherContext 通常指向 RtlDispatchException 函数所定义的一个局部变量 DispatcherContext（清单 24-3 的第 10 行），其用途是供系统的异常分发函数来传递上下文信息；pfnHandler 就是_EXCEPTION_REGISTRATION_RECORD 结构的 Handler 字段中的函数地址。

在 Windows XP 之前，ExecuteHandler 内部便调用 pfnHandler 所指向的异常处理函数。XP 引入了 ExecuteHandler2 函数（同样原型）来调用异常处理函数，而 ExecuteHandler 退化为只是简单地调用 ExecuteHandler2。清单 24-7 给出了 ExecuteHandler2 函数的汇编代码。

清单 24-7　ExecuteHandler2 函数的汇编代码

```
1    ntdll!ExecuteHandler2:
2    7c903799 55               push    ebp
3    7c90379a 8bec             mov     ebp,esp
4    7c90379c ff750c           push    dword ptr [ebp+0Ch]
5    7c90379f 52               push    edx
6    7c9037a0 64ff3500000000   push    dword ptr fs:[0]
7    7c9037a7 64892500000000   mov     dword ptr fs:[0],esp
8    7c9037ae ff7514           push    dword ptr [ebp+14h]
9    7c9037b1 ff7510           push    dword ptr [ebp+10h]
```

```
10    7c9037b4 ff750c              push    dword ptr [ebp+0Ch]
11    7c9037b7 ff7508              push    dword ptr [ebp+8]
12    7c9037ba 8b4d18              mov     ecx,dword ptr [ebp+18h]
13    7c9037bd ffd1                call    ecx
14    7c9037bf 648b2500000000      mov     esp,dword ptr fs:[0]
15    7c9037c6 648f0500000000      pop     dword ptr fs:[0]
16    7c9037cd 8be5                mov     esp,ebp
17    7c9037cf 5d                  pop     ebp
18    7c9037d0 c21400              ret     14h
```

从上面的清单可以看出，在调用用户的异常处理函数之前，ExecuteHandler2 会先登记一个异常处理器（第4~7行），待用户处理函数返回后（第11行），再将其注销（第12行和第13行）。这个异常处理器便是所谓的内嵌异常处理器（nested exception handler），其目的是用来捕捉异常处理函数中可能引发的异常。内嵌异常处理器的处理函数是由 EDX 寄存器指定的（第4行），RtlpExecuteHandlerForException 在调用 ExecuteHandler 前会将合适的函数地址设置到 EDX 寄存器中。

```
ntdll!RtlpExecuteHandlerForException:
7c903753 bad837907c  mov     edx,offset ntdll!ExecuteHandler2+0x3a (7c9037d8)
7c903758 eb0d        jmp     ntdll!ExecuteHandler (7c903767)
```

由此可见，这个函数只有两条指令，其中第一条就是准备 EDX 寄存器的。因为内嵌处理器函数的符号没有输出，所以这里显示的是最靠近的符号 ExecuteHandler2。当_raw_seh_handler 函数被调用时，使用 WinDBG 的!exchain 命令列出当前线程的 FS:[0]链条，可以看到最上面便是内嵌异常处理器（清单 24-8）。

清单 24-8　观察包含内嵌处理器的 FS:[0]链条

```
0:000> !exchain
0012fbc8: ntdll!ExecuteHandler2+3a (7c9037d8)       //内嵌异常处理器
0012ff7c: SehRaw!_raw_seh_handler+0 (00401000)      //手工登记的异常处理器
0012ffb0: SehRaw!_except_handler3+0 (00402784)      //编译器入口函数登记的
  CRT scope  0, filter: SehRaw!mainCRTStartup+c0 (00401171)   //过滤块地址
                  func:  SehRaw!mainCRTStartup+d4 (00401185)   //处理块地址
0012ffe0: kernel32!_except_handler3+0 (7c839a30)//系统启动函数登记的
  CRT scope  0, filter: kernel32!BaseProcessStart+29 (7c8437b2)   //过滤块地址
                  func:  kernel32!BaseProcessStart+3a (7c8437c8)   //处理块地址
```

因为内嵌的异常处理器是在 ExecuteHandler2 函数中动态注册的，并是在用户的异常处理函数返回后立刻注销的，所以它并不会影响到 RtlDispatchException 函数遍历 FS:[0]链条。换句话说，当 RtlDispatchException 函数开始遍历 FS:[0]链条时，我们在 main 函数中注册的异常处理器是位于表头的。

24.5　_ _try{}_ _except()结构

我们在 24.4 节介绍了自己是如何编写代码登记异常处理器的。之所以介绍这种方法，是为了说明登记和注销 SEH 处理器的基本原理。如果将其应用在软件开发中，存在以下两个明显的不足：第一，需要编写符合 SehHandler 函数原型的处理函数，要理解_CONTEXT 等较复杂的数据结构和概念；第二，由于需要直接操作栈指针，因此将清单 24-5 中的汇编代码简单地封装到普通的C/C++函数中是不行的。这就需要在每个需要保护的程序块前后插入两段嵌入式汇编代码，这会影响程序的简洁性。以上不足为编译器提供了用武之地，VC 编译器的_ _try{}_ _except()结构便

是一种更易理解和运用的解决方案。

24.5.1 与手工方法的对应关系

概括来说，__try{}__except()结构将手工方法中的函数和嵌入式汇编代码简化成高级语言中的标记符和表达式。具体来说，将被保护块使用__try 关键字和大括号包围起来；使用__except 块将原本书写在 SehHandler 函数中的分支判断结构分解成过滤表达式（if 中的异常情况）和与之对应的异常处理块。图 24-2（a）与图 24-2（b）显示了手工方法与__try{}__except()结构的对应关系。

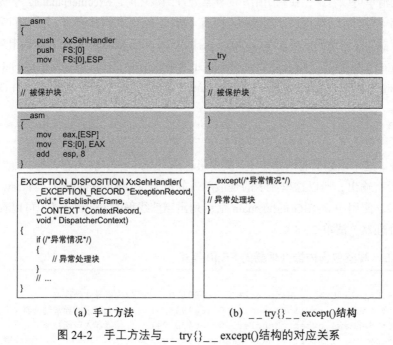

(a) 手工方法   (b) __try{}__except()结构

图 24-2 手工方法与__try{}__except()结构的对应关系

观察左右两侧的代码，明显右侧的更加简洁，而且更具结构化。不过，我们应该知道这种简洁性只是在源代码一级的，在汇编语言一级，左右两侧的代码是大同小异的。也就是说，编译器帮助我们隐藏了烦琐的细节。下面我们就看一下编译器是如何编译__try{}__except()结构的。

24.5.2 __try{}__except()结构的编译

清单 24-9 给出了一个使用 C/C++语言编写的 TrySeh 函数（位于 code\chap24\SehComp 项目中），在该函数中，我们使用__try{}__except()结构来保护可能发生异常的除法操作（n=1/n）。

清单 24-9 TrySeh 函数的源代码

```
 1    int TrySeh(int n)
 2    {
 3        __try
 4        {
 5            n=1/n;
 6        }
 7        __except(EXCEPTION_EXECUTE_HANDLER)
 8        {
 9            n=0x122;
10        }
11        return n;
12    }
```

清单 24-10 列出了对 VC6 编译器编译出的 TrySeh 函数（发布版本）及进行反汇编得到的汇编代码。

清单 24-10　TrySeh 函数（发布版本）及其反汇编代码

```
1    00401000 55                   push    ebp
2    00401001 8bec                 mov     ebp,esp
3    00401003 6aff                 push    0FFFFFFFFh                   ; 将 trylevel 设置为-1
4    00401005 68e0704000           push    offset SehComp!KERNEL32_...+0x30 (004070e0)
5    0040100a 6848124000           push    offset SehComp!_except_handler3 (00401248)
6    0040100f 64a100000000         mov     eax,dword ptr fs:[00000000h]
7    00401015 50                   push    eax
8    00401016 64892500000000       mov     dword ptr fs:[0],esp         ; 安装异常登记结构
9    0040101d 83ec08               sub     esp,8
10   00401020 53                   push    ebx
11   00401021 56                   push    esi
12   00401022 57                   push    edi
13   00401023 8965e8               mov     dword ptr [ebp-18h],esp      ; 保存栈指针
14   00401026 c745fc00000000       mov     dword ptr [ebp-4],0          ; 将 trylevel 设置为 0
15   0040102d b801000000           mov     eax,1
16   00401032 99                   cdq
17   00401033 f77d08               idiv    eax,dword ptr [ebp+8]
18   00401036 894508               mov     dword ptr [ebp+8],eax
19   00401039 eb0e                 jmp     SehComp!TrySeh+0x49 (00401049)  ; 正常结束
20   0040103b b801000000           mov     eax,1                        ; 过滤表达式
21   00401040 c3                   ret
22   00401041 8b65e8               mov     esp,dword ptr [ebp-18h]      ; 异常处理块
23   00401044 b822010000           mov     eax,122h
24   00401049 c745fcffffffff       mov     dword ptr [ebp-4],0FFFFFFFFh    ; 函数的出口
25   00401050 8b4df0               mov     ecx,dword ptr [ebp-10h]
26   00401053 64890d00000000       mov     dword ptr fs:[0],ecx
27   0040105a 5f                   pop     edi
28   0040105b 5e                   pop     esi
29   0040105c 5b                   pop     ebx
30   0040105d 8be5                 mov     esp,ebp
31   0040105f 5d                   pop     ebp
32   00401060 c3                   ret
```

从上面的清单中，我们可以清楚地看到第 3~8 行在登记异常处理器，与清单 24-5 中的汇编指令非常类似，但是有以下两点不同。

（1）使用_except_handler3 函数作为异常处理函数。我们在上一节观察 FS:[0]链条时（清单 24-8）也看到了这个函数。事实上，编译器编译__try{}__except()结构时总是使用统一的函数将其登记为异常处理函数，并不是为每段使用 SEH 的代码生成单独处理函数。这样做有利于代码复用和减小目标文件的大小，不同版本的编译器使用的异常处理函数可能不同。VC6 编译器使用的是_except_handler3 函数，VC2005 使用的是_except_handler4，因为它们的工作原理是类似的，所以我们仍以_except_handler3 为例进行讨论。那么，使用统一的异常处理函数如何能够满足不同 SEH 代码块的需要呢？答案是通过传递给_except_handler3 函数的参数来区分不同的情况。但是，我们知道，异常处理函数是由系统的异常分发函数来调用的，即 RtlDispatchException>ExecuteHandler>ExecuteHandler2>_except_handler3，而且这些函数传递给异常处理函数的参数个数是固定的。这意味着要增加新的参数是不可行的，解决的办法只有扩展现有的参数，通过类型转换将简单的类型转变为包含扩展字段的复杂类型，这正是 VC 所采用的方案，也就是下面要介绍的第二点差异。

（2）在栈上准备 EXCEPTION_REGISTRATION_RECORD 结构（第 5～7 行）前，编译器产生的代码会先压入一个称为 trylevel 的整数（第 3 行）和一个指向 scopetable_entry 结构的 scopetable 指针（第 4 行），这样在栈上实际就形成了一个如下所示的 _EXCEPTION_REGISTRATION 结构。

```
struct _EXCEPTION_REGISTRATION{
    struct _EXCEPTION_REGISTRATION *prev;  //上一个结构的地址
    void (*handler)(PEXCEPTION_RECORD, PEXCEPTION_REGISTRATION,
            PCONTEXT, PEXCEPTION_RECORD);  //处理函数
    struct scopetable_entry *scopetable;  //范围表的起始地址
    int trylevel;                         //这个结构所对应__try 块的编号
    int _ebp;                             //栈帧的基地址
};
```

其中，前两个字段是操作系统规定的标准登记结构（EXCEPTION_REGISTRATION_RECORD），后 3 个字段是编译器扩展的。事实上，_except_handler3 函数正是依靠这几个扩展字段来寻找过滤表达式和异常处理块的。一些资料将以上结构称为 MSVCRT_EXCEPTION_FRAME 或类似的名字，其中 FRAME 的含义是这个结构在栈上动态构建，是所在函数栈帧的一部分。

我们稍后再讨论 scopetable 和 trylevel 的含义，现在先使用 WinDBG 跟踪执行一次 TrySeh 函数，以加深大家的理解。当 CPU 执行到第 8 行时，靠近栈顶的数据如下。

```
0:000> dd esp
0012ff3c  0012ff70 00401248 004070e0 ffffffff
0012ff4c  0012ff80 004010a9 00000001 00408048
```

此时，EBP 和 ESP 的值如下。

```
0:000> r ebp, esp
ebp=0012ff4c esp=0012ff3c
```

其中，从 0012ff3c（栈顶）到 0012ff4c 的 20 字节便是动态形成的_EXCEPTION_REGISTRATION 结构，此时，ESP 的值也正指向这个结构。具体讲，0012ff70 为 prev 字段（前一个异常处理器的注册记录），00401248 为_except_handler3 函数的地址，004070e0 是 scopetable 字段，ffffffff(-1) 为 trylevel，0012ff80 为_ebp 的值，即当前函数的栈帧基地址。

因为是在建立_EXCEPTION_REGISTRATION 结构之前将栈顶值放到 EBP 寄存器中（第 1 行）的，所以也可以使用 EBP 减去一个偏移量来索引_EXCEPTION_REGISTRATION 结构的字段，EBP-4 为 trylevel 字段，EBP-8 为 scopetable 字段，EBP-0xC 为 handler 字段，EBP-0x10 为 prev 字段。例如，第 14 行和第 24 行就是使用 EBP-4 来引用 trylevel 字段的，第 25 行是使用 EBP-10 来索引 prev 字段的。从这个角度来看，_EXCEPTION_REGISTRATION 结构相当于定义在函数中的局部变量。第 25 行和第 26 行是注销结构化异常处理器的动作，其他各行的含义我们将在介绍_except_handler3 的执行过程时介绍。

24.5.3　范围表

为了描述应用程序代码中的__try{}__except 结构，编译器在编译每个使用此结构的函数时会为其建立一个数组，并存储在模块文件的数据区（通常称为异常处理范围表）中。数组的每个元素是一个 scopetable_entry 结构，用来描述一个__try{}__except 结构。

```
struct scopetable_entry
{
    DWORD        previousTryLevel;  //上一个_ _try{}结构的编号
    FARPROC      lpfnFilter;         //过滤表达式的起始地址
    FARPROC      lpfnHandler;        //异常处理块的起始地址
};
```

其中 lpfnFilter 和 lpfnHandler 分别用来描述_ _try{}_ _except 结构的过滤表达式与异常处理块的起始地址。以前面介绍的 TrySeh 函数为例，根据清单 24-10 中的第 4 行，它的异常处理范围表的地址为 004070e0，显示这个地址开始的 3 个 DWORD。

```
0:000> dd 004070e0 13
004070e0  ffffffff 0040103b 00401041
```

其中 0040103b 是过滤表达式所对应代码块的地址，观察清单 24-10 中的汇编代码，这个地址对应的是第 20 行，对应的指令为 mov eax,1，下一条指令便是函数返回指令，这与过滤表达式中的 EXCEPTION_EXECUTE_HANDLER（1）正好对应。00401041 为处理块的地址，即清单 24-10 中的第 22 行。

24.5.4 TryLevel

编译器是以函数为单位来登记异常处理器的，在函数的入口处进行登记，在出口处进行注销。那么，如何确定导致异常的代码是否在保护块中呢？如果有多个保护块，又如何判断属于哪个保护块呢？答案是对每个_ _try 结构进行编号，然后使用一个局部变量来记录当前处在哪个_ _try 结构中，这个局部变量称为 trylevel，也就是在栈上所形成的_EXCEPTION_REGISTRATION 结构的 trylevel 字段。

编号是从 0 开始的，常量 TRYLEVEL_NONE(-1)作为特殊值代表不在任何_ _try 结构中。也就是说，trylevel 变量被初始化为-1，然后执行到_ _try 结构中时便将它的编号赋给 TryLevel 变量。以清单 24-10 为例，第 3 行将 trylevel 初始化为-1，第 14 行将其设置为 0（因为进入了 0 号保护块），第 24 行将其又恢复为-1（因为已经离开了保护块）。

清单 24-11 所示的 TryLevel 函数显示了更复杂的情况，该函数中共有 4 个_ _try{}_ _except 结构，顶层 2 个，内层 2 个，代码中的注释代表了它们的编号，我们将它们分别简称为 Tr0～Try3。

清单 24-11 演示 TryLevel 变量用法的 TryLevel 函数

```
1    int TryLevel(int n)
2    {
3        _ _try{      // Try0
4            n=n-1;
5            _ _try{      // Try1
6                n=1/n;
7            }
8            _ _except(EXCEPTION_CONTINUE_SEARCH){
9                n=0x221;
10           }
11       n++;
12           _ _try{      // Try2
13               n=1/n;
14           }
15           _ _except(EXCEPTION_CONTINUE_SEARCH){
16               n=0x222;
17           }
```

```
18              }
19              __except(EXCEPTION_EXECUTE_HANDLER){
20                  n=0x220;
21              }
22              __try{    // Try3
23                  n=1/n;
24              }
25              __except(EXCEPTION_EXECUTE_HANDLER){
26                  n=0x223;
27              }
28              return n;
29      }
```

观察 TryLevel 函数入口处的反汇编代码。

```
004010D0    push    ebp                 // 保存调用函数的栈帧指针
004010D1    mov     ebp,esp             // 建立本函数的栈帧
004010D3    push    0FFh                // 压入-1，初始化 trylevel
004010D5    push    offset string "B\n"+0FFFFFFC4h (00422030)    // 压入 scopetable
004010DA    push    offset __except_handler3 (00401464)          // 压入处理函数地址
```

第 4 行压入的便是异常处理范围表（scopetable）的地址 0x00422030，使用 Memory 窗口观察该地址可以看到其中每个元素的值（图 24-3）。

scopetable_entry 结构的大小是 12 字节，即 3 个 DWORD，因此，图 24-3 中每行对应一个 scopetable_entry 结构，也就是 TryLevel 函数的一个 __try 结构。因为一共有 4 个 Try 结构，所以范围表共有 4 个节点，即图 24-3 中的前 4 行，每行对应一个，依次为 Try0~Try3。纵向来看，第 1 列是每个结构的

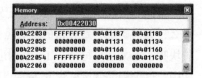

图 24-3　异常处理范围表中每个
元素的值

地址，第 2 列是 previousTryLevel 字段，即当前函数范围内上一层次的 __try 结构在范围表中的序号，对于最外层的 __try 结构，此字段为–1。比如 Try0 的 previousTryLevel 为–1，表示它没有上一层次的 __try 结构。第 3 列是 lpfnFilter 字段，即过滤表达式的代码地址。第 4 列是 lpfnHandler 字段，即异常处理块的代码地址。

以 Try1 块为例，previousTryLevel 的值为 0，即这个 Try 块的上一级 Try 块的序号为 0 号，这意味着范围表（数组）的 0 号节点（即图 24-3 的第 1 行）是上一级 __try 结构的 scopetable_entry。lpfnFilter 等于 00401131，根据清单 24-12 所示的反汇编结果，这正是过滤表达式所对应的代码（第 12~14 行），将 EAX 与自己异或，也就是将 EAX 设置为 0（EXCEPTION_CONTINUE_SEARCH），然后返回。lpfnHandler 的值为 00401134，这正是异常处理块所对应的代码（第 16~18 行）。注意，第 18 行和第 21 行之间没有任何跳转语句，这是因为一旦系统开始执行异常处理块，那么异常处理块执行完毕后便继续执行其下面的代码，不需要做任何返回或转移。

清单 24-12　Try1 块的反汇编代码

```
1     5:            __try{ // Try1
2     00401115    mov         dword ptr [ebp-4],1
3     6:            n=1/n;
4     0040111C    mov         eax,1
5     00401121    cdq
6     00401122    idiv        eax,dword ptr [ebp+8]
7     00401125    mov         dword ptr [ebp+8],eax
8     7:            }
9     00401128    mov         dword ptr [ebp-4],0
```

```
10    0040112F    jmp         $L31026+11h (00401145)
11    8:                  __except(EXCEPTION_CONTINUE_SEARCH){
12    00401131    xor         eax,eax
13    $L31027:
14    00401133    ret
15    $L31026:
16    00401134    mov         esp,dword ptr [ebp-18h]
17    9:                  n=0x21;
18    00401137    mov         dword ptr [ebp+8],21h
19    10:                 }
20    0040113E    mov         dword ptr [ebp-4],0
21    11:                 n++;
```

第 2 行将 trylevel 变量设置为 1，标志着进入了 1 号_ _ try 结构的区域，如果接下来有异常发生，那么_ _ except_handler3 函数便根据 trylevel 字段的值在范围表中寻找 scopetable_entry 结构，找到后调用结构中 lpfnFilter 字段所指定的过滤表达式。第 20 行将 trylevel 设置为 0，因为这时已经出了 Try1 块的范围，但还在 Try0 块的范围内。

24.5.5 _ _try{}_ _except()结构的执行

当位于_ _ try{}结构保护块中的代码发生异常时，异常分发函数便会调用_except_handler3 这样的处理函数。_except_handler3 函数所执行的主要有以下操作。

（1）将第二个参数 pRegistrationRecord 从系统默认的 EXCEPTION_REGISTRATION_ RECORD 结构强制转化为包含扩展字段的_EXCEPTION_REGISTRATION 结构。

（2）先从 pRegistrationRecord 结构中取出 trylevel 字段的值并且赋给一个局部变量 nTryLevel，然后根据 nTryLevel 的值从 scopetable 字段所指定的数组中找到一个 scopetable_entry 结构。

（3）从 scopetable_entry 结构中取出 lpfnFilter 字段，如果不为空，则调用这个函数，即评估过滤表达式，如果为空，则跳到第（5）步。

（4）如果 lpfnFilter 函数的返回值不等于 EXCEPTION_CONTINUE_SEARCH，则准备执行 lpfnHandler 字段所指定的函数，并且不再返回。如果过滤表达式返回的是 EXCEPTION_ CONTINUE_SEARCH，则自然进入（Fall Through）第（5）步。

（5）判断 scopetable_entry 结构的 previousTryLevel 字段的取值。如果它不等于–1，则将 previousTryLevel 赋给 nTryLevel 并返回第（2）步继续循环；如果 previousTryLevel 等于–1，那么继续第 6 步。

（6）返回 DISPOSITION_CONTINUE_SEARCH，让系统（RtlDispatchException）继续寻找其他异常处理器。

以上过程省略了较复杂的全局展开和局部展开过程，我们将在 24.6 节专门讨论。Matt Pietriek 在他 1997 年发表的文章（参考资料[1]）中给出了_except_handler3 函数的伪代码，感兴趣的读者可以在网上找到并阅读。

24.5.6 _SEH_prolog 和_SEH_epilog

在清单 24-10 中，建立栈帧和_EXCEPTION_REGISTRATION 结构的操作（第 1～8 行）就被插在使用_ _ try{}_ _except()结构的函数中。这样做的一个缺点是，如果程序普遍使用了

628 ►► 第 24 章 异常处理代码的编译

__try{}__except()结构，那么便会导致注册异常处理器的代码重复出现在所有函数中。解决这个问题的方法是将这段代码独立出来，形成一个特殊的函数供包含__try{}__except()结构的函数调用。之所以说特殊函数，是因为这个函数不遵守栈平衡原则，_SEH_prolog 便是一个这样的函数（清单 24-13 ）。

清单 24-13　_SEH_prolog

```
1    kernel32!_SEH_prolog:
2    7c8024c6 68009a837c        push    offset kernel32!_except_handler3 (7c839a00)
3    7c8024cb 64a100000000      mov     eax,dword ptr fs:[00000000h]
4    7c8024d1 50                push    eax
5    7c8024d2 8b442410          mov     eax,dword ptr [esp+10h]
6    7c8024d6 896c2410          mov     dword ptr [esp+10h],ebp
7    7c8024da 8d6c2410          lea     ebp,[esp+10h]
8    7c8024de 2be0              sub     esp,eax
9    7c8024e0 53                push    ebx
10   7c8024e1 56                push    esi
11   7c8024e2 57                push    edi
12   7c8024e3 8b45f8            mov     eax,dword ptr [ebp-8]
13   7c8024e6 8965e8            mov     dword ptr [ebp-18h],esp
14   7c8024e9 50                push    eax
15   7c8024ea 8b45fc            mov     eax,dword ptr [ebp-4]
16   7c8024ed c745fcffffffff    mov     dword ptr [ebp-4],0FFFFFFFFh
17   7c8024f4 8945f8            mov     dword ptr [ebp-8],eax
18   7c8024f7 8d45f0            lea     eax,[ebp-10h]
19   7c8024fa 64a300000000      mov     dword ptr fs:[00000000h],eax
20   7c802500 c3                ret
```

其中，第 2 行压入_except_handler3 函数的地址，第 3 行压入 prev 字段，第 18～19 行是将建立好的_EXCEPTION_REGISTRATION 结构的地址登记到 FS:[0]链表。

以下是使用_SEH_prolog 的一个典型例子。

```
0:000> u kernel32!CreateProcessInternalW
kernel32!CreateProcessInternalW:
7c819704 68080a0000        push    0A08h
7c819709 68d899817c        push    offset kernel32!`string'+0xc (7c8199d8)
7c81970e e8b38dfeff        call    kernel32!_SEH_prolog (7c8024c6)
...
```

与_SEH_prolog 配套的是_SEH_epilog（清单 24-14 ）。

清单 24-14　_SEH_epilog

```
1    kernel32!_SEH_epilog:
2    7c802501 8b4df0            mov     ecx,dword ptr [ebp-10h]
3    7c802504 64890d00000000    mov     dword ptr fs:[0],ecx
4    7c80250b 59                pop     ecx
5    7c80250c 5f                pop     edi
6    7c80250d 5e                pop     esi
7    7c80250e 5b                pop     ebx
8    7c80250f c9                leave
9    7c802510 51                push    ecx
10   7c802511 c3                ret
```

显而易见，_SEH_prolog 执行的是_SEH_prolog 的逆向动作，用来恢复栈的平衡和注销

_SEH_prolog 登记的异常处理器。

『 24.6 安全问题 』

前面我们介绍了两种处理异常的方法：一是编写结构化异常处理函数（SehHandler）并手工注册到 FS:[0]链条中；二是使用 VC 编译器的__try{}__except()结构。这两种方法有一个共同点，那就是都需要在栈上动态建立一个登记结构并将这个结构注册到 FS:[0]链条中，因为这个登记结构是位于所在函数栈帧中的，所以这 3 种异常处理方法经常通称为基于帧的异常处理（frame based exception handling）。

基于帧的异常处理的一个不足是，如果栈上发生缓冲区溢出，那么登记在栈上的信息可能被破坏，本来的异常处理函数地址可能意外指向新的地方，当再有异常发生时就可能执行未知的代码。这种不足已经被黑客和恶意软件用来作为实施攻击的一种途径。

24.6.1 安全 Cookie

为了应对上面提到的安全隐患，VC2005 在编译使用 try{}catch 结构的函数时生成的异常处理函数加入了一系列检查安全 Cookie 的指令，不再像以前那样只有两条指令。如果安全 Cookie 完好，那么会跳转到统一的异常处理函数_CxxFrameHandler3；如果安全 Cookie 已经被破坏，那么便报告 GS 失败（_report_gsfailure），终止程序运行。清单 24-15 显示了 VC2005 编译器为一个名为 TestTryOver2Bytes 的函数（位于 code\chap24\Vc8Win32 项目中）产生的异常处理函数。

清单 24-15 VC2005 产生的异常处理函数

```
text$x      SEGMENT              //代码段声明
__ehhandler$?TestTryOver2Bytes@@YAHPAUHWND__@@H@Z:    //动态产生的异常处理函数
    mov    edx, DWORD PTR [esp+8]      //将参数2（异常登记结构）赋给 EDX 寄存器
    lea    eax, DWORD PTR [edx+12]     //通过登记结构的地址找到栈帧基址
    mov    ecx, DWORD PTR [edx-60]     //将保存在变量区顶部的 Cookie 赋给 ECX 寄存器
    xor    ecx, eax                    //与保存的 EBP 寄存器的值异或以还原 Cookie 种子
    call   @__security_check_cookie@4  //检查完好性
    mov    ecx, DWORD PTR [edx-8]      //将保存在变量区底部的 Cookie 赋给 ECX 寄存器
    xor    ecx, eax                    //与 EBP 寄存器的值异或
    call   @__security_check_cookie@4  //检查完好性
    mov    eax, OFFSET __ehfuncinfo$?TestTryOver2Bytes@@YAHPAUHWND__@@H@Z
    jmp    ___CxxFrameHandler3         //转到统一的异常处理函数
text$x      ENDS
```

为了便于理解以上代码，图 24-4 显示了 TestTryOver2Bytes 函数的栈帧，描述的时刻是在栈帧完全建立后、用户代码执行前。从图中我们可以看到局部变量区域的底部和顶部分别放置了一个安全 Cookie，它们的值是一样的，都是通过全局的 Cookie 变量（种子）与 EBP 寄存器的值异或而得到的。底部的 Cookie（地址 0x12FD7C）位于异常登记结构的上面，局部变量发生溢出后会先破坏这个 Cookie，因此检查这个 Cookie 的完好性可以比较有效地探测到是否曾经发生过缓冲区溢出。

在 TestTryOver2Bytes 函数中我们故意向 32 字节长的 szMsg 数组中复制了 34 字节的内容，制造了一个轻微的缓冲区溢出。而后，我们又做了一个除零操作，以引发异常。当异常发生后，系统的异常分发函数会通过 FS:[0]链条调用清单 24-15 中的__ehhandler$?TestTryOver2Bytes 函

数。因为系统默认所有注册在 FS:[0]链条中的异常处理函数都应该具有标准的 SehHandler 原型，所以系统会以如下形式调用这个函数。

```
__ehhandler$?TestTryOver2Bytes ( _EXCEPTION_RECORD *ExceptionRecord,
    void * EstablisherFrame, _CONTEXT *ContextRecord, void * DispatcherContext);
```

其中第 2 个参数就是栈上的登记结构 EHRegistrationNode 的地址，即图 24-4 中的地址 0x12FD84，从清单 24-15 看到，__ehhandler 先将这个地址放到 EDX 寄存器中，然后根据这个地址向高地址方向偏移 12 字节（edx+12）找到栈帧基地址，向低地址方向偏移 60 字节（edx-60）找到保存在变量区顶部的 Cookie，而后将二者异或还原出全局 Cookie 值（种子），再调用 __security_check_cookie 函数检查还原出的 Cookie 种子是否与全局变量中记录的一样。类似地，__ehhandler 还会检查位于变量区底端的 Cookie。因为我们故意溢出了两字节，所以这个 Cookie 值由原来的 0x3a0f5fc5 变成了 0x3a0f0000（图 24-5 展示了安全 Cookie 被破坏后的栈现场）。

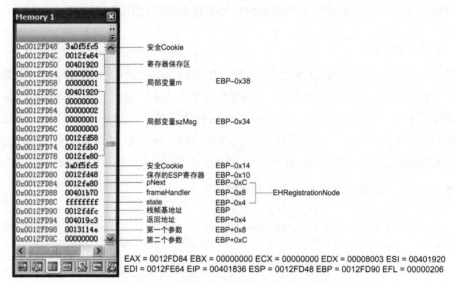

图 24-4　包含异常处理登记结构的栈帧

Cookie 值的变化被 security_check_cookie 函数发现后，它会调用__report_gsfailure() 函数报告检查失败，如果是在 VC2005 的集成开发环境中执行，那么会弹出 CRT 报告对话框，单击 Break 按钮后，可以看到其执行过程如下。

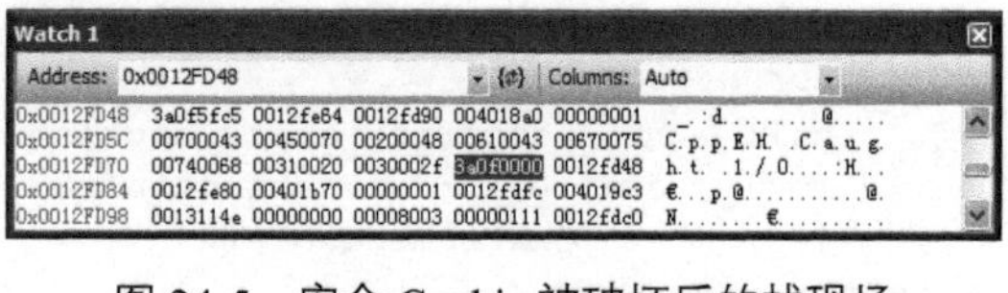

图 24-5　安全 Cookie 被破坏后的栈现场

```
    VC8Win32.exe!__crt_debugger_hook()      Unknown
>   VC8Win32.exe!__report_gsfailure()   Line 298 + 0x7 bytes     C
    VC8Win32.exe!___CxxFrameHandler3()  + 0x48 bytes     C++
    ntdll.dll!ExecuteHandler@20()  + 0x24 bytes
    ntdll.dll!_KiUserExceptionDispatcher@8()  + 0xe bytes
    VC8Win32.exe!TestTryOver2Bytes(HWND__ * hWnd=0x00070f48, int n=0)
```

如果在 WinDBG 中执行，那么程序会立刻结束。如果不在调试器中执行，那么会触发"应用程序错误"对话框。总之，对于轻微的缓冲区溢出，安全 Cookie 检查可以检测到溢出而停止继续执行异常处理函数，这样尽管程序无法再继续工作，但是可以避免执行未知的代码导致更严重的后果。

对于比较严重的溢出，如果登记结构中的处理函数被覆盖了，那么放在__ehhandler 中的检查函数就得不到执行了。将刚才的 TestTryOver2Bytes 函数复制一份并略做修改，将溢出 2 字节改为溢出 16 字节，此时整个 EHRegistrationNode 结构都被覆盖了（图 24-6），本来的处理函数 地址 已 经 被 替 换 成 了 其 他 内 容 （002e0037）。当异常发生时系统会执行新 地址处的代码。因为这个地址没有有效指

图 24-6　缓冲区溢出覆盖了整个 EHRegistrationNode 结构

令的 002e0037（字符 s 和. 的代码），所以当我们在调试器中执行时程序会因为访问违例而中断到调试器，其执行过程如下。

```
>    002e0037()
     ntdll.dll!ExecuteHandler2@20()   + 0x26 bytes
     ntdll.dll!ExecuteHandler@20()   + 0x24 bytes
ntdll.dll!_KiUserExceptionDispatcher@8()   + 0xe bytes
```

可见，基于 Cookie 技术的检查机制不能完全防止程序意外执行通过缓冲区溢出而登记的异常处理函数。

24.6.2　SAFESEH

防止利用异常处理机制进行安全攻击的一种更有效的方法是 SAFESEH（Secure Exception Handling）技术。其基本思想是将模块中合法的异常处理函数登记在一个专用的称为 SAFESEH 的表中，当有异常发生时，异常分发函数会根据异常处理函数的地址到它所对应的模块中查询这个函数是否在 SAFESEH 表中。如果在，那么这便说明这是个安全的异常处理函数，可以执行它；如果不在，就不去执行它。要启用 SAFESEH 技术，同时需要操作系统和编译器的支持。

（1）需要使用 Visual C++ .NET 2003 或更高版本的编译器，在链接选项中加入/SAFESEH 来链接准备使用 SAFESEH 的模块。链接器检测到此选项后，会将模块可执行模块中的异常处理函数登记在一个专用的 SAFESEH 表中，并自动创建以下两个变量（符号）用来描述这个表。

```
PVOID __safe_se_handler_table[];      //异常处理器描述表的基地址
BYTE __safe_se_handler_count;      //异常描述表中所包含的表项数
```

（2）需要操作系统支持 SAFESEH 技术。Windows 操作系统从 Windows Server 2003 和 Windows XP SP2 开始支持这一技术，主要体现在如下两个方面。

- 操作系统的模块加载器（program loader）在加载一个可执行模块时，会检查这个模块是否包含 SAFESEH 表，如果包含，会对其进行解密，然后将异常处理函数存入全局变量 __safe_se_handler_table 所指向的地址，并将表项个数放到__safe_se_handler_count 变量中。
- RtlDispatchException 函数在遍历 FS:[0]链条分发异常时，会调用 RtlIsValidHandler 函数对异常处理器的合法性进行检查，如果不合法（RtlIsValidHandler 返回 FALSE），那么 RtlDispatchException 函数不会执行这个处理器，而且会停止继续分发异常，返回 FALSE，使这个异常成为无人处理的异常。

需要说明的是，对于支持 SAFESEH 的 Windows 版本，RtlDispatchException 总是调用 RtlIsValidHandler，不管当前的模块是否是使用/SAFESEH 选项链接的。RtlIsValidHandler 函数内部会考虑兼容没有使用 SAFESEH 的模块。其大致过程是调用 RtlLookupFunctionTable 函数，后者

再调用 RtlCaptureImageExceptionValues 函数。

```
int RtlCaptureImageExceptionValues([IN]PVOID pHandler,
[OUT]PVOID pSafeSeHandlerTable)
```

RtlCaptureImageExceptionValues 函数会根据参数中指定的处理函数地址找到它所属的模块，然后再定位到这个模块的_IMAGE_NT_HEADERS 和_IMAGE_OPTIONAL_HEADER 结构，查找是否存在 SAFESEH 表，如果存在则将其地址存入 pSafeSeHandlerTable 参数，并返回表中所包含的项数。如果异常处理函数的地址所对应的模块中不包含 SAFESEH 表，那么 pSafeSeHandlerTable 将被设置为空，RtlIsValidHandler 将返回 TRUE，表示检查通过。

观察启用了 SAFESEH 支持的模块，比如 VC8Win32 程序，可以看到_ _ safe_se_ handler_table 符号，即 SAFESEH 表的起始地址。

```
0:000> x vc8win32!*safe*
004023a0 VC8Win32!__safe_se_handler_table = void *[]
```

使用内存观察命令可以观察 SAFESEH 表的内容。

```
0:000> dd 004023a0
004023a0  00001675 00001d80 00001da5 00001dca
004023b0  00000000 00000000 00000000 00000000
```

第 1 行的 4 个 DWORD 值代表 4 个合法的异常处理器函数相对于模块基地址的偏移量。因为当前模块的基地址是 0x400000，所以第 4 个处理器函数的地址是 0x401dca，观察 TestTry 函数的序言代码，可以知道这就是 TestTry 函数的异常处理函数，对这个表项设置一个数据访问断点。

```
ba r1 0040235c
```

然后通过菜单中的 Test Try 命令触发执行 TestTry 函数，调试器收到除零异常通知后继续执行，数据访问断点就命中了。清单 24-16 显示了 RtlIsValidHandler 函数被调用的过程。

清单 24-16　RtlIsValidHandler 函数被调用的过程

```
ChildEBP RetAddr  Args to Child
0012f9d4 7c93783a 00401d9a 0012fe64 0012fa68 ntdll!RtlIsValidHandler+0x52
0012fa50 7c90eafa 00000000 0012fa7c 0012fa68 ntdll!RtlDispatchException+0x7e
0012fa50 004019e1 00000000 0012fa7c 0012fa68 ntdll!KiUserExceptionDispatcher+0xe
0012fd90 00401b80 00100782 00000000 00008003 VC8Win32!TestTry+0x41
```

进一步观察汇编指令，可以看到果然 RtlIsValidHandler 函数在遍历 SAFESEH 表，验证参数中所指定的处理函数（00401d9a）是否在表中。因为要验证的函数是编译程序时产生的处理函数，与 SAFESEH 表中记录的吻合，所以 RtlIsValidHandler 会返回真，于是系统会执行这个处理函数来处理异常。

如果我们在收到除零异常时对栈中的异常处理函数地址略做改动，比如将 0x401dca 改为 0x401dcb，那么 RtlIsValidHandler 便会返回 FALSE，于是系统就不会执行位于新地址的处理函数，效果上相当于 TestTry 函数中的 Catch 块不存在。

但如果 0x401dca 改动得非常大，比如改为 0x2e002e，那么系统还是会执行这个新地址中的函数，这是因为系统认为这个地址所对应的模块不包含 SAFESEH 表，所以使用了兼容策略。这告诉我们，如果一个程序中有很多个模块，那么应该都支持 SAFESEH；否则，不支持的SAFESEH 模块便留下了安全漏洞。从 Windows Vista 开始，几乎所有 Windows 系统模块已经都使用了/SAFESEH 选项进行链接。

使用!address 命令观察 SAFESEH 表所在地址的属性，可以看到它是只读的。

```
0:000> !address VC8Win32!__safe_se_handler_table
    00400000 : 00402000 - 00001000
        Type        01000000 MEM_IMAGE
        Protect     00000002 PAGE_READONLY
        State       00001000 MEM_COMMIT
        Usage       RegionUsageImage
        FullPath VC8Win32.exe
```

这意味着恶意软件是不能轻易篡改 SAFESEH 表中的内容的。

24.6.3 基于表的异常处理

增强异常处理机制安全性的一种更彻底的方法是 x64 系统中的基于表的异常处理（table based exception handling）。其基本思想是将异常处理器的描述和登记信息都以表格的形式存储在可执行文件中，当有异常发生时，系统根据异常的发生位置自动在这些表格中寻找匹配的处理函数，不需要在栈上做任何登记，也不再使用 FS:[0]链条。基于表的异常处理机制与基于帧的异常处理机制是不兼容的。运行在 x64 CPU 上的 64 位 Windows 使用了基于表的异常处理，编译运行在这样的目标系统中的 64 位应用程序时，编译器会自动使用新的编译方式产生合适的代码。由于篇幅所限，本书不再详细描述，感兴趣的读者可以阅读参考资料[2]和参考资料[3]。

『 24.7 本章总结 』

本章从编译角度介绍了应用程序中异常处理代码的工作原理和执行过程。24.2～24.4 节介绍了系统中用于登记异常处理器的数据结构（FS:[0]链条）和工作函数（RtlDispatchException 等）。24.5 节介绍了用于支持结构化异常处理的__try{}__except()结构。最后一节介绍了与异常处理机制有关的安全问题和应对措施。

概括来讲，在 Windows 系统中，try{}catch()结构与__try{}__except()结构都是建立在操作系统的结构化异常处理机制之上的。二者之间既有很多相同之处，也有明显的差异。它们是不可以出现在同一个函数中的，如果遇到这样的情况，编译器会给出如下错误。

```
error C2713: Only one form of exception handling permitted per function
```

最后要说明的是，应该合理地使用异常处理机制，不应该过度使用。因为无论是基于帧的异常处理机制，还是基于表的异常处理机制，它们都是有明显的开销的。前者主要是时间开销，需要在函数中插入代码动态登记和注销异常处理器，即使不发生异常，这些代码也需要执行；后者主要是空间开销，需要在可执行文件中存储很多描述信息。

参 考 资 料

[1] Matt Pietrek. A Crash Course on the Depths of Win32™ Structured Exception Handling. Microsoft System Journal, 1997.

[2] Ken Johnson (Skywing). Programming against the x64 exception handling support.

[3] Exceptional Behavior: x64 Structured Exception Handling. The NT Insider, 2006.

◀ 第 25 章　调试符号 ▶

在软件调试中，调试符号（debug symbol）是将被调试程序的二进制信息与源程序信息联系起来的桥梁。很多重要的调试功能都需要有调试符号才能工作，比如源代码级调试、栈回溯、按名称显示变量等。因此，正确地理解和使用调试符号是学习软件调试的一门必修课。

从软件编译的角度看，调试符号是编译器在将源文件编译为可执行程序的过程中，为支持调试而摘录的调试信息。这些信息以表格的形式记录在符号表中，是对源程序的概括。调试信息描述的目标主要有变量、类型、函数、标号（label）和源代码行等。

调试信息是在编译过程中逐步收集和提炼出来的，最后由链接器或专门的工具保存到调试符号文件中。调试符号既可以存储在单独的文件中，也可以与目标代码共享一个文件。Visual Studio 编译器默认将调试符号保存在单独的文件中，即 PDB 文件。PDB 是 Program Database 的缩写，这个名字非常好地体现了符号文件的性质——用于描述源程序的数据库。微软没有直接公开 PDB 文件的格式和内部细节，但提供了两种方式来访问调试符号文件中的符号，一种是 DbgHelp 函数库，另一种是 DIA SDK（Debug Interface Access Software Development Kit）。

本章将先介绍名称修饰（25.1 节）和存储调试信息的常用格式（25.2 节），然后分别介绍 OBJ 文件（25.3 节）、PE 文件（25.4 节）、DBG 文件（25.5 节）中的调试信息。25.6 节介绍 PDB 文件的概况和文件格式。25.7 节介绍与调试符号有关的编译器设置。25.8 节将深入介绍 PDB 文件中的各种数据表。

『 25.1　名称修饰 』

根据我们在第 22 章中的介绍，一个完整的函数声明包括返回值类型、调用协议名称、函数名称、参数信息等若干个部分。为了把函数的所有原型信息记录在单一的字符串中以便标识和组织函数，VC 编译器使用了一种称为名称修饰（name decoration）的技术，其宗旨就是将函数的本来名称、调用协议、返回值等信息按照一定的规则编排成一个新的名字，称为修饰名称（decorated name）。举例来说，以下两行分别是 TestTry 函数的原型和它的修饰名称。

```
int TestTry(HWND hWnd,int n)
?TestTry@@YAHPAUHWND__@@H@Z
```

与装饰前的名称相比，装饰后的名称不再包含空格和括号这些不便于存储的分隔符，将多个部分合并成一个连贯的整体，因此名称修饰有时也称为名称碾平（name mangling）。观察编译器产生的汇编文件，可以看到编译器为每个函数所生成的修饰名称。这要先设置编译器的/FA 选项使其输出汇编文件，对于 VC6，其操作步骤为选择 Settings → C/C++ → Category，在弹出的界面中，选择 Listing Files，将 Listing file type 设置为 No Listing 之外的一个选项。对于 VC2005，其操作步骤为选择 Properties → C/C++ → Output Files → Assembler Output。

使用 DbgHelp 库的 UnDecorateSymbolName 函数可以将一个修饰名翻译成本来的名字。

```
DWORD UnDecorateSymbolName(PCTSTR DecoratedName,
  PTSTR UnDecoratedName, DWORD UndecoratedLength, DWORD Flags);
```

但是该函数不能从修饰名中解析出函数原型中的其他信息，如参数和返回值等。下面我们将逐步介绍 VC 编译器产生修饰名称的方法。

25.1.1 C 和 C++

C 编译器和 C++编译器使用的名称修饰规则是不同的，这意味着对 VC 这样的同时支持 C 和 C++语言的集成编译器来说，同一个函数可能产生不同的修饰名。举例来说，对于 void__ cdecl test(void)函数，按照 C 规范编译所产生的修饰名称是_test，而按照 C++规范编译产生的修饰名称是?test@@ZAXXZ。因为链接器是使用修饰名称来连接目标文件的，所以如果调用方和实现方所使用的编译规范不同，那么连接时就会出现下面这样的错误。

```
error LNK2001: unresolved external symbol "void __ cdecl Test(void)" (?Test@@YAXXZ)
```

VC 编译器默认按照源文件的扩展名来决定源文件的类型和选择编译器，.c 代表 C 文件，.cpp 和.cxx 代表 C++文件，同时也支持使用如下方法来选择编译器（编译规范）。

（1）使用编译选项/Tc 后跟文件名，强制此文件为 C 文件。

（2）使用编译选项/Tp 后跟文件名，强制此文件为 C++文件。

（3）使用/TC 选项，强制指定所有要编译的文件都是 C 文件。

（4）使用/TP 选项，强制指定所有要编译的文件都是 C++文件。

（5）在 C++文件中，使用 extern "C"关键字声明使用 C 的名称修饰规则。

区分 C 和 C++修饰名的一种简单方法是，C++的修饰名称都是以问号（?）开始的。下面我们将分别介绍 C 和 C++编译器所使用的名称修饰规则。

25.1.2 C 的名称修饰规则

VC 的 C 编译器使用如下规则来产生修饰名称。

（1）对于使用 C 调用协议（__ cdecl）的函数，在函数名称前加一下画线，不考虑参数和返回值。

（2）对于使用快速调用协议（__ fastcall）的函数，在函数名称前后各加一@符号，后跟参数的长度，不考虑返回值。例如 extern "C" int__ fastcall Test(int n)的修饰名称为@Test@4。

（3）对于使用标准调用协议（__ stdcall）的函数，在函数名称前加一下画线，名称后加一@符号，后跟参数的长度，不考虑返回值。例如 extern "C" int__ stdcall Test(int n, int m)的修饰名称为_Test@8。

25.1.3 C++的名称修饰规则

因为 C++编译器要支持类和命名空间等特征，其修饰名称中需要考虑类名和命名空间信息，所以它的名称修饰规则要比 C 复杂一些。C++标准没有定义统一的名称修饰规则，因此，不同的编译器使用的规则是不一样的，即使是同一种编译器，不同版本间可能也存在差异。以 VC++编译器为例，一个 C++修饰名称依次由以下几个部分组成。[1]

（1）问号前缀。

（2）函数名称或不包括类名的方法名称。构造函数和析构函数具有特别的名称，分别是"?0"和"?1"。运算符重载也具有特别的名称，例如 new、delete、=、+和++的名称分别为"?2""?3""?4""?4""?H"和"?E"，我们把这些特别的函数名称简称为特殊函数名。

（3）如果名称不是特殊函数名，那么加一个分隔符@。

（4）对于是类的方法，由所属类开始依次加上类名和父类名，每个类名后面跟一个@符号，所有类名加好后，再加一个@符号和字符 Q 或 S（静态方法）。对于不是类的方法，直接加上@符号和字符 Y。

（5）调用协议代码。对于不属于任何类的函数，C 调用协议（__cdecl）的代码为 A，__fastcall 协议的代码为 I，标准调用协议（__stdcall）的代码为 G。对于类方法，调用协议前会加一个字符 A，this 调用协议的代码为 E。

（6）返回值编码，例如字符 H 代表整数类型的返回值。

（7）参数列表编码，以@符号结束，其细节从略。

（8）后缀 Z。

概括来讲，C++的名称修饰有以下几条规律。

（1）均以?开始，以字符 Z 结束，中间由@符号分割为多个部分。另外整个名称的长度最长为 2048 个字符。

（2）对于类的函数，其基本结构为"?方法名@类名@@调用协议　返回类型　参数列表 Z"。

（3）对于不属于任何类的函数，其基本结构为"?函数名@@Y调用协议　返回类型　参数列表 Z"。

以 int __cdecl TestFunc(int,int)为例，它的修饰名称为?TestFunc@@YAHHH@Z，其中@Y 表明这不是类的方法，其后的 A 代表 C 调用协议，第一个 H 代表返回值为整数类型，后面两个 HH 分别代表两个整型参数，之后的@表示参数列表结束，最后的 Z 是后缀。

以 C++的方法"public: int CTest::SetName(char *,...)"为例，它的修饰名称为"?SetName@CTest@@QAAHPADZZ"，其中，第一个"?"是前缀，SetName 是方法名，CTest 是类名，@Q 表示类名结束，第一个 A 是 C++方法的调用协议前缀，后面的 A 表示 C 调用协议（因为声明中包含可变数量参数，所以编译器会自动使用 C 调用协议），随后的 H 表示返回值类型（整数），PADZ 是参数编码，最后的 Z 是后缀。

再举一个构造函数的例子，如"public: CTest::CTest(void)"，它的修饰名称为"??0CTest@@QAE@XZ"，其中"?0"代表这是构造函数，CTest 表示类名，@Q 表示类名结束，其后的 AE 表示 this 调用协议。再如"public:void CTest::operator delete(void *)"的修饰名称为"??3CTest@@SAXPAX@Z"，其中@S 表明重载的 delete 操作符被自动编译为静态方法，重载的 new 运算符也是这样。

25.2　调试信息的存储格式

因为缺乏统一的标准，不同编译器存储调试信息的格式很可能是不同的，本节将介绍几种常见的存储格式。

25.2.1　COFF 格式

COFF 是 Common Object File Format 的缩写，是一种广为流传的二进制文件格式，用来存储可执行映像文件、目标文件（object file）、库文件（library file）等。COFF 历史悠久，在很多早期的 UNIX 系统中就使用广泛。Windows 操作系统中用来存储程序映像文件的 PE（Portable Executable）格式也是源于 COFF 的。

因为 COFF 可以存储各种数据对象，所以人们很自然地想到用它来存储调试信息。COFF 的调试信息可以和目标文件或映像文件保存在一起，也可以单独存放，这取决于编译器的设置。举例来说，WinDBG 的 lm 命令在显示模块列表时会显示每个模块所使用的符号文件信息，下面的显示说明 SymOption.exe 模块的调试信息是 COFF 的，而且是与 EXE 文件存储在一起的。

```
start     end       module name
00400000 00415000   SymOption C (coff symbols)   C:\... _Z7COFF\SymOption.exe
```

用 rebase 工具可以将 exe 文件中的调试信息剥离到一个单独的.dbg 文件（如 rebase-x. -b0x400000 symoption.exe）中，执行这一操作后再调试这个 EXE，lm 命令显示的变为以下内容。

```
00400000 00415000   symoption   (coff symbols)   C:\..._Z7COFF\symoption.dbg
```

这说明，WinDBG 在使用存放在.dbg 文件中的 COFF 调试信息。

微软的 PE 规范（参考资料[2]）定义了如何在 PE 文件中使用 COFF 来存储调试符号，可以说是对 COFF 的一种扩展，我们将在下一节对其做进一步介绍。

25.2.2　CodeView 格式

CodeView 是与 MSC 编译器一起使用的调试器（28.3.3 节），它使用的调试符号格式称为 CodeView格式，简称 CV 格式。CV 格式是微软自己定义的调试符号存储格式，其详细定义没有完全公开。与COFF 类似，CV 格式的调试信息既可以和目标文件或映像文件保存在一起，也可以单独存放。例如，以下分别是 WinDBG 使用存放在 exe 文件和 dbg 文件中的 CV 符号时显示的内容。

```
0:000> lm
start     end       module name
00400000 00415000   SymOption C (codeview symbols)   C:\..._Z7CV\SymOption.exe
0:000> lm
start     end       module name
00400000 00415000   symoption   (codeview symbols)   C:\..._Z7CV\symoption.dbg
```

伴随着编译器和调试器产品的发展，CV 格式的调试符号又分为多种版本，不同版本的 CV 数据块使用的数据排放方法是有差异的。所有 CV 数据块的开始 4 字节总是一个 32 位的签名，这个签名表示了其后数据所使用的格式版本。表 25-1 中列出了常见的 CV 版本签名。

表 25-1　常见的 CV 版本签名

版本签名	介　　绍
NB00	不再使用
NB01	不再使用
NB02	Microsoft LINK 5.10 所产生的数据块
NB05	Microsoft LINK 5.20 或更高版本的链接器所产生的压缩前数据块，CVPACK 会将其压缩为其他格式（NB09）

版本签名	介　　绍
NB07	仅用于 Quick C for Windows 1.0
NB08	供 4.00 到 4.05 版本的 CodeView 调试器使用的数据块
NB09	供 4.10 版本的 CodeView 调试器使用的数据块，Windows NT 4.0 的符号文件使用的就是这种格式
NB10	符号文件链接
NB11	CodeView 5.0 所引入的格式
RSDS	类似于 NB10，但它描述的是 7.0 版本的 PDB 符号文件

　　其中，NB10 和 RSDS 格式的数据块用于描述与当前文件（EXE 或 DLL）匹配的 PDB 文件，指引调试器到那个文件中去加载调试符号。很多经常调试的朋友都有这样的经验，如果调试同一台机器编译出来的 EXE 程序，即使 EXE 文件的位置变化了，只要 PDB 文件仍在原来的地方，那么调试器就可以找到合适的调试符号。事实上，调试器正是依靠 EXE 文件中的 NB10 或 RSDS 数据块寻找到符号文件的。二者的差异是，NB10 指引的是 2.0 版本的 PDB 文件，RSDS 指引的是 7.0 版本的 PDB 文件。清单 25-1 给出了这两种格式的 CV 数据块所使用的数据结构。

　　清单 25-1　NB10 和 RSDS 格式的 CV 数据块使用的数据结构

```
struct CV_INFO_PDB20
{
  CV_HEADER CvHeader;        //版本签名，即 NB10
  DWORD Signature;           //时间戳，距离 1970 年 1 月 1 日的秒数
  DWORD Age;                 //年龄，PDB 文件支持增量修改，每次修改后这个值加 1
  BYTE PdbFileName[];        //以 \0 结束的 PDB 文件的完整路径
};
struct CV_INFO_PDB70
{
  DWORD  CvSignature;        //版本签名，即 RSDS
  GUID Signature;            //GUID 格式的文件签名
  DWORD Age;                 //年龄，PDB 文件支持增量修改，每次修改后这个值加 1
  BYTE PdbFileName[];        //以 \0 结束的 PDB 文件的完整路径
} ;
```

　　可见这两个数据块的主要差异是因为 7.0 版本的 PDB 文件使用 GUID 格式的文件签名。我们将在介绍 PE 文件中的调试信息时介绍以上数据结构的实际应用。

　　Borland 公司的编译器和调试器所使用的调试信息格式与 CV 格式类似，但做了一些扩展，典型的版本签名有 FB09 和 FB0A。

25.2.3　PDB 格式

　　Visual C++ 1.0 引入了一种新的存储调试信息的文件格式，称为 Program Database，简称 PDB。PDB 格式的调试信息需要单独存储在一个文件中，通常以 .pdb 作为扩展名。PDB 格式的调试符号文件支持 Edit and Continue（EnC）等高级调试功能，这是 CV 和 COFF 所不支持的。

　　PDB 格式是微软自己定义的未公开格式，但是可以通过 DbgHelp 库或 DIA SDK 来间接访问 PDB 文件中的调试信息。

　　根据所包含符号的完整程度，PDB 格式的调试符号文件又分为私有（private）PDB 符号文

件和公共（public）PDB 符号文件。私有 PDB 符号文件是由编译器和链接器产生的，公共 PDB 符号文件是在私有 PDB 符号文件的基础上使用工具产生的，产生时剔除了数据类型、函数原型和源代码行等与源程序文件关系密切的私有信息。公共 PDB 符号文件的典型用途是公开给客户或合作伙伴使用。举例来说，微软符号服务器中公开的符号文件大多是公共符号文件。使用 DDK 中的 binplace 工具可以成批地产生公共 PDB 符号文件。对于 VC2005 或更高版本的 VC 编译器，可以使用链接选项/PDBSTRIPPED:<公共 PDB 符号文件名>来产生公共 PDB 符号文件。

在 WinDBG 中显示模块列表时，如果一个模块使用的是私有 PDB 符号文件，那么关于这个模块的显示信息中会包含 private pdb symbols；如果使用的是公共 PDB 符号文件，那么显示信息会包含 pdb symbols，例如：

```
00400000 0041d000   SymOption C (private pdb symbols)  C:\...Z7PDB\SymOption.pdb
7c900000 7c9b0000   ntdll      (pdb symbols) d:\symbols\ntdll.pdb\...\ntdll.pdb
```

公共调试符号不支持源代码级调试、观察局部变量和按类型显示变量等功能。为了能够观察某些重要的数据结构，Windows 内核和 NTDLL.DLL 的公共符号文件中保留了部分私有符号。

25.2.4　DWARF 格式

DWARF 是一种公开的调试信息格式规范，是由 DWARF 组织定义的。该格式目前主要应用在 UNIX 和 Linux 系统中，如 gcc 和 gdb 都支持 DWARF 格式。DWARF 是 Debugging With Attributed Record Formats 的缩写，是其创始人 Brian Russell 所取的名字。从该组织的网站上可以自由下载描述 DWARF 格式的详细文档。

25.3　目标文件中的调试信息

简单来说，目标文件就是编译器用来存放目标代码（object code）的文件。目标文件既是编译过程的输出结果，又是链接过程的输入材料。因为从文件角度来讲，编译器的任务就是将源文件中的源代码翻译成目标代码，然后存储在目标文件中；而链接器的任务是将多个目标文件中的目标代码链接成一个可以被操作系统加载和执行的映像文件（image file）。

调试信息的主要作用是向调试器和调试人员提供源程序中的程序信息，包括类型、函数和各种数据（参数、局部变量、全局变量、静态变量等）。那么，如何把这些信息传递给调试过程呢？因为编译过程关于源程序的知识（knowledge）最多，所以让编译过程收集调试信息是最佳的选择。那么把收集到的信息放在哪里呢？很自然地有两种方法：一种是和目标代码一同放在目标文件中；另一种是放在单独的文件中。本节将以 VC 编译器的目标文件为例，介绍存放在目标文件中的调试信息。

VC 编译器的目标文件使用的是 COFF，整个文件分成多个数据块，图 25-1 画出了一个典型目标文件（SymOption.obj）的数据布局。

SymOption.obj 文件共有 5946 字节，图中画出了文件中的所有数据块，最前面是一个 IMAGE_FILE_HEADER 结构，而后是 5 个 IMAGE_SECTION_HEADER 结构，分别描述了这个文件中的 5 个节的概要信息。

（1）.drectve，其数据为一系列以空格分隔的链接选项（linker directives），如-defaultlib:LIBCD -defaultlib:OLDNAMES。

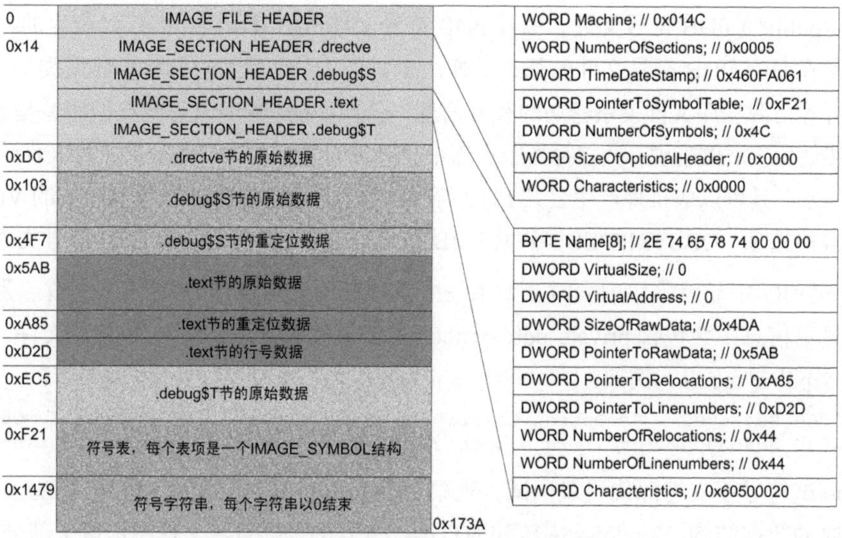

0	IMAGE_FILE_HEADER		WORD Machine; // 0x014C
0x14	IMAGE_SECTION_HEADER .drectve		WORD NumberOfSections; // 0x0005
	IMAGE_SECTION_HEADER .debug$S		DWORD TimeDateStamp; // 0x460FA061
	IMAGE_SECTION_HEADER .text		DWORD PointerToSymbolTable; // 0xF21
	IMAGE_SECTION_HEADER .debug$T		DWORD NumberOfSymbols; // 0x4C
0xDC	.drectve节的原始数据		WORD SizeOfOptionalHeader; // 0x0000
0x103	.debug$S节的原始数据		WORD Characteristics; // 0x0000
0x4F7	.debug$S节的重定位数据		BYTE Name[8]; // 2E 74 65 78 74 00 00 00
0x5AB	.text节的原始数据		DWORD VirtualSize; // 0
			DWORD VirtualAddress; // 0
0xA85	.text节的重定位数据		DWORD SizeOfRawData; // 0x4DA
0xD2D	.text节的行号数据		DWORD PointerToRawData; // 0x5AB
0xEC5	.debug$T节的原始数据		DWORD PointerToRelocations; // 0xA85
			DWORD PointerToLinenumbers; // 0xD2D
0xF21	符号表，每个表项是一个IMAGE_SYMBOL结构		WORD NumberOfRelocations; // 0x44
			WORD NumberOfLinenumbers; // 0x44
0x1479	符号字符串，每个字符串以0结束		DWORD Characteristics; // 0x60500020
		0x173A	

图 25-1　典型目标文件的数据布局

（2）.debug$S，调试符号信息（symbolic information）。

（3）.bss，自由格式的未初始化数据。

（4）.text，目标代码。

（5）.debug$T，调试类型信息（type information）。

在节的头信息之后是节的数据，每个节可以最多有 3 种数据——原始数据（raw data）、重定位（relocation）数据和行号（line number）数据。从图 25-1 中可以看到，.drectve 节只有原始数据，.debug$S 有原始数据和重定位信息，.bss 节没有任何数据，.text 节有 3 种数据，.debug$T 节只有原始数据。

节数据之后的是调试符号表和字符串表。

25.3.1　IMAGE_FILE_HEADER 结构

目标文件的开始处固定为一个 IMAGE_FILE_HEADER 结构，用来描述整个文件的基本信息，MSDN 中给出了这个结构的定义。

```
typedef struct _IMAGE_FILE_HEADER
{
  WORD Machine;                  //CPU 架构
  WORD NumberOfSections;         //节数量
  DWORD TimeDateStamp;           //时间戳
  DWORD PointerToSymbolTable;    //符号表的偏移量
  DWORD NumberOfSymbols;         //符号表中的符号数量
  WORD SizeOfOptionalHeader;     //可选文件头结构的大小
  WORD Characteristics;          //特征
} IMAGE_FILE_HEADER, *PIMAGE_FILE_HEADER;
```

Machine 字段表示这个目标文件所针对的 CPU 架构，常见的值中，IMAGE_FILE_MACHINE_I386（0x014c）代表 x86 CPU，IMAGE_FILE_MACHINE_IA64（0x0200）代表 Intel 安腾 CPU（IPF），IMAGE_FILE_MACHINE_AMD64（0x8664）代表 x64 CPU。NumberOfSections 字段表示这个文件中所包含节（section）的个数。TimeDateStamp 是文件的时间

戳，其值为 1970 年 1 月 1 日至今的秒数。PointerToSymbolTable 是符号表起始字节相对于文件开头的偏移量，如果没有符号表，则这个值为 0。对于 SymOption.obj，PointerToSymbolTable 为 0xF21，NumberOfSymbols 为 0x4C，这说明在文件的 0xF21 偏移量处存放了 0x4C 个符号（IMAGE_SYMBOL 结构）。SizeOfOptionalHeader 字段表示可选的文件头结构的长度，目标文件通常没有这个结构可选，因此这个值为 0。Characteristics 字段用来表示映像文件的属性，它的每一个二进制位对应于一种属性，WinNT.h 中的 IMAGE_FILE_XXX 系列常量定义了可能的属性标志。

25.3.2　IMAGE_SECTION_HEADER 结构

IMAGE_FILE_HEADER 结构之后，是连续的多个 IMAGE_SECTION_HEADER 结构，其实际个数是由 IMAGE_FILE_HEADER 结构中的 NumberOfSections 字段决定的。

每个 IMAGE_SECTION_HEADER 结构用来描述一个节的概要信息，包括名称、长度和它所包含数据的偏移量。图 25-1 右侧给出了 IMAGE_SECTION_HEADER 结构的定义，每个字段后的注释是.text 节所对应的值。例如，Name 字段的值即是 ASCII 码 ".text"，空余的字节被填充为 0。PointerToRawData 字段用来指定节的原始数据的偏移量，其长度由 SizeOfRawData 指定。以.text 节为例，这两个字段的值分别为 0x5AB 和 0x4DA，从图中可以看出偏移量 0x5AB 处确实是.text 节原始数据，其长度为 0x4DA（0xA85−0x5AB=0x4DA）。类似地，PointerToRelocations 和 PointerToLinenumbers 分别用来描述节的另外两种数据，即重定位信息和行号信息的偏移量。这两种数据都由多个固定长度的结构组成，其具体个数分别由 NumberOfRelocations 字段和 NumberOfLinenumbers 的值来指定。Characteristics 字段用来描述节的属性，它的每个二进制位对应于一种属性，WinNT.h 中的 IMAGE_SCN_XXX 系列常量定义了可能的属性标志。

25.3.3　节的重定位信息和行号信息

每个节可以有 3 种数据——原始数据、重定位信息和行号信息。原始数据会因节的不同而使用不同的格式。重定位信息用来描述链接和加载映像文件时应该如何修改节数据。每一条重定位信息是一个 IMAGE_RELOCATION 结构。

```
typedef struct _IMAGE_RELOCATION {
    UINT32   VirtualAddress;    //需要重定位项目的 RVA 地址
    UINT32   SymbolTableIndex;  //相关符号结构在符号表中的索引
    UINT16   Type;              //重定位类型
} IMAGE_RELOCATION;
```

其中：VirtualAddress 字段用来指定要进行重定位项目（item）的 RVA，即相对于文件开头的偏移量；Type 用来指定要应用的重定位方法，其值为 IMAGE_REL_XXX 系列常量之一；SymbolTableIndex 用来指定与这条重定位信息相关的符号信息。符号信息中包含了用来重定位的地址。

行号信息用来描述源代码行与目标代码的对应关系，每条行号信息是一个 IMAGE_LINENUMBER 结构。

```
typedef struct _IMAGE_LINENUMBER {
    union {  //联合体, 如果 Linenumber 等于 0, 则 SymbolTableIndex 有效
        UINT32   SymbolTableIndex;    //对应函数名称的符号索引
        UINT32   VirtualAddress;      //目标代码相对于函数起始地址的偏移量
    } Type;
    UINT16   Linenumber;              //相对于函数起始行号的偏移量
} IMAGE_LINENUMBER;
```

其中 Linenumber 是相对于函数基础行号的偏移量。如果 Linenumber 为 0，那么 Type 联合字段应该取 SymbolTableIndex，用来索引符号表中的一个函数名称；如果 Linenumber 不为 0，那么 VirtualAddress 是可执行代码的地址。以 SymOption 程序 SymOption.cpp 为例，第一行的行号为 1，WinMain 函数的起始大括号的行号为 24，使用调试器的"反汇编"窗口观察到它的目标地址是 0x00401040，这个函数中包含目标代码的第一个源代码行（LoadString…）是第 30 行，它的目标代码地址为 0x00401064。观察描述这一行源代码的 IMAGE_LINENUMBER 结构，VirtualAddress 字段等于 0x24，Linenumber 字段等于 6，刚好分别是目标代码和源代码相对于函数起始地址和起始行号的偏移量。

使用 dumpbin symoption.obj /LINENUMBERS 可以列出 SymOption.obj 文件所包含的所有源代码行号信息，以下是关于 WinMain 函数的信息。

```
LINENUMBERS #4
 Symbol index:      10 Base line number:    24
 Symbol name = _WinMain@16
 00000024(   30) 00000040(   31) 0000005C(   32) 00000068(   35)
 0000007C(   37) 00000080(   40) 00000098(   43) 000000B5(   45)
 000000D4(   47) 000000E7(   48) 000000FA(   50) 000000FC(   52)
 000000FF(   53)
```

第 2 行的 10（十六进制）是这个函数的符号结构在符号表中的索引，24（十进制）是根据函数的.bf 符号读取的函数基础行号，稍后我们会介绍。

25.3.4　存储调试数据的节

PE 规范（参考资料[6]）中定义了如下 4 种用于存储调试数据的节。

（1）.debug$F：用于存储函数的帧数据，包含多个 FPO_DATA 结构（见下文）。

（2）.debug$S：用于存储 VC 编译器专用的符号（symbolic）信息。

（3）.debug$P：用于存储 VC 编译器专用的预编译（precompiled）信息。

（4）.debug$T：用于存储 VC 编译器专用的类型（type）信息。

FPO_DATA 结构的定义如下。

```
typedef struct _FPO_DATA {
    DWORD    ulOffStart;         //函数代码的第一条指令的偏移
    DWORD    cbProcSize;         //函数的字节数
    DWORD    cdwLocals;          //以 DWORD 为单位的局部变量长度
    WORD     cdwParams;          //以 DWORD 为单位的参数长度
    WORD     cbProlog : 8;       //函数序言的字节数
    WORD     cbRegs   : 3;       //保存的寄存器数量
    WORD     fHasSEH  : 1;       //如果栈帧中包含 SEH 登记结构，则为 1
    WORD     fUseBP   : 1;       //如果使用 EBP 寄存器记录栈帧基地址，则为 1
    WORD     reserved : 1;       //保留
    WORD     cbFrame  : 2;       //帧类型
} FPO_DATA;
```

其中 cbFrame 为常量 FRAME_FPO（0）、FRAME_TRAP（1）和 FRAME_TSS（2）之一。因为 FPO 是一种优化措施，所以通常只有在发布版本中才会使用，这也意味着调试版本的 OBJ 文件中通常没有.debug$F 节。使用 Visual Studio 附带的 dumpbin 工具，可以看到在发布版本的 SymOption.obj 文件中有 5 个.debug$F 节。每个节都有 16 字节的原始数据和 1 个重定位表。仔细观察，可以发现每个节描述了一个使用 FPO 的函数，例如以下是关于 WinMain 函数的.debug$F 节的原始数据。

```
RAW DATA #4
  00000000: 00 00 00 00 B9 00 00 00 07 00 00 00 04 00 00 14  ....1...........
```

使用 dumpbin symoption.obj /FPO 命令可以通过更友好的方式显示 FPO 信息。

```
FPO Data (1)
                                          Use  Has  Frame
    RVA        Proc Size  Locals  Regs  Prolog  BP  SEH  Type  Params
    00000000       185       28     4       0   Y    N   fpo       16
```

使用 dumpbin symoption.obj /RELOCATIONS 可以显示重定位表的信息。

```
RELOCATIONS #4
                                                 Symbol   Symbol
    Offset    Type               Applied To      Index    Name
    --------  ----------------   --------------   --------  ------
    00000000  DIR32NB            00000000         E  _WinMain@16
```

微软没有公开.debug$S 和.debug$T 数据所使用的结构，使用 dumpbin 工具可以打印出它们的概要信息和原始数据，以下是 SympOption.obj 的.debug$T 节的原始数据。

```
RAW DATA #5
  00000000: 02 00 00 00 56 00 16 00 61 A0 0F 46 02 00 00 00  ....V...a?.F....
  00000010: 48 63 3A 5C 64 69 67 5C 64 62 67 5C 61 75 74 68  Hc:\dig\dbg\auth
  00000020: 6F 72 5C 63 6F 64 65 5C 63 68 61 70 32 35 5C 73  or\code\chap25\s
  00000030: 79 6D 6F 70 74 69 6F 6E 5C 73 79 6D 6F 70 74 69  ymoption\symopti
  00000040: 6F 6E 5F 5F 5F 77 69 6E 33 32 5F 7A 69 70 64 62  on___win32_zipdb
  00000050: 5C 76 63 36 30 2E 70 64 62 F3 F2 F1              \vc60.pdbóò?
```

根据以上数据所包含的关于 VC60.pdb 文件的全路径，可以猜测这是指向 VC60.pdb 的一个链接，25.6 节会介绍 VC 编译器默认将类型符号存储在一个单独的 PDB 文件中，VC6 编译器使用的就是 VC60.pdb。也就是说，VC 编译器将类型符号放在 PDB 文件中，目标文件的.debug$T 节只存储 PDB 文件的路径。

25.3.5　调试符号表

在目标文件中，通常有一个用于存储符号信息的符号表，因为它使用的是 COFF，所以这个符号表经常称为 COFF 符号表（COFF Symbol Table）。COFF 符号表的每个项是一个固定长度（18 字节）的 IMAGE_SYMBOL（清单 25-2）或 IMAGE_AUX_SYMBOL 结构。

清单 25-2　IMAGE_SYMBOL 结构

```
typedef struct _IMAGE_SYMBOL {
    union {                              //符号名称，联合体
        BYTE      ShortName[8];          //不超过 8 字节的符号名称
        struct {                         //描述长度大于 8 字节的符号名称
            DWORD   Short;               //如果不为 0，则 ShortName 为符号名
            DWORD   Long;                //长符号名的偏移量
        } Name;
        DWORD   LongName[2];             //以 DWORD 方式来访问这个枚举结构
    } N;
    DWORD   Value;                       //取值，与类型有关
    SHORT   SectionNumber;               //节的编号
    WORD    Type;                        //符号类型，见下文
    BYTE    StorageClass;                //存储方式
    BYTE    NumberOfAuxSymbols;          //附属符号的数量
} IMAGE_SYMBOL, *PIMAGE_SYMBOL;
#define IMAGE_SIZEOF_SYMBOL   18
```

如果名称不超过 8 字节，那么起始 8 字节便是符号的名称，此时联合体中的 Short 字段不

为 0，ShortName 字段即名称。如果 Short 字段为 0，那么说明名称超过 8 字节，此时 Long 字段是这个名称在字符串表中的偏移量，根据这个偏移量可以在字符串表中找到符号的名称。SectionNumber 是与这个符号相关联节的序号（从 1 开始），以下值具有特殊的含义。

```
IMAGE_SYM_UNDEFINED(0)- 未定义的或者外部的符号
IMAGE_SYM_ABSOLUTE(-1) - 这个符号是一个绝对的值，不与任何节关联，例如编译器 ID 等
IMAGE_SYM_DEBUG  (-2)- 供调试器使用的特殊符号。如.file 符号（见下文）
```

Type 字段表示符号的类型，VC 编译器通常只使用两个值，0x20 表示函数，0x0 表示不是函数。StorageClass 字段表示这个符号所描述对象的存储类型，WinNT 文件中的 IMAGE_SYM_CLASS_XXX 系列常量定义了可能的存储类型。

NumberOfAuxSymbols 字段用来指定跟随在当前符号之后的辅助符号的个数。例如一个.file 符号（名称为.file，存储类型为 IMAGE_SYM_CLASS_FILE）后会跟着一个或多个用来描述源文件名称的辅助符号。比如 SymOpion.obj 的第一个符号就是.file 符号，它的各字段值如下。

```
ShortName[8] = 2E 66 69 6C 65 00 00 00    //即 ASCII 码.file
Value = 00000000                          //取值，只对静态变量等符号有效
SectionNumber = FFFE                      //即 IMAGE_SYM_DEBUG
Type = 0000                               //非函数符号
StorageClass = 67                         //IMAGE_SYM_CLASS_FILE
NumberOfAuxSymbols = 03                   //附属符号数量
```

NumberOfAuxSymbols 等于 3，表示在这个符号后的 3 条记录都是这个符号的辅助信息，其值就是源程序文件的全路径，c:\...SymOption\SymOption.cpp。

常见的辅助符号还有对函数和节的描述，WinNT.H 的 IMAGE_AUX_SYMBOL 结构定义了这些辅助符号的结构，IMAGE_AUX_SYMBOL 结构的长度也是 18 字节，这保证了 COFF 符号表中的所有项是等长的。

25.3.6 COFF 字符串表

在目标文件的 COFF 调试符号表之后通常是 COFF 字符串表。因为 IMAGE_FILE_HEADER 结构中没有记录字符串表的偏移量，所以寻找字符串表的方法是，使用调试符号表的地址加上调试符号个数乘以每个符号的长度，即使用如下公式。

```
字符串表地址 = PointerToSymbolTable + NumberOfSymbols * IMAGE_SIZEOF_SYMBOL
```

以 SymOption.obj 为例，字符串表地址=0xF21 + 0x4C * 0x12 = 0x1479，这与使用 PEView 工具看到的结果是一致的。字符串表的起始 4 字节是字符串表的长度，包括这 4 字节本身。在长度之后便是以 0 结束的字符串。

字符串表中存放的字符串大多是长度大于 8 字节的符号名，因为 COFF 符号表中的 IMAGE_SYMBOL 结构是固定长度的，只能存储长度不超过 8 字节的符号名。如果符号名称的长度大于 8 字节，那么编译器会将其存储在字符串表中，并将其相对于字符串表起始位置的偏移量保存在 IMAGE_SYMBOL 结构的 Long 字段中。以 SymOption.obj 中全局变量 hInst(structHINSTANCE__ * hInst) 的符号为例，它的修饰名是?hInst@@3PAUHINSTANCE__@@A。因为这个名称超过了 8 字节，所以它保存在字符串表中，偏移量是 4（第一个字符串）。其 Short 字段的值是 0，表示其实际名称在字符串表中，Long 字段的值是 4，表明在字符串表中的偏移量是 4。

25.3.7 COFF 符号例析

使用 DumpBin 工具可以列出目标文件符号表中所包含的所有符号。例如，使用如下命令可以将 SymOption.obj 中的符号信息写到文本文件 dump_sym.txt 中。

```
C:\...\SymOption\objsamp>dumpbin symoption.obj /symbols >dump_sym.txt
```

清单 25-3 列出了 dump_sym.txt 文件中所包含的主要信息。

清单 25-3　dump_sym.txt 文件中所包含的主要信息（节选）

```
COFF SYMBOL TABLE
000 00000000 DEBUG   notype          Filename   | .file
    C:\dig\dbg\author\code\chap25\SymOption\SymOption.cpp
004 000B2306 ABS     notype          Static     | @comp.id
005 00000000 SECT1   notype          Static     | .drectve
    Section length   27, #relocs    0, #linenums    0, checksum         0
007 00000000 SECT2   notype          Static     | .debug$S
    Section length  3F4, #relocs   12, #linenums    0, checksum E9AFC280
00C 00000064 SECT3   notype          External   | ?szTitle@@3PADA (char * szTitle)
00E 00000000 SECT4   notype          Static     | .text
    Section length  4DA, #relocs   44, #linenums   44, checksum 3E89ABBB
010 00000000 SECT4   notype ()       External   | _WinMain@16
    tag index 00000019 size 00000110 lines 00000D2D next function 0000001E
012 00000000 UNDEF   notype ()       External   | __imp__DispatchMessageA@4
019 00000000 SECT4   notype          BeginFunction | .bf
    line# 0018 end 00000023
01B 0000000E SECT4   notype          .bf or.ef  | .lf
01C 00000110 SECT4   notype          EndFunction | .ef
    line# 0035
04A 00000000 SECT5   notype          Static     | .debug$T
    Section length   5C, #relocs    0, #linenums    0, checksum         0
```

其中最左侧一列是符号的序号，然后依次是 Value 字段、SectionNumber 字段、Type 字段、StorageClass 字段和符号名称。

0 号符号的类型是文件名（Filename），其名称是.file，大多数 COFF 符号表是以这样的符号开始的。接下来的 3 个符号是文件名符号的辅助符号，用来记录文件名，Dumpbin 便直接将文件名显示出来。

4 号符号是用来记录编译器 ID（版本）的静态符号（IMAGE_SYM_CLASS_STATIC）的，它的 Value 字段的值是 000B2306，笔者猜想它与编译器的版本号有关。SectionNumber 列是 ABS，代表 IMAGE_SYM_ABSOLUTE。

接下来的几个符号都是用来描述节的，而且都是一个主符号，后面跟一个辅助符号。5 号和 6 号符号描述的是.drectve 节，5 号描述了节的概况，6 号（编号没有显示）描述了它的细节，包括节的长度（字节为单位）、节的重定位记录数（0）、节的行号记录数和节的校验和。7 号和 8 号符号描述的是.debug$S 节。

符号 00C 描述的是全局变量 szTitle，它前后的 00B 和 00D 描述的也是全局变量，清单 25-3 中省略了。

从 010 到 01D 的 14 个符号都是描述 WinMain 函数的，第一个符号（010）描述了函数的名称，紧接其后的是描述函数的辅助符号，其中 0xD2D 是 IMAGE_AUX_SYMBOL 结构的 PointerToLinenumber 字段，即这个函数的行号信息（IMAGE_LINENUMBER 结构）的偏移量，指向的是.text 节的行号信息部分,0xD2D 恰好是这个部分的起始地址(图 25-1)。PointerToNextFunction 的值是 0x1E,这是下一个函数符号的序号。符号 0x12 到 0x18 都是 DT_FUNCTION 类型的符号,描述的是 WinMain 函数中调用的函数。符号 0x19 和 0x20 描述的是函数的序言,.bf 是 Begin of Function 的缩写,其中 line#是函数的基础行号,通常也就是函数的起始大括号所对应的行号(从 1 开始),其中 end 值 00000023 是下一个函数的.bf 符号的序号。Dumpbin 使用 end 作为这个字段的名称有些不妥,按照 PE 规范,它应该是 PointerToNextFunction。

符号 0x1B 的名称.lf 代表的是 lines in function,PE 规范中没有详细介绍这个符号,笔者推断这个符号的值 (对于 WinMain 是 0xE) 是函数中可跟踪的源代码行数,不包括空行和定义变量的行。符号 0x1C 的名称.ef 代表的是 end of function,它描述的是函数的结语,它的值 0x110 是函数的代码长度 (指令的总字节数),其值与符号 0x11 中的 size 值相同。0x1D 是.ef 符号的辅助符号,它的 line#值(0x35,即 53)是这个函数的结束行的编号,通常就是右大括号的位置。

本节介绍了目标文件中的调试信息,主要目的是让读者对调试符号的实际内容和存储方法有一个感性的认识,以便更好地理解后面的内容,并不是让大家死记硬背其中的数据结构和细枝末节。其中的某些细节会因为编译器的版本和编译选项的变化而不同,我们将在 25.7 节介绍如何通过设置编译选项来定制调试信息的丰富程度和存储方式。

『 25.4　PE 文件中的调试信息 』

Windows 操作系统的可执行文件主要有两种格式:一种是 16 位 Windows 系统所使用的 NE (New Executable) 格式;另一种是 32 位和 64 位 Windows 系统所使用的 PE 格式。因为 16 位 Windows 系统已经很少使用,所以今天的大多数 Windows 系统可执行文件使用的是 PE 格式。

PE 格式是 Windows NT 系列操作系统的第一个版本 NT 3.1 所引入的,其全称叫 Portable Executable,这个名字反映了 NT 3.1 的一个重要设计目标,那就是可移植 (portable),因为设计 NT 系列时,期望可以很容易地把它移植到其他 CPU 架构中运行。[3]

从微软网站上可以下载名为 "Microsoft Portable Executable and Common Object File Format Specification" 的文档,它是了解 PE 格式的最好资料,这份文档同时定义了 PE 文件和 OBJ 文件的格式,通常简称为 PE-COFF 规范。

25.4.1　PE 文件布局

PE 文件由固定结构的文件头和不确定个数的若干个数据块构成,图 25-2 显示了典型 PE 文件 (HiWorld.exe 程序)的文件结构。HiWorld.exe 是由 VC2005 编译产生的一个典型的 Windows 可执行文件。

在文件的最前面是 IMAGE_DOS_HEADER 结构,WinNT.H 中有这个结构的详细定义,但因为这个结构是为了兼容老的 DOS 操作而设计的,所以今天它的价值已经很小,值得我们注意的只有起始处的 e_magic 字段和最末的 e_lfanew 字段。e_magic 字段是所有 DOS 程序都使用的文件签名,其内容固定为字符 "MZ" 的 ASCII 码 0x5A4D。e_lfanew 字段是新的 EXE 文件头的偏移量,对于 HiWorld.exe,它的值为 0xE8。IMAGE_DOS_HEADER 结构后面是一段 16 位的代码,当这个 EXE 程序在 DOS 操作系统下执行时,这段程序会被执行,显示 "This program cannot be run in DOS mode." 后退出,因此这段代码通常称为 DOS Stub Program。[4]

IMAGE_NT_HEADERS 结构是 PE 文件的真正开始,由 3 个部分组成,最前面是 4 字节的

PE 文件签名，其内容固定为 0x00004550，即字符串"PE\0\0"。PE 签名之后是一个 IMAGE_FILE_HEADER 结构，它与 OBJ 文件的头结构是相同的，接下来是一个 IMAGE_OPTIONAL_HEADER 结构（稍后介绍）。

在 IMAGE_NT_HEADERS 结构之后，是一系列 IMAGE_SECTION_HEADER 结构，用来描述 PE 文件中的各个节的概况，常见的节有以下几种。

（1）.text 节，代码。

（2）.rdata 节，只读的已经初始化过的数据（read-only initialized data）。

（3）.data 节，数据。

（4）.idata 节，导入数据（import data）。

（5）.rsrc 节，资源，比如 GUI 程序的菜单、图标、位图等，也可以存放 manifest 文件等。

图 25-2 显示的是调试版本的 HiWorld.exe，如果是发布版本，其结构很类似（图 25-3）。

比较图 25-2 和图 25-3，可以发现较大的差异就是发布版本将.idata 节的内容合并到.rdata 中，这主要是为了使发布版本的 EXE 文件更小。

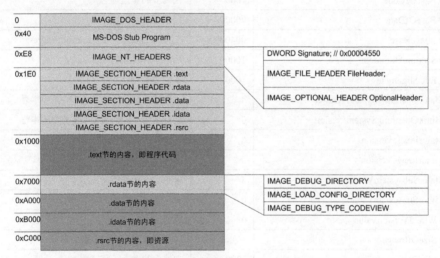

图 25-2　典型 PE 文件（HiWorld.exe 调试版本）的文件结构

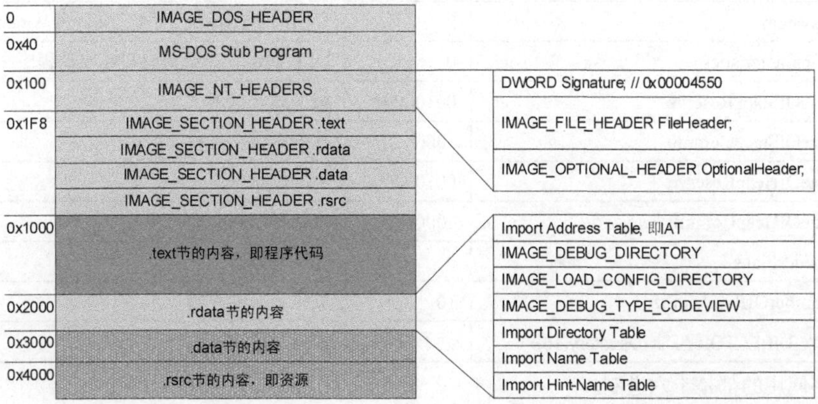

图 25-3　典型 PE 文件（HiWorld.exe 发布版本）的文件结构

25.4.2 IMAGE_OPTIONAL_HEADER 结构

IMAGE_OPTIONAL_HEADER 结构是 PE 文件中一个非常重要的结构，其中包含了 PE 文件的很多重要属性，这些属性对指导操作系统如何加载这个 PE 文件起着重要作用。MSDN 描述了这个结构和它的各个字段。表 25-2 列出了各个字段的定义和它们在 HiWorld.exe（调试版本）文件中的取值。

表 25-2　IMAGE_OPTIONAL_HEADER 结构

字　段	取　值[①]	说　明
WORD Magic	010B	Magic 代码，0x10B 代表 32 位的 PE 文件
BYTE MajorLinkerVersion	08	链接器的主版本号
BYTE MinorLinkerVersion	00	链接器的小版本号
DWORD SizeOfCode	6000	代码节的长度（字节）
DWORD SizeOfInitializedData	15000	初始化数据节的长度
DWORD SizeOfUninitializedData	0	未初始化数据节的长度
DWORD AddressOfEntryPoint	0x22D0	入口函数的偏移地址
DWORD BaseOfCode	1000	代码节的基地址
DWORD BaseOfData	7000	数据节的基地址
DWORD ImageBase	00400000	推荐的加载地址（Preferred Address）
DWORD SectionAlignment	1000	节的对齐尺寸
DWORD FileAlignment	1000	文件的对齐尺寸
WORD MajorOperatingSystemVersion	4	运行这个文件所需要 OS 的主版本号
WORD MinorOperatingSystemVersion	0	运行这个文件所需要 OS 的小版本号
WORD MajorImageVersion	0	本文件的主版本号
WORD MinorImageVersion	0	本文件的小版本号
WORD MajorSubsystemVersion	4	Windows 子系统的主版本号
WORD MinorSubsystemVersion	0	Windows 子系统的小版本号
DWORD Win32VersionValue	0	保留未用
DWORD SizeOfImage	1C000	内存映像大小（字节数）
DWORD SizeOfHeaders	1000	文件头的大小（字节数）
DWORD CheckSum	00000000	校验和
WORD Subsystem	2	所需的 Windows 子系统，2 代表 Windows GUI
WORD DllCharacteristics	0	DLL 属性，如果是 WDM 驱动程序，则为 0x2000
DWORD SizeOfStackReserve	00100000	栈的默认保留大小
DWORD SizeOfStackCommit	1000	栈的默认初始提交大小
DWORD SizeOfHeapReserve	00100000	堆的默认保留大小
DWORD SizeOfHeapCommit	1000	堆的默认提交大小
DWORD LoaderFlags	0	加载标志
DWORD NumberOfRvaAndSizes	10	数据目录的个数
IMAGE_DATA_DIRECTORY DataDirectory[16]	见下文	数据目录

① 所有数字使用的都是十六进制。

其中，DataDirectory 字段用于定位导入表、导出表、资源表、异常表、调试信息表、签名表、TLS 和延迟加载描述符表等其他数据表，尽管它的默认元素个数是 16，但其实际个数应该根据 NumberOfRvaAndSizes 字段来确定。它的每个元素是一个 IMAGE_DATA_DIRECTORY 结构。

```
typedef struct _IMAGE_DATA_DIRECTORY {
  DWORD VirtualAddress;     //表起始位置的 RVA
  DWORD Size;               //表的大小，字节数
} IMAGE_DATA_DIRECTORY, *PIMAGE_DATA_DIRECTORY;
```

这个定义包含了该结构所描述的目录表的地址和大小，但是并没有描述目录表的用途，这是因为 PE 规范已经规定好了 DataDirectory 数组的元素内容。表 25-3 列出了 0～15 号元素所描述的目录表和它的相关信息。

表 25-3 0～15 号元素描述的目录表和它的相关信息（数值来自 HiWorld.exe 文件）

元素序号	所描述的目录表	表的 RVA	表的大小
0	输出表（.edata）	0	0
1	导入表（.idata）	B000	50
2	资源表（.rsrc）	C000	F07C
3	异常表（.pdata）	0	0
4	签名表	0	0
5	Base Relocation 表（.reloc）	0	0
6	调试目录	7620	1C
7	架构相关的数据目录		
8	全局指针目录	0	0
9	线程局部存储（TLS）	0	0
10	加载配置（Load Configuration）目录	8170	40
11	Bound Import Directory	0	0
12	导入地址表（IAT）	B260	210
13	延迟导入目录	0	0
14	COM/CLI 描述符表	0	0
15	保留	0	0

使用 dumpbin 工具可以观察一个 PE 文件的头信息，包括 IMAGE_OPTIONAL_ HEADER 结构和目录表，例如命令 dumpbin /headers hiworld.exe 可以显示 HiWorld.exe 的所有头信息。

25.4.3 调试数据目录

PE 文件可以有一个可选的调试目录（Debug Directory），用来描述 PE 文件中所包含的调试信息的种类和位置。调试目录可以位于专门的.debug 节中，也可以位于其他任何节中，或者不在任何节中。IMAGE_OPTIONAL_HEADER 结构的 DataDirectory[6]字段用来记录调试目录的位置和长度，以表 25-3 所示的 HiWorld.exe 为例，DataDirectory[6]的 RVA 是 0x7620，大小是 0x1C，说明这个文件的偏移量 0x7620 处有一个长度为 0x1C 的调试目录。使用 PEView 工具观察，这个区域位于.rdata 节中。

调试目录可以包含若干个固定长度的 IMAGE_DEBUG_DIRECTORY 结构（清单 25-4），每个结构描述一个调试信息数据块。

清单 25-4　描述调试数据块的 IMAGE_DEBUG_DIRECTORY 结构

```
typedef struct _IMAGE_DEBUG_DIRECTORY {
    DWORD Characteristics;          //保留，必须为 0
    DWORD TimeDateStamp;            //调试数据的产生时间
    WORD MajorVersion;             //调试数据格式的主版本号
    WORD MinorVersion;             //调试数据格式的次版本号
    DWORD Type;                    //调试信息的类型，详见下文
    DWORD SizeOfData;              //调试数据的长度，不包括本目录项
    DWORD AddressOfRawData;        //调试数据的内存地址（相对于映像文件的基地址 ）
    DWORD PointerToRawData;        //调试数据在文件中的偏移量，即 RVA
} IMAGE_DEBUG_DIRECTORY, *PIMAGE_DEBUG_DIRECTORY;
```

其中 Type 字段可以为表 25-4 中的常量之一。

表 25-4　常量

常　　　量	值	含　　义
IMAGE_DEBUG_TYPE_UNKNOWN	0	未知
IMAGE_DEBUG_TYPE_COFF	1	COFF 的调试信息，包括行号、符号表和字符串表
IMAGE_DEBUG_TYPE_CODEVIEW	2	CV 格式的调试信息
IMAGE_DEBUG_TYPE_FPO	3	帧指针省略（Frame Pointer Omission，FPO）信息
IMAGE_DEBUG_TYPE_MISC	4	描述.dbg 文件的位置
IMAGE_DEBUG_TYPE_EXCEPTION	5	异常信息，.pdata 节的副本
IMAGE_DEBUG_TYPE_FIXUP	6	保留
IMAGE_DEBUG_TYPE_OMAP_TO_SRC	7	从内存映像的实际地址到 PE 文件中的地址的映射
IMAGE_DEBUG_TYPE_OMAP_FROM_SRC	8	从 PE 文件中的地址到内存映像中实际地址的映射
IMAGE_DEBUG_TYPE_BORLAND	9	Borland 格式的调试信息

以刚才使用的 HiWorld.exe 为例，Type 字段等于 2，SizeOfData 字段等于 0x45，PointerToRawData 字段的值等于 0x84DC，这意味着在文件的 0x84DC 处，有一个 CV 格式的调试数据块，长度为 0x45 字节。事实上，这个数据块就是我们曾经介绍过的 RSDS 信息（清单 25-1），即符号文件链接，它的内容主要是 HiWorld.PDB 文件的全路径，下面将详细描述。

25.4.4　调试数据

根据调试目录结构（IMAGE_DEBUG_DIRECTORY）中的信息可以找到各个调试数据块。其方法就是将 PointerToRawData 字段所指定的文件偏移量加上 PE 模块的基地址。如果直接观察文件，那么基地址便是 0。如果使用 WinDBG 调试，使用 lm 命令可以观察各个模块的基地址。以刚才介绍的 HiWorld.exe 为例，偏移量是 0x84DC，模块地址是 0x00400000（这是 EXE 模块的常用地址），二者相加，便得到调试数据的地址为 0x004084DC，结合其长度信息 0x45，便可以使用 WinDBG 的 db 命令直接观察对应的调试数据了（清单 25-5）。

清单 25-5　在调试器中观察 PE 文件的调试数据

```
0:000> db 0x004084DC 145h
004084dc  52 53 44 53 dc 34 d5 dd-a7 82 a8 41 9c 69 5b c4  RSDS.4.....A.i[.
004084ec  51 2b 1f 9b 02 00 00 00-63 3a 5c 64 69 67 5c 64  Q+......c:\dig\d
004084fc  62 67 5c 61 75 74 68 6f-72 5c 63 6f 64 65 5c 62  bg\author\code\b
0040850c  69 6e 5c 44 65 62 75 67-5c 48 69 57 6f 72 6c 64  in\Debug\HiWorld
0040851c  2e 70 64 62 00                                   .pdb.
```

其中，前 4 字节是 CV 数据的版本签名，RSDS 代表这个数据块是 CV_INFO_PDB70 格式的（清单 25-1）。RSDS 之后的 16 字节是 GUID，而后的 01 00 00 00 是 Age 字段，即 DWORD 格式的 1，剩下的便是字符串 PdbFileName。以下是 dumpbin 所显示的结果。

```
Format: RSDS, {DDD534DC-82A7-41A8-9C69-5BC4512B1F9B}, 2, c:\...\HiWorld.pdb
```

RSDS 或 NB10 类型的 CV 数据块是 PE 文件中最常见的调试数据，使用 VC 编译器构建的调试版本的各种 PE（包括 DLL、SYS、EXE）文件默认都包含这个数据块。对于发布版本，只要项目的链接选项中设置了产生调试信息（generate debug info）选项，那么也会包含这个数据块。

今天的 VC 编译器都默认使用单独的 PDB 文件来存储调试信息，因此 NB10 或 RSDS 类型的 CV 数据块通常也是 PE 文件中唯一的调试数据块。因为真正的调试数据都在 PDB 文件中，所以 PE 文件中只留下这个小的数据块来索引 PDB 文件就够了。但是，尽管已经不流行，PE 规范确实支持在 PE 文件中存储各种调试数据，包括 COFF 的调试数据、RSDS/NB10 类型之外的 CV 数据，以及其他扩展格式的调试数据。为了与存储在单独文件中的调试数据相区别，以这种方式存储的调试信息通常称为集成的调试信息（integrated debug information）。

使用 PE 文件存储所有调试信息是旧的 MSC 编译器和很多 Borland 编译器的默认做法。VC 编译器在 VC7（Visual Studio .NET 2002）还一直支持这种做法，但是从 VC7 开始只支持使用单独的 PDB 文件来存储调试信息（PE 文件中只有一个 RSDS 或 NB10 类型的 CodeView 数据块）。

例如，图 25-4 所示的 SymOption.exe 文件中就包含了 COFF 的调试数据。这个 EXE 文件是使用 VC6 产生的，我们将在 25.7 节介绍如何设置链接选项，以便在 PE 文件中存储集成的调试信息。

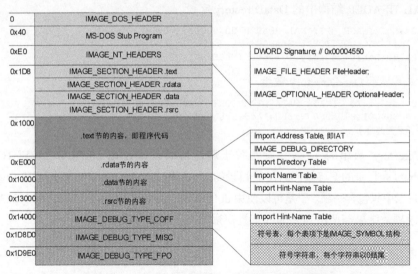

图 25-4　在 PE 文件中存储 COFF 格式的调试信息

从图 25-4 我们可以看到，从 0x14000 开始的 3 个数据块都是用来存储调试信息的，分别为 IMAGE_DEBUG_TYPE_COFF、IMAGE_DEBUG_TYPE_MISC 和 IMAGE_DEBUG_FPO。在 IMAGE_DEBUG_TYPE_COFF 块 中 又 包 含 了 IMAGE_COFF_SYMBOLS_HEADER、IMAGE_SYMBOL 符号表和字符串表 3 个部分，其中后两个部分与 25.3 节介绍的目标文件中的符号信息具有相同的格式。

有两种方法可以定位到 PE 文件中的调试数据块。第一种是通过 IMAGE_OPTIONAL_

HEADER 结构的 DataDirectory[6]字段找到调试目录的起始位置（0xE130），根据其长度（0x54）计算出调试目录中所包含的项数（84/28=3），然后，就可以根据每个目录项（IMAGE_DEBUG_DIRECTORY 结构）中的 PointerToRawData 字段找到它所描述的调试数据块了。第二种方法是通过文件 IMAGE_NT_HEADERS 中的 IMAGE_FILE_HEADER 子结构的 PointerToSymbolTable 字段直接找到位于 IMAGE_DEBUG_TYPE_COFF 块中的符号表。

25.4.5　使用 WinDBG 观察 PE 文件中的调试信息

下面我们介绍如何使用 WinDBG 来观察 PE 文件中的调试信息。我们以使用 VC8 构建的发布版本 HiWorld.exe 为例。运行 WinDBG 并打开 HiWorld.exe（code\bin\release），使用 lm 命令得到它的基地址——0x00400000。我们知道 PE 文件的开始处是一个 IMAGE_DOS_HEADER 结构，因此发出如下命令。

```
0:000> dt IMAGE_DOS_HEADER 00400000
   +0x000 e_magic        : 0x5a4d
   +0x03c e_lfanew       : 256
```

字段 e_lfanew 的值 256（0x100）是 IMAGE_NT_HEADERS 结构的偏移量，因此执行以下命令。

```
0:000> dt IMAGE_NT_HEADERS 00400000+100
HiWorld!IMAGE_NT_HEADERS
   +0x000 Signature      : 0x47d25acb
   +0x004 FileHeader     : _IMAGE_FILE_HEADER
   +0x018 OptionalHeader : _IMAGE_OPTIONAL_HEADER
```

即 OptionalHeader 字段的偏移量是 0x18，因此可以使用如下命令来显示 IMAGE_OPTIONAL_HEADER 结构中的 DataDirectory 字段。

```
0:000> dt _IMAGE_OPTIONAL_HEADER 00400000+100+18 -ny Data*
HiWorld!_IMAGE_OPTIONAL_HEADER
   +0x060 DataDirectory : [16] _IMAGE_DATA_DIRECTORY
```

接下来要显示 DataDirectory 数组。

```
0:000> dt -ca16 _IMAGE_DATA_DIRECTORY 00400000+100+18+60
 [6] @ 004001a8+0x000 VirtualAddress 0x2130  +0x004 Size 0x1c
【省去了无关的行】
```

DataDirectory 数组的 6 号元素是关于调试目录（IMAGE_DEBUG_DIRECTORY）的，VirtualAddress 是目录的偏移量，0x1c 是目录的大小。因为每个目录项的大小是 28（0x1c）字节，所以这个目录中只包含一项。于是可以使用 dt IMAGE_DEBUG_DIRECTORY00402130 命令来显示这个目录项，结果与使用 dumpbin 工具观察的完全一致，从略。

25.4.6　调试信息的产生过程

那么，PE 文件中的调试信息是如何产生的呢？概括说来，分为如下 3 个阶段。

（1）**收集阶段**。编译器在编译源文件的过程中收集调试信息，然后存放在目标文件中。

（2）**集成阶段**。链接器在链接目标代码的过程中，将分布在各个目标文件中的调试信息集成到 PE 文件中。

（3）**可选的调整压缩阶段**。为了使调试信息布局紧凑，并满足调试器的格式需要，如果调试信息的格式是 CV 格式，那么 VC 链接器会在链接的最后阶段执行一个名为 CVPACK.exe 的工具，这个工具的目标是对已经集成到 PE 文件中的调试信息做最后的整理和压缩。如果使用的是 COFF 的调试信息，那么不需要这一步骤。

图 25-5 显示了产生调试信息的基本过程。

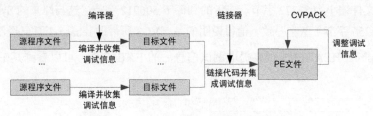

图 25-5　PE 文件中调试信息的产生过程

为了加深理解，我们可以通过一个简单的实验来观察链接器调用 CVPACK 工具的过程。在注册表的 Image Execute Options 键下创建一个名为 cvpack.exe 的子键，并加入一个名为 debugger 的键值，使其包含 WinDBG.exe 的完整文件名，例如 c:\windbg\windbg.exe，这样当链接器执行 cvpack.exe 时，便会先启动 WinDBG。

使用 VC6 打开 SymOption 项目，并重新编译链接 Z7CV 配置，在链接阶段，WinDBG 便会被启动，其命令行如下。

```
cvpack /nologo "SymOption___Win32_Z7CV/SymOption.exe"
```

这时链接器在执行 cvpack，让其整理参数中指定的 PE 文件。此时观察 PE 文件，可以看到文件大小为 577707 字节，使用 dumpbin /HEADERS SymOption.exe 可以看到，调试目录中列出了 3 个调试数据块。

```
    Time Type     Size     RVA    Pointer
-------- ------ -------- -------- --------
4621DEB5 misc   110 00000000   14000  Image Name: SymO…32_Z7CV/SymOption.exe
4621DEB5 fpo    50 00000000    14110
4621DEB5 cv     78F4B 00000000  14160 Format: NB05
```

其中第三个是 NB05 格式的调试信息，其大小为 0x78F4B 字节。在 WinDBG 中输入 g 命令让 cvpack 执行，当其执行完毕时，再次观察，可以看到 exe 文件的大小变为 506256 字节，比原来小一些。再看 dumpbin 列出的调试目录，发现最后一行变为以下内容。

```
4621E057 cv        67830 00000000   14160   Format: NB11
```

可见，cvpack 将 NB05 格式的调试信息转化为 NB11 格式，转换后的数据由原来的 0x78F4B 字节变为 0x67830 字节，缩小了 71451 字节，这正是 EXE 文件所减少的字节数。

使用 rebase 工具可以将 PE 文件中的集成调试信息提取出来，保存到一个单独的.DBG 文件中。

25.5　DBG 文件

因为 PE 文件中的调试信息只有在调试时才有用，为了节约内存空间和提高 PE 文件的加载速度，人们自然地想到了将调试信息保存在单独的文件中，调试时再加载这些文件。

25.5.1　从 PE 文件产生 DBG 文件

使用 rebase 工具可以将集成在 PE 文件中的调试信息提取出来并放在一个独立的.DBG 文件中。下面通过一个实例来说明。启动一个包含 VC6 环境变量的控制台窗口，将当前目录切换到 Z7CV 配置的目标目录（SymOption___Win32_Z7CV），然后输入如下命令。

```
rebase -x . -b 0x400000 symoption.exe
```

命令执行后，可以发现目录中新增了一个 symoption.dbg 文件，其大小为 424640 字节，同时 symoption.exe 文件缩小为 82272 字节。二者的和等于 506912 字节，这与原来的 SymOption.exe 文件的大小（506256 字节）基本一致。值得说明的是，VC8 所带的 rebase 工具已经没有这个功能。

使用 dumpbin /HEADERS 观察提取调试信息后的 EXE 文件，可以看到其中只剩下很少的调试数据。

```
    Type      Size      RVA   Pointer
    ------ -------- -------- --------
    misc       110 00000000    14000   Image Name: symoption.dbg
    fpo         50 00000000    14110
```

其中的 misc 数据是用来指示.dbg 文件名的，它与 NB10 和 RSDS 数据块的功能很类似。

观察 SymOption.exe 的 IMAGE_FILE_HEADER 结构，可以发现它的 Characters 字段由本来的 10F 改为 30F，新的标志位（0x200）代表着调试信息已经剥离（debug information stripped），即常量 IMAGE_FILE_DEBUG_STRIPPED。

25.5.2　DBG 文件的布局

DBG 文件的结构与 PE 文件非常类似，其头部是一个固定的 IMAGE_SEPARATE_DEBUG_HEADER 结构，其后是零个或多个从 PE 文件中复制过来的 IMAGE_SECTION_HEADER 结构，但节的实际数据并不复制到 DBG 文件中，因此这些结构的作用主要是让调试器了解 PE 文件所包含的各个节的概况。

节描述之后是调试目录表，包含若干个 IMAGE_DEBUG_DIRECTORY 结构，用来描述 DBG 文件的调试数据块。调试数据目录之后便是真正的调试数据块。图 25-6 显示了 SymOption.DBG 文件的布局。

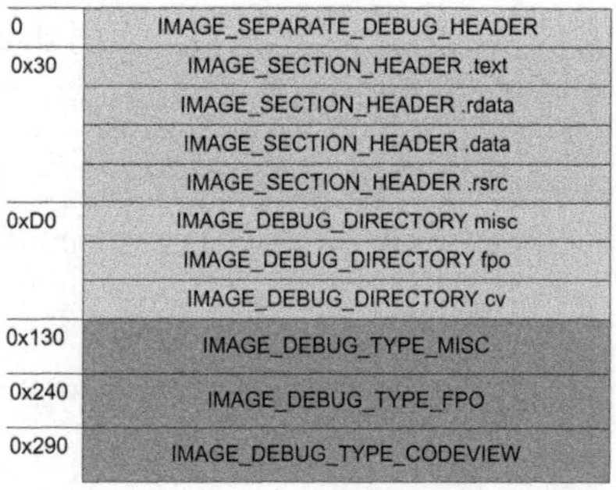

图 25-6　SymOption.DBG 文件的结构

尽管 MSDN 中没有介绍 IMAGE_SEPARATE_DEBUG_HEADER 结构，但是在 WinNT.h 中可以找到这个结构的定义。表 25-5 列出了它的各个字段。

表 25-5　IMAGE_SEPARATE_DEBUG_HEADER 结构的各个字段

字　　段	取　　值[①]	说　　明
WORD Signature	4944	签名字符"DI"的 ASCII 码
WORD Flags	0	标志
WORD Machine	014C	即 IMAGE_FILE_MACHINE_I386
WORD Characteristics	030F	属性特征
DWORD TimeDateStamp	4621E10B	时间戳，Sun Apr 15 12:23:39 2007
DWORD CheckSum	234A1	校验和
DWORD ImageBase	400000	内存映像的基地址
DWORD SizeOfImage	15000	内存映像的长度
DWORD NumberOfSections	4	节数

续表

字　段	取　值①	说　明
DWORD ExportedNamesSize	0	输出名称表的长度
DWORD DebugDirectorySize	54	调试目录表的长度
DWORD SectionAlignment	1000	节对齐粒度
DWORD Reserved[2]	都为 0	保留未用

① 在 SymOption.DBG 文件中的取值，数字全部为十六进制。

　　根据 NumberOfSections 字段指定的节个数可以找到调试目录的起始位置，然后根据 DebugDirectorySize 字段可以知道调试目录表中有多少项。因为每个调试目录表项的长度是 0x1C，所以根据 DebugDirectorySize 的值 0x54 可以知道 SymOption.DBG 文件中有 0x54/0x1C=3 个目录项。以下是使用 dumpbin/HEADERS SymOption.DBG 所列出的结果。

```
Type      Size     RVA   Pointer
------  --------  --------  --------
misc       110   00000000      130    Image Name: Sym..._Z7CV/SymOption.exe
fpo         50   00000000      240
cv       67830   00000000      290    Format: NB11
```

　　可以看到 DBG 文件中的调试数据块与原来 EXE 文件中的数据块完全一样。

　　VC7 开始不再支持在 PE 文件中存储集成的调试信息，其 rebase 工具也去掉了从 PE 文件中提取调试信息和产生 DBG 文件的功能。但是在调试某些旧的驱动程序和应用程序时，可能还需要使用 DBG 文件格式的调试符号，这也是写作本节的目的。

25.6　PDB 文件

　　不论是 OBJ 文件、PE 文件还是 DBG 文件，它们存储调试信息的方式都有一个共同点，那就是将同一类信息组织成一个数据块，然后将这个数据块的位置和大小等信息登记在目录表中。例如在图 25-4 所示的 SymOption.exe 文件中，从偏移量 0x14000 处开始就是 3 个调试数据块，分别为 COFF、MISC 和 FPO 类型的调试信息。这 3 个数据块之间以及块中的子块之间都是相互紧邻的。这样做带来的一个明显问题就是，如果某个数据块需要增大，那么很可能要影响其他数据块的位置，这不仅会导致很多额外的移动工作，而且难以支持并发访问，不能让多个线程同时增删数据块的内容。为了摆脱以上局限，VC ++ 1.0 引入了 PDB 文件，使用所谓的复合文件技术以数据流的方式来组织调试数据，每个数据流可以包含多个不连续的数据页。

25.6.1　复合文件

　　所谓复合文件（compound file），就是使用管理磁盘的方式来组织文件中的不同类型数据，就好像是将包含多个文件的磁盘数据移植到一个文件中，所以有时又称为包含文件系统的文件。复合文件中的每个子文件通常称为一个数据流（stream）。使用复合文件有如下好处。

　　（1）可以方便地增大和减小每个数据流的大小，改变某个数据流的大小不会影响其他数据流。

　　（2）可以使用类似读写文件的方式来读写数据流。

　　（3）更好的并发支持，不同进程、线程可以访问文件的不同部分，互不干扰。

　　复合文件是随着 OLE 和 COM 技术的兴起而发展起来的，今天已经广泛应用在各个领域，包括 Office 软件使用的各种文件。复合文件技术的另一个名字是结构化存储（structured storage）。Windows 的复合文件 API 和接口中的 Stg 便来源于此，例如 ReadClassStg、WriteClassStg、IStorage、StgCreateDocfile 等。

25.6.2　PDB 文件布局

PDB 文件是建立在复合文件技术之上的，但它不是典型的复合文档文件格式，因此使用 VC6.0 所附带的 DFView（DocFile Viewer）工具是不能打开的。

目前使用的 PDB 文件主要有两种版本，一种是 VC6 所使用的 2.00 版本的 PDB 文件（简称 PDB2），另一种是 Visual Studio .NET 2002（VS7）所引入的 7.00 版本的 PDB 文件（简称 PDB7）。Visual Studio .NET 2003（VS7.1）和 Visual Studio 2005（VS8）使用的也是 PDB7。

Sven B. Schreiber 在他的 *Undocumented Windows 2000 Secrets - The Programmers Cookbook* 一书中介绍了 PDB2 的文件格式。因为当时 PDB7 还没有出现，所以至今尚没有关于 PDB7 格式的完整公开描述。本节将在 Sven 关于 PDB2 介绍的基础上根据笔者的分析统一介绍 PDB2 和 PDB7 的格式，供读者参考。以下内容如不特别说明，适用于两个版本。

图 25-7 显示了一个典型 PDB 文件的数据布局，可以看到，它主要由以下几个部分构成：（1）一个代表 PDB 文件版本的签名字符串；（2）4 字节的 Magic 代码（Magic DWORD）；（3）PDB 头结构（PDB_HEADER）；（4）紧跟在头结构之后的用于存放流目录（stream directory）的根数据流（root stream）所在的页号数组（PDB2）或者这个数组所在的页号（PDB7）；（5）页分配表，又称为 bit allocation array，每个二进制位用于标识一个页的使用情况，0 代表已经使用，1 代表空闲；（6）数据页；（7）用于存放流目录的根数据流。

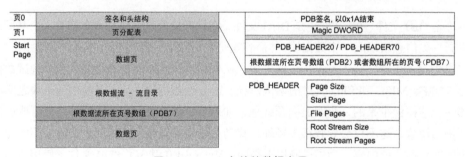

图 25-7　PDB 文件的数据布局

图中右侧不同字段间的灰色区域代表为了实现数据对齐而没有使用的部分，通常被填充为全 0 或全 1。下面将分别介绍以上各个部分，首先看一下 PDB 签名。

25.6.3　PDB 签名

PDB 签名是一个可读的字符串，其长度不固定，但是一定以 0x1A 结束。在 ASCII 码中，0x1A 代表文件结束（End Of File，EOF），因此很多处理文本文件的程序使用 0x1A 作为文件结束的标志。比如在命令行窗口中可以使用 copy con <文件名> 的方法来创建一个文本文件，并将输入到控制台（con）的字符复制到文件中，当输入的内容完成时，应该按 Ctrl+Z 组合键来结束，Ctrl+Z 组合键实际上产生的输入字符就是 0x1A，copy 命令遇到这个字符后便会退出循环，关闭文件（这个字符本身不会写到文件中）。类似地，用于显示文件文件内容的 type 命令遇到

0x1A 时，也会认为文件结束，停止继续显示后面的内容。根据这一原理，我们可以使用 type 命令来观察 PDB 文件的签名信息，比如 type symoption.pdb 显示的结果如下。

```
Microsoft C/C++ program database 2.00
```

尽管这个 PDB 文件很长，后面还有很多内容，但是 type 命令只显示到字符 0x1A。

上面所显示的字符串就是所有 PDB2 格式的 PDB 文件的签名字符串。PDB7 的签名字符串如下。

```
Microsoft C/C++ MSF 7.00
```

其中 MSF 代表 Multi-Stream Format，流格式主要是用于存储和播放音视频文件的文件格式，比如微软 DirectMedia 中的音视频文件主要基于所谓的 ASF（Advanced/Active Streaming Format）。PDB 文件的流格式与多媒体文件的流格式是有很大差异的，笔者的推测是 PDB7 在 PDB2 的基础上引入了 ASF 的某些特征，并因此在文件签名中加入了 MSF 来体现这一变化。另一点值得说明的是，签名中的 C/C++并不代表这个 PDB 文件一定对应的是 C/C++语言所编写的程序，C# 项目产生的 PDB 文件的签名也是这样的。

事实上，VC 编译器所使用的很多其他文件也使用了类似的签名方法，比如 VC6 中用于存放类视图信息的 ncb（no compile browser 的缩写）文件的签名，与 PDB2 的签名是一样的。

```
C:\dig\dbg\author\code\chap25\SymOption>type symoption.ncb
Microsoft C/C++ program database 2.00
```

链接过程所使用的 ILK 文件的签名是 Microsoft Linker Database。

```
C:\dig\dbg\author\code\chap25\SymOption\Debug>type symoption.ilk
Microsoft Linker Database
```

25.6.4　Magic 代码

在 PDB 签名之后（0x1A）是 4 字节的 Magic 代码，其内容和含义如表 25-6 所示。

表 25-6　PDB 文件的 Magic 代码的内容和含义

PDB 版本	显示为字节	显示为字符	含　义
PDB2	4A 47 00 00	JG	主要设计者 Jan Gray 的姓名缩写
PDB7	44 53 00 00	DS	主要设计者 Dan Spalding 的姓名缩写
PDB8[①]	52 53 00 00	RS	主要设计者 Richard Shupak 的姓名缩写

① PDB7 后的预览版本曾经短暂使用 RS 签名。直至 VS2019，正式产品中使用的仍然是 DS 签名。

除了含蓄的纪念，Magic 代码的实际作用是供 PDB 文件的解析程序来判断这个文件所使用的格式版本，这样就不必从签名字符串中解析版本号了。

25.6.5　PDB_HEADER

在 PDB 的 Magic 代码之后是 PDB 文件的头结构，简称 PDB_HEADER。因为 PDB_HEADER 的起始地址是按 4 字节对齐的，所以在 PDB7 文件中，Magic DWORD 和 PDB_HEADER 之间有一个空闲的字节（0）。在 PDB2 中，因为刚好已经对齐，所以二者是紧邻的。以下是 PDB2 的头结构。

```
typedef struct _PDB_HEADER20
{
```

```
    DWORD        dwPageSize;      //页大小
    WORD         wStartPage;      //数据页的起始页号
    WORD         wFilePages;      //以页为单位的文件大小
    PDB_STREAM RootStream;        //流目录表信息
}PDB_HEADER20, *PPDB_HEADER20, **PPPDB_HEADER20;
```

dwPageSize 是 PDB 文件中每个数据页的字节数，复合文件是以页为单位来分配空间的，可能的页大小为 1KB（0x400，1024 字节）、2KB 和 4KB。wStartPage 用于指定第一个数据页的页号（以 0 开始），典型值为 2，即页 0 为字符串签名和头结构，页 1 为分配表，页 2 开始为数据页。wFilePages 是整个 PDB 文件的总页数，这个值乘以页大小便是文件的总字节数。观察一下 PDB 文件的大小，可以看到它们都是可以被 1024 所整除的。

PDB7 的头结构与 PDB2 的很相似，只是将 StartPage 和 FilePages 字段都由 WORD 改为 DWORD。

```
typedef struct _PDB_HEADER70
{
    DWORD        dwPageSize;      //页大小
    DWORD        dwStartPage;     //数据页的起始页号
    DWORD        dwFilePages;     //以页为单位的文件大小
    PDB_STREAM RootStream;        //流目录表信息
}PDB_HEADER70, *PPDB_HEADER70, **PPPDB_HEADER70;
```

图 25-8 分别显示了 PDB7 格式的 HiWorld.PDB 文件（左）和 PDB2 格式的 SymOption.PDB 文件（右）的头部信息（签名、Magic 代码和头结构），这些信息是使用本章的示例程序 PdbFairy 产生的。HiWorld.PDB 是使用 VC2005 编译器产生的（发布版本），SymOption.PDB 是使用 VC6 编译器产生的（项目配置为 ZiPDB）。

```
Signature: Microsoft C/C ** MSF 7.00 - DS    Signature: Microsoft C/C ** program database 2.00 - JG
Page Size: 0x400 [1024]                       Page Size: 0x400 [1024]
File Pages: 0x33b [827]                        File Pages: 0x169 [361]
Start Page: 0x2 [2]                            Start Page: 0x9 [9]
Root Stream Size: 0xbec [3052]                Root Stream Size: 0x540 [1344]
Root Stream Pages Pointer: 0x0 [0]            Root Stream Pages Pointer: 0x3a0ef0 [3804912]
```

图 25-8　PDB7 格式的 HiWorld.PDB 文件（左）和 PDB2 格式的 SymOption.PDB 文件（右）的头部信息

25.6.6　根数据流——流目录

PDB 文件是以数据流的形式来组织数据的，每个数据流可以看作是复合文件中的一个子文件。类似于文件系统中的文件目录，PDB 文件的流目录用于记录文件中的各个数据流。流目录本身也是以一个数据流来存储的，这个数据流就是所谓的根数据流（root stream）。PDB_HEADER 结构的 RootStream 字段用来描述根数据流，它是一个 PDB_STREAM 结构。

```
typedef struct _PDB_STREAM
{
    DWORD dwStreamSize;    //流目录表的字节数
    PWORD pwStreamPages;   //页号数组的地址
}PDB_STREAM, *PPDB_STREAM, **PPPDB_STREAM;
```

其中，dwStreamSize 用来标识数据流的大小；pwStreamPages 指向一个数组，这个数组记录了这个数据流所拥有数据页的编号。但是对于根数据流，其页号数组是以特殊方法存放的，在 PDB2 中，页号数组就跟在 PDB_HEADER 结构之后，数组的每个元素代表一个页面，数组的元素个数可以根据头结构中的 RootStream.dwStreamSize 除以页大小而得到。数组的每个元素是一个 WORD，代表一个页号。比如在图 25-8 右侧所示的 SymOption.PDB 中，目录表的长度为 1344 字节，占两个页面，因此，这个数组共有两个元素，分别是 0x161 和 0x162，转化为字节偏移量，即 0x161*0x400 = 0x58400 开始的 1344 字节是根数据流。

在 PDB7 中，根数据流的页号数组改为存储在一个单独的页中，因此在 PDB_HEADER70 结构之后只有一个 DWORD，用来代表实际用来存储根数据流页数组的那个页的编号。比如在 HiWorld.PDB 中，这个 DWORD 值是 0x334，转化为字节偏移量为 0xcd000。在这个偏移量处，3 个连续的 DWORD 分别为 0x331、0x332 和 0x333，这便是根数据流所在的 3 个页面的编号，这与头结构中的根数据流的长度 3052 字节（不满 3 个页面）也正好吻合。

根数据流的起始处是一个 PDB_ROOT 结构，用来标识文件中的文件流的个数，其定义如下。

```
typedef struct _PDB_ROOT
{
    WORD        wCount;     //文件流的总数
    WORD        wReserved;  //保留未用，等于 0
}PDB_ROOT, *PPDB_ROOT, **PPPDB_ROOT;
```

PDB_ROOT 结构之后便是对每个数据流的描述，而且描述的第一个数据流通常就是根数据流。描述数据流的方式因为 PDB 的版本不同而不同，在 PDB2 中，使用的是 PDB_STREAM 结构，在 PDB7 中有所变化，其细节没有公开，本书不再继续讨论。

25.6.7　页分配表

页分配表用来标识文件中数据页的使用情况，它的每个二进制位代表其所对应的页是否已经使用，0 代表使用，1 代表空闲。页分配表通常位于 PDB 文件的第二个页（即页 1）。

页分配表所占的页数为头结构中的 StartPage 字段的值减去 1。比如上面的两个 PDB 文件的 StartPage 的值都是 2，那么页分配表的长度便是一页，即 1024 字节，等于 1024 × 8 = 8192 位，这意味着这样的 PDB 文件可能包含的最多页数是 8192，或者说使用这种参数组合的 PDB 文件最大可能为 8192KB。这对于大多数项目都够了，如果需要更大，那么可以通过调整页大小或者增加页分配表的长度（改变 StartPage 的值）来实现。

25.6.8　访问 PDB 文件的方式

在 2016 年之前，微软没有公开 PDB 文件的详细格式，只提供了以下两种方式允许其他软件开发商间接访问 PDB 文件。

（1）使用 DBGHELP API。DBGHELP 是微软提供的用于支持调试的一套 API，包括处理映像文件（ImageXXX）、读取调试符号（SymXXX）和处理故障转储文件（MiniDumpXXX）等。所有 DbgHelp API 都是由 DbgHelp.dll 模块所输出的。Windows 系统的 system32 目录中预装了 DbgHelp.dll，但这个文件通常没有 WinDBG 所包含的版本高。

（2）使用 Visual Studio 所附带的 DIA（Microsoft Debug Interface Access）SDK。与 DBGHELP 使用的函数形式不同，DIA 使用了 COM 技术并以接口的方式提供服务。重要的接口有 IDiaDataSource、IDiaSymbol 和 IdiaEnum XXX 等。本书附带的 SymView 工具（图 25-9）就是

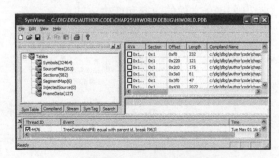

图 25-9　SymView 工具

使用 DIA SDK 所开发的。

除了以上公开的方式，VS 开发工具使用名为 MSPDBx0.DLL 的模块来产生和处理 PDB 文件，其中的 x 代表 VS 的主版本号，如 VS6 使用的是 MSPDB60.DLL，VS8 使用的是 MSPDB80.DLL。

2016 年 2 月，微软在 GitHub 上公开了一些用于产生和处理 PDB 文件的源代码，但没有提供构建这些源代码的项目文件和方法。

25.6.9　PDB 文件的产生过程

默认情况下，使用 VC 编译器成功构建一个 C/C++程序后，我们可以发现在与可执行文件相同的位置有两个 PDB 文件：一个是与可执行文件具有相同主文件名的.PDB 文件，我们使用<project>.PDB 来表示它；另一个是 VCx0.PDB，其中 x 是 VC 编译器的主版本号，比如 VC6 产生的是 VC60.PDB，VC8 产生的是 VC80.PDB。概言之，VCx0.PDB 是在编译期间由编译器产生的，<project>.PDB 是在链接阶段由链接器（Link.exe）产生的（参见下文）。

编译器在编译每个源文件时，在将调试信息以 COFF 保存在 obj 文件中的同时，会把类型有关的调试信息存储到 VCx0.PDB 中。这样做的一个好处是对于多个文件都使用的类型，例如定义在公共的头文件（如 windows.h）的类型，只需要存储一份。

在链接时，链接程序会根据命令行中的选项产生<project>.PDB。例如以下是 VC6 的集成开发环境链接 PdbFairy 程序时使用的命令行。

```
link.exe /nologo /subsystem:windows /incremental:yes /pdb:"Debug/PdbFairy.pdb"
/debug /machine:I386 /out:"Debug/PdbFairy.exe" /pdbtype:sept .\Debug\PdbFairy.obj.
\Debug\PdbFairyDlg.obj .\Debug\PdbMaster.obj .\Debug\StdAfx.obj .\Debug\PdbFairy.res
```

其中/pdb:"Debug/PdbFairy.pdb"指定了要产生的 PDB 文件的名称，/pdbtype:sept 的含义是分散存储调试信息，也就是不要将 VCx0.PDB 文件的调试信息集成到<project>.PDB 文件中。如果指定/PDBTYPE:CON，那么链接器会将 VCx0.PDB 文件的调试信息集成到<project>.PDB 文件中。

以下是 VC8 执行链接程序的典型命令行。

```
link.exe @c:\dig\dbg\author\code\chap25\Vc8Win32\Debug\RSP00000459205488.rsp
/NOLOGO /ERRORREPORT:PROMPT
```

其中的.rsp 是一个用于存储参数的临时文件，使用记事本可以观察到其内容与上面介绍的命令行非常类似。

图 25-10 显示了产生 PDB 文件的产生过程，我们将在 25.7 节介绍如何通过编译与链接选项来定制 PDB 文件的内容和产生方式。

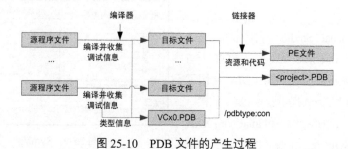

图 25-10　PDB 文件的产生过程

VC8 使用一个专门的进程来完成调试符号有关的任务，这个进程的 EXE 文件是 MSPDBSRV.EXE，因此我们将其称为 PDB 服务进程。当开始构建一个项目时，CL.EXE 会检测 PDB 服务进程是否已经运行，如果还没有，那么它会使用如下命令行启动 PDB 服务进程。

```
mspdbsrv.exe -start -spawn
```

而后，编译器和链接器会通过 RPC 把符号有关的任务提交给 PDB 服务进程去完成。因此，对于 VC8，PDB 文件都是 PDB 服务进程所创建的。以构建 HiWorld 程序为例，在编译过程中，编译器会调用 PDB 服务进程，后者会创建 VC80.PDB。当开始链接时，链接器（Link.exe）会调用 PDB 服务进程，后者会创建 HiWorld.PDB。如果项目中指定了/PDBSTRIPPED:Private.PDB 选项，那么 PDB 服务进程会创建这个指定的 PDB 文件。

25.7   有关的编译和链接选项

本节将介绍与调试符号有关的编译和链接选项，分析不同选项所产生的符号文件的异同。

25.7.1   控制调试信息的编译选项

调试信息是由编译器在编译源文件的过程中收集起来的，VC 编译器设计了以下 4 个编译开关允许用户控制编译器收集信息的方式和内容。

（1）/Z7。产生与 MSC（7.0）兼容的调试信息，包括变量的名称和类型、函数信息和行号等。在编译阶段，编译器把这些调试信息存储在.obj 文件中，链接器可以将这些信息连接到 PE 文件或单独的文件中。

（2）/Zd。只产生行号信息和全局及外部符号，与/Z7 类似，编译器也将这些信息放在.obj 文件中。

（3）/Zi。生成符合 PDB 格式要求的调试信息，在编译阶段这些信息主要存储在.obj 和 VCx0.PDB 文件中。在链接时，链接器会根据链接选项将这些信息链接到 PE 文件中或单独的 PDB 文件中（见下文关于/PDB 选项的说明）。

（4）/ZI。除了产生类似/Zi 的信息，还生成 EnC 所需要的信息。这个选项只适用于 x86 平台。

可以在项目属性（VC7 开始）或项目设置（VC6）对话框中设置以上选项，使它们位于 C++ 页面 General 栏目（Category）的 Debug info 子项中。[2, 5]

25.7.2   控制调试信息的链接选项

如下几个链接选项用来控制链接器生成调试文件的方式。

（1）/DEBUG。这是控制链接器是否产生调试信息的一个根本选项，如果指定这个选项则产生调试信息。在调试版本的项目配置中，默认会包含这个选项。在发布版本的配置中，VC6 的默认配置不包含这个选项，但是 VC8 的包含。在项目属性对话框的链接选项中选择 Generate Debug Info 实际上就可以增加这个选项。

（2）/debugtype: {CV|COFF|BOTH}。选择集成在 PE 文件（EXE 或 DLL）中调试信息的存储格式，CV 代表 CodeView 格式，BOTH 代表两种格式都需要。从 VC7（Visual Studio .NET 2002）开始不再支持在 PE 文件中集成存储 COFF 和非 NB10 类型的 CV 格式调试信息，所以从 VC7

开始这个链接选项也不再被支持。如果没有指定/DEBUG 选项，那么这个选项会被忽略。

（3）/pdb:{none|文件名}。如果指定文件名，链接器便会产生相应名称的 PDB 文件；如果指定 none，那么则不产生 PDB 文件。默认设置是使用与项目同名的 PDB 文件，例如/pdb:"Debug/SymOption.pdb"。这个选项的优先级高于/debugtype，这意味着，只要这里没有指定 none，那么编译器就会产生单独的 PDB 文件，/debugtype 选项会被忽略。因为 VC7 开始只支持将调试信息放在 PDB 文件中，所以不再支持/PDB:NONE。

（4）/PDBTYPE:{CON[SOLIDATE]|SEPT[YPES]}。这个选项告诉链接器是否将 VCx0.PDB 中的调试信息合并（consolidate）到一个 PDB 文件中（/pdb:所指定的）。合并到一个文件中的好处是调试器只需要加载一个符号文件，不需要再寻找和加载 VCx0.PDB。对于 WinDBG 这样的调试器，它是不支持自动加载一个模块对应的 VCx0.PDB 的，因此当我们使用 WinDBG 调试 VC6 产生的模块时，默认总是不能观察模块中的类型信息，即使是调试版本。对于 VC6 集成的调试器，如果它找不到合适的 VCx0.PDB，那么它便会显示图 25-11 所示的 Find Symbols 对话框。另外，不同模块的 VCx0.PDB 尽管内容完全不同，但是它们是同名的，这为备份和管理大型项目的符号文件带来了不便。考虑以上因素，从 VC7 开始的链接器总是将 VCx0.PDB 文件中的调试信息合并到一个<project>.PDB 中，不再支持这个选项。对于 VC6，只有当编译选项中指定了 /Zi 或者/ZI 选项，/PDBTYPE 选项才有意义。

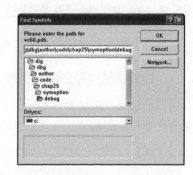

图 25-11　Find Symbols 对话框

（5）/PDBSTRIPPED:second_pdb_file_name。使用这个选项可以同时产生一个公共 PDB 文件，公共 PDB 文件省略了很多调试信息，有利于防止因为发布 PDB 文件而泄露相关软件的技术秘密。

在项目属性（VC7 开始）或项目设置（VC6）对话框中可以设置以上选项，这些选项位于链接选项的调试子类中。

25.7.3　不同链接和编译选项的比较

下面我们通过一个实际项目来分析与比较以上各个编译和链接选项的效果。因为从 VC7 开始很多选项不再被支持，所以我们以 VC6 为例进行讨论。VC6 可以产生 3 种格式的调试信息——COFF、CV 和 PDB。通过设置编译选项和链接选项可以选择产生其中的一种或多种。为了比较不同编译选项和链接选项的效果，我们使用 VC6（SP5）创建了一个 Win32 程序，取名为 SymOption。在这个项目中，除了两个默认的项目配置 Debug 和 Release，我们还创建了若干个新的配置，分别采用了不同的编译和链接选项。表 25-7 比较了调试符号有关的编译选项和链接选项，包括不同项目配置的名称（第 1 列），每种配置中使用的编译选项（第 2 列）和链接选项（第 3 列），以及产生的可执行文件的大小（第 4 列）与符号文件（第 5 列和第 6 列）。

表 25-7　调试符号有关的编译选项和链接选项比较（VC6）

项目配置名称	编译选项	链接选项（所有配置中都含有/debug 开关）	SymOption.exe/字节	SymOption.PDB	Vc60.PDB
Z7COFF	/Z7	/debugtype:coff /pdb:none	121392	不存在	不存在
Z7CV	/Z7	/debugtype:cv /pdb:none	506256	不存在	不存在
Z7PDB	/Z7	/pdbtype:sept /pdb:"x.pdb"[①]	110686	680960	不存在
ZiCOFF	/Zi	/debugtype:coff /pdb:none	121628	不存在	208896
ZiCV	/Zi	/debugtype:cv /pdb:none	499496	不存在	208896
ZiPDB	/Zi	/pdbtype:sept /pdb:"x.pdb"[①]	110686	369664	208896
Debug	/ZI	/pdbtype:sept /pdb:"x.pdb"[①]	176204	369664	208896
Release	无	/pdbtype:sept /pdb:"x.pdb"[①]	45134	115712	不存在

[①] 为排版方便做了省略，完整设置为/pdb: "<项目配置的目标文件目录>/ SymOption.pdb"，如/pdb:"SymOption＿＿＿Win32_Z7PDB/SymOption.pdb"

　　我们先来分析各配置产生的 EXE 文件的差异。Z7CV 和 ZiCV 两种配置产生的 EXE 文件相对于其他配置大了很多，这是因为其中嵌入了 CV 格式的调试信息。使用 dumpbin 工具观察 PE 文件的内容可以看到其中的调试信息。具体步骤是，启动 VC6 的编译命令行，切换到 Z7CV 项目的输出目录（code\chap25\symoption\SymOption＿＿＿Win32_Z7CV），然后输入 dumpbin symoption.exe /headers。而后在输出的结果中找到 Debug Directories 小节。

```
Debug Directories
  Type     Size     RVA  Pointer

  misc       110 00000000    14000   Image Name: Sym…_Z7CV/SymOption.exe
  fpo         50 00000000    14110
  cv       67830 00000000    14160   Format: NB11
```

　　上面的显示结果表示这个 EXE 文件中包含了 3 个记录调试信息的数据块，分别为 misc、fpo 和 cv 格式的调试符号。第 2 列是每个块的大小，其中的数字都是十六进制的，因此，这 3 个块的长度分别为 0x110 字节 = 272 字节，80 字节，0x67830 字节 = 423984 字节。可见 CV 格式的调试信息的长度占了整个文件（506256 字节）的绝大部分。对于 ZiCV 配置，相应的数据如下。

```
  Type     Size     RVA  Pointer

  misc       110 00000000    14000   Image Name: Sym…_ZiCV/SymOption.exe
  fpo         50 00000000    14110
  cv       65DC8 00000000    14160   Format: NB11
```

　　可见仍是 3 个调试数据块，但第三个数据块是 CV 格式的，其大小略有变化，减少了 0x 67830 字节 – 65DC8 字节 = 0x1a68 字节 = 6760 字节。这正是两个 EXE 文件的大小差异，506256 字节 – 499496 字节 = 6760 字节。

　　对于 Z7COFF 配置所产生的 EXE 文件，其调试信息目录如下。

```
  Type     Size   RVA  Pointer

  coff     98D0 00000000    14000
  misc      110 00000000    1D8D0   Image Name: Sym…_Z7COFF/SymOption.exe
  fpo        50 00000000    1D9E0
```

　　coff 数据块的长度为 0x98D0 字节，即 39120 字节。ZiCOFF 配置的 COFF 数据块的长度为 0x99BA 字节，即 39354 字节，二者的差 234 字节与这两个 EXE 文件的大小差异（121628 字节 –121392 字节 = 236 字节）也基本一致。

对于 Z7PDB 和 ZiPDB 两个配置，它们的 EXE 文件的大小相同。使用 dumpbin 观察，看到的 Debug Directories 信息如下（Z7PDB）。

```
Type    Size    RVA   Pointer
------  ------  ----- --------
cv      5E 00000000   1B000  Format: NB10, 460f8ec5, 1, C:\...\SymOption.pdb
```

也就是说，这个 EXE 文件中只包含 0x5E（94）字节的 CV 数据，它的格式就是前面我们介绍过的 NB10 格式。观察其他几个附带有 PDB 文件的 EXE 文件，也可以看到有 NB10 格式的 CV 数据。

因为默认的 Debug 配置支持 EnC 功能，所以其 EXE 文件要比不带 EnC 支持的（ZiPDB）大一些。使用 dumpbin 比较二者的概要信息，发现不带 EnC 功能的 EXE 文件的.text 节的大小为 0x11000 字节。带 EnC 的大小为 0x21000 字节，计算二者的差，0x21000 字节 − 0x11000 字节 = 0x10000 字节 = 65536 字节，这与两个 EXE 文件的整个文件大小之差（176204 字节 −110686 字节 = 65518 字节）基本相当。使用工具直接观察带 EnC 支持的 EXE 文件的.text 节，可以看到很多空间是 0xCC 或者 0，这显然是留给 EnC 功能使用的。

下面再分析一下 PDB 文件的差异。使用本书附带的 SymView 工具打开 3 个配置所生成的 SymOption.PDB 文件。表 25-8 比较了不同项目配置的 PDB 文件，包括每个 PDB 文件的几个主要数据的表项数等。我们将在 25.8 节介绍每个数据表的具体内容和用途，在这里大家可以把表项数理解为数据库中的记录（record）数。

表 25-8　不同项目配置的 PDB 文件比较

	符 号 数	源 文 件 数	节 数	段映射	帧数据
Z7PDB	21267	62	704	7	5
ZiPDB	6830	62	704	7	5
Debug	6922	62	708	7	5
Release	576	0	446	5	69

从表 25-8 可以看出，Z7PDB 版本的符号数最多，这也是它的文件最大的一个直接原因。尽管项目配置中包含了/pdbtype:sept，但是观察 Z7PDB 的目标文件目录会发现不存在 vc60.pdb，这意味着 Z7PDB 文件集成了其他配置放在 VC60.PDB 中的类型符号信息。通过 SymView 工具可以看到 VC60.PDB 中有 9773 个符号。发布版本的 PDB 包含的符号数最少，不包含源文件描述和行号信息，因此其文件也最小。因为发布版本中起用的优化措施会对很多函数做 FPO，所以发布版本中包含的帧数据最多。

前面各节逐一对常见格式的符号文件做了比较全面的分析和归纳，从 25.8 节开始我们将深入分析 PDB 文件的逻辑结构和 PDB 文件中所包含的调试符号。

25.8　PDB 文件中的数据表

PDB 文件是以表格的形式（关系数据库）来存储调试信息的，每条信息占据表格的一行，通过类型字段来区分不同种类的信息。一个典型的 PDB 文件中通常包含很多个数据表，用来存放不同类型的数据。通过 DIA SDK 的 IDiaEnumTables 接口可以枚举出 PDB 文件中的各个表。举例来说，以下是一个典型 PDB 文件内部所包含的 6 种数据表。

```
Symbols(29863)     //符号表
SourceFiles(261)   //源文件表
Sections(326)      //节贡献表
```

```
SegmentMap(5)      //段信息表
InjectedSource(13) //注入代码表
FrameData(53)      //帧数据表
```

括号中的数字是示例文件中每个表所包含的数据行数。下面我们将分别介绍每一种数据表的作用和其中存储的内容。为了易于理解，我们将以 VC8 产生的 HiWorld.PDB 为例，如果讨论的内容与构建选项有关，我们将使用 HiWorld_REL.PDB 来指代发布版本，用 HiWorld_DBG.PDB 来指代调试版本。

25.8.1　符号表

因为符号文件的首要用途是支持调试，所以其中主要包含的是供调试器实现跟踪和分析所使用的各种程序识符（identifier），即通常所说的符号。符号表中的符号又进一步分成很多种类型，分别用来描述不同类型的调试信息。每一种类型由一个类型 ID 来标识，称为 SymTag。所有的 SymTag 都定义在头文件 CVCONST.H 中的 SymTagEnum 枚举类型中。CVCONST 中的 CV 是 CodeView 的缩写。DIA SDK 中包含了 CVCONST.H 头文件，默认位于 VS 的 DIA SDK 目录中，如 c:\Program Files\Microsoft Visual Studio 8\DIA SDK\include。SymTagEnum 定义了 32 个常量，其中 1~30 用来代表 30 种调试符号，0（SymTagNull）用来表示无类型的信息或者在搜索时用来通配所有类型，31（SymTagMax）用来记录这组常量的上限。表 25-9 列出了所有 SymTagEnum 常量。

表 25-9　SymTagEnum 常量

常　　量	值	描　述　对　象
SymTagNull	0	不属于以下任何类型的信息，在搜索时表示所有类型
SymTagExe	1	可执行（EXE、DLL、SYS 等）文件的信息
SymTagCompiland	2	每个 Compiland 的概要信息
SymTagCompilandDetails	3	每个 Compiland 的详细信息
SymTagCompilandEnv	4	每个 Compiland 的环境信息
SymTagFunction	5	函数
SymTagBlock	6	内嵌的块
SymTagData	7	静态数据、常量、参数和各种变量
SymTagAnnotation	8	标注，参见 SAL
SymTagLabel	9	跳转标记
SymTagPublicSymbol	10	公共符号
SymTagUDT	11	用户定义的类型（user defined type）
SymTagEnum	12	枚举类型
SymTagFunctionType	13	函数的原型信息，包括调用规范、返回值类型等
SymTagPointerType	14	指针类型
SymTagArrayType	15	数组类型
SymTagBaseType	16	基础类型，如 int、char 等
SymTagTypedef	17	通过 typedef 定义的类型别名
SymTagBaseClass	18	基类

续表

常　量	值	描 述 对 象
SymTagFriend	19	友元（friend）信息
SymTagFunctionArgType	20	函数参数
SymTagFuncDebugStart	21	函数序言（prolog）代码的起始位置
SymTagFuncDebugEnd	22	函数序言代码的结束位置
SymTagUsingNamespace	23	名称空间
SymTagVTableShape	24	类或接口的虚拟方法表信息
SymTagVTable	25	指向类或接口的虚拟方法表的指针
SymTagCustom	26	定制的内容
SymTagThunk	27	Thunk 代码
SymTagCustomType	28	编译器定制的类型
SymTagManagedType	29	使用元数据（metadata）描述的托管类型
SymTagDimension	30	Fortran 语言中的多维数组

可以通过 IDiaEnumSymbols 接口来枚举符号对象，然后通过 IDiaSymbol 接口来读取每个符号的属性信息。由于不同类型符号的属性差异较大，因此 IDiaSymbol 接口定义了几十个方法，很多方法是只对某些类型有效的。大多数符号具有如下几个属性。

（1）索引 ID，PDB 文件会为每个符号分配一个整数 ID，用作它的唯一标识。通过 IDiaSymbol 的 get_symIndexId 方法可以读取符号的索引 ID。

（2）SymTag，符号的类型，其值就是表 25-9 中的常量之一。

（3）名称，大多数符号还有一个可读的字符类型的名称。IDiaSymbol 的 get_name 方法用于读取符号的名称。

（4）父词条 ID，用来标识一个符号在词典编纂意义上的父符号，其值为父符号的索引 ID。IDiaSymbol 的 get_lexicalParentId 方法用于读取父词条 ID。

25.8.2　源文件表

源文件表中包含了编译可执行文件时所使用源文件的基本信息。这里说的源文件包括头文件、资源文件、预编译头文件，以及 CRT 库（lib）文件的源文件和头文件等。以 HiWorld.PDB 符号文件为例，它的源文件表中包含了两百多条记录，每条记录描述一个文件，可分为如下几类。

（1）CPP 文件和头文件。

（2）预编译头文件，如 c:\...\hiworld\release\hiworld.pch。

（3）资源文件，列出的为编译后的 RES 文件，如 c:\...\release\HiWorld.res。

（4）通过 include 所包含的头文件，如 c:\program files\microsoft visual studio 8\vc\platformsdk\include\windef.h。

（5）库文件的源程序文件，例如 f:\rtm\vctools\crt_bld\self_x86\crt\src\ctype.h，它是 MSVCRT.lib 文件的 build\intel\dll_obj_newmode.obj 所使用的源文件。

可以通过 IDiaEnumSourceFiles 来枚举 PDB 文件中的源文件对象，然后使用 IDiaSourceFile 接口获取每个源文件的属性信息，包括文件 ID、文件的完全路径和文件名，以及与这个文件有关的 Compiland（25.8.3 节）。

25.8.3　节贡献表

一个映像文件是由很多个节组成的，每个节的数据又来自于不同的编译素材（Compiland）。节贡献表（Section Contribution Table）描述了如下构成节的各个数据块（称为 Section Contrib）的信息。

（1）数据块所属的节，包括 RVA、偏移和长度。

（2）数据块的来源，即来自于哪个编译素材。

（3）这个块的内容特征，如是否包含代码、是否可以执行、是否包含初始化的（未初始化）的数据等。

可以通过 IDiaEnumSectionContribs 来枚举节贡献表中的各个 Section Contrib 对象，然后使用 IDiaSectionContrib 接口获取它的属性。

25.8.4　段信息表

当一个可执行映像被加载到内存中执行时，它的各个节会被映射到所在进程空间的某个段（segment），段信息表便描述了这种映射关系。表 25-10 列出了 HiWorld_REL.PDB 的段信息表中的所有记录。

表 25-10　HiWorld_REL.PDB 的段信息表中的所有记录

ID	偏移量	长度	读	写	执行	节号	RVA	VA
1	0x0	3342	1	0	1	1	0x1000	0x1000
2	0x0	2508	1	0	0	2	0x2000	0x2000
3	0x0	1488	1	1	0	3	0x3000	0x3000
4	0x0	48752	1	0	0	4	0x4000	0x4000
0	0x0	−1	0	0	0	5	0x0	0x0

其中 RVA 是 Relative Virtual Address 的缩写，即这个节的起始位置相对于模块起始地址的偏移量。VA 是 Virtual Address 的缩写，即节的起始位置在进程空间中的虚拟地址。因为 SymView 工具在加载符号文件时指定的基地址为 0，所以这里的 RVA 值和 VA 值相等，在实际调试程序时，不会是这样的。

可以通过 IDiaEnumSegments 来枚举段映射表中的各个段映射对象，然后使用 IDiaSegment 接口获取它的属性。

25.8.5　注入源代码表

编译器在编译某些内建函数（intrinsic）时，会将这些函数所对应的代码动态注入（inject）使用这些函数的源代码中，然后再按普通的方法进一步编译。

为了在调试时可以跟踪编译器注入的源代码，在生成符号文件时，编译器将这些代码插入符号文件中。注入源代码表（injected source table）便是用来存放注射代码的，表的每一行存放一段代码。

例如，当我们在 HiWorld 项目中的 CBaseClass 类中加入一个用__event 关键字描述的事件函数后，便可在编译后生成的 PDB 文件中看到注入源代码表所包含的数据行不再为 0 了。

```
class CBaseClass
{
public:
    __event void f();
};
```

这种定义事件的方法使用的是 Visual C++ .NET 引入的新功能，称为 C++属性（C++ attribute）。使用 C++属性编程可以提高开发 COM 和.NET 程序的速度。在 C/C++编译选项中加入 /Fx 开关（在 Properties 对话框中，选择 C/C++ Output Files → Extend Attributed Source 并选择 Yes）后，便可以看到包含注射代码和原始代码（混合在一起）的 MRG 文件（其文件名中包含.mrg），如 baseclass.mrg.cpp 和 baseclass.mrg.h（位于 HiWorld 项目目录）。

可以通过 IDiaEnumInjectedSources 来枚举注入源代码表中的各个注入代码段对象，然后使用 IDiaInjectedSource 接口获取它的属性。每个代码段有以下几个属性（列）。

（1）源代码文件名，即被注入的源程序文件名，如.\BaseClass.cpp。

（2）虚拟文件名，即注入代码段的虚拟名称，如*c:\...\hiworld\debug\baseclass.inj:3。:3 表示这是向 BaseClass.cpp 注入的第 3 段代码。

（3）目标文件名，如 c:\...\hiworld\debug\baseclass.obj。

（4）注入源代码的内容，清单 25-6 给出了注入源代码的例子。

（5）用来校验源代码数据的 CRC 值。

清单 25-6 注入源代码的示例

```
1
2    //+++ 开始为属性 'event' 注入代码
3    #injected_line 15 "c:\\dig\\...\\chap25\\hiworld\\baseclass.h"
4    inline void  CBaseClass::f()
5    {
6        __EventingCS.Lock();
7        __try
8        {
9            __eventNode_CBaseClass_f* node=__eventHandlerList_CBaseClass_f;
10           for (; node != 0; node = node->next) {
11               node->__invoke();
12           }
13       }
14       __finally
15       {
16           __EventingCS.Unlock();
17       }
18   }
19   //--- 结束为属性 'event' 注入代码
```

以上代码是通过 SymView 工具从 PDB 文件中读取出来的，在左侧的控件树中选择 InjectSource，然后在右侧上部的列表中选择要观察的注入源文件，它的源代码便会显示在右侧下方的列表中。

25.8.6 帧数据表

第 22 章详细介绍了栈帧（有时简称帧）的概念，以及它在局部变量分配和函数调用方面所起的作用。栈帧信息是调试器工作的一个重要依据，对生成函数调用序列，显示函数参数和局部变量都起着重要作用。

PDB 文件中的帧数据表是专门用来存储帧信息的。表 25-11 列出了 PDB 文件中包含的帧信息类型和描述对象。

表 25-11　PDB 文件中包含的帧信息类型和描述对象

类型（枚举常量）	值	描 述 对 象
FrameTypeFPO	0	使用了 FPO（Frame Pointer Omitted）的函数帧信息
FrameTypeTrap	1	用来保存中断和异常现场的陷阱帧
FrameTypeTSS	2	用来保存任务切换现场的 TSS 帧
FrameTypeStandard	3	标准的函数帧，EBP 寄存器的值是帧的基地址，又称为 FRAME_NONFPO
FrameTypeFrameData	4	VC6 之后引入的帧数据格式
FrameTypeUnknown	−1	未知类型

可以通过 IDiaEnumFrameData 来枚举帧数据表中的各个帧对象，然后使用 IDiaFrameData 接口获取它的属性。

25.9　本章总结

深入理解调试符号对于理解调试器的工作原理和提高调试能力有着重要意义，本章以较大的篇幅详细介绍了调试符号的存储格式，调试符号文件的种类、产生过程和内容布局，并深入分析了常用的调试符号。

参 考 资 料

[1]　C++ Name Mangling/Demangling.

[2]　Product Changes: Visual C++ .NET 2002. Microsoft Corporation.

[3]　Microsoft Portable Executable and Common Object File Format Specification. Microsoft Corporation.

[4]　How To Call 16-bit Code from 32-bit Code Under Windows 95, Windows 98, and Windows Me (KB155763). Microsoft Corporation.

[5]　Breaking Changes in the Visual C++ 2005 Compiler. Microsoft Corporation.

第五篇
调 试 器

调试器（debugger）是解决复杂软件问题的最重要工具。如果把软件调试技术比作一门武功，那么调试器就是应用这门武功时必不可少的武器。

简单来说，调试器就是用来提供调试功能的软件或硬件工具。到底要提供哪些功能才能称得上是调试器没有明确的标准。我们通常认为一个调试器至少应该具有如下两项功能：可以控制被调试程序的执行，包括将其中断到调试器，单步跟踪执行，恢复运行，设置断点等；可以访问被调试程序的代码和数据，包括读写数据、观察数据、反汇编成代码、读写寄存器等。

以上两项功能是相辅相成的，前者让被调试程序根据调试人员的要求运行或停止，后者对被调试程序进行分析。二者结合起来就可以将被调试程序中断在几乎任意时间或空间位置，然后对其进行观察、分析和修改，待分析结束后再让被调试程序继续运行，这种调试方式称为交互式调试（interactively debugging），这是区别调试器和其他普通工具的最重要标准。这种将被调试对象静止下来，然后无限期地"慢慢"分析其状态，而后再像什么也没发生过似的让其继续运行的交互式诊断方法是软件调试所特有的，在硬件和传统的医学或其他领域都是很难施行的。例如，医生诊断心脏疾病时是不可能将病人的心脏停止在某个位置来观察的。

根据被调试程序的工作模式，可以把调试器分为用户态调试器和内核态调试器，前者用于调试用户态下的各种程序，如应用程序、系统服务，或者用户态的 DLL 模块；后者用于调试工作在内核态的程序，如驱动程序和操作系统的内核模块。第 26 章将讨论调试器的通用模型、一般原理、基本任务和常见调试器的分类。

Visual Studio 是 Windows 平台上的经典开发工具，它集成了简单易用的调试功能，是开发期调试的首选工具。第 27 章将详细介绍 Visual Studio 集成环境中的调试器 VsDebug，包括它的结构、工作原理和一些重要功能。

Visual Studio Code（VS Code）是近年来流行的一个开发工具，具有轻便灵活、跨平台、开源等优点，它继承了 Visual Studio 的很多界面风格、使用习惯等经典特征，也开创了一些新的功能和设计模式，比如引入 Web 技术和以扩展包来组织功能模块的设计思想等。VS Code 不仅具有很强的实用性，而且代表了软件开发的一些新方向。第 28 章将探讨 VS Code 中蕴含的软件智慧，包括它的独特设计和调试功能。

WinDBG 是 Windows 平台中使用非常广泛的著名调试器，它既可以用作用户态调试器，也可以用作内核态调试器，是调试 Windows 操作系统下各种软件的一个强有力的工具。本篇的第 29 章和第 30 章将分别讨论 WinDBG 调试器的工作原理与使用方法。

调试器的设计初衷是辅助软件开发人员定位和去除软件故障，但因为调试器对软件所具有的强大控制力和观察力，其应用早已延伸到了很多其他领域，比如逆向工程、计算机安全等。可以说，调试器是几乎所有软件高手的必备工具，他们都非常擅于使用调试器。因此，每个软件工程师都应该把学习和熟练使用调试器当作一门必修课。

第 26 章　调试器概览

调试器是软件工程师战斗的武器，只有全面而深刻地理解它，才能充分发挥它的威力。尽管自计算机程序（program）出现那天起，人们就开始面临调试这项繁重任务，但调试器是在很多年后才逐渐形成的。与很多其他软件技术一样，调试器也是在很多人的努力下才逐步发展成今天这个样子的。为了更好地理解调试器的发展过程，本章的前 3 节将分别介绍大型机（26.1节）、小型机（26.2 节）和个人计算机（26.3 节）上的著名调试器。接下来的 4 节将分别介绍调试器的典型功能（26.4 节）、分类标准（26.5 节）、实现模型（26.6 节）和经典架构（26.7 节）。26.8 节将介绍一个公开的调试器标准——HPD。

26.1　TX-0 计算机和 FLIT 调试器

TX-0 是 20 世纪 50 年代由林肯实验室（Lincoln Laboratory）设计的晶体管计算机，其全称为 Transistorized Experimental Computer Zero，它是世界上最早使用晶体管替代电子管的可编程（programmable）通用（general-purpose）计算机，从 1955 年开始制造，于 1956 年投入使用。[1]

林肯实验室构建 TX-0 计算机的主要目的是测试准备为 TX-2 计算机使用的大型磁心存储器（"large" magnetic core memory）。在这个测试任务完成后，TX-0 被移交给麻省理工学院（MIT）的 RLE（MIT Research Laboratory of Electronics）实验室，安装在 MIT 的 26 号楼，那一年是 1959 年。

当 TX-0 移交给 RLE 实验室时，它上面只有两个软件工具，一个是简单的汇编程序，另一个是 UT-3（Utility Tape 3）。UT-3 是一个简单的帮助调试的工具，通过它，用户可以向指定的内存地址输入数据或指定一个地址范围，让系统打印出来。从调试器的角度来看，UT-3 提供了观察和修改内存的功能，但根据本篇序言中的标准，UT-3 还不能算作真正的调试器。

为了弥补 TX-0 软件的不足，RLE 实验室开始为其编写各种软件工具，其中比较著名的就是 Jack B. Dennis 所编写的 MACRO 汇编程序及 Dennis 与 Thomas G. Stockham（1933—2004）共同编写的 FLIT 程序。

MACRO 汇编器所引入的宏概念今天仍然被广泛使用着，利用宏，程序员可以把一系列指令定义在一起，大大节约了录入程序所需的时间。MACRO 的另一个重要特征就是不仅可以产生程序代码，而且可以生成供调试和分析使用的调试符号（symbol）。

FLIT 的全称是 FLexowriter Interrogation Tape，这个名字来源于当时的一种杀虫喷雾剂的名字。表 26-1 列出了 FLIT 程序所支持的主要命令[1]。

表 26-1　FLIT 程序支持的主要命令（伪指令）

伪 指 令	功　　能
clear a,b	清除从地址 a 到地址 b 的内存区域
print a,b	打印从地址 a 到地址 b 的内存区域

续表

伪　指　令	功　能
word w,a,b	在地址 a 到地址 b 的内存范围内搜索 w
address l,a,b	在地址 a 到地址 b 的内存范围内搜索地址 l
surprise	比较内存和磁带
table	读磁带上的符号表
read	从磁带读取程序
start	开始执行程序
start l	开始从位置 l 执行程序
break bp1,bp2,bp3,bp4	设置断点
break	删除所有断点
proceed	因为断点中断后使用这个命令继续执行
输入地址或包含符号的表达式	显示指定地址或表达式的值，若继续输入新的值，便修改这个内容（按 Enter 键或 Tab 键确认）

从这些命令可以看出，FLIT 提供了各种调试功能，包括设置断点、观察和编辑内存、控制程序执行、读取符号等。特别值得一提的是，FLIT 支持符号化调试（symbolic debugging），调试人员可以通过符号名来指定要观察的变量，也可以在表达式中包含符号。另外，FLIT 程序提供的断点功能和今天的断点功能已经非常类似。通过断点命令，用户可以使用 break 命令设置和清除断点。设置断点时，FLIT 调试器先将指定位置的指令保存起来，然后向这个位置写入跳转指令，当程序执行到这个位置时，便会跳转到 FLIT 调试器的断点处理代码。断点处理代码先将程序状态保存起来，然后将控制权交给用户，用户可以使用其他调试器命令观察和分析被调试程序，观察结束后，再发出命令让程序继续执行。

FLIT 将各种调试功能集中在一个单独的程序中，同时实现了控制被调试程序执行和观察分析被调试程序的功能，因此 FLIP 已经符合调试器的标准，是真正意义上的调试器。因为早期的计算机大多在硬件上配备一个开关来切换到单步执行模式，所以在调试器中没有必要再设计单步跟踪功能。

从内存布局来看，FLIT 加载在内存空间中的固定位置，与调试程序在同一个空间中。这样做有个不足，就是当修改和向被调试程序添加代码时，可能覆盖和破坏调试器的内容。为了弥补这个不足，FLIT 有个缩减版本，名为 MicroFLIP，它占用的内存空间更小。

FLIT 的完成时间大约为 1960 年，经过很多搜索之后，这是笔者发现的最早的软件调试器。FLIT 的出现不但为当时开发其他软件提供了强有力的工具，而且它对软件调试技术的贡献也是具有里程碑意义的，其后的很多调试器基于或借鉴了 FLIT 的实现方法，包括 26.2 节要介绍的DDT 调试器。

26.2　小型机和 DDT 调试器

在现代计算机从大型化向小型化发展的历史上，DEC（Digital Equipment Corporation）公司的 PDP 系列小型机起到了重要的作用。PDP 是可编程数据处理器（Programmed Data Processor）

的缩写，这个名字中故意没有带 Computer 字样，因为当时在人们脑海中计算机都是要占满一个房间甚至一个楼面的庞然大物。本节将介绍在 PDP 系列小型机上使用的主要调试器。

26.2.1 PDP-1

PDP 系列的第一代产品 PDP-1 于 1960 年发布，共生产了大约 50 台。尽管数量不大，但是它的影响是巨大的，它的体积和今天的服务器机柜差不多，价格约 12 万美元，与今天的计算机价格相比，这个价格很惊人，但在当时，这只是大型机价格的一个零头。最重要的是，PDP 配备了 CRT 显示器，让用户可以直接与机器对话。用户可以坐在计算机前编写和调试程序，执行命令并观察机器处理数据的全过程。体积小，价格低，友好的人机交互方式——PDP 的这些特征代表了计算机设计理念的一个根本变革，预示了计算机从大型化向小型化发展的大趋势。

因为 DEC 公司的创始人哈兰·安德森（Harlan Anderson）和肯·奥尔森（Ken Olsen）就来自设计 TX-0 的林肯实验室，所以可以说 PDP-1 在很多方面基于或受到了 TX-0 的启发，包括指令集和与用户交互的理念。但与 TX-0 的实验目的不同，PDP-1 一开始就是为商业化目的而设计的。

1961 年夏季，DEC 公司向林肯实验室赠送了一台 PDP-1。尽管这台 PDP-1 没有为 DEC 公司带来直接的收入，但是它为 PDP 系列计算机的发展带来了更有价值的两个收益—— 一是让很多天才开始为 PDP 编写软件，二是吸引了 MIT 的很多人到 DEC 工作。

在 PDP-1 到达 MIT 不久，很多著名的软件纷纷诞生了，这其中包括第一个交互式的计算机视频游戏（interactive computer video game）《星球大战》（*Spacewar*），第一个分时操作系统，还有后来被所有 PDP 计算机采用的 DDT 调试器。

DDT 是 MIT 的学生们为 PDP-1 编写的众多软件中的一个，它的作者是 Alan Kotok，时间是在 1961 年夏季。DDT 的最初含义是 DEC Debugging Tape，即 DEC 调试磁带，因为当时 DDT 是存储在磁带上的，在磁带其他存储介质（比如磁盘）取代后，DDT 改称为 Dynamic Debugging Tool。因为使用 DDT 大大提高了调试效率，所以 DDT 很快流行起来，并成为之后 PDP 小型机上必不可少的一个配套软件。当 1962 年 PDP-4 推出时（PDP-2 一直没有开发，PDP-3 也没有市场化），DDT 已经包含在系统的软件列表中。图 26-1 是 PDP-4 的产品手册中关于 DDT（DDT-4）的介绍。

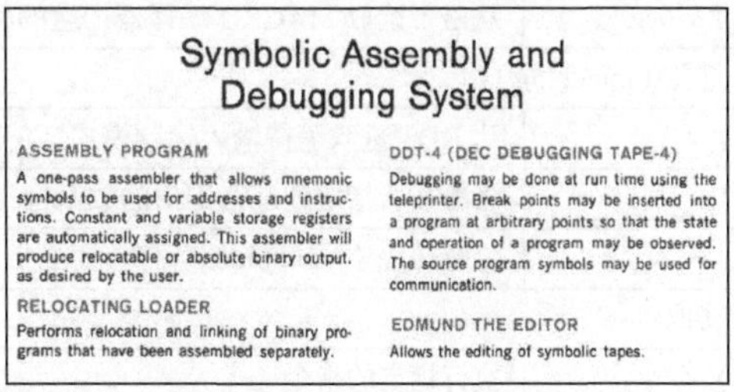

Symbolic Assembly and Debugging System

ASSEMBLY PROGRAM

A one-pass assembler that allows mnemonic symbols to be used for addresses and instructions. Constant and variable storage registers are automatically assigned. This assembler will produce relocatable or absolute binary output. as desired by the user.

RELOCATING LOADER

Performs relocation and linking of binary programs that have been assembled separately.

DDT-4 (DEC DEBUGGING TAPE-4)

Debugging may be done at run time using the teleprinter. Break points may be inserted into a program at arbitrary points so that the state and operation of a program may be observed. The source program symbols may be used for communication.

EDMUND THE EDITOR

Allows the editing of symbolic tapes.

图 26-1　PDP-4 的产品手册中关于 DDT 的介绍

随着 PDP 计算机的流行，DDT 逐渐成为 20 世纪 60 和 70 年代比较著名的工具软件之一，被越来越多的人使用。为了便于区分不同版本的 DDT 工具，人们把与 PDP-4 一起发行的 DDT 称为 DDT-4，把 Alan Kotok 最初为 PDP-1 设计的 DDT 称为 DDT-1。

DDT 是从 Micro FLIP 改编过来的，因此它的最初功能和工作方式都与 FLIP 调试器非常类似。表 26-2 列出了 DDT-1 的主要命令。这些命令是从 Alan Kotok 所写的 DDT 文档中（参考资料[2]）摘录的，这份文档的修改日期为 1964 年 8 月 13 日，它是 PDP-1 程序库的一部分。当时的程序库和今天 SDK 的作用很类似。

表 26-2 DDT-1 的主要命令

命 令	功 能
断点（breakpoint）	
B	在指定位置插入断点，或者删除断点（未指定地址）
P	从断点继续
G	跳到（go to）参数指定的位置
程序分析（program examination）	
/	打开指定的寄存器
回车	将新的信息放入打开的寄存器并将其关闭
Backspace	除了具有与 Enter 键同样的功能，同时打开相邻的下一个寄存器
Tab	除了具有与 Enter 键同样的功能，同时打开指定的寄存器，并打出它的内容
模式控制（mode control）	
S	将 DDT 的字（word）输出模式设置为符号方式
C	将 DDT 的字输出模式设置为 n 进制常数
R	将 DDT 的位置输出模式设置为相对于符号
O	将 DDT 的位置输出模式设置为 n 进制数
U	十进制模式输出
H	八进制模式输出
字搜索（word search）	
W	在指定内存范围内搜索与指定表达式的值相等的内存字
N	与 W 类似，但搜索与指定表达式不相等的内存字
E	与 W 类似，但搜索有效地址等于指定表达式的内存字
存储（storage）	
K	将符号表复位到初始的列表中
Z	将不是 DDT 使用的内存全部清 0
加载磁带（loading tape）	
Y	从磁带加载二进制（binary）程序到内存中
T	从磁带读取 MACRO 编译器产生的符号表
打孔（punching）	
L	让 DDT 进入等待输入标题模式，把用户键入的字符以可读的方式打孔到纸带上
D	将参数所指定地址范围内的数据打孔到纸带上
J	将跳转块（jump block）打孔到纸带上
其他	
X	执行指定的指令

　　DDT-1 的断点功能是使用一条特殊的跳转命令 jda 来实现的。另外，DDT-1 只支持一个断点，设置一个新的断点后，会自动将前一个删除（参考资料[2]）。

26.2.2　TOPS-10 操作系统和 DDT-10

　　1967 年推出的 PDP-10 配备了名为 TOPS-10 的操作系统。TOPS-10 是 DEC 公司基于 PDP-6 的监视程序（PDP-6 Monitor）而设计的分时操作系统。TOPS-10 有很多版本，从 1964 年的 1.4 到 1980 年的 7.01。1976 年 DEC 公司推出的 TOPS-20 是基于 TOPS-10 和另一个早期的操作系统 TENEX 而设计的。

TOPS-10 已经包含了很多调试支持，如内核调试和用户态调试。TOPS-10 系统自带的标准调试工具为 DDT-10。从关于 TOPS-10 操作系统的手册中可以看出，DDT-10 是一个与操作系统和开发工具有机结合的工具集。其关系好比是 NT 操作系统与 WinDBG。也可能是，NT 内核的设计者直接或间接地受到了 TOPS-10 和 DDT 的影响。

DDT-10 的使用手册（参考资料[3]）是 TOPS-10 文档（称为 Notebook）的一个部分。笔者找到的一个版本是 1986 年 4 月更新过的，其长度有 130 页。

DDT-10 包括了如下一些模块。

（1）DDT.REL。一个可以重定位的 DDT 模块，它类似于今天的静态库，可以链接到被调试程序中，其方法是使用 TOPS-10 的 DEBUG 命令。

```
DEBUG <被调试程序文件>
```

DEBUG 命令会使用 LINK 找到被调试程序的符号文件，然后将 DDT.REL 和被调试的程序融合在一起。待链接结束后，链接好的程序会启动，DDT 开始运行，用户可以输入各种调试命令，包括设置断点，让被调试程序开始运行，等等。这是使用 DDT 调试应用程序的常用方法。从用户角度来看，这个过程已经与今天的从调试器中启动被调试程序并开始调试会话非常接近。

（2）DDT.EXE。一个可以独立运行的调试工具，使用 TOPS-10 的运行命令（R DDT）便可以启动它。启动后可以执行硬件指令和 TOPS-10 的 UUO（Unimplemented User Operation），UUO 是调用 TOPS-10 系统服务的一种方式，类似于今天的从用户态呼叫内核态的系统服务。

（3）VMDDT.EXE。用来调试已经加载到内存中的应用程序的 DDT 模块，其工作方式类似于今天的附加（attach）到被调试进程。但是其功能还没有今天的调试器那么强大，只有当被调试程序处于以下非运行状态（包括应用程序刚刚加载，应用程序结束，应用程序崩溃，应用程序被 Ctrl+C 快捷键终止）时，才能将 VMDDT "附加" 到被调试程序。在以上情况下，输入 DDT 命令，DDT 会检查用来管理进程的 JOBDAT 结构的 JBDDT 字段，如果这个字段为 0，就说明还没有调试器加载，于是 DDT 会加载 VMDDT.EXE。内存页 700～777 是保留给 VMDDT.EXE 使用的。从这一点我们可以看出当时的操作系统对软件调试已经提供了特殊的支持。

（4）FILDDT.EXE。用来分析和修改程序文件、崩溃转储和磁盘上的数据。

（5）EDDT.EXE。用于调试和修补操作系统的内核（当时称为 Monitor）。名称中的 E 代表 Executive，即管理模式（内核模式）。EDDT 有两种工作方式。一种类似于今天使用 WinDBG 调试 NT 内核，必须在启动内核时就调用 EDDT。

```
BOOT><内核文件名称> /E
```

/E 开关会导致内核和调试模块同时加载，并且使内核工作在调试模式下。当 EDDT 初始化结束后，会显示调试提示符，输入 G 命令可以让系统继续加载。在系统的分时功能（多任务）初始化后，可以在终端上（TTY）按 Ctrl+D 快捷键来触发系统内核的陷阱（中断）机制，调用内核的一个内部过程跳转到 DDT 的代码，也就是使系统中断到调试器。中断到调试器后，用户可以设置断点、单步执行或进行其他各种调试操作。

EDDT 的另一种工作方式是在用户态执行来修补和分析内核文件，其方法是先使用 TOPS-10 的 GET 命令将内核的.EXE 文件加载到内存，然后通过 DDT 命令启动 EDDT.EXE。启动后，用户可以使用 DDT 的各种命令来分析和修改内核文件，也可以设置断点，如果退出时还有断点未删除，则这些断点在下次启动这个内核文件时还会起作用。

（6）COBDDT。用来调试 COBOL 程序的 DDT 变体。

（7）FORDDT。用来调试 Fortran 程序的 DDT 变体。

从上面的介绍可以看出，DDT-10 已经是一个功能非常齐全的调试工具包。除了上面介绍的功能，值得注意的 DDT-10 功能还有以下几个。

- 使用单步执行命令来进行单步跟踪，此前，单步执行是由硬件开关来支持的。
- 支持条件断点。
- 执行子过程或某一范围内的指令。
- 动态插入补丁，即在调试过程中动态地插入一段代码，并让程序跳转过去执行。

支持 PDP-11 和 TOPS-20 的 DDT 称为 DDT-11。DDT-11 加入了远程调试功能并加入了转储文件有关的功能。感兴趣的读者可以阅读参考资料[4]了解更详细的内容。

26.3　个人计算机和它的调试器

随着集成芯片的发明和微处理器（Micro-CPU）的诞生，从 20 世纪 70 年代末起，个人计算机（PC）开始蓬勃发展。与小型机的情况类似，PC 的发展也离不开调试技术的参与，或者说某一领域在快速发展之前，调试技术作为其他技术发展的基础必然会先发展起来。

26.3.1　8086 Monitor

DOS 是图形化操作系统出现前个人计算机上的主要操作系统，20 世纪 80 年代的大多数 PC 使用的是 DOS 操作系统。很多使用过 DOS 的人都知道 DOS 系统自带了一个调试程序，叫 Debug。Debug 程序完全实现在一个文件中，即 Debug.exe。在 DOS 提示符下输入 Debug 便可以启动这个程序，然后可以加载被调试程序，执行汇编、反汇编，访问 I/O 端口等。

DOS 和 Debug 程序的最初设计者是同一个人，他就是被称为 DOS 之父的 Tim Paterson。1980 年 4 月到 7 月，Paterson 在 CP/M 的基础上设计了针对 8086 CPU 的简单操作系统，称为 QDOS（Quick and Dirty Operating System）。1981 年微软从 Paterson 所在的 SCP（Seattle Computer Products）公司购买了 QDOS，将其改名为 86-DOS 并提供给 IBM，随 IBM PC 一起销售，称为 PC DOS 1.0。从 DOS 4.0 开始，开始称为 MS DOS。

在设计 QDOS 之前，Tim Paterson 设计了一个名为 8086 Monitor 的调试器，这个调试器后来被集成到 DOS 中，即 Debug 程序。在 Paterson 创立的 Paterson Technology 公司的网站上可以找到 8086 Monitor 的 1.4 版本的手册和源代码清单。

8086 Monitor 是与名为 CPU Support Card 的硬件一起工作的，其功能是调试 8086 CPU 上的软硬件。8086 CPU 卡是 SCP 公司当时的主要产品。8086 Monitor 是从 1979 年年初开始开发的，第 1 版的完成时间是在 1979 年 11 月前，1980 年年初做过改进。

8086 Monitor 提供了断点、单步跟踪、观察和修改内存、观察和修改寄存器、从磁盘加载程序、读写 I/O 端口等功能，是个人计算机发展初期广泛使用的著名调试器。

26.3.2 SYMDEB

8086 Monitor 和 DEBUG 都是汇编级别的调试器，不支持符号化的调试，也就是只能通过内存地址来观察变量和函数。SYMDEB 是个人计算机上较早支持符号化调试的调试器。它最初是随微软的宏汇编编译器 MASM 一起发布的，后来也包含在 16 位 Windows 系统的 SDK 中。SYMDEB 的全称是 Microsoft (R) Symbolic Debug Utility。

在使用 SYMDEB 进行符号化调试前，应该先产生符号文件。这需要两个步骤，第一步是在链接时指定/MAP 开关，生成 MAP 文件。第二步是通过 MAPSYM.EXE 从 MAP 文件产生 SYM 文件。

有了 SYM 文件后，便可以使用以下语法开始符号化调试了。

```
SYMDEB ［参数］［SYM 文件名］［被调试程序名］［被调试程序的参数］
```

借助 SYM 文件，使用 SYMDEB 进行调试时，便可以通过变量名来观察变量，通过函数名设置断点，这比根本不支持符号的 DEBUG 程序进步了很多。

除了支持 DEBUG 定义的几乎所有命令，SYMDEB 还支持表 26-3 列出的新命令。

表 26-3 SYMDEB 支持的新命令

命　　令	功　　能
BP	设置断点
BC, BD, BE, BL	分别用于清除断点，禁止断点，启用断点，列出所有断点
C	比较内存
K	栈回溯
V	观察源代码
X	检查符号
XO	打开新的符号文件
Z	通过符号来设置变量的取值
?	评估表达式
!	执行 Shell 命令
.	显示当前的源文件行
*	注释

表 26-3 中的很多命令一直沿用到今天，比如 BP、BC、BD、BL、C、K 和*命令的写法与含义与 WinDBG 中的完全一样。

26.3.3 CodeView 调试器

尽管 SYMDEB 已经具有了基本的符号支持，可以使用符号来访问变量和设置断点，但是它还不支持真正的源代码级调试，比如不能显示数据结构，不能在源代码级跟踪，因为 SYMDEB 使用的符号文件所包含的符号信息还不足以支持这些功能。在这一背景下，大约在 1985 年，CodeView 调试器诞生了，它的主要设计者是 Dave Norris 和 Mike O'Leary。CodeView 最先是与 4.0 版本的微软 C 编译器（MSC 4.0）一起发布的。第 25 章介绍的编译选项/Zi 也是这个时候引入的，字符 i 来源于 CodeView 项目的代号 Island。如果编译程序时使用了/Zi 选项，那么编译器就会产生调试符号，链接时这些符号会被链接到可执行文件。有了符号信息后，便可以使用 CodeView 调试器进行真正的源代码级调试了。

在随 MSC 4.0 一起发布后，CodeView 被加入 MASM、Basic 编译器和之后的 MSC 编译器中。当 VC 1.0 发布时，CodeView 调试器被集成到了 IDE 中，这种做法一直延续到后来的 VS 集成开发环境。CodeView 调试器有用于调试 DOS 程序的 DOS 版本和调试 16 位 Windows 程序的版本（CVW）。

26.3.4　Turbo Debugger

Turbo Debugger（TD）是 Borland 公司的著名调试器。它的第一个版本 TD 1.0 于 1989 年发布。TD 除了支持 Borland 公司的调试符号，还支持 CodeView 格式的调试符号，因此使用 TD 既可以调试使用 Borland 编译器开发的程序，也可以调试使用微软编译器开发的程序。加上 TD 功能强大而且稳定，所以 TD 很快就成为当时最流行的调试器。Borland 公司的汇编编译器 TASM 和 C/C++编译器中都包含了 TD。

TASM 5 和 Borland C/C++ 5.02 包含了 5.0 版本的 TD。这一调试器在今天依然是很多人调试 DOS 程序的首选工具。TD 5.0 在 Windows XP 的 DOS 窗口中可以很好地工作，图 26-2 显示了使用它调试一个使用 C 语言编写的 Hello World 程序时的情景。

由于 TD 的显示模式是彩色的文本模式（text mode），因此它的所有窗口边框和控制按钮都是使用扩展 ASCII 码来绘制的。可以说，TD 将文本方式的窗口界面发挥到了非常高的水平。在图 26-2 中，我们打开了 5 个窗口，分别是显示 C 语言源程序的 Module 窗口（1 号）、包含汇编指令和寄存器信息的 CPU 窗口（4 号）、观察变量的 Watches 窗口（2 号）、观察内存的 Dump 窗口（5 号）和显示跟踪执行经过的 Execution History 窗口（3 号）。

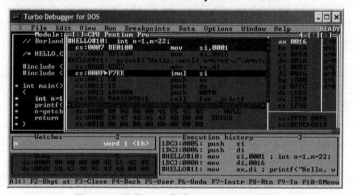

图 26-2　使用 TD 调试 Hello World 程序

TD 的功能已经非常完善，包含了今天主流调试器支持的大多数功能，例如，设置软硬件断点，观察和修改内存与寄存器，以及跟踪执行等。此外，TD 还包含了今天的调试器不再支持的一些功能。我们不妨选取其中的两个功能作为例子。一个是执行状态回退，使用这一功能前需要使用 TD 的配置程序 TDINST 将 Full trace history 选项打开，然后在跟踪程序时，通过 Run 菜单的 Back trace 命令或 Alt+F4 组合键便可以回退到 Execution History（执行历史）窗口中所显示的前一个状态。使用这一功能就好像让被调试程序反方向执行一样，因此又称为反向执行或反向跟踪。事实上，这一功能可以将跟踪过的执行上下文保存起来，当反向跟踪时，将保存的上下文恢复出来。TD 的另一个值得称道的功能就是它的动画执行功能。当单步跟踪程序时，选择 Run 菜单的 Animated 命令，然后指定一个"动画放映速度"便可以让调试器不断地重复单步跟踪执行动作，像放动画一样单步执行程序，直到按任意键停止。利用这个功能，调试者就不必频繁地按单步跟踪键了，只需要像看电影一样观察程序的"慢动作"执行过程，当执行到感兴趣的位置时再让它停下来。

与 CodeView 类似, TD 也有 DOS 版本和 Windows 版本之分, Windows 版本通常称为 TDW(调试 16 位的 Windows 程序) 或 TDW32 (调试 32 位的 Windows 程序)。

26.3.5 SoftICE

DOS 时代出现的著名调试器还有 SoftICE。SoftICE 的最初版本是由 Frank Grossman 和 Jim Moskun 在 1987 年设计的, Frank 和 Jim 也是经营 SoftICE 的 NuMega 公司的两个创始人。与前面介绍的几个工作在 DOS 上的调试器不同, SoftICE 使用了根本不同的设计思路。我们知道 DOS 是运行在实模式的一个单任务操作系统中的, 因此普通的 DOS 调试器和被调试程序是运行在一个地址空间中的, 调试器先运行, 然后把被调试程序加载在同一地址空间中的较低位置。SoftICE 没有沿用这种做法, 它利用了 80386 CPU 引入的虚拟 8086 模式功能, 让自己运行在保护模式下, 让被调试程序和 DOS 系统运行在虚拟 8086 模式中。这一设计使 SoftICE 具有了两个普通 DOS 调试器无法得到的好处。第一是 SoftICE 可以完全控制 DOS 系统和被调试程序, 就好像今天的虚拟机管理器可以完全控制虚拟机一样。第二个好处是, 利用保护模式的分页机制, SoftICE 可以运行在不同的地址空间中, 不必与被调试程序共享有限的 640KB 地址空间。基于这两大优势, 加上 SoftICE 设计合理, 灵巧强大, 它很快得到了众多软件高手的认可, 成为很多人眼里最好的调试器。

在 Windows 系统开始流行后, SoftICE 推出了 Windows 版本, 可以在一台机器上进行内核调试, 成为调试 Windows 驱动程序的首选工具之一。SoftICE 的强大功能和领先优势保持了很多年。但是出于种种原因, 2006 年 4 月, SoftICE 停止开发, 这一著名的调试器从此停顿不前了。

本节介绍了个人计算机上有代表性的调试器, 包括 8086 Monitor、SYMDEB、CodeView、TD 和 SoftICE。第 29 章和第 30 章将介绍 WinDBG 调试器。

『 26.4 调试器的功能 』

本节将浏览调试器的典型功能, 并简要说明这些功能的工作原理。

26.4.1 建立和终止调试会话

调试器在调试一个程序前, 必须先与其建立起调试与被调试的关系, 即建立调试会话 (session)。对于用户态调试, 建立调试会话的方式通常有两种, 一种是在调试器中启动被调试程序, 另一种是在被调试程序加载后, 再将调试器附加 (attach) 到被调试程序。对于内核态调试, 建立调试会话的过程就是调试引擎介入到被调试系统的过程, 这通常是在系统启动过程中发生的。

终止调试会话的方式有很多种, 可以直接退出调试器, 这通常也会导致被调试程序终止; 或者将调试器分离 (detach), 让被调试程序继续运行; 当然, 也可以直接退出被调试程序。

26.4.2 控制被调试程序执行

能够控制被调试程序执行是调试器区别于其他软件工具的重要特征。这一功能包括如下几个子功能。

（ 1 ）将被调试程序中断到调试器 (break into debugger), 典型的做法是在被调试程序中触发一个调试事件使其中断到调试器。很多调试器都包含不同形式的 Break 命令来支持这一功能。Windows 操作系统支持使用 F12 快捷键将被调试程序中断到调试器 (10.6 节)。

（ 2 ）让被调试程序以受控的方式执行, 比如单步执行, 单步执行到指定位置, 从指定的位置开始执行等。

（3）对线程执行挂起（suspend）/恢复（resume）和冻结（freeze）/解冻（unfreeze）操作，比如 WinDBG 的~m、~n、~f 和~u 命令可以对一个或多个线程分别执行挂起、恢复冻结和解冻操作。

（4）恢复被调试程序运行。

（5）终止被调试进程。

（6）重新启动（restart）被调试程序和调试会话，比如 WinDBG 的.restart 命令可以重新运行被调试程序，内核调试中的.reboot 命令可以让目标系统重新启动。

直接修改寄存器和内存也可以达到控制程序执行的目的，比如设置程序指针（EIP）寄存器的值和修改内存中的指令，但是我们把这些功能归类到访问内存和寄存器中。

26.4.3　访问内存

内存是软件工作的舞台，软件的代码必须先被读入内存后才能被 CPU 执行。除了少数分配在寄存器中的局部变量，软件的大多数变量也是分配在内存中的。因此，观察和操作被调试程序的内存对调试器来说是非常重要的。访问内存的功能又可以细分为以下几种。

（1）以不同格式显示内存中的数据，比如按字节、字、双字、字符串或结构类型（type）来显示某一地址的数据，WinDBG 的 d 系列命令可用来实现这一功能。

（2）编辑指定地址的内存数据，比如 WinDBG 的 e 系列命令。

（3）通过变量名来观察和修改它的取值，变量包括局部变量、全局变量、成员和静态变量等。

（4）移动（move）某一范围的内存数据到另一位置。

（5）填充（fill）某一内存区域。

（6）比较指定范围的内存数据。

（7）在内存中搜索某一个数据模式。

（8）观察用来组织内存的数据结构，比如堆和栈。WinDBG 的! Heap 与!teb 扩展命令分别可以显示堆和栈的信息。

好的调试器应该允许用户以多种方式来指定要访问的内存地址，包括物理地址、虚拟地址、变量名称和表达式。

26.4.4　访问寄存器

访问寄存器功能用来观察或修改 CPU 寄存器。这里要说明的一点是，因为一个 CPU（多核中的一个核）只有一套寄存器，所以在调试器中观察到的寄存器都是上下文（CONTEXT）结构中的寄存器。当调试事件发生时，系统会将当时的寄存器状态保存在一个执行上下文结构中，调试器中操作的都是这个 CONTEXT 结构中的值。当被调试程序被恢复执行时，系统会将 CONTEXT 结构中的寄存器值更新到 CPU 的物理寄存器中。出于这个原因，对寄存器的修改是在恢复程序运行时才生效的，而对于内存的修改是执行命令后便写到内存中的。

因为上下文结构中不包含 MSR，所以对 MSR 的访问是直接针对 CPU 中的物理寄存器的，比如 WinDBG 的 rdmsr 和 wrmsr 分别用来读写 MSR。

包括 VC6 在内的很多调试器只提供观察寄存器的功能，不提供修改功能。但是 VC8 和

WinDBG 都有修改寄存器的功能（使用 r 命令）。特别是，修改程序指针寄存器（如 r eip=0xxx）的值可以起到跳转执行的目的，但使用时应该慎重，因为这种跳转可能导致栈失去平衡或变量未初始化等各种问题。

26.4.5 断点

设置和管理断点（breakpoint）是调试器的最重要功能之一。设置断点的目的是让被调试程序执行到某一空间或时间点时将其中断到调试器，然后对其进行分析。根据断点的中断条件，可以将其分为如下几种。

（1）指令断点：当程序执行指定内存地址的指令时中断到调试器，又叫作代码断点。

（2）数据断点：当程序访问指定内存地址的数据时中断到调试器。

（3）I/O 断点：当程序访问指定 I/O 地址的端口时中断到调试器。

代码断点的设置方法通常是使用特殊的指令将要中断位置的指令动态替换掉。例如，像 FLIT 这样的早期调试器大多使用跳转指令来替换原来的指令，这样当执行到断点位置时，CPU 便会跳转到用于调试的代码。对于 x86 CPU，INT 3 指令（机器码为 0xCC）专门是为实现代码断点而设计的，因此运行在 x86 CPU 上的调试器通常都使用 INT 3 指令来设置代码断点。

设置代码断点的另一种方法就是使用 CPU 的硬件支持。最常见的就是使用 CPU 的调试寄存器。比如 IA32 CPU 定义了 8 个调试寄存器，DR0～DR7，对于一个调试会话可以最多同时设置 4 个断点。这 4 个断点的地址可以为代码地址、数据地址或 I/O 地址，分别对应于代码断点、数据断点和 I/O 断点。

使用前一种替换程序指令的方法设置的断点叫软件断点，后一种利用 CPU 的硬件支持而设置的断点叫硬件断点。通过硬件方法可以设置以上 3 种断点中的任意一种，但是通过替换指令只可以设置代码断点。

在断点被触发后（又称为命中，hit），操作系统的调试子系统或调试器的接收例程会保存程序的状态，并利用操作系统的进程/线程管理功能将被调试程序挂起，然后将断点事件发送给调试器的断点处理模块。断点处理模块得到通知后，会根据断点的属性和调试器的设置决定是否需要通知用户并与用户交互，如果需要，则通过人机交互接口把控制权交给用户。在用户分析结束后再发出命令恢复继续执行。

对于 IA32 CPU，数据断点和 I/O 断点触发的都是陷阱类异常，CPU 报告这类异常时，触发异常的那条指令已经执行完毕，程序指针已经指向要执行的下一条指令。这意味着当数据断点被报告到调试器时，访问数据的那条语句已经执行完毕，因此调试器的执行位置会显示在下一行。与此不同的是，通过调试寄存器设置的代码断点触发的异常属于错误类异常，这类异常报告时，程序指针指向的仍然是触发异常的那条指令。所以当调试器收到这类异常时，执行位置会显示在断点地址所对应的那一行。这时如果直接继续执行，那么还会触发异常。为了防止死循环，调试器应该在恢复执行前设置标志（EFALGS）寄存器的 RF（Resume Flag）位，在 CPU 看到 RF 位被置位后，会忽略指令断点。对于使用 INT3 指令设置的代码断点，因为 INT 3 指令触发的是陷阱类异常，所以当调试器收到调试事件时，程序指针指向的是 INT 3 指令的下一条指令。Windows 系统在分发 INT 3 导致的断点异常时会将程序指针递减 1，因此，用户在调试器中看到的执行位置依然在断点地址所对应的那一行。综上所述，指令断点命中时，执行位置在当前行，当前行尚未执行；数据和 I/O 断点命中时，执行位置在下一行（汇编级），触发断点的那一条指令已经执行完毕。

根据调试器收到断点事件后是否中断给用户并开始交互式调试，可以把断点分成条件断点（conditional breakpoint）和无条件断点（unconditional breakpoint）两种。对于支持条件断点的调试器来说，在它收到断点事件后，它会评估这个断点所附带的条件是否成立。如果成立，则启动用户界面开始交互式调试；否则，直接让被调试程序继续运行。

图 26-3 显示了使用 VC8 集成调试器调试 C++程序时设置的两个断点。第一个是无条件的代码断点，第二个是有条件的（argv[0]!=0）的数据访问断点。其中的地址 0x12FF70 是 main 函数的参数 argc 的地址。值得说明的是，包括 VC8 在内的很多调试器对于数据断点只支持改写数据时触发断点。事实上，CPU 一级是支持读数据时触发断点的。使用 WinDBG 可以指定数据断点的读写触发条件，如果使用 ba r<长度> <地址>，则读写都触发；如果使用 ba w<长度> <地址>，那么便只有向这个地址执行写操作时才触发。

很多调试器提供了运行到光标（run to cursor）位置这样的功能。这一功能也是通过插入断点来实现的。

断点的另一个衍生功能叫作追踪点（tracepoint）。其实现原理仍然基于断点，只是当命中后打印一些用于追踪的调试信息或者执行某个脚本，然后让程序继续执行。图 26-4 显示了 VC8 的 When Breakpoint Is Hit 对话框。通过这个对话框可以定义这个追踪点命中后要打印的消息、执行的宏，以及是否要开始用户交互。

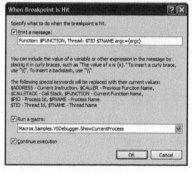

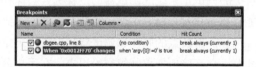

图 26-3 调试 C++程序时设置的断点（VC8）　　　图 26-4 VC8 的 When Breakpoint Is Hit 对话框

在这个追踪点所在位置的代码被执行后，在 VC8 的输出窗口会有如下消息。

```
Function: wmain(int, wchar_t * *), Thread: 0x82C wmainCRTStartup argc=1
0516: c:\dig\dbg\author\code\chap26\dbgee\debug\dbgee.exe
```

其中第二行是图 26-4 中指定的 ShowCurrentProcess 宏所打印出的当前进程 ID 和被调试程序全路径。

断点的有关调试功能还有为断点设置适用条件（比如指定适用线程），对断点命中次数进行计数，暂时禁止和启用断点，显示断点列表，断点命中后自动执行其他命令或脚本等。

26.4.6　跟踪执行

跟踪执行（tracing）被调试程序是调试器的另一常见功能，其作用是让被调试程序按照一种受控的方式来执行，典型的跟踪方式有以下几种。

（1）每次执行一条汇编指令，称为汇编语言一级的单步跟踪。设置 IA32 CPU 的 TF（Trap

Flag，即陷阱标志）寄存器，便可以让 CPU 每执行完一条指令后便产生一个调试异常（INT 1）而中断到调试器。早期的很多计算机（如 PDP-1），在控制面板上有一个 Single Step 按钮，单击这个按钮，那么计算机每执行一条指令后便会停下来。

（2）每次执行源代码（比汇编语言更高级的程序语言，如 C/C++）的一条语句，又称为源代码级的单步跟踪。通常高级语言的单步执行是通过很多次指令一级的单步执行而实现的。调试器在收到单步执行事件后，会根据调试符号中的源代码行信息计算出程序指针值所对应的源代码行。如果源代码行与单步执行的源代码行一致，那么便重新设置陷阱标志位并让程序继续执行；否则，便说明当前源代码行已经执行完毕而中断给用户。

（3）每次执行一个程序分支，又称为分支到分支单步跟踪。IA32 CPU 的 DbgCtl MSR 的 BTF（Branch Trap Flag）用于启用分支到分支单步跟踪。

（4）每次执行一项任务（线程），即当一项任务（线程）被调度执行时中断到调试器。IA32 架构所定义的任务状态段（TSS）中的 T 标志为实现这一功能提供了硬件一级的支持，但是目前的大多数调试器还没有提供这项功能。

（5）执行到上一级函数，又称为 Step Out，即从当前函数一直执行到返回调用这个函数的函数。

很多调试器允许设置单步执行的次数，这也是通过反复多次的指令一级的单步执行来实现的，如 WinDBG 的 t 命令。类似地，还有执行到指定的地址，如 WinDBG 的 ta 命令。

当单步执行的代码行存在函数调用时，根据是否跟踪进入要调用的函数，单步执行又分为 Step Into 和 Step Over 两种。

26.4.7 观察栈和栈回溯

栈是程序执行的重要数据结构，是函数调用和分配局部变量所必不可少的特殊内存区。调试器通常提供如下几种观察栈的功能。

（1）显示栈的基本信息，包括栈的基地址、限制、当前栈顶地址等。

（2）显示栈帧（stack frame）的信息，包括栈帧的基地址、栈帧中的函数返回地址、参数和局部变量。显示局部变量的名称和取值，需要调试符号的支持，如果没有调试符号，那么只能以原始数据的形式来显示栈中的变量。

（3）栈回溯（stack backtrace），又叫打印函数调用序列，即显示记录在栈中的函数调用过程。通过栈回溯可以了解程序的执行过程，因此栈回溯对软件调试有着非常重要的意义。要显示正确的栈回溯信息，也需要调试符号的帮助。

26.4.8 汇编和反汇编

汇编（assemble）功能是将一段汇编程序编译为机器码并写到指定的内存地址，比如 WinDBG 的 a 命令。反汇编是将某一地址范围的机器指令翻译为可读的汇编程序代码。WinDBG 的 u 和 uf 命令都是用来反汇编的。关于反汇编有一点需要注意的是，对于 x86 这样指令长度不固定的程序，一定要保证反汇编的起始地址正好是一条指令的开始，否则就会导致指令错位，得到错误的反汇编结果。

26.4.9 源代码级调试

源代码级调试是指在源代码层次上调试程序，包括：

（1）使用源程序中定义的数据结构来显示和修改数据；

（2）在源程序文件上设置断点，跟踪执行源程序和在源程序中显示执行位置。

通常，一种调试器只支持一种编程语言的源代码级调试，比如 VC 调试器支持 C/C++语言的源代码级调试。但是理论上也可以在一个调试器中同时支持几种源代码级调试，比如 VS8 调试器支持多种.NET 语言的源代码级调试，WinDBG 支持 C/C++和汇编语言的源代码级调试。

26.4.10　EnC

EnC 是 Edit and Continue 的缩写，即在调试的过程中编辑源代码然后自动编译并继续调试。支持 EnC 的调试器通常是 VC 这样同时具有编译和调试功能的 IDE 工具，因为 EnC 功能需要对编辑后的代码进行编译，增量链接和更新符号文件。EnC 功能并不代表可以对代码进行大量的修改，通常只有局部的少量修改才可以成功应用 EnC 功能。像 WinDBG 这样不带编译能力的调试器是不支持 EnC 功能的。

26.4.11　文件管理

文件管理包括对模块文件、符号文件和源程序文件的管理，可以细分为如下几种。

（1）维护和显示程序模块的信息，包括模块的文件名、全路径，模块在内存中的起至地址、时间戳，以及它的符号文件的类型，它的符号文件的全路径等。

（2）寻找和加载模块的符号文件。

（3）提供多种方式查找符号，包括根据地址查找对应的符号和源代码行，搜索和检查符号等。

（4）设置文件的搜索路径。

（5）从符号服务器寻找模块或符号文件并下载。

因为很多功能是基于调试符号的，所以调试符号对于调试有着特殊的重要意义。使用符号服务器来维护符号文件是一种有效的方法。例如，微软的调试符号服务器提供了大多数 Windows 系统文件的调试符号。

26.4.12　接收和显示调试信息

捕获并显示被调试程序输出的调试信息也是调试器的一个常见功能。比如，VC 调试器会显示程序中通过 TRACE 宏或 OutputDebugString API 输出的信息。当内核调试时，调试器会显示使用 DbgPrint/DbgPrintEx 输出的调试信息。

26.4.13　转储

转储（dump）功能包括产生和调试转储文件。比如当使用 WinDBG 调试时，可以使用.dump 命令产生应用程序转储（用户态调试）和系统转储（内核态调试）。因为程序或系统崩溃时往往会触发转储机制，所以也可以通过强制崩溃来触发转储。

调试转储文件通常被看作一种特殊类型的调试目标（target）。打开一个转储文件，便与这个目标（应用程序或内核）建立了调试会话，然后可以像调试活动的目标那样执行各种调试功能，包括观察寄存器，观察内存、回溯栈，显示异常信息、模块信息等，但是某些命令是不能用于调试转储文件的，比如跟踪执行，恢复程序运行等。调试器的用户手册应该说明每个调试命令的适用范围，比如 WinDBG 的帮助文件中会给每个命令附带一个表格（表 26-4），说明这个命令所适用的调试模式、目标类型和平台（操作系统和处理器架构）。

表 26-4 命令的适用范围

适用范围	说 明
Modes	user mode, kernel mode
Targets	live debugging only
Platforms	All

本节介绍了调试器的典型功能，这当然不能涵盖所有调试器的所有功能，我们的目的是让大家了解具有代表性和通用性的调试器功能。

26.5 分类标准

根据 26.1 节的介绍，第一个软件调试器出现在 1960 年，当时的软件还都比较简单，数量也比较少。在这之后的 40 多年里，随着计算机和软件的迅猛发展，调试技术也在不断发展，各种各样的调试器也层出不穷。我们已经没有办法说出迄今为止到底存在多少种调试器，因为每当一种新的软件技术或一种新的操作系统诞生时，通常都会诞生一系列与其配套的调试器。举例来说，.NET 技术的出现和发展引入了一批支持托管代码调试的调试器，而且衍生出了混合调试（interop debugging）这样新的调试模式。为了便于认识和理解庞大的调试器家族，我们归纳出了一些分类标准，用来对调试器进行分类。

26.5.1 特权级别

按照被调试程序所处的特权（privilege）级别，可以把调试器分为用户态调试器（user-mode debugger）和内核态调试器（kernel-mode debugger）两种。内核态调试器通常简称为内核调试器（kernel debugger）。用户态调试器用来调试在用户模式执行的各种程序，包括应用程序、系统服务和工作在用户模式的驱动程序。内核态调试器用来调试运行在内核模式的各种代码，主要包括操作系统内核和工作在内核模式的驱动程序。举例来说，VC IDE 所集成的调试器是用户态调试器。WinDBG 工具包中的 KD.EXE 是一个内核调试器。WinDBG.exe 既可以调试用户态程序也可以调试内核，所以它既属于用户态调试器，又属于内核调试器。

26.5.2 操作系统

大多数调试器只适用于某一种或某一类操作系统，所以可以根据调试器所适用的操作系统对其进行分类。例如 WinDBG 是 Windows 操作系统上的调试器，GDB（GNU Project Debugger）是 Linux 操作系统上的调试器，Dbx 是 UNIX 操作系统（Solaris、AIX、IRIX 和 BSD UNIX）上的调试器。

26.5.3 执行方式

可以根据被调试的程序是解释（interpreted）执行还是编译后（compiled）执行将调试器分成脚本代码调试器（script debugger）和编译代码调试器。

使用 Java 和.NET 语言编写的程序尽管是以字节码方式存储的，但是当 CPU 执行时还是会被即时（Just-In-Time）编译为机器码，所以调试 Java 和.NET 程序的调试器不属于脚本调试器。事实上，

WinDBG 这样的调试器就可以调试.NET 程序，只要将其看作普通的本地程序，但如果要支持源代码级的调试或者显示.NET 技术的特有数据结构，那么就必须对 WinDBG 进行扩展。因为.NET 程序主要是以托管代码（managed code）为主的，所以通常把调试.NET 程序的调试器称为托管调试器（managed debugger）。从程序执行方式来看，托管调试器是编译代码调试器中的一个子类。

26.5.4 处理器架构

因为软件总是与硬件平台的处理器架构（processor architecture）相关的，所以可以根据调试器和它所能调试的程序所运行的平台架构来对调试器进行分类。比如 WinDBG 目前支持的 CPU 架构主要有 x86、x64 和安腾（Itanium）3 种。

26.5.5 编程语言

对于支持源代码级调试的调试器，可以按照它所支持的开发语言来对调试器进行分类。比如 WinDBG 支持 C/C++和汇编语言的源代码级调试。JDB 是调试 Java 程序的一个调试器。某些调试器只支持汇编代码级调试，不支持源代码级调试，比如 DOS 下的 DEBUG 调试器。

本节介绍了对调试器进行分类的典型标准。因为每个分类标准代表了调试器在某一方面的关键特征，所以使用以上标准来衡量和描述调试器有助于理解调试器的主要功能和特点，这也是我们介绍这些标准的主要目的。

26.6 实现模型

如何设计和实现一个调试器呢？这不是一个简单的问题。调试器的目标是调试被调试程序。要做到这一点，就要与被调试程序建立起联系。那么应该如何建立联系？这个联系应该多密切呢？一般来说，关系越密切越有利于了解被调试程序的信息和更好地实现各种控制功能。但是这样做可能因为调试器的介入而影响被调试程序的行为，使得某些错误无法在调试时再现，这便是所谓的海森伯效应（卷 1 的 15.3.9 节）。

简单来说，设计调试模型时，既要追求高效和强大，对调试目标有很强的控制力，又要努力降低海森伯效应。下面将分别介绍用户态调试和内核调试所使用的典型模型，分析它们各自的优缺点。

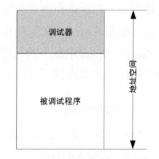

26.6.1 进程内调试模型

所谓进程内调试模型（in-process debugging model），就是指调试器与被调试程序工作在同一个进程的地址空间中（图 26-5）。

图 26-5　进程内调试模型的示意图

因为与被调试程序在同一个空间中，所以进程内模型有如下优势。

（1）可以非常直接地访问被调试程序的代码和数据，速度快，实现简单。

（2）调试器可以复用被调试程序的某些资源和数据结构，从总体上来看可以节约资源。

（3）在调试器代码和被调试程序的代码之间可以方便地跳转或相互调用。

但是因为与被调试程序在同一空间中，进程内模型也存在如下不足。

（1）调试器的存在和工作可能影响被调试程序的行为，导致较大的海森伯效应。

（2）调试器的代码和数据容易遭到破坏。

（3）因为与被调试程序在同一进程内，所以不利于独立控制被调试程序，例如，挂起进程时，调试器线程也会被挂起。

在某些简单的计算机系统中，要么没有操作系统，要么操作系统是 DOS 这样的单任务操作系统，这些系统中的调试器通常是和被调试程序工作在同一个空间中的。比如早期的 FLIT 调试器和 DDT 调试器，它们都工作在内存空间中的一个固定位置，被调试程序工作在同一空间的其他部分。DOS 下的 DEBUG 调试器也属于这种情况。调试时，DEBUG 需要先运行并将自己加载到内存中，然后再将被调试程序加载到内存中。某些嵌入式系统的调试器使用的也是类似的方法。尽管在这样的简单系统中不存在严格意义上的进程，但是从地址空间的角度来看，仍然可以将这些调试器所使用的模型称为进程内模型。

在 Windows 这样的操作系统中，完全使用进程内模型的调试器是不存在的。因为当操作系统发送调试事件时会先将被调试进程挂起，所以如果调试器也在同一个进程内，那么调试器的代码也会被挂起，根本无法接收和处理调试事件了。稍后我们会介绍.NET 调试器使用的 CLR 调试模型，这个模型部分采用了进程内模型。

26.6.2　进程外调试模型

顾名思义，所谓进程外调试模型（out-of-process debugging model）就是指调试器和被调试程序分别工作在各自的进程空间中（图 26-6）。

在进程外模型中，调试器与被调试程序分别在各自的进程空间中工作，调试器借助操作系统的 API 和调试子系统与被调试程序进行通信。

因为调试器与被调试程序工作在两个独立的进程中，进程外模型有效地克服了进程内的模型的不足，具有如下优势。

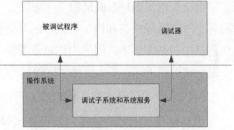

图 26-6　进程外调试模型的示意图

（1）调试器进程使用自己的进程空间来工作，不占用被调试程序的地址空间，也不会直接访问它的数据和代码，因此导致的海森伯效应很低。

（2）被调试程序很难触及到调试器的代码和数据，因此调试器的代码和数据不容易被被调试程序所破坏。

（3）控制被调试进程时不会影响调试器进程。

但具有以上优点的同时，进程外模型的特征也决定了它的不足。

（1）调试器与被调试程序在不同的地址空间中，调试器无法直接访问被调试程序的代码和数据，必须借助操作系统的 API 间接读取。

（2）调试事件是通过操作系统调试子系统的转发而发送给调试器的，调试器处理后再把处理结果返回给调试子系统。这个过程通常要经历内核模式和用户模式之间的多次转换，所以速度较慢。

（3）调试器和被调试程序之间很难进行代码共享和函数调用。

Windows 操作系统使用进程外模型来实现对普通应用程序的调试。

26.6.3　混合调试模型

所谓混合调试模型（mixed debugging model）就是在一个调试方案中混合使用进程内调试模型和进程外调试模型，图 26-7 画出了混合调试模型的示意图，除了有一个专门的调试器进程，在被调试程序的进程内也存在一部分调试器代码，通常是一个线程。调试器进程和被调试进程内的调试器代码相互配合共同完成调试任务。为了便于描述，通常将位于被调试进程中的那部分称为调试器左端（Left Side，LS），把独立的调试器进程称为调试器右端（Right Side，RS）。

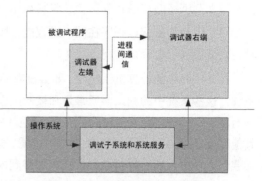

图 26-7　混合调试模型的示意图

混合调试模型同时使用了进程内模型和进程外模型，理论上来说，这样做继承了两个模型的优点，也同时引入了缺点。带来的一个新问题就是整个模型比较复杂，工作起来效率不高。

.NET 4.0 版本之前的 CLR 调试模型采用的是混合调试模型。在每个.NET 进程中，CLR 都会创建一个调试辅助线程，即 LS。LS 的作用主要是处理与托管代码有关的各种调试问题。LS 与 RS 一起工作，实现对本地代码和托管代码的混合调试。

26.6.4　内核调试模型

前文介绍了用户态调试的 3 种模型，下面我们再来看一下内核调试的典型模型。内核调试的目标是操作系统内核和内核模式下的其他代码。这意味着要对内核模式下的代码设置断点和使系统内核中断到调试器。因为内核负责着整个系统的线程调度和正常运行，所以内核中断意味着整个系统将被停下来，那么负责调试的代码还如何运行呢？这便是内核调试要解决的一个根本问题。

解决这个问题通常有 3 种做法。

第一种是使用 ITP 这样的硬件调试器进行调试，在 CPU 一级实现各种调试功能，这样做不需要对操作系统的内核加入任何调试支持（低海森伯效应），而且几乎可以调试操作系统从启动到关闭的任何代码，但这种方式存在如下局限。

（1）需要比较昂贵的硬件，而且要求主板上有调试接头或有必要的转接头，另外，设置调试环境比较麻烦，时间较长。

（2）适合做汇编指令一级的分析，难以观察进程、线程等操作系统一级的数据结构和数据对象。

第二种是所谓的双机内核调试。图 26-8 展示了双机内核调试模型。顾名思义，这一种方式需要两台计算机：一台运行调试器，称为主机（host）；另一台运行被调试的系统，称为目标机（target）。

主机与目标机之间通过某种电缆进行通信，常见的有以下几种方式。

（1）零调制解调器（zero-modem），即使用收发信号线对接的 RS232 串行通信电缆分别插在主机和目标机的串行口上。

（2）1394 线缆，又称为火线（firewire）。

（3）支持主机到主机（host to host）通信的 USB 2.0 电缆。因为计算机上的 USB 端口大部分是上行口（upstream port），所以这样的电缆中间会有一个负责中转的芯片。

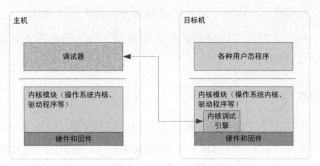

图 26-8　双机内核调试模型

随着虚拟机的流行，也可以在一台机器（主机）上调试虚拟机（目标机）中的系统。这时可以使用管道虚拟出的串口来提供主机和目标机之间的通信渠道，但其实质与在两台机器上是一致的。

主机主要是用来运行调试器的，因此它的操作系统可以和目标机中的不同。目标系统中的内核调试引擎（kernel debug engine）负责与调试器进行通信，报告调试事件并执行调试器所下达的命令，比如读写内存、收集信息、设置断点等。内核调试引擎通常是与操作系统内核紧密结合在一起的，比如 Windows 的内核调试引擎就在内核文件（NTOSKRNL.EXE）中。

第三种是所谓的单机内核调试，也就是在同一个系统中进行内核调试。图 26-9 显示了单机内核调试模型，其中带有网格线的模块是调试器模块，具体如下。

（1）**中断处理函数**。接收并处理 CPU 的中断和异常，特别是调试有关的异常（如 INT 1、INT 3 等）以及与输入/输出有关的中断。值得说明的是，这些处理函数是先于被调试系统的内核得到处理权的。因为只有这样，才能在被调试系统的内核被中断时，调试器依然工作。

（2）**显示设备驱动程序和输入设备驱动程序**。为了能在被调试系统被中断的时候，调试器依然能够与用户进行交互——接收输入，显示输出，所以调试器通常要在系统中安装自己的输入/输出驱动程序，包括

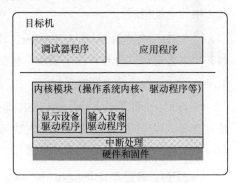

图 26-9　单机内核调试模型

鼠标、键盘和显卡驱动程序。因为这 3 类设备的种类非常多，如鼠标和键盘有串行口、PS/2 和 USB 3 种接口，显卡有 PCI、AGP、PCI Express 等接口，每种接口又有无数种品牌，所以实现单机内核调试器的一个棘手问题就是要兼容很多种硬件。

从图 26-9 可以看到，在单机内核调试模型中，调试器的中断处理函数是位于操作系统的内核之下的，因此可以把操作系统和调试器看作运行在中断处理函数之上的两个"系统"，当调试器没有激活时，中断处理函数会将中断和异常转发给操作系统，这样操作系统才可以正常工作。当有调试事件发生（比如断点命中）或者通过快捷键将调试器激活时，中断处理函数会将操作系统冻结，让调试器活动。

使用单机内核调试模型的最著名调试器是 SoftICE，SYSER 调试器也使用了这一模型。

Windows 系统（从 Windows XP 开始）和 WinDBG 调试器的本机内核调试功能只支持有限的观察功能，不可以设置断点和跟踪，因此不属于严格意义上的单机内核调试。

本节简要介绍了用户态调试和内核调试的典型模型，26.7 节将深入调试器软件内部，介绍用于实现调试器的经典架构。

26.7　经典架构

很多流行的调试器使用了 CodeView 调试器采用的软件架构，包括 WinDBG 调试器和从 VC 1.0 开始直到 VC6 的集成开发环境（IDE）中的调试器（我们称其为 VsDebugger）。很多其他调试器虽然没有直接采用这个架构，但也借鉴了它的思想，因此这个架构对调试器的设计和实现具有深远的影响，我们把这个架构称为调试器的经典架构。本节先介绍构成调试器经典架构的基本单元，然后介绍如何应用这一架构来实现远程调试和多语言调试。

26.7.1　基本单元

如图 26-10 所示，使用经典架构的调试器首先将整个软件划分成调试器外壳（shell）和调试器内核两大部分。前者负责与用户交互，后者用来实现调试器的内部逻辑和各种调试功能，又分为如下几个功能单元（function unit）。

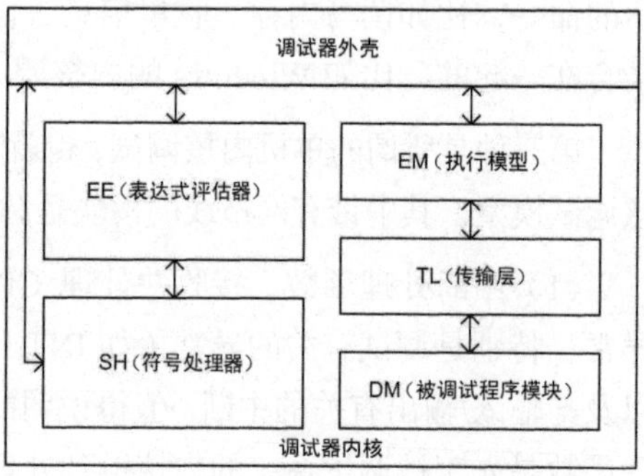

（1）EE。全称为 Expression Evaluator，即表达式评估器，用来解析和评估表达式，例如对断点命令中的地址参数进行解析，然后转化为调试器内部所使用的地址格式。

（2）SH。全称为 Symbol Handler，即符号处理器，用来管理调试符号和程序模块，包括维护模块信息、加载符号文件、搜索符号等。

图 26-10　经典架构的调试器

（3）EM。全称为 Execution Model，即执行模型，是对被调试程序的封装，是调试器内核与调试器外壳之间交流的主要接口，通过 EM 模块外壳向内核下达，内核向外壳发送各种通知。

（4）DM。全称为 Debuggee Module，即被调试程序模块，用来真正访问和控制被调试程序，比如设置断点，单步执行，读写内存等。可以认为，DM 是被调试程序在调试器中的代表。

（5）TL。全称为 Transport Layer，即传输层，用来实现 EM 和 DM 之间的通信。TL 的存在使得 EM 和 DM 之间不再是紧密的绑定关系，通过不同的 TL、EM 和 DM 可以在不同的进程中或者不同的机器上通信，这为实现远程调试奠定了基础。

从模块间通信的角度来看，调试器外壳与 SH、EE 和 EM 之间存在直接的通信。例如，使用 SH 加载符号文件，对用户下达的命令先使用 EE 来评估和转换，然后交给 EM 去执行。

在图 26-10 中，我们为每种功能单元只画出了一个实例。对于支持多种程序语言和多种处理器架构的调试器来说，它会设计很多个 EE、SH、EM 和 DM，我们稍后再详细介绍。

26.7.2　远程调试

因为 EM 和 DM 之间是使用传输层来通信的，所以通过跨机器的传输层就可以将不同机器上的 EM 和 DM 联系起来，实现远程调试。如图 26-11 所示，左侧是目标机，右侧是宿主机。传输层负责 EM 和 DM 之间的通信，这种通信可以是使用以太网的串行通信，也可以是使用 RS232 协议的串行通信。因为 TL 封装了通信的细节，所以宿主机上的调试器外壳可以不必在乎 DM 是在本机还是另一台机器上。目标机上的远程外壳（remote shell）进程的作用是加载合适的传输层并根据 EM 的指示加载合适的 DM，同时为 TL 和 DM 提供执行环境。

对于被调试程序来说，远程外壳就是它的调试器，因此调试事件会被发给其中的 DM，DM 通过传输层发送给机器上的 EM 和真正的调试器外壳。对调试人员来说，他们可以像调试本地的程序一样调试远程的程序，而不必在乎被调试程序是否运行在本机上。

VC 调试器和重构前的 WinDBG 的远程调试使用的都是图 26-11 所示的远程调式模型。比如，在使用 VC5 或者 VC6 调试器的远程调试功能前，需要将如下文件复制到被调试程序所在的目标机上。

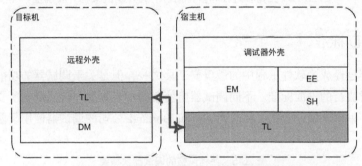

图 26-11　经典调试器架构的远程调试模型

（1）vcmon.exe：远程外壳。

（2）Tln0t.dll：使用 TCP/IP 网络协议的传输层。

（3）Dm.dll：DM 模块。

（4）Msvcp6o.dll：Visual C++运行时 DLL。

（5）Msdis110.dll：反汇编模块。

（6）Msvcrt.dll：VC 运行时库。

因为使用的传输层支持通过互联网络来通信，所以使用上述方法可以调试 TCP/IP 抵达的任何机器上的程序。

26.7.3　多语言和多处理器架构调试

在实际应用中，很多软件系统是分布式的，多个进程运行在多台计算机上。为了支持调试这样的系统，就要求调试器能够同时调试多个进程，支持多种代码语言，支持多种平台架构。图 26-12 画出了经典调试架构一般模型，通过这个模型可以实现支持多语言和多处理器的调试器。比较图 26-10 和图 26-12，后者只是对前者的一个简单扩展。在图 26-12 中，每个单元有多个实例，分别用来完成不同特征的任务。比如，多个表达式评估器（EE）分别用来评估不同语言和语法的表达式，多个符号处理器（SH）处理不同格式的符号，多个执行模型（EM）模块处理不同执行架构的执行模型，多个被调试程序模块（DM）来代表多个不同的被调试程序。

在图 26-12 所示的调试器中，当创建调试会话时，调试器会根据被调试程序的特征选择合适的执行模型（EM）。当有调试事件发生时，调试器可以根据调试事件中的线程 ID 和进程 ID 寻找到合适的 EM。因为每个角色都有多个实例，所以调试器内核通常使用链表来管理这些实例。

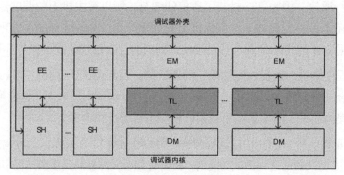

图 26-12 支持多进程和多种语言的经典调试架构一般模型

26.8 HPD 标准

尽管调试器已经成为软件工程中的最重要工具之一，但是关于调试器的功能和用法，迄今还没有一种非常流行的书面标准。不同调试器所使用的用户界面、快捷键和所支持的命令大多是各不相同的。举例来说，微软公司的调试器和 Borland 公司的调试器使用了两种风格的快捷键（表 26-5）。

表 26-5 两种风格的调试器快捷键

功　能	微软调试器的快捷键	Borland 调试器的快捷键
运行（run）	F5	F9
单步进入（step into）	F11	F7
单步跳过（step over）	F10	F8
单步跳出（step out）	Shift+F11	Alt+F8
运行到光标	Ctrl+F10	F4
重新开始（restart）	Ctrl+Shift+F5	Ctrl+F2
切换断点	F9	F2

即使是同一个公司的调试器产品，不同版本间也可能存在较大不同。例如，VC6、VC7 和 VC8 调试器用来设置调试异常处理方法的对话框就有明显的差异（30.9 节）。

以上差异不但给用户使用带来了不便，而且不利于调试技术的发展和交流，缺乏统一的标准是导致以上问题的关键。下面我们介绍一个名为 HPD 的调试器标准。

26.8.1 HPD 标准简介

HPD 标准的全称是高性能调试器标准，即 High Performance Debugger（HPD）Standard，它是由一个名为 High Performance Debugging Forum（HPDF）的组织制定的。HPDF 于 1997 年 3 月成立，其目的是为高性能计算（High-Performance Computing）系统制定与调试工具有关的标准。HPDF 组织的成员既有大学等研究机构，也有调试器开发厂商。HPDF 的主要赞助单位为 Parallel Tools Consortium，简称 Ptools。[5]

HPDF 的第一个标准 HPD 版本 1 于 1998 年推出。这一标准所针对的调试目标主要是对性能有较高要求的并行程序，包括多线程、多进程以及可能在不同架构的计算机系统上运行的软件。HPD 标准主要考虑的语言是 C、C++和 Fortran（F77 和 F90）。HPD 标准共分如下 4 个部分。

（1）高层概览（high-level overview），介绍 HPD 调试器的概念模型，调试器与用户程序的关系，并行性对调试器行为的影响，控制程序的执行，状态模型（机器状态、程序状态和调试器状态），符号、名称和表达式的处理方法。

（2）命令描述，将调试命令按功能分为 7 类——调试器接口（即设置和控制调试环境的命令），进程和线程集合，调试会话的建立和终止，观察程序信息，显示和操纵数据，控制目标程序的执行，动作点（actionpoint）并逐一进行了介绍。

（3）HPD 用户指南。

（4）命令语法归纳。

下面我们对 HPD 标准的主要内容分别进行说明。

26.8.2　动作点

HPD 标准把各种类型的断点和追踪点统称为动作点。通过设置动作点，用户可以定义让目标程序中断到调试器的条件和行为。HPD 标准共定义了 3 类动作点，分别如下。

（1）断点（breakpoint），即当程序执行到某个位置时中断下来，也就是通常意义上的代码断点。

（2）观察点（watchpoint），当变量的值被改变时中断到调试器，也就是数据断点。

（3）屏障（barrier），当一个进程执行到这一点时，必须等待其他进程也执行到这一点才可以继续执行，用于同步多个进程。

每个动作点都有一个与其关联的触发集合（trigger set）和停止集合（stop set）。前者定义了这个动作点所适用的线程，后者定义了这个动作点被触发后哪些线程应该停止下来。屏障的触发集合和停止集合必须是被调试进程中的所有线程。

26.8.3　进程和线程的表示和命名

HPD 标准针对的主要调试目标是多线程和多进程的并行计算软件，因此它定义了丰富的机制来支持多线程和多进程调试。首先，可以使用进程号和线程号来表示进程与线程，并且可以使用*通配符和范围符号"——"。示例如下。

（1）0.1——进程 0 的 1 号线程。

（2）1.0——进程 1 的 0 号线程。

（3）0.*　——进程 0 中的所有线程。

（4）0.*:4.*　——进程 0~4 的所有线程。

（5）1.2:1.5——进程 1 的 2~5 号线程，也就是 1.2、1.3、1.4 和 1.5。

（6）1.2:2.3——1.3~2.5 范围内的所有线程，即进程 1 中除了线程 0 和 1 的所有线程再加上进程 2 的线程 0、1、2、3。

其次，为了更方便地引用一类线程，HPD 定义了 6 个特别的线程集合，并为它们分别定义了简短的名称。

（1）all：与目标程序关联的所有线程。

（2）running：所有目前在运行的线程，也就是所有处于运行状态的线程。

（3）stopped：所有目前不在运行的线程，也就是处于 stopped/runnable 或者 stopped/held 状态的线程。

（4）runnable：所有能够运行的线程，也就是处于 stopped/runnable 状态的线程。

（5）held：所有直到某些事件发生才能执行的线程，也就是处于 stopped/held 状态的线程。

（6）exec（executable）：所有与一个特定的可执行文件相关联的线程。

有了以上定义，在调试时就可以使用以上名称来引用这类线程，不再需要先列出所有线程，再一个个地按线程 ID 来进行操作。

26.8.4　命令

HPD 标准共定义了 45 条命令（表 26-6），其中有些是要求一定要实现的，有些是可以选择实现的。

表 26-6　HPD 标准定义的命令

命　　令	是否必须实现	功　　能
调试器接口（general debugger interface）		
#	否	用于开始注释行
alias	是	创建或观察用户定义的命令
unalias	是	删除用户定义的命令
history	是	观察本次调试会话所输入命令的历史记录
set	是	观察或设置调试器的状态变量
unset	是	将调试器的状态变量恢复成默认值
log	是	开始或停止记录（log）调试器的输入和输出
input	是	读取并执行保存在文件中的调试命令
info	是	显示调试器的环境信息
help	是	显示帮助信息
进程和线程集合（process/thread set）		
focus	是	改变当前的进程或线程集合
defset	是	定义一个进程或线程集合，并为其指定一个名称
undefset	是	取消 defset 命令定义的进程和线程集合
viewset	是	列出一个进程或线程集合所包含的成员
whichsets	是	列出一个进程或线程所属于的所有集合
调试器（调试会话）初始化和终止（debugger initialization/termination）		
load	是	加载被调试程序的调试信息并准备执行
run	是	开始或重新开始执行目标程序
attach	是	附加进程，将一个（或一些）已经执行的进程加入调试会话
detach	是	分离进程，使目标进程脱离调试会话，并让其继续运行
kill	是	终止目标进程
core	是	加载进程的 core 文件映像，以供分析
status	是	显示当前进程和线程的状态
quit 和 exit	是	终止调试会话
程序信息（program information）		
list	是	显示源代码行

续表

命　令	是否必须实现	功　能
where	是	显示当前的执行位置和调用栈
up	是	在调用栈中向上移动一个或多个层次
down	是	在调用栈中向下移动一个或多个层次
what	否	判断目标程序中的一个符号名（变量、过程等）的指向和含义
数据显示和操纵（data display and manipulation）		
print	是	评估并显示变量或表达式的值
assign	是	改变变量的值
执行控制（execution control）		
go	是	恢复目标程序的执行
step	是	单步执行，包括执行一条或多条语句（repeat）、单步进入（step into）、单步越过（step over）、单步跳出（step finish）。
halt	是	将进程挂起（suspend）
wait	是	阻塞命令输入直到进程停止
cont	否	恢复程序执行并阻塞命令输入（直到有进程中断到调试器）
动作点（actionpoint）		
break	是	定义断点
barrier	是	定义屏障点
watch	是	定义观察点
actions	是	显示动作点列表
delete	否	删除动作点
disable	否	临时禁止动作点
enable	否	重新启用动作点
export	否	将动作点导出并保存起来供以后使用

　　HPD 标准推出后，已经被一些调试器所采用，特别是 UNIX 和 Linux 操作系统下的调试器，但是其影响力还是比较有限的。

26.9　本章总结

　　本章的前 3 节介绍了调试器由简单到复杂的发展历史和有影响的著名调试器，然后介绍了调试器的一般功能和分类方法（26.4 节和 26.5 节）。26.6 节和 26.7 节分别介绍了调试器的实现模型与经典架构。26.8 节介绍了用于设计高性能调试器的 HPD 标准。从第 27 章开始我们将集中介绍广泛用于 Windows 操作系统的 WinDBG 调试器。

参 考 资 料

[1]　FLIT—Flexowriter Interrogation Tape: A Symbolic Utility Program for TX-0.

[2]　Alan Kotok. DEC Debugging Tape. Digital Equipment Corporation.

[3]　TOPS-10 DDT Manual. Digital Equipment Corporation.

[4]　TOPS-10/TOPS-20 DDT11 Manual. Digital Equipment Corporation.

[5]　Joan M. Francioni and Cherri M. Pancake.High Performance Debugging Standards Effort.

第27章 VsDebug

对于 Windows 平台上的大多数程序员来说，Visual Studio（以下简称 VS）集成开发环境（IDE）是日常工作的一个常备工具。VS 不仅提供了便捷地编写和组织源代码的功能，还提供了构建、测试、调试、分析和优化程序的强大能力。概而言之，VS 提供了程序员日常开发所需的几乎所有功能。在 VS 中内建了一个调试器，根据其主模块的名字，我们将其称为 VsDebug。VsDebug 提供了丰富的调试功能，与 VS 在源代码方面的强大功能相互配合，特别适合开发期调试（卷 1）。

考虑到 VsDebug 的高流行度，以及在大家日常工作中的高使用率，本书卷 2 特别增加本章内容，主要目的是帮助大家更全面地认识这个调试器，更好地使用它，从而提高工作效率。

27.1 架构和调试模型

本节首先介绍 VsDebug 的总体架构。考虑到 VS 版本众多，我们主要针对目前较新的 Visual Studio 2017（VS2017）和最新的 Visual Studio 2019（VS2019）版本做介绍，如不特殊说明，默认介绍的是 VS2019。笔者使用的 VS2017 是专业版，VS2019 是可以自由下载的社区版本，这两个版本分别简称为 VS2017p 和 VS2019c。VS2019c 安装在写作本章内容时使用的笔记本电脑的 D 盘，根目录为 D:\vs2019c。

27.1.1 架构概览

图 27-1 是笔者为 VsDebug 绘制的架构，描述的是调试 64 位目标的情况，是从进程角度来绘制的，着重强调 VsDebug 调试 64 位目标程序时的进程模型。

图 27-1　VsDebug 架构（64 位目标）

图 27-1 显示了 3 个进程，左侧是 VS 的主进程，它具有丰富的图形界面，是大家使用 VS 时执行各种操作的地方，我们将其简称为 IDE 进程。IDE 的可执行文件为 devenv.exe，位于 Common7\IDE 子目录下。值得说明一下，Common7 子目录是存放 VS 公共组件的核心目录，Common 代表这里面的文件是为多种语言和开发技术所共享的。7 本来代表 Visual Studio .NET（2002）的内部版本号，后来的版本一直沿用，多年以来一直使用这个名字。

以下是 VS2009c 根目录下的一级子目录，可以看出与 Common7 并列的其他目录。

```
[Common7][DesignTools][DIA SDK] [ImportProjects] [Licenses][Linux][MSBuild] [SDK]
[Team Tools] [VB] [VC] [VC#][Web] [Xml]
```

图 27-1 右侧的进程代表被调试进程，它可能是使用不同语言开发出的 Windows 程序。

在图 27-1 中间的进程是 VsDebug 的监视器进程（monitor process）。监视器进程一般不显示界面，在后台工作。监视器进程的执行文件为 msvsmon.exe，有 32 位和 64 位两个版本，分别位于 D:\vs2019c\Common7\IDE\Remote Debugger\的 x86 和 x64 目录下。从调试模型的角度来看，监视器进程的身份是调试服务器，因为它最初是为远程调试而设计的，相当于 WinDBG 的 DbgSrv 程序，所以 VS 中一直把它称为远程调试器，目录名也是这样取的。接下来，我们就先深入介绍一下 VS 的远程调试器。

27.1.2　远程调试器

在经典的 Visual C++ 6.0（VC6）中，就有一个名为 msvcmon.exe 的程序，用来支持远程调试。基本的用法是把这个程序复制到被调试程序所在的远程计算机上，然后 VC6 的 IDE 与这个程序通信实现调试。

后来，随着 64 位 Windows 系统的出现，有一个新的问题要解决。在 64 位的 Windows 系统中，既可以运行 32 位的应用程序，又可以运行 64 位的应用程序。当被调试程序是 64 位时，调试器也必须是 64 位的。但是，出于某些原因，VS IDE 的主程序（devenv.exe）一直是 32 位的，这意味着，在 64 位系统中，32 位的 IDE 进程是无法直接调试 64 位的目标程序的。为了解决这个问题，VS 团队想出的办法就是即使被调试程序在本地运行，也使用远程调试的方式。因为这个问题对所有编程语言都存在，所以便把 msvcmon.exe 的名字也做了泛化，改为 msvsmon.exe。

举例来说，当我们在 IDE 中开始调试 BadBoy 程序的 64 位版本时，IDE 进程便会以如下命令行来创建 msvsmon 进程。

```
"D:\vs2019c\Common7\IDE\Remote Debugger\x64\msvsmon.exe" /__dbgautolaunch 0x000
018FC 0x4c1c /hostname [anon-pipe:00002280:00002420] /port 1 /__pseudoremote
```

仔细观察上面命令行中的参数，其中，/__pseudoremote 代表不是真的远程，而是假装的，/__dbgautolaunch 0x000018FC 0x4c1c 告诉 msvsmon 会自动创建被调试程序，开始调试会话，0x4c1c 是 IDE 进程的 ID。

开始调试后，使用 Process Explorer 工具观察 VS 进程和子进程，可以看到 msvsmon 是 IDE 进程的子进程，被调试程序 BadBoy.exe 又是 msvsmon 的子进程，如图 27-2 所示。

图 27-2　调试 64 位目标程序时的 VS 进程和子进程

值得说明的是，除了用作调试代理的 msvsmon 进程，2019 版本的 IDE 进程还会创建一个 msvsmon 进程，用作工作进程，创建时使用的命令行如下。

```
"D:\vs2019c\Common7\IDE\Remote Debugger\x64\msvsmon.exe"/__dbgautolaunch 0x000023F00
x4c1c /hostname [anon-pipe:00001E64:000020E0] /port 1 /__pseudoremote /__workerProcess
```

在上述命令行的/hostname 参数中，anon-pipe 代表 IDE 进程和 msvsmon 进程之间的通信方式是匿名管道。清单 27-1 中的栈回溯显示了 msvsmon 的通信线程通过匿名管道读取消息的过程。

清单 27-1　通过匿名管道读取信息的过程

```
00 ntdll!NtReadFile
01 KERNELBASE!ReadFile
02 vsdebugeng!dispatcher::CXapiNetAnonPipeChannel::ReadFromPipe
03 webservices!StreamReader::Fill0
04 webservices!AsyncState::Execute
05 webservices!StreamReader::Fill
06 webservices!XmlReader::Fill
07 webservices!WsFillReader
08 vsdebugeng!dispatcher::CXapiNetAnonPipeChannel::BeginMessageRead
09 vsdebugeng!dispatcher::CXapiNetAnonPipeChannel::_ReadBeginThread
0a KERNEL32!BaseThreadInitThunk
0b ntdll!RtlUserThreadStart
```

仔细观察上面清单中的模块名，其中的 webservices 是 Windows 系统的 Web 服务（web service）运行时模块，位于 SYSTEM32 目录中。由此可知，IDE 进程和 msvsmon 之间的通信使用的是网络服务技术。从通信的角度来看，msvsmon 进程是服务进程，它提供各种服务，供 IDE 进程使用。当 IDE 进程需要 msvsmon 提供某项服务时，IDE 进程便会通过网络服务接口发起请求。

在数据传输层，除了使用匿名管道，也可以选择其他传输方式，比如 TCP/IP。在用 VS 执行真正的远程调试时，我们通常使用 TCP/IP 方式。例如，在被调试程序所在的机器上执行如下命令便可以启动 msvsmon。

```
D:\vs2019c\Common7\IDE\Remote Debugger\x64>msvsmon.exe /port 8000
```

参数中的/port 8000 代表使用的 TCP/IP 端口号，msvsmon 启动后，便会监听这个端口，等待连接，以这种模式进行远程调试时，msvsmon 是有界面的，如图 27-3 所示。

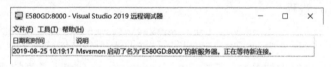

图 27-3　使用 msvsmon 进行真正的远程调试

VS 的远程调试器有 32 位版本的也有 64 位版本的，32 位版本的主要是给真正的远程调试用的。

在 VS2017 中调试 32 位的本地目标时，不会使用 msvsmon。但在 VS2019 中仍会创建 msvsmon 工作进程，也就是上面描述 64 位目标时的第二个。

如果 IDE 进程请求 msvsmon 提供服务时，等了一段时间还没有收到回复，那么 IDE 进程会弹出对话框，向用户提示操作时间异常（图 27-4）。

如果 msvsmon 进程意外终止，比如，我们在任务管理器中强行终止了 msvsmon 进程，那么 IDE 进程在检测到之后，会报警，并且立刻中止调试（图 27-5）。

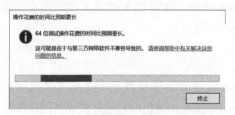

图 27-4　IDE 进程等待 msvsmon
时间过久后会给出的提示

图 27-5　IDE 进程检测到
msvsmon 进程不在后报警

综上所述，当我们使用 VS 的调试功能时，很多时候是离不开 msvsmon 的，msvsmon 在 VsDebug 的调试模型中承担着重要角色。虽然它与远程调试有着密切关系，但是调试本地程序时也常常离不开它。因此，本书把 msvsmon 进程称为 VS 调试监视器进程，简称监视器进程。

27.1.3　本地调试器

除了远程调试器，在 VS 中还有一个包含 Debugger 的重要文件夹，位于 Common7\Packages 下，比如 D:\vs2019c\Common7\Packages\Debugger。我们把这个调试器叫作本地调试器。

简单来说，本地调试器承担着两个重要角色。当调试目标是 32 位程序时，本地调试器可以直接访问调试目标。对于 32 位目标，VsDebug 架构如图 27-6 所示。

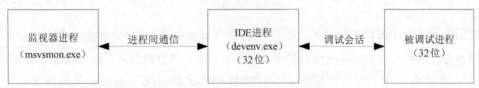

图 27-6　VsDebug 架构（32 位目标）

本地调试器的第二个重要角色便是与用户交互，呈现各种各样的调试界面，以不同方式接收用户的命令，我们将在后面详细介绍。

27.2　VS 调试引擎

通过 27.1 节的介绍，我们知道在使用 VS 调试时，常常有两个进程在工作——一个是 IDE 进程，另一个是监视器进程。本节再深入一层，主要介绍这两个进程中的关键模块，首先介绍 VS 调试引擎。

与 WinDBG 的调试引擎模块类似，VS 调试引擎模块的角色也是提供核心的调试功能，比如建立调试会话、访问调试目标、解析符号、处理调试事件等。但与 dbgeng 以单一文件形式存在不同，在一个安装好的 VS 实例中，VS 调试引擎模块有很多个。

27.2.1　一套接口，多种实现

在 VS 中，可以看到很多个名字是 vsdebugeng.*.dll 形式的模块，比如在 Common7\IDE\Remote Debugger\x64 下有 6 个这样的文件。

```
D:\vs2019c\Common7\IDE\Remote Debugger\x64
2019-07-14  08:45         2,930,040 vsdebugeng.dll
2019-07-14  08:45         2,395,512 vsdebugeng.impl.dll
2019-07-14  08:45            49,016 vsdebugeng.manimpl.45.dll
2019-07-14  08:45           533,880 vsdebugeng.manimpl.dll
2019-06-03  13:56           374,880 vsdebugeng.script.dll
2019-06-03  13:56           627,296 VsDebugEng.Xaml.dll
              6 个文件     6,910,624 字节
```

简单来说，下面 5 个是针对不同类型调试目标的调试引擎实现模块，从上至下依次为本地程序、.NET 4.5 或者更高版本的托管程序、低版本托管程序、脚本和 XAML。第一个（vsdebugeng.dll）是接口模块，负责接收服务请求，然后分发给下面的实现模块。

上面 6 个是 64 位版本，还有 6 个同名的 32 位版本在 x86 目录下。

```
D:\vs2019c\Common7\IDE\Remote Debugger\x86
2019-07-14  08:45        1,946,488 vsdebugeng.dll
2019-07-14  08:45        1,618,808 vsdebugeng.impl.dll
2019-07-14  08:45           49,016 vsdebugeng.manimpl.45.dll
2019-07-14  08:45          533,880 vsdebugeng.manimpl.dll
2019-06-03  13:56          289,072 vsdebugeng.script.dll
2019-06-03  13:56          404,296 VsDebugEng.Xaml.dll
                6 个文件      4,841,560 字节
```

在本地调试器目录下，也有几个这样的文件，它们应该是在调试 32 位本地目标时使用的。

```
D:\vs2019c\Common7\Packages\Debugger 的目录
2019-07-14  08:45        2,365,816 vsdebugeng.impl.dll
2019-07-14  08:45           49,016 vsdebugeng.manimpl.45.dll
2019-06-03  13:56          289,072 vsdebugeng.script.dll
                3 个文件      2,703,904 字节
```

它们的接口文件在 IDE 目录下，即 D:\vs2019c\Common7\IDE\vsdebugeng.dll。

值得提醒的是，因为同样的模块名出现在多个地方，很容易混淆，所以在每个模块的文件描述中，常常会标注出它所处的进程，比如远程调试器目录下的模块描述后面会附加上"（Monitor process）"。

```
Microsoft Visual Studio Debug Engine Native API (Monitor process)
```

而本地调试器使用的模块后面会附加上"（IDE process）"，例如：

```
Visual Studio Debug Engine Native API (IDE process)
```

对于实现模块也是如此，比如：

```
Visual Studio Debug Engine Implementation (IDE process)
```

从网络服务的角度来讲，IDE 进程的接口模块是用来请求服务的，监视器进程中的接口模块是用来接收和响应服务的。IDE 进程中的实现模块是进程内的实现，监视器进程中的实现模块是进程外的实现，图 27-7 描述了这种关系。

图 27-7　从网络服务的角度看调试引擎模块的关系

27.2.2　核心类

按照调试功能，VS 调试引擎内部定义了一系列类，其中最重要的便是所谓的 Debug Monitor 类，简称 DM。DM 的核心任务是建立调试会话和访问调试目标。

针对不同类型的调试目标，VS 调试引擎中定义了多个 DM 类，比如用于调试本地程序的 NativeDM、调试托管程序的 ManagedDM、具有反向单步能力的 TraceReplayBDM 等。

此外，SymProvider 用于与支持符号有关的调试功能，StackProvider 用于支持与栈有关的功

能，SteppingManager 用于支持各种形式的单步跟踪。

『 27.3　工作过程 』

有了前面的基础后，我们将在本节简要介绍 VsDebug 执行关键调试功能的工作过程。

27.3.1　开始调试 32 位本地程序

当我们在 VS 的图形界面中开始调试 BadBoy 程序的 32 位版本时，IDE 进程的 UI 线程（0 号线程）会调用本地调试器目录中的 vsdebug 模块，要求启动调试目标，其执行过程如清单 27-2 所示。

清单 27-2　IDE 进程的 UI 线程的执行过程

```
06 combase!CoWaitForMultipleHandles
07 vslog!VSResponsiveness::Detours::DetourCoWaitForMultipleHandles
08 vsdebugeng!dispatcher::XapiWorkerThread::ExecuteSyncTask
09 vsdebugeng!dispatcher::XapiRequestThread::ExecuteSyncTask
0a vsdebugeng!dispatcher::XapiThreadSwitch::IDkmClrNcDebugMonitor::AppendILImages_
0::XapiThreadSwitchRoutine
0b vsdebugeng!dispatcher::Start::DkmProcessLaunchRequest::LaunchDebuggedProcess
0c vsdebugeng!ProcB93000BE4745096FE67A3B4F7FC0E930
0d vsdebugeng_impl!ad7::CALEngine::LaunchSuspended
0e vsdebug!sdm::CDebugManager::Launch
0f vsdebug!CDebugger::LaunchSingleTarget
10 vsdebug!CDebugger::LaunchTargets
11 vsdebug!CDefaultLaunchHook::OnLaunchDebugTargets
```

IDE 进程的大多数 UI 代码是使用托管代码编写的，因此，当我们在界面上单击"开始调试"按钮时，首先执行的是托管代码，因为过程冗长，我们在清单 27-2 中故意把托管部分删去了。清单 27-2 中，下面几个栈帧对用的是 vsdebug 模块，它的 CDebugger 类是对调试器功能的一个封装，也可以说是底层模块对上公开服务的一个总接口。

栈帧#0e 表示，CDebugger 类的 LaunchSingleTarget 调用 DM 子功能的 CDebugManager::Launch，后者根据目标类型，调用本地调试器的 32 位目标实现模块 vsdebugeng_impl。vsdebugeng_impl 又调用网络服务形式的标准接口，于是 IDE 版本的接口模块 vsdebugeng 开始执行，它内部的 dispatcher::Start::DkmProcessLaunchRequest::LaunchDebuggedProcess 方法被调用，从这个方法名可以明显看出，它是用于发出请求（request）的。

发出请求后，因为这个请求是同步的，所以 UI 线程进入等待状态。

处理这个请求的是 IDE 进程中的 Win32BDM 调试循环线程。Win32BDM 是调试 32 位本地程序的基础调试监视器（base debug monitor）类。清单 27-3 所列的是 Win32BDM 的调试循环线程处理 Launch 请求的过程。

清单 27-3　Win32BDM 的调试循环线程处理 Launch 请求的过程

```
00 KERNELBASE!CreateProcessW
01 vsdebugeng_impl!BaseDMServices::CService::LaunchProcess
02 vsdebugeng!dispatcher::Start::DkmProcessLaunchRequest::LaunchProcess
03 vsdebugeng!ProcEE04EDDA44575ACCE2D895843CC5E455
04 vsdebugeng_impl!Win32BDM::CBaseDebugMonitor::MonitorLaunchDebuggedProcess
05 vsdebugeng_impl!Win32BDM::CLaunchProcessRequest::CallMonitorFunction
```

```
06 vsdebugeng_impl!Win32BDM::CBaseDebugMonitor::ProcessCallFromRequestThread
07 vsdebugeng_impl!Win32BDM::CBaseDebugMonitor::EventThreadWaitForWork
08 vsdebugeng_impl!Win32BDM::CBaseDebugMonitor::DebugLoop
09 KERNEL32!BaseThreadInitThunk
0a ntdll!__RtlUserThreadStart
0b ntdll!_RtlUserThreadStart
```

清单 27-3 中，栈帧#08 中的 Win32BDM::CBaseDebugMonitor::DebugLoop 方法代表的是关键的调试循环。栈帧#07 表示等待任务（EventThreadWaitForWork），栈帧#06 表示接收到来自调试请求线程的请求，栈帧#05 与#04 表示解析请求和调用启动进程的底层服务，于是又转到接口模块，即 vsdebugeng，vsdebugeng 接到调用后，再调用实现模块，即栈帧#01 中的 CService::LaunchProcess，后者调用 Win32 API，转给操作系统的创建进程 API。

创建进程后，Win32BDM 工作线程会调用 WaitForDebugEventEx API 来接收调试事件，首先接收到的是进程创建事件，VS2019 的 IDE 进程会打印类似下面这样的信息。

```
[PDTDebug] received IDebugProcessCreateEvent2
```

接下来是很多个模块加载事件，细节从略。

```
[PDTDebug] received IDebugModuleLoadEvent2
```

27.3.2　开始调试 64 位本地程序

接下来继续介绍调试 64 位本地程序的过程。仍以 BadBoy 小程序为例，选择 64 位目标后，启动本地调试。

这一次，0 号线程所执行的动作与调试 32 位目标时（清单 27-2）非常类似。所不同的是，CDebugManager 在执行 Launch 方法时，会触发创建 msvsmon 进程，其过程如清单 27-4 所示。

清单 27-4　IDE 的 UI 线程在执行 Launch 方法时触发创建 msvsmon 进程的过程

```
00 ntdll!NtCreateUserProcess
01 KERNELBASE!CreateProcessInternalW
02 KERNELBASE!CreateProcessW
03 vsdebug!MsvsmonLaunch::Launch
04 vsdebug!Dbg::PseudoRemoteAnonPipeLauncher::StartMsvsmon
05 vsdebug!Dbg::CPseudoRemoteUtil::StartPseudoRemoteServer
06 vsdebug!sdm::CTransportConnector::Run
07 vsdebug!sdm::CDebugCoreServer::Connect
08 vsdebug!sdm::CDebugServerManager::ConnectToStandardServer
09 vsdebug!sdm::CDebugServerManager::ConnectToPseudoRemoteServer
0a vsdebug!sdm::CDebugPort::GetServerWithBitness
0b vsdebug!sdm::CDebugManager::Launch
0c vsdebug!CDebugger::LaunchSingleTarget
0d vsdebug!CDebugger::LaunchTargets
0e vsdebug!CDefaultLaunchHook::OnLaunchDebugTargets
```

创建监视器进程后，UI 线程继续发起创建被调试进程的请求。相同的是，请求仍是以网络服务的形式发送的。不同的是，这一次这个请求被发送给了监视器进程。

监视器进程的网络服务监听线程收到请求后，会根据请求的被调试程序类型加载合适的引擎实现模块（vsdebugeng_impl），vsdebugeng_impl 模块初始化时，会创建自己的调试循环线程，等待请求。而后接收网络服务的线程调用 LaunchDebuggedProcess 发出创建调试进程的请求。调试循环线程收到请求后，调用操作系统 API 创建被调试进程，具体过程如清单 27-5 所示。

清单 27-5　监视器进程中的调试循环线程创建被调试进程的过程

```
# Call Site
00 KERNELBASE!CreateProcessW
01 KERNEL32!CreateProcessWStub
02 vsdebugeng_impl!BaseDMServices::CService::LaunchProcess
03 vsdebugeng!dispatcher::Start::DkmProcessLaunchRequest::LaunchProcess
04 vsdebugeng_impl!Win32BDM::CBaseDebugMonitor::MonitorLaunchDebuggedProcess
05 vsdebugeng_impl!Win32BDM::CLaunchProcessRequest::CallMonitorFunction
06 vsdebugeng_impl!Win32BDM::CBaseDebugMonitor::ProcessCallFromRequestThread
07 vsdebugeng_impl!Win32BDM::CBaseDebugMonitor::DebugLoop
08 KERNEL32!BaseThreadInitThunk
09 ntdll!RtlUserThreadStart
```

将清单 27-5 与清单 27-3 比较，二者非常相似，只不过虽然名字相同，但是实际执行的模块是不同的。清单 27-3 中的模块都是 32 位的，清单 27-5 中的模块都是 64 位的。

27.3.3　访问调试目标

上面分别介绍了 VsDebug 调试器建立 32 位和 64 位调试会话的过程。下面再介绍一下访问调试目标的过程，我们就以访问内存为例。

我们在 VS 的图形界面中打开一个"内存"窗口，并输入要观察的地址后，UI 线程会调用 vsdebug 模块中的 CMemoryView 类的 ViewExpression 方法，过程如下。

```
08 vsdebugeng!dispatcher::XapiWorkerThread::ExecuteSyncTask
09 vsdebugeng!dispatcher::XapiRequestThread::ExecuteSyncTask
0a vsdebugeng!dispatcher::XapiThreadSwitch::IDkmVirtualMemoryAllocator::AllocateVirtual
Memory_0::XapiThreadSwitchRoutine
0b vsdebugeng!dispatcher::DkmProcess::ReadMemory
0c vsdebugeng!Proc43F8B1A71560988CDA93783A20518F4C
0d vsdebugeng_impl!ad7::CALMainProgram::ReadAt
0e vsdebug!MemoryBufferUtils::ReadMemory
0f vsdebug!CMemoryView::RefreshBuffer
10 vsdebug!CMemoryView::InitializeBuffer
11 vsdebug!CMemoryView::ViewExpression
```

IDE 进程中的接口模块 vsdebugeng 会发送请求，发送请求后进入等待。

如果调试的是 64 位目标，那么请求会被送到监视器进程。监视器进程的网络服务监听线程（也叫作请求线程）收到请求后，会调用进程内的实现模块，后者继续调用操作系统的 ReadProcessMemory API。清单 27-6 展示了监视器进程处理读内存请求的过程。

清单 27-6　监视器进程处理读内存请求的过程

```
# Call Site
00 KERNELBASE!ReadProcessMemory
01 vsdebugeng_impl!Win32BDM::CWin32DebugProcess::ReadProcessMemory
02 vsdebugeng_impl!Win32BDM::CWin32MemoryManager::AbstractReadProcessMemory
03 vsdebugeng_impl!Common::CMemoryManager::ReadMemory
04 vsdebugeng_impl!Win32BDM::CBaseDebugMonitor::ReadMemory
05 vsdebugeng!dispatcher::DkmProcess::ReadMemory
06 vsdebugeng!dispatcher::StandardNetMarshallerImpl::ProcessRequest_IDkmMemory
Operation_ReadMemory
07 vsdebugeng!dispatcher::CXapiNetConnectionDataItem::ProcessRequestMessage
08 vsdebugeng!dispatcher::CXapiNetConnectionDataItem::ProcessRequestMessage
09 vsdebugeng!dispatcher::XapiNetRequestProcessingAsyncTask::ExecuteTask
0a vsdebugeng!dispatcher::XapiWorkerThread::ProcessAsyncTask
```

```
0b vsdebugeng!dispatcher::XapiWorkerThread::ThreadRoutine
0c KERNEL32!BaseThreadInitThunk
0d ntdll!RtlUserThreadStart
```

如果调试目标是 32 位程序，那么会在 IDE 进程内调用实现模块，调用 ReadProcessMemory API，细节从略。

27.4　使用断点

前面几节介绍了 VsDebug 的进程模型、关键模块和工作过程。本节开始介绍 VsDebug 的重要调试功能。考虑到 VsDebug 的图形界面很友好，使用比较简单，我们重点介绍有一定难度的功能，简单功能可能一带而过，或者根本不提。我们先从最常用的断点开始。

27.4.1　根据名称设置断点

在使用 VsDebug 调试时，设置断点的最简单方法就是找到源代码行，按 F9 快捷键或者单击源代码窗口最左边的断点栏，这过于简单，从略。

如果没有源代码或者不方便找源文件，是否可以设置断点呢？答案是肯定的。方法是按 Alt + F9 组合键或者选择菜单栏中的"调试"→"窗口"→"断点"，调出"断点"窗口（图 27-8）。

图 27-8　"断点"窗口

然后单击"断点"窗口左上角的"新建"下拉框，选择"函数断点"，即跳出图 27-9 所示的"新建函数断点"对话框。

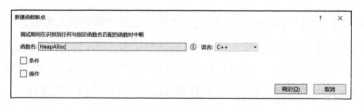

图 27-9　"新建函数断点"对话框

接下来，只要把你想设置断点的函数名填写在图 27-9 所示的对话框的"函数名"文本框中就可以了，图中输入的是从堆上分配内存的 HeapAlloc。设好断点后，恢复程序执行，触发内存分配，很快断点便命中。因为没有 HeapAlloc 对应的源代码，所以 VsDebug 会询问我们是否要查看汇编代码。

使用同样的方法，也可对 malloc 这样的 C 语言库函数设置断点。值得说明的是，因为 VsDebug 会自动在所有模块中匹配包含 malloc 的函数名，所以 VsDebug 会设置很多个断点。对于这种情况，可以根据命中时的模块名删除不需要的断点。我们关心的是 CRT 中的 malloc 实现，因此只选择 ucrtbased 模块中的 malloc 断点。

如果在 Windows 10 上安装了平台 SDK，当 ucrtbased 模块中的 malloc 断点命中后，VsDebug

会询问源文件位置，因此可以尝试指定 usrt 源代码的位置，示例如下。

```
C:\Windows Kits\10\Source\10.0.10240.0\ucrt\heap
```

顺利的话，VS 便会打开 UCRT 库的源文件，于是便可以继续单步跟踪 UCRT 库的源代码了（图 27-10）。

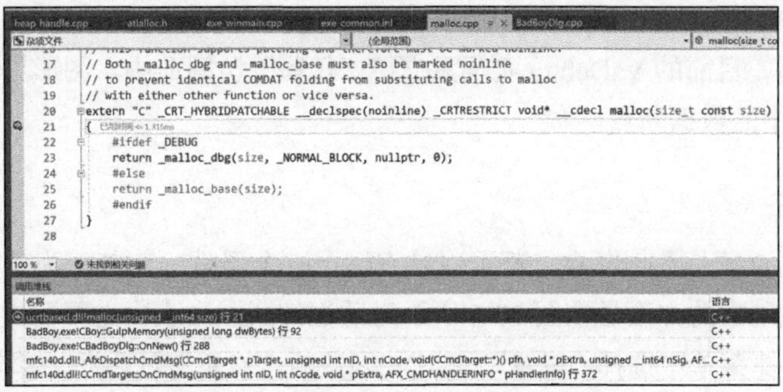

图 27-10　单步跟踪 UCRT 库的源代码

UCRT 的全称是 Universal CRT（C Runtime），UCRT 库是 Visual C++ 2015 引入的新 CRT 库，旨在提供一套与编译器版本无关的运行时库。

27.4.2　数据断点

上面介绍的是代码断点，是针对代码设置的。若希望监视某个数据的被访问情况，我们可以使用 VsDebug 的数据断点功能。方法是在图 27-8 所示的"断点"窗口中单击左上角的"新建"下拉框，选择"数据断点"，弹出图 27-11 所示的"新建数据断点"对话框。

接下来，只要把要监视变量的起始地址输入"地址"文本框中，然后再选择要监视的长度就可以了。图 27-11 中，我们输入的是& __acrt_heap，也就是全局变量__ acrt_heap 的地址。__acrt_heap 是 UCRT 库中的一个全局变量。

设置好以上断点后，当我们退出被调试程序时，这个数据断点便会命中（图 27-12）。

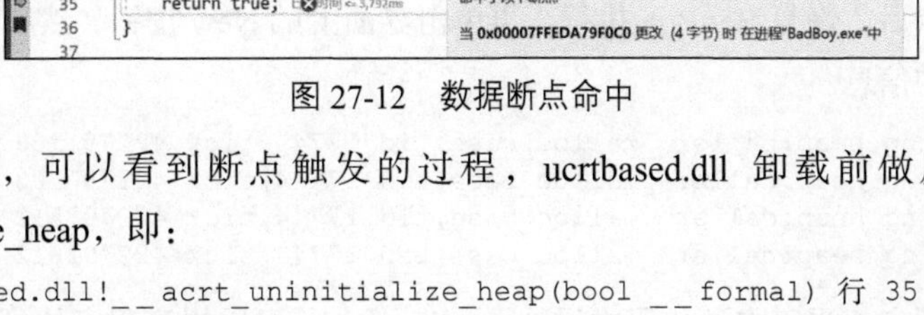

图 27-12　数据断点命中

观察栈回溯，可以看到断点触发的过程，ucrtbased.dll 卸载前做反初始化时调用 __acrt_uninitialize_heap，即：

```
> ucrtbased.dll!__ acrt_uninitialize_heap(bool __ formal) 行 35 C++
ucrtbased.dll!__ acrt_execute_uninitializers(const __ acrt_initializer * first,
```

```
const __acrt_initializer * last) 行 64     C++
    ucrtbased.dll!__acrt_uninitialize(bool terminating) 行 314   C++
    ucrtbased.dll!DllMainProcessDetach(const bool terminating) 行 42   C++
    ucrtbased.dll!DllMainDispatch(HINSTANCE__ * __formal, const unsigned long
    fdwReason, void * const lpReserved) 行 67 C++
    ucrtbased.dll!__acrt_DllMain(HINSTANCE__ * const hInstance, const unsigned long
    fdwReason, void * const lpReserved) 行 102 C++
```

值得说明的是，目前的 VsDebug 实现只支持"仅写"访问命中，图形界面中没有选项设置
"读写"访问都命中的数据断点。

27.4.3　附加条件

无论是代码断点还是数据断点，都可以给它赋予一个条件，使其成为条件断点。设置条件
的方法有多种，最基本的方法是在图 27-8 所示对话框的断点列表中选择要设置的断点，单击鼠
标右键，然后在快捷菜单中选择"设置"，调出"函数断点设置"对话框，接着在其中附加条件。

条件的种类有 3 种：第一种是表达式；第二种是命中次数；第三种是多个条件的组合，和
第一种类似。举例来说，如果给我们前面设置的 malloc 断点附加"命中次数"条件，数值指定
为 5，那么当我们第 5 次单击 BadBoy 程序的 New 按钮时，VsDebug 才中断下来。"断点"窗口
中的"命中次数"列显示了断点的命中次数（图 27-8）。

对于附加了条件的断点，VsDebug 会将断点标记由本来的实心红点改为包含加号的圆点。

27.4.4　附加操作

除了附加条件，还可以给断点附加操作，比如打印一些信息后，自动恢复执行。

举例来说，选择图 27-8 中的 HeapAlloc 断点，调出"函数断点设置"对话框（图 27-13），
然后选中"操作"复选框，输入要打印的信息。

```
****Allocating heap:caller $CALLER,tid $TID,tick $TICK
```

其中以$开始的是伪变量，VsDebug 会在执行时将其替换为当时的值。

同时选中"继续执行"复选框。

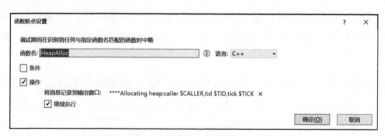

图 27-13　"函数断点设置"对话框

这样设置断点后，恢复 BadBoy 执行，再单击界面上的 New 按钮，然后在"输出"窗口中
便可以看到这样的信息。

```
****Allocating heap:caller _malloc_base,tid 17744,tick 422791703
****Allocating heap:caller _malloc_base,tid 17744,tick 422791703
****Allocating heap:caller _malloc_base,tid 17744,tick 422793812
****Allocating heap:caller _malloc_base,tid 17744,tick 422793812
```

因为这样的断点相当于在源代码中增加了 print 语句，可以提高程序的可观察性，所以这样

的断点有时也称为观察点（watch point）。

对于附加了操作的断点，VsDebug 会把断点标记改为菱形（图 27-8）。

27.5　多线程调试

随着 CPU 核数的不断增多和软件技术的不断发展，很多程序的线程数都在增多。因此，如何高效地调试多线程程序变得日益重要。借助强大的图形界面，VsDebug 在多线程调试方面有不少强大的功能，本节将通过调试本书配套的 MulThrds 程序略举几例。

27.5.1　并行栈回溯

在 VS2019 中打开 MulThrds 项目，在 BoxBoss.cpp 的第 112 行设置断点后，开始调试。程序界面弹出后，先单击 New Task 按钮创建一个计算任务，再单击 Start 按钮开始计算，断点会命中，命中后选择 Debug → Window → Parallel Stacks，便可以弹出 VsDebug 的 Parallel Stacks 视图了，如图 27-14 所示。

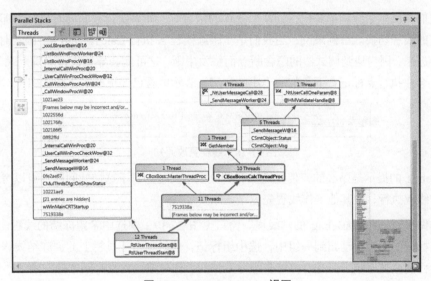

图 27-14　Parallel Stacks 视图

在 Parallel Stacks 视图中，VsDebug 会把当前进程中所有线程的执行经过（栈回溯）以树的方式显示出来。因为所有线程都是从系统的线程启动函数开始执行的，所以所有线程具有统一的树根。图 27-14 中，树根节点显示了 12 个线程，这代表了总线程数。最左边的分支是 UI 线程，可以看到很多与窗口消息有关的函数。右边的 11 个线程又分为两组：左边是包工头（Master）线程，负责汇总结果；右边的 10 个线程是计算线程，分别在忙着自己的工作。可见，这样的树形呈现非常清晰地展示了各个线程的状态。

为了便于观察，这个视图还提供了强大的缩放和平移功能，拖动视图左上方的滑动控件可以进行缩放，拖动视图右下方缩略图中加底纹的部分可以自由调整可见区域。

27.5.2　并行监视

当很多个线程同时执行某个函数时，可以使用并行监视功能来监视某个变量针对不同线程的取值，如图 27-15 所示。

在图 27-15 中，最左边的一列用于标记线程，第二列用于显示线程的调试状态，比如标有箭头的是当前线程，第三列是线程的 ID，后面便是可以自由增加的要监视的变量，可以是工作函数的参数，也可以是局部变量。因为参数和局部变量的取值可能根据线程不同而不同，所以这个并行监视功能可以方便地看出各个变量在不同线程的取值。

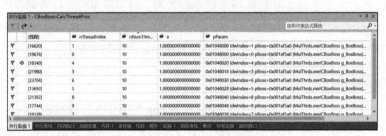

图 27-15　并行监视

27.5.3　冻结线程

当我们调试多个线程都要执行的某个繁忙的函数时，如果要让它们同时执行，那么会发生比较频繁的线程切换。举例来说，当我们单步跟踪线程 A 执行 CalcThreadProc 函数时，线程 B 可能也会进来，因为遇到调试器的隐含断点而触发中断。这可能会导致执行点跳上跳下。此时，VsDebug 会在执行点标记右下角加一个小的标记，表示线程已经更改了（图 27-16）。

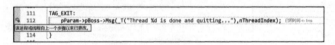

图 27-16　线程更改通知

VsDebug 的提示是贴心的，但是还没有解决根本问题。对于这样的问题，可以考虑只保持一个工作线程执行，把其他工作线程先冻结起来。

具体做法就是在 VsDebug 的"线程"窗口（图 27-17）中选中希望冻结的线程。VsDebug 会把已经标记的线程自动归到一组中，选中组标记，然后单击工具栏上的"冻结线程"按钮，标记的线程便全被冻结了。这时再单步跟踪繁忙的工作函数，就没有刚才的问题了。

图 27-17　"线程"窗口

当单步跟踪任务完成后，可以通过工具栏上的"解冻线程"按钮解冻，解冻后，所有线程便又正常运行了。

27.6　EnC

EnC 的含义是"编辑并继续"（Edit and Continue），意思是在调试的时候修改源代码，继续调试时，IDE 自动做增量编译，应用修改，不需要停止和重新开始调试会话。

在调试早期代码的简单问题时，使用 EnC 功能可以大大提高工作效率，是 VsDebug 调试器的一大优点。

27.6.1 应用过程

一般在被调试程序中断到调试器时，我们发现代码的问题，然后加以修改。修改后，如果执行单步跟踪等任何恢复目标执行的动作，那么调试器便会尝试应用 EnC。

应用 EnC 是个比较复杂的过程。第一步是显示出图 27-18 所示的提示框，并且在"输出"窗口输出信息"-------- 已开始编辑并继续生成 --------"。

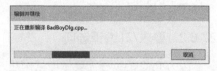

图 27-18　提示框

而后，VsDebug 会调用专门负责 EnC 功能的 encmgr 模块来实施 EnC。encmgr 模块被调用后，会调用负责 EnC 构建的 ecbuild 模块来构建修改了的源文件，其执行过程如清单 27-7 所示。

清单 27-7　ecbuild 模块的执行过程

```
04 ecbuild!CBuildSpawner::WaitForSpawnComplete
05 ecbuild!CBuildSession::ENCRebuild
06 encmgr!VCEncProject::ENCRebuild
07 encmgr!CVCEncProjectBuildSystem::ENCRebuild
08 encmgr!CEncMgr::ApplyCodeChangesInternal
09 vsdebug!CDebugger::ApplyCodeChanges
0a vsdebug!CDebugger::Continue
0b vsdebug!CDebugger::Continue
0c vsdebug!CDebugger::StepOver
0d vsdebug!CVSDebugPackage::Exec
0e msenv!CVSCommandTarget::ExecCmd
[省略多行]
1b msenv!VStudioMainLogged
1c msenv!VStudioMain
1d devenv!util_CallVsMain
1e devenv!CDevEnvAppId::Run
1f devenv!WinMain
20 devenv!__scrt_common_main_seh
21 KERNEL32!BaseThreadInitThunk
22 ntdll!__RtlUserThreadStart
23 ntdll!_RtlUserThreadStart
```

在做增量构建时，ecbuild 会像普通构建时那样创建编译器的驱动进程，对于 C/C++ 程序，就是 cl.exe。

```
"D:\vs2019c\VC\Tools\MSVC\14.21.27702\bin\HostX86\x64\CL.exe" -c -ZI -nologo -W3
-WX- -diagnostics:column -Od -DWIN32 -D_DEBUG -D_WINDOWS -D_VC80_UPGRADE=0x0600
-D_MBCS -D_AFXDLL -Gm- -EHs -EHc -RTC1 -MDd -GS -Gy -fp:precise -Zc:wchar_t -Zc:
forScope -Zc:inline -Yustdafx.h -FpE:\dbglabs\temp\Debug\BadBoy.pch -FAcs -FaE:
\dbglabs\temp\Debug\ -FoE:\dbglabs\temp\Debug\ -FdE:\dbglabs\temp\Debug\vc142.pdb
-FRE:\dbglabs\BadBoy\x64\ Debug\ -Gd -TP -FC -errorreport:prompt -ID:\vs2019c\VC
\Tools\MSVC\14.21.27702\include -ID:\vs2019c\VC\Tools\MSVC\14.21.27702\atlmfc\include
-ID:\vs2019c\VC\Auxiliary\VS\include -I"C:\Windows Kits\10\Include\10.0.17763.0\ucrt"
-ID:\vs2019c\VC\Auxiliary\VS\UnitTest\ include -I"C:\Windows Kits\10\Include\10.0.17763.0
\um" -I"C:\Windows Kits\10\Include\ 10.0.17763.0\shared" -I"C:\Windows Kits\10\Include
\10.0.17763.0\winrt" -I"C:\Windows Kits\10\Include\10.0.17763.0\cppwinrt" -I"C:
\Program Files (x86)\Windows Kits\NETFXSDK\ 4.7.2\Include\um" -X /ZX "BadBoyDlg.cpp"
```

如果编译顺利完成,那么 encmgr 会调用 ENCProjectEntry::ApplySnapshot 来应用修改过的模块,后者内部会调用 VS 调试引擎的 CALEncUpdate::CommitChange 方法来提交修改过的数据。

如果修改过的数据被成功提交到内存,那么 encmgr 会收到消息,执行 CVCEncProject-BuildSystem::ENCComplete 来完成 EnC。最后,vsdebug 向"输出"窗口打印如下信息。

编辑并继续:已成功应用代码更改。

这代表本次 EnC 顺利完成。

27.6.2 要求/ZI 编译选项

因为 EnC 的过程需要做增量构建,构建过程中还涉及调整调试符号,所以要使用 EnC 时,必须把编译选项中的调试符号格式设置为"用于'编辑并继续'的程序数据库(/ZI)"。

也就是要有/ZI 编译选项,注意,I 为大写,不能小写。

如果不满足这个条件,那么在调试过程中,如果修改了源代码,继续时会收到下面这样的错误信息。

编辑并继续 : error :"BadBoyDlg.cpp"中的"BadBoy.exe"不是在启用"编辑并继续"的情况下编译的。请确保使用程序数据库的"编辑并继续(/ZI)"选项编译此文件。

27.6.3 下次调用生效

如果我们在修改代码时添加或者删除了局部变量,那么应用 EnC 时,VsDebug 可能在"输出"窗口给出类似下面这样的提示信息。

编辑并继续 : warning : 函数"CBadBoyDlg::OnOop"中的新本地变量"boy2"需要构造或析构。

编辑并继续 : warning : 在当前调用完成之前,无法执行对"CBadBoyDlg::OnOop"所做的编辑。原始(过时)实例"CBadBoyDlg::OnOop<E&C004>"在其完成前将继续执行。未来调用将使用新实现。

上述提示信息是当我们单步执行到 OnOop 方法中间的时候增加下面这行源代码而引起的。

```
CBoy boy2("Damao2");
```

这个信息告诉我们,由于在 OnOop 方法中新增了 boy2 变量,这个变量需要有构造函数,因此这次执行 OnOop 不能应用新代码了。因为已经执行到方法内部了,所以要等本次执行完成后,再应用新代码,下一次调用才会生效。VsDebug 也会给出图 27-19 所示的"陈旧代码警告"对话框。

图 27-19 "陈旧代码警告"对话框

单击"确定"按钮后,VS 会打开事先备份好的旧文件来使用,旧文件保存在一个专供 EnC 使用的临时目录 enc_temp_folder 中。目录下会通过子目录保存很多个版本,比如 E:\dbglabs\BadBoy\enc_temp_folder\5eeb8680b3e95be67e9389bcfb519fc\BadBoyDlg.cpp。

27.6.4 应用失败

如果应用 EnC 时出现编译错误或者改动太大，都可能导致 EnC 失败。此时 VsDebug 会弹出图 27-20 所示的"编辑并继续"对话框。

如果单击"忽略"按钮，那么 VS 会使用修改前的旧代码。

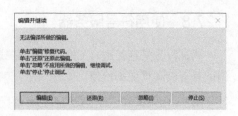

图 27-20 "编辑并继续"对话框

27.7 设计期调试

在使用 VS 开发托管程序时，可以使用"设计期调试"（debugging at design time）功能[1]来提高开发效率。本节以在 VS2019 中开发 HiDotnet 项目为例子来介绍这个功能。

启动 VS2019，打开 HiDotnet 项目（ch207 子目录下），切换到调试配置（调试版本），按 Ctrl + Alt + A 组合键打开 VsDebug 的"即时"（Immediate）窗口。然后在其中输入如下表达式。

```
? (new GCWorm(1,0,22,new MainForm())).GetName()
```

很快，会得到如下结果。

```
"GCWorm GEN-1 ID-0 is worming..."
```

因为不需要显式地开始调试，可以一边编写代码，一边执行和调试一下刚刚写好的代码，所以这个功能就叫作设计期调试。

值得说明的是，使用设计期调试时，也可以在要调试的代码中设置断点，断点命中后，可以像普通调试那样使用各种调试功能，比如观察变量、栈回溯等。

在某些较老版本的 VS 中，如果当前项目是.NET 项目，那么 VS 会自动产生.vshost.exe 的程序文件，如图 27-21 所示。这样的 vshost.exe 程序会自动运行，为我们前面介绍的"设计期调试"功能提供运行环境。

c:\DbgLabs\Clr4Bgee\Clr4Bgee\bin\Debug*.*				
Name		↑Ex Size	Date	Attr
[..]	<DIR>		2012/04/18 14:07	----
Clr4Bgee.exe	config	121	2009/04/10 14:21	-a--
Clr4Bgee.vshost.exe	config	121	2009/04/10 14:21	-a--
Clr4Bgee-devenv	dmp	0	2003/07/01 23:30	-a--
Clr4Bgee	exe	9,216	2010/12/03 23:14	-a--
Clr4Bgee.vshost	exe	11,600	2010/11/25 19:51	-a--
Clr4Bgee.vshost.exe	manifest	490	2010/03/17 22:39	-a--
Clr4Bgee	pdb	24,064	2010/12/03 23:14	-a--
nosuch	txt	0	2010/11/25 20:41	-a--

图 27-21 用于设计期调试的.vshost.exe 程序文件

大约从 VS2017 开始，VS 不再产生 vshost.exe，当用户使用"设计期调试"功能时，VS 会编译当前项目，并启动项目本来的.exe 文件，然后在这个进程中评估用户输入的表达式，执行代码。比较两种做法，使用 vshost.exe 的优点是因为事先启动好了进程，所以速度快，而且让用户更觉得是在设计期做临时调试。后来的做法明显速度慢，与真正的调试相似，有些脱离了初衷。

使用设计期调试功能时，有时可能遇到错误——"无法评估表达式，因为线程停在某个无法进行垃圾回收的点（可能是因为已对代码进行了优化）。"这可能是因为当前为 release 版本导致的，所以可以尝试切换到调试版本。

『 27.8 使用符号服务器 』

调试符号是连接适合 CPU 使用的二进制信息与适合人类理解的文本信息的桥梁，对于高效调试有着极其重要的价值。

在 VS 中调试时，对于我们自己有源代码的模块，VS 一般会自动找到符号文件，但对于第三方模块，VS 可能不能自动找到符号文件，这会导致观察栈回溯时有些栈帧的信息模糊，从而影响理解。例如在图 27-22 中，因为缺少 mfc140ud.dll 模块的符号，这个模块里的函数名都没有显示出来。

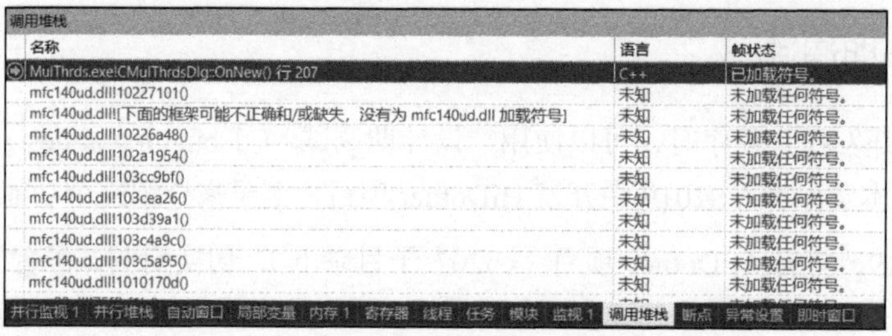

图 27-22 因为缺少符号而导致栈回溯信息模糊

此时可以通过设置符号选项来扩大 VsDebug 的搜索范围。在 VS 的菜单栏中，选择"工具"→"选项"，打开"选项"对话框（图 27-23），然后选择左侧列表中的"调试"→"符号"，设置 VsDebug 的符号。

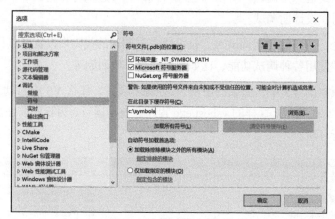

图 27-23 "选项"对话框

图 27-23 中，既可以添加包含 PDB 文件的普通目录，也可以添加符号服务器。要添加符号服务器，最简单的方法就是选中"Microsoft 符号服务器"复选框，让 VsDebug 通过互联网从微软下载符号，这样便可以找到大多数微软模块的符号文件。设置符号服务器后，要指定一个本地目录，用作所谓的下游符号库。下游符号库的作用是以结构化的方式存放从符号服务器下载下来的文件。VsDebug 在寻找符号文件时，会先寻找下游符号库，找不到才远程下载。下游符号库的组织形式与 WinDBG 使用的格式相同，我们将在第 30 章详细介绍。

通过 VsDebug 的"模块"窗口（通过菜单"调试"→"窗口"→"模块"打开）可以观察当前进程中的所有模块信息，包括每个模块的加载符号情况。如果发现某个模块尚未加载符号，比如图 27-24 中的 oleaut32.dll 模块对应的符号加载状态是"无法查找或打开"，这表示未能成功加载符号。此时，可以调整符号选项，然后选中这个模块，右击，从快捷菜单中选择"加载符

号"，触发再次加载。

图 27-24　手工触发加载符号文件

图 27-24 中，弹出的对话框表示正从微软的符号服务器下载符号文件。下载完成后，通过右键菜单，调出"符号加载信息"对话框（图 27-25），便可以看到加载符号文件的详细过程。

在图 27-25 的列表框中显示了 VsDebug 想方设法找符号文件的详细过程。前两行表示到约定的位置找，第三行和第四行都表示到下游符号库去找，但都没有找到。后面 11 行显示了到微软的符号服务器寻找的经过，成功下载文件，并保存到下游符号库中。

从符号服务器找符号的这套做法是 WinDBG 开创的，后来被引入 VS 中。总的来说，VS 向 WinDBG 学习这个做法是对的，但是学得不够彻底，始终有一个问题。在 WinDBG 中，WinDBG 始终使用所谓的"懒惰策略"，延迟加载符号，这样开始调试时就很快，不用等待加载符号。但在 VS 中，没有"懒惰策略"，开始调试时，每次收到模块加载事件，都会加载符号，这会导致开始调试后的一段时间里，因为有大量的模块要加载符号，从而进展缓慢。为此，VsDebug 会显示图 27-26 所示的"正在加载"对话框，允许取消符号加载，但这样做后，会禁止加载后面所有符号文件。

图 27-25　"符号加载信息"对话框

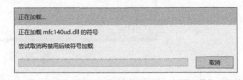

图 27-26　包含"取消"按钮的"正在加载"对话框

对于这样的等待问题，"佛系"的方法是什么都不做，在 VsDebug 忙着下载符号的时候干点别的，倒一杯茶休息一下，或者想想算法，看一下手机。"儒系"的做法是在图 27-23 所示的对话框中配置加载选项，通过单击"仅加载指定的模块"或者"加载除排除模块外的所有模块"单选接钮定义要加载符号的模块。介于"佛系"和"儒系"之间的方法是开始时先取消加载，需要时再在模块列表中触发加载。

27.9　定制调试事件

如本书第三篇所述，调试器是受"调试事件驱动"而工作的。调试器在收到调试事件后，面临的一个决策是是否要让调试者知道，如果要让调试者知道，那么选择什么样的通知方式，是打印通知消息，还是中断下来。

概而言之，如何处理调试事件对于调试器设计是个重要问题。合理使用调试事件对高效调

试来说也很重要。在 WinDBG 中，提供了非常强大的功能，允许用户定制几乎所有调试事件的
处理方式，例如，通过"调试"→"事件过滤器"菜单项可以调出定制调试事件的对话框，以
图形界面的方式定制事件处理行为[2]，也可以使用 sx 命令来以命令行的方式做定制。但在
VsDebug 中，只允许对某些调试事件做有限度的定制，本节略谈几例。

27.9.1　初始断点

在 NTDLL.DLL 的模块 Loader 中，有个很好的 D4D 设计，那就是在执行早期的进程初始
化任务时，会故意触发一个断点异常，一般称为初始断点。

在使用 WinDBG 调试一个新进程时，当 WinDBG 接收到这个断点事件时，WinDBG 会中
断下来给我们看。在使用 VsDebug 调试时，VsDebug 收到初始断点后，默认策略是忽略这个断
点事件，不会中断下来给我们看。

如果我们希望在收到初始断点时中断下来，那么启用初始断点的方法是，右击项目中的启
动程序，然后选择"调试"→"进入并单步执行新实例"，如图 27-27 所示。

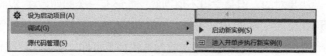

图 27-27　启用初始断点的方法

这样开始调试后，当 VsDebug 再收到初始断点事件时便会中断下来，因为执行点是在
NTDLL.DLL 中，所以没有源代码，可以通过"反汇编"窗口观察汇编指令，如图 27-28 所示。

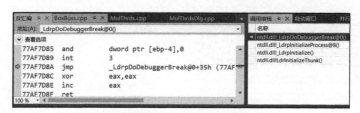

图 27-28　观察汇编指令

图 27-28 右侧是栈回溯，可以看到正在执行的是 NTDLL.DLL 中的 Loader 模块，它的主要
任务是加载进程所需的 DLL 模块。

27.9.2　异常设置

我们在第三篇中详细介绍了 Windows 操作系统的异常分发过程。简单来说，对于每个异常，
最多分发两轮。在每一轮分发时，如果有调试器，那么都会先分发给调试器。于是便又有了调
试器收到异常事件如何处理、是否通知给调试者的问题。

举例来说，在 VS2019 中开始调试 BadBoy 程序，单击 Exhaust Stack 按钮故意做无穷递归，
触发栈空间溢出。但对于栈溢出异常（异常代码 0xC00000FD），VS2019 的默认设置是只输出
下面这样的信息，并不中断下来。

```
0x0FE898E2 (ucrtbased.dll)处(位于 BadBoy.exe 中)引发的异常: 0xC00000FD: Stack overflow
(参数: 0x00000001, 0x01202FFC)。
```

其实对于这样的问题，我们还是很有必要停下来仔细分析的，不然，上面输出信息的确切

含义都不好理解。

虽然默认不中断，但是可以通过图 27-29 所示的"异常设置"窗口（选择菜单栏中的"调试"→"窗口"→"异常设置"）来改变。

在图 27-29 中，树形控件包含了各种异常，每个叶子节点代表一种异常，再按类型归纳成 7 个大类。上面 6 个是语言层面的，下面一个是 CPU 和操作系统层面的。

图 27-29 "异常设置"窗口（局部）

选中每个节点前的复选框，便代表 VsDebug 收到对应异常的第一次通知时就中断下来，VsDebug 将其称为"引发时中断"。对于第二轮异常，默认总是要中断下来的，一般称为无人处理中断，因为如果第一轮有人处理，那么就不会进入第二轮。

栈溢出异常被划分在 Win32 异常中。根据异常代码找到异常，选中复选框，然后再重新开始调试和触发栈空间溢出，这一次，VsDebug 会中断下来，调整窗口布局。这时便可以仔细地观察栈溢出的现场了（图 27-30）。

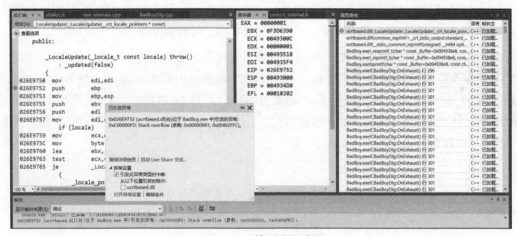

图 27-30 栈溢出的现场

结合图 27-30 中的汇编信息和寄存器信息，我们便可以清楚地理解 VS 输出的信息了，重复如下：

```
0x0FE898E2 (ucrtbased.dll)处(位于 BadBoy.exe 中)引发的异常: 0xC00000FD: Stack overflow
(参数: 0x00000001, 0x01202FFC)。
```

触发异常的原因是 CPU 在执行 0x0FE898E2 处的压栈（push）指令时，错误地访问了不可以访问的地址 0x01202FFC，超出了栈空间的可读写边界 01203000（根据 ESP 寄存器的值），也碰到了栈保护页的区域（第 22 章）。

```
EAX = 0120310C EBX = 0F3E6390 ECX = 00000000 EDX = 0120310C ESI = 012035B0 EDI =
0120368C EIP = 0FE898E2 ESP = 01203000 EBP = 01203038 EFL = 00010202
```

于是，我们可以归纳出，VsDebug 所打印信息中的第一个地址代表触发访问异常的指令地址，括号中的第二个数据代表非法访问时读写的地址，第一个参数代表访问方式，1 代表写内存。

『 27.10 本章总结 』

本章的前 3 节介绍了 VsDebug 的架构、关键组件和工作原理，后面的 6 节介绍了 VsDebug 的一些重要功能，包括各种形式的断点（27.4 节）、提高多线程调试效率的方法（27.5 节）、EnC（27.6 节）、设计期调试（27.7 节）、使用调试符号服务器（27.8 节）和定制调试事件（27.9 节）。

虽然我们已经花了比较大的篇幅，但是所介绍的只是 VsDebug 所有功能的一小部分。以下功能因为简单易用而没有介绍：

（1）通过"局部变量"窗口或者"自动"窗口观察变量；

（2）通过"内存"窗口观察内存中的原始数据；

（3）通过"调用堆栈"窗口观察线程的执行经过；

（4）通过"寄存器"窗口观察 CPU 的寄存器信息。

以下功能因为几句话就能说清，所以没有单独介绍：

（1）在"源代码"或者"反汇编"窗口中通过拖曳执行点（黄色箭头）来做 IP（程序指针）飞跃；

（2）如果到下班时间了问题还没有解决，那么可以产生转储文件（选择"调试"→"将转储另存为"），把问题的状态保存下来，回到家里或者第二天继续分析。

在 Windows 平台的鼎盛时代，VS 几乎是所有程序员的必备工具。今天，仍有相当数量的同行在使用 VS。对于笔者来说，20 世纪 90 年代初学编程时用的是 Turbo C，后来转向 Borland C++。当 VC 6.0 推出后，开始使用 VS，转眼 20 多年了。这 20 多年中，VS 是笔者计算机中必装的软件，计算机换了不知多少台，但是每次换了计算机后，都会把它请进来。20 年朝夕相伴，VS 真真切切算是老朋友了。

老雷评点　　Borland C++ 之最经典版本是 BC3.1，VC 之最经典版本是 VC6.0。

参 考 资 料

[1]　Debug at design time in Visual Studio (C#, C++, Visual Basic, F#). VS 在线文档.

[2]　Debug | Event Filters. VS 在线文档.

第 28 章　VS Code 的调试扩展

Visual Studio Code（简称 VS Code）是微软推出的新一代集成开发环境，它继承了 VS 的界面风格、使用习惯和很多优点，同时又具有"父辈"不具有的一些特征，比如完全开源，以及让人赞叹的跨平台能力，可以在 Windows、Linux 和 macOS 三大平台上独立安装和运行。语言方面，VS Code 不仅支持传统的 C/C++语言和微软自家的 C#语言，还支持 Python、Go、PHP、Java、JavaScript、TypeScript、Ruby 和 Rust 等语言。此外，VS Code 还与时俱进，迎合时代需求，吸纳了很多新的特征，比如与 CMake、Git 等工具的集成，以及"扩展包市场"和"直接发步到云"等新时代的功能。

凭借强大的跨平台能力和可扩展性，VS Code 快速赢得了很多开发者的青睐。我们相信 VS Code 的巨大潜力，因此特开辟一章来介绍它。本章先介绍 VS Code 的概况和用来实现跨平台的新颖方法，然后介绍 VS Code 的调试模型、调试接口和常用的调试扩展包。

28.1　简介

在 2015 年 4 月 29 日的 Build 大会上，微软宣布了 VS Code。随后不久便发布了预览版本，2016 年 4 月，VS Code 1.0 版本正式发布。目前的最新版本是 1.37.1，时间戳为 2019-08-15T16:17:55.855Z。

在 2019 年 Stack Overflow 主办的软件开发者调查中[1]，VS Code 位列最流行开发工具排行榜第一名，在 87317 名响应调查的开发者中，有 50.7%的人回答在使用 VS Code。排名第二位的是 VS，百分比是 31.5%。

有些人误以为 VS Code 只是一个代码编辑器，其实不然。强大的代码编辑能力确实是 VS Code 的一大特色，但除此之外，它还提供了理解代码、构建代码和调试代码的能力，让 VS Code 成为包含"编辑-构建-调试"全开发流程的一个集成开发环境。

在调试方面，VS Code 很适合开发阶段的调试，调试新编写的代码，快速发现源代码层面的简单问题。针对这样的目的，VS Code 提供的调试功能主要是观察变量、显示调用栈和断点。在 VS Code 的官方描述中，把这样的调试功能称为轻量级调试（lightweight debugging）。笔者觉得，轻重是相对的，是与环境相关的。与 VS 相比，VS Code 的调试功能的确是轻量的。但是如果与依靠打印消息的调试方法相比，VS Code 的调试功能要算重的了。总体而言，C/C++等本地程序的调试方法较多，可选的工具也多；Python 等脚本语言的调试方法相对简陋，可选的工具也少。Windows 平台的调试工具较多，Linux 平台的调试工具较少。这样想来，对于那些本来没有调试工具或者工具很弱的场景，VS Code 是具有重大意义的。

28.2　四大技术

最初使用 VS Code 时，它让笔者最震惊的是它的界面，特别是在 Linux 系统上的界面（图 28-1），几乎与 Windows 系统上没什么差别，而且速度极快，闪电一般。启动时很快，绚丽多姿的窗口瞬间就呈现出来。操作时也很快，各种复杂的图形控件都反应神速，感受不到延迟。

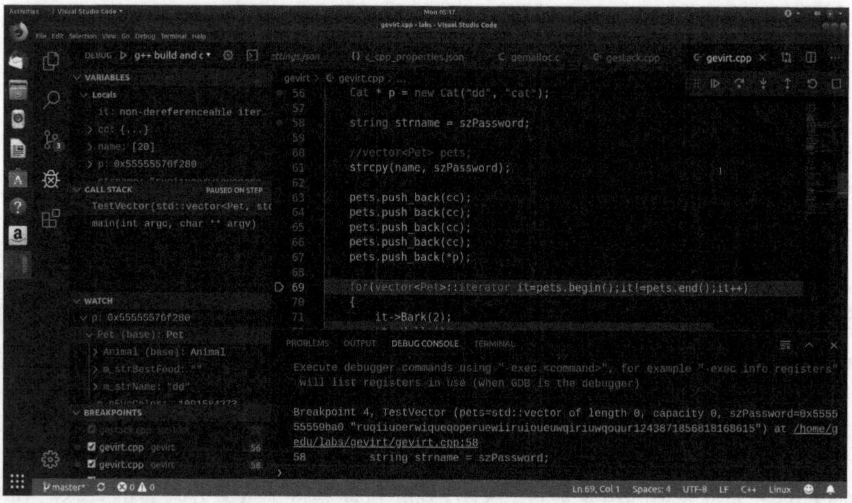

图 28-1　VS Code 在 Linux 系统上的界面

众所周知，Linux 系统上的图形界面一直是个老大难的问题，开源的 GTK（GNU Toolkit）库效率低、功能弱，商业的 QT 方案也有一些问题，多年来一直没有很好的解决方法。

那么 VS Code 是如何解决这个问题的呢？它使用的不是 QT，是开源的方案，但一眼看过去就知道不是 GTK。

VS Code 用的方法代表了开发"富"图形用户界面客户端（Rich GUI Client）程序的一个新方向。

简单来说，VS Code 使用的是互联网技术，把在互联网领域打磨成熟的前端技术应用到了桌面程序上。或者说，VS Code 的复杂界面是使用网页方式制作和渲染出来的。因为 VS Code 使用网页方式，所以可以无比轻松地跨平台，在 Linux、Windows 和 macOS 平台上呈现的都一样。因为 VS Code 使用网页方式，所以控件丰富、风格多样，要精细可以精细，要粗犷也可以粗犷。因为 VS Code 使用网页方式，所以速度很快，成熟的浏览器软件栈中包含了高度优化的渲染引擎，有 GPU 时，可以使用 GPU 加速，没有 GPU 时，使用的也是非常优化的渲染方法。

在 VS Code 中，选择 Help→About，弹出的对话框中列出了它所使用的四大技术，以及各自的版本号，以下是目前的情况。

```
Electron: 4.2.7
Chrome: 69.0.3497.128
Node.js: 10.11.0
V8: 6.9.427.31-electron.0
```

其中的 V8 是谷歌德国团队开发的 JavaScript 引擎，使用 C++语言编写，开源[2]。Chrome 浏览器中使用的 JavaScript 脚本解释器便是 V8。

Node.js 的目的是为 JavaScript 提供一个在浏览器外面运行 JavaScript 的环境，也就是说，重新包装 V8 引擎，让它可以脱离对浏览器的依赖。Node.js 项目诞生于 2009 年，最初用途是为网络服务端的 JavaScript 脚本提供运行环境。[3]

Chrome 是目前最流行的浏览器项目，VS Code 依赖它来完成复杂的渲染任务，呈现网页形式的图形界面。

Electron 也是一个开源项目的名字，项目的目标就是"使用 JavaScript、HTML 和 CSS 构建跨平台的桌面应用"。

概而言之，上面的 4 个项目是相互联系的，Electron 是外面的包装者，它把 Chrome 的网页渲染能力和 Node.js+V8 运行 JavaScript 脚本的能力集成在一起，让开发者可以使用网页开发技术开发桌面应用。

或者说，可以把 Electron 理解成一种特殊的浏览器，它提供了一个平台，来运行新形态的桌面应用。VS Code 就是这样一个新型态的桌面程序。[4]

从模块文件的角度来看，VS Code 把大多数程序逻辑编译成了一个大的执行文件，Windows 版本就叫 Code.exe，大小为 87.8 MB，它的原始文件名就是 electron.exe。Code.exe 的默认安装位置为系统的 Program Files 目录下的 Microsoft VS Code 子目录，即

```
C:\Program Files\Microsoft VS Code\Code.exe
```

与 VS 的主程序只有 32 位版本不同，VS Code 有 32 位和 64 位两个版本，除非特别说明，本章所有描述针对的都是 64 位版本。

28.3　理解"扩展包"

除了核心框架和普遍使用的编辑功能，VS Code 的大多数功能是以扩展包的形式设计的。用 VS Code 官网上的话来说，就是"VS Code 就是使用扩展思想构建出来的"（Visual Studio Code is built with extensibility in mind）。这样做的好处是用户可以根据需要动态安装所需的扩展包，让 VS Code 的基本安装程序很小，目前的 64 位 Windows 版本只有 50MB，相对于超过 1GB 的 VS 安装程序来说，简直是超级轻了。

28.3.1　包类型

VS Code 的几乎所有行为都是可以通过扩展来增强和定制的。目前定义的扩展类别主要有以下几种。

（1）主题（Theming），用于改变 VS Code 的外观，比如颜色和图标等。

（2）工作台（Workbench），在 VS Code 的图形界面上增加定制的组件和视图。

（3）Web 视图（Webview），创建新的 Webview 来渲染定制化的网页内容。

（4）编程语言（Language），支持新的编程语言。

（5）调试器（Debugger），增加调试功能。

值得说明的是，上述分类是描述性的，不是严格规范。在扩展包清单文件（Extension Manifest）的官方文档中，在 categories 字段的描述里，有更精确的包类型定义，摘录如下。

```
[Programming Languages, Snippets, Linters, Themes, Debuggers, Formatters, Keymaps,
SCM Providers, Other, Extension Packs, Language Packs]
```

28.3.2　安装

除了微软官方提供的扩展包，开发者可以自己开发新的扩展包，并发布到 VS 的扩展包市场上去。在使用 VS Code 时，VS Code 会根据用户打开的文件，自动检查对应语言所需的扩展包，并询

问用户是否安装。用户确认后，便自动安装了。

　　用户也可以手动搜索扩展包。例如，在 VS Code 中切换到扩展视图（单击左侧工具栏中的扩展按钮），或者按 Ctrl + Shift + X 组合键，输入 Debug 关键字搜索，可以找到数以百记的扩展包，分别提供不同的调试功能。

　　VS Code 默认把扩展程序安装在用户目录的.vscode\extensions 目录下。举例来说，微软的 C/C++工具扩展（ms-vscode.cpptools）安装在以下位置。

```
C:\Users\gedu\.vscode\extensions\ms-vscode.cpptools-0.25.0\
```

　　这个目录下一共有 58MB 的内容（图 28-2），文件类型有包含 JavaScript 代码的 js 文件、HTML

文件、图片文件、存放配置信息的 json 文件，以及二进制程序文件（EXE 和 DLL）。二进制程序文件主要用于调试，后面会详细介绍。这个扩展包本身不包含编译器，需要依赖另外安装的 Visual C/C++或者 GCC 编译器。

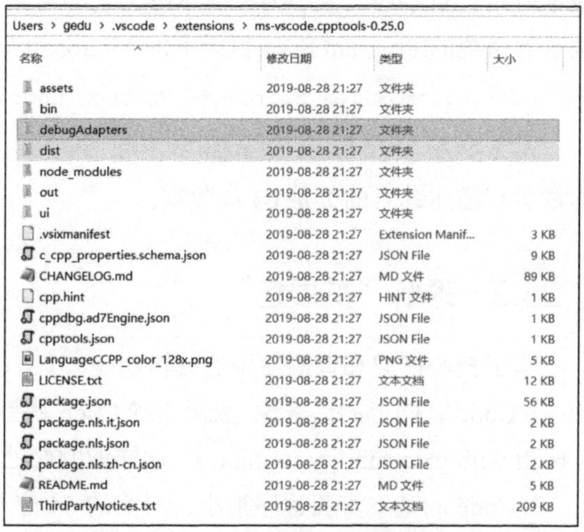

　　每个扩展包都有一个必需的清单文件，文件名叫 package.json。在图 28-2 中，可以看到多个主文件名叫 package 的文件。名字中包含.nls 的是用来支持多语言的，里面包含了内容字符串的翻译。

　　在图 28-2 所示的 dist 目录下有个 main.js，它是这个扩展包的主角本。在 dist

图 28-2　ms-vscode.cpptools 安装目录下的内容

目录下存放的主脚本是很多 VS Code 扩展包都使用的方法，比如用来调试 WSL 下的 Linux 程序的 remote-wsl 扩展也是如此。

```
C:\Users\gedu\.vscode\extensions\ms-vscode-remote.remote-wsl-0.39.2\dist\wslDaemon.js
```

　　不过，这不是强制要求的，并不是所有扩展包都这样。在每个扩展包的清单文件 package.json 中可以指定主脚本的位置和名字，示例如下。

```
"main": "./dist/main",
```

28.3.3　工作原理

　　下面通过一个例子来理解 VS Code 中实现图形用户界面的方法。在 VS Code 中按 Ctrl + Shift + P 组合键调出"命令"面板（Command Palette），输入 C/C++搜索，然后选择 C/C++: Edit configurations (UI)，便调出以图形用户界面（GUI）方式设置 C/C++选项的页面。这个页面是如何实现的呢？打开图 28-2 中 ui 子目录下的 settings.html 便可以看到这个页面的图形用户界面。

　　图 28-3 所示的 settings.html 包含了图形用户界面的外观部分，对应的 JavaScript 代码在 out\ui\settings.js 中。对于熟悉 JavaScript 的同行来说，代码的内容也非常容易理解，很多东西与普通网页是一样的，不同的是里面多了一些对象，比如在用户通过界面调整设置时，对应 UI 元素的事件监听函数便会执行下面这样的代码调用 this.vsCodeApi 的 postMessage 方法，把改变项的 ID 和新选择的值以消息方式进行提交。

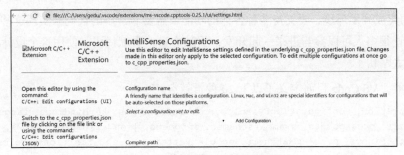

图 28-3　页面的图形用户界面部分

```
var el = document.getElementById(id);
this.vsCodeApi.postMessage({
    command: "change",
    key: id,
    value: el.value
});
```

因为每个界面元素的选项变化后都是立刻发送出去，即时提交的，所以整个页面上没有也不需要保存之类的按钮。上面这段代码中的 VS Code API（28.4 节）是 VS Code 提供给扩展程序的编程接口。

28.4　扩展包 API

简单来说，VS Code 的大多数功能是使用网页技术以"扩展包"的形式来开发的。"扩展包"是 VS Code 中组织模块的基本方式。编写扩展包的主要编程语言便是 JavaScript。[5]

值得说明一下，除了使用 JavaScript，VS Code 中的很多程序是使用 TypeScript 编写，再编译为 JavaScript 代码的。原因是 JavaScript 语言为了简单易用，有些方面功能较弱，比如在变量定义方面，使用 var 来代表所有类型的变量，缺少类型支持。TypeScript 是 JavaScript 的超集，对 JavaScript 做了类型化增强。使用 TypeScript 编写的代码可以编译为普通的 JavaScript 代码。拿 TypeScript 官网上的话来说，就是"TypeScript 的起点是 JavaScript，终点也是 JavaScript"（Start and end with JavaScript）[6]。为了行文简洁，本书大多时候就使用 JavaScript 来泛指 TypeScript 和 JavaScript。

为了让使用 JavaScript 编写的代码可以在保持简单的同时又具有强大的功能，VS Code 定义了一套专门的 API 给 JavaScript 代码调用，微软把这套 API 称为"VS Code API"。因为这套 API 是用来编写 VS Code 扩展用的，所以有时也简称为扩展包 API。

在 TypeScript 代码中，一般使用如下语句来引入 VS Code API。

```
import * as vscode from 'vscode';
```

有了上述引入后，就可以使用 vscode.<命令空间>.<方法/函数名>的形式来调用 VS Code 的接口函数了。

全面介绍扩展包 API 超出了本书的范围，下面仅介绍其中的关键部分，目的是为后面介绍调试功能做准备。

28.4.1　贡献点

在 VS Code 中使用了一个非常好的设计模式，称为贡献点（contribution point）[7]。设想 VS

Code 这样的集成开发环境，要支持各种各样的功能，需要非常多的代码来实现这些功能。开源的项目方式让很多人可以参与进来一起开发，贡献力量，贡献代码。使用这个设计模式在这个项目中真是太贴切了。

根据功能，VS Code 目前定义了以下 20 种贡献点。

configuration, configurationDefaults, commands, menus, keybindings, languages, debuggers, breakpoints, grammarsthemes, snippets, jsonValidation, views, viewsContainers, problemMatchers, problemPatterns, taskDefinitions, colors, typescriptServerPlugins, resourceLabelFormatters

每个扩展包通过清单文件（package.json）中的 "contributes" 字段来声明自己的贡献点，比如下面是官方起步教程（Hello World 程序）中的 contributes 字段定义。

```
"contributes": {
    "commands": [
        {
            "command": "extension.helloWorld",
            "title": "Hello World"
        }
    ]
},
```

上面的字段定义声明这个扩展包贡献了一条命令（28.4.2 节）。

28.4.2 命令

在 VS Code 的设计中，命令是一种标准化的编程对象。它具有如下标准特征。

（1）每个命令有唯一的 ID。

（2）每个命令有自己的描述（title）。

（3）每个命令可以绑定快捷键。

（4）每个命令有自己的处理函数，称为命令处理器（command handler）。

命令是在扩展包的清单文件中声明的。声明之后，用户就可以搜索到这条命令。当用户要执行命令时，扩展包要么已经注册好了命令的实现，要么会立刻激活（28.4.3 节）注册。扩展包要通过 VS Code API 中 commands 命名空间的 registerCommand 方法来注册命令的实现，比如下面是起步教程中注册 helloWorld 命令的 JavaScript 脚本。

```
let disposable = vscode.commands.registerCommand('extension.helloWorld', () => {
    // 向用户显示一个消息框
        vscode.window.showInformationMessage('Hello VsCode!');
});
```

上面的代码直接把命令处理器的实现也写在了一起。当用户执行这个命令时，会在 VS Code 右下角弹出'Hello VsCode!'信息。

下面再看看前面提到的 C/C++ 配置页面的实现方法。包清单文件中是这样注册的。

```
{
    "command": "C_Cpp.ConfigurationEditUI",
    "title": "%c_cpp.command.configurationEditUI.title%",
    "category": "C/C++"
},
```

在扩展包的核心源文件 extension.ts 中，注册了这个命令。

```
vscode.commands.registerCommand('C_Cpp.ConfigurationEditUI', onEditConfigurationUI)
```

在同一个源文件中，有 onEditConfigurationUI 函数的实现，核心代码如下。

```
selectClient().then(client => client.handleConfigurationEditUICommand(),
rejected => {});
```

其中的 client 是这个扩展包定义的一个接口，selectClient 用来确保在用户打开多个工作空间时选择当前工作空间对应的对象实例。

在 configuration.ts 中，实现了 handleConfigurationEditUICommand 方法，代码有点长，关键的是通过调用 settingsPanel 成员的 createOrShow 方法显示网页。

```
this.settingsPanel.createOrShow (this.ConfigurationNames,this.configurationJson.
configurations [this.settingsPanel.selectedConfigIndex], this.getErrorsForConfigUI
(this. settingsPanel.selectedConfigIndex));
```

除了在界面上触发命令，也可以用编程的方法。在扩展包中，可以通过 executeCommand 接口来执行命令。命令可以是自己包中的命令，也可以是其他包的命令，或者是 VS Code 的内建命令，比如，下面的代码通过执行 vscode.openFolder 命令来打开指定的目录。

```
let uri = Uri.file('/some/path/to/folder');
let success = await commands.executeCommand('vscode.openFolder', uri);
```

28.4.3 激活事件

扩展包可以通过清单文件中的 activationEvents 字段来声明激活自己的事件,简称激活事件。目前定义了如下 8 种激活事件，还有一种特殊的*事件。

```
onLanguage, onCommand, onDebug ( onDebugInitialConfigurations, onDebugResolve ),
workspaceContains, onFileSystem, onView, onUri, onWebviewPanel
```

举例来说，起步教程的清单文件中像下面这样订阅了 onCommand 事件。

```
"activationEvents": [
    "onCommand:extension.helloWorld"
],
```

这样定义后，当用户选择 extension.helloWorld 命令后，VS Code 会立刻调用这个扩展包的 activate 接口。每个扩展包必须导出两个函数，一个是用来激活的 activate，另一个是用来清理的 deactivate。比如，以下是起步教程中的代码。

```
export function activate(context: vscode.ExtensionContext) {
//…
    vscode.commands.registerCommand('extension.helloWorld', () => …
}
export function deactivate() {}
```

28.5　调试模型

有了前面的基础后，再介绍 VS Code 的调试原理就水到渠成了。我们就从调试器扩展讲起。

28.5.1　贡献调试器

扩展包可以在清单文件里声明自己的贡献调试器。具体做法就是在"contributes"字段里指定

"debuggers"贡献点，示例如下。

```
"debuggers": [
  {
    "type": "cppvsdbg",
    "label": "C++ (Windows)",
    "enableBreakpointsFor": {
      "languageIds": [
        "c",
        "cpp"
      ]
    },
// …
```

以上信息来自前面多次讨论的微软 C/C++扩展包，实际的描述信息很长，上面只列出了开头部分。其中的 type 字段非常关键，某种程度来说它是这个调试器的 ID，代表着这个调试器。

VS Code 使用 launch.json 描述调试设置，比如下面是本章示例程序使用的 launch.json 文件的关键部分。

```
{
    "version": "0.2.0",
     "configurations": [
            {
            "name": "(msvc) Launch",
            "type": "cppvsdbg",
            "request": "launch",
            "program": "${workspaceFolder}/hicode.exe",
            "args": [],
            "stopAtEntry": true,
//…
```

注意，其中的 type 字段就是用来选择调试器的，它的取值一定要是系统中存在的调试器，不然 VS Code 会报告"不认识的调试器类型"错误。

在调试器的贡献点（28.4.1 节）属性里，可以通过"configurationAttributes"字段来定义调试器支持的配置属性，比如微软 C/C++扩展包定义了很多个配置属性，以下是截取的一小部分。

```
"configurationAttributes": {
    "launch": {
        "type": "object",  "default": {}, "required": [ "program", "cwd" ],
         "properties": {
          "stopAtEntry": {
          "type": "boolean",
          "description": "Optional parameter. If true, the debugger should stop
           at the entrypoint of the target. If processId is passed, has no effect.",
          "default": false
           },
        //…
```

第二行的"launch"表示下面定义的配置属性适用于创建新进程的调试场景，与此相对的是attach 场景。"properties"字段中定义了具体的配置选项，这里只列出了一个，即 stopAtEntry，为布尔类型，如果设置为真，那么开始调试后，会自动停在程序的 main 函数处。上面的 launch.json中使用了这个属性（"stopAtEntry": true）。

28.5.2　宏观架构

VS Code 的核心优势是先进的 GUI 技术，实现功能的主要方法是扩展包，扩展包使用的语言是 JavaScript。这意味着，调试器的界面部分适合实现在 VS Code 进程中，而调试器的逻辑功能不适合实现在 VS Code 进程中。基于这样的考虑，VS Code 使用了基于调试适配器的松耦合调试模型，其架构如图 28-4 所示。

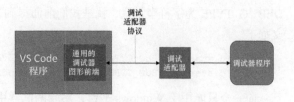

图 28-4　VS Code 的调试模型的架构

在图 28-4 中，左侧是 VS Code 程序，其中内建了通用的调试器图形前端，也就是呈现调试器图形界面并与用户交互的部分。图中右侧是调试器程序，它与 VS Code 是松耦合的，它可以使用任何语言开发，运行在本地或者远程，甚至可以运行在不同的操作系统上。图的中间部分是所谓的调试适配器（Debug Adaptor，DA）。DA 的作用是把调试器与 VS Code 衔接起来。在 DA 与 VS Code 之间使用的是调试适配器协议（Debug Adaptor Protocol，DAP）。DAP 不是为 VS Code 专门设计的，是一个独立的调试器通信协议[8]。

基于上述架构的 VS Code 调试模型具有灵活、易于扩展的优点。某个现有调试器只要实现了开放的 DAP，便可以快速集成到 VS Code 中。其实，VS Code 中的很多调试扩展包就是如此做的，比如微软的 C/C++扩展包就是使用调试适配器进程把 VsDebug 调试器集成到 VS Code 中的。当使用 VS Code 调试运行在 WSL 环境中的 Linux 程序时也使用调试适配器来让 GDB 为 VS Code 贡献调试器功能。

28.6　调试适配器

在 VS Code 的调试模型中，调试适配器起着关键的纽带作用，把 VS Code 中的人机界面部分与实现核心功能的调试器部分连接起来。

在 28.5 节中我们简要介绍了如何在扩展包的清单文件中声明贡献调试器，本节继续讲如何兑现承诺，实现调试器。其实，更准确地说是实现调试适配器。因为在 VS Code 看来，它直接对话的就是调试适配器（DA），对话时使用的协议是调试适配器协议。

28.6.1　DA 描述符工厂

VS Code 使用类工厂模式来创建 DA 对象，要求贡献调试适配器的扩展包必须使用 debug 命名空间中的 registerDebugAdapterDescriptorFactory 来注册 DA 描述符工厂。

举例来说，注册微软 C/C++扩展包 DA 的 TypeScript 源代码放在单独的 Debugger 子文件夹中，主脚本通过如下语句将其导入。[7]

```
import * as DebuggerExtension from './Debugger/extension';
```

然后在激活函数中，调用它的 initialize 方法来初始化。

```
DebuggerExtension.initialize(context);
```

在初始化函数中，注册了两个 DA。

```
disposables.push(vscode.debug.registerDebugAdapterDescriptorFactory(CppvsdbgDebug
AdapterDescriptorFactory.DEBUG_TYPE, new CppvsdbgDebugAdapterDescriptorFactory(context)));
disposables.push(vscode.debug.registerDebugAdapterDescriptorFactory(CppdbgDebug
AdapterDescriptorFactory.DEBUG_TYPE, new CppdbgDebugAdapterDescriptorFactory(context)));
```

以上代码的源程序文件路径为　src\Debugger\debugAdapterDescriptorFactory.ts，其中的

DEBUG_TYPE 为字符串常量，就是我们前面提到过的贡献 DA 时的调试器类型（type）值，定义如下。

```
public static DEBUG_TYPE : string = "cppvsdbg";
public static DEBUG_TYPE : string = "cppdbg";
```

前一个只能用于 Windows 平台，后端调试器用的其实是第 27 章介绍的 VsDebug 的一个裁剪版本。后一个理论上可以用于调试多种目标，但目前主要用于调试 Linux 程序，后端调试器是 GDB。

DA 描述符类工厂其实只有一个方法，名为 createDebugAdapterDescriptor，用来创建一个 DA 描述符实例。下面是 cppvsdbg 调试适配器的关键代码。

```
export class CppvsdbgDebugAdapterDescriptorFactory extends AbstractDebugAdapter
DescriptorFactory {

createDebugAdapterDescriptor(session: vscode.DebugSession, executable: vscode.Debug
AdapterExecutable | undefined): vscode.ProviderResult<vscode.DebugAdapterDescriptor>
{
   return new vscode.DebugAdapterExecutable(
      path.join(this.context.extensionPath, './debugAdapters/vsdbg/bin/vsdbg.exe'),
         ['--interpreter=vscode']);
   }
}
```

上面代码的最外层是类定义，中间是方法名、参数和返回值，return 语句是方法的实现，返回一个 DebugAdapterExecutable 对象，这个对象描述一个可执行文件，构造函数中 path.join 是拼接可执行文件的全路径，也就是为/debugAdapters/vsdbg/bin/下的 vsdbg.exe 产生全路径，再为其准备一个命令行参数--interpreter=vscode。

28.6.2　进程内 DA

像上面这样为 DA 指定一个可执行文件，意味着 VS Code 会单独创建一个 DA 进程，然后让 VS Code 与 DA 之间跨进程通信，我们把这种方式称为进程外 DA。

也可以把 DA 实现在 VS Code 进程内，比如在 createDebugAdapterDescriptor 方法中像下面这样直接创建网络服务。

```
this.server = Net.createServer(socket => {
   const session = new MockDebugSession();
   session.setRunAsServer(true);
   session.start(<NodeJS.ReadableStream>socket, socket);
}).listen(0);
```

像上面的代码来自微软用来演示调试器扩展开发方法的示例项目，GitHub 上的路径为 Microsoft/vscode-mock-debug。

VS Code 内建了一个调试适配器，用于调试 JavaScript 代码（Node.js），这个 DA 可能使用了进程内方式。在 GitHub 的 microsoft/vscode-node-debug 项目中，有这个 DA 的源代码。

28.6.3　vsdbg

在微软的 C/C++扩展包目录中，有个 debugAdapters 子目录。下面的两个子目录分别存放着这个扩展包实现的两个 DA，其中一个名为 vsdbg，另一个名为 OpenDebugAD7（28.6.4 节）。

打开 vsdbg 的 bin 子目录（图 28-5），可以看到很多二进制的程序文件。

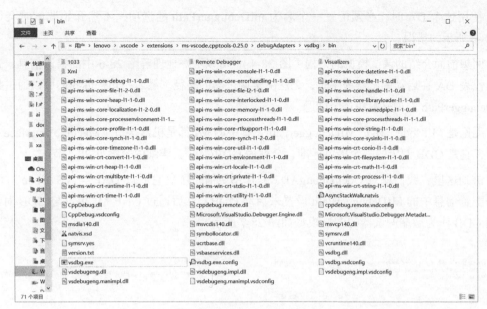

图 28-5　vsdbg 的 bin 子目录

　　仔细看图 28-5 中的文件名，很容易看到一些老面孔，比如第 27 章介绍的 vsdebugeng.*，还有那个 Remote Debugger 子目录也非常亲切，进入这个子目录，里面就是 VsDebug 的远程调试器。

　　如此看来，我们可以很肯定地说，vsdbg 调试适配器的后端调试器就是 VS 的调试器，也就是第 27 章介绍过的 VsDebug。

　　图 28-5 中的 vsdbg.exe 是 VS 中所不存在的。看它的文件描述，里面有 Visual Studio .NET Core Debugger，可能最初是为调试.NET Core 开发的。无论如何，感谢设计者使用了略微不同的文件名。概而言之，vsdbg 是 VsDebug 的一个标准适配器，让 VS Code 这样的 IDE 可以通过开放的 DAP 与 VsDebug 协同工作。

28.6.4　OpenDebugAD7

　　在微软 C/C++扩展包中，除了 cppvsdbg，还有一个名为 cppdbg 的调试适配器。与仅支持 Windows 平台不同，这个 DA 既支持 Windows 系统，又支持 Linux 系统。

　　cppdbg 也是以进程外 DA 的方式实现的，DA 进程对应的程序文件如下。

　　（1）Linux 平台：./debugAdapters/OpenDebugAD7。

　　（2）Windows 平台：./debugAdapters/bin/OpenDebugAD7.exe。

　　微软没有公开关于 OpenDebugAD7 的详细文档，根据有限的资料，我们知道这个调试适配器的使用场景有很多，支持多种平台，包括 iOS、Android、Linux、Windows 和 macOS 等，具有很多种用途，比如调试.NET Core 程序等。在 VS Code 中，它的功能范围大大缩小了，目前只用来对接两种调试器，即 GDB 和 LLDB。

　　在这个调试器贡献点的配置选项中，有一个 MIMode 选项，目前的允许值只有 gdb 和 lldb，默认为 gdb。

使用这个 DA 时，必须配置一个名为 miDebuggerPath 的选项，不然开始调试时会得到图 28-6 所示的错误。

回想前面介绍的调试模型的架构（图 28-4），可以更好地理解图 28-6 中的错误信息，这个信息代表 DA 在启动调试器程序时，无法决定调试器的路径。最后一句告诉我们可以通过指定 MIDebuggerPath 选项来解决这个问题。

无论是 MIMode，还是 MIDebuggerPath，其中的 MI 都是机器接口（Machine Interface）的缩写，它是 GDB 制定的一个接口标准，全称为 GDB/MI[9]，详细内容参见 28.7 节。

讲到这里，我们就对 OpenDebugAD7 的作用更清楚了。它通过 DAP 与 VS Code 对话，根据配置信息中的 MIDebuggerPath 设置来启动 GDB，然后通过 GDB/MI 接口与 GDB 对话。使用 GDB 作为后端调试器的调试模型如图 28-7 所示。

图 28-6　启动调试器时出现错误　　　图 28-7　使用 GDB 作为后端调试器的调试模型

今天的软件世界变得日益多元化，多个平台共生，很多种语言一起发展。GDB 是非 Windows 环境下最流行的调试器。所以，当使用 VS Code 调试非 Windows 环境的程序时，很多时候使用的是图 28-7 所示的调试模型。

值得说明的是，虽然 GDB 大多用在 Linux 环境中，但是也可以通过多种方式运行在 Windows 系统中，比如使用 MingGW 和 Cygwin。VS Code 支持这两种版本的 GDB。比如在本章的 C/C++ 示例项目（ch228/codemsvc）的 launch.json 中增加配置，单击 Add Configuration 按钮，选择"(gdb) Launch"。然后将 miDebuggerPath 字段的值修改为 Cygwin 版本 GDB 的全路径，默认为 C:/cygwin64/ bin/gdb.exe。

做好以上设置后，切换到调试视图，选择"(gdb) Launch"，开始调试，VS Code 会先启动 DA 程序，即 OpenDebugAD7，然后通过如下命令行，让一个名为 WindowsDebugLauncher.exe 的启动程序来帮助启动 GDB。

```
'C:\Users\gedu\.vscode\extensions\ms-vscode.cpptools-0.25.1\debugAdapters\bin\
WindowsDebugLauncher.exe' '--stdin=Microsoft-MIEngine-In-iswf32xv.1uc' '--stdout
= Microsoft-MIEngine-Out-txeuyp1x.hw1' '--stderr=Microsoft-MIEngine-Error-gnpqelir.
k0r' '--pid=Microsoft-MIEngine-Pid-kkklvsic.d5t' '--dbgExe=C:/cygwin64/bin/
gdb.exe' '--interpreter=mi'
```

在上面的命令行中，对于前 4 个参数，等号右侧都是命名管道的名字，前 3 个分别用作 gdb.exe 进程的标准输入、标准输出和标准错误设备。WindowsDebugLauncher 会在创建 gdb.exe 进程时对它的标准设备做重定向，这样，gdb.exe 进程启动后，读写这些标准设备时实际读写的便是命名管道，信息被重定向，与另一端的程序进行通信。

图 28-8 是使用 Process Explorer 工具观察到的进程关系。从图中可以看到 OpenDebugAD7.exe 进程的父进程是 Code.exe（进程 ID 为 19120），gdb.exe 进程的直接父进程是 windbg.exe，因为我们使用了第三篇介绍的"启动进程时先启动调试器"的方法来拦截创建 gdb.exe 的过程。

WindowsDebugLauncher.exe 的父进程是 powershell.exe，powershell.exe 的父进程是 winpty-agent.exe，
winpty-agent.exe 是 VS Code 的终端窗口（Terminal）的后台进程。启动 winpty-agent.exe 的命令行通
常为如下形式。

```
"\\?\c:\Program Files\Microsoft VS Code\resources\app\node_modules.asar.unpacked
\node-pty\build\Release\winpty-agent.exe" \\.\pipe\winpty-control-16024-1-1d55f0c0c26ca2d
- e97533a466f177d4e3077c137740f5ac 0 1 125 8
```

命令行中的命名管道应该是通信使用的。

winpty-agent.exe 的父进程是另一个 Code.exe 的进程实例（进程 ID 为 19936），这个进程实例
的身份应该是工作空间级别的。

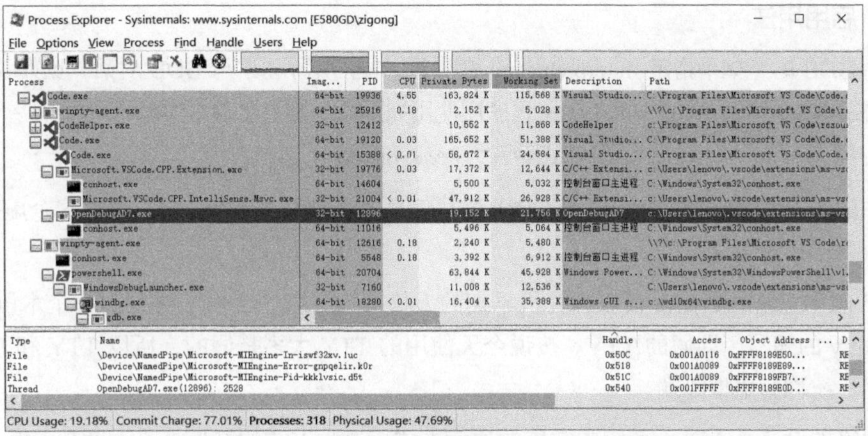

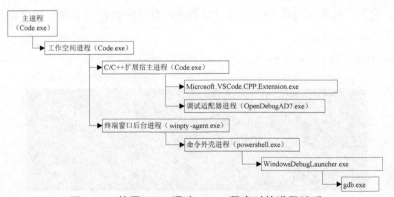

图 28-8　进程关系

进一步观察，可以看到进程 19120 的命令行。

```
"C:\Program Files\Microsoft VS Code\Code.exe" --nolazy --inspect=18599 "c:\
Program Files\Microsoft VS Code\resources\app\out\bootstrap-fork" --type=extensionHost
```

从命令行中的 extensionHost 和它的子进程中包含 Microsoft.VSCode.CPP.Extension.exe 可以
看出这个 Code.exe 是我们在用的微软 C/C++ 扩展包的宿主进程。开始调试时，执行 DA 描述符
类工厂中的创建方法，创建 OpenDebugAD7 进程。

进程 19320 的父进程也是 Code.exe，从其命令行来看，它是笔者最初启动的 VS Code 进程，
不妨将其称为主进程。为了便于理解和记忆，图 28-9 将上述进程关系绘制在一个树形图中。

图 28-9　使用 GDB 调试 C/C++ 程序时的进程关系

出于某种原因，微软的资料里没有给出 OpenDebugAD7 这个名字中 AD7 的全称。我们推测 7 代表版本号，AD 代表调试接口的实现，因为在 VS 的 SDK 中有 libs\ad2de.lib 这样的库，其中的 de 代表调试引擎。

28.7　机器接口

机器接口是著名的 GDB 制定的一个接口标准，全称为 GDB/MI，是面向机器的文本接口。用户程序可以通过这个接口向 GDB 发送请求，GDB 收到后执行请求的任务，并把执行结果回复给用户程序。在 GNU 组织的官方网站上，有 MI 的完整规范[9]。

28.7.1　启用用法

启动 GDB 时，如果指定--interpreter=mi 命令行，则启用了 MI 与 GDB 对话，比如我们在第 8 章介绍的通过 VS 调试 WSL 中的 Linux 程序便使用如下命令行来启动 GDB。

```
/usr/bin/gdb --interpreter=mi --tty=/dev/pts/0
```

其中的--tty=/dev/pts/0 用来告诉 GDB 读写信息的虚拟终端设备。VS 通过这个虚拟终端与 WSL 中的 GDB 对话。

TTY 的本意是 teletype，代表计算机早期的人机交互终端。与 TTY 并列的一个术语叫 PTY，是 pseudotty 的缩写，即假的 TTY。按说今天使用的 TTY 大多是假的，所以 TTY 和 PTY 经常互换使用，统称为虚拟终端。

虚拟终端设备是 Linux 系统中常用的通信方式，这种方式的好处是灵活度高，既可以是某个人机交互的终端窗口，也可以是某种通信接口，很多种通信介质可以抽象成虚拟终端，比如串口、USB 等。

虚拟终端的优点是可以很方便地跨越机器，在真实的机器之间通信，或者在主机与虚拟机之间通信。

28.7.2　对话示例

从 GDB 软件的技术实现来讲，把 MI 当作一种特殊的命令解释器（interpreter），与普通的命令行解释器是并列的。

虽然 MI 主要是提供给计算机程序使用的，但因为对话过程使用的都是文本，所以"人类"也可以使用。比如，只要在包含 hellog 可执行程序的目录中执行如下命令便可以与 GDB 的 MI 解释器对话了（图 28-10）。

```
gedu@E580GD:~/labs$ gdb --interpreter=mi ./hellog
```

图 28-10　与 GDB 的 MI 解释器对话

与普通的 GDB 命令类似，MI 方式的每条命令也是一行文本，按 Enter 键便提交。不同的是，MI 的命令都以减号开始。举例来说，如果要为 main 函数设置断点，那么只要输入-break-insert main。

按 Enter 键后，便提交给 GDB，对话过程如下。

```
(gdb)
-break-insert main
^done,bkpt={number="1",type="breakpoint",disp="keep",enabled="y",addr="0x0000000
000000530",func="main()",file="/usr/include/x86_64-linux-gnu/bits/stdio2.h",fullname
="/usr/include/x86_64-linux-gnu/bits/stdio2.h",line="104",thread-groups=["i1"],
times="0",original-location="main"}
```

如果要恢复目标执行，只要输入-exec-run。

如果要对当前程序指针附近的机器码做反汇编，那么交互过程如下：

```
-data-disassemble -s $pc -e "$pc + 20" -- 0
^done,asm_insns=[{address="0x0000000008000530",func-name="main()",offset="0",inst=
"lea 0x1ad(%rip),%rdi    # 0x80006e4"},{address="0x0000000008000537",func-name="main()",
offset="7",inst="sub $0x8,%rsp"},{address="0x000000000800053b",func-name="main()",offset=
"11", inst="callq 0x8000510 <puts@plt>"},{address="0x0000000008000540",func-name=
"main()", offset="16",inst="xor %eax,%eax"},{address="0x0000000008000542",func-name=
"main()", offset="18",inst="add $0x8,%rsp"}]
```

观察 GDB 的应答，格式与 JSON 有些相似。在上面的结果中，每个大括号包围的是一行汇编，里面包含 4 个字段，分别是 address、func-name、offset 和 inst。与 JSON 不同的是，字段的名字和取值之间使用的是等号，不是冒号。

28.7.3 MIEngine

在 GitHub 上，微软公开了一个名为 MIEngine 的项目[10]，里面包含了很多个子项目，包括前面讨论过的 WindowsDebugLauncher，还有为 Android 和 iOS 编写的启动程序，还有 MIDebugEngine 以及 OpenDebugAD7 等。大多数项目的代码是用 C#编写的。

28.8 调试 Python 程序

近年来，Python 语言日益流行，凭借简单、高效等优势，不仅赢得了很多非软件专业和初学编程的用户，也赢得了很多软件专业开发者的青睐，广泛应用在人工智能、大数据、网络开发等领域中。

虽然 Python 语言自己的软件包里包含了一个名为 PDB（The Python Debugger）的调试模块（Lib/pdb.py），但是这个模块是以命令行方式工作的，缺少图形界面。VS Code 不仅提供了以图形界面方式调试 Python 程序的丰富功能，而且轻便灵活。笔者第一次使用 VS Code 时就用它来调试 Python 程序。

28.8.1 PTVSD

早在 VS 2010 的年代，微软便发布了一个用于开发 Python 程序的 VS 插件，取名为"供 VS 用的 Python 工具（Python Tools for Visual Studio）"，简称 PTVS。

VS 2017 把 PTVS 正式集成进来，使 PTVS 成为 VS 的一部分。

PTVS 中有个用来支持调试的模块，名叫 PTVSD。

VS Code 推出后，微软为 VS Code 开发的 Python 语言扩展包[11]也使用了 PTVSD。

今天，PTVSD 已经成为一个独立的项目[12]，同时为 VS 和 VS Code 两个 IDE 提供 Python

调试支持。图 28-11 显示了包含在 ms-python 扩展包中的 PTVSD。

图 28-11　包含在 ms-python 扩展包中的 PTVSD

图 28-11 中，根目录下的文件是微软开发的，名为 vendored 的子目录里面放的是第三方的模块，目前只有一个，名为 Pydevd。

Pydevd 的全称为 PyDev.Debugger，是 PyDev 的调试器模块。PyDev 是一些人为 Eclipse 集成开发环境所开发的插件，用于开发 Python 程序。

概而言之，PyDev 和 PTVS 的角色类似，都是流行的 IDE 的 Python 插件。PTVSD 和 PyDevD 的角色类似，都是 IDE 插件里负责调试的部分。时间方面，PyDev 始于 2003 年，时间更早。因此，PTVSD 中复用了 PyDevD。

举例来说，当我们在 VS Code 中开始调试名为 codepy.py 的 Python 程序时，VS Code 的终端程序（winpty-agent 和 powershell）会通过如下命令行来启动调试。

```
'C:\Python37\python.exe' 'c:\Users\lenovo\.vscode\extensions\ms-python.python-
2019.8.30787\pythonFiles\ptvsd_launcher.py' '--default' '--client' '--host' 'localhost'
'--port' '49459' 'c:\sdbg2e\ch228\codepy\codepy.py'
```

命令行中 ptvsd_launcher.py 的作用与前面介绍的 WindowsDebugLauncher 类似，它内部会调用 ptvsd 的主函数。

28.8.2　发起异常时中断

在使用微软的 Python 扩展来调试 Python 程序时，“断点”窗口中有两个特殊的断点，分别叫 Raised Exceptions 和 Uncaught Exceptions。使用我们在第三篇介绍的两轮异常分发知识来理解这个特殊断点就很简单了。选中前一个相当于让调试器收到第一轮异常时就中断，选中后一个代表无人处理时中断。

以下面这一段 Python 程序为例，如果不选中 Raised Exceptions，那么执行 ge_exception 时不会中断下来。

```python
def ge_exception():
    try:
        raise ValueError('A bad value met')
    except ValueError as error:
        print('Caught exception: ' + repr(error))

msg = "Hello Pyton in VS Code from Gedu Lab!"
print(msg)
ge_exception()
```

但如果选中 Raised Exceptions，那么执行到 raise 语句时，就会中断下来，如图 28-12 所示。

注意观察图 28-12 中的源代码窗口，插在第三行和第四行源代码之间的是异常信息，第一行显示了异常类型，第二行显示了异常的字符串表达，接下来是调用过程。

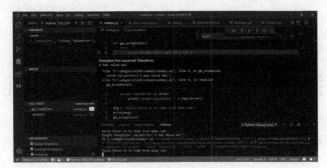

图 28-12 触发异常时的中断

28.9 本章总结

我们生活着的世界总是在变化着，软件世界也是如此。VS Code 代表了软件世界的一些新潮流——开源、云化、跨平台、高度模块化、可以动态裁剪等。

相对于已经发展了几十年的前辈 VS 来说，VS Code 还太年轻，所以它的很多功能还显单薄，甚至有些地方不尽如人意。但我们相信它在快速地进步，会不断完善。

本章前半部分介绍了 VS Code 的技术特色，特别是贡献点和"扩展包"等设计模式与设计思想，后半部分介绍了以调试适配器为纽带的调试模型，与 GDB 对接的机器接口，以及 Python 程序调试。

因为 VS Code 还处在发展早期，所以本章介绍的内容可能不能完全适用于以后的版本。不过，我们相信，大的设计思想和架构不会轻易变化。细节变化无妨，一则不影响理解根本，二则可以用本书的记录作为对比的证据。

老雷评点　本章为第 2 版新增篇章之最末。本卷第 2 版之计划始于 2011 年，8 年之间，写作过程时停时续。杀青之日，秋雨滂沱。记于沪南蓬莱公园畔之悟南轩。

参 考 资 料

[1] Developer Survey Results 2019.

[2] What is V8? V8 项目官网.

[3] Introduction to Node.js.

[4] 使用 JavaScript, HTML 和 CSS 构建跨平台的桌面应用.

[5] Extension API. 官网上的扩展接口文档.

[6] Contribution Points. VS Code API 官方文档.

[7] TypeScript 官网首页.

[8] Debug Adapter Protocol.

[9] The GDB/MI Interface. GNU 官网文档.

[10] MIEngine. GitHub 上的 MIEngine 项目.

[11] Python extension for Visual Studio Code. Python 扩展的 GitHub 项目站点.

[12] Differences between Visual Studio Code and the Visual Studio Debug Adapter Host. GitHub 上 VSDebugAdapterHost 项目的文档.

第 29 章　WinDBG 及其实现

本章将介绍 Windows 平台中的著名调试器 WinDBG。WinDBG 是专门针对 Windows NT 系列操作系统而设计的调试器。WinDBG 的最初版本是微软公司在开发最初 Windows NT 操作系统（NT 3.1）期间推出的，它是当时 NT 团队内部开发和调试 NT 操作系统的最主要工具。WinDBG 与 NT 系列操作系统有着密不可分的联系。

在 1993 年 NT 3.1 发布时，WinDBG 作为 NT 3.1 的附属工具开始对外发布。随后，NT 操作系统每次升级，WinDBG 也会随之升级。很长一段时间里，WinDBG 的版本号与 NT 操作系统版本号是一致的，比如为 NT 3.51 设计的 WinDBG 的版本号就是 WinDBG 3.51。这种状况一直持续到 Windows 2000 时代。

2000 年，WinDBG 的代码经历了一次非常大的重构，软件架构进行了重大调整，很多模块进行了重新设计，重写了大量源代码，WinDBG 的版本号也复位到从 1.0 开始重新算起。重构前的 WinDBG 是完全使用 C 语言开发的，重构后使用了 C++ 语言，因此我们以这次重构为界，将 WinDBG 的历史分为两个阶段，前一阶段称为 C 阶段，后一阶段称为 P（Plus）阶段。

我们将先介绍 C 阶段的 WinDBG（29.1 节和 29.2 节），然后介绍重构的经过和变化（29.3 节）。从 29.4 节开始我们将集中分析重构后的 WinDBG，先介绍基本架构（29.4 节），然后分为调试目标（29.5 节）、调试会话（29.6 节）和命令处理（29.7 节）三部分介绍 WinDBG 的内部设计。

29.1　WinDBG 溯源

Windows NT 的第一个版本 NT 3.1 是从 1989 年开始正式编码，1993 年 7 月正式发布的。在开发 NT 系统的过程中，NT 系统团队一开始就意识到了调试这个复杂系统的重要性，因此在设计系统时就把调试功能看作系统中必不可少的一个部分，而且优先实现这个部分。

29.1.1　KD 和 NTSD 诞生

大约在 1990 年年末，用于内核态调试的内核调试引擎 KD 和用于用户态调试的调试子系统初步完成。在同一时间，与以上部件配合的调试器也开始工作，这个调试器的名字叫 NTSD，全称为 Symbolic Debugger for NT，即用于 NT 系统的符号调试器。从此，NT 系统和 NTSD 调试器一起走上了成长之路，或者可以说 NT 系统是在 NTSD 调试器的帮助下一点点成长起来的。

通过 NTSD 项目可以构建出以下几个调试器程序，分别用来满足不同的调试需求。

（1）NTSD.exe：用户态调试器。

（2）i386kd.exe：内核调试器，用于调试运行在 x86 架构上的 NT 系统。

（3）alphakd.exe：内核调试器，用于调试运行在 Alpha 处理器上的 NT 系统。

（4）mipskd.exe：内核调试器，用于调试运行在 MIPS 处理器上的 NT 系统。

（5）ppckd.exe：内核调试器，用于调试运行在 PowerPC 处理器上的 NT 系统。

其中，KD 的含义是 Kernel Debugger。值得说明的一点是，因为在内核调试时，并不需要主机与被调试系统使用同样的处理器，举例来说，完全可以在 x86 系统上调试运行在 MIPS 架构上的 NT 系统，所以以上内核调试器中的架构是指被调试系统的架构，而不是这个程序文件本身的 CPU 架构。事实上，以上每个程序又分为 4 种发行版本，分别用于 NT 系统所支持的 4 种 CPU 架构，如图 29-1 所示。为了行文方便，我们把这 4 种 KD 调试器泛称为 KD 调试器或 KD。

KD 调试器与 NTSD 的很多命令是一样的，如设置断点，访问寄存器和内存，观察栈等。因此它们的很多源程序文件是共享的，这也是它们共享一个项目的原因。

29.1.2　WinDBG 诞生

NTSD 和 KD 都是以命令行方式工作的，没有充分发挥出 Windows 这个图形化操作系统的易用性特征。于是大约从 1992 年 4 月份开始，一个 GUI 版本的调试器开始开发，它的名字就叫 WinDBG，意思是 Windows Debugger——窗口风格的调试器。

从时间上来看，虽然 WinDBG 是在 NTSD 和 KD 之后开发的，但是它并没有直接复用 NTSD 和 KD 的代码。其中的一个原因是 NTSD 和 KD 基本上是以单独的 EXE 文件方式组织的，它们并没有把公共的部分独立成易于被 WinDBG 共享的 DLL。尽管没有共享代码，但 WinDBG 是努力兼容 NTSD 和 KD 的命令和工作方式的。从用户的角度来看，用户可以使用同一套命令并得到基本一致的结果。

与 NTSD 和 KD 使用两个相对独立的 EXE 文件分别作为用户态调试器与内核态调试器不同，WinDBG.exe 既可以作为用户态调试器，也可以作为内核态调试器来使用。从架构上来讲，WinDBG 将这个调试器划分成外壳（shell）、传输层（transport layer）等多个层次，并将相对独立的功能封装在动态链接库（DLL）中，使整个软件更容易扩展和维护，并且可以方便地支持远程调试，我们将在下一节详细讨论其中的细节。

29.1.3　发行方式

下面我们简要介绍以上调试工具的发行方式。首先，NTSD.EXE 是作为 NT 操作系统的一个模块随 NT 操作系统一起发行的，对于 x86 结构，它位于安装盘的 i386 目录下，安装之后，位于 system32 目录下，典型的路径为 c:\winnt\system32\ntsd.exe。因为这个路径是系统寻找可执行文件的默认路径之一，所以在一个安装好的 NT 系统中，不论当前在什么位置（目录），只要输入 ntsd 就可以启动它，这种状况一直持续到 Windows XP 时代。Windows Vista 的 sytem32 目录中不再包含 NTSD.EXE。

NTSD.EXE 的另一种发行方式就是与 KD 一起作为 NT 系统的支持工具而发行，它们位于安装光盘的\Support\Debug 目录中。在这个目录下首先以 CPU 架构命名了 4 个子目录，分别为 ALPHA、I386、MIPS 和 PPC（图 29-1），每个子目录中存放的是适合在这种 CPU 架构上运行的调试器。对于 KD，又分为 4 个模块文件，分别用来调试不同的目标系统。

KD 的第二种发行方式就是作为调试工具包含在 DDK（设备驱动程序开发包）中。图 29-2 显示了 NT 3.51 DDK 目录树的一部分。可以看出，在 DDK 的 BIN 目录下有 ALPHA、I386、MIPS 和 PPC 这 4 个子目录，分别对应于当时 NT 系统所支持的 4 种 CPU 架构。在每个目录下分别存放了在该架构下开发驱动程序所需的工具。在右侧的文件列表中，我们可以看到经典的 BUILD 工具、内核性能分析工具（Kernel Profiler）KERNPROF、磁盘监视工具 DISKMON 和 3 个 KD 调试器，包括 ALPHAKD、I386KD 和 MIPSKD。这些 KD 的版本号都是 3.51.1029.1，与一同发行的 NT 操作系统的版本号是一致的。

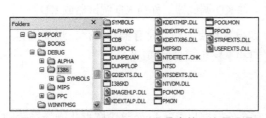

图 29-1　SUPPORT\Debug 目录中的 4 个子目录　　　图 29-2　NT 3.51 DDK 目录树的一部分

　　在上面所示的目录中，我们还可以看到 3 个调试器扩展命令模块，分别为 GDIEXTS.DLL，以及没有显示出来的 STRMEXTS.DLL 和 USEREXTS.DLL，它们分别用来支持调试 GDI、流和窗口系统（USER）。

　　NT 3.51 DDK 的发行时间是 1995 年 5 月，NT 4.0 DDK 的发行时间是 1996 年 7 月。WinDBG 的开发时间是 1992 年。因此当以上 DDK 发行时，WinDBG 的早期版本已经开发完成了。但也许当时的软件高手们还都习惯于使用命令行窗口，甚至有些藐视 WinDBG 这样的窗口程序。所以在以上两个 DDK 目录下，我们找不到 WinDBG.exe 和它的附属文件。但是在笔者从 MSDN 订阅者（MSDN subscriber）网站上下载的 NT 3.51 DDK 包中，与 DDK 目录并列的还有一个 HCT 目录。在这个目录中包含了 WINDBG 文件（图 29-3）。HCT 的全称是 Hardware Compatibility Test，意思是硬件兼容性测试，它是微软提供给硬件和软件（驱动程序）开发商的一个测试工具包，用来测试硬件设备和驱动程序的兼容性，通过 HCT 是得到 WHQL 徽标的必要条件。

　　与 DDK 的 BIN 目录类似，在 HCT 的 BIN 目录下，也有 4 个子目录，这 4 个子目录中的文件内容几乎一样，只是适用于不同的 CPU 架构。图 29-3 还显示了用于 x86 架构的部分文件，其中可以看到管理 HCT 的主程序 TESTMGR.exe，WinDBG 的主程序 WINDBG，还有 WinDBG 的几个重要模块 DM.DLL（Debuggee Module）、EECXXX86.DLL（表达式评估器）、EMX86.DLL（执行模型），以及 WinDBG 的内核调试扩展命令模块 KDEXTS.DLL。图中没有显示出来的 WinDBG 模块还有它的几个传输层 DLL，分别是 Tlpipe.DLL（命名管道传输层）、Tlser.DLL（串行口传输层）、Tlser32.DLL（串行口传输层）、Tlloc.DLL（本地传输层），以上文件的版本号为 3.51.1035.1。

　　在 2000 年 8 月的 Windows 2000 DDK 中，笔者高兴地看到了 WinDBG.exe 和它的支持模块，这个 WinDBG 的版本是 5.0.2195.1163。这个版本的 WinDBG 仍然可以在笔者的 Windows XP SP2 系统上较好地运行，而且从菜单结构和功能上看，与今天的 WinDBG 已经很接近（图 29-4 展示了 WinDBG（C 阶段）的典型界面）。虽然笔者不能肯定地说这是 C 阶段 WinDBG 的最后一个版本，但是这时重构后的 WinDBG 已经开始公开测试了。所以可以确定地说，即使有 C 阶段的更高版本，也不会有显著的功能变化了，因此我们后面对 C 阶段 WinDBG 的架构分析和更多的介绍都是基于这个版本的。

　　根据 DDK 中与 WinDBG.exe 同目录的 debuggers.txt 的说明，在 Windows 2000 时代，WinDBG 有

3 种发行方式——Platform SDK、Windows 2000 DDK 和 Windows 2000 Customer Support Diagnostics CD。

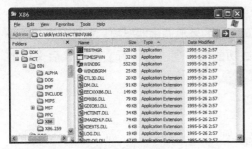
图 29-3　HCT 目录下的 WINDBG 文件

图 29-4　WinDBG（C 阶段）的典型界面

　　NT 3.51 和 NT 4 DDK 的 DDK\SRC\KRNLDBG 子目录包含了两个与内核调试关系密切的源程序项目。一个是 Kdapis，其内部包含了内核调试 API（DbgKdApi）的头文件（Dbgkdapi.h 和 WinDBGkd.h）和源代码（Dbgkdapi.c），其中的 Packet.c 包含了与内核调试引擎进行通信的细节。这个项目中的 givit.c 演示了如何使用内核调试 API 来建立一个简单的内核调试器，其中的 main 函数中包含了基本的调试循环，包括建立连接，等待调试事件，处理和继续等。

　　另一个项目是 Kdexts，它演示了如何编写内核调试扩展模块。其中的源代码包含了 igrep（搜索指令流）、str（输出 ANSI 字符串）、ustr（输出 Unicode 字符串）和 obja（显示内核对象属性）4 个扩展命令的实现。

　　在 Windows 2000 的 DDK 中，以上两个项目被删除了，但是在 INC 目录里保留了 WinDBGkd.h。在 Windows XP 的 DDK 中，这个头文件也被移除了，此后的 DDK 没有再恢复这些内容。

29.1.4　版本历史

　　表 29-1 列出了 C 阶段的 WinDBG.exe、I386KD.exe 和 NTSD.exe 的重要版本，包括文件创建日期和简单说明。

表 29-1　C 阶段的 WinDBG.exe、I386KD.exe 和 NTSD.exe 的重要版本

文　件	典型版本	文件创建日期	说　明
I386KD.exe	3.51.1029.1	05/26/1995	NT 3.51DDK 包含的版本
WinDBG.exe	3.51.1035.1	05/26/1995	NT 3.51 HCT 工具中包含的版本
I386KD.exe	4.0.1381.1	07/26/1996	NT 4.0 DDK 包含的版本
I386KD.exe	5.0.2184.1	07/19/2000	Windows 2000 DDK 包含的版本
WinDBG.exe	5.00.1867.1	不详	1999 年 10 月 1 日发布的 OEM Support Tools Version 2 SR2 中提到的版本
WinDBG.exe	5.00.2184.1	不详	2000 年 6 月 23 日发布的 OEM Support Tools Phase 3 Service Release 2 中提到的版本
WinDBG.exe	5.00.2195.1163	07/19/2000	Windows 2000 DDK 中的版本

　　以 5.0 版本的 WinDBG 为例，C 阶段的 WinDBG 调试器已经具有目前版本所支持的大多数功能，包括用户态调试、活动内核调试、分析系统崩溃转储（dump）、JIT 调试、远程调试和通过扩展模块支持扩展命令等。

『 29.2　C 阶段的架构 』

C 阶段（重构前）的 WinDBG 采用的是第 28 章介绍的经典调试器架构。本节将简要地介绍用于实现这一架构的各个模块，并分析远程调试功能的实现。为了行文简洁，后文中的 WinDBG 就是指 C 阶段的 WinDBG。

29.2.1　功能模块

图 29-5 显示了 WinDBG 的主要模块和它们在经典架构中所承担的角色。其中的文件名称来自 NT 3.51 的 HCT 包中的 WinDBG 3.51，其后版本的文件名略有变化，比如 5.0 版本的 WinDBG（对应于 Windows 2000）中的 EE 模块的名字叫作 Eecxx.dll。

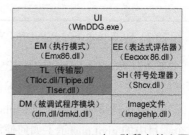

图 29-5　WinDBG（C 阶段）的主要模型和它们在经典架构中所承担的角色

下面分别介绍一下每个模块的用途。

（1）WinDBG.exe。主程序文件，用于显示用户界面和与用户进行交互。

（2）dm.dll。DM 模块，封装了访问和管理被调试程序的一系列函数，包括读写内存，设置和读取线程上下文等。这个 DLL 用于用户态调试，还有一个 dmkd.dll 用于内核态调试。

（3）Eecxxx86.dll。EeCxx 是 Expression Evaluator of C Plus Plus 的缩写，因此这个模块用于评估和处理使用 C++语法的各种表达式（x86 平台）。

（4）Emx86.dll。执行模型模块，这个模块封装用来启动调试会话和控制被调试程序执行的各种函数，比如附加到进程、链接被调试系统、冻结线程、恢复执行、设置/删除断点和观察点、单步执行等。

（5）Tlloc.dll。传输层模块，Tlloc 是 Transport Layer Local 的缩写，负责与本地的 DM 模块通信，发送请求和收发通信包。类似的模块还有 Tlpipe.dll（使用命名管道来进行通信）、Tlser.dll（使用串行口通信）和 Tlser32.dll（使用串行口通信）。

（6）Shcv.dll。符号处理器（symbol handler）模块，CV 是 CodeView 的缩写，因此这个模块用来处理 CodeView 格式的调试符号。

以上模块都是动态加载的，WinDBG.exe 会根据命令行参数和调试类型加载合适的传输层 DLL，然后加载合适的 EM 模块。EM 模块加载后会调用 TL 的服务函数让其加载指定的 DM 模块。这样，对于本地调试，本地的 TL 会将 DM 模块加载到当前进程中。对于远程调试，TL 的远程部分会将 DM 模块加载到目标机器上的远程进程中。

29.2.2　远程调试

图 29-6 显示了 WinDBG 的远程调试模型，左侧是目标机，右侧是主机。WinDBG 提供了两个可以支持远程调试的传输层 DLL：一个是 Tlser.dll，需要通过一根空调制解调器电缆分别连接在主机和目标机的串行口（COM 口）上；另一个是 Tlpipe.dll，使用命名管道来通过网络进行通信。[1]

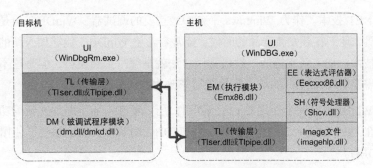

图 29-6 WinDBG（C 阶段）的远程调试模型

在目标机上启动 WinDBGRm 后，其初始界面如图 29-7 所示，其中的提示信息告诉我们默认的传输层 DLL（Tlpipe.dll）已经加载。观察此时的 WinDBGRm 进程，DM 模块还没有加载。

图 29-7 在目标机上运行的 WinDBGRm 进程

接下来在主机上启动 WinDBG，在 View 菜单中选择 Options，打开 Windows Debugger Options 对话框，在 Transport Layer 选项卡中选择 Pipes，如图 29-8 所示。

然后再选择 Debug 菜单中的 Attach to a Process，或者使用.attach 命令就可以将调试器附加到一个被调试程序了。值得注意的是，这时无论是 Attach to a Process 对话框所显示的进程，还是.attach 命令的参数中指定的进程，都是目标机中的进程。

成功建立调试会话后，WinDBGRm 显示的内容会变为图 29-9 所示的样子。

图 29-8 在 Transport Layer 选项卡中选择 Pipes　　　　图 29-9 WinDBGRm 显示的内容

此时再观察 WinDBGRm 进程，它已经加载了 DM 模块，使用的是同一目录下的 DM.DLL。这时就可以在主机的 WinDBG 上调试目标机上的程序了。

因为 C 阶段的 WinDBG 已经不再具有广泛的使用价值，所以本节的目的主要是帮助大家进一步理解调试器的经典结构和 WinDBG 的发展历史。

29.3 重构

C 阶段的 WinDBG 从 1992 年开始设计，到 2000 年的 5.0 版本，经历了大约 8 年时间。8 年对于一个通用软件来说不算一个很短的时间。这 8 年中，无论是整个软件行业，还是微软的软件产品线都有了很大发展，也出现了很多新的软件技术和开发方式，例如 COM 技术以及 2000

年开始推出的.NET 技术。作为 Windows 平台中最重要的调试器，WinDBG 也是微软内部使用的主要调试工具，他们在开发新产品的时候，经常会希望 WinDBG 能够加入新的调试功能来支持新产品或者技术。加入新支持的一种最常用方法就是编写扩展模块，但是这不能解决所有问题，有时还是需要对 WinDBG 的核心模块进行修改才能支持新的功能。

因为旧的 WinDBG 是完全使用 C 语言编写的，所以要在上面不断加入新的功能是比较困难的。于是大约在 1999 年或者 2000 年上半年，WinDBG 团队很自然地想到了使用 C++和新的技术来重写 WinDBG。

29.3.1　版本历史

重构后的 WinDBG 最先是在 2000 年 4 月的 WinHec 会议上提供给参会者预览的。2000 年 6 月 12 日 WinDBG 团队在 OSR 的 WinDBG 邮件组中发布了一条消息，题目为 "New test release of WinDBG"，鼓励大家下载新的 WinDBG 测试版本，这是新版的 WinDBG 第一次完全公开。[2]

非常幸运的是，笔者在写作此内容时，从一张 Windows 2000 DDK 光盘上发现了 WinDBG Beta 1 版本，它位于光盘根目录下的 Debuggers 子目录中。这也许是重构后的 WinDBG 第一次随 DDK 一起发布。在这张光盘上仍然包含了重构前的 WinDBG，因此它是同时包含两种 WinDBG 的 DDK。

WinDBG Beta 1 的安装文件中的时间和安装之后的发布说明文件（relnotes.txt）中的时间都是 2000 年 7 月。另一点值得注意的是，Beta 1 中的 WinDBG.exe 和 DbgEng.dll 的版本号分别为 5.1.2250.3 与 5.1.2250.5。这说明 Beta 1 时，重构后（P 阶段）的 WinDBG 还在延续以前的版本号。

在 OSR 的 WinDBG 邮件组中，有一条 2000 年 9 月 26 日发布的消息，题目为 "StackTrace Failed from new WinDBG"，其中提到的 WinDBG 的版本号为 1.0.0006.0。笔者认为这是 WinDBG 重构后的第一个正式发布版本。

表 29-2 列出了 P 阶段的 WinDBG 的主要版本，包括每个版本的发布时间和简要说明。

表 29-2　P 阶段的 WinDBG 的主要版本

版 本 号	发 布 时 间	说　　明
不详	2000 年 4 月	WinHec 会议的预览版本
不详	06/12/2000①	第一个公开测试版本
5.1.2250.3②	07/11/2000②	Beta 1 版本
1.0.0006.0	09/21/2000	重构化的第一个正式版本
2.0.23.0	02/08/2001	WinDBG 2.0 的流行版本，引入了 dbgsrv.exe 和 1394 传输支持（内核和远程调试）
3.0.10.0	05/08/2001	3.0 的 Beta 版本，曾经包含在 2001 年 6 月的 Platform SDK 中，引入分支单步（tb）
3.0.20.0	07/26/2001	3.0 的正式版本，加入了对 Windows XP 的增强，增加.kdfiles 命令
4.0.11.0	10/19/2001	4.0 的 Beta 版本
4.0.18.0	12/17/2001	4.0 的正式版本，引入了新的 1394 调试协议
6.0.17.0	06/04/2002	引入了 symchk 工具，pc、tc 命令，支持同时加载多个转储文件
6.2.13.1	11/27/2003	引入了 .send_file、.record_branches、.ignore_missing_pages、.quit_lock、.ttime 和.fpo 命令

续表

版 本 号	发布时间	说 明
6.3.17	07/20/2004	引入 Windows Vista 和 Server 2008 支持和更多的流程控制命令
6.4.7.2	01/21/2005	Windows Server 2003 SP1 DDK 中包含了这个版本，引入了 SymProxy 工具、内核流扩展（KS.DLL）以及 gc、.event_code、.fnret 命令
6.5.3.8	08/10/2005	引入了 USB2.0 支持、DBH 工具和 EngExtCpp 扩展模块扩展
6.6.7.5	07/18/2006	界面增强，内核调试连接对话框增加了 USB2.0 和 VPC 支持，用彩色显示源代码
6.7.5.0	04/26/2007	将关于扩展模块的帮助内容（debugext.chm）合并到 WinDBG 帮助文件中，开始被纳入 WDK 中
6.7.5.1	06/20/2007	引入了 Convertstore 工具，默认安装 SDK
6.12	02/2010	转储分析增强
6.13.8.1108	04/2011	—
10.0.14321.1024	07/2016	Windows 10 配套版本

① 此时间为 WinDBG 团队发布在 OSR 邮件组的邮件时间。

② 分别是 WinDBG.exe 的版本号和文件时间。

值得说明的是，因为 WinDBG 的 Beta 版本使用的版本号是 5.1.2250.3，为了避免混淆，重构后的正式版本没有再使用主版本号 5，从版本 4 直接跳到了版本 6。

29.3.2 界面变化

为了让以前的用户不会感觉到陌生，重构后的 WinDBG 在界面（图 29-10）方面保持了原来的风格，菜单布局及快捷键等都没有大的变化，但是以下几个方面有了变化。

一个变化是命令输入位置改变了。重构前的命令提示符就在命令窗口的用户区内，因此是浮动的，与控制台窗口的工作方式类似。重构之后，命令提示符改为命令窗口下方的一个固定横条，即当前的样子。

图 29-10 重构后的 WinDBG 界面

另一个变化是源代码的颜色。重构前的源代码窗口会按照语法以彩色显示源程序。重构后去掉了这个特征，所有代码都是以黑白色显示的。但是从 6.6.7.5 版本开始又重新加入了彩色显示方式。

第 3 个变化是 Windows Debugger Options 对话框。在重构前的 5.00.2195.1163 版本中，这个对话框包含很多个选项卡（图 29-11），分别用来设置调试符号、反汇编、函数调用栈、传输层、内核调试、工作空间、源程序文件、程序启动参数等选项。重构后的 Options 对话框比以前简单了很多（图 29-12），很多功能改成通过命令来设置，符号、映像文件和源文件的路径设置被移到 File 菜单中。

"调试事件设置"对话框在重构后也有所变化。重构前仅限于设置异常，调出该对话框的菜单项为 Debug→Exceptions。重构后，除了设置异常事件，还加入模块加载、线程启动和退出等调试事件，相应的菜单项的名称改为 Event Filters，但位置仍位于 Debug 菜单下。

图 29-11　重构前的 Windows Debugger Options 对话框

图 29-12　重构后的 WinDBG（2.0.0023.0 版本）的 Options 对话框

29.3.3　模块变化

重构后模块的一个最大变化就是将公共的调试功能集中到一个动态链接库（DLL）中，EXE 模块中只保留 UI 和各自的特有功能。这个公共的 DLL 模块称为调试器引擎（debugger engine），它的文件名为 DBGENG.DLL。在调试器引擎之上，是不同形式的调试器接口程序，它们仍然保持着重构前的文件名，即 WinDBG.exe、NTSD.exe、CDB.exe 和 KD.exe。图 29-13 显示了这些模块的相互关系。

将公共代码统一到调试器引擎模块的好处除了更好地复用代码，从用户角度来看，使用不同调试器执行同一个命令可以得到更一致的结果。当然，这样做也存在明显的缺点，从软件架构和面向对象的角度来讲，把很多不同的职能都集中到一个

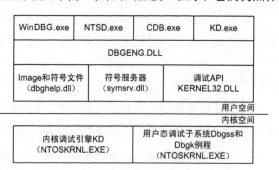

图 29-13　调试器引擎上模块的相互关系

模块中是不合理的，缺少必要的模块划分，不利于开发和调试。这样做也导致编译好的调试器引擎文件比较大，比如 6.7.5.0 版本的调试器引擎文件的大小为 3147608 字节，2.0.0023.0 版本的大小为 1156608 字节。因为所有调试器都依赖并加载这个文件，所以对于 KD 这样的内核调试器和 NTSD 与 CDB 这样的用户态调试器来说，调试器引擎中的某些代码和数据是冗余的，存在着空间和时间上的浪费。

29.3.4　发布方式和 NTSD 问题

WinDBG 重构后，以 WinDBG 为核心的一系列工具被集中到一个软件包，命名为 Microsoft Debugging Tools for Windows，我们将其简称为 WinDBG 工具包。

尽管 Windows 平台 SDK、DDK 和 WDK 都包含了 WinDBG 工具包，但是用户获取 WinDBG 工具包的最主要方式还是从微软网站自由下载，因为这样获得的版本最新。

与 Windows XP 系统一起发布的 NTSD 是重构后的 NTSD 第一次与操作系统一起发行的。在安装好的 Windows XP 系统中，system32 目录下有 NTSD.exe 和与其对应的 DBGENG.DLL。为了防止与 Windows 系统中预装的 NTSD 不一致，在 WinDBG 工具包的早期版本（Beta、版本 1

和版本 2）中没有包含 NTSD.exe。但 WinDBG 工具包的版本 3 开始包含 NTSD.exe，这导致的一个问题就是工具包中的 NTSD.exe 与系统中的 NTSD.exe 不一致。

也许是因为新的 NTSD.exe 要依赖于庞大的调试器引擎模块（DbgEng.dll），也许是因为无论如何也赶不上网站版本的更新速度，也许有其他的原因，重构后的 NTSD.exe 自从加入 WindowsXP 系统后就没有更新过，在其后的几次操作系统更新（SP1 和 SP2）中，系统自带的 NTSD.exe 都没有更新，其版本号定格为 5.1.2600.0，名称也始终为 Symbolic Debugger for Windows 2000。举例来说，笔者比较了 2001 年 8 月 23 日的 Windows XP Professional 试用版本中的 NTSD.exe 和笔者目前机器上升级到 Windows XP SP2 后的 System32 目录下的 NTSD.exe，这两个文件的版本、文件大小和内容完全一样。在 Windows Vista 的系统目录中不再包含 NTSD.exe。

29.3.5　文件

除了几种形式的调试器，WinDBG 工具包中还有很多有价值的工具和文档。为了帮助大家全面了解这些资源，表 29-3 列出了 6.8.4.0 版本的 WinDBG 工具包所包含的所有文件和一级子目录，并简要描述了每个文件和目录的用途。

表 29-3　6.8.4.0 版本的 WinDBG 工具包的文件和一级子目录

文件名/一级子目录名	文件大小/字节	描　　述
adplus.vbs	204 793	用于自动产生转储文件的 VB 脚本
agestore.exe	36 288	用于删除下游符号库或者源文件库中的过时文件
breakin.exe	19 904	将指定进程中断到调试器
cdb.exe	291 776	控制台界面的调试器
convertstore.exe	31 680	转化符号库
dbengprx.exe	112 576	一个小的代理服务器，用于在远程调试时充当转发器（repeater）
dbgeng.dll	3 150 272	调试器引擎，包含了大多数核心调试功能
dbghelp.dll	1 040 320	操作系统的调试辅助库
dbgrpc.exe	38 336	用于调试 RPC 的辅助工具
dbgsrv.exe	34 752	用于远程用户态调试的进程服务器（process server）
dbh.exe	151 488	调试辅助库的外壳工具，用于调用库中的 API
debugger.chi	298 054	帮助文件的辅助文件
debugger.chm	4 071 064	帮助文件
decem.dll	419 776	IA64 反汇编模块
dml.doc	55 296	介绍 DML（Debugger Markup Languange）用法的文档
dumpchk.exe	20 928	检查内存转储文件
dumpexam.exe	19 904	用于分析转储文件，已经过时
gflags.exe	122 816	修改 PE 程序的全局标志（global flag）
i386kd.exe	290 240	用于调试 x86 系统的内核调试器（控制台界面）
ia64kd.exe	290 240	用于调试 IA 64 系统的内核调试器（控制台界面）
kd.exe	303 552	控制台界面的内核调试器
kdbgctrl.exe	36 288	动态改变内核调试选项
kdsrv.exe	154 560	用于远程内核调试的服务器
kernel_debugging_ tutorial.doc	1 280 512	内核调试教程

续表

文 件 名	文件大小/字节	描　　述
kill.exe	33 728	用于终止应用程序的小工具
license.txt	9 562	使用许可
list.exe	63 936	工作在控制台窗口的文件显示工具
logger.exe	72 128	监视 API 调用的工具
logviewer.exe	161 216	阅读 logger.exe 产生的记录文件（.lgv）
ntsd.exe	292 288	NT 系统中最早的用户态调试器，运行在控制台窗口
pdbcopy.exe	26 560	复制调试符号
redist.txt	64	允许用户在自己的软件中发布的文件列表
relnotes.txt	13 128	发布说明，里面包含当前版本的改动
remote.exe	57 280	用于远程调试
rtlist.exe	27 584	列出远程系统的任务列表
srcsrv.dll	95 168	访问源文件服务器的 DLL 模块
symbolcheck.dll	33 216	供 symchk.exe 工具使用的 DLL 模块
symchk.exe	81 344	检查指定的模块（EXE 或 DLL）是否有配套的符号文件
symsrv.dll	125 376	访问符号服务器的 DLL 模块
symsrv.yes	1	标记用途
symstore.exe	142 784	管理符号库，增加、删除和查询符号文件
tlist.exe	40 384	显示进程列表
tools.doc	46 592	介绍 PDBCopy 和 DBH 用法的文档
umdh.exe	79 808	堆转储工具，参见第 23 章
WinDBG.exe	522 176	图形用户界面（GUI）的调试器
1394	<DIR>	以 1394 方式进行内核调试时主机端使用的驱动程序
clr10	<DIR>	用于调试托管程序的 SOS 扩展命令模块
nt4chk	<DIR>	调试 NT4 Check 版本目标系统时的扩展命令模块
nt4fre	<DIR>	调试 NT4 Free 版本目标系统时的扩展命令模块
sdk	<DIR>	编写 WinDBG 扩展命令的 SDK
symproxy	<DIR>	构建符号服务器所需的文件和文档
Themes	<DIR>	定义窗口布局的示例文件和说明文档
triage	<DIR>	包含了 PoolTag.txt 和 Traige.ini，前者列出了内核池分配标记所对应的模块名称，供!poolused 命令使用，后者用来定义模块或者函数的负责人，供!owner 和!analyze 命令使用
usb	<DIR>	使用 USB 2.0 进行内核调试时，主机端需要使用的驱动程序
w2kchk	<DIR>	调试 Windows 2000 Check 版本目标系统时的扩展命令模块
w2kfre	<DIR>	调试 Windows 2000 Free 版本目标系统时的扩展命令模块
winext	<DIR>	公共的扩展命令模块
winxp	<DIR>	调试 Windows XP 目标系统时的扩展命令模块

我们在本节介绍了重构后的 WinDBG 调试器的概况，从 29.4 节开始，我们将从不同角度对其做深入介绍。

29.4　调试器引擎的架构

重构后的 WinDBG 将大多数调试功能集中到一个调试器引擎模块（DbgEng.DLL）中。除了 WinDBG 系列调试器建立在这个公共的调试器引擎之上，用户也可以在自己的软件中调用这个引擎中的功能，也可以基于它开发一个新的调试器。WinDBG 的帮助文件包含了对调试器引擎的简单介绍，包括它的角色和它的对外接口，但是并没有介绍它的内部设计。

29.4.1　概览

图 29-14 画出了 WinDBG 调试器引擎的架构，其中画出了调试器引擎的主要接口和内部类。最上方是使用调试器引擎的应用程序（application），可以是 WinDBG.exe、CDB.exe、NTSD.exe、KD.exe 这些 WinDBG 工具包的调试器，也可以是用户自己开发的应用程序。

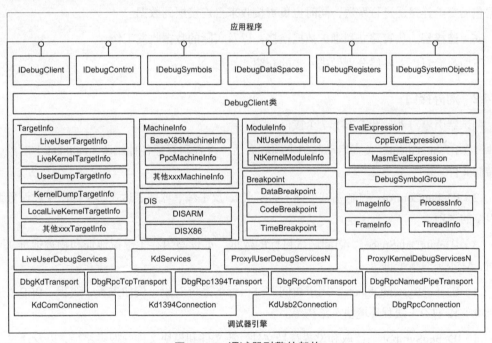

图 29-14　调试器引擎的架构

调试器引擎内部包含了一百多个 C++ 类和接口，整个模块输出的符号（类方法、变量等）超过 1 万个。为了便于理解和分析，我们把调试器引擎分成如下 6 个逻辑层。

（1）**公开接口层**。这一层定义了调试器引擎对外的 6 个公开接口，是调试器引擎与应用程序交互的渠道。

（2）**DebugClient 类**。这是调试器引擎内部的一个主要类，它包装了几乎所有的调试功能。从层次上来讲，这个类为公开接口层调用下面的调试服务提供了一种简洁的方式，隐藏了下层的复杂性。除了为公开的接口提供来自本地的服务，使用 DebugClient 类的另一种情况就是转发器程序通过 ProxyIDebugxxx 系列类调用它。ProxyIDebugxxx 系列类的接口定义与公开接口层的各个接口定义是完全一样的。WinDBG 工具包包含了一个转发器程序，文件名为 dbengprx.exe。

（3）**中间层**。这一层将与被调试程序有关的信息和调试任务封装为很多个 C++ 类，例如 EvalExpression 类用来评估表达式，它的两个子类 MasmEvalExpression 与 CppEvalExpression 分别用来解析和评估宏汇编和 C/C++ 表达式；TargetInfo 类是对调试目标（被调试程序）的封装，它有很多个子类，分别代表不同类型的调试目标；MachineInfo 类用来包装与 CPU 架构有关的信息，它的每个子类代表一种指令架构，TargetInfo 和 MachineInfo 类加起来相当于经典调试器模型中的 EM（Execute Model）；ModuleInfo 和 ImageInfo 类封装了模块、执行映像以及与之配套的符号文件的有关属性和方法；BreakPoint 类用来记录与断点有关的信息。

（4）**服务层**。这一层提供对调试目标的访问和控制，类似于经典模型中的 DM（Debuggee Module）。例如，LiveUserDebugServices 类提供了访问和操纵用户态活动目标的很多方法，负责执行读写目标内存、设置断点、接收调试事件等任务；KdServices 用于内核调试；ProxyIUserDebugServicesN 用在远程调试的情况，它通过其下的传输层与远程的另一个调试器引擎实例通信。

（5）**传输层**。在内核调试或者远程调试的情况下负责传输信息，将信息组织成适合传输的数据包后交给连接层进行发送，同时也负责接收来自连接层的数据。

（6）**连接层**。负责建立和维护数据连接，以及实际的数据收发工作。

下面我们对以上各层分别做进一步的介绍。

29.4.2　对外接口

调试器引擎对外公开了如下 7 个接口。

（1）IDebugClient。负责启动和结束调试会话，设置和管理各种回调（callback）对象，处理转储文件。

（2）IDebugControl。控制调试目标（如断点）、反汇编、评估表达式、执行命令和设置调试器引擎的选项。

（3）IDebugDataSpaces。访问调试目标的数据，如读写内存（虚拟地址和物理地址）、I/O 空间、MSR、总线数据等。

（4）IDebugSystemObjects。用于访问调试目标的系统对象，例如进程、线程、PEB（进程环境块）和 TEB（线程环境块）结构等。

（5）IDebugSymbols。读取和设置符号文件、源文件和模块文件的搜索路径，以及通过各种方式搜索符号，设置符号选项。

（6）IDebugRegisters。读取和修改调试目标的寄存器。

（7）IDebugAdvanced。读取和设置线程的上下文（context）结构，获取源文件信息，通过 Request 方法直接向调试器引擎发送请求。

随着 WinDBG 的功能丰富、发展与变化，上述接口也在变化，因此每个接口都有几个版本，以接口名中的数字来表示，例如 IDebugClient5、IDebugControl5 等。WinDBG SDK 的 dbgeng.h 中定义了以上所有接口的 IID 以及每个接口的声明和有关常量。

值得说明的是，尽管以上接口定义借鉴了 COM（Component Object Model）技术的概念和做法，而且 WinDBG SDK 中也把这些接口称为 COM 接口，但事实上，这些接口并不是严格意义上的 COM 接口，它们也不是使用 COM 技术来实现的。首先，使用这些接口前不需要像使用 COM 接口前那样调用 CoInitialize 或 OleInitialize 来初始化 COM 库。然后，创建这些接口的方法也不是调用 CoCreateInstance 函数，而是调用调试器引擎自己公开的 DebugConnect 或 DebugCreate 方法。

比如，以下代码可以创建一个具有 IDebugClient 接口的对象，并得到它的指针。

```
IDebugClient *DebugClient;
HRESULT hr = DebugCreate(__uuidof(IDebugClient), (void **)&DebugClient));
```

有了 IDebugClient 接口后，便可以使用它来得到其他接口。

```
hr = DebugClient->QueryInterface(uuidof(IDebugControl),(void **)&DebugControl);
```

如果要与工作在调试服务进程中的远程调试器引擎建立连接，那么可以使用 DebugConnect 方法。

```
IDebugClient *DebugClient;
HRESULT hr = DebugConnect(szConnect, __uuidof(IDebugClient), (void**)&g_Client);
```

参数 szConnect 用来指定连接参数，其内容为下面这样的字符串。

```
"-remote tcp:server=\\server_name,port=1225"。
```

29.4.3 DebugClient 类

DebugClient 类有 500 多个方法，可以说是调试器引擎中最大的一个类。这个类封装了调试器引擎提供的几乎所有功能。上面说的 7 个公开接口所定义的方法实际上都是指向 DebugClient 方法的指针。以 IDebugAdvanced3 接口为例，它的方法表定义如下。

```
.text:02008574 ; const DebugClient::`vftable'{for `IDebugAdvanced3'}
.text:02008574    dd offset ?QueryInterface@DebugClient@@UAGJABU_GUID@@PAPAX@Z
.text:02008578    dd offset ?AddRef@DebugClient@@UAGKXZ
.text:0200857C    dd offset ?Release@DebugClient@@UAGKXZ
.text:02008580    dd offset ?GetThreadContext@DebugClient@@UAGJPAXK@Z
.text:02008584    dd offset ?SetThreadContext@DebugClient@@UAGJPAXK@Z
.text:02008588    dd offset ?Request@DebugClient@@UAGJKPAXK0KPAK@Z
```

观察 dbgeng.h 文件中对 IDebugAdvanced3 接口的定义，其前 6 个方法依次分别是 QueryInterface、AddRef、Release、GetThreadContext、SetThreadContext 和 Request，看来它们都指向了 DebugClient 类中的同名方法。

事实上，DebugClient 类的开头便是一个数组，存放了 7 个公开接口类的方法表起始地址。当调用 DebugClient 的 QueryInterface 方法创建一个公开接口时，DebugClient 类便根据参数中的 UUID 返回对应接口的方法表地址。例如，以下是通过 DD 命令观察到的 DebugClient 对象的前 8 个 DWORD。

```
0:001> dd 007b4c80
007b4c80    02008574 020083f8 02008150 020080a0
007b4c90    02008028 02007e30 02007d70 02007d64
```

其中 02008574 便是 IDebugAdvanced3 接口的方法表，当创建 IDebugAdvanced3 接口时，用户得到的对象指针便是 007b4c80。类似地，020083f8 是 IDebugClient5 接口的方法表起始地址，02008150 对应的是 IDebugControl4 接口，020080a0 对应 IDebugDataSpaces4 接口，02008028 对

应 IDebugRegisters2 接口, 02007e30 对 应 IDebugSymbols3 接口, 02007d70 对 应 IDebugSystemObjects4 接口, 02007d64 对应一个未公开的 DbgRpcClientObject 接口。

WinDBG 使用全局变量 g_UiAdv、g_UiClient、g_UiControl 和 g_UiSymbols 来记录当前进程创建的 IDebugAdvanced、IDebugClient、IDebugControl 和 IDebugSymbols 接口对象, 观察这些变量的值, 可以看到它们的指针值就是上面的方法表起始地址。

```
0:001> dd WinDBG!g_UiAdv l1
01065e70   007b4c80
```

调试器通常在初始化阶段便创建 IDebugClient 接口的实例, 比如 WinDBG 一运行便在 CreateUiInterfaces 方法中调用 DebugCreate 方法。DebugCreate 方法首先会调用全局函数 dbgeng!OneTimeInitialization 执行一次性的初始化工作, 如果这个函数是第一次被调用, 那么它会返回 0, 根据这个返回值, DebugCreate 会创建第一个 DebugClient 类的实例。之后如果同一个线程创建 7 个公开接口中的某一个, 那么 DebugCreate 只是增加这个实例的引用计数(AddRef)。DbgEng 模块中的 g_NumRawClients 全局变量记录了已经创建的 DebugClient 类的实例个数。调用 DebugClient 的 CreateClient 方法可以创建新的 DebugClient 对象, 并返回一个 IDebugClient 指针。全局指针 dbgeng!g_RawClients 用来记录已经创建的所有 DebugClient 对象。

29.4.4 中间层

中间层是实现调试器工作逻辑和各种调试功能的核心部分, 也是整个调试器引擎中最复杂的一个部分。这个部分由几十个 C++ 类和一些全局函数组成。按照类的描述对象, 可以把中间层的各个类分成如下几个部分。

（1）**调试目标**。用来描述调试目标, 从基类 TargetInfo 派生出一系列子类, 分别代表不同的目标类型。我们将在下一节详细讨论。

（2）**CPU 架构**。用来描述被调试程序所对应的 CPU 架构, 其基类为 MachineInfo, 派生类有 Mips64MachineInfo、MipsMachineInfo、ShMachineInfo、PpcMachineInfo、Mips32MachineInfo、Ia64MachineInfo、EbcMachineInfo、BaseX86MachineInfo、ArmMachineInfo、Amd64MachineInfo, 分别对应于不同的 CPU 架构。X86OnIa64MachineInfo、X86OnAmd64MachineInfo 类用于描述在 64 位 Windows 系统中执行的 32 位代码。

（3）**反汇编**。用于反汇编不同 CPU 架构的程序, 基类名为 DIS（Disassemble）, 派生类有 DISARM、DISX86、DISPPC、DISSHCOMPACT、DISTHUMB、DISMIPS、DISIA64、DISCEE。

（4）**进程和线程**。类名分别为 ProcessInfo 和 ThreadInfo。

（5）**模块和映像**。前者用来描述各种模块, 基类为 ModuleInfo, 派生类有 NtKernel-ModuleInfo、NtKernelUnloadedModuleInfo、NtTargetUserModuleInfo、NtUserModuleInfo、CeDumpModuleInfo、IDNAModuleInfo、ImageFileModuleInfo, 后者用来描述可执行的程序映像, 有 ImageInfo 和 UnloadedImageInfo 两个类。

（6）**断点**。用来描述不同类型的断点, 包括代码断点（CodeBreakpoint）、数据断点（DataBreakpoint、Ia64DataBreakpoint）, 这些类的基类为 Breakpoint。

（7）**表达式评估**。基类为 EvalExpression, 两个派生类为 MasmEvalExpression、CppEvalExpression, 分别用于 MASM（宏汇编）和 C/C++ 表达式。

　　调试器引擎使用链表来管理某一个类的对象，比如全局变量 g_Targets 用来存放调试目标，它是一个单向链表结构（DbsSingleList）。类似地，DbsDoubleList 是调试器引擎使用的双向链表结构。

29.4.5　服务层

　　服务层用来执行与调试目标密切相关的各种操作，比如接收调试事件、读写内存和控制线程执行等。根据调试的场景，调试器引擎设计了几个调试服务类，LiveUserDebugServices 类用于调试本地用户态进程，ProxyIUserDebugServicesN 用于调试远程的用户态程序，ProxyIUserDebugServicesN 用在远程内核调试的情况下。这些类都派生自一个共同的基类 UserDebugServices。

　　通过 LiveUserTargetInfo 类的 SetServices 方法可以设置调试目标使用的 UserDebugServices 对象。

```
long __thiscall SetServices(struct IUserDebugServices *, int)
```

　　这样在进行本地调试时，调试器可以将 LiveUserDebugServices 实例设置给 LiveUserTargetInfo 对象，远程调试时可以将 ProxyIUserDebugServicesN 的实例设置给它。这样，中间层便可以不关心调试目标是在本地还是远程。

29.4.6　传输和连接层

　　为了满足不同的数据传输方式，调试器引擎定义了一系列 DbgKdTransport 类，用在使用本机的端口（COM、1394 或 USB2）进行内核调试的情况下。DbgRpcTransport 是个基类，用于与另一台机器上的调试器通信进行远程调试。根据远程调试所使用的传输方式，它有多个子类——DbgRpcTcpTransport（TCP）、DbgRpcNamedPipeTransport（命名管道）、DbgRpc-1394Transport（1394）、DbgRpcComTransport（串行通信）、DbgRpcSectionTransport、DbgRpc-SecureChannelTransport。

　　传输层之下是连接层，负责具体的数据收发工作。例如，KdConnection 类用于内核调试，它有 3 个派生类 KdUsb2Connection、KdComConnection 和 Kd1394Connection，与内核调试的 3 种连接方式一一对应。DbgRpcConnection 用于远程调试。

　　本节简要介绍了调试器引擎的架构和它内部的主要类，因为微软的文档没有公开这些类的细节，所以上述介绍可能有不确切的地方。介绍这一内容的目的是帮助大家更好地理解 WinDBG 的工作原理和使用方法。

〖 29.5　调试目标 〗

　　简单来说，调试目标就是包含被调试代码的程序实体，有时也称为被调试对象。WinDBG 是一个复合型的调试器，使用它可以调试多种类型的调试目标。首先，根据调试目标所对应的运行模式，可以将其分为用户态目标和内核态目标两类。其次，根据调试目标是否处于运行状态，可以将其分为活动目标（live target）和转储文件（dump file）两类。最后，根据调试目标与调试器的位置关系，可以把调试目标分为本地目标和远程目标。

　　WinDBG 的调试器引擎使用 TargetInfo 类来描述调试目标的公共属性和行为，并从这个类派生出一系列子类来描述不同类型的目标，图 29-15 显示了 TargetInfo 类和它的派生类之间的继承关系。

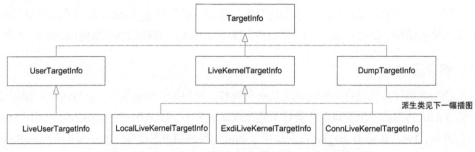

图 29-15　TargetInfo 类和它的派生类之间的继承关系

TargetInfo 类有 3 个子类，分别代表了用户态调试目标（UserTargetInfo）、内核态调试目标（LiveKernelTargetInfo）和转储文件目标（DumpTargetInfo）。下面我们先来看 TargetInfo 类。

29.5.1　TargetInfo 类

TargetInfo 类是调试器引擎中描述调试目标的基类，它把调试不同类型调试目标的公共属性和操作放在这个统一的类中，这样做带来的好处就是接口层可以根据 C++的多态特征使用统一的指针类型和方法来处理不同类型的调试目标。举例来说，因为所有调试目标都派生自 TargetInfo 类，所以调试器就可以使用 TargetInfo 指针来记录所有调试目标，调试器引擎中的 g_Targets 全局变量就是用于这个目的的，它是一个单向链表。

```
class DbsSingleList<class TargetInfo, 16> g_Targets;
```

全局变量 g_NumberTargets 记录了当前的调试目标个数。

```
unsigned long g_NumberTargets;
```

TargetInfo 类中定义了 200 多个方法，囊括了访问和操纵调试目标的所有操作。为了便于理解，我们将这些方法分为以下 14 类。

（1）**启动和终止调试会话**。包括建立用户态调试会话的 StartAttachProcess 和 StartCreateProcess，复位调试会话的 DebuggeeReset，分离被调试进程的 DetachAllProcesses、CanDetachProcess 和 DetachProcess。

（2）**调试事件接收和处理**。包括等待调试事件的 WaitForEvent，释放上一个调试事件的 ReleaseLastEvent，初始化用于接收调试事件资源的 InitializeEventFirstWait，实现 wt 命令（见 30.11.5 节）的 ProcessWatchTraceEvent，读取异常信息的 ReadExceptionRecord 和 GetTargetException，读取调试事件描述的 GetEventIndexDescription。

（3）**进程和线程控制**。包括恢复和挂起线程的 ResumeThreads 和 SuspendThreads，终止进程的 TerminateAllProcesses 和 TerminateProcess，放弃被调试进程（.abandon 命令）的 AbandonProcess，请求中断调试目标的 RequestBreakIn，准备恢复调试目标的 PrepareForExecution。

（4）**读取进程和线程信息**。包括查询和读取隐含进程信息的 GetImplicitProcessData、GetRawImplicitProcess、ReadImplicitProcessInfoPointer、GetImplicitProcessDataParentCID 和 GetImplicitProcessDataPeb，读取进程属性的 GetProcessCookie、GetProcessInfoDataOffset、GetProcessInfoPeb、GetProcessTimes 和 GetProcessUpTimeN，查询和读取线程信息的 GetThreadBasicInfo、GetThreadIdByProcessor、GetThreadInfoDataOffset、GetThreadInfoTeb 和 GetThreadStackBounds。

（5）**断点管理**。包括插入断点的 InsertCodeBreakpoint、InsertDataBreakpoint、InsertTarget CountBreakpoint 和 InsertTimeBreakpoint，删除断点的 RemoveAllDataBreakpoints、RemoveAllTarget Breakpoints 、 RemoveCodeBreakpoint 、 RemoveDataBreakpoint 、 RemoveTargetCountBreakpoint 和 RemoveTimeBreakpoint，判断断点命中的 IsDataBreakpointHit 和 IsTimeBreakpointHit，获取和释放同步对象的 BeginInsertingBreakpoints、BeginRemovingBreakpoints、EndInsertingBreakpoints 和 EndRemovingBreakpoints。

（6）**访问调试目标**。包括读写 PCI 空间的 ReadBusData 和 WriteBusData，读写 I/O 空间的 ReadIo 和 WriteIo，读写 MSR 的 ReadMsr 和 WriteMsr，读写物理内存的 ReadPhysical、 ReadPhysicalUncached、ReadAllPhysical、WritePhysical、WritePhysicalUncached，读写虚拟内存的 ReadVirtual、ReadAllVirtual、ReadAndSwapAllVirtual、ReadVirtualUncached、WriteVirtual、 WriteVirtualUncached、WriteAllVirtual、WriteAndSwapAllVirtual，读写指针的 ReadPointer 和 WritePointer，访问句柄数据的 ReadHandleData，读取链表节点的 ReadListEntry，读取字符串的 ReadMultiByteString、ReadMultiByteStringToUnicode、ReadUnicodeString、ReadUnicodeStringStruct 和 ReadUnicodeStringToMultiByte，读写目标文件的 ReadTargetFile 和 WriteTargetFile。

（7）**读取和设置上下文**。包括读取上下文结构的 GetContext、GetTargetContext 和 GetContext FromThreadStack，设置上下文结构的 SetContext 和 SetTargetContext，以冲转（flush）上下文结构的 FlushRegContext 和 FlushRegContextToBase，以及 InvalidateTargetContext 和 ChangeRegContext。

（8）**访问处理器（CPU）信息**。包括查询处理器功能的 GetGenericProcessorFeatures 和 GetSpecificProcessorFeatures，读取处理器 ID 的 GetProcessorId，读取电量信息的 GetProcessorPowerInfo 和 ReadPrcbProcessorPowerInfo，读取描述处理器系统数据的 GetProcessorSystemDataOffset，读取特定寄存器的 GetTargetSpecialRegisters，以及用于切换隐含处理器的 SwitchProcessors。

（9）**搜索进程和线程**。包括搜索进程的 FindProcessByDataOffset、FindProcessByHandle、 FindProcessByPeb 和 FindProcessBySystemId，搜索线程的 FindThreadByDataOffset、FindThreadByHandle 和 FindThreadBySystemId。

（10）**栈帧**。包括获取函数返回地址的 GetCallerAddress，读取栈帧的 GetTargetStackFrames。

（11）**模块、映像和符号管理**。包括从映像文件中读取信息的 ReadImageNameString、 ReadImageNtHeaders 、 ReadImageVersionInfo 和 GetImageVersionInformation，取模块信息的 GetModuleInfo、GetUnloadedModuleInfo 和 GetUnloadedModuleMemoryInfo，查询和清除系统符号的 QuerySystemSymbols 和 ClearSystemSymbols，以及重新加载模块的 Reload。

（12）**版本和产品信息**。包括读取内核调试器引擎版本信息的 GetTargetKdVersion，通过 dprintf 向命令窗口输出系统版本信息的 OutputVersion，读取版本信息的 GetBuildAndPlatform- FromWin32Version、GetProductInfo 和 ReadSharedUserProductInfo，转换版本信息的 NtBuildTo- SystemVersion、Win9xBuildToSystemVersion 和 WinCeBuildToSystemVersion，读取时间信息的 GetCurrent- SystemUpTimeN 和 GetCurrentTimeDateN。

（13）**内核调试特有的操作**。包括复位目标系统的 Reboot，触发目标系统蓝屏的 Crash，读取进程信息的 KdGetProcessInfoDataOffset 和 KdGetProcessInfoPeb，读取线程信息的 KdGetThreadInfoDataOffset 和 KdGetThreadInfoTeb，读取内核调试数据块的 ReadKdDataBlock，

读写内核调试控制区的 ReadControl 和 WriteControl，读取页交换文件的 ReadPageFile，读页目录表基地址的 ReadDirectoryTableBase。

（14）**访问蓝屏信息和转储文件**。包括读取蓝屏停止代码和参数的 ReadBugCheckData，从转储文件读取自定义数据块的 ReadTagged。

需要说明的是，为了节约篇幅，我们并没有列出 TargetInfo 类的所有方法。另外，以上方法虽然都是定义在 TargetInfo 类中的，但是大多数方法只是简单地返回一个错误代码 E_UNEXPECTED（0x8000FFFF），真正的功能是留给派生类去实现的。

29.5.2 用户态目标

UserTargetInfo 类是描述用户态调试目标的基类，它派生自 TargetInfo 类。在目前的版本中，除了构造和析构函数，UserTargetInfo 类只定义了两个方法——InitializeWatchTrace 和 ProcessWatchTraceEvent，它们都是用来实现 wt 命令的，我们将在 30.10 节对其做详细介绍。UserTargetInfo 类的派生类 LiveUserTargetInfo 才是真正用来描述用户态活动目标的关键类。从调试符号可以看出，LiveUserTargetInfo 有 70 多个方法，其中绝大部分来自 TargetInfo 类，也就是说，LiveUserTargetInfo 类是 TargetInfo 类针对户态活动目标的具体实现。

29.5.3 内核态目标

LiveKernelTargetInfo 类是描述内核态活动目标的基类，它也派生自 TargetInfo 类。在目前版本的调试器引擎中，LiveKernelTargetInfo 类有 3 个派生类，分别如下。

（1）ConnLiveKernelTargetInfo。用来描述双机内核调试中的调试目标。

（2）LocalLiveKernelTargetInfo。用来描述本地内核调试中的调试目标。

（3）ExdiLiveKernelTargetInfo。用来描述通过 eXDI 驱动程序和硬件调试工具进行调试时的调试目标。

除了从基类继承的方法，LiveKernelTargetInfo 类还定义了 InitFromKdVersion 方法，用于初始化内核调试会话。

ConnLiveKernelTargetInfo 是实现双机内核调试逻辑的一个主要类，包括读写内存、等待内核调试事件、处理断点，以及控制目标系统（Crash、Reboot）等。

29.5.4 转储文件目标

转储文件（dump file）是指将系统（内核转储）或者进程（用户态转储）的状态永久凝固在文件中，好像是给软件拍摄的照片（snapshot）。分析转储文件的最好工具就是调试器。为了复用各种调试功能，调试器把转储文件看作普通调试目标的一个特例。在通过调试器分析转储文件时，就好像把时光倒流回产生转储文件的那一刻，我们可以观察变量，显示栈回溯，分析堆等。但因为转储文件只包含转储那一刻的状态和特征，所以调试转储文件时不能执行任何需要恢复目标运行的命令，包括单步执行、继续运行等，也就是不可以把调试目标切换到转储那一时刻之外的其他状态。

WinDBG 的调试器引擎使用 DumpTargetInfo 类来描述转储文件目标，它派生自 TargetInfo 类，与 LiveKernelTargetInfo 和 UserTargetInfo 类并列，一起代表了 3 种主要的调试目标。

根据转储文件所拍摄的对象和文件中包含信息的多少，转储文件有很多种。相应地，调试器引擎中从 DumpTargetInfo 类派生出了很多个子类来分别描述不同种类的转储文件目标，这些类及其之间的关系如图 29-16 所示。

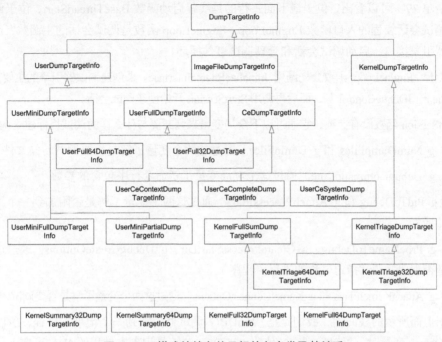

图 29-16　描述转储文件目标的各个类及其关系

本节简要介绍了 WinDBG 调试器引擎所支持的各种调试目标，以及描述它们的各个 C++类，后面各节将结合具体的调试任务来介绍这些类的用法。

29.6　调试会话

调试器与被调试目标之间的通信对话通常简称为调试会话（debug session）。调试会话的建立和结束标志着调试的真正开始与结束。

29.6.1　建立调试会话

清单 29-1 所示的函数调用序列显示了 WinDBG 调试器与一个已经运行的应用程序建立调试会话的过程。

清单 29-1　建立调试会话的过程

```
00 00e0fc94 0229a146 ntdll!NtDebugActiveProcess //调试活动进程的系统服务
01 00e0fcb0 0229a2b0 dbgeng!LiveUserDebugServices::CreateDebugActiveProcess…
02 00e0fccc 020f3a31 dbgeng!LiveUserDebugServices::AttachProcess+0xb0
03 00e0fcfc 020c1344 dbgeng!LiveUserTargetInfo::StartAttachProcess+0xd1
04 00e0fd40 0102a385 dbgeng!DebugClient::CreateProcessAndAttach2Wide+0x104
05 00e0ffa4 0102a9bb WinDBG!StartSession+0x445  //开始调试会话
06 00e0ffb4 7c80b6a3 WinDBG!EngineLoop+0x1b //调试会话循环
07 00e0ffec 00000000 kernel32!BaseThreadStart+0x37
```

以上过程发生在 WinDBG 的工作线程中，其线程号通常为 1 或者更大。因为 0 号线程是初始线程，所以通常用来处理用户交互。WinDBG 总是用一个专门的线程来启动和管理调试会话，我们把这个线程称为调试会话线程，有时也称为调试器工作线程。

从清单 29-1 可以看出，位于最下面一行的是线程启动函数 BaseThreadStart，位于倒数第二行的是调试会话线程的入口函数 EngineLoop。EngineLoop 函数是调试会话的主函数，负责初始化调试器引擎接口，启动调试会话和管理调试事件循环。

事实上，EngineLoop 函数会先调用 InitializeEngineInterfaces 来创建调试器引擎的主要接口，如 IdebugClient、IDebugControl 等，而后再调用 StartSession 开始创建调试会话。

StartSession 函数没有参数，它通过以下全局变量来判断要与什么样的调试目标建立调试关系。

（1）g_NumDumpFiles 和 g_DumpFiles。通过这两个变量了解是否要调试转储文件目标。

（2）g_DebugCommandLine。通过这个全局变量了解命令行中包含的参数。

（3）g_PidToDebug 和 g_AttachProcessFlags。通过这两个变量了解是否附加到一个用户态进程和附加标志。

（4）g_ProcNameToDebug、g_CreateProcessStartDir、g_DebugCreateOptions。通过这 3 个变量了解是否创建并调试指定名称的进程（程序）。

（5）g_AttachKernelFlags 和 g_KernelConnectOptions。通过这两个变量了解是否要调试内核目标。

对于上面所示的栈回溯，我们是把 WinDBG 调试器附加到一个记事本进程，所以在观察 g_PidToDebug 变量时，可以看到它的值为 0x1430，这正是记事本进程的 ID。事实上，当我们通过 Attach Process 对话框选定记事本程序后，UI 线程将选定进程的 ID 保存到 g_PidToDebug 变量中，而后启动调试会话线程。

因为要调试活动用户目标，所以接下来 StartSession 函数通过保存在 g_DbgClient 变量中的 IDebugClient 实例指针来调用它的 CreateProcessAndAttach2Wide 方法。

```
HRESULT  IDebugClient5::CreateProcessAndAttach2Wide(
    IN ULONG64  Server,                        //用于远程调试
    IN OPTIONAL PWSTR  CommandLine,            //调试新创建进程时的命令行
    IN PVOID  OptionsBuffer,                   //DEBUG_CREATE_PROCESS_OPTIONS 结构
    IN ULONG  OptionsBufferSize,               //OptionsBuffer 结构的大小
    IN OPTIONAL PCWSTR  InitialDirectory,      //初始目录
    IN OPTIONAL PCWSTR  Environment,           //新进程的环境信息
    IN ULONG  ProcessId,                       //附加到已经运行进程时的进程 ID
    IN ULONG  AttachFlags                      //附加标志
    );
```

Server 参数用于远程调试的情况，即通过一个进程服务器（process server）来调试另一台机器上的程序，对于本地调试，这个参数为 0。CommandLine、OptionsBuffer、OptionsBufferSize、Environment 和 InitialDirectory 参数是用于创建并调试一个新进程的情况下，分别用来指定新进程的命令行，创建选项、选项大小、环境变量和初始目录。ProcessId 参数用来指定要调试的已经存在的进程的 ID，对于我们的例子，这个参数的值为 0x1430。AttachFlags 参数用于指定附加选项，其值为 DEBUG_ATTACH_XXX 标志所定义的常量组合（详见 WinDBG 帮助文件）。

CreateProcessAndAttach2Wide 函数在对参数做基本检查后，会调用 DebugClient 类的 UserInitialize

函数来初始化用户态调试所需的基本设施，最主要的是会创建一个 LiveUserTargetInfo 实例和一个 LiveUserDebugServices 实例，并通过 LiveUserTargetInfo 类的 SetServices 方法将二者关联起来。UserInitialize 函数成功返回后，CreateProcessAndAttach2Wide 会调用新创建的 LiveUserTargetInfo 实例的 StartAttachProcess 方法并将进程 ID 作为参数传递给它。接下来 LiveUserTargetInfo 实例调用自己的调试服务对象（LiveUserDebugServices）的 AttachProcess 方法，后者再调用自己的 CreateDebugActiveProcess 方法，最后再调用操作系统的调试服务 NtDebugActiveProcess。

如果 StartAttachProcess 方法成功返回，那么说明调试会话已经成功建立，CreateProcess-AndAttach2Wide 函数会将刚才创建的 LiveUserTargetInfo 类实例保存到全局变量 g_Target 中，以便以后可以方便地引用它。

29.6.2　调试循环

在第 9 章介绍用户态调试模型时，我们介绍过调试器的基本循环，即等待调试事件，处理调试事件和继续调试事件，然后再等待调试事件的循环过程。WinDBG 的 EngineLoop 函数既是它的调试会话线程的入口，同时也是实现基本调试循环的地方。图 29-17 显示了 EngineLoop 函数的基本流程，其中间部分就是调试循环。

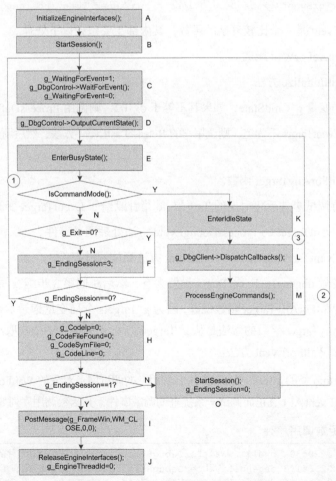

图 29-17　EngineLoop 函数的基本流程

图 29-17 中共有 3 个循环，我们分别用数字①~③标出。①号和②号循环的起点都是步骤 C 所标注的步骤，即先将全局变量 g_WaitingForEvent 设置为 1，然后调用全局变量 g_DbgControl 的 WaitForEvent()方法来等待调试事件。尽管这个函数的名字叫等待事件（WaitForEvent），但事实上它发起的动作既包含等待调试事件，还有对调试事件的处理，我们稍后再讨论其细节。g_DbgControl->WaitForEvent()返回后，g_WaitingForEvent 被设置为 0，EngineLoop 函数调用 g_DbgControl 的 OutputCurrentState()方法输出状态信息。而后的菱形框用来判断是否需要让调试器进入命令模式。如果 IsCommandMode 方法返回 1，那么调试器便进入③号循环，先调用 EnterIdleState 切换到空闲状态，然后调用 g_DbgClient 的 DispatchCallbacks()方法处理注册的回调对象，其中就包括调试器 UI 注册的用户输入回调，让用户输入命令。ProcessEngineCommands 用来执行处理各种命令，我们在下一节再详细介绍，本节将集中介绍①号和②号循环。

29.6.3 等待和处理调试事件

在成功调用 StartSession 函数之后，EngineLoop 函数调用 DebugClient 的 WaitForEvent 方法开始进入调试事件循环。而后 DebugClient 的 WaitForEvent 调用调试器引擎的一个全局函数 RawWaitForEvent。

```
long RawWaitForEvent(class DebugClient *, unsigned long, unsigned long);
```

RawWaitForEvent 是一个比较复杂的函数，其内部主要包含以下处理。

（1）调用 PrepareForWait 函数。

（2）调用 WaitInitialize 方法。

（3）判断全局变量 g_CmdState，如果其不等于 0x102，则调用 ProcessDeferredWork 函数。

（4）如果 g_EventTarget 不为空，则调用它的 ReleaseLastEvent 方法，然后调用 DiscardLastEvent 函数将其抛弃。

（5）调用 WaitForAnyTarget 函数。

（6）成功等待调试事件后将对应的 TargetInfo 指针赋给 g_EventTarget 变量。

（7）调用 g_EventTarget 的 ProcessDebugEvent 方法处理调试事件。

（8）调用 g_EventTarget 的 ReleaseLastEvent 方法释放调试事件。

（9）将全局变量 dbgeng!g_EventTarget 设置为空，然后跳回第 3 步继续循环。

下面我们从 WaitForAnyTarget 函数说起，因为 g_Targets 全局变量记录了目前的所有调试目标，所以 WaitForAnyTarget 函数的做法是从 g_Targets 所标识的链表中依次取出每个调试目标对象，然后调用它的 WaitForEvent 方法。

LiveUserTargetInfo 类的 WaitForEvent 方法会调用它的调试服务对象的 WaitForEvent 方法，后者调用 WaitForDebugEvent API 真正向调试子系统查询调试事件，其函数调用序列如清单 29-2 所示。

清单 29-2　函数调用序列

```
00  00dffd08  0229c30a  ntdll!ZwWaitForDebugEvent              //等待调试事件的系统服务
01  00dffda0  021361f3  dbgeng!LiveUserDebugServices::WaitForEvent+0x10a
02  00dffff10  020ceacf  dbgeng!LiveUserTargetInfo::WaitForEvent+0x3b3
03  00dffff34  020cee9e  dbgeng!WaitForAnyTarget+0x5f          //轮番等待每个调试目标
```

```
04 00dfff80 020cf110 dbgeng!RawWaitForEvent+0x2ae        //等待调试
05 00dfff98 0102aadf dbgeng!DebugClient::WaitForEvent+0xb0
06 00dfffb4 7c80b6a3 WinDBG!EngineLoop+0x13f             //调试会话循环
07 00dfffec 00000000 kernel32!BaseThreadStart+0x37
```

　　调试用户态程序时，调试器收到的首个调试事件通常是进程创建事件，即 CREATE_PROCESS_DEBUG_EVENT。LiveUserTargetInfo 的 WaitForEvent 收到调试事件后，会将这个调试事件所对应的进程 ID 与线程 ID 分别保存在 g_EventProcessSysId 和 g_EventThreadSysId 中，并将当前的 TargetInfo 对象指针赋给全局变量 dbgeng!g_EventTarget，而后调用本类中的 ProcessDebugEvent 方法。

　　ProcessDebugEvent 方法中包含一个 switch...case 结构，针对不同的事件做不同的处理，对于进程/线程创建和退出以及模块加载和卸载，ProcessDebugEvent 方法会把处理权交给对应的 NotifyXXXEvent 函数，即如下 6 个函数。

```
dbgeng!NotifyCreateProcessEvent     //处理进程创建事件
dbgeng!NotifyExitProcessEvent       //处理进程退出事件
dbgeng!NotifyCreateThreadEvent      //处理线程创建事件
dbgeng!NotifyExitThreadEvent        //处理线程退出事件
dbgeng!NotifyLoadModuleEvent        //处理模块加载事件
dbgeng!NotifyUnloadModuleEvent      //处理模块卸载事件
```

　　NotifyXXXEvent 函数的操作主要有如下两种。

　　（1）信息更新，比如对于创建进程事件，会创建一个 ProcessInfo 对象，记录下这个进程的信息。类似地，对于线程创建和模块加载事件，会创建 ThreadInfo 和 ModuleInfo 对象。

　　（2）调用注册的 IDebugEventCallbacks 回调对象。

　　在处理进程创建事件之前，LiveUserTargetInfo 的 WaitForEvent 会调用 NotifyDebuggeeActivation 函数来做如下一些初始化工作。

　　（1）调用 dbgeng!TargetInfo::AddSpecificExtensions，加载与调试会话类型相匹配的扩展命令模块。

　　（2）调用 dbgeng!NotifySessionStatus，通知调试会话状态变化。

　　（3）调用 dbgeng!NotifyChangeDebuggeeState，通知被调试程序状态变化。

　　WaitForEvent 函数会保证对于一个调试会话，只调用 NotifyDebuggeeActivation 一次。

　　DebugClient 类的 WaitForEvent 方法返回后，EngineLoop 函数会通过 g_DebugControl 指针调用 DebugClient 类的 OutputCurrentState()方法来更新当前状态。OutputCurrentState()方法采取的动作主要如下。

　　（1）调用 DebugClient 类的 PushOutCtl()方法。

　　（2）调用 DebugClient 类的 OutCurInfo()方法和 PopOutCtl()函数输出机器信息（寄存器）。

　　（3）调用 FlushCallbacks()函数。

　　对于某些调试事件，调试器会进入所谓的命令模式，让用户可以输入命令来观察和分析调试目标，即所谓的交互式调试（interactive debugging）。

29.6.4　继续调试事件

　　在 LiveUserTargetInfo 类的 ProcessDebugEvent 方法处理完一个调试事件并返回 WaitForEvent 方

法后，WaitForEvent 方法也很快返回 WaitForAnyTarget 函数，后者又返回 RawWaitForEvent 函数。接下来 RawWaitForEvent 函数准备恢复调试目标继续执行，它会依次采取如下动作。

首先调用 PrepareForExecution，这个函数会调用另一个全局函数 InsertBreakpoints 来落实断点，对于软件断点，需要将 INT 3 指令插入到断点位置，即

```
0194f58c 020b14e4 dbgeng!BaseX86MachineInfo::InsertBreakpointInstruction
0194f5dc 020aaaee dbgeng!LiveUserTargetInfo::InsertCodeBreakpoint+0x64
0194f610 020acd6e dbgeng!CodeBreakpoint::Insert+0xae   //代码断点的插入方法
0194fea4 02132056 dbgeng!InsertBreakpoints+0x5be        //插入断点
0194ff28 02130fe8 dbgeng!PrepareForExecution+0x5d6       //为恢复执行做准备
```

PrepareForExecution 函数在退出前会将全局变量 dbgeng!g_Process、dbgeng!g_Thread、dbgeng!g_EventProcess、dbgeng!g_EventThread 和 dbgeng!g_EventMachine 都设置为空。

在 PrepareForExecution 函数返回后，RawWaitForEvent 函数会调用 EventStatusToContinue 函数来决定恢复执行的状态参数，也就是调用 ContinueDebugEvent API 所需的 dwContinueStatus 参数。

在这些动作完成后，RawWaitForEvent 函数调用由全局变量 g_EventTarget 所标识的调试目标对象的 ReleaseLastEvent 方法。ReleaseLastEvent 方法再调用它的调试服务对象的 ContinueEvent 方法。最后 ContinueEvent 方法调用系统的 ContinueDebugEvent API 真正恢复调试目标继续执行，其函数调用过程如清单 29-3 所示。

清单 29-3　函数调用过程

```
00 00dfff08 0229c45d ntdll!NtDebugContinue            //继续调试事件的系统服务
01 00dfff2c 02135ded dbgeng!LiveUserDebugServices::ContinueEvent+0x6d
02 00dfff44 020cee02 dbgeng!LiveUserTargetInfo::ReleaseLastEvent+0x3d
03 00dfff80 020cf110 dbgeng!RawWaitForEvent+0x212      //等待调试事件
04 00dfff98 0102aadf dbgeng!DebugClient::WaitForEvent+0xb0
05 00dfffb4 7c80b6a3 WinDBG!EngineLoop+0x13f           //调试会话循环
06 00dfffec 00000000 kernel32!BaseThreadStart+0x37
```

在 ReleaseLastEvent 方法返回后，RawWaitForEvent 函数会调用另一个全局函数 dbgeng!DiscardLastEvent。这个函数会执行如下操作。

（1）调用 dbgeng!DiscardLastEventInfo。

（2）将全局变量 dbgeng!g_EventProcessSysId、dbgeng!g_EventThreadSysId、dbgeng!g_TargetEventPc、dbgeng!g_TargetEventPc 都设置为 0。

（3）调用 dbgeng!InvalidateAllMemoryCaches 函数，将缓存的内存数据设置为无效。为了提高速度，WinDBG 会把从调试目标读到的数据进行缓存，这样如果连续执行同一个命令，就不需要真正从调试目标读两次。因为一旦恢复程序继续执行，那么这些缓存数据便过时了，所以在恢复执行前应该把它们设置为无效状态。

接下来，RawWaitForEvent 函数将全局变量 dbgeng!g_EventTarget 设置为空。全局变量 g_EventTarget 用来标识当前调试事件所来自的调试目标，对于只有一个调试目标的情况，它要么为空（不在处理器调试事件的状态），要么等于 g_Target。

而后，RawWaitForEvent 函数会将标志调试器引擎状态的 g_EngStatus 变量的 0x2000 位清除。然后判断 g_EngStatus 的 0x4000 位是否被设置，如果没有，则跳回上面，调用

WaitForAnyTarget 开始新一轮等待；如果这个位被设置，则退出循环。

29.6.5　结束调试会话

全局变量 g_EndingSession 和 g_Exit 一起用来控制调试循环与调试工作线程的结束。g_EndingSession 可以有以下 4 种值。

（1）0。代表不需要终止调试会话。

（2）1。代表重新开始调试会话的情况，即 .restart 命令或在 Debug 菜单中选择 Restart。调试循环看到这个值后会重新调用 StartSession，将 g_EndingSession 重置为 0，然后返回到步骤 C 等待调试事件，参见图 29-17 中的步骤 O 和③号循环。

（3）2。在调试器选择分离调试目标、停止调试或者调试器接收到重新开始调试会话（.restart）的命令后，如果调用 StartSession 失败，那么 g_EndingSession 会被设置为 2。

（4）3。当 g_Exit 被设置为非 0 时，g_EndingSession 会被设置为 3，参见图 29-17 中的步骤 F。

g_Exit 可以有两种值，0 或者 1。0 是默认值，代表让调试循环正常运行；1 代表要退出调试器。例如，如果直接关闭 WinDBG 程序（Alt+F4 快捷键），那么 WinDBG 的 TerminateApplication 函数会将 g_Exit 赋值为 1，通知调试会话线程退出。

图 29-17 中的步骤 I 用于关闭 WinDBG 的框架窗口，步骤 J 用于释放 InitializeEngineInterfaces() 函数（步骤 A）所创建的调试器引擎接口。

调试器的应用层可以调用 DebugClient 类的 EndSession 方法来结束调试会话。比如当我们从 Debug 菜单选择 Detach Debuggee 时，WinDBG 的 ProcessCommand 函数会将全局变量 g_EndingSession 设置为 2，g_ExecStatus 设置为 7。而后 ProcessCommand 函数调用 EndSession 方法，后者再调用 SeparateAllProcesses 函数，其执行过程如清单 29-4 所示。

清单 29-4　执行过程

```
00  017ded94 0229a390 ntdll!NtRemoveProcessDebug                     //系统调用
01  017dedb8 020f3fb2 dbgeng!LiveUserDebugServices::DetachProcess+0x90
02  017dedd4 020f45e6 dbgeng!LiveUserTargetInfo::DetachProcess+0xf2
03  017deeb4 02195cd9 dbgeng!LiveUserTargetInfo::DetachAllProcesses+0xf6
04  017deed4 020c254b dbgeng!SeparateAllProcesses+0xe9               //分离所有被调试进程
05  017deeec 0102861d dbgeng!DebugClient::EndSession+0x12b           //结束调试会话
06  017def8c 01028a43 WinDBG!ProcessCommand+0x20d
07  017dffa0 0102ad06 WinDBG!ProcessEngineCommands+0xa3
08  017dffb4 7c80b6a3 WinDBG!EngineLoop+0x366                        //调试会话循环
09  017dffec 00000000 kernel32!BaseThreadStart+0x37
```

分离目标进程后，EndSession 方法再调用 DiscardSession 方法，后者又调用 DiscardTargets。DiscardTargets 采取的动作主要有 3 个。

（1）调用 dbgeng!RemoveAllBreakpoints 函数清除所有断点。

（2）将 g_EngStatus 在内的很多全局变量重置为 0。

（3）调用 dbgeng!Discarded Targets 函数，这个函数又调用 dbgeng!NotifyChangeEngineState 通知调试器引擎状态变化，调用 dbgeng! NotifySessionStatus 通知会话状态变化，调用 dbgeng!ExtensionInfo::NotifyAll 通知扩展命令模块。

在 EngineLoop 函数退出前，它会将 g_EndingSession 设置为 0，这个函数返回后，调试会话线程也就自然退出了。

『 29.7　接收和处理命令 』

WinDBG 是一个典型的交互式调试器，允许用户将调试目标中断到调试器，然后输入各种命令观察和分析调试目标的数据与代码，待分析结束后可以恢复其继续执行。本节将介绍 WinDBG 接收和处理用户命令的方法。

29.7.1　调试器的两种工作状态

WinDBG 将调试会话的工作状态分为两种：一种叫空闲状态（idle state）；另一种叫繁忙状态（busy state）。前者是指调试目标被中断到调试器并接受用户分析时的状态，后者是指调试目标恢复运行时的状态。只有在空闲状态时，调试器才允许用户输入各种诊断和观察命令。这时调试目标被中断到调试器，是处于冻结状态的。与此相反，当调试会话处于繁忙状态时，大多数命令是不允许输入的，但中断调试目标的命令（break）除外，中断命令可以将调试目标中断并过渡到空闲状态。因为大多数调试命令只有在空闲状态时才能执行，所以空闲状态有时也称为命令状态（command state）。

29.7.2　进入命令状态

观察图 29-17 所示的流程，对于每个调试事件，DebugClient 类的 WaitForEvent 方法返回后，EngineLoop 函数会调用 DebugClient 类的 OutputCurrentState()方法来更新调试目标的状态，包括数据观察窗口中的数据。然后 EngineLoop 调用 EnterBusyMode 将命令调试符显示为*BUSY*字样。再之后 EngineLoop 调用 IsCommandMode 函数来判断是否需要进入空闲模式。IsCommandMode 函数的伪代码如清单 29-5 所示。

清单 29-5　IsCommandMode 函数的伪代码

```
int IsCommandMode()
{
    if(g_Exit!=0||g_EndingSession!=0)
        return 0;
    if(g_RemoteClient!=0||g_ExecStatus==DEBUG_STATUS_BREAK)
        return 1;

    return 0;
}
```

其中 g_ExecStatus 是 WinDBG 定义的一个全局变量，其值是表 29-4 列出的 DEBUG_STATUS_XXX 系列常量。这些常量有以下两种用途。

（1）供调试器向调试器引擎发出指示。比如，当调试器处理好一个调试事件后，它可以使用这些常量来指示恢复调试目标的方式，也就是继续（continue）调试事件的参数。继续调试事件的细节我们稍后讨论。

（2）供调试器引擎报告调试目标或者调试会话的状态，比如调试事件等待函数的返回值和 IDebugControl 接口的 GetExecutionStatus 方法的返回值中都使用了这些常量。

在 WinDBG 的文档中，以上两种用途分别简称为指示用途和报告用途，表 29-4 的第 3、4 列分别描述了 DEBUG_STATUS_XXX 系列常量在这两种用途上的含义。

表 29-4 DEBUG_STATUS_XXX 系列常量

常 量	取 值	指示时的含义	报告时的含义
DEBUG_STATUS_NO_CHANGE	0	N/A	会话状态没有变化
DEBUG_STATUS_GO	1	让目标恢复正常执行	目标正常执行
DEBUG_STATUS_GO_HANDLED	2	让目标执行，告诉系统事件（异常）已经处理	N/A
DEBUG_STATUS_GO_NOT_HANDLED	3	让目标执行，告诉系统事件（异常）没有处理	N/A
DEBUG_STATUS_STEP_OVER	4	让目标单步执行，跨越函数调用	目标在以 step over 方式单步执行
DEBUG_STATUS_STEP_INTO	5	让目标单步执行，进入函数调用	目标在以 step into 方式单步执行
DEBUG_STATUS_BREAK	6	挂起调试目标	目标被中断
DEBUG_STATUS_NO_DEBUGGEE	7	N/A	没有活动的调试会话
DEBUG_STATUS_STEP_BRANCH	8	让目标继续执行，直到遇到下一个分支指令	目标在以单步执行到下一分支的方式单步执行
DEBUG_STATUS_IGNORE_EVENT	9	忽略上一调试事件，让目标继续执行	N/A
DEBUG_STATUS_RESTART_REQUESTED	10	重新启动调试目标	目标在重新启动

在调试器引擎模块中，全局变量 g_EngStatus 用来记录调试器引擎的状态，g_CmdState 用来记录命令状态。根据观察，当 WinDBG 处于空闲状态（命令状态）时，g_CmdState 的值为 0x101；当调试会话处于繁忙状态时，g_CmdState 的值为 1。

下面我们继续讨论进入命令状态的过程。当 IsCommandMode 函数返回 1 后，EngineLoop 函数便调用 EnterIdleState 进入命令状态，这个函数主要执行了以下操作。

（1）通过 g_DbgControl 指针调用 DebugClient 类的 GetPromptTextWide 方法，目的是取得命令提示文字，如"0:001>"。

（2）调用 UpdateBufferWindows 函数更新缓冲区窗口，如 Watch 窗口和 Registers 窗口等。

（3）向由全局变量 g_FrameWin 所标识的调试器窗口发送 0x405 号消息，启动调试器的用户交互逻辑。

接下来，EngineLoop 函数通过 g_DbgClient 指针调用 DebugClient 类的 DispatchCallbacks 方法，其原型如下。

```
HRESULT  IDebugClient::DispatchCallbacks( IN ULONG  Timeout);
```

DispatchCallbacks 方法内部会调用操作系统的同步对象等待函数（WaitForSingleObjectEx）来等待一个信号量，使调试会话线程处于等待状态。此时由于 UI 线程是在工作的，因此用户可以通过命令窗口输入命令。当用户输入一条命令并按 Enter 键后，UI 线程会调用 DebugClient 类的 ExitDispatch 方法，释放信号量，使 DispatchCallbacks 中的等待函数返回。清单 29-6 显示了 UI 线程中结束一条命令输入后调用 ExitDispatch 函数的过程。

清单 29-6　用户输入一条命令之后，UI 线程调用 ExitDispatch 函数的过程

```
0:000> kn 30
 # ChildEBP RetAddr
00 0006d15c 020c2898 kernel32!ReleaseSemaphore            //释放信号量
01 0006d1b4 0102af20 dbgeng!DebugClient::ExitDispatch+0xd8  //调试引擎接口函数
02 0006d1c4 010279d5 WinDBG!UpdateEngine+0x30             //与调试器引擎交互的函数
03 0006d1cc 01027acf WinDBG!FinishCommand+0x15
04 0006d1f0 010147d4 WinDBG!AddStringCommand+0xef         //添加字符串命令
05 0006d208 0103ca68 WinDBG!CmdExecuteCmd+0xa4            //执行命令
06 0006dda4 7e418724 WinDBG!FrameWndProc+0x1338           //窗口函数
【省略关于消息分发的多个栈帧】
11 0006fff0 00000000 kernel32!BaseProcessStart+0x23       //进程的启动函数
```

值得注意的是，上面显示的是 UI 线程（0 号线程）中发生的事情。在用户通过快捷键、菜单或命令窗口输入命令后，UI 线程调用 CmdExecuteCmd 函数，然后通过 UpdateEngine 函数调用 ExitDispatch，最后调用 ReleaseSemaphore 释放信号，唤醒调试会话线程让其开始处理命令。

29.7.3　执行命令

当调试会话线程被唤醒后，它先从 DispatchCallbacks 函数返回 EngineLoop 函数，而后 EngineLoop 调用 ProcessEngineCommands 来处理命令。清单 29-7 显示了调试会话线程执行 kn 命令的过程。

清单 29-7　调试会话线程执行 kn 命令的过程

```
0:001> kn
 # ChildEBP RetAddr
00 00f1db80 021f8045 dbghelp!StackWalk64+0x18              //DbgHelp 库的栈回溯函数
01 00f1e7ec 021f8609 dbgeng!TargetInfo::GetTargetStackFrames+0x645 //调试目标
02 00f1e880 0218651f dbgeng!DoStackTrace+0x1c9             //栈回溯功能的入口
03 00f1e8fc 02187b80 dbgeng!WrapParseStackCmd+0x15f        //解析栈回溯命令
04 00f1e9d8 021889a9 dbgeng!ProcessCommands+0xab0
05 00f1ea1c 020cbec9 dbgeng!ProcessCommandsAndCatch+0x49
06 00f1eeb4 020cc12a dbgeng!Execute+0x2b9                  //ANSI 版本
07 00f1eee4 01028553 dbgeng!DebugClient::ExecuteWide+0x6a  //宽字符的命令执行方法
08 00f1ef8c 01028a43 WinDBG!ProcessCommand+0x143           //分发命令，见下文
09 00f1ffa0 0102ad06 WinDBG!ProcessEngineCommands+0xa3     //命令处理的顶层函数
0a 00f1ffb4 7c80b6a3 WinDBG!EngineLoop+0x366               //调试会话循环
0b 00f1ffec 00000000 kernel32!BaseThreadStart+0x37         //调试会话线程
```

其中的 Execute 方法是调试器向调试器引擎提交命令的主要接口，WinDBG SDK 详细描述了这个方法，其函数原型如下。

```
IDebugControl::Execute(
   IN ULONG  OutputControl,    //输出命令结果的方式，其值为 DEBUG_OUTCTL_XXX 常量
   IN PCSTR  Command,          //命令字符串
   IN ULONG  Flags             //执行命令的标志选项
);
```

ProcessCommands 函数是分发命令的主要场所，它先把命令解析为一个个元素，然后再把不同的命令分发给负责该命令的工作函数。在 ProcessCommands 函数中有很多个 switch…case 这样的结构，从 IDA 工具为其绘制的代码结构（图 29-18）中也可以看出这一特征。

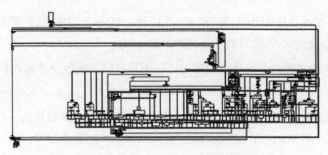

图 29-18 ProcessCommands 函数的代码结构

举例来说，ProcessCommands 函数将包括 kv 命令在内的 k 系列命令分发给 WrapParseStackCmd 函数，将 u 命令分发给 ParseUnassemble。类似地，ParseGoCmd 是处理 go 系列命令的入口，ParseRegCmd 是处理寄存器类命令的入口，ParseBpCmd 是处理断点命令的入口，ParseThreadCmds 是处理线程类命令（～等）的入口，ParseBangCmd 是处理所有扩展命令的入口，DotCommand 是处理所有元命令（meta-command）的入口，ParseEnterCommand 是处理数据编辑类命令的入口，ParseStepTrace 是处理单步跟踪类命令的入口等。

29.7.4 结束命令状态

结束调试会话或者恢复目标执行都会导致调试器脱离命令状态。我们已经在 29.6.5 节介绍过结束调试会话的情况，现在我们来看恢复目标执行的情况。执行 g 命令的 SetExecGo 函数会调用 NotifyChangeEngineState 来通知调试器引擎状态将发生变化。这时调试目标还没有真正恢复执行。

在图 29-17 中，当 ProcessEngineCommands 函数返回后，一次命令循环结束，EngineLoop 函数又跳回执行 EnterBusyMode，显示 *BUSY* 提示符，而后再调用 IsCommandMode 函数时，因为 g_ExecStatus 不再等于 DEBUG_STATUS_BREAK，而是 DEBUG_STATUS_GO（1），所以 IsCommandMode 返回 0，于是整个调试会话循环回到步骤 C 去等待下一个调试事件。也就是调用 RawWaitForEvent 函数。RawWaitForEvent 会调用 PrepareForWait 做等待下一个调试事件的准备工作。之后设置执行状态的 SetExecutionStatus 函数会被调用。准备函数返回后，RawWaitForEvent 会根据全局变量 g_EventTarget 来判断上一个调试事件是否为空，如果不为空会调用 ReleaseLastEvent 来释放。ReleaseLastEvent 会调用调试服务对象的 ContinueEvent 方法，后者会调用 NtDebugContinue 真正恢复目标执行，这一过程如清单 29-3 所示。ReleaseLastEvent 方法返回后，RawWaitForEvent 会调用 WaitForAnyTarget，后者再通过调试目标和调试服务对象调用操作系统的等待事件函数，也就是清单 29-2 所示的执行过程。

29.8 扩展命令的工作原理

我们在第 28 章中介绍 VS Code 时提到，VS Code 是以扩展包的思想构建的。虽然 WinDBG 的调试引擎内建了很多调试功能，但是对于五花八门的各种调试场景来说仍是远远不够的。为此，不仅 WinDBG 软件包中预装了很多个扩展命令模块，还允许开发者自己设计扩展模块。设计扩展模块的方法也有很大的灵活性，一共有 3 种方法。

第一种方法是直接使用调试引擎的服务接口，这样可以访问调试引擎的全部功能，所以这是最强大的一种方式。WinDBG 的 SDK 将这种方式称为 DbgEng 扩展。SDK 目录中的 sdk\samples\exts\dbgexts 示例使用的就是这种方式。

使用这种方法的扩展命令模块一定要输出一个具有以下函数原型和名称的函数。

```
HRESULT CALLBACK DebugExtensionInitialize(PULONG Version, PULONG Flags);
```

当 WinDBG 加载扩展命令时会调用这个函数来初始化这个扩展模块。在这个函数内部，通常应该调用 DebugConnect 或者 DebugCreate 获得调试引擎的服务接口。

上面的方式要求对调试引擎有比较深入的理解，对 COM 接口定义不晕（有些程序员一见 IXXX 就晕）。由于这两个要求对于很多人可能太高，因此便有了简单一些的第二种方法。

与第一种方法所使用的接口形式不同，第二种方法使用的是函数形式。WinDBG SDK 中公布了一系列函数，让扩展命令模块来调用。比如 dprintf 函数用于输出信息，GetContext/SetContext 用于访问上下文，ReadMemory/WriteMemory 用于访问内存，等等。这种方法是 WinDBG 的早期版本就开始使用的方法，称为 WdbgExts。sdk\samples\simplext 目录中的示例和本书中的 LBR 命令使用的都是这种方法。

使用第二种方法编写的扩展模块一定要输出以下函数。

```
VOID    WinDbgExtensionDllInit(
        PWINDBG_EXTENSION_APIS lpExtensionApis,
        USHORT MajorVersion,        USHORT MinorVersion    )
```

当 WinDBG 加载这个扩展模块时，会调用这个函数，将一个函数表的地址通过 lpExtensionApis 参数传递进来。这个函数内部通常应该将这个地址保存到全局变量中。

```
VOID WinDbgExtensionDllInit(
    PWINDBG_EXTENSION_APIS lpExtensionApis,
    USHORT MajorVersion,    USHORT MinorVersion    )
{
    ExtensionApis = *lpExtensionApis;
    SavedMajorVersion = MajorVersion;
    SavedMinorVersion = MinorVersion;
    return;
}
```

事实上，上面的 WdbgExts 函数其实就是针对这个函数表的宏，例如：

```
#define dprintf         (ExtensionApis.lpOutputRoutine)
#define ReadMemory      (ExtensionApis.lpReadProcessMemoryRoutine)
```

第二种方法的优点是相对简单，但是也有明显的缺点，那就是只能使用 ExtensionApis 数组中定义的函数，不能完全发挥调试引擎的功能。

前面两种方法中，一种是 COM 接口方法，另一种是 C 函数方法，前者似乎太新潮（姑且如此称呼），后者似乎太古老。于是在 2005 年 10 月，WinDBG 的 6.5.3.8 版本引入了编写扩展模块的第三种方法，称为 EngExtCpp。

简单来说，EngExtCpp 方法使用的是 C++类框架思想，与 MFC、ATL 等是一个套路。EngExtCpp 的基类是 ExtException。扩展模块应该从这个基类来派生一个子类，然后实现自己的扩展命令。sdk/samples/extcpp 目录下的 extcpp 模块就使用的这种方法。以下是它的类定义。

```
class EXT_CLASS : public ExtExtension
```

```
{
public:
    EXT_COMMAND_METHOD(ummods);
};
```

其中 EXT_CLASS 是一个宏，其定义如下。

```
#ifndef EXT_CLASS
#define EXT_CLASS Extension
#endif
```

因此 Extension 是默认的类名，如果要使用其他名称，那么应该在包含头文件 engextcpp.hpp 前定义这个宏，比如:

```
#define EXT_CLASS AdvDBGExtension
```

EngExtCpp 的类框架定义了一些类以满足典型的需要，它的全部源代码包含在 sdk\inc\engextcpp.cpp 文件中。它的代码已经被编译成一个 lib 文件放在 sdk\lib 目录下，并会被链接到使用这种方法的扩展模块中。

```
LINKLIBS = $(DBGLIB_LIB_PATH)\engextcpp.lib
```

归纳一下，WinDBG 为我们提供了 3 种编写扩展模块的方法，它们各有特色和优缺点。我们可以根据需要和自己的偏好做出选择。喜欢用 C++类库的可以使用第三种（EngExtCpp），喜欢用 C 函数的可以用第二种（WdbgExts），喜欢功能强大性和 COM 接口的可以用第一种（DbgEng）。

无论使用哪一种，基本做法都是编写一个动态链接库模块，并根据规定输出必要的函数。然后 WinDBG 在用户执行扩展命令时会寻找和加载这个扩展模块，接着寻找里面的输出函数，并执行。

举例来说，图 29-19 显示了 LBR 扩展模块所输出的所有函数。

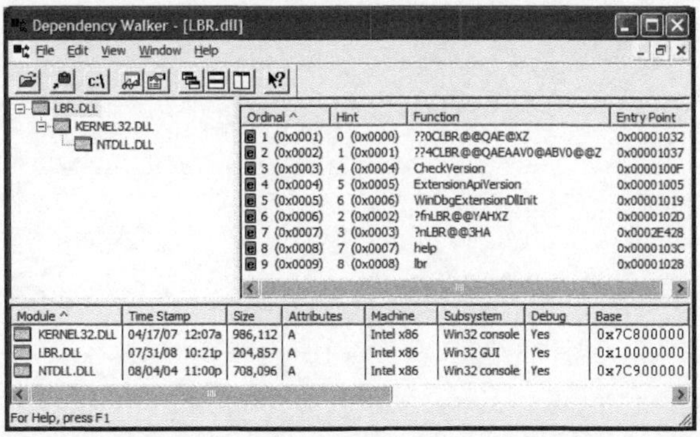

图 29-19 LBR 扩展模块所输出所有函数

其中的 WinDbgExtensionDllInit 就是必须输出的初始化函数。help 和 lbr 是两个命令的输出函数。前面带有问号的函数是 VC 创建 DLL 时自动定义的类和函数，与 WinDBG 扩展模块无关。

图 29-20 显示了 WinDBG 的 ACPI 扩展命令模块 ACPIKD.DLL 所输出的函数。从函数 DebugExtensionInitialize 可以看出，它是使用第一种方法来编写的。

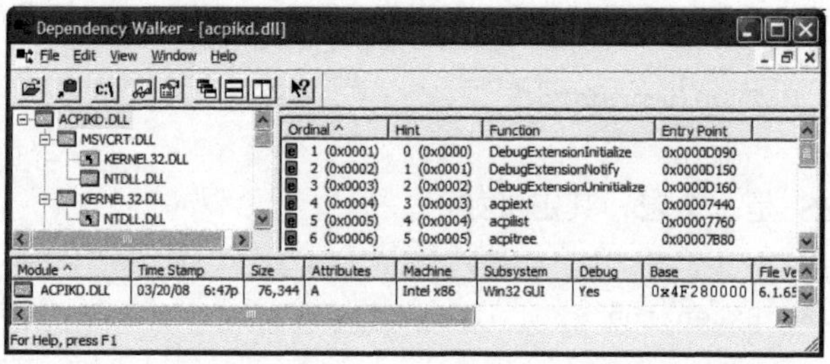

图 29-20 扩展命令模块 ACPIKD.DLL 所输出的函数

『 29.9 本章总结 』

本章比较详细地介绍了 WinDBG 调试器的概况、发展历史、模块组成、软件架构和主要功能的实现方法。为了不流于空泛，我们在介绍中较多地引用了 WinDBG 的内部类和函数。在将来的版本中，某些类和函数的名字可能会变化。不过，我们的目的主要是让大家更深入地理解调试器的设计原理，以便可以更好地使用它，因此将来的变化并不会影响这个目标。

参 考 资 料

[1] How to set up remote debugging quickly by using Visual C++ 5.0 or Visual C++ 6.0. Microsoft Corporation.

[2] Debugging Tools for Windows 帮助手册. Microsoft Corporation.

第 30 章　WinDBG 用法详解

WinDBG 是个非常强大的调试器，它设计了极其丰富的功能来支持各种调试任务，包括用户态调试、内核态调试、转储文件调试、远程调试等。另外，WinDBG 调试器具有非常好的灵活性和可扩展性，提供了丰富的选项允许用户定制现有的调试功能，包括改变调试事件的处理方式。如果现有的功能和选项不能满足要求，那么用户可以编写命令程序与扩展命令来定制和补充 WinDBG 的功能。

尽管 WinDBG 是个典型的窗口程序，但是它的大多数调试功能还是以手工输入命令的方式来工作的。目前版本的 WinDBG 共提供了 130 多条标准命令、140 多条元命令（meta-command）和难以计数的扩展命令，学习和灵活使用这些命令是学习 WinDBG 的关键，也是难点。

第 29 章从设计的角度分析了 WinDBG，本章将从使用角度进一步介绍 WinDBG。我们先介绍工作空间的概念和用法（30.1 节），然后介绍命令的分类（30.2 节）、用户界面（30.3 节）以及如何输入和执行命令（30.4 节）。30.5 节介绍常用的调试模式和建立调试会话的方法。30.6 节介绍终止调试会话的各种方法。30.7 节介绍上下文的概念和在调试时如何切换和控制上下文。30.8 节介绍调试符号。30.9 节讨论如何定制调试事件的处理方式。30.10～30.17 节将介绍如何在 WinDBG 中完成典型的调试操作，包括控制调试目标（30.10 节）、单步执行（30.11 节）、使用断点（30.12 节）、控制进程和线程（30.13 节）、观察栈（30.14 节）、观察和修改数据（30.15 节）、遍历链表（30.16 节）和调用函数（30.17 节）。30.18 节介绍编写命令程序的方法。

『 30.1　工作空间 』

WinDBG 使用工作空间（workspace）来描述和存储调试项目的属性、参数以及调试器设置等信息，其功能相当于集成开发环境（IDE）中的项目文件。

WinDBG 定义了两种工作空间：一种称为默认的工作空间（default workspace）；另一种称为命名的工作空间（named workspace）。当没有明确使用某个命名的工作空间时，WinDBG 总是使用默认的工作空间，因此默认的工作空间也叫隐式的（implicit）工作空间，命名的工作空间也叫显式的（explicit）工作空间。

WinDBG 安装时就预先创建了一系列默认的工作空间，它们分别如下。

（1）基础工作空间（base workspace），当调试会话尚未建立，WinDBG 处于赋闲（dormant）状态时，它会使用基础工作空间作为默认工作空间。

（2）默认的内核态工作空间（default kernel-mode workspace），当在 WinDBG 中开始内核调试，但是尚未与调试目标建立连接时，WinDBG 会使用这个工作空间作为默认工作空间。

（3）默认的远程调试工作空间（remote default workspace），当通过调试服务器（DbgSrv 或 KdSrv）进行远程调试时，WinDBG 会使用这个工作空间作为默认工作空间。

（4）特定处理器的工作空间（processor-specific workspace），在进行内核调试时，WinDBG 与调试目标建立起联系，并知道对方的处理器类型后，WinDBG 会使用与目标系统中的处理器类型相配套的工作空间作为默认工作空间。典型的处理器类型有 x86、AMD64、Itanium 等。

（5）默认的用户态工作空间（default user-mode workspace），当使用 WinDBG 调试一个已经运行的进程时，它会使用这个工作空间作为默认的工作空间。

此外，在 WinDBG 中打开一个应用程序并开始调试时，WinDBG 会根据可执行文件的路径和文件名为其建立一个默认的工作空间，如果这个工作空间已经存在，那么它就使用已经存在的。类似地，当使用 WinDBG 分析转储文件时，WinDBG 会根据转储文件的全路径建立和维护默认的工作空间。

在 WinDBG 的文件菜单中选择 Save workspace as 命令，将当前工作空间另存为一个特定的名字，便创建了一个命名的工作空间。在提示对话框的标栏题中包含了 WinDBG 当前所使用的工作空间的名字。当 WinDBG 切换到一个新的工作空间或者退出时，如果工作空间的内容变化，那么 WinDBG 会提示是否要保存工作空间，提示对话框（图 30-1）的标题栏中也包含了工作空间的名字。

图 30-1　切换或者关闭调试会话时 WinDBG 提示是否要保存工作空间

WinDBG 的工作空间中保存了如下几类信息。

（1）调试会话状态：包括断点、打开的源文件、用户定义的别名（alias）等。

（2）调试器设置：包括符号文件路径、可执行映像文件路径、源文件路径、用 l+/l- 命令设置的源文件选项、日志文件设置、通过启动内核调试对话框设置的内核调试连接设置、最近一次打开文件对话框所使用的路径和输出设置等。

（3）WinDBG 图形界面信息：包括 WinDBG 窗口的标题，是否自动打开 Disassembly 窗口，默认字体，WinDBG 窗口在桌面的位置，打开的 WinDBG 子窗口，每个打开窗口的详细信息，包括位置、浮动状态等，Command 窗口的设置，是否显示状态条和工具栏，Registers 窗口的定制信息，源文件窗口的光标位置，Watch 窗口的变量信息等。

WinDBG 默认使用注册表来保存工作空间设置，其路径如下。

```
HKEY_CURRENT_USER\Software\Microsoft\WinDBG\Workspaces
```

在 Workspaces 键下通常有 4 个子键——User、Kernel、Dump 和 Explicit（图 30-2），前 3 个子键分别用来保存用户态调试、内核态调试、调试转储文件时使用的默认工作空间，Explicit 用来保存命名的工作空间。

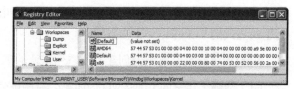

图 30-2　Workspaces 键的 4 个子键

在以上 4 个子键下的每个键值对应于一个工作空间，Name 是工作空间的名称，Data 就是这个工作空间的二进制数据。

WinDBG 支持使用文件来保存工作空间。使用 File 菜单的 Save Workspace to File 命令可以将当前的工作空间保存为一个 .WEW 文件。这个文件是二进制的，其内容与注册表中的数据是一样的。

启动 WinDBG 时可以通过-W 开关指定要使用的工作空间名称，也可以通过 File 菜单来打开一个工作空间以显式地加载这个工作空间的设置。

值得说明的是，WinDBG 是以累积方式来应用工作空间中的大多数设置的。当 WinDBG 启动时，它会应用默认的基础设置，当加载新的工作空间时，WinDBG 只加载这个新工作空间中的特别内容。

通过 WinDBG 的 File 菜单的 Delete Workspaces 命令可以删除工作空间。一种更快速的方法就是使用注册表编辑器（regedit）直接删除保存在注册表中的键值。如果要删掉全部工作空间，就会把 Workspaces 子键全部删除，这样做不会影响 WinDBG 正常运行，下次使用时它会自动创建默认工作空间所需的键值。

WinDBG 程序目录中的 Themes 子目录中包含了 4 种经过定制的工作空间设置，称为主题（theme）。每个主题配备了一个.reg 文件和一个.WEW 文件，将.reg 文件导入注册表或者使用 WinDBG 打开.WEW 文件（open workspace in file）便可以应用对应的主题。

『 30.2 命令概览 』

WinDBG 的大多数功能是以命令方式工作的，本节将介绍 WinDBG 的 3 类命令——标准命令、元命令和扩展命令。

30.2.1 标准命令

标准命令用来提供适用于所有调试目标的基本调试功能。所有基本命令都是实现在 WinDBG 调试器内部的，执行这些命令时不需要加载任何扩展模块。大多数标准命令是一两个字符或者符号，只有 version 等少数命令除外。标准命令的第一个字符是不区分大小写的，第二个字符可能区分大小写。迄今为止，WinDBG 调试器共实现了 130 多条标准命令，分为 60 多个系列。为了便于记忆，可以根据功能将标准命令归纳为如下 18 个子类。

（1）控制调试目标执行，包括恢复运行的 g 系列命令、跟踪执行的 t 系列命令（trace into）、单步执行的 p 系列命令（step over）和追踪监视的 wt 命令。

（2）观察和修改通用寄存器的 r 命令，读写 MSR 的 rdmsr 和 wrmsr，设置寄存器显示掩码的 rm 命令。

（3）读写 I/O 端口的 ib/iw/id 和 ob/ow/od 命令。

（4）观察、编辑和搜索内存数据的 d 系列命令、e 系列命令与 s 命令。

（5）观察栈的 k 系列命令。

（6）设置和维护断点的 bp（软件断点）、ba（硬件断点）命令，管理断点的 bl（列出所有断点）、bc/bd/be（清除、禁止和重新启用断点）命令。

（7）显示和控制线程的～命令。

（8）显示进程的|命令。

（9）评估表达式的 "?" 命令和评估 C++表达式的 "??" 命令。

（10）用于汇编的 a 命令和用于反汇编的 u 命令。

（11）显示段选择子的 dg 命令。

（12）执行命令文件的$命令。

（13）设置调试事件处理方式的 sx 系列命令，启用与禁止静默模式的 sq 命令，设置内核选项的 so 命令，设置符号后缀的 ss 命令。

（14）显示调试器和调试目标版本的 version 命令，显示调试目标所在系统信息的 vertarget 命令。

（15）检查符号的 x 命令。

（16）控制和显示源程序的 ls 系列命令。

（17）加载调试符号的 ld 命令，搜索相邻符号的 ln 命令，显示模块列表的 lm 命令。

（18）结束调试会话的 q 命令，包括用于远程调试的 qq 命令，结束调试会话并分离调试目标的 qd 命令。

在命令编辑框中输入一个问号（？）可以显示出主要的标准命令和对每个命令的简单介绍。附录 B 按字母顺序列出了所有标准命令。

30.2.2　元命令

元命令（meta-command）用来提供标准命令没有提供的常用调试功能，与标准命令一样，元命令也是内建在调试器引擎或者 WinDBG 程序文件中的。所有元命令都以一个点（.）开始，所以元命令也称为点命令（dot command）。

元命令具有如下几类功类。

（1）显示和设置调试会话和调试器选项，比如用于符号选项的.symopt，用于符号路径的.sympath 和.symfix，用于源程序文件的.srcpath、.srcnoise 和.srcfix，用于扩展命令模块路径的.extpath，用于匹配扩展命令的.extmatch，用于可执行文件的.exepath，用于设置反汇编选项的.asm，用于控制表达式评估器的.expr 命令。

（2）控制调试会话或者调试目标，如重新开始调试会话的.restart，放弃用户态调试目标（进程）的.abandon，创建新进程的.create 命令和附加到存在进程的.attach 命令，打开转储文件的.opendump，分离调试目标的.detach，用于终止进程的.kill 命令。

（3）管理扩展命令模块，包括加载模块的.load 命令，卸载用的.unload 命令和.unloadall 命令，显示已经加载模块的.chain 命令等。

（4）管理调试器日志文件，如.logfile（显示信息）、.logopen（打开）、.logappend（追加）和.logclose（关闭）。

（5）远程调试，如用于启动 remote.exe 服务的.remote 命令，启动调试引擎服务器的.server 命令，列出可用服务器的.servers 命令，用于向远程服务器发送文件的.send_file，用于结束远程进程服务器的.endpsrv，用于结束引擎服务器的.endsrv 命令。

（6）控制调试器，如让调试器睡眠一段时间的.sleep 命令，唤醒处于睡眠状态的调试器的.wake 命令，启动另一个调试器来调试当前调试器的.dbgdbg 命令。

（7）编写命令程序，包括一系列类似于 C 语言关键字的命令，如.if、.else、.elsif、.foreach、.do、.while、.continue、.catch、.break、.continue、.leave、.printf、.block 等，我们将在 30.18 节介绍命令

程序的编写方法。

（8）显示或者转储调试目标数据，如产生转储文件的.dump 命令，将原始内存数据写到文件的.writemem 命令，显示调试会话时间的.time 命令，显示线程时间的.ttime 命令，显示任务列表的.tlist（task list）命令，以不同格式显示数字的.formats 命令。

输入.help 可以列出所有元命令和每个命令的简单说明。

30.2.3　扩展命令

扩展命令（extension command）用于实现针对特定调试目标的调试功能。与标准命令和元命令是内建在 WinDBG 程序文件中不同，扩展命令是实现在动态加载的扩展模块（DLL）中的。

利用 WinDBG 的 SDK，用户可以自己编写扩展模块和扩展命令。WinDBG 程序包中包含了常用的扩展命令模块。

（1）NT4CHK：调试目标为 Windows NT 4.0 Checked 版本时的扩展命令模块。

（2）NT4FRE：调试目标为 Windows NT 4.0 Free 版本时的扩展命令模块。

（3）W2KCHK：调试目标为 Windows 2000 Checked 版本时的扩展命令模块。

（4）W2KFRE：调试目标为 Windows 2000 Free 版本时的扩展命令模块。

（5）WINXP：调试目标为 Windows XP 或者更高版本时的扩展命令模块。

（6）WINEXT：适用于所有 Windows 版本的扩展命令模块。

表 30-1 列出了 WINEXT 和 WINXP 目录中的所有扩展命令模块。

表 30-1　WINEXT 和 WINXP 目录中的所有扩展命令模块

扩展模块	路　　径	描　　述
ext.dll	WINEXT	适用于各种调试目标的常用扩展命令
kext.dll	WINEXT	内核态调试中的常用扩展命令
uext.dll	WINEXT	用户态调试中的常用扩展命令
logexts.dll	WINEXT	用于监视和记录 API 调用（Windows API Logging Extensions）
sos.dll	WINEXT	用于调试托管代码和.NET 程序
ks.dll	WINEXT	用于调试内核流（kernel stream）
wdfkd.dll	WINEXT	调试使用 WDF（Windows Driver Foundation）编写的驱动程序
acpikd.dll	WINXP	用于 ACPI 调试，追踪调用 ASL 程序的过程，显示 ACPI 对象
exts.dll	WINXP	关于堆（!heap）、进程/线程结构（!teb/!peb）、安全信息（!token、!sid、!acl）和应用程序验证（!avrf）等的扩展命令
kdexts.dll	WINXP	包含了大量用于内核调试的扩展命令
fltkd.dll	WINXP	用于调试文件系统的过滤驱动程序（FsFilter）
minipkd.dll	WINXP	用于调试 AIC78xx 小端口（miniport）驱动程序
ndiskd.dll	WINXP	用于调试与网络有关的驱动程序
ntsdexts.dll	WINXP	实现了!handle、!locks、!dp、!dreg（显示注册表）等命令
rpcexts.dll	WINXP	用于 RPC 调试
scsikd.dll	WINXP	用于调试与 SCSI 有关的驱动程序

续表

扩展模块	路　　径	描　　述
traceprt.dll	WINXP	用于格式化 ETW 信息
vdmexts.dll	WINXP	调试运行在 VDM 中的 DOS 程序和 WOW 程序
wow64exts.dll	WINXP	调试运行在 64 位 Windows 系统中的 32 位程序
wmitrace.dll	WINXP	显示 WMI 追踪有关的数据结构、缓冲区和日志文件

执行扩展命令时，应该以叹号（！）开始，叹号在英文中称为 bang，因此扩展命令也称为 bang command。执行扩展命令的完整格式如下。

　　！[扩展模块名].<扩展命令名> [参数]

其中扩展模块名可以省略，如果省略，WinDBG 会自动在已经加载的扩展模块中搜索指定的命令。

因为扩展命令是实现在动态加载的扩展模块中的，所以执行时需要加载对应的扩展模块。当调试目标被激活（debuggee activation）时，WinDBG 会根据调试目标的类型和当前的工作空间自动加载命令空间中指定的扩展模块。用户也可以使用以下方法手动加载扩展模块。

（1）使用.load 命令加上扩展模块的名称或者完整路径来加载它。如果没有指定路径，那么 WinDBG 会在扩展模块搜索路径（EXTPATH）中寻找这个文件。

（2）使用.loadby 命令加上扩展模块的名称和一个已经加载的程序模块的名称。这时 WinDBG 会在指定的程序模块文件所在目录中寻找和加载扩展命令模块。例如，在调试托管程序时，可以使用.loadby sos mscorwks 命令让 WinDBG 在 mscorwks 模块所在的目录中加载 SOS 扩展模块，这样可以确保加载正确版本的 sos 模块。

当使用"!扩展模块名.扩展命令名"的方式执行扩展命令时，如果指定的扩展模块还没有加载，那么 WinDBG 会自动搜索和加载这个模块。

使用.chain 命令可以列出当前加载的所有扩展模块，使用.unload 和.unloadall 命令可以卸载指定的或者全部扩展模块。大多数扩展模块支持使用 help 命令来显示这个模块的基本信息和所包含的命令，例如执行!ext.help 可以显示 ext 模块中的所有扩展命令。

30.3　用户界面

本节先介绍 WinDBG 的窗口结构和各种子窗口的用途，然后重点介绍命令窗口和各种命令提示符的含义。

30.3.1　窗口概览

WinDBG 是个典型的窗口程序（图 30-3），最外层是框架窗口（frame window），框架窗口的用户区上边是菜单栏和工具栏，下边是状态栏，中部的用户区可以摆放各种工作窗口。

图 30-3 显示了打开的 4 个常用的工作窗口，

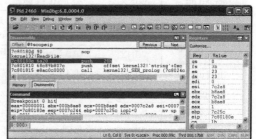

图 30-3　WinDBG 的基本用户界面

分别是 Disassembly 窗口、Memory 窗口、Command 窗口和 Registers 窗口，其中 Memory 窗口

与 Disassembly 窗口共享一个窗口区域。通过 View 菜单或者快捷键还可以打开其他子窗口，表 30-2 列出了目前版本的 WinDBG 所支持的所有工作窗口。

表 30-2　WinDBG 的工作窗口

名　称	快　捷　键	用　途
Command	Alt+1	输入命令，显示命令结果和调试信息
Watch	Alt+2	观察指定的全局变量、局部变量和寄存器信息
Locals	Alt+3	自动显示当前函数的所有局部变量
Registers	Alt+4	观察和修改寄存器的值
Memory	Alt+5	观察和修改内存数据
Call Stack	Alt+6	显示函数调用序列
Disassembly	Alt+7	反汇编
Scratch Pad	Alt+8	白板，可以用来做调试笔记等
Processes and Threads	Alt+9	显示被调试的进程和线程
Command Browser	Alt+N	执行和浏览命令

使用 Spy++工具可以观察 WinDBG 的窗口结构，例如，图 30-4 所示的窗口树描述了图 30-3 显示的所有窗口。

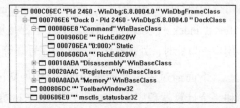

图 30-4　WinDBG 程序的窗口树

可以看到，最顶层是窗口类 WinDBGFrameClass 的一个实例，它有 3 个子窗口，分别是工具栏子窗口、状态栏子窗口和一个 DockClass 类型的子窗口 Dock0。Dock0 又有 4 个子窗口，即我们打开的 4 个工作窗口。

WinDBG 支持两种方式来摆放工作窗口，一种是浮动（floating）方式，另一种是码放（dock）方式。对于浮动方式，WinDBG 的 Window 菜单提供了水平平铺、垂直平铺和层叠（cascade）命令来自动调整窗口位置。对于码放方式，所有工作窗口填充在图 30-4 中的 DockClass 窗口中，用户可以使用鼠标来调整子窗口的大小和位置。图 30-3 所示的情况使用的是码放方式。

可以把窗口布局保存到工作空间中，这样下次再打开这个工作空间时，WinDBG 会自动打开上次使用的子窗口并恢复到保存时的状态。

30.3.2　命令窗口和命令提示符

命令窗口是用户与 WinDBG 交互的最主要接口。图 30-3 中左下方的子窗口就是 Command 窗口，它由上下两个部分组成，上面是信息显示区，下面是命令横条。命令横条又分为左右两个部分，左边是命令提示符，右边是命令编辑框。

信息显示区是 WinDBG 输出各种调试信息的主要场所，包括命令的执行结果、调试事件、错误信息和调试引擎的提示信息等。

WinDBG 的命令提示符由文字和大于号或星号两部分组成。对于不同类型的调试目标和调试会话状态，命令提示符的内容也会不同，下面将详细介绍。

（1）当 WinDBG 启动后尚未与任何调试目标建立调试对话（处于待用状态）时，它的提示符区域不显示任何内容，命令编辑框显示尚未与调试目标建立连接。我们将这种提示符称为空白提示符。进行内核调试前，当等待与调试目标建立连接时，WinDBG 显示的也是空白提示符（图 30-5）。

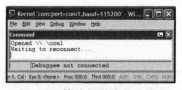

图 30-5　等待与调试目标建立连接时的空白提示符

（2）当 WinDBG 处于命令模式并等待用户输入命令时，它的提示符是描述当前调试目标的简短文字加一个大于号，即图 30-6 最下面一行中的样子。考虑到 WinDBG 支持同时调试多个系统中的多个调试目标，因此对于用户态目标，命令提示符的完整格式如下。

```
[||system_index:]process_index:thread_index>
```

对于双机内核调试时的内核态目标或者内核转储文件目标，命令提示符的完整形式如下。

```
[||system_index:][processor_index:]kd>
```

对于本地内核态调试，命令提示符的完整形式如下。

```
[||system_index:][processor_index:]lkd>
```

其中，system_index 代表系统序号，同一个 Windows 系统中的多个用户态目标属于一个系统，每个内核目标单独属于一个系统；process_index 代表进程序号；processor_index 代表处理器序号；thread_index 代表线程序号。所有序号都是从 0 开始全局编排的。当调试目标既有内核态目标又有用户态目标时，处理器序号与线程序号同等编排，每个内核态目标也被分配一个进程序号。

下面通过一个实验来说明。启动 WinDBG 和一个计算器程序（calc.exe），并将 WinDBG 附加到 calc 进程，然后使用 .opendump 命令打开一个内核转储文件，需要输入 g 命令执行一次才真正开始与调试目标建立调试会话。最后再使用 .create notepad.exe 调试一个新创建的进程（也需要恢复执行一次）。此时，打开 Processes and Threads 窗口，其状态如图 30-6 所示。

图 30-6　使用 WinDBG 调试多个目标时的提示符

首先看系统序号的分配，0 号代表的是用户态调试目标 calc.exe 所在的本地系统，1 号代表的是内核转储文件所对应的系统。

再看进程号，0 号进程是 calc 程序，0x10cc 是它的进程 ID；2 号进程是 notepad.exe，0x1304 是它的进程 ID。1 号"进程"分给了内核转储文件，0xf0f0f0f1 是个虚拟的进程 ID，如果再打开一个内核转储文件，那么它的虚拟进程号是 f0 f0 f0 f2。因为我们的操作顺序是在创建 notepad 之前打开转储文件，所以转储文件的进程序号为 1，记事本程序的进程序号为 2。

最后再看线程序号和处理器序号，0 号和 1 号分给了 calc 进程的两个线程。2～5 号分给了转储文件的 4 个处理器，6 号分给了记事本程序的唯一线程。

在 WinDBG 的状态条上，也显示了当前的系统号（Sys 0:<Local>）、进程号（Proc 000:10cc）和线程号（001:4d8）。如果切换到转储文件，那么状态栏的显示分别为 Sys 1:c:\dig\...、Proc 001:0（进程 ID 显示为 0）和 Thrd 002:0（0 代表 0 号 CPU）。

图 30-7 中的命令提示符是 ||0:0:001>，其中第 1 个 0 代表当前的系统序号，第 2 个 0 代表当前

的进程序号，001 代表当前的线程序号。使用||<system_index> s 命令可以切换当前系统，比如执行 || 1 s 便可以把当前系统切换到 1 号。使用|<process_index> s 可以切换当前进程。因为进程序号是全局编排的，所以可以直接从一个系统的某个进程切换到另一个系统的某个进程。使用～ <thread_index> s 可以切换当前线程，但只能在当前系统的范围内切换线程。举例来说，如果当前系统是 0 号，那么执行～6 s 便切换到 Notepad 进程的线程，执行～0 s 便切换回 calc 进程的 0 号线程。但是如果目前系统是转储文件，那么执行～0 s 或者～6 s 会得到错误：

```
||1:0: kd> ~0 s
            ^ Extra character error in '~0 s'
||1:0: kd> ~6 s
6 is not a valid processor number
            ^ Extra character error in '~6 s'
```

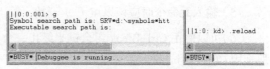

第三种提示符是 BUSY 提示符，它的内容固定为 BUSY 单词前后各加一个星号，即 *BUSY*。BUSY 提示符的含义是调试会话或调试引擎处于繁忙状态。当调试目标处于运行状态时，WinDBG 会使用 BUSY 提示符，

图 30-7 调试目标在运行（左）和执行命令（右）时的命令提示符

并在命令编辑框中显示 Debuggee is running，也就是图 30-7 左侧所示的样子。

当 WinDBG 开始执行命令时，它也会显示 BUSY 提示符，当命令执行结束后又切换回其他提示符。对于执行时间非常短的命令，我们看不到这种切换，但对于重新加载模块这样需要较长时间的命令，有时可以看到 BUSY 提示符，如图 30-7 右侧所示。

第四种，当使用.abandon 命令放弃所有调试目标后，命令提示符会变为 NoTarget 加大于号，即图 30-8 所示的样子。

第五种命令提示符是征询用户意见的输入提示符，它由 Input 单词加大于号组成。例如，图 30-9 显示了调试目标遇到断言失败时，内核调试引擎通过 WinDBG 调试器征询处理意见时的状态。此时用户可以输入字符 b、g、p 或者 t，分别代表中断到调试器、继续执行、终止进程和终止线程。

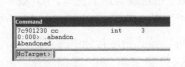

图 30-8 放弃所有调试目标后的命令提示符

图 30-9 征询用户意见的输入提示符

某些调试命令也会使用输入提示符，例如，实现汇编功能的 a 命令，当使用 e 命令编辑变量时，如果没有指定变量的取值，那么 WinDBG 就会使用输入提示符让用户输入，相关内容参见 30.14 节。

30.4 输入和执行命令

30.3 节介绍了 WinDBG 的命令提示符，本节将继续介绍输入和执行命令的一些常识和技巧，包括表达式、伪变量、重复执行、条件执行等。

30.4.1 要点

首先，应该在 WinDBG 处于等待命令的状态下输入命令。如果提示符显示为*BUSY*，虽

然命令编辑框中可以输入命令（图 30-7 右），但是这个命令也不会马上执行，要等 WinDBG 恢复到空闲状态才能执行。此外，还应该记住以下这些要点。

（1）可以在同一行输入多条命令，用分号（；）作为分隔符。

（2）直接按 Enter 键可以重复上一条命令。比如在使用 u 命令反汇编时，第一次输入 u 命令后，每次再按 Enter 键，WinDBG 会继续反汇编接下来的代码。

（3）按上下方向键可以浏览和选择以前输入过的命令。

（4）大多数命令是不区分大小写的，但是某些命令的选项是区分大小写的，以显示栈回溯的 kPL 命令为例，k 不区分大小写，P 和 L 是区分大小写的。

（5）输入元命令时应该以点（.）开始，输入扩展命令时应该以叹号（！）开始。

（6）可以使用 Ctrl+Break 组合键来终止一个长时间未完成的命令。如果使用 KD 或者 CDB，那么用 Ctrl+C 组合键。

（7）按 Ctrl+Alt+V 组合键可以启用 WinDBG 的详细输出（Verbose Output）模式，观察到更多的调试信息，再按一次则恢复到本来的模式。

（8）当进行内核调试时，可以按 Ctrl+Alt+D 组合键，让 WinDBG 显示与内核调试引擎之间的数据通信，再按一次可以停止显示。

（9）WinDBG 的帮助文件是学习和使用 WinDBG 的好帮手，按 F1 快捷键或者输入.hh 加上希望了解的命令，随时可以打开帮助文件并转到相关的主题。

其次，WinDBG 默认使用十六进制数，使用命令 n 可以改变默认的数制，也可以在数字前加 0x、0n 和 0y 来显式指定十六进制、十进制和二进制。对于十六进制数，也可以在末尾加字符 h 来表示。对于 64 位长的数字，可以在第 31 位前加`符号，也可以不加，例如 FFFFFFFF`80000000。

30.4.2　表达式

在 4.0 版本之前，WinDBG 只支持使用宏汇编（MASM）语法编写的表达式，4.0 版本引入了对 C++表达式的支持，但默认使用的仍是 MASM 表达式。执行.expr 命令可以观察和设置默认使用的表达式语法。使用@@masm(...)或者@@c++(...)可以显式指定括号中的表达式所使用的语法规则。例如下面的第一条命令显示当前使用的是 MASM 表达式，第二条命令显式声明使用 C++表达式。

```
0:000> .expr
Current expression evaluator: MASM - Microsoft Assembler expressions
0:000> ? @@c++(reinterpret_cast <int>(0xfffffffee))
Evaluate expression: -18 = fffffffee
```

因为 "??" 命令专门用来评估 C++表达式，所以第二条命令也可以写为 "?? const_cast <unsigned int>(0xfffffffee)"。

在 MASM 表达式中，除了可以使用加减乘除（+、−、*、/），移位（>>、<<、>>>），求余（%或 mod），比较（=或==、>、<、>=、<=、!=），按位与（&或 and），按位异或（^或 xor），按位或（|或 or），正负号等运算符，还可以使用如下特殊的运算符。

（1）使用 hi 或者 low 分别得到一个 32 位数的高 16 位或低 16 位。

（2）使用 by 或者 wo 从指定地址分别取得低位的一字节（byte）和一个字（word）。

（3）使用 dwo 或者 qwo 从指定地址分别得到一个 DWORD 或者 QWORD（四字）。

（4）使用 poi 从指定地址得到指针长度的数据，例如在 32 位 Windows 系统中，poi（ebp+8）可以返回栈帧基地址+8 字节处的 DWORD 值，通常也就是放在栈上的第一个参数的值。

为了支持复杂的调试命令，WinDBG 还定义了一些特殊的类似于函数的运算符，它们都以$字符开头。

（1）$iment（Address）。返回参数 Address 所代表模块的入口地址，Address 应该为模块的基地址。例如，对于 VC 编译器产生的普通 EXE 模块，其基地址为 400000，$iment（400000）的返回值就是编译器插入的入口函数（_WinMainCRTStartup）地址。

（2）$scmp（"string1", "string2"）。比较参数指定的两个字符串，与 strcmp 类似。

（3）$sicmp（"string1", "string2"）。比较参数指定的两个字符串，忽略大小写，与 stricmp 类似。

（4）$spat（"string1", "pattern"）。判断参数 1 指定的字符串是否符合参数 2 指定的模式。模式字符串中可以包含?、*、#等特殊符号，WinDBG 帮助文件中"String Wildcard Syntax"节包含了详细的说明。[1]

（5）$vvalid（Address, Length）。判断指定区域是不是有效的内存区。若有效则返回 1；否则，返回 0。

（6）$fnsucc（FnAddress, RetVal, Flag）。根据函数的返回值评估函数是否成功。

另外，在 MASM 表达式中，可以使用如下格式来指定源文件的行。

```
`[[Module!]Filename][:LineNumber]`
```

其中，两端是重音符号，并不是单引号，行号应该总是为十进制数，模块名和源文件名可以省略，如果省略 WinDBG，会使用当前程序指针所对应的源文件。比如，可以使用 bp `d4dtest!d4dtestdlg.cpp:196`在 d4dtestdlg.cpp 文件的 196 行设置一个断点。

在 C++表达式中，可以使用 C 和 C++语言定义的各种运算符，包括取地址（&）、引用指针（*）、索引结构中的字段（->或.）、指定类名（::）、类型转换（dynamic_cast、static_cast、const_cast、reinterpret_cast）等各种运算符，比如执行?? &(this->m_Button1)可以显示出 m_Button1 对象的所有成员。此外，在 C++表达式中还可以使用如下以#号开始的宏。

（1）##CONTAINING_RECORD(Address, Type, Field)：根据 Field 的地址（Address），返回这个字段所属的 Type 结构的基地址。

（2）#FIELD_OFFSET(Type, Field)：返回 Field 在 Type 结构中的字节偏移量。

（3）#RTL_CONTAINS_FIELD (Struct, Size, Field)：判断在 Size 指定的长度范围内是否包含了 Field。

（4）#RTL_FIELD_SIZE(Type, Field)：返回结构（Type）中指定字段（Field）的长度。

（5）#RTL_NUMBER_OF(Array)：返回数组的元素个数。

（6）#RTL_SIZEOF_THROUGH_FIELD(Type, Field)：返回截止指定字段（Field）的结构（Type）长度，包含这个字段。

我们将在后面的内容中演示以上部分运算符和宏的用法，接下来看一下在命令中添加注释的方法。WinDBG 支持以两种方法在命令中加入注释文字。一种是使用*命令，另一种是使用$$命令。因为二者都是特别的命令，所以使用前应该在前一条命令后加上分号作为分隔符。二者的差异是，*之后的所有内容都会被当作注释，而$$后的注释可以用分号结束，然后后面再写其他命令。

例如，在命令编辑框中输入 "r eax; $$ address of var_a; r ebx; * var_b; r ecx <will not be executed>"，那么命令信息区显示的执行结果如下。

```
||0:2:006>  r eax; $$ address of var_a; r ebx; * var_b; r ecx <will not be executed>
eax=001a1ea4
ebx=7ffdf000
```

可见，$$ 之后的 r ebx 仍被当作命令执行，而*之后的 r ecx 被当作注释文字。

因为命令的执行结果可以被写入记录文件中，所以为某些命令加上注释相当于做调试笔记，这是一个好的调试习惯。注释命令还可以用在命令程序中，相关内容参见 30.18 节。

30.4.3　伪寄存器

为了可以方便地引用被调试程序中的数据和寄存器，WinDBG 定义了一系列伪寄存器（Pseudo-Register，PR）。在命令编辑框和命令文件中都可以使用伪寄存器，解析命令的过程中，WinDBG 的调试器引擎会自动将伪寄存器替换（展开）为合适的值。表 30-3 列出了当前版本的 WinDBG 所定义的伪寄存器。

表 30-3　当前版本的 WinDBG 定义的伪寄存器

伪寄存器	描　述
$ea	上一条指令中的有效地址（effective address）
$ea2	上一条指令中的第二个有效地址
$exp	表达式评估器所评估的上一条表达式
$ra	当前函数的返回地址（return address）。例如，可以使用 g @$ra 返回上一级函数，与 gu（go up）具有同样的效果
$ip	指令指针寄存器。在 x86 中即 EIP，在 x64 中即 rip
$eventip	当前调试事件发生时的指令指针
$previp	上一事件的指令指针
$relip	与当前事件关联的指令指针，例如按分支跟踪时的分支源地址
$scopeip	当前上下文（scope）的指令指针
$exentry	当前进程的入口地址
$retreg	首要函数返回值寄存器。x86 架构使用的是 EAX，x64 使用的是 RAX，安腾使用的是 ret0
$retreg64	64 位格式的首要函数返回值寄存器，x86 中是 edx:eax 寄存器对
$csp	帧指针，x86 中即 ESP 寄存器，x64 中是 RSP，安腾中为 BSP
$p	上一个内存显示命令（d*）所打印的第一个值
$proc	当前进程的 EPROCESS 结构的地址
$thread	当前线程的 ETHREAD 结构的地址
$peb	当前进程的进程环境块（PEB）的地址

续表

伪寄存器	描　述
$teb	当前线程的线程环境块（TEB）的地址
$tpid	拥有当前线程的进程的 ID（PID）
$tid	当前线程的 ID
$bp*x*	*x* 号断点的地址
$frame	当前栈帧的序号
$dbgtime	当前时间，使用.formats 命令可以将其显示为字符串值
$callret	使用.call 命令调用的上一个函数的返回值，或者使用.fnret 命令设置的返回值
$ptrsize	调试目标所在系统的指针类型宽度
$pagesize	调试目标所在系统的内存页字节数

可以直接用上表中的名称来使用伪寄存器，但是更快速的方法是在$前加上一个@符号。这样，WinDBG 就知道@后面是一个伪寄存器，不需要搜索其他符号。以下是使用伪寄存器的两个例子，我们将在后面给出更多的例子。

```
||0:0:001> ln  @$exentry
(01012475)   calc!WinMainCRTStartup  |  (0101263c)   calc!__CxxFrameHandler
Exact matches:
    calc!WinMainCRTStartup = <no type information>
||0:0:001> ? @$pagesize
Evaluate expression: 4096 = 00001000
```

除了表 30-3 列出的伪寄存器，WinDBG 还为用户准备了 20 个伪寄存器，称为用户定义的伪寄存器（user-defined pseudo-register），它们的名称是$t0～$t19。用户可以使用这些寄存器来保存任意的整数值，它们的初始值是 0，可以使用 r 命令来设置新的取值。

30.4.4　别名

WinDBG 支持定义和使用三类别名（alias）。第一类是所谓的用户命名别名（user-named alias），即别名的名称和实体都是用户指定的。第二类是固定名称别名（fixed-name alias），其名称固定为$u0～$u9。第三类是 WinDBG 自动定义的别名（automatic aliases）。表 30-4 列出了目前版本的 WinDBG 所包含的自动定义的别名。

表 30-4　目前版本的 WinDBG 包含的自动定义的别名

自动定义的别名	含　义
$ntnsym	NT 内核或者 NT DLL 的符号名，内核态调试中值为 nt，用户态调试中为 ntdll
$ntwsym	在 64 位 Windows 系统上调试 32 位目标时的 NT 系统 DLL 符号名，可能为 ntdll32 或 ntdll
$ntsym	与当前调试目标的机器模式匹配的 NT 模块名称
$CurrentDumpFile	转储文件名称
$CurrentDumpPath	转储文件路径
$CurrentDumpArchiveFile	最近加载的 CAB 文件名称
$CurrentDumpArchivePath	最近加载的 CAB 文件路径

可以使用.echo 命令来显示某个别名的取值，示例如下。

```
|||1:0: kd> .echo $ntnsym *  在内核态调试会话中
nt
|||0:2:006> .echo $ntnsym *  在用户态调试会话中
ntdll
```

可以使用 as 命令来定义或者修改用户命名别名，其基本语法如下。

```
as 别名名称  别名实体
```

以下例子为内部命令 version 定义了一个别名 v。

```
|||1:0: kd> as v version
```

接下来便可以使用 v 来执行 version 命令。

```
|||1:0: kd> v
Windows Server 2003 Kernel Version 3790 (Service Pack 2) MP (4 procs) Free x86
compatible…
```

可以使用如下命令格式来修改固定别名所代表的实体。

```
r $.u<0~9>=<别名实体>
```

例如，以下第一条命令将 u9 定义为 nt!KiServiceTable，第二条命令显示它的内容，第三条在 dd 命令中使用这个别名。

```
|||1:0: kd> r $.u9=nt!KiServiceTable
|||1:0: kd> .echo $u9
nt!KiServiceTable
|||1:0: kd> dd $u9
80834190  8092023a 8096b71e 8096f9be 8096b750 ……
```

下面介绍一下别名的替换规则。如果用户命名别名与命令的其他部分是明确分隔开的，那么可以直接使用这个别名，就像上面用 v 来执行 version 命令那样。但如果用户命名别名和命令的其他部分是连续的，那么必须使用${用户命名别名}将用户命名别名包围起来，或者使用空格将别名与其他部分分隔开来。举例来说，以下命令为符号 nt!KiServiceTable 定义了一个别名 SST。

```
|||1:0: kd> as SST nt!KiServiceTable
```

接下来，我们可以在命令中使用这个别名。

```
|||1:0: kd> dd SST l4
80834190  8092023a 8096b71e 8096f9be 8096b750
|||1:0: kd> dd SST +8 l4
80834198  8096f9be 8096b750 8096f9f8 8096b786
|||1:0: kd> dd ${SST}+8 l4
80834198  8096f9be 8096b750 8096f9f8 8096b786
```

但像下面这样便会出错。

```
|||1:0: kd> dd SST+8 l4
Couldn't resolve error at 'SST+8 '
```

因为固定名称别名的长度是确定的，所以使用固定名称别名时，可以直接使用$u0，不需要大括号。

```
|||1:0: kd> dd $u9+8 l4
80834198  8096f9be 8096b750 8096f9f8 8096b786
```

使用 al 命令可以列出目前定义的所有用户命名别名。使用 ad 可以删除指定的或者全部（ad*）

用户命名别名。

30.4.5 循环和条件执行

可以使用 z 命令来循环执行一个或多个命令，示例如下。

```
||0:0:001> r ecx=2 * 将ecx设置为2，防止循环太多次
||0:0:001> r ecx=ecx-1; r ecx; z(ecx); r ecx=ecx+1 *递减ecx直到为0，然后再递增一次
ecx=00000001
redo [1] r ecx=ecx-1; r ecx; z(ecx); r ecx=ecx+1
ecx=00000000
```

上面的 redo 行便是循环执行的提示，[1]代表循环次数。命令执行结束后再观察 ecx，其值为 1。概言之，z 命令会循环执行它前面的命令，然后测试自己的条件。循环结束后，WinDBG 会继续执行 z 命令后的命令。

循环执行的另一种常用方法是使用!for_each_XXX 扩展命令，比如!for_each_frame 命令可以对每个栈帧执行一次操作，!for_each_local 可以对每个局部变量执行一次操作。例如以下命令会打印出每个栈帧的每个局部变量。

```
!for_each_frame !for_each_local dt @#Local
```

命令 j 可以判断一个条件，然后选择执行后面的命令，类似于 C 语言中的 if...else...，其格式如下。

```
j <条件表达式> [Command1>] ; [Command2>]
```

如果条件成立，那么便执行 Command1；否则，便执行 Command2。如果要执行一组命令，可以使用单引号。

```
j Expression ['Command1'] ; ['Command2']
```

简单的示例如下。

```
0:001> r ecx; j (ecx<2) 'r ecx';'r eax'
ecx=00000002
eax=7ffdc000
```

上面的命令先显示寄存器 ecx 的值，它等于 2。而后执行 j 命令，判断 ecx 是否小于 2，因为这个条件不成立，所以便执行后半（else）部分，显示 eax 寄存器的值。因为只有一个命令，所以上面的单引号可以省略，但为了清晰，建议大家总是使用引号来包围每组命令。以下是一个更复杂一点的例子。

```
bp `my.cpp:122` "j(poi(MyVar)>5)'.echo MyVar Too Big';'.echo MyVar Acceptable;gc' "
```

上面命令的含义是在 my.cpp 的第 122 行设置一个断点，当这个断点命中时，WinDBG 自动执行双引号包围的命令，即 j 命令。j 命令判断变量 MyVar 的值是否大于 5。如果大于，则执行第一对单引号包围的命令（显示'MyVar Too Big'，并中断到调试器）；如果不大于，则执行第二对单引号包围的命令（显示'MyVar Acceptable'，然后立刻恢复目标继续执行）。

条件执行的另一种方法是使用元命令中的.if、.else 和.elseif。上面的那个简单例子可以表示为：

```
r ecx; .if (ecx>2) {r ecx} .else {r eax}
```

每对大括号中可以包含多个以分号分隔的命令。

30.4.6 进程限定符和线程限定符

在很多命令前可以加上进程限定符和线程限定符，用来指定这些命令所适用的进程和线程，表 30-5 列出了这两种限定符。

表 30-5 进程限定符和线程限定符

限　定　符		含　　义
进程限定符	|.	当前进程
	|#	导致当前调试事件的进程
	|*	当前系统的所有进程
	|Number	序号为 Number 的进程
	|~[PID]	进程 ID 等于 PID 的进程
线程限定符	~.	当前线程
	~#	导致当前调试事件的线程
	~*	当前系统的所有线程
	~Number	序号为 Number 的线程
	~~[TID]	线程 ID 等于 TID 的线程

例如，可以使用以下命令来显示 0 号线程的寄存器和栈回溯，尽管当前线程是 1 号线程。

`0:001> ~0r; ~0k;`

以上两条命令可以简写为如下形式。

`0:001>~0e r; k;`

注意，如果这里没有 e，那么 k 命令便显示当前线程（1 号）的栈回溯。利用～*可以对当前进程的所有线程执行一系列命令，比如命令“0:001> ～*e r; k;”对每个线程分别执行 r 和 k 命令。

30.4.7 记录到文件

WinDBG 可以把输入的命令和命令的执行结果记录在一个文本文件中，称为日志文件（Log File）。可以使用 Edit 菜单的 Open/Close Log File 命令来启用和关闭日志文件，也可以使用.logopen、.logclose、.logfile 3 个元命令来打开、关闭和显示日志文件。

本节介绍了使用 WinDBG 命令的基本要领和如何设计比较复杂的命令。我们将在 30.18 节介绍 WinDBG 命令程序时讨论如何编写更复杂的命令。

30.5 建立调试会话

建立调试会话是开始调试的必需步骤，在调试会话建立以前，除了用于建立调试会话的命令和少数配置命令可以执行，其他大多数命令是禁止执行的，只有建立好调试会话后，WinDBG 才允许执行这些命令。本节将讨论使用 WinDBG 调试器建立调试会话的典型方法。

30.5.1 附加到已经运行的进程

有以下几种方法可以把调试器附加到已经运行的进程。

（1）使用 WinDBG 的 File 菜单中的 Attach to a Process 命令，或者按 F6 快捷键，然后在进程列表中选择要附加的进程。

（2）将 WinDBG 设置为 JIT 调试器（执行 WinDBG.exe -I），这样当应用程序崩溃时，在"应用程序错误"对话框中单击"取消"按钮，系统便会启动 WinDBG 并将其附加到这个进程。详细说明请参见第 12 章关于应用程序错误和 JIT 调试的讨论。

（3）启动 WinDBG 时通过-p 开关指定要附加的进程 ID，让 WinDBG 启动后便附加到这个进程。

（4）启动 WinDBG 时通过-pn 开关指定要附加进程的程序名，让 WinDBG 启动后搜索程序名对应的进程 ID 并附加到这个进程，例如 c:\windbg\windbg.exe –pn notepad.exe。如果系统中有多个程序名相同的进程，那么 WinDBG 会提示错误。

（5）在当前的调试会话中执行.attach 命令。使用这种方法需要有一个调试会话，然后才能输入这个命令，因此这种方法常用于同时调试多个目标的情况。

（6）对于使用.abandon 命令抛弃的被调试进程，可以使用 windbg.exe -pe -p PID 重新附加到这个进程。

当调试自动启动的系统服务或者以其他方式自动启动的程序时，可以使用上面介绍的方法来建立调试会话。如果要调试的程序可以在 WinDBG 中启动，那么可以使用下面介绍的创建并调试新进程的方法。

30.5.2　创建并调试新的进程

与将调试器附加到已经运行的进程类似，创建并调试一个新的进程也有很多种方法。

（1）选择 WinDBG 的 File 菜单中的 Open Executable 命令，或者按 Ctrl+E 组合键，然后打开 Open Executable 对话框，选择要调试的程序文件，根据需要可以同时指定程序的命令行参数和启动目录。

（2）启动 WinDBG 时将要调试的程序文件作为命令行参数传递给 WinDBG。

（3）在注册表的 HKEY_LOCAL_MACHINE\SOFTWARE\Microsoft\Windows NT\CurrentVersion\Image File Execution 键下，创建一个以要调试程序文件名（不包括路径）命名的子键，然后在这个子键下建立一个名为 Debugger 的 REG_SZ 类型的键值，取值为 WinDBG 程序的完整路径，比如 c:\windbg\windbg.exe。有了这个设置后，在运行要调试的程序时，操作系统就会先启动 WinDBG，并把要执行的程序名和路径传递给它，我们在第 10 章（10.3.4 节）详细介绍了这种用法。

（4）在当前的调试会话中使用.create 命令，使用这种方法需要有一个调试会话，然后才能输入这个命令，因此这种方法常用于同时调试多个目标的情况。

无论使用哪种方法，被调试程序都是作为 WinDBG 的子进程而创建的，WinDBG 在创建这个子进程时会指定要与这个程序建立调试关系。

30.5.3　非入侵式调试

非入侵式调试是调试用户态进程的一种特殊方式。使用这种方式，WinDBG 与目标进程没有真正建立调试与被调试的关系，不能接收到任何调试事件，因此只可以使用行观目标进程的各种命令，不可以使用控制调试目标执行的各种命令，包括单步跟踪、继续执行等。非入侵式调试的好处是减小调试器对目标进程的干预，最大限度地减少海森伯效应。

非入侵式调试只适用于附加到已经运行进程的情况。当使用图形界面方式附加到一个进程时，只需要选中对话框中的 Noninvasive 复选框。对于使用命令行的情况，只需要加上-pv 开关。如果使用.attach 命令，那么只需要加上-v 开关。JIT 调试不支持这种方式。

因为没有建立真正的调试关系，所以使用一个 WinDBG 以非入侵方式调试一个进程时，不会影响其他调试器再附加到这个进程进行普通方式的调试。

因为 Windows NT 和 Windows 2000 不支持调试器与调试目标分离（detach），所以一旦建立调试关系，那么终止调试会话就会终止被调试进程。当调试这些系统中的系统服务时，以非入侵方式调试有时很有用，分析结束后只要执行分离命令便可以恢复调试目标继续运行，不然的话，就需要重新启动被调试的服务。

30.5.4　双机内核调试

与用户态调试相比，通过双机内核调试会话来调试内核目标要复杂一些。通常包括以下几个步骤。

（1）选择两台系统之间的通信方式，目前 WinDBG 支持串口、1394、USB 2.0 这 3 种方式。串口方式需要有一根零调制解调器电缆，并且要求主机和目标系统都具备串口。对于主机端，可以使用"USB 到串口"转接头提供的串口。对于目标系统，必须具有真正的串口设备和接口。尽管串口方式的通信速度不如 1394 和 USB 2.0，但是串口方式的优点是兼容性好，稳定可靠。1394又称为火线，使用这种方式要求两台系统都具有 1394 端口。1394 的通信速度比串口要快得多，但是这种方法的缺点是不够稳定，有些时候难以建立调试连接。USB 2.0 方式是一种比较新的方法，它要求目标系统是 Windows Vista 或者更高的版本。因为 USB 通信具有方向性，个人计算机系统上的 USB 端口都是所谓的上游（upstream）接头，所以 USB 2.0 方式需要有一根特殊的 USB 2.0 主机到主机（Host to Host）电缆。另外，并不是每个 USB 2.0 端口都可以支持内核调试。我们在 18.2 节详细介绍过以上各种连接方式。

（2）启用目标系统的内核调试引擎。虽然内核调试引擎内建在 Windows 系统中，但默认是禁止的，在调试前需要先启用它。如果目标系统是 Vista 之前的版本（Windows 2000、XP 或 NT），那么应该修改 Boot.INI。如果目标系统是 Windows Vista，那么应该使用 BCDEdit 工具来修改启动选项。我们在 18.3 节详细介绍过具体的修改方法。

（3）使用以下两种方法之一在主机上启动 WinDBG 和内核调试会话。

- 不带命令行参数直接启动 WinDBG，然后在其 File 菜单中选择 Kernel Debug，或者按 Ctrl+K 组合键。接着在 Kernel Debugging 对话框中选择与通信电缆和目标机器一致的类型和参数。
- 使用-k 开关和命令行参数来启动 WinDBG。例如，windbg -k com:port=Com1, baud=115200。

无论使用上面何种方法，WinDBG 都会显示"Waiting to reconnect..."并进入等待状态，等待来自目标系统的调试数据，并以一定时间间隔（10s）发送复位数据包（PACKET_TYPE_KD_RESET）。当目标系统在启动早期初始化内核调试引擎时会向主机上的调试器发送信息，WinDBG 收到后便会开始与其对话以建立调试连接。如果 WinDBG 错过了调试引擎主动发送的数据，那么可以在调试器上按 Ctrl+Break 组合键来触发 WinDBG 调试器主动向目标系统发送信息，如果发送成功，二者也会开始通信并建立起调试连接，详见 18.7 节。

30.5.5　本地内核调试

有以下 3 种方式启动本地内核调试。

（1）运行 WinDBG，接着选择 File 菜单中的 Kernel Debug，然后在 Kernel Debugging 对话框中选择 Local 选项卡。

（2）使用-kl 作为命令行参数来启动 WinDBG。

（3）在当前调试会话中执行.attach –k 命令，这种方式需要先有一个调试会话，适用于调试多个目标的情况。

从 Windows Vista 开始，需要以调试选项启动当前系统才能进行本地内核调试，Windows XP 没有这个要求。Windows 2000 或者更早的 Windows 不支持本地内核调试。我们在 18.8 节详细讨论过本地内核调试。

30.5.6 调试转储文件

WinDBG 支持以下 3 种方式来打开一个转储文件。

（1）运行 WinDBG，接着选择 File 菜单中的 Open Crash Dump，然后选择要打开的转储文件。

（2）使用命令行方式，通过 WinDBG 的-z 开关来指定要打开的转储文件。

（3）在当前调试会话中执行.opendump 命令，这种方式需要先有一个调试会话，适用于调试多个目标的情况。

12.9 节和 13.3 节分别详细介绍过调试用户态转储文件与系统转储文件的方法。

30.5.7 远程调试

WinDBG 工具包支持多种远程调试方式。一种方法是在远程的计算机上运行 DbgSrv（远程用户态调试）或者 KdSrv（远程内核态调试）作为服务器，然后将本地的 WinDBG 连接到远程的服务器。另一种方法是在服务器端和客户端都使用 WinDBG。本节将介绍后一种方法。

首先，服务器端（被调试程序运行的系统）和客户端（调试者进行调试的系统）都应该安装相同版本的 WinDBG 工具包，而且主机和客户机之间应该有网络连接，局域网或者互联网都可以。

其次，在服务器端使用以下两种方式之一启动服务器。

（1）命令行方式，使用-server 开关来指定连接方式，例如命令 windbg-server npipe:pipe=advdbg 创建了一个使用命名管道（名称为 advdbg）方式通信的服务器。WinDBG 启动后再使用前面介绍的方法与被调试机器建立内核调试连接。

（2）启动 WinDBG 并建立内核调试会话，与调试目标建立连接后再执行.server 命令。比如执行.server npipe:pipe=advdbg，WinDBG 会显示以下内容。

```
0:001> .server npipe:pipe=advdbg
Server started.  Client can connect with any of these command lines
0: <debugger> -remote npipe:Pipe=advdbg,Server=ADVDBGPC
```

再次，在客户端使用以下两种方式之一与服务器端建立连接。

（1）命令行方式，使用-remote 开关来指定连接方式，例如可以使用以下命令与上面创建的服务器建立连接 WinDBG-remote npipe:server=ADVDBGPC,pipe=advdbg。

（2）直接启动 WinDBG，然后选择 File 菜单中的 Connect to Remote Session，而后在 Connect to Remote Debugger Session 对话框中直接输入连接字符串（npipe:Pipe=advdbg,Server=ADVDBGPC）

或者单击 Browse 按钮，随后输入服务器端的机器名，然后从 WinDBG 搜索到的服务器端口中选择要连接的目标。

成功连接后，服务器端的命令信息区会提示有客户连接到这个调试会话。

```
ADVDBGPC\raymond (npipe advdbg) connected at Thu Jul 05 18:24:01 2007
```

因为笔者使用同一台机器同时作为客户端和服务器端，所以客户端的机器名与服务器端的一样。之后可以在客户端或服务器端的 WinDBG 中执行各种调试命令，执行结果会同时显示在两个调试器中。如果使用 TCP 端口方式建立连接，那么服务器端可以执行类似.server tcp:port=2002, password=2008 这样的命令，其中的端口号和密码可以根据需要改变。

『 30.6 终止调试会话 』

WinDBG 提供了多种方式来终止调试会话，本节将分别做简单介绍。

30.6.1 停止调试

当 WinDBG 处于命令模式时，在 WinDBG 的 Debug 菜单中选择 Stop Debugging 可以终止当前的调试会话，使调试器恢复到赋闲（dormant）状态。如果正在调试活动的用户态目标，那么这一操作也会导致调试目标被终止。如果正在调试活动的内核目标，那么目标系统会保持被中断到调试器的状态，可以重新与其建立连接。也可以使用标准命令 q 来停止调试。

30.6.2 分离调试目标

可以使用分离调试目标功能来结束调试器与调试目标的调试关系。操作方式有两种，一种是使用 Debug 菜单中的 Detach Debuggee 命令，另一种是输入.detach 命令。

当调试用户态的活动目标时，Detach Debuggee 或.detach 命令会保持目标进程继续运行，这与选择 Stop Debugging 不同。但因为这一功能依赖于 Windows XP 才引入的操作系统支持（参见 DebugSetProcessKillOnExit API），所以要求目标系统为 Windows XP 或者更高版本。当只调试一个目标时，执行这个命令后 WinDBG 就会进入赋闲状态；如果调试多个目标，那么可以继续调试其他目标。

当调试单一的内核目标时，执行分离操作和上面介绍的 Stop Debugging 操作具有同样的效果。

30.6.3 抛弃被调试进程

使用分离调试目标的命令时，系统会修改目标进程的进程属性，使其脱离被调试状态成为一个普通的进程。如果想让其保持被调试状态，那么可以使用.abandon 命令来抛弃当前的被调试进程。

```
0:000> .abandon
Abandoned
```

如果只有一个调试目标，那么执行这个命令后，调试器便会恢复到无调试目标状态，命令提示符变为 No Target。如果有多个调试目标，那么可以继续调试其他目标。

被调试进程被抛弃后仍处于挂起状态。简单来说，这个命令只在调试器中执行注销操作，并没有把被调试进程恢复到调试前的状态。这种情况下，可以使用另一个调试器附加到被调试进程，但需要在启动调试器的命令行中指定-pe 开关，比如：

```
WinDBG -pe -p 2272
```

其中 2272 是处于被抛弃状态的进程的 ID。如果没有-pe 开关，那么调试器会附加失败，并报告 DebugPort 不为空。有了-pe 开关后，WinDBG 会知道这是重新附加，不会报告错误，调试器引擎会产生一个合成的异常，触发调试器进入命令模式，使调试可以继续。与第一次附加到一个进程不同，重新附加不会收到调试子系统所发送的关于现有模块和线程的杜撰调试事件。

30.6.4 终止被调试进程

在内核调试时，可以使用.kill 命令终止指定的进程，在用户态调试时，可以使用这个命令终止当前的被调试进程。

```
0:000> .kill
Terminated.  Exit thread and process events will occur.
```

事实上，这个命令会调用操作系统的 TerminateProcess API 来终止当前进程，如清单 30-1 如示。

清单 30-1 使用.kill 命令终止当前的过程

```
0:001> kn
 # ChildEBP RetAddr
00 00f0e6c0 0229aa44 kernel32!TerminateProcess                //终止进程的 API
01 00f0e6d4 020f3e05 dbgeng!LiveUserDebugServices::TerminateProcess+0x14
02 00f0e6f8 0219250e dbgeng!LiveUserTargetInfo::TerminateProcess+0xc5
03 00f0e77c 020f8799 dbgeng!ProcessInfo::Separate+0x2ee       //进程对象的分离方法
04 00f0e8e4 0210577f dbgeng!ParseSeparateCurrentProcess+0x2e9
05 00f0e8f8 0218758e dbgeng!DotCommand+0x3f                   //元命令处理函数
06 00f0e9d8 021889a9 dbgeng!ProcessCommands+0x4be             //命令分发函数
......   //以下栈帧省略
```

执行.kill 命令后，仍然可以观察调试目标的数据。当再执行 g 命令时，WinDBG 会收到线程和进程退出事件。如果只在调试一个进程，那么 WinDBG 会结束当前调试会话，恢复到赋闲状态。如果同时调试多个进程，那么调试会话不会终止，还可以继续调试其他目标。

30.6.5 调试器终止或僵死

如果直接关闭调试器程序，那么它所建立的调试会话也会终止。如果调试会话中包含活动的调试目标进程，那么这些进程也会随之终止。

如果调试器出于某种原因僵死，但是调试任务尚未完成，那么可以使用上面介绍的-pe 开关启动一个新的调试器附加到被调试的进程，然后再终止僵死的调试器实例。

30.6.6 重新开始调试

Debug 菜单中的 Restart（Ctrl+Shift+F5 组合键）菜单项和.restart 命令用来重新开始当前的调试会话。如果调试目标是调试器创建的用户态进程，那么执行这个命令后目标进程会关闭并重新运行。如果调试目标是将调试器附加到已经运行的进程，那么执行这个命令时 WinDBG 会提示如下信息。

```
0:000> .restart
```

```
Process attaches cannot be restarted.  If you want to
restart the process, use !peb to get what command line
to use and other initialization information.
```

当进行内核态调试时，Restart 命令相当于重新启动调试器并建立调试连接。如果要让目标系统重新启动，那么可以使用.reboot 命令。

『 30.7　理解上下文 』

Windows 是个典型的多任务操作系统，在一个系统中可以有多个登录会话（logon session），每个会话中可以运行多个进程，每个进程又可以包含很多个线程。在调试这样的系统时，大多数命令操作或者执行结果是基于一定上下文（context）的。根据 Windows 操作系统的特征，WinDBG 定义了几种上下文——会话上下文、进程上下文、寄存器上下文和局部（变量）上下文。本节将分别介绍每种上下文的含义和切换方法。

30.7.1　登录会话上下文

Windows 支持同时有多个登录会话，每个会话有自己的输入/输出设备和桌面。在典型的 Windows XP 系统中通常只有一个会话，当从另一台机器使用远程桌面功能登录这个系统后，系统中便有了两个会话。Windows Vista 引入了会话隔离（session isolation）技术让所有系统服务运行在会话 0 以增强系统服务的安全性，所以典型的 Vista 系统中至少有两个会话。

所谓登录会话上下文（login session context），就是当前操作或者陈述所基于的登录会话语境。例如，对于会话 A 的所有进程来说，会话 A 的状态和属性便是它们的会话上下文。使用!session 扩展命令可以显示或者切换登录会话上下文。在内核调试中，可以使用!session 命令观察和设置会话信息，示例如下。

```
0: kd> !session
Sessions on machine: 2                        [系统中共有两个会话]
Valid Sessions: 0 1                           [有效的会话 ID 是 0 和 1]
Current Session 0                             [目前的会话 ID 是 0]
0: kd> !session -s 1                          [使用-s 可以设置当前的会话上下文]
Sessions on machine: 2                        [系统中共有两个会话]
Implicit process is now 848178d8             [同时把默认的进程切换为 848178d8]
WARNING: .cache forcedecodeuser is not enabled [见下文]
Using session 1                              [使用 1 号会话作为会话上下文]
```

改变会话后，默认进程也随之变成新会话中的进程，因此以前缓存的用户空间数据不再有效。为了避免用户观察到错误的数据，可以使用.cache 命令在缓存选项中加入 forcedecodeuser 或者 forcedecodeptes 选项，禁止缓存功能，让调试器每次都重新读取内存数据。上面命令结果中的警告信息告诉我们，目前还没有启用这两个缓存选项。

每个进程的 EPROCESS 结构的 Session 字段记录着这个进程所属的会话。使用!sprocess 扩展命令可以列出指定会话中的所有进程。每个会话都会包含 Windows 子系统服务器进程（CSRSS）。另外，会话管理器进程本身不属于任何一个会话。

目前，会话上下文只在内核调试中才有意义，所以!session 和!sprocess 命令也只有在调试内核目标时才能使用。

30.7.2 进程上下文

所谓进程上下文就是指当前操作或者陈述所基于的进程语境。我们知道，Windows 系统中的内核空间是共享的，但用户空间是独立的。例如，在典型的 32 位 Windows 系统中，每个进程的进程空间是 4GB，高 2GB 是内核空间，低 2GB 是用户空间，在同一个系统中，所有进程的高 2GB 内存空间都是相同的，但是低 2GB 空间是各自独立的。

在内核调试中，如果要观察内核空间的数据，那么可以不必关心当前进程是哪一个，但如果要观察用户空间的数据，那么就必须注意当前进程是不是要观察的进程，因为同一个用户态地址在不同进程中的含义是不同的。当调试目标中断到调试器后，WinDBG 会根据调试事件的内容将相关的进程设置为默认进程。如果要观察其他进程的用户空间，那么必须先将进程上下文切换到那一个进程。WinDBG 的.process 命令用来观察和设置默认进程，例如，以下命令将进程 83f7fc78 设置为默认进程。

```
1: kd> .process 83f7fc78
Implicit process is now 83f7fc78
```

其中 83f7fc78 是进程的 EPROCESS 结构的地址。使用!process 0 0 命令可以列出系统中的所有进程的基本信息，其中包含 EPROCESS 结构的地址。

一个有关的命令是.context，它可以设置或者显示用来翻译用户态地址的页目录基地址（base of page directory）。例如以下命令显示当前使用的页目录基地址（物理地址）。

```
kd> .context
User-mode page directory base is a675000
```

页目录基地址是进程的一个重要属性，因此使用.process 设置进程上下文时，它会自动设置页目录基地址。

对于 x86 系统，cr3 寄存器用来存放页目录基地址，每个进程的用户空间都是基于一个页目录基地址的，因此.context 命令和.process 命令的效果几乎是一样的。对于安腾系统，一个进程可能使用多个页目录基地址，因此使用.process 命令切换更高效。

当调试用户态目标时，所有虚拟地址都是相对于当前进程的，不需要切换进程上下文，因此.process 和.context 命令都只能用在内核态调试会话中。当在一个调试会话中调试多个用户态目标时，应该使用|<进程号> s 命令来切换当前进程。

30.7.3 寄存器上下文

所谓寄存器上下文（register context）就是寄存器取值所基于的语境。因为一个 CPU 只有一套寄存器，所以当它轮番执行系统中的多个任务（线程）时，CPU 寄存器中存放的是当前正在执行线程的寄存器值。对于没有执行的线程，它的寄存器值保存在内存中，当 CPU 要执行这个任务时，这些寄存器值从内存加载到物理寄存器中。

当我们在调试器中观察一个线程的寄存器（不包括 MSR）时，这个线程是处于挂起状态的，所以我们看到的寄存器值都是保存在内存中的寄存器值，而不是此时物理寄存器的值。当我们修改寄存器时，也是修改保存在内存中的寄存器值。

系统在以下几种情况下会将 CPU 的寄存器值保存到当前线程的上下文记录（context record）中。

（1）当系统做线程切换时，系统会将要挂起线程的寄存器取值保存起来，这个上下文常称为线程上下文。

（2）当发生中断或者异常时，系统会将当时的寄存器取值保存起来，这个上下文常称为异常上下文。

使用.thread 命令可以显示或者设置寄存器上下文所针对的线程，例如以下命令显示当前的隐含线程。

```
1: kd> .thread
Implicit thread is now 83f81950
```

使用!process <所属进程的 EPROCESS 结构地址> f 可以列出一个进程的所有线程，包括每个线程的 ETHREAD 结构，把 ETHREAD 结构的地址作为.thread 命令的参数，便可以将这个线程的上下文设置为新的线程上下文。

```
1: kd> .thread 84018d78
Implicit thread is now 84018d78
```

这时再观察寄存器和使用栈命令，WinDBG 会提示命令结果是针对上次设置的上下文的。

```
1: kd> r
Last set context:
eax=00000000 ebx=00000000 ecx=00000000 edx=00000000 esi=00000000 edi=00000000
…
1: kd> kv
  *** Stack trace for last set context - .thread/.cxr resets it
ChildEBP RetAddr  Args to Child
9ce23be0 818ac9cf 84018d78 818f4820 84018e00 nt!KiSwapContext+0x26 …
```

输入.cxr 或者输入不带参数的.thread 命令，可以将线程上下文恢复成以前的情况。

当调试用户态的转储文件时，可以使用.ecxr 命令将转储文件中保存的异常上下文设置为寄存器上下文。

30.7.4　局部（变量）上下文

所谓局部上下文（local context），就是指局部变量所基于的语境。局部变量是指定义在函数内部的变量，这些变量的含义与当前的执行位置密切相关。在调试时，调试器默认显示的是当前函数（程序指针）所对应的局部上下文。因为当前函数和局部变量都是与栈帧密切相关的，所以 WinDBG 调试器通常使用栈帧号来代表局部上下文。

使用不带任何参数的.frame 命令可观察当前的局部上下文。

```
0:000> .frame
00 0012fdb4 7e418724 UefWIn32!WndProc+0xe1 [C:\...\UefWin32.cpp @ 151]
```

这说明当前栈帧对应的函数是 WndProc，此时使用 dv 命令可以显示这个函数的参数和局部变量。

```
0:000> dv
          rt = struct tagRECT
        hWnd = 0x002d0500 …
```

使用.frame 加上栈帧号可以将局部上下文切换到指定的栈帧。

```
0:000> .frame 5
05 0012ff30 004018b3 UefWIn32!WinMain+0xf3 [C:\...\UefWin32.cpp @ 48]
```

此时可以使用 dv 命令显示 WinMain 函数的参数和局部变量。

```
0:000> dv
        hInstance = 0x00400000
  hPrevInstance = 0x00000000 …
```

值得说明的是，因为 VC 编译器默认将类型符号放在 VCx0.PDB 文件中，而 WinDBG 不会自动加载这样的符号文件，所以在显示局部变量时，会显示很多 no type information 错误。解决的方法是将符号格式设置为 C7 Compatable（选择 Settings → C++ → General → Debug Info），上面的试验结果就是使用这种格式显示的。另一种解决方法是在链接选项中指定/PDBTYPE:CON 选项（25.7.2 节）。

最后要说明的是，改变大范围的上下文必然会影响小范围的上下文。例如，线程上下文切换后，局部变量上下文也一定会变化。

『 30.8 调试符号 』

在第 25 章中，我们详细地介绍了调试符号的概念、种类、产生过程和存储方式。本节将讨论如何在 WinDBG 调试器中使用调试符号，包括加载调试符号、设置调试符号选项以及解决有关的问题。

30.8.1 重要意义

调试符号（debug symbol）是调试器工作的重要依据，保证调试符号准确对于调试器的正常工作非常重要。如果缺少调试符号或调试符号不匹配，那么调试器就可能显示出错误的结果。为了让大家对这一点有深刻的认识，我们先来看一个简单的例子。启动 WinDBG（尚未设置符号路径）并将它附加到一个记事本进程上，然后使用～0 s 切换到 0 号线程，再输入 k 命令显示栈回溯信息，如清单 30-2 所示。

清单 30-2 没有调试符号时显示的栈回溯信息

```
0:000> k
*** ERROR: Module load completed but symbols could not be loaded for C:\…notepad.exe
ChildEBP RetAddr
WARNING: Stack unwind information not available. Following frames may be wrong.
0007fed8 01002a1b ntdll!KiFastSystemCallRet
0007ff1c 01007511 notepad+0x2a1b
*** ERROR: Symbol file could not be found. Defaulted to export symbols for C:\...\
kernel32.dll -
0007ffc0 7c816fd7 notepad+0x7511
0007fff0 00000000 kernel32!RegisterWaitForInputIdle+0x49
```

在上面的结果中，WinDBG 报告了两个错误和一条警告，都与符号有关。第一个错误告诉我们未能为 notepad.exe 加载符号。接下来的警告告诉我们因为缺少栈展开信息（Stack unwind information），所以其下各帧的信息可能是错误的。这个警告绝不是空穴来风，看到了这样的警告，确实需要提高警惕，开始以怀疑的眼光观察其后的内容。例如最下面一行显示的函数名是 KERNEL32.DLL 中的 RegisterWaitForInputIdle 函数。栈回溯结果的最下面一个栈帧对应的是当前线程的起始函数，这个函数名怎么会是线程的起始函数呢？键入.symfix c:\symbols 命令设置符号文件的搜索路径（稍后将详细介绍这条命令），然后输入.reload 加载符号，再次输入 k 命令的栈回溯信息如清单 30-3 所示。

清单 30-3　有调试符号时显示的栈回溯信息

```
0:000> k
ChildEBP RetAddr
0007feb8 7e4191ae ntdll!KiFastSystemCallRet
0007fed8 01002a1b USER32!NtUserGetMessage+0xc
0007ff1c 01007511 notepad!WinMain+0xe5
0007ffc0 7c816fd7 notepad!WinMainCRTStartup+0x174
0007fff0 00000000 kernel32!BaseProcessStart+0x23
```

这次的结果中没有任何错误和警告，是正确的结果。与这个结果相比，清单 30-2 中的显示不仅少了一个栈帧，而且显示出的 4 个栈帧中有 3 个都是不准确的，由此可见调试符号的重要性。

30.8.2　符号搜索路径

大多数调试任务涉及多个模块，因此需要加载很多个符号文件，而且这些符号文件很可能不在同一个位置上。为了方便调试，WinDBG 允许用户指定一个目录列表，当需要加载符号文件时，WinDBG 会从这些目录中搜索合适的符号文件。这个目录列表称为符号搜索路径，简称符号路径（symbol path）。在符号路径中可以指定两类位置：一类是普通的磁盘目录或者网络共享目录的完整路径；另一类是符号服务器，多个位置之间使用分号分隔。例如，以下是一个典型的符号路径。

```
SRV*d:\symbols*http://msdl.microsoft.com/download/symbols;c:\work\debug;
```

第一个分号后面定义的是一个本地目录，前面定义的是符号服务器，我们稍后再详细介绍。可以有以下几种方法来设置符号路径。

（1）设置环境变量_NT_SYMBOL_PATH 和_NT_ALT_SYMBOL_PATH。

（2）启动调试器（WinDBG）时，在命令行参数中通过-y 开关来定义。

（3）使用.sympath 命令来增加、修改或者显示符号路径。如执行 sympath + c:\folder2 便可以将 c:\folder2 目录加入符号搜索路径中。

（4）使用.symfix 命令来自动设置符号服务器（30.8.3 节）。

（5）使用 WinDBG 的 GUI，通过 File → Symbol File Path 菜单项打开 Symbol Search Path 对话框，然后通过图形界面进行设置。

执行不带任何参数的.sympath 命令可以显示当前的符号路径。

30.8.3　符号服务器

无论是用户态调试，还是内核态调试，通常都涉及很多个模块，而且不同的模块可能属于不同的开发部门或者公司，一个模块通常还会有很多个不同的版本，所以在调试时要为每个模块都找到正确的符号文件并不是一件简单的事。

解决以上问题的一个有效方法是使用符号服务器（symbol server）。简单来说，符号服务器就是用来存储调试符号文件的一个大文件库，调试器可以从这个文件库中读取指定特征（名称、版本等）的符号文件。图 30-10 显示了符号服务器的架构，图中左侧是使用 WinDBG 调试器的工作机，右侧是符号服务器。

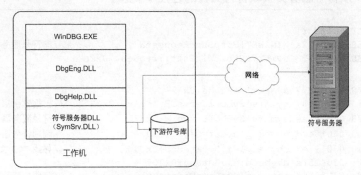

图 30-10　符号服务器的架构

在工作机一端，我们画出了 WinDBG.EXE 进程中与访问符号有关的各个模块。其中，DbgHelp.DLL 是 Windows 操作系统的调试辅助库模块，WinDBG 通过它来读取和解析调试符号；符号服务器 DLL 是符号服务器的本地模块，负责从符号服务器查找、下载和管理符号文件。

为了避免重复下载以前下载过的符号文件，符号服务器 DLL 会将下载好的文件保存在本地的一个文件夹中，这个文件夹使用与符号服务器上相似的方式来组织符号文件，称为下游符号库（downstream store），以便与符号服务器上的中央符号仓库（centralized store）相区分。当符号服务器 DLL 接收到 DbgHelp.DLL 的请求、需要某个符号文件时，符号服务器 DLL 会先在下游仓库中寻找，如果寻找不到才到远程的中央符号仓库去寻找。

DbgHelp.DLL 通过所谓的符号服务器 API（symbol server API）来调用符号服务器 DLL。符号服务器 DLL 输出这些 API 供 DbgHelp.DLL 来调用。WinDBG 开发工具包中的 DbgHelp.DLL 帮助文件（sdk\help\dbghelp.chm）详细描述了符号服务器 API 的函数原型和功能。根据符号服务器 API 的定义，用户也可以编写符号服务器 DLL 来实现自己的符号服务器，只要这个 DLL 正确地实现和输出符号服务器 API 所定义的函数。WinDBG 工具包中包含了一个符号服务器 DLL，名为 SymSrv.DLL。[2]

可以通过以下格式来向符号搜索路径中加入符号服务器。

```
symsrv*ServerDLL*[DownstreamStore*]ServerPath
```

其中，ServerDLL 是符号服务器 DLL 的文件名称；DownstreamStore 是下游符号库的位置；ServerPath 是符号服务器的 URL 或共享路径。例如以下是两个有效的定义。

```
symsrv*symsrv.dll*\\mybuilds\mysymbols
symsrv*symsrv.dll*\\localsrv\mycache*http://www.somecompany.com/manysymbols
```

因为大多用户是使用 WinDBG 工具包中的 SymSrv.DLL 作为符号服务器 DLL 的，所以可以使用以下简化形式。

```
srv*[DownstreamStore*]ServerPath
```

其中的 srv 相当于 symsrv*SymSrv.DLL*。

30.8.4　加载符号文件

下面通过几个例子来说明符号文件的加载过程。清单 30-4 列出了在 WinDBG 调试器中使用 ld kernel32 命令从符号服务器加载符号文件的过程，也就是调试器工作线程通过 SymSrv 模块向符号服务器请求符号文件的过程。

清单 30-4 从符号服务器获取符号文件的过程（节选）

```
0:001> kn 30
 # ChildEBP RetAddr
00 00f1b158 01d1182a WININET!HttpSendRequestW              //向符号服务器发送请求
01 00f1b180 01d11528 symsrv!StoreWinInet::request+0x2a
.
.
05 00f1b4f8 01d06277 symsrv!cascade+0x87
06 00f1ba48 01d06087 symsrv!SymbolServerByIndexW+0x127     //根据索引串寻找符号文件
07 00f1bc78 0302dfee symsrv!SymbolServerW+0x77             //符号服务器的接口函数
08 00f1c0b8 03018e7d dbghelp!symsrvGetFile+0x12e           //调用符号服务器模块
09 00f1cda0 03019ee7 dbghelp!diaLocatePdb+0x33d            //寻找 PDB 文件
0a 00f1d01c 030415fe dbghelp!diaGetPdb+0x207
0e 00f1dbd4 0303815a dbghelp!SymLoadModuleEx+0x7d          //模块加载函数
0f 00f1dc00 02185a18 dbghelp!SymLoadModule64+0x2a          //调试辅助库的模块加载函数
10 00f1e900 02187ca8 dbgeng!ParseLoadModules+0x188         //解析模块加载命令
11 00f1e9d8 021889a9 dbgeng!ProcessCommands+0xbd8          //分发命令
14 00f1eee4 01028553 dbgeng!DebugClient::ExecuteWide+0x6a  //调试引擎的接口函数
15 00f1ef8c 01028a43 WinDBG!ProcessCommand+0x143           //处理命令
17 00f1ffb4 7c80b6a3 WinDBG!EngineLoop+0x366               //调试会话工作循环
18 00f1ffec 00000000 kernel32!BaseThreadStart+0x37         //调试会话工作线程
```

其中，从栈帧#15 到栈帧#10 是分发命令的过程，栈帧#0f 调用 DbgHelp 库的模块加载函数，而后调用 diaGetPdb 发起读取 PDB 文件的过程，栈帧#09 中的 diaLocatePdb 函数是搜索 PDB 文件的一个主要函数，当它在符号搜索路径中指定的普通位置找不到符号文件时，它会调用 symsrvGetFile 函数试图从符号服务器下载文件。接下来 symsrvGetFile 函数加载符号搜索路径中定义的符号服务器 DLL，并调用它的 SymbolServer 接口函数。

SymbolServer 函数是符号服务器 API 中的一个重要函数，它的作用就是向符号服务器请求指定的符号文件，并返回访问这个文件的完整路径。SymbolServer 函数的典型实现是，如果所需要的符号文件已经在下游符号库中，那么便返回它的全路径，不然的话便向远程查询；如果在远程查找到，那么便将其下载到下游符号库，然后返回符号文件在下游符号库的全路径，它的函数原型如下。

```
BOOL CALLBACK SymbolServer(LPCSTR params, LPCSTR filename,
  PVOID id, DWORD two, DWORD three, LPSTR path);
```

其中，第 1 个参数 params 是符号服务器的设置信息，例如"d:\symbols*http://msdl. microsoft.com/download/symbols"；第 2 个参数 filename 是符号文件名，如 kernel32.pdb；最后一个参数 path 用来返回符号文件的完整路径。第 3～5 这 3 个参数用来定义符号文件的版本特征，它们的用法因 filename 参数中的文件类型而定，如表 30-6 所示。

表 30-6 SymbolServer 函数用来指定文件版本的参数

文件类型	参数 id	参数 two	参数 three
.dbg	PE 文件头中定义的映像时间戳（TimeDateStamp）	PE 文件头中定义的映像文件大小（SizeOfImage）	没有使用，为 0
PE 文件（.exe/.dll）	PE 文件头中定义的映像时间戳（TimeDateStamp）	PE 文件头中定义的映像文件大小（SizeOfImage）	没有使用，为 0
.pdb	PDB 签名	PDB 年龄（Age）	没有使用，为 0

SymbolServer 首先根据参数中指定的特征调用 SymbolServerGetIndexStringW 函数生成一个

索引串。比如，以下是为某一版本的 KERNEL32.DLL 模块生成的符号索引串。

```
0:001> du 00f1ba60
00f1ba60  "006D2240474D414087FF801C64935DDD"
00f1baa0  "2"
```

其中 006D2240474D414087FF801C64935DDD 是 GUID 签名，即{006D2240-474D-4140-87FF-801C64935DDD}，2 是 PDB 文件的年龄（Age）。

接下来，SymbolServer 函数调用 SymbolServerByIndexW 函数取符合指定索引串的符号文件。后者会调用一个名为 cascade 的函数，cascade 函数先使用 StoreUNC 类在下游符号库中查找指定的符号文件是否存在，如果存在便返回完整的路径。

如果在下游符号库中没有找到匹配的符号文件，那么 cascade 便使用 StoreWinInet 类来搜索远程的中央符号库，即栈帧#00 到栈帧#00 所示的情况。

SymbolServer 函数返回时 path 参数中所存放的内容是"c:\dstore\kernel32.pdb\006D2240474D414087FF801C64935DDD2\kernel32.pdb"，其中 006D2240474D414087FF801C64935 DDD2 就是索引串，c:\dstore 是下游符号库的根目录。

使用.reload 命令可以重新加载所有或者指定模块的符号文件，以下是主要的执行步骤。

```
00f1d488 030380b5 dbghelp!LoadModule+0x501          //DbgHelp 库的内部函数
00f1d4f0 02190a29 dbghelp!SymLoadModuleExW+0x65 //DbgHelp 库的加载模块函数
00f1e440 022215ed dbgeng!ProcessInfo::AddImage+0xbf9 //增加模块对象
00f1e8d0 02102822 dbgeng!TargetInfo::Reload+0x1cbd    //调试目标的基类方法
00f1e8e4 0210577f dbgeng!DotReload+0x22              //分发给 Reload 命令
00f1e8f8 0218758e dbgeng!DotCommand+0x3f             //元命令的入口
00f1e9d8 021889a9 dbgeng!ProcessCommands+0x4be       //调试器引擎的命令分发函数
```

因为使用的命令是元命令，所以 ProcessCommands 先分发给 DotCommand 函数，后者再调用 DotReload，DotReload 交给 TargetInfo 类的 Reload 方法。Reload 方法枚举进程中的各个模块，对于每个模块调用 ProcessInfo 类的 AddImage 方法将其加入进程信息中。AddImage 方法会调用调试辅助库（DbgHelp）的 SymLoadModuleExW 方法来加载这个模块的信息，包括符号文件，接下来的过程与清单 30-4 所示的情况非常类似。

除了使用 ld 和.reload 命令直接加载符号文件，某些使用符号的命令也可以触发调试器来加载符号，比如栈回溯命令（k*）和反汇编命令等。

值得说明的是，因为 WinDBG 默认使用所谓的懒惰式符号加载策略（lazy symbol loading），所以当它接收到模块加载事件时，它并不会立刻为这个模块加载符号文件。因此，当我们观察模块列表时会看到很多模块的符号状态都是 deferred，即推迟加载。

30.8.5 观察模块信息

可以使用以下方法之一来观察模块信息，包括加载符号文件的情况。

（1）使用 lm 命令。

（2）使用!lmi 扩展命令。

（3）使用 WinDBG 图形界面的"模块"窗口。

我们先介绍 lm 命令。如果不指定任何参数，那么 lm 命令显示一个简单的列表。

```
0:001> lm
start    end        module name
01000000 01093000   WinDBG   (pdb symbols)          d:\...\WinDBG.pdb
01400000 015c6000   ext      (deferred)             …
```

其中 start 列和 end 列分别是该模块在进程空间中的起始地址与终止地址，module name 列是模块名称，接下来的一列是加载符号文件的状态，第 4 列是符号文件的完整名称（如果已经加载符号文件）或者空白。表 30-7 列出了符号状态列中可能出现的状态信息。

表 30-7　状态信息

状态信息	含　义
deferred	模块已经加载，但是调试器还没有试图为其加载符号，会在需要时尝试
#	符号文件和执行映像文件不匹配，比如时间戳或校验和不一致
T	时间戳缺失、不可访问或者等于 0
C	校验和缺失、不可访问或者等于 0
DIA	符号文件是通过 DIA（Debug Interface Access）方式加载的
Export	没有发现符号文件，使用映像文件的输出信息（如 DLL 的 Export）作为符号
M	符号文件和执行映像文件不匹配，但是仍然加载了这样的符号文件
PERF	执行文件包含性能优化代码，对地址进行简单加减运算可能产生错误结果
Stripped	调试信息是从映像文件中抽取出来的
PDB	符号信息是 .PDB 格式
COFF	符号信息是 COFF 格式（Common Object File Format）

PDB 文件又分为私有 PDB 文件和公共 PDB 文件，后者是在前者的基础上剥离私有信息后产生的（25.2.3 节）。

如果要为每个模块显示更丰富的信息，那么可以使用 v 选项。

```
0:001> lm v
start    end        module name
01000000 01093000   WinDBG   (pdb symbols)          d:\....\WinDBG.pdb
    Loaded symbol image file: C:\WinDBG\WinDBG.exe
    Image path: C:\WinDBG\WinDBG.exe
    Image name: WinDBG.exe
    Timestamp:        Thu Mar 29 21:09:08 2007 (460C00C4)
    CheckSum:         0008852B…
```

如果想控制要显示的模块，那么可以使用如下方法。

（1）使用 m 开关来指定对模块名的过滤模式，比如 lm m k*显示模块名以 k 开头的模块。

（2）使用 M 开关来指定对模块路径的过滤模式（参见下文中关于 x 命令的说明）。

（3）使用 o 开关只显示加载的模块（排除已经卸载的模块）。

（4）使用 l 开关只显示已经加载符号的模块。

（5）使用 e 开关只显示有符号问题的模块。

也可以使用 !lmi 扩展命令来观察模块的信息，但是这个命令每次只能观察一个模块，清单 30-5 给出了针对 WinDBG 模块的执行结果。

清单 30-5　执行结果

```
0:001> !lmi WinDBG                          //参数也可以是模块的基地址
Loaded Module Info: [WinDBG]
        Module: WinDBG                      //模块名称
  Base Address: 01000000                    //模块在内存中的基地址
    Image Name: C:\WinDBG\WinDBG.exe        //映像文件的全路径
  Machine Type: 332 (I386)                  //模块所针对的 CPU 架构
    Time Stamp: 460c00c4 Thu Mar 29 21:09:08 2007   //时间戳
          Size: 93000                       //文件大小，以字节为单位
      CheckSum: 8852b                       //校验和
Characteristics: 102
Debug Data Dirs: Type  Size      VA  Pointer //调试数据目录，详见 25.4.3 节
     CODEVIEW 23,c348,b748 RSDS - GUID: {CDA70185-4AB9-4F6F-8B60-FDC14F75FB31}
             Age: 1, Pdb: WinDBG.pdb
   Image Type: FILE    - Image read successfully from debugger.
     C:\WinDBG\WinDBG.exe
  Symbol Type: PDB     - Symbols loaded successfully from symbol server.
     d:\symbols\WinDBG.pdb\CDA701854AB94F6F8B60FDC14F75FB311\WinDBG.pdb
  Load Report: public symbols , not source indexed
```

30.8.6　检查符号

可以用标准命令 x（或 X，不区分大小写）来检查调试符号，其命令格式如下。

```
X  [选项] 模块名!符号名
```
其中的模块名和符号名都可以包含通配符，*代表 0 或任意多个字符，?代表任意一个字符，#代表它前面的字符可以出现任意次，比如 lo#p 表示以 l 开始、以 p 结束、中间有任意多个 o 的所有符号，比如 lop、loop、looop 等。如果中间允许多个字符重复，那么可以使用方括号，例如用 m[ai]#n 可以通配 man、min、maan、main、maiain 等。

举例来说，使用 x ntdll!dbg*可以列出 ntdll 模块的所有以 dbg 开头的符号。

```
0:000> x ntdll!dbg*
7c95081a ntdll!DbgUiDebugActiveProcess = <no type information>
…
```

第一列是这个符号的地址，如果符号是函数，那么该地址便是这个函数的入口地址；如果符号是变量，那么该地址便是这个变量的起始地址。等号后面用来显示符号的类型或取值，这需要私有符号文件中的类型信息。因为我们没有 NTDLL.DLL 的私有符号信息，所以 WinDBG 显示<no type information>。

打开调试版本的 dbgee 小程序，然后执行 x dbgee!arg*命令，得到的结果如下。

```
0:000> x dbgee!arg*
0041718c dbgee!argret = 0
00417184 dbgee!argv = 0x003a2e90
0041717c dbgee!argc = 3
```

可见，等号后面出现了每个变量的取值，argc 是命令行参数的个数，argv 是参数数组的指针。

类似地，模块名中也可以使用通配符，比如 x *!_crtheap 会检查所有模块，看其是否有_crtheap 符号，如果有，便显示出来。

```
0:000> x *!_crtheap
103130d0 MSVCR80D!_crtheap = <no type information>
77c62418 msvcrt!_crtheap = <no type information>
```

　　下面我们看一下 x 命令的选项，根据选项的功能可以分为如下几类。

　　（1）控制显示结果的排列顺序，例如/a 和/A 分别代表按地址的升序与降序，/n 和/N 分别代表按名称的升序与降序，/z 和/Z 分别代表按符号大小（size）的升序与降序。

　　（2）显示符号的数据类型，即/t。

　　（3）显示符号的符号类型和大小（/v），其中符号类型分为 local（局部）、global（全局）、parameter（参数）、function（函数）或者 unknown（未知）。

　　（4）按符号大小设置过滤条件，其格式为/s <符号大小>。对于函数类符号，其大小是这个函数在内存中的大小（字节数）；对于其他符号，其大小是这个符号的数据类型的大小。

　　（5）控制显示格式，/p 可以省去函数名与括号之间的空格，/q 可以启用所谓的引号格式来显示符号名。

　　下面给出几个例子来说明以上选项。首先我们来看/v 选项，在前面的 x dbgee!arg*命令中加入/v。

```
0:000> x /v dbgee!arg*
prv global 0041718c    4 dbgee!argret = 0
prv global 00417184    4 dbgee!argv = 0x003a2e90
prv global 0041717c    4 dbgee!argc = 3
```

　　现在显示的内容多了 3 列，最左边的 prv 代表这个符号属于私有（private）符号信息，如果是公共符号，则显示为 pub（public）。第二列是符号类型，global 代表全局变量。接下来是这个符号在调试目标中的地址。第 4 列是符号的大小，这里列出的几个符号的大小都是 4 字节。如果再增加/t 选项，那么显示结果如下。

```
0:000> x /v /t dbgee!arg*
prv global 0041718c    4 int dbgee!argret = 0
prv global 00417184    4 unsigned short ** dbgee!argv = 0x003a2e90
prv global 0041717c    4 int dbgee!argc = 3
```

　　可见，在符号大小后面多了数据类型，argret 和 argc 的类型都是 int（整数），argv 是 unsigned short **，即 wchar_t **，也就是字符串指针数组。以下使用/v 开关来观察函数符号。

```
0:000> x /v dbgee!wmain
prv func   00411790    51 dbgee!wmain (int, wchar_t **)
```

　　注意，在函数名 wmain 与左括号之间有一个空格，如果不需要这个空格，那么可以指定/p 开关。

```
0:000> x /v /p dbgee!wmain
prv func   00411790    51 dbgee!wmain(int, wchar_t **)
```

　　可见空格被删除了，这主要是为了复制整个函数声明时会更方便些。以下是使用更多选项的例子。

```
0:000> x /v /q /t /N dbgee!*main*
prv func   00411520 f <function> @!"dbgee!wmainCRTStartup" ()
prv func   00411790 51 <function> @!"dbgee!wmain" ()
prv global 00417194 4 int @!"dbgee!mainret" = 0
pub global 00418288 0 <NoType> @!"dbgee!_imp__wgetmainargs" = <no type info…>
pub global 00411c92 0 <NoType> @!"dbgee!__wgetmainargs" = <no type information>
prv func   00411540 244 <function> @!"dbgee!__tmainCRTStartup" ()
prv global 00417020 4 unsigned int @!"dbgee!__native_dllmain_reason" = 0xffffffff
```

因为使用了/q 参数，所以以上符号名是以@!"模块名!符号名"的格式显示的。另一点值得注意的是，因为公开的符号信息不包括类型信息，所以其类型部分显示为<NoType>，符号大小也显示为 0。

30.8.7　搜索符号

标准命令 ln（list nearest symbols）用来搜索距离指定地址最近的符号，比如：

```
lkd> ln 8053ca11
(8053ca11)   nt!KiSystemService  |  (8053ca85)   nt!KiFastCallEntry2
Exact matches:
    nt!KiSystemService = <no type information>
```

上面的结果显示了地址 8053ca11 附近的两个符号，其中 KiSystemService 与指定的地址精确匹配。

30.8.8　设置符号选项

元命令.symopt 用来显示和修改符号选项，其命令格式如下。

```
.symopt[+/- 选项标志]
```

WinDBG 使用一个 32 位的 DWORD 来记录符号选项，每个二进制位代表一个选项。使用+可以设置指定的标志位，使用–可以移除指定的标志位，不带任何参数便显示当前的设置。表 30-8 列出了目前定义的所有标志位。

表 30-8　目前定义的各个标志位

标　志　位	常　　量	含　　义	默　认　值
0x1	SYMOPT_CASE_INSENSITIVE	不区分大小写	On
0x2	SYMOPT_UNDNAME	显示未装饰的符号名	On
0x4	SYMOPT_DEFERRED_LOADS	延迟加载符号	On
0x8	SYMOPT_NO_CPP	关闭 C++翻译①	Off
0x10	SYMOPT_LOAD_LINES	加载源代码行信息	在 KD 和 CDB 中默认为 Off，在 WinDBG 中默认为 On。进行源代码级调试时，必须设置这个选项
0x20	SYMOPT_OMAP_FIND_NEAREST	允许为优化过的代码使用最相近的符号	On
0x40	SYMOPT_LOAD_ANYTHING	降低匹配符号的挑剔度	Off
0x80	SYMOPT_IGNORE_CVREC	忽略映像文件的 CV 记录	Off
0x100	SYMOPT_NO_UNQUALIFIED_LOADS	禁止符号处理器自动加载模块	Off
0x200	SYMOPT_FAIL_CRITICAL_ERRORS	显示关键错误	On
0x400	SYMOPT_EXACT_SYMBOLS	严格评估所有符号文件	Off
0x800	SYMOPT_ALLOW_ABSOLUTE_SYMBOLS	允许位于内存绝对地址的符号	Off
0x1000	SYMOPT_IGNORE_NT_SYMPATH	忽略环境变量中的符号和映像路径	Off
0x2000	SYMOPT_INCLUDE_32BIT_MODULES	对于安腾处理器系统，强制列举 32 位模块	Off
0x4000	SYMOPT_PUBLICS_ONLY	忽略全局、局部以及与作用域相关的符号	Off
0x8000	SYMOPT_NO_PUBLICS	不搜索公共符号表	Off

续表

标　志　位	常　　量	含　　义	默　认　值
0x10000	SYMOPT_AUTO_PUBLICS	其他方法失败时才使用 PDB 文件中的公共符号	On
0x20000	SYMOPT_NO_IMAGE_SEARCH	不搜索映像文件	On
0x40000	SYMOPT_SECURE	（内核调试）Secure Mode	Off
0x80000	SYMOPT_NO_PROMPTS	（远程调试）不显示代理服务器的认证对话框	在 KD 和 CDB 中默认为 On，在 WinDBG 中默认为 Off
0x80000000	SYMOPT_DEBUG	显示符号加载过程	Off

① 使用 C++ 翻译时，类成员的__或被替换为::。

因为记忆和使用十六进制的标志位比较困难，所以 WinDBG 提供了扩展命令!sym 来设置常用的选项。比如!sym noisy 相当于.symopt+0x80000000，即开启所谓的"吵杂"式符号加载，显示加载符号的过程信息；!sym quiet 相当于.symopt-0x80000000，用来关闭吵杂模式。

30.8.9　加载不严格匹配的符号文件

在实际工作中，有时要调试的程序只是做了简单的重新构建（rebuild），代码仅有微小的变化或者根本没有变化。这时，如果调试环境中只有旧的符号文件，那么调试器默认仍会因为符号文件和映像文件不匹配而拒绝加载符号文件。

一种解决方法是使用.reload /i 命令来加载不完全匹配的符号文件。为了便于发现问题，最好先使用!sym noisy 命令开启加载符号的"吵杂"模式。清单 30-6 给出了启动吵杂模式后重新加载 dbgee.exe 内核模块的执行结果。

清单 30-6　重新加载 dbgee.exe 内核模块的执行结果

```
0:000> .reload /i dbgee.exe
SYMSRV: d:\symbols\dbgee.pdb\75DC…15565162\dbgee.pdb not found
SYMSRV: http://msdl.microsoft.com/…/dbgee.pdb/75DC…15565162/dbgee.pdb not found
DBGHELP: C:\dig\dbg\author\code\chap28\dbgee\Debug\dbgee.pdb - mismatched pdb
DBGHELP: c:\dig\dbg\author\code\chap28\dbgee\Debug\dbgee.pdb - mismatched pdb
DBGHELP: Loaded mismatched pdb for C:\dig\dbg\…\Debug\dbgee.exe
*** WARNING: Unable to verify checksum for dbgee.exe
DBGENG:  dbgee.exe has mismatched symbols - type ".hh dbgerr003" for details
DBGHELP: dbgee - private symbols & lines
        C:\dig\dbg\author\code\chap28\dbgee\Debug\dbgee.pdb - unmatched
```

以上信息说明，WinDBG 在本地符号库（第 2 行）和符号服务器（第 3 行）都没有找到精确匹配的符号文件，然后从 debug 目录加载了不完全匹配的符号文件（第 4 行和第 5 行）。执行 lm 命令显示模块列表，可以看到 dbgee 模块的符号状态栏中包含字符 M，表示符号文件和执行映像文件不匹配。

```
00400000 0041a000   dbgee    M (private pdb symbols)  C:\...\dbgee\Debug\dbgee.pdb
```

除了使用带有/i 开关的.reload 命令，也可以通过设置符号选项 SYMOPT_LOAD_ANYTHING（0x40）来让调试器加载不严格匹配的符号文件。

```
0:000> .symopt+0x40
Symbol options are 0x30277:
  0x00000001 - SYMOPT_CASE_INSENSITIVE
  0x00000002 - SYMOPT_UNDNAME
  0x00000004 - SYMOPT_DEFERRED_LOADS
  0x00000010 - SYMOPT_LOAD_LINES
  0x00000020 - SYMOPT_OMAP_FIND_NEAREST
  0x00000040 - SYMOPT_LOAD_ANYTHING
  0x00000200 - SYMOPT_FAIL_CRITICAL_ERRORS
  0x00010000 - SYMOPT_AUTO_PUBLICS
  0x00020000 - SYMOPT_NO_IMAGE_SEARCH
```

本节使用了比较大的篇幅详细介绍了与调试符号有关的 WinDBG 命令，熟练使用这些命令对于调试非常重要，希望读者能够认真体会并在实际调试中灵活应用。

『 30.9 事件处理 』

正如我们在第 9 章所介绍的，Windows 系统的调试模型是事件驱动的。整个调试过程就是围绕调试事件的产生、发送、接收和处理为线索而展开的。调试目标是调试事件的发生源，调试器负责接收和处理调试事件，调试子系统负责将调试事件发送给调试器并为调试器提供服务。第 9 章已经详细介绍了调试事件，本节将先做简单回顾，然后从调试器的角度来介绍与调试事件有关的问题。

30.9.1 调试事件与异常的关系

简单说来，异常是调试事件的一种。Windows 定义了 9 类调试事件，用 9 个常量来表示，分别是 EXCEPTION_DEBUG_EVENT（1）、CREATE_THREAD_DEBUG_EVENT（2）、CREATE_PROCESS_DEBUG_EVENT（3）、EXIT_THREAD_DEBUG_EVENT（4）、EXIT_PROCESS_DEBUG_EVENT（5）、LOAD_DLL_DEBUG_EVENT（6）、UNLOAD_DLL_DEBUG_EVENT（7）、OUTPUT_DEBUG_STRING_EVENT（8）和 RIP_EVENT（9），其中 EXCEPTION_DEBUG_EVENT（1）便是异常事件的代码。

因为有很多种异常，所以异常事件又根据异常代码分为很多个子类。其他事件比较单纯，不再包含子类。有以下常见异常子类。

（1）Win32 异常，这是 Windows 操作系统所定义的异常，包括 CPU 产生的异常和系统内核代码定义的异常，典型的有非法访问、除以零等。这类异常的代码定义在 ntstatus.h 中。

（2）Visual C++异常，这是 Visual C++编译器的 throw 关键字所抛出的异常，throw 关键字调用 RaiseException API 产生异常，所有这类异常的代码都是 0xe06d7363（.msc）。

（3）托管异常，这是.NET 程序使用托管方法抛出的异常，所有这类异常的代码都是 0xe0636f6d（.com）。

（4）其他异常，包括用户程序直接调用 RaiseException API 抛出的异常，以及其他 C++编译器抛出的异常等。

除了以上 9 类调试事件，为了复用事件处理机制，调试器定义了某些专门供调试使用的事件，比如 WinDBG 定义了用于将调试器从睡眠状态唤醒的 Wake Debugger 事件，我们把这类事件统称为调试器事件。

30.9.2　两轮机会

我们在第 11 章介绍异常管理时，曾经详细讨论过 Windows 操作系统分发和处理异常的过程。其中最重要的一点就是，对于每个异常，Windows 系统会最多给予两轮处理机会，对于每一轮机会，Windows 都会试图先分发给调试器，然后寻找异常处理器（VEH、SEH 等）。这样看来，对于每个异常，调试器最多可能收到两次处理机会，每次处理后调试器都应该向系统返回一个结果，说明它是否处理了这个异常。

对于第一轮异常处理机会，调试器通常返回没有处理异常，然后让系统继续分发，交给程序中的异常处理器来处理。对于第二轮机会，如果调试器不处理，那么系统便会采取终极措施：如果异常发生在应用程序中，那么系统会启动应用程序错误报告过程（第 12 章）并终止应用程序；如果异常发生在内核代码中，那么便启用蓝屏机制停止整个系统。所以对于第二轮处理机会，调试器通常返回 handled，让系统恢复程序执行，这通常会再次导致异常，又重新分发异常，如此循环。值得说明的是，对于断点异常和调试异常，调试器在第一轮就返回 handled。

WinDBG 把异常和其他调试事件放在一起来管理，但是必须清楚的是，只有异常事件可能有两轮处理机会，异常以外的其他调试事件（比如进程创建）都只有一轮处理机会。

30.9.3　定制事件处理方式

大多数调试器允许用户来定制处理调试事件的方式，WinDBG 也是如此。因为异常事件最多有两轮处理机会，而且对于每一轮机会都需要决定如下两个问题。

（1）收到事件通知后是否中断给用户（进入命令模式）？

（2）返回给系统的处理结果是 handled（已经处理），还是 not handled（没有处理）？处理结果即所谓的处理状态（handling status），有时也称为继续状态（continue status）。

所以，对于每种异常事件存在以下 4 个选项：

（1）第一轮机会是否中断给用户；

（2）第二轮机会是否中断给用户；

（3）第一轮机会的处理结果；

（4）第二轮机会的处理结果。

前两个选项通常称为中断选项，后两个选项称为继续选项。为了允许用户设置这些选项，不同调试器提供了不同形式的界面。图 30-11 是 VC6 调试器的 Exceptions 对话框，对于每种异常，用户可以设置两轮机会都中断给用户（Stop always），也可以只在第二轮时中断给用户（Stop if not handled）。看来，VC6 调试器的 Exceptions 对话框只允许用户配置中断选项，不允许配置继续选项。

图 30-12 所示的对话框是 Visual Studio .NET 2002 和 2003（VS7）的集成调试器所提供的 Exceptions 对话框，虽然该对话框上看起来与 VC6 的差异很大，但本质上变化不大，只不过改变了设置中断选项的方式，上面一组单选按钮用来设置第一轮的中断选项，下面一组用来设置第二轮的中断选项。

Visual Studio 2005（VS8）集成调试器的 Event Filters 对话框（图 30-13）外观上又有了很大的变化，对于每种异常，它提供了两个复选框，分别称为 Thrown 和 User-unhandled，前者的含义是对于第一轮机会是否中断给用户，后者的含义是对于第二轮机会是否中断给用户。

图 30-14 是 WinDBG 的 Event Filters 对话框。WinDBG 从 2.0 版本开始便一直使用这个对话框，保持了很好的稳定性，不像 VS 调试器那样几乎每个版本都各不一样。

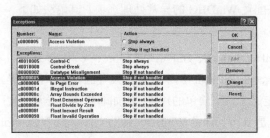

图 30-11　VC6 调试器的 Exceptions 对话框　　　　图 30-12　VS7 的 Exceptions 对话框

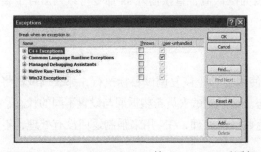

图 30-13　Visual Studio 2005 的 Exceptions 对话框　　　图 30-14　WinDBG 的 Event Filters 对话框

图 30-14 右下角 Execution 组的 4 个单选按钮用来配置中断选项，它们的含义如下。

（1）Enabled。收到该事件后便中断给用户。对于异常事件，这意味着两轮机会都中断给用户；对于其他调试事件，这意味着收到时便中断。

（2）Disabled。对于异常事件，第二轮机会时中断给用户，第一轮不中断。对于其他调试事件，不中断到命令模式。

（3）Output。输出信息通知用户。

（4）Ignore。忽略这个事件。

Continue 组的两个单选按钮用于配置返回给系统的异常事件处理状态，只适用于异常类事件，而且它是针对第一轮处理机会的。如果选择 Handled 单选按钮，那么便返回 handled；否则，返回 not handled。对于大多数异常，默认返回 not handled。对于第二轮异常，WinDBG 默认返回 handled，但是调试时，可以使用 gn 命令强制返回 not handled。

由此可见，WinDBG 既允许配置中断选项，也允许配置继续选项，相比 VS 调试器，它具有了更大的灵活性。另外，WinDBG 允许为每个事件定义关联命令，单击 Event Filters 对话框中的 Commands 按钮便弹出一个对话框，允许用户输入一系列命令，对于异常事件，可以为每一轮机会输入一组命令。

对于大多数调试事件，可以使用 Argument 按钮指定一个参数，并设置满足这个参数条件时的配置选项。举例来说，在图 30-14 的列表中选择 Load module，然后单击 Argument 按钮，在弹出的对话框中输入 KERNEL32.DLL 后关闭，接下来在 Execution 组中单击 Enabled 单选按钮，这样在被调试程序再加载 KERNEL32.DLL 时便会中断到命令模式，在加载其他模块时不会中断，因为加载模块事件的默认处理方式是忽略（Ignore）。

除了使用图形界面，也可以使用命令来配置 WinDBG 的异常处理选项，其语法如下。

```
sx{e|d|i|n} [-c "Cmd1"] [-c2 "Cmd2"] [-h] {Exception|Event|*}
```

其中的 e|d|i|n 对应于图形界面的 Enabled、Disabled、Output 和 Ignore，-c 和-c2 分别用来定义第一轮机会和第二轮机会的关联命令，Exception|Event 用来指定要设置的调试事件（异常或者其他事件）。WinDBG 为常用的调试事件定义了一个简单的代码，比如非法访问异常的代码是 av，除零异常的代码是 dz，线程退出的代码是 et 等，详见 WinBDG 帮助文件中关于 Controlling Exceptions and Events 的介绍。

如果指定了-h 开关，那么这条命令是用来设置处理状态的，而不是中断状态。此时，sxe 命令设置的处理状态是 Handled，其他 3 条命令都设置为 Not Handled。

使用 sxr 命令可以将所有事件处理选项恢复为默认值，直接输入 sx 命令可以列出各个事件的代码和目前的设置状态。

30.9.4 GH 和 GN 命令

当因为发生异常而中断到调试器时，如果使用 g 命令恢复调试目标执行，那么调试器将使用上面介绍的配置来决定返回给系统的处理状态。如果调试人员希望返回与设置不同的状态，那么可以使用 GH 或者 GN 命令。GH 用来强制返回已经处理，GN 用来强制返回没有处理，不论关于该异常的设置如何。

30.9.5 实验

下面通过一个实验来加深大家的理解，我们使用第 28 章曾经使用过的 dbgee 小程序作为调试目标，它的主要代码如下。

```
1 int _tmain(int argc, _TCHAR* argv[])
2 {
3    if(argc==1)
4    {
5        *(int *)0=1;
6        printf("test\n");
7    }
8 return 0;
9 }
```

启动 WinDBG，然后通过 Open Executables 打开 dbgee.exe。WinDBG 成功创建进程和创建调试会话后，会因为初始断点而中断给用户。命令窗口会显示如下信息。

```
(9fc.db0): Break instruction exception - code 80000003 (first chance)
…
```

其中 80000003 是断点异常的代码，括号中的 first chance 代表这是第一轮处理机会。这说明对于断点异常，WinDBG 收到第一轮通知时便中断给用户。观察图 30-14 所示的对话框，可以看到这个异常（Break instruction exception）的处理选项是 enabled – handled，即第一轮机会便中断，并返回 handled。接下来依次执行如下步骤。

（1）执行 sxe av 命令设置对于非法访问异常（av）第一轮便中断。

（2）执行 sxd –h av 命令设置对于非法访问异常的处理状态是 not handled。

（3）执行 sx 命令，确保关于访问异常的设置是如下内容。

```
av - Access violation - break - not handled
```

（4）输入 g 命令让调试目标执行。

因为第 5 行源代码故意设计了一个空指针访问，所以程序执行到这里时会导致一个非法访问异常。调试器收到这个调试事件后会检查异常设置，发现这个异常的设置是 Enable（第一轮便中断给用户）便进入命令模式，并显示如下内容。

```
(1574.14f8): Access violation - code c0000005 (first chance)
First chance exceptions are reported before any exception handling.
This exception may be expected and handled.
…
dbgee!wmain+0x24:
004113b4 c7050000000001000000 mov dword ptr ds:[0],1  ds:0023:00000000=????????
```

第一行的 c0000005 是非法访问异常的代码，（first chance）代表这是第一轮处理机会。第 2、3 行提示我们系统还没有执行程序中的异常处理器，对于某些程序来说，异常可能是故意抛出的，可能属于期望的情况。

接下来，执行 gh 命令强制让调试器返回 handled。系统收到这个回复后会停止分发异常（因为调试器声称已经处理了异常），恢复调试目标继续执行，但由于异常条件仍在，因此还会产生异常，于是再次分发，WinDBG 再次中断到命令模式，并显示上面的信息。

而后执行 g 命令。因为对这个异常的设置是 not handled，所以调试器执行 g 命令时会向系统返回 not handled，于是系统会继续分发这个异常，寻找程序中的异常处理器（向量化异常处理器、结构化异常处理器等）。因为上面的代码没有任何异常处理器，所以系统会执行默认的异常处理器（第 12 章），执行系统的 UnhandledExceptionFilter 函数（位于 KERNEL32.DLL 中）。UnhandledExceptionFilter 函数会判断当前程序是否在被调试，如果没有在被调试，那么便启动"应用程序错误"对话框，通知用户终止程序；如果在被调试，那么 UnhandledExceptionFilter 会返回 EXCEPTION_CONTINUE_SEARCH，这会导致系统继续分发这个异常，即进入异常的第二轮分发。对于第二轮机会，系统仍然先分给调试器，WinDBG 收到通知后会中断到命令模式，并显示如下信息。

```
(1574.14f8): Access violation - code c0000005 (!!! second chance !!!)
…
dbgee!wmain+0x24:
004113b4 c7050000000001000000 mov dword ptr ds:[0],1  ds:0023:00000000=????????
```

输入 g 命令让目标继续执行，WinDBG 会使用默认的处理选项（handled）返回给系统。这会导致系统恢复执行目标，重新产生异常，WinDBG 又得到第一轮机会，输入 g 后，WinDBG 又得到第二轮处理机会。如果在得到第二轮处理机会时执行 gn 命令强制调试器告诉系统没有处理第二轮异常，那么调试目标会突然消失，因为系统将其强制终止了。

本节介绍了调试事件的有关内容，这些内容是本书关于"异常"这一主题的最后一部分。

理解这部分内容需要前面的基础，建议读者在阅读本节时遇到不清楚的内容便返回前面的章节，复习一下前面的内容。

30.10　控制调试目标

有些软件问题通过观察症状然后审查代码就可以发现根源并找到解决方案，但更多的问题需要跟踪程序的执行过程才能摸清来龙去脉发现症结所在。让被调试程序以可控的方式运行是设计调试器的最基本目标，也是调试器的威力所在。所谓交互式调试，其主要内涵就是可以与被调试程序互动，可以让其停下来接受观察，观察好了可以让其继续运行一段时间，然后再停下来观察……控制调试目标（被调试程序）是调试器的一个核心任务，其宗旨就是使调试目标始终处于调试器的控制之下，让调试人员可以随心所欲地控制程序的执行状态。WinDBG 提供了强大的机制和丰富的命令来控制调试目标，本节开始的 4 节（30.10 节～30.13 节）将分别介绍这些命令和有关的使用技巧。

30.10.1　初始断点

当调试一个新创建的进程（用户态目标）时，为了让调试人员可以尽早地分析调试目标，Windows 操作系统的进程加载器加入了特别的调试支持，在完成最基本的用户态初始化工作后，系统的模块加载函数就会主动执行断点指令，触发断点，让调试目标中断到调试器。这个断点称为初始断点（initial breakpoint）。

在使用 WinDBG 打开一个程序文件（Open Executable）后，WinDBG 很快便会显示收到断点事件。这个断点便是位于 NTDLL.DLL 中的 LdrpInitializeProcess 函数调用 DbgBreakPoint 而触发的初始断点。我们知道，当创建一个新进程时，很多早期的创建工作（创建进程对象、进程空间、初始线程、通知子系统等）是在父进程的环境下完成的。初始线程真正在新进程环境下执行是从内核态的 KiThreadStartup 开始的。KiThreadStartup 将线程的 IRQL（中断请求级别）降到 APC 级别后调用 PspUserThreadStartup 来为线程在用户态执行做准备。因为 PspUserThreadStartup 仍然在内核态，为了可以执行用户态的加载工作，它初始化了一个对用户态代码的异步过程调用（APC），并插入 APC 队列中，这个 APC 便是调用 NTDLL.DLL 中的 LdrpInitialize 函数。因此可以说，LdrpInitialize 函数是一个新进程的初始线程开始在用户态执行的最早代码。LdrpInitialize 在初始化加载器和读取执行选项后，调用 LdrpInitializeProcess 函数。LdrpInitializeProcess 函数的一个主要任务就是加载 EXE 文件所依赖的动态链接库。在加载每个 DLL 后，LdrpInitializeProcess 检查当前进程是否在被调试（PEB 的 BeingDebugged 字段），如果在被调试，则调用 DbgBreakPoint 通知调试器。注意，此时尚未调用每个 DLL 的 DllMain 函数。当 LdrpInitialize 执行完毕后，KiUserApcDispatcher 调用 ZwContinue 返回内核态的 PspUserThreadStartup 函数中。接下来，PspUserThreadStartup 函数把线程的 IRQL 降低到 0（PASSIVE）。而后，系统开始执行已经放在线程上下文中的进程启动函数 BaseProcessStart，后者调用程序的入口函数使应用程序开始运行。

当将 WinDBG 附加到一个已经运行的进程时，WinDBG 默认也会通过在目标进程创建一个远程线程来触发一个初始断点，这个断点发生在新创建的线程上下文中，其栈调用通常如下。

```
0:001> kn
 # ChildEBP RetAddr
00 00cdffc8 7c9507a8 ntdll!DbgBreakPoint
```

```
01 00cdfff4 00000000 ntdll!DbgUiRemoteBreakin+0x2d
```

值得注意的是，这个线程并不是目标进程的本来线程，它是调试器创建的。当我们恢复目标执行时，这个线程也会立刻退出。

在 WinDBG 的命令行中加入-g 开关，可以让其忽略或者不触发初始断点，也就是调试新进程的时候，当接收到初始断点事件时，不中断给用户；当附加到已经创建的进程时，不再使用远程线程来触发断点。

另外，要说明的是，初始断点并不是调试器可以得到的最早控制机会，进程创建事件和 EXE 模块的加载事件都比初始断点的中断时间还要早。但对于跟踪和分析程序的入口函数或者 DLL 的入口函数，初始断点的中断时机已经足够早。

30.10.2　俘获调试目标

初始断点为我们分析被调试程序提供了一个初始机会，通常设置了断点或者做基本的准备工作后，我们便恢复目标继续执行。如果希望把运行的调试目标再次中断到调试器中，那么可以使用如下方法。

（1）在调试器界面中选择 Debug → Break 或者按 Ctrl+Break 组合键。

（2）对于有窗口界面的程序，将被调试程序窗口切换到前台，然后按 F12 快捷键（10.6.5 节）。

（3）如果已经设置了断点，或者在代码中加入了触发异常的代码，那么可以执行相应的操作，让程序触发断点或者异常，使其中断到调试器。

因为第一种方法使用得最多，所以我们介绍一下它的工作细节。清单 30-7 显示了 WinDBG 的 UI 线程收到 Break 命令后的工作过程。

清单 30-7　WinDBG 的 UI 线程处理 Break 命令的工作过程

```
0:000> kn
 # ChildEBP RetAddr
00 0006ce54 7c93401e ntdll!ZwCreateThread                  //创建远程线程
01 0006d1bc 7c9507ff ntdll!RtlCreateUserThread+0xdc
02 0006d1fc 7c85a383 ntdll!DbgUiIssueRemoteBreakin+0x26  //发起远程中断动作
03 0006d208 0229c11b kernel32!DebugBreakProcess+0xd       //Windows 的调试 API
04 0006d230 02225a4c dbgeng!LiveUserDebugServices::RequestBreakIn+0x1b   //服务层
05 0006d24c 020c7126 dbgeng!LiveUserTargetInfo::RequestBreakIn+0x5c     //目标层
06 0006d258 0103cb21 dbgeng!DebugClient::SetInterrupt+0xa6    //调试引擎的接口函数
07 0006ddf4 7e418724 WinDBG!FrameWndProc+0x13f1           //窗口过程，以下省略
```

依照函数调用的先后顺序（从下至上），栈帧#07 是窗口的过程函数，它收到 Break 命令后通过全局变量 g_DbgClient 调用 SetInterrupt 方法，这个方法的用途就是让调试器进入命令模式，其函数原型如下。

```
HRESULT  IDebugControl::SetInterrupt( IN ULONG  Flags );
```

其中，Flags 参数可以包含如下标志。

（1）DEBUG_INTERRUPT_PASSIVE（1）。向调试引擎注册用户希望中断到命令模式，但是不强制。其函数内部将 dbgeng!g_UserInterruptCount 加 1，将 dbgeng!g_EngStatus 设置为 0x1005。

（2）DEBUG_INTERRUPT_EXIT（2）。设置 dbgeng!g_EngStatus 的 0x800 位，让调试器引

擎取消等待调试事件，强制返回。通常这会导致调试器没有中断调试目标就进入命令模式，因为没有合适的进程和线程上下文，所以命令提示符会包含多个问号（图 30-15）。使用这种方法中断后，大多数控制调试目标执行的命令无法执行。

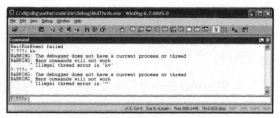

图 30-15　命令提示符包含多个问号

（3）DEBUG_INTERRUPT_ACTIVE（0）。判断全局变量 dbgeng!g_CmdState，如果当前调试器没有处于命令模式，那么要求调试目标中断到调试器以进入命令模式；如果调试器已经处于命令模式，那么只是简单地递增 dbgeng!g_UserInterruptCount 变量。

在清单 30-7 中，UI 线程是使用参数 0 来调用 SetInterrupt 方法的，也就是要求调试目标中断到调试器中。栈帧#05 和栈帧#04 分别是调用调试目标类（LiveUserTargetInfo）和调试服务类（LiveUserDebugServices）的 RequestBreakIn 方法，将中断请求层层下传。栈帧#03 调用操作系统的调试 API，DebugBreakProcess。栈帧#02～栈帧#00 显示了 DebugBreakProcess API 的内部工作过程，栈帧#02 调用 NTDLL 中的 DbgUiIssueRemoteBreakin，栈帧#01 和栈帧#00 调用线程创建函数在调试目标进程中创建远程线程。这个远程线程的线程函数是 NTDLL.DLL 中的 DbgUiRemoteBreakin 函数，它内部的代码很少，只是简单地调用 DbgBreakPoint API 来执行断点指令，产生一个断点异常。当目标进程中断到调试器时，当前线程就是调试器创建的这个远程线程。

上面讲的是正常情况，也就是创建一个远程线程，这个远程线程一执行，就产生一个断点异常，触发调试目标中断到调试器。但是以上过程有时可能失败，比如远程线程创建后还没有执行断点指令就被挂起了，这时 WinDBG 就收不到断点事件了。对于这种情况，WinDBG 等待一段时间后，会显示如下提示信息。

```
Break-in sent, waiting 30 seconds...
```

再等待 30s 后，WinDBG 会"人工合成"（Synthesize）一个代码为 0x80000007 的异常事件，这个事件的调试引擎函数名为 SynthesizeWakeEvent，调用过程如下。

```
00 015dff10 020ceacf dbgeng!SynthesizeWakeEvent+0x4b
01 015dff34 020cee9e dbgeng!WaitForAnyTarget+0x5f
02 015dff80 020cf110 dbgeng!RawWaitForEvent+0x2ae
03 015dff98 0102aadf dbgeng!DebugClient::WaitForEvent+0xb0
04 015dffb4 7c80b6a3 WinDBG!EngineLoop+0x13f
05 015dffec 00000000 kernel32!BaseThreadStart+0x37
```

这个合成事件触发调试器的事件等待函数返回，并开始处理这个事件，这会引发 dbgeng!SuspendExecution 函数被调用，这个函数会依次挂起调试目标中的所有线程，使调试目标被中断，最后调试器进入命令模式中并显示如下信息。

```
(1440.1554): Wake debugger - code 80000007 (first chance)
```

也就是说，WinDBG 会先使用远程线程来中断调试目标，如果超时，那么它会使用挂起方式来将被调试进程强制俘获到调试器中。

30.10.3　继续运行

WinDBG 提供了很多命令来让调试目标恢复继续运行，最常用的就是 g（go）命令。F5 快捷键和 Debug 菜单中的 Go 菜单项对应的就是 g 命令，g 命令的一般形式如下。

```
g[a] [= StartAddress] [BreakAddress ... [; BreakCommands]]
```

StartAddress 用来指定恢复执行的起始地址，默认为当前位置。BreakAddress 用来指定一个断点地址。BreakCommands 用来指定断点命中后所执行的命令。开关 a 只有在使用 BreakAddress 设置断点时才有用，使用 a 将断点设置为硬件断点，如果没有 a，则设置为软件断点。

如果指定了断点地址（BreakAddress），那么 WinDBG 会设置一个隐藏的断点，然后恢复目标执行，当执行到这个断点时，WinDBG 中断并自动删除这个断点。当使用 Assembly 或者源代码窗口时，可以使用 Run to Cursor 命令（Ctrl+F10 快捷键或者菜单 Debug → Run to Cursor）来执行到光标所在位置。这其实就是使用 g 命令加断点地址来实现的。当发出这个命令时，命令信息区会显示出对应的 g 命令，如 0:000> g 0x`4113c0。

对于因为异常而中断到调试器的情况，当恢复目标运行时调试器需要回复系统是否处理了这个异常，如果使用 g 命令，那么 WinDBG 会使用关于所发生异常的配置信息来决定回复内容。为了提高灵活性，用户可以使用 gn 或者 gh 命令来指定要回复给系统的异常处理决定，如果要回复 handled，那么就用 gh（Go with Exception Handled）命令；否则，就使用 gn（Go with Exception Not Handled）命令。这两条命令的语法和其他特征与 g 命令完全一样。

gu（go up）命令用来执行到上一级函数，即执行完当前函数，返回上一级函数，另外 gc 命令用在使用条件断点的情况下，我们将在 30.12.3 节介绍，gu 和 gc 命令都没有参数。

『 30.11　单步执行 』

单步执行是历史最悠久的调试机制之一，可以追溯到大型机时代，例如 UNIVAC I 上的 IOS 开关就用来切换到单步执行模式，让处理器每次执行一条指令。通过单步执行可以更好地理解程序的执行流程和数据的变化情况。在软件日益复杂和庞大的今天，单步跟踪仍十分重要。但是跟踪整个程序通常都是不现实的，可行的方法是只跟踪最关心的代码，让不关心的部分全速执行。WinDBG 调试器为实现这一目标提供了丰富的命令，让调试人员可以快速跳过不关心的部分，抵达要跟踪的位置。

30.11.1　概览

根据当前是否处于源代码（source mode）模式，单步跟踪分为源代码级的单步和汇编指令一级的单步。选中 Debug 菜单中的 Source Code 菜单项或者执行 l+t 命令可以进入源代码模式，取消选择 Source Code 菜单项或者执行 l-t 命令可以退出源代码模式，进入汇编模式。在汇编模式，每次单步执行一条汇编指令。在源代码模式，每次单步执行源代码的一行。

如果当前的指令或者代码行包含函数调用，那么有两种选择，一种是跟踪进入要调用的函数，另一种是忽略要调用函数的执行过程，让其执行完毕后再停下来。前一种方式通常称为单步进入（step into），后一种方式称为单步越过（step over）。在 WinDBG 中，使用单步（step）一词来指代后一种方式，对应的命令是 p；使用跟踪（trace）一词来指代前一种方式，对应的命令是 t。如果当前行不包含函数调用，那么 p 命令和 t 命令的作用是一样的。

从实现的角度来讲，汇编一级的单步执行（p）、跟踪进入（trace into）和针对非函数调用执行执行 t 命令都是依赖 CPU 的陷阱机制来实现的，对于 x86 CPU，也就是设置标志寄存器的 T 标志。举例来说，当我们在 WinDBG 中发出 t 命令后，工作线程会解析此命令（ParseStepTrace），然后调用 SetExecStepTrace 和 SetNextStepTraceState 函数,这两个函数会将用户命令转化并设置到内部对象、变量和线程的上下文结构中。设置完毕后，调试引擎便报告此命令执行完毕，于是函数层层返回，直到 ProcessEngineCommands 返回 EngineLoop。EngineLoop 继续执行，调用 DebugClient:: WaitForEvent 等待下一个调试事件，在等待前先要恢复目标运行，在恢复目标执行（ResumeExecution）时，调试引擎会将线程上下文通过 SetThreadContext API 设置给系统，清单 30-8 所示的栈回溯记录了调试器的调试会话线程执行以上函数的过程。

清单 30-8　调试会话线程执行相关函数的过程

```
0:004> kn
 # ChildEBP RetAddr
00 0144f350 0229ba85 kernel32!SetThreadContext               //系统 API
01 0144f368 020f2de9 dbgeng!LiveUserDebugServices::SetContext+0x45      //服务层
02 0144f38c 020f0bf8 dbgeng!LiveUserTargetInfo::SetTargetContext+0x59
03 0144fe24 021244fe dbgeng!TargetInfo::SetContext+0xb8
04 0144fe40 0217257c dbgeng!MachineInfo::UdSetContext+0x3e
05 0144fe54 0221bbfa dbgeng!MachineInfo::SetContext+0x15c       //架构信息类
06 0144fe6c 0221c82d dbgeng!TargetInfo::ChangeRegContext+0xca
07 0144fe84 021311f8 dbgeng!TargetInfo::PrepareForExecution+0x1d  //目标层
08 0144fe94 0213148f dbgeng!PrepareOrFlushPerExecution+0x38
09 0144fea4 02132098 dbgeng!ResumeExecution+0x2f                //恢复执行
0a 0144ff28 02130fe8 dbgeng!PrepareForExecution+0x618           //准备执行
0b 0144ff3c 020cec09 dbgeng!PrepareForWait+0x28                 //准备等待
0c 0144ff80 020cf110 dbgeng!RawWaitForEvent+0x19                //调试引擎的内部函数
0d 0144ff98 0102aadf dbgeng!DebugClient::WaitForEvent+0xb0       //等待调试事件
0e 0144ffb4 7c80b6a3 WinDBG!EngineLoop+0x13f                     //调试会话循环
0f 0144ffec 00000000 kernel32!BaseThreadStart+0x37              //系统的线程启动函数
```

传递给 SetThreadContext 函数的参数是一个 CONTEX 结构，使用 dt 命令可以观察该结构。

```
0:004> dt _CONTEXT 01473e00
   +0x0c0 EFlags            : 0x302
```

其中 EFlags 就是标志寄存器字段，将它的值翻译为二进制。

```
0:004> .formats 0x302
  Binary:  00000000 00000000 00000011 00000010
```

位 1 是保留位，永远为 1。位 8 就是跟踪标志（trap flag），1 代表单步执行。位 9 的另一个 1 的含义是启用中断（Interrupt enable Flag），即 IF 位。

可见，对于 t 命令，调试器是通过设置标志寄存器来实现的。如果当前指令是 CALL 指令，而且执行 p 命令，那么 WinDBG 需要一步执行完要调用的函数，即单步越过。这时尽管命令的执行过程仍然与清单 30-8 所示的基本一致，但是设置的线程上下文中的 EFlags 值如下。

```
   +0x0c0 EFlags            : 0x246
```

也就是 TF 标志没有设置。如果观察调试引擎的 ProcessDebugEvent 函数收到的调试事件，我们会发现异常代码是 80000003，也就是断点异常，不是 t 命令所触发的单步异常（异常代码是 80000004）。事实上，针对 CALL 指令的单步越过命令是通过在 CALL 指令的下一条指令处设置一个软件断点来实现的。

源代码一级的单步执行是通过多次设置陷阱标志，也就是多次汇编一级的单步执行而实现的。因为篇幅关系，不再详细讨论，感兴趣的读者可以使用上面的方法自行探索。

除了基本功能，可以通过向 p 和 t 命令附带参数来使用它们的附加功能，这两个命令的完整语法如下。

```
p|t [r] [= StartAddress] [Count] ["Command"]
```

其中 r 的用处是禁止自动显示寄存器内容，默认情况下每次单步执行后，WinDBG 会自动显示各个寄存器的值，如果不想显示，则使用 r 开关，r 与命令之间的空格可有可无。

默认情况下，调试器总是让目标程序从当前位置开始单步执行，但是也可以通过等号（＝）来指定一个新的起始地址，让程序从这个地址开始执行。需要注意的是，如果指定的地址跳过了调整栈的代码，那么栈就会失去平衡，目标程序很快会出现严重错误，所以使用这个功能时应该特别慎重。

可选的参数[Count]用来指定要单步执行的次数。如果 Count 大于 1，那么单步执行一次并更新显示后，WinDBG 会再发送一次单步命令，直到达到指定的次数。例如，t 2 会单步执行两次，每次执行一条指令（汇编模式）或者源代码的一行（源代码模式）。

["Command"]参数用来指定每次单步执行后要执行的命令。例如，p "kb" 会在单步执行后自动执行 kb 命令。

30.11.2　单步执行到指定地址

WinDBG 提供了 pa 和 ta 命令用来执行到指定的代码地址，其命令格式如下。

```
pa|ta [r] [= StartAddress] StopAddress
```

其中 pa 是 Step to Address 的缩写，即单步执行到 StopAddress 参数所代表地址处的指令，如果中间有函数调用，那么不进入所调用的函数。在执行过程中，WinDBG 会显示程序执行的每一步，其效果相当于反复执行 p 命令。ta 命令与 pa 非常相似，只不过遇到函数调用时会进入函数中，而不是越过，这和 t 命令与 p 命令的差异是一样的。

因为伪寄存器 $ra 总是代表当前函数的返回地址（return address），所以可以使用 pa 或者 ta 命令加上 @$ra 来"步出"当前函数，也就是从当前位置反复单步执行直到返回上一级函数，其效果相当于 gu 命令（执行到上一层函数）。

如果在到达目标地址前遇到断点，那么 WinDBG 会报告断点，这个命令也就从此被中断。如果在到达目标地址前程序发生异常，那么 pa 或者 ta 命令也可能被中断。举例来说，假设当前的程序指针（EIP）等于 004113b4，相关的指令如下。

```
004113b4 c70500000000001000000 mov  dword ptr ds:[0],1  ds:0023:00000000=????????
004113be 8bf4                   mov  esi,esp
004113c0 683c564100             push offset dbgee+0x1563c (0041563c)
```

如果这时发出 par 004113c0 命令，那么这个命令会因为第 1 条指令导致异常而中断，并不会单步执行到第 3 条指令。

30.11.3　单步执行到下一个函数调用

pc 和 tc 命令用来单步执行到下一个函数调用（CALL）指令，其格式如下。

```
pc|tc [r] [= StartAddress] [Count]
```

它们都让调试目标从当前地址或者 StartAddress 指定的地址恢复执行，直到遇到函数调用指令时停下来，Count 参数用来指定遇到的函数调用指令个数，默认为 1。

这两个命令的差异依然与 p 指令的和 t 指令的差异一样，对于 CALL 指令，使用 tc 会单步进入所调用的函数，使用 pc 命令会一次执行完 CALL 指令。如果当前指令不是函数调用指令，而且 COUNT 参数为 1，那么 pc 与 tc 是等价的。

从实现角度来看，WinDBG 依然反复单步执行，每次收到调试事件后，判断下一条指令是否是函数调用指令。如果不是，就重新设置单步标志，然后继续执行；如果是，那么就停下来，命令执行完毕。当处理 CALL 指令时（当前指令是 CALL 或者 Count 参数大于 1 时中途遇到 CALL），pc 命令需要使用在下一条指令中设置断点的方法。

30.11.4   单步执行到下一分支

在第二篇介绍 CPU 的调试支持时，我们介绍了 CPU 的分支记录和监视功能。利用这一功能可以实现分支到分支的单步执行，即一次执行到下一条分支指令。WinDBG 的 tb 命令就是利用这一机制而实现的。

因为使用了 CPU 的硬件支持，所以 tb 命令与 tc 和 pc 这样的反复多次单步执行的命令不同，它设置好标志寄存器和 MSR 后，便让目标程序恢复运行，然后当 CPU 执行到分支指令时，报告异常，停下来。从这个意义上来说，tb 命令要比 tc 和 pc 更高效。tb 命令的语法与 tc 和 pc 一样。

```
tb [r] [= StartAddress] [Count]
```

对于安腾系统和 x64 系统，tb 命令既可以用在内核调试，也可以用在用户态调试。但是在 x86 平台上这个命令只能用在内核调试中，为了克服这一局限，可以使用 ph 和 th 命令。

```
ph|th [r] [= StartAddress] [Count]
```

这两个命令分别用来单步执行或者追踪到下一分支指令，处理 CALL 指令的方式不同是它们的唯一差异。

30.11.5   追踪并监视

如果我们想了解一个函数的执行路径和它调用了哪些其他函数，以及每个函数包含多少条指令，但又不想一步步地跟踪执行，那么可以使用 wt 命令，让它帮我们跟踪执行并生成一份清单 30-9 那样的报告。

清单 30-9   wt 命令产生的追踪报告

```
1    0:000> wt
2    Tracing wtee!main to return address 00401100
3         6     0 [  0] wtee!main
4         2     0 [  1]   wtee!GetRandom
5         5     0 [  2]     kernel32!GetTickCount
6         4     5 [  1]   wtee!GetRandom
7        12     0 [  2]     kernel32!GetVersion
8        11    17 [  1]   wtee!GetRandom
9         8    28 [  0] wtee!main
10
11   36 instructions were executed in 35 events (0 from other threads)
12
```

```
13    Function Name                            Invocations MinInst MaxInst AvgInst
14    kernel32!GetTickCount                          1        5       5       5
15    kernel32!GetVersion                            1       12      12      12
16    wtee!GetRandom                                 1       11      11      11
17    wtee!main                                      1        8       8       8
18
19    0 system calls were executed
20
21    eax=823e9fa0 ebx=7ffd3000 ecx=00000064 edx=00000a28 esi=01caf764 edi=01caf6f2
22    eip=00401100 esp=0012ff88 ebp=0012ffc0 iopl=0         nv up ei pl nz na pe nc
23    cs=001b  ss=0023  ds=0023  es=0023  fs=003b  gs=0000              efl=00000206
24    wtee!mainCRTStartup+0xb4:
25    00401100 83c40c          add     esp,0Ch
```

上面的结果是在本章的示例程序 wtee 的 main 函数入口处执行 wt 命令产生的。如果不在函数开始处执行 wt 命令，那么它的效果相当于 p 命令，只是单步执行一次。

可以把 wt 命令的结果分成 6 个部分。

第一部分是标题（第 2 行），显示了所追踪的函数名 wtee!main 和追踪的结束地址，即函数的返回地址（00401100）。

第二部分是详细的执行情况表，分成若干行，每一行用来描述一段执行路线，每次函数变换会重新开始一行。比如，第 3 行描述的是从 main 函数的入口到调用 GetRandom 方法这一段，第 4 行描述的是从 GetRandom 方法的入口到调用 GetTickCount API 这一段，第 5 行描述的是在 GetTickCount API 中执行的过程，第 6 行描述的是从 GetTickCount 函数返回后到调用 GetVersion API 的部分，以此类推。每一行包含如下 4 列。

第 1 列为本行所描述函数已经执行的指令数。对于不调用其他函数的函数，本列的数字就是这一次执行这个函数时一共执行的指令数。以第 5 行为例，数字 5 代表执行 GetTickCount 函数时一共执行了 5 条指令，反汇编 GetTickCount 可以发现它确实共有 5 条指令。对于内部调用其他函数的函数，这一列的值是这个函数已经执行的总指令数。以 GetRandom 函数为例，它调用了两个其他函数，报告中共有 3 行是关于这个函数的，即第 4、6、8 行。第 4 行的数字 2 代表从 GetRandom 函数入口到调用 GetTickCount 函数这一段共有两条指令，包括 CALL 指令，即清单 30-10 中的第 2~3 行中的指令。第 6 行的 4 代表调用 GetVersion 时 GetRandom 函数一共执行了 4 条指令，包括第 4 行记录的两条指令。类似地，第 8 行的数字 11 代表已经执行了 11 条指令，因为这是关于这个函数的最后一行，所以这也是本次执行 GetRandom 函数时一共执行的指令数。观察清单 30-10，这恰好就是这个函数的总指令数，因为这个函数中没有任何条件跳转。

清单 30-10　GetRandom 函数的反汇编

```
1     wtee!GetRandom:
2     00401000 56              push    esi
3     00401001 ff1504604000    call    dword ptr [wtee!_imp__GetTickCount (00406004)]
4     00401007 8bf0            mov     esi,eax
5     00401009 ff1500604000    call    dword ptr [wtee!_imp__GetVersion (00406000)]
6     0040100f 0fafc6          imul    eax,esi
7     00401012 8b4c2408        mov     ecx,dword ptr [esp+8]
8     00401016 5e              pop     esi
9     00401017 0fafc1          imul    eax,ecx
10    0040101a 0fafc1          imul    eax,ecx
11    0040101d d1e0            shl     eax,1
12    0040101f c3              ret
```

在清单 30-9 中，第 2 列用来显示本行所描述函数时调用其他函数所执行的总指令数。以第 6 行为例，5 代表 GetRandom 函数调用其他函数时执行了 5 条指令，也就是调用 GetTickCount 时所执行的 5 条指令，第 8 行的 17 代表 GetRandom 函数调用其他函数时执行了 17 条指令，因为又调用了 GetVersion，执行了 12 条指令。

第 3 列用来表示函数调用深度，被追踪的函数的深度为 0，如第 3 行和第 9 行，每进入一个函数深度加 1，每返回一次，深度减 1。

第 4 列为函数名称，名称前的缩进长度与调用深度是成比例的。

下面我们继续看 wt 命令执行结果的第三部分，即第 11 行，它是对被追踪函数的简单归纳，共执行了 36 条指令，共处理了 35 次调试事件。

wt 结果的第四部分（第 13~17 行）是按函数统计的指令表格，每一行是执行过的一个函数。表格的前两列分别是 Function Name（函数名称）和 Invocations（调用次数），后 3 列分别是这个函数每次执行时的 MinInst（最小指令数）、MaxInst（最大指令数）和 AvgInst（平均指令数）。因为本例中，所有函数都只执行一次，所以后 3 列的数字是相同的。

wt 结果的第五部分（第 19 行）是调用系统服务的情况，本例中没有调用任何系统服务，所以显示为 0 次。

第六部分（第 21~25 行）是追踪执行完成后的寄存器状态和当前程序指针位置，显示的是函数返回上一级函数后即将执行的下一条指令。

如果使用 wt 命令追踪复杂的函数或者位于顶层的函数，那么可能需要较长的时间，为了提高效率，可以通过命令选项来限制追踪的范围，比如使用-l 选项来指定追踪的深度，超过这一深度的函数调用可以一次执行。类似地，可以使用-m 开关来指定追踪的模块，使用-i 开关指定忽略的模块。如果在追踪的过程中遇到断点或者发生其他调试事件，那么 wt 命令会被中断而停止。

30.11.6　程序指针飞跃

在前面介绍的单步命令和 g 命令中，都可以指定起始执行地址，如果指定了起始地址，那么 WinDBG 便会把这个地址设置到线程上下文中的程序指针寄存器中。这样一来，当目标程序恢复执行时，系统就会把这个地址放入真正的程序指针寄存器（EIP）中，于是 CPU 也就从这个地址开始执行了。这意味着，程序一下子"飞跃"到这个地址。这个飞跃不是目标程序的代码所定义的，而是我们通过调试器来操纵的，我们把这种特殊的跳转称为"程序指针飞跃"。

在某些情况下程序指针飞跃有利于软件调试。比如在调试时，如果我们不想执行某个函数调用，那么就可以通过程序指针飞跃来"飞过"这个函数。如果我们想跳过一条导致异常的指令，那么可以从其下一条地址恢复执行而绕过它。但需要注意的是，这种飞跃是很危险的，如果所飞跃的代码包含栈操作，那么很容易导致栈不平衡，从而使目标程序无法继续运行。

除了通过在恢复程序执行的这些命令中指定起始地址，也可以使用寄存器命令（r）直接修改程序指针寄存器来实现程序指针飞跃。

30.11.7　归纳

本节和 30.10 节比较详细地介绍了用来控制目标程序执行的 WinDBG 命令，表 30-9 将这些命令归纳在了一起。

表 30-9　控制目标程序执行的命令

命　　令	含　　义	说　　明
p	step	单步，如果遇到函数调用，则一次执行完函数调用
t	trace	追踪，如果遇到函数调用，则进入被调用函数
pa	step to address	单步到指定地址，不进入子函数
ta	trace to address	追踪到指定地址，进入子函数
pc	step to next call	单步执行到下一个函数调用（CALL 指令）
tc	trace to next call	追踪执行到下一个函数调用（CALL 指令）
tb	trace to next branch	追踪执行到下一条分支指令，只适用于内核调试
pt	step to next return	单步执行到下一条函数返回指令
tt	trace to next return	追踪执行到下一条函数返回指令
ph	step to next branch	单步执行到下一条分支指令
th	trace to next branch	追踪执行到下一条分支指令
wt	trace and watch data	自动追踪函数执行过程
g	go	恢复运行
gh	go handled	恢复运行，告诉系统已经处理异常
gn	go not handled	恢复运行，告诉系统没有处理异常
gu	go up	执行到本函数返回

以上命令除了 tb 命令在 x86 系统中只能在内核调试时使用，其他命令既可以在用户态调试中使用，又可以在内核态调试中使用，但是调试目标不能是转储文件，必须是活动目标。

除了以上标准命令，WinDBG 还设计了一些元命令和扩展命令来辅助以上命令的使用，比如在连续单步跟踪时，如果觉得界面更新太频繁，影响速度并且让人眼花缭乱，那么可以使用 .suspend_ui 命令暂时停止刷新调试信息窗口。

30.12　使用断点

断点是软件调试中最重要的技术之一。设置断点看似简单，但是要把断点功能运用得恰到好处并不容易，必须认真学习不同类型断点的特征，并仔细琢磨目标程序的执行流程，然后才能在合理的位置设下断点，使其在合适的时机命中。如果断点设置得不好，那么可能频繁命中，反复中断到调试器，浪费大量时间，也可能根本不命中，空等一场。有人把设置断点称为"埋"断点，就像埋地雷一样，笔者觉得非常形象生动。埋地雷要讲究位置和埋设时间，以便刚好被敌人踩上（命中）。埋断点也一样，要设置一个好的断点既要考虑位置，又要考虑命中的时机。为了满足以上目标，WinDBG 提供了多种断点命令，以满足不同的需要，本节将分别进行介绍。

30.12.1　软件断点

我们在前面很多章节中提到了软件断点，简单来说，软件断点就是通过将指定位置的指令替换为断点指令（INT 3）而设置的断点。WinDBG 设计了 3 条命令来设置软件断点，分别是 bp、bu 和 bm。其中 bp 是基本的而且是最常用的，其命令格式如下：

```
bp[ID] [Options] [Address [Passes]] ["CommandString"]
```

其中 ID 用来指定断点编号，如果不指定，那么 WinDBG 会为其自动选择一个编号。Options 用来指定选项，我们稍后再讨论。Address 用来指定断点的地址，如果不指定，那么默认使用当前程序指针所代表的地址。Passes 用来指定因为这个断点而中断到命令模式所需的穿越（命中）次数，其默认值为 1，也就是命中一次就中断到命令模式。如果这个值大于 1，那么当这个断点命中时，WinDBG 会把穿越计数递减 1，然后判断其值是否等于 0；如果大于 0，便直接让程序恢复执行，直到等于 0 时才进入命令模式中断给用户看。"CommandString"用来指定一组命令，当断点中断时，WinDBG 会自动执行这组命令，应该使用双引号将命令包围起来，多个命令用分号分隔。

例如，以下 bp 命令可以在 printf 函数的入口偏移 3 字节的地址处设置一个断点，当 CPU 第二次"穿越"这个位置时中断给用户，并自动执行 kv 和 da poi(ebp+8)命令。

```
bp MSVCR80D!printf+3 2 "kv;da poi(ebp+8)"
```

其中 kv 命令用来显示函数调用序列，da poi(ebp+8)用来显示 printf 的第一个参数所指定的字符串，之所以要在入口偏移 3 字节的位置设置断点，而不是入口，是因为要等入口处的栈帧建立代码执行好后，ebp+8 才能指向第一个参数。以下是 printf 函数入口处的前两条指令。

```
MSVCR80D!printf:
1022e3f0 55          push     ebp
1022e3f1 8bec        mov      ebp,esp
```

bu 命令用来设置一个以后再落实的断点，可用于对尚未加载模块中的代码设置断点。当指定的模块被加载时，WinDBG 会真正落实（解决）这个断点。所以 bu 命令对于调试动态加载模块的入口函数或初始化代码特别有用。例如，当调试即插即用设备的驱动程序时，因为驱动程序是由操作系统的 I/O 管理器动态加载的，所以当我们发现它加载时，它的入口函数（DriverEntry）和初始化代码已经执行完了。对于这种情况，可以使用 bu 命令在这个驱动加载前就对它的入口函数设置一个断点，即 bu MyDriver!DriverEntry。

bm 命令用来设置一批断点，相当于执行很多次 bp 或 bu 命令。比如以下命令对 msvcr80d 模块中的所有以 print 开头的函数设置断点。

```
0:000> bm msvcr80d!print*
  2: 1022e3f0 @!"MSVCR80D!printf"
  3: 1022e590 @!"MSVCR80D!printf_s"
```

因为在数据区设置软件断点会导致数据意外变化，所以 bm 命令在设置断点时会判断符号的类型，只对函数类型的符号设置断点。出于这个原因，bm 命令要求目标模块的调试符号有类型信息，这通常需要私有符号文件。如果对只有公共符号文件的模块使用 bm 命令，那么它会显示下面这样的错误信息。

```
0:000> bm ntdll!DbgPrint*
No matching code symbols found, no breakpoints set.
If you are using public symbols, switch to full or export symbols.
```

解决这个问题的一种简单方法是使用/a 开关，这个开关强制 bm 命令针对所有匹配的符号设置断点，不管这个符号对应的是数据还是代码。但这样做是有风险的，建议只有在确信所有符号都是函数时才使用。另一种更可靠的解决方式是按最后一句提示的建议使用完全的符号或

DLL 输出符号。DLL 输出符号尽管包含的符号较少，但是可以判断出是代码还是数据。

bu 和 bm 命令的格式与 bp 类似。

```
bu[ID] [Options] [Address [Passes]] ["CommandString"]
bm [Options] SymbolPattern [Passes] ["CommandString"]
```

其中 Options 可以为以下内容。

（1）/1。如果指定此选项，那么这个断点命中一次后会自动从断点列表中删除，这种断点称为一次命中断点。

（2）/p。这个开关只能用在内核调试中，/p 后跟一个 EPROCESS 结构的地址，作用是只有断点事件发生在指定进程时才中断到命令模式，也就是增加了一个过滤条件。

（3）/t。与/p 开关类似，只能用在内核调试中，用来指定一个 ETHREAD 结构，作用是只有断点事件发生在指定的线程时，才中断到命令模式。

（4）/c 和/C。这两个开关后面可以带一个数字，用来指定中断给用户的最大函数调用深度和最小函数调用深度。举例来说，使用命令 bp /c5 msvcr80d!printf 设置的断点，只有当函数调用深度小于 5 时才中断给用户。

以上命令选项对于下面将介绍的硬件断点命令也是适用的。

30.12.2　硬件断点

硬件断点就是通过 CPU 的硬件寄存器设置的断点。硬件断点具有数量限制，但是可以实现软件断点不具有的功能，比如监视数据访问和 I/O 访问等。

WinDBG 的 ba 命令用来设置硬件断点，其格式如下。

```
ba[ID] Access Size [Options] [Address [Passes]] ["CommandString"]
```

ID 用来指定断点的序号，与 bp 命令一样，如果不指定序号，那么 WinDBG 会自动编排。Access 用来指定触发断点的访问方式，可以为以下几个字母之一。

（1）e。当从指定地址读取和执行指令时，触发断点，这种断点又称为访问代码硬件断点。从效果上来看，这种断点与软件断点的效果是类似的，都是执行代码时触发断点，但是硬件断点的好处是不需要做指令替换和恢复。

（2）r。当从指定地址读取和写入数据时，触发断点。

（3）w。当向指定地址写数据时触发断点。通过 r 和 w 选项设置的断点又称为访问数据断点。

（4）i。当向指定的地址执行输入/输出访问（I/O）时触发断点，对于 x86 架构，IN 和 OUT 指令用于读写 I/O 端口，这种断点又称为访问 I/O 断点。

Size 参数用来指定访问的长度，对于访问代码硬件断点，它的值应该为 1。对于其他硬件断点，允许的长度值因平台的不同而不同。对于 x86 系统，可以为 1、2、4 这 3 种值，分别代表对指定地址的 1 字节访问、字访问和双字访问。对于 x64 系统，可以为 1、2、4、8（四字访问）4 种值。对于安腾系统，可以为 1～0x80000000 的任何 2 的次方值。因为 CPU 是根据实际访问是否包含断点定义区域来判断是否命中的，所以当实际访问长度大于断点定义的访问长度时，断点也会命中，举例来说，当使用以下命令设置一个断点时，对内存地址 0041717c 的 1 字节访问、字访问、双字访问（读写）都会触发这个断点。

```
ba r1 0041717c
```

Address 参数用来指定断点的地址。需要注意的是，地址一定是按照 Size 参数的值做内存对齐的。比如，如果 Size 是 4，那么地址应该是按 4 字节做内存对齐的，也就是它的值应该是 4 的整数倍。

Passes 参数和 CommandString 参数的用法与软件断点一样，不再重复介绍。

硬件断点是设置在 CPU 的调试寄存器中的，在 x86 CPU 中就是 DR0～DR7。比如，如果我们设置上面的断点并让调试目标恢复执行，然后再将其中断到调试器，可以看到 dr0 和 dr7 寄存器的内容。

```
0:000> r dr0,dr6,dr7
dr0=0041717c dr6=ffff0ff0 dr7=00030501
```

dr0 就是断点的地址，dr6 是断点的状态寄存器，dr7 是断点的控制寄存器。

因为硬件断点要占用 CPU 的调试寄存器，所以硬件断点的数量是很有限的。但是，因为在恢复目标执行时才会把断点落实到上下文的寄存器中，所以在发出 ba 命令时，即使超出了硬件断点的数量限制，WinDBG 也不会报告错误，只有当恢复目标执行时，它才报告错误。

```
0:000> g
Too many data breakpoints for thread 0
bp8 at 00417180 failed
WaitForEvent failed
```

上面信息的含义是数据断点个数太多，WaitForEvent 调用失败，失败后 WinDBG 会返回命令模式。

最后要说明的一点是，当初始断点命中时，尚不能设置硬件断点，如果设置，会得到如下错误。

```
0:000> ba r1 kernel32!BasepCurrentTopLevelFilter
        ^ Unable to set breakpoint error
The system resets thread contexts after the process breakpoint so hardware break
points cannot be set. Go to the executable's entry point and set it then.
```

提示信息告诉我们，初始断点之后系统会重新设置线程上下文，因此还不能设置硬件断点，建议执行到程序的入口后再设置。

30.12.3　条件断点

在调试时，如果要分析的代码或变量被多次执行和访问，那么对它设置的断点就会反复命中，而我们可能只关心特定条件时的命中，不关心其他情况。为了避免断点反复命中而浪费时间，可以使用条件断点。当断点发生时，调试器会检查断点条件。对于不关心的情况，立刻恢复目标执行。当关心的情况发生时中断给用户。

根据前面的介绍，软件断点命令和硬件断点命令都支持指定一组关联命令，当断点命中时，WinDBG 会自动执行这组命令。因此我们可以在这组命令中判断是否需要中断到命令模式，如果不需要，便立刻恢复执行。那么如何判断中断条件呢？答案是可以使用 j 命令或.if....else 命令。

```
bp|bu|bm|ba Address "j (Condition) 'OptionalCommands'; 'gc' "
bp|bu|bm|ba Address ".if (Condition) {OptionalCommands} .else {gc}"
```

其中 Condition 用来定义希望中断的情况；OptionalCommands 用来定义关心的情况发生后中断到命令模式时顺便执行的命令。举例来说，以下是使用 j 命令设置的条件断点命令。

```
bp dbgee!wmain "j (poi(argc)>1) 'dd argc l1;du poi(poi(argv)+4)';'gc'"
```

这个命令对 dbgee 程序的 wmain 函数设置一个条件断点，只有当命令行参数的个数（argc）大于 1 时，才中断给用户。中断时执行两条命令：一条是 dd argc l1，用来显示 argc 参数的值；另一条是 du poi(poi(argv)+4)，用来显示第一条命令行参数（即 argv[1]，argv[0]是程序文件）的字符串内容。

事实上，无论后面是否有条件命令，对于上面的 bp 命令，WinDBG 都在 dbgee!wmain 函数的入口处设置一个软件断点。当 CPU 执行到这个位置时，也总是触发断点事件，并报告给调试器。调试器收到断点事件后，会在内部维护的断点队列中找到这个断点，然后执行与这个断点关联的命令串，也就是双引号中的内容。于是 WinDBG 执行 j 命令，判断小括号中的条件。如果条件不满足，就执行分号后的 gc 命令，直接恢复调试目标执行；如果条件满足，就执行单引号中的命令，然后进入命令模式，中断给用户。

如果使用.if 命令，那么上面的命令可以写成以下形式。

```
bp dbgee!wmain ".if (poi(argc)>1) {dd argc l1;du poi(poi(argv)+4)} .else {gc}"
```

其中 poi 是 MASM 表达式支持的特殊操作符。在 MASM 语法中，argc 代表一个地址，要取它的值就需要使用 poi 操作符，poi 的含义是从指定地址取指针长度的数据（pointer-sized data），类似的还有 by、wo、dwo、qwo，分别表示从指定地址取一字节（byte）、一个字（word）、一个双字（double-word）和一个四字（quad-word）。30.4 节介绍了 MASM 表达式，关于 MASM 表达式的更多内容，请读者参考 WinDBG 帮助文件中 MASM Numbers and Operators 的介绍。

下面我们再给出一个针对函数参数设置条件断点的例子。比如，我们想了解 I/O 管理器的 IoGetDeviceProperty 函数的工作细节，这个函数的原型如下。

```
NTSTATUS IoGetDeviceProperty( IN PDEVICE_OBJECT  DeviceObject,
    IN DEVICE_REGISTRY_PROPERTY  DeviceProperty,
    IN ULONG  BufferLength, OUT PVOID  PropertyBuffer,
    OUT PULONG  ResultLength );
```

其中第 2 个参数是个枚举型的常量，用来指定要查询的设备属性，比如 DevicePropertyBusNumber（14）用来查询设备的总线号。如果直接对 IoGetDeviceProperty 函数设置断点，那么它会频繁命中，而我们实际上只关心第二个参数等于某个值（如 14）的情况。因此便可以这样设置断点。

```
0: kd> bp nt!IoGetDeviceProperty+0x5 ".if poi(@ebp+0xc) = 0xe  {} .else {.echo
Entered IoGetDeviceProperty with ;dd (@ebp+0xc) l1; gc}"
```

为什么将第 1 个参数（断点地址）设置为 nt!IoGetDeviceProperty+0x5，而不是 nt!IoGetDeviceProperty 呢？这是为了让建立栈帧的代码执行后再中断，以便后面的条件表达式可以引用栈帧中的参数。其中 poi(@ebp+0xc)用来表示第 2 个参数的取值。恢复调试目标运行后，当这个函数被调用但第 2 个参数不等于 14 时，WinDBG 会执行.else 块中的命令，打印出函数每次被调用的信息。

```
Entered IoGetDeviceProperty with
f7ca1a00  00000007
```

因此，我们可以利用这样的条件断点来实现 VS 调试器中的追踪点功能。第 2 个参数等于 14 时，WinDBG 会中断到命令模式，让我们做进一步的分析。

30.12.4　地址表达方法

可以使用以下 4 种方法来指定断点命令中的地址参数。

（1）使用模块名加函数符号的方式，比如 bp dbgee!wmain 代表对 dbgee 模块中的 wmain 函数设置断点，也可以在符号后增加一个偏移地址，比如 bp dbgee!wmain+3。

（2）直接使用内存地址，比如 bp 00411390。

（3）如果使用完全的调试符号，调试符号中包含源代码行信息，那么可以使用 `[[Module!]Filename][:LineNumber]` 形式，其中 Module 为模块名，Filename 为源程序文件名，LineNumber 为行号。整个表达式应该使用两个重音符号（`）包围起来，注意是重音符号，而不是单引号（'）。比如命令 bp `dbgee!dbgee.cpp:16` 对 dbgee.cpp 的第 16 行设置断点，其中"dbgee!"可以省略。

（4）对于 C++的类方法，也可以使用类名双冒号（::）或双下画线（__）来连接类名和方法名，比如 bp MyClass__MyMethod、bp MyClass::MyMethod 或 bp @@(MyClass::MyMethod)。

如果使用前两种方法设置软件断点，那么应该确保断点地址指向的是指令的起始处，而不是一条指令的中部。如果指向一条指令的中部，那么当落实这个断点时，调试器就会把这条指令的中间字节替换为断点指令。这样，当 CPU 执行到这个位置时，CPU 会认为这里是一条多字节指令，把原来的指令和断点指令放在一起来解码，这会导致难以预知的结果。

30.12.5　设置针对线程的断点

对于多线程程序，如果有多个线程都会调用某个函数，那么有时我们可能只希望在某个线程调用这个函数时才中断到调试器。为了满足这一需要，WinDBG 的软件断点设置命令支持在命令前增加线程限定符，即~加线程号。例如，以下命令对 MSVCR80D!printf 设置一个断点，这个断点是线程相关的，只有当 0 号线程执行到这个函数时才会中断给用户。

```
~0 bp MSVCR80D!printf
```

以上方法适用于用户态调试的情况，对于内核态调试可以使用我们前面介绍的/p 和/t 选项来指定断点的进程上下文与线程上下文。

30.12.6　管理断点

使用 bl 命令可以列出当前已经设置的所有断点，清单 30-11 给出了使用 bl 命令显示的断点列表。

清单 30-11　使用 bl 命令显示断点列表

```
0:000> bl
 0 e [c:\...\dbgee.cpp @ 16]   0001 (0001)  0:**** dbgee!wmain+0x73
 1 d [c:\...\dbgee.cpp @ 8]         0001 (0001)  0:**** dbgee!wmain "kv"
    Call stack shallower than: 00000005  // 中断条件为栈帧深度小于 5
 2 e 7c8843ac r 1 0001 (0001)  0:**** kernel32!BasepCurrentTopLevelFilter
 3 e [f:\rtm\...\printf.c @ 49]     0002 (0002)  0:~000 MSVCR80D!printf
 4 e 7c91eb28      0001 (0001)  0:**** ntdll!DbgPrintEx+0x3 "kv"
```

在以上命令结果中，第 1 列是断点的序号。第 2 列是断点的状态，e 代表启用（enable）、d 代表暂时禁用（disable），对于使用 bu 命令设置的断点，e 或 d 后可能跟有字母 u，代表断点尚未落实（unresolved）。第 3 列是断点的地址，与设置断点时指定地址一样有多种表示方法，可以为源文件加行号（断点 0、1、3），或者内存地址（断点 2、4）。对于数据断点（断点 2），地址后跟有访问方式（r）和访问长度（1），我们把它们连同地址看作一列。第 4 列和第 5 列都与穿越断点的次数有关，第 4 列用来指示还要穿越（pass）这个断点多少次才会中断到命令模式。第 5 列是穿越计数的初始值，也就是设置断点时 Passes 参数所指定的值，默认为 1。第 6 列是断点所关联的进程和线程，冒号前是进程号，冒号后是线程号，****代表这个断点是针对所有线程的。第 7 列是断点地址的符号表示。

如果断点有关联的命令，那么它会显示在第 7 列之后，例如断点 1 的 kv 命令。断点 1 下面显示的信息是因为这个断点使用了/c5 选项。

命令 bc、bd 和 be 分别用来删除、禁止、启用断点，它们的格式都如下。

```
bc|bd|be 断点号
```

其中断点号可以使用*来通配所有断点，使用"-"来表示一个范围，或者使用逗号来指定多个断点号，例如以下命令都是有效的。

```
bd 0-2,4      //禁用 0、1、2 和 4 号断点
be *          //启用所有断点
```

可以使用 br 命令对改变某个断点的编号。例如当 3 号断点删除后，可以使用 br 4 3 将 4 号断点的编号改为 3 号。

30.13 控制进程和线程

很多软件是由多个进程所构成的一个系统，每个进程内可能还包含着多个线程。随着多核处理器的出现和迅速发展，越来越多的软件开始考虑如何通过并行化提高软件的执行速度。并行化的一个基本方式就是多线程，也就是将本来在一个线程中串行执行的任务分解成多个任务并放到多个线程中并行执行。就像编写多线程程序比编写单线程程序复杂一样，调试多线程程序通常比调试单线程程序的难度也更大。本节将先介绍调试多线程程序和同时调试多个进程所需掌握的基本知识与要领。

30.13.1 MulThrds 程序

为了便于说明后面要介绍的内容，我们特意编写一个可以动态创建线程的小程序，名为 MulThrds（Multi-Threads 之意）。它的界面如图 30-16 所示。

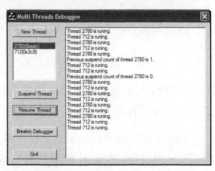

图 30-16 MulThrds 程序的界面

起初运行时，MulThrds 是单线程的，只有 UI（用户界面）线程。每次单击 New Thread 按钮时，UI 线程会创建一个新的工作线程，工作线程的任务就是每秒钟向右侧的列表框中加一条消息，显示自己的 ID 和说明自己在运行。每个工作线程的 ID 会被放入 New Thread 按钮下面的列表框中。在这个列表框中选中一个线程 ID 后，再单击下面的 Suspend Thread 按钮，会触发 UI 线程调用 SuspendThread API 来增加选中线程的挂起计数（Suspend Count）；单击下面的

Resume Thread 按钮，会触发调用 ResumeThread API 来减少挂起计数。挂起计数是线程的一个基本属性，当一个线程的挂起计数大于 0 时，这个线程处于挂起（suspended）状态，不会执行。只有当挂起计数降低到 0 时，它才会执行。因此当选中一个运行着的线程并单击 Suspend Thread 按钮后，对应的线程会挂起而停止运行，当再单击 Resume Thread 按钮后，它又会恢复执行。

Breakin Debugger 按钮会触发 UI 线程调用 DebugBreak API，因此当这个程序处于被调试状态时单击这个按钮会将其中断到调试器。如果这个程序没有处于调试状态而单击 Breakin Debugger 按钮，那么它会因为发生未处理异常而被系统关闭。

30.13.2　控制线程执行

通常，当被调试程序中断到调试器时，它的所有线程都是挂起的；当恢复执行时，所有线程都恢复运行。但是在调试时，可以根据调试任务的需要而保持某些线程仍处于停止运行状态。为了实现这一目标，WinDBG 提供了多种方法，我们介绍以下 3 种。

第一种方法是通过增加线程的挂起计数来禁止线程恢复运行。当调试目标中断到调试器时，WinDBG 会对所有线程依次调用 SuspendThread API，当恢复程序执行时，再对所有线程调用 ResumeThread API。因此当我们在调试器中观察线程时，每个线程的挂起计数通常是 1。以 MulThrds 程序为例，单击两次 New Thread 按钮后，单击 Breakin Debugger 按钮使其中断到调试器，使用～命令列出所有线程。

```
0:000> ~
.  0  Id: 1440.1554 Suspend: 1 Teb: 7ffde000 Unfrozen
   1  Id: 1440.2c8 Suspend: 1 Teb: 7ffdd000 Unfrozen
   2  Id: 1440.adc Suspend: 1 Teb: 7ffdc000 Unfrozen
```

第一列是线程序号，"Id:"后面是进程 ID 和线程 ID，之后便是挂起计数，而后是线程环境块（Teb）的地址。最后一列是线程的冻结状态，我们稍后再详细介绍。

此时可以使用～Thread n 命令来增加对应线程的挂起计数。这里 Thread 表示线程序号。比如输入如下命令可以增加 1 号线程的挂起计数。

```
0:000> ~1 n
```

此时再观察线程状态，可以看到 1 号线程的挂起计数变成 2 了。

```
0:000> ~1
   1  Id: 1440.2c8 Suspend: 2 Teb: 7ffdd000 Unfrozen
```

此时输入 g 命令恢复目标程序执行，恢复执行后，我们可以看到只有一个工作线程在活动了，另一个工作线程没有恢复执行。

与～n 命令相对，～m 命令用来减少线程的挂起计数。比如～1 m 可以将 1 号线程的挂起计数减 1。当线程的挂起计数降低到-1 后，不可再降低。从实现角度来看，～n 命令就表示调用 SuspendThread，而～m 命令就表示调用 ResumeThread API。由此可见，我们可以通过～n 和～m 命令来改变线程的挂起计数从而控制被调试的线程是否运行。

控制线程执行的第二种方法是使用～f 和～u 命令，前者用来冻结（freeze）一个线程，后者用来解冻（unfreeze）。当一个线程处于冻结状态时，恢复目标执行时这个线程不会恢复执行。

例如，使用以下命令可以冻结 1 号线程。

```
0:000> ~1 f
```

观察线程状态，可以看到其冻结状态为 Frozen（被冻结）。

```
0:000> ~1
   1  Id: 1440.2c8 Suspend: 1 Teb: 7ffdd000 Frozen
```

输入 g 命令恢复目标执行，WinDBG 会提示有一个线程处于冻结状态。

```
0:000> g
System 0: 1 of 3 threads are frozen
```

程序恢复执行后，从 UI 上看，也可以发现 1 号线程没有恢复执行。

从实现角度来看，与~n 和~m 命令表示调用操作系统的 API 来改变线程的系统属性（挂起计数）不同，~f 和~u 命令完全是调试器内部维护的一个线程属性。当执行~f 和~u 命令时，调试器引擎内部调用 ThreadInfo 类的 ChangeFreeze 方法，修改线程的属性信息。通常，当恢复程序执行时，调试器会对所有线程依次调用 ResumeThread API。而一旦某个线程被设置为冻结状态，WinDBG 便不再对其调用 ResumeThread API，因此这个线程也就不会恢复执行。从操作系统的角度来看这个线程处于挂起状态。值得提醒的是，如果使用~m 命令将一个冻结线程的挂起计数先降为 0，然后再恢复目标程序执行，那么这个线程是会恢复运行的。

控制线程执行的第三种方法就是在恢复执行的命令前通过线程限定符和线程号码只恢复执行指定的线程。比如，不管目标程序有多少个线程，命令~0 g 都只是恢复 0 号线程执行，示例如下。

```
0:000> ~0 g
System 0: 2 of 3 threads are frozen
```

从实现角度来讲，WinDBG 在执行~0 g 命令时就只对 0 号线程调用 ResumeThread API，对其他线程不调用，使它们处于挂起状态。

值得说明的是，当这样只恢复一个线程执行后，如果试图使用 Ctrl+Break 组合键（或者菜单 Debug → Break）来俘获调试目标，默认使用的远程中断线程方法会失败，超时后 WinDBG 会使用挂起方法。具体来说，按 Ctrl+Break 组合键后 WinDBG 会显示如下信息。

```
System 0: 2 of 4 threads were frozen
Create thread 3:16fc 【要看到此行信息需要将线程创建事件的处理方式改为 Output】
System 0: 3 of 4 threads are frozen
Break-in sent, waiting 30 seconds...
```

我们知道，WinDBG 处理 Ctrl+Break 组合键的方法是在目标进程中创建一个远程线程（对于 XP 或更高版本的 Windows 使用 DebugBreakProcess API），然后让这个线程执行 DebugBreak 函数而中断到调试器。上面的第 1、2 行信息就是 WinDBG 收到新线程创建事件时所输出的信息。在 MulThrds 进程中本来有 3 个线程，我们只恢复 0 号执行，所以本来 3 个中的两个被冻结。这里新创建了一个，因此第 1 行信息显示 4 个线程中的两个被冻结。第 3 行信息是当 WinDBG 处理好新线程创建事件让目标继续执行时而显示的，因为当前的调试器状态是只恢复 0 号线程执行，所以这里不会对新创建的线程调用 ResumeThread，于是它也被冻结了，变成 4 个线程中的 3 个被冻结。也就是说，新创建的远程中断线程一创建就被冻结了。第 4 行信息是 Ctrl+Break 组合键的输出，WinDBG 等待超时后会强行挂起目标进程而进入命令模式。

类似地，也可以在单步跟踪命令前加上线程限定符，这样保证只有指定的线程会单步执行，其他线程不会执行，例如以下命令让 0 号线程单步执行一次。

```
0:000> ~0 t
```

```
System 0: 2 of 3 threads are frozen
System 0: 2 of 3 threads were frozen
```

第 2 行信息是当恢复目标执行时调试引擎给出的提示，告诉我们目标进程共有 3 个线程，其中两个是冻结的。也就是说，调试器不会对这两个线程调用 ResumeThread，因此它们不会恢复执行。其中的 System 0 是调试目标所在系统的编号，当同时调试多个系统上的多个进程时这条信息很有用。第 3 行信息是单步执行后，调试器收到单步事件后准备进入命令时打印出的，告诉我们调试目标在上次执行时 3 个线程中的两个是冻结着的。注意，这两条提示信息很类似，但后一句使用的是过去时态。

30.13.3　多进程调试

WinDBG 支持使用一个调试器来调试多个进程，这些进程可以在一个系统（操作系统）上，也可以在多个系统上。我们先介绍同时调试与调试器处于同一个系统中的多个进程的情况。

我们继续使用上面 MulThrds 程序的调试会话，先运行一个记事本程序（进程 ID 为 2788），然后通过.attach 命令把它加入调试会话中。

```
0:003> .attach 0n2788
Attach will occur on next execution
```

提示信息告诉我们，调试器已经做了必要的登记，但是真正的附加动作需要等下次恢复调试调试目标时发生。事实上，此时记事本程序已经挂起了。执行任意一个恢复目标执行的命令，比如 g，让调试目标恢复执行，这时 WinDBG 会提示有悬而未决的附加操作。

```
*** wait with pending attach
```

很快，WinDBG 会进入命令模式，新附加的进程中断到调试器。WinDBG 的命令提示符为 1:004 的样子，表示当前上下文是 1 号进程的 4 号线程。使用~命令可以列出当前进程的所有线程。

```
1:004> ~
   3  Id: ae4.8d4 Suspend: 1 Teb: 7ffdf000 Unfrozen
.  4  Id: ae4.c30 Suspend: 1 Teb: 7ffde000 Unfrozen
```

因为线程号是全局编排的，0~2 号分给了 MulThrds 进程的 3 个线程，所以记事本的两个线程的编号分别是 3 和 4，其中一个是 UI 线程，另一个是调试器创建的远程中断线程。

至此，当前调试器已经和两个进程建立了调试关系。我们可以使用前面介绍的调试命令来分析和控制这两个进程，比如可以单独让 3 号线程恢复执行。

```
1:003> ~3 g
System 0: 4 of 5 threads are frozen
```

这时，只有 Notepad 的 UI 线程是恢复执行的，Notepad 进程中的远程中断线程和 MulThrds 进程的所有线程都是挂起的。

也可以利用我们前面介绍的线程控制命令来控制哪些线程执行，哪些不执行，这在调试存在相互协作的分布式应用时可能非常有价值。

利用|<进程号> s 命令可以切换当前进程，使用~<线程号> s 可以切换当前线程。如果省略进程号和线程号，那么可以观察当前进程和线程，示例如下。

```
0:001> |
.  0 id: c10  attach  name: C:\WINDOWS\system32\notepad.exe
```

如果要调试位于多个系统中的进程，那么可以在.attach 命令中通过-premote 开关来指定另一个系统的位置和通信方式。类似地，.create 命令也支持-premote 开关。-premote 参数的写法与建立远程调试相同，请参阅 30.5.7 节。

『 30.14　观察栈 』

今天我们所使用的计算机系统都是基于栈架构的，栈是进行函数调用的基础。栈中记录了软件运行的丰富信息，观察和分析栈是软件调试的一种重要手段。第 22 章详细讨论过栈的布局、栈帧的建立和变量分配等内容，本节将介绍如何在 WinDBG 调试器中观察和分析栈。

30.14.1　显示栈回溯

因为函数调用 CALL（指令）会将函数的返回地址记录在栈上，所以通过从栈顶向下遍历每个栈帧来追溯函数调用过程，这个过程称为栈回溯（stack backtrace）。WinDBG 的 k 系列命令就是用来帮助我们进行栈回溯的。这一系列命令都是以字符 k 开头的，它们的功能类似，显示格式有所不同。下面我们以调试 dbgee 程序为例逐步介绍各个命令。

先来看基本的 k 命令，清单 30-12 给出了当设置在 main 函数入口处的断点命中时执行 k 命令的结果。

清单 30-12　执行 k 命令的结果

```
0:000> k
ChildEBP RetAddr
1 0012ff68 00411ad6 dbgee!wmain [c:\dig\…\code\chap28\dbgee\dbgee.cpp @ 8]
2 0012ffb8 0041191d dbgee!__tmainCRTStartup+0x1a6 [f:\...\crtexe.c @ 583]
3 0012ffc0 7c816ff7 dbgee!wmainCRTStartup+0xd [f:\...\crtexe.c @ 403]
4 0012fff0 00000000 kernel32!BaseProcessStart+0x23
```

清单中的每一行描述当前线程的用户态栈上的一个栈帧。第 1 行描述的是程序指针所对应的函数，也就是当这个线程中断到调试器时正在执行的函数。每个函数下面的一行调用这个函数的上一级函数，有时称为父函数。总体看来，函数的调用顺序是由下至上的，下面的函数调用上面的。最下面一行是栈中的第一个栈帧，对应的是当前线程的启动函数 BaseProcessStart，倒数第 2 行是 wmainCRTStartup 函数，即编译器插入的程序入口函数。

横向来看，第 1 列是栈帧的基地址，因为 x86 架构中通常使用 EBP 寄存器来记录栈帧的基地址，所以这一行的标题叫 ChildEBP，意思是子栈帧（子函数）的 EBP 寄存器的值。第 2 列是函数的返回地址，这个地址是父函数中的指令地址，通常就是调用本行函数的那条 CALL 指令的下一条指令的地址。第 3 列是函数名以及执行位置，其中执行位置表示的是程序指针指向的位置（对于正在执行的函数）或者返回这个函数时将执行的指令地址（对于父函数）。例如，第 1 行的 dbgee!wmain 表示当前的程序指针指向的是这个函数的第一条指令。第 2 行的 dbgee!__tmainCRTStartup+0x1a6 表示的是 wmain 返回后将执行的指令地址，这个值其实是通过寻找距离第 1 行的返回地址（00411ad6）最近的符号而得到的。

```
0:000> ln 00411ad6
f:\rtm\vctools\crt_bld\self_x86\crt\src\crtexe.c(583)+0x19
 (00411800)  dbgee!__tmainCRTStartup+0x1a6  |  (00411ae0)  dbgee!NtCurrentTeb
```

第 3 列之后是源文件信息（如果有）。如果不想看到这个信息，可以在 k 命令后加上 L（需要大写）选项。

k 命令显示了函数名信息，但是没有显示每个函数的参数，命令 kb 可以显示放在栈上的前 3 个参数。例如以下是在与清单 30-13 同样的条件下执行 kb L 命令的结果（使用 L 开关是为了屏蔽掉与上文相同的源文件信息，以节约篇幅）。

清单 30-13　执行 kb L 命令的结果

```
0:000> kb L
ChildEBP RetAddr  Args to Child
0012ff68 00411ad6 00000002 003a2e90 003a5c20 dbgee!wmain
  0012ffb8 0041191d 0012fff0 7c816ff7 0175f6f2 dbgee!__tmainCRTStartup+0x1a6
0012ffc0 7c816ff7 0175f6f2 0175f77a 7ffd8000 dbgee!wmainCRTStartup+0xd
0012fff0 00000000 0041107d 00000000 78746341 kernel32!BaseProcessStart+0x23
```

显而易见，前两列以及最后一列的内容与 k 命令的结果是一样的。不同的是中间 3 列，这 3 列称为子函数的参数（Args to Child）。不管函数的实际参数个数是多少，这里总是显示 3 个，第 1 个是位于 EBP+8 处的，第 2 个是位于 EBP+C 处的，第 3 个是位于 EBP+0x10 处的，如果要观察第 4 个参数，那么可以使用 dd EBP+0x14，以此类推。尽管通常说这 3 列是函数的前 3 个参数，事实上这是不准确的，严格来说，这只是放在栈上的前 3 个参数。对于使用快速调用（FASTCALL）协议的函数来说，某些参数是用寄存器来传递的，因此栈上的前 3 个参数很可能并不是真正的前 3 个参数。换句话说，调试器只是把栈帧上用来传递参数的 3 个内存位置的值显示出来，至于它们到底对应的是哪个参数，则应该参考函数的原型。如果符号文件中包含私有符号信息，那么 kp 命令会根据符号文件中的函数原型信息来帮助我们自动做这件事（清单 30-14）。

清单 30-14　使用 kp 命令显示参数和参数值

```
0:000> kp L
ChildEBP RetAddr
0012ff68 00411ad6 dbgee!wmain(int argc = 2, wchar_t ** argv = 0x003a2e90)
0012ffb8 0041191d dbgee!__tmainCRTStartup(void)+0x1a6
0012ffc0 7c816ff7 dbgee!wmainCRTStartup(void)+0xd
0012fff0 00000000 kernel32!BaseProcessStart+0x23
```

kp 命令把参数和参数值都以函数原型的格式显示出来，显然更易于理解。但是仅在有完全的调试符号（私有符号）的时候才能做到这一点。对于没有私有符号的函数，kp 命令无法显示它的参数，比如清单 30-13 的最后一行。如果希望每个参数占一行，那么可以使用 kP（P 大写）命令。

kv 命令可以在 kb 命令的基础上显示 FPO（栈指针省略）信息和调用协议（清单 30-15）。

清单 30-15　使用 kv 命令进行栈回溯

```
0:000> kv L
ChildEBP RetAddr  Args to Child
0012ff68 00411ad6 … dbgee!wmain+0x3 (FPO: [Non-Fpo]) (CONV: cdecl)
0012ffb8 0041191d … dbgee!__tmainCRTStartup+0x1a6 (FPO: [Non-Fpo]) (CONV: cdecl)
0012ffc0 7c816ff7 … dbgee!wmainCRTStartup+0xd (FPO: [Non-Fpo]) (CONV: cdecl)
0012fff0 00000000 … kernel32!BaseProcessStart+0x23 (FPO: [Non-Fpo])
```

kv 命令的执行结果的前 6 列与 kb 命令都是一样的，为了节约空间，我们省略了关于参数的 3 列。

第 7 列和第 8 列分别是 FPO 信息和调用协议，前者以 FPO 开始，后者以 CONV 开始。因为上面的各个函数都没有使用帧指针省略，所以显示的都是（FPO: [Non-Fpo]），意思是帧中没有 FPO 数据。

除了以上命令，还有 kn 命令，它会在每行前显示栈帧的序号。另外可以在所有 k 命令中指定 f 选项。有了这个选项后，WinDBG 会显示每两个相邻栈帧的内存距离（清单 30-16），即栈帧基地址的差值，这可以帮助我们观察栈的使用情况，对观察空间较少的内核态帧特别有用，经验丰富的工程师可以通过这些数据推测栈的健康状况，判断是否发生栈溢出。

清单 30-16　在 kn 命令中使用 f 选项显示每两个相邻栈帧的内存距离

```
0:000> kn f L
 #   Memory  ChildEBP RetAddr
00           0012ff68 00411ad6 dbgee!wmain+0x3
01        50 0012ffb8 0041191d dbgee!__tmainCRTStartup+0x1a6
02         8 0012ffc0 7c816ff7 dbgee!wmainCRTStartup+0xd
03        30 0012fff0 00000000 kernel32!BaseProcessStart+0x23
```

其中，第 1 列是栈帧序号，当前正在执行的函数的栈帧为 0 号，以此类推；第 2 列是相邻栈帧的基地址差值，这个数值越大，说明对应的函数使用的栈空间越多。

30.14.2　观察栈变量

大多数局部变量是分配在栈上的（第 22 章）。观察函数的栈帧就可以看到这个函数在栈上的局部变量。可以使用 dd 命令加上栈帧地址来观察栈帧的原始内存，但这样观察到的结果难以理解，WinDBG 的 dv 命令可以帮助我们以更友好的方式显示栈上的局部变量。

仍然以前面的 dbgee 小程序为例，当位于 main 函数入口的断点命中时，执行 dv 命令，其结果如清单 30-17 所示。

清单 30-17　dv 命令的执行结果

```
0:000> dv /i/t/V
prv param  0012ff70 @ebp+0x08 int argc = 1
prv param  0012ff74 @ebp+0x0c wchar_t ** argv = 0x003a2e90
prv local  0012fd4c @ebp-0x21c wchar_t [260] szBuffer = wchar_t [260] "θ呐???"
prv local  0012ff5c @ebp-0x0c int nRet = 0
```

其中第 1 列是符号类型，prv 是 private 的缩写，表示这条信息是利用私有符号产生的。第 2 列是变量的类型，param 表示函数参数，local 表示局部变量。第 3 列是变量在内存中的起始地址，这个地址应该在当前函数的栈帧范围内。第 4 列是使用栈帧基地址（EBP 寄存器）表示的变量起始地址，因为栈是向低地址方向生长的，所以参数位于 EBP 寄存器的正偏移方向，局部变量位于 EBP 寄存器的负偏移方向。对于上面的数据，当前函数的栈帧基地址是 0012ff68（清单 30-15），即 EBP = 0012ff68，第 1 个参数的位置是 EBP+8，即 0012ff70，第 2 个参数是 EBP+0xC，即 0012ff74。第 5 列是变量类型，第 6 列是变量名称，而后是等号和变量取值。值得说明的是，因为现在还在 main 函数的入口处，初始化局部变量的代码尚未运行，所以 szBuffer 变量的值还是随机的。

如果要观察父函数的局部变量，那么可以使用 .frame 命令加上父函数的帧号将局部上下文切换到那个栈帧，然后再使用 dv 命令。例如，从清单 30-15 可以看到 __tmainCRTStartup 函数的帧号为 1，所以可以先切换到 1 号栈帧，然后再用 dv 命令列出 __tmainCRTStartup 函数的栈变量。

```
0:000> .frame 1
01 0012ffb8 0041191d dbgee!__tmainCRTStartup+0x1a6 [f:\rtm\...\crtexe.c @ 583]
0:000> dv /i /t /V
prv local   0012ff94 @ebp-0x24 void * lock_free = 0x00000000
prv local   0012ff98 @ebp-0x20 void * fiberid = 0x00130000
prv local   0012ff9c @ebp-0x1c int nested = 0
```

　　使用 dv 命令显示局部变量需要有私有符号信息，对于没有私有符号的模块，dv 命令是无法工作的。比如清单 30-16 中栈帧#03 是 kernel32 的 BaseProcessStart 函数，由于我们没有这个函数的私有符号，因此当把局部上下文切换到这个函数再执行 dv 命令时会得到错误信息。

```
0:000> .frame 03
03 0012fff0 00000000 kernel32!BaseProcessStart+0x23
0:000> dv /i /t /V
Unable to enumerate locals, HRESULT 0x80004005
Private symbols (symbols.pri) are required for locals.
Type ".hh dbgerr005" for details.
```

　　可见 dv 命令失败了，原因是缺少 kernel32 模块的私有调试符号。对于这种情况，只能用手工方法来观察局部变量。这通常有两种方法，第一种是直接使用 Memory 窗口或者内存显示命令（30.15 节）浏览当前栈帧的内存区域，根据 EBP 寄存器的值和栈帧布局知识来寻找局部变量。对于字符串类型的变量，有时可以根据变量内容找到它的起始位置。

　　第二种方法是根据汇编指令中对局部变量的引用来得到局部变量的地址，然后再观察这个地址的内容。对于没有使用 FPO 的函数，局部变量大都通过 EBP-XXX 的方式来引用的。例如以下就是 main 函数中使用 nRet 局部变量的汇编语句。

```
004113c8 c745f400000000  mov     dword ptr [ebp-0Ch],0
```

　　根据这一行汇编语句，我们可以知道 nRet 变量的地址是 EBP-0xC。对于 VC7 或者更高版本的 VC 编译器，局部变量至少是从偏移量-0xC 开始的，因为 EBP-4 是安全 Cookie 值，EBP-8 是保护安全 Cookie 的屏障字段（即 0xCCCCCCCC）。另外，在 32 位 Windows 系统中，栈空间是以 4 字节为单位分配的，所以 0xC 是可能的最小局部变量偏移量，这个局部变量可以是个整数或者比整数还短的类型。以下是 main 函数栈帧附近内存的原始内容。

```
0:000> dd ebp-10
0012ff58  cccccccc 00000000 cccccccc 04b69550
0012ff68  0012ffb8 00411ad6 00000001 003a2e90
```

　　其中，EBP 寄存器（0012ff68）处的数据（0012ffb8）是父函数的 EBP 寄存器的值，EBP+4 是 main 函数的返回地址（00411ad6），EBP-4 处的值（04b69550）是安全 Cookie，EBP-8 是 Cookie 屏障，EBP-0xC 就是局部变量 nRet。

　　下面再介绍一种通过函数调用来推测变量类型的简易方法，以下是访问局部变量的一段典型代码。

```
0041146e 8d85e4fdffff    lea     eax,[ebp-21Ch]
00411474 50              push    eax
00411475 ff15cc824100    call    dword ptr [dbgee!_imp__wprintf (004182cc)]
```

　　第一句是把变量的地址（指针）放入 EAX 寄存器，第二句是将 EAX 作为参数压入栈中，第三句是调用字符串打印函数。由此推断 ebp-21Ch 一定是个字符串类型的局部变量，因此可以使用 du 命令观察它的值。

```
0:000> du ebp-21Ch
0012fd4c  "Arg [0]: C:\dig\dbg\author\code\"
0012fd8c  "chap28\dbgee\Debug\dbgee.exe"
```

这正是 main 函数中 szBuffer 变量的值。

可以使用扩展命令!for_each_local 来枚举当前栈帧的所有局部变量，并对每个变量执行一系列命令，在命令中可以使用别名@#Local 来指代相关的变量。例如，使用!for_each_local dt @#Local命令可以显示出每个局部变量的类型和取值。类似地，扩展命令!for_each_frame 用来遍历所有栈帧，比如使用以下命令可以遍历当前线程的所有栈帧，并显示出每个栈帧的所有局部变量。

```
0:000> !for_each_frame dv

00 0012ff68 00411ad6 dbgee!wmain+0x2f [c:\...\dbgee.cpp @ 15]
        argc = 2
        argv = 0x003a2e90 ......
```

其效果相对于先使用.frame 命令切换到每个栈帧，然后执行 dv 命令。

30.15 分析内存

内存是软件工作的舞台，程序的代码必须先加载到内存中才可以被 CPU 执行，程序的数据（变量）也主要是分配在内存中的（极少数变量分配在寄存器中）。除了外界因素，程序的行为就是由它的代码和数据所决定的，程序的内存状态决定了它的外在行为。很多时候，软件调试的目标就是搞清楚某个行为的内在根源（root cause），观察和分析内存是寻找根本原因的一种有效方式。内存空间是通过地址来标识和引用的，内存地址有多种，常用的有物理内存地址和虚拟内存地址，本节中的内存地址除非特别说明都是指虚拟内存地址。

30.15.1 显示内存区域

WinDBG 的 d 系列命令用来显示指定地址的内存区域，这些命令的格式如下。

```
d{a|b|c|d|D|f|p|q|u|w|W} [Options] [Range]
dy{b|d} [Options] [Range]
d [Options] [Range]
```

其中大括号中的字母用来指定数据的显示方式，是区分大小写的，a 表示 ASCII 码，b 表示字节和 ASCII 码，c 表示 DWORD 和 ASCII 码，d 表示 DWORD，D 表示双精度浮点数，f 表示单精度浮点数，p 表示按指针宽度显示，q 表示四字（8 字节），u 表示 UNICODE 字符，w 表示字，W 表示字和 ASCII 码，yb 表示二进制和字节，yd 表示二进制和双字。Range 参数用来指定要显示的内存范围，可以有以下几种表示方法。

第一种方法是起始地址加空格加终止地址，比如 dd 0012fd9c 0012fda8 命令以双字格式显示从 0012fd9c 到 0012fda8 的 16 字节内存数据。

```
0:000> dd 0012fd9c 0012fda8
0012fd9c  cccccccc cccccccc cccccccc cccccccc
```

第二种方法是起始地址加空格加 L（或者 l）和元素个数，比如上面的命令可以等价地写为 dd 0012fd9c L4。

第三种方法是终止地址加空格加 L（或者 l）、负号和对象个数。使用这种方式可以把上面的命令写为 dd 0012fdac L-4。

注意理解上面的对象个数（L 后的数字），它是"数据单元"的个数，而不是字节数。对于 dd，单位是 DWORD。对于 db，单位是字节，示例如下。

```
0:000> db 0012fd9c l4
0012fd9c  cc cc cc cc ....
```

如果省略数据显示格式而直接执行 d 命令，那么它将采用最近使用过的数据显示格式。

30.15.2　显示字符串

对于以 0 结尾的简单字符串，可以使用 da 或者 du 命令来显示它的内容，前者适用于单字节字符集的字符串，后者适用于 UNICODE 字符集的字符串。当遇到字符串末尾的 0 时，WinDBG 会自动停止显示，示例如下。

```
0:000> du 003a2e9c
003a2e9c  "C:\dig\dbg\author\code\chap28\db"
003a2edc  "gee\Debug\dbgee.exe"
```

如果使用 da 命令显示 UNICODE 字符集的字符串，当字符串的内容是英文字母时，那么通常只能显示第一个字符，因为第二字节便是 0，示例如下。

```
0:000> da 003a2e9c
003a2e9c  "C"
```

有些字符串是使用数据结构来表示的，常用的结构有 UNICODE_STRING 结构和 STRING 结构，它们的定义分别如下。

```
0:000> dt _UNICODE_STRING
ntdll!_UNICODE_STRING
   +0x000 Length         : Uint2B      //缓冲区中字符串的字节数
   +0x002 MaximumLength  : Uint2B      //缓冲区可以容纳的最多字节数
   +0x004 Buffer         : Ptr32 Uint2B //指向宽字符的字符串，可能不以零结束
0:000> dt _STRING
ntdll!_STRING
   +0x000 Length         : Uint2B      //缓冲区中字符串的字节数
   +0x002 MaximumLength  : Uint2B      //缓冲区可以容纳的最多字节数
   +0x004 Buffer         : Ptr32 Char //指向单字符的字符串
```

对于使用这两种结构存储的字符串，可以分别使用 dS（UNICODE_STRING 结构）和 ds 命令（STRING 结构）来显示。对于后者，也可以使用!str 命令来显示。

30.15.3　显示数据类型

WinDBG 的 dt 命令用来显示数据类型和按照类型来显示内存中的数据。dt 的含义是 Dump symbolic Type information。dt 是个比较复杂的命令，下面按照它的功能逐步来介绍。

首先，可以使用 dt 来显示一个数据类型（数据结构），比如上文我们用 dt 命令显示了 _UNICODE_STRING 结构的定义，这种用法的一般格式如下。

```
dt [模块名!]类型名
```

其中模块名部分可以省略，如果省略，那么调试器会自动搜索所有符号文件。类型名是程序中定义的数据结构名称或者通过 typedef 定义的别名。类型名中可以包含通配符，比如以下命令会列出 NTDLL 模块中的所有类型。

```
0:000> dt ntdll!*
        ntdll!LIST_ENTRY64 ……
```

如果类型名是确定的类型，那么 dt 便会显示这个类型的定义。如果类型中还包含子类型，那么可以用-b 开关来递归式地显示所有子类型，可以使用-r 开关来指定显示深度，-r0 表示不显示子类型，-r1 表示显示 1 级子类型，以此类推，示例如下。

```
0:000> dt -r1 _TEB
ntdll!_TEB
    +0x000 NtTib                : _NT_TIB
        +0x000 ExceptionList    : Ptr32 _EXCEPTION_REGISTRATION_RECORD
        +0x004 StackBase        : Ptr32 Void
        +0x008 StackLimit       : Ptr32 Void
……
```

如果不想显示整个结构，而只显示某些字段，那么可以在类型名后使用-ny 开关附加搜索选项，比如以下命令只显示 TEB 结构中以 LastError 开始的字段。

```
0:000> dt _TEB -ny LastError
ntdll!_TEB
    +0x034 LastErrorValue : Uint4B
```

dt 命令的第二种功能是在通过增加内存地址，按照类型显示指定地址的变量。例如，使用 dt _PEB 7ffdd000 命令可以把内存地址 7ffdd000 处的数据按照_PEB 结构显示出来。这时仍可以使用前面介绍的-r 和-y 开关。

dt 命令的第三种功能是显示数据类型的实例，包括全局变量、静态变量和函数，比如以下命令显示 dbgee 程序的 g_szGlobal 全局变量。

```
0:000> dt dbgee!g_szGlobal
[14]   "A global var."
```

因为函数是一种特殊的类型实例，所以也可以使用它来枚举函数符号，这样使用 dt 命令实际上与 x 命令的功能很类似，示例如下。

```
0:000> dt dbgee!*wmain*
004113a0   dbgee!wmain
00411910   dbgee!wmainCRTStartup
```

如果参数中指定的是某个确定的函数，那么 dt 会显示它的参数和取值。

```
0:000> dt dbgee!wmain
wmain   int (int argc = 2, wchar_t** argv = 003a2e90 )
```

dt 命令的第四种功能是使用-l 开关来显示链表中的所有元素，也就是遍历链表，我们将在下一节详细讨论这种用法。

30.15.4　搜索内存

一个 32 位 Windows 程序的进程空间是 4GB，用户空间有 2GB 或者 3GB，一个典型的 Windows 程序实际使用的内存空间通常在几百千字节到几十兆字节。即使是几百千字节，在这么大的内存范围内手工寻找某块内容也是很困难的，这时可以让 WinDBG 的 s 命令来帮忙。s 命令有 3 种使用方法，我们按照从简单到复杂的顺序依次介绍。

第一种用法是在指定的内存范围内搜索任何 ASCII 字符或者 Unicode 字符串，其格式如下。

```
s -[[Flags]]sa|su Range
```

其中 Range 用来指定内存范围，其写法与 d 命令的 Range 参数一样。sa 开关用于搜索 ASCII 字符串。su 用来搜索 Unicode 字符串。［Flags］用来指定搜索选项，比如可以用1加一个整数来指定字符串的最小长度，使用 s 将搜索结果保存起来，然后使用 r 再在保存的结果中搜索。

例如，以下命令搜索 nt!PsInitialSystemProcess 变量所指向地址开始的 512 字节范围内任何长度不小于 5 的 ASCII 字符串。

```
lkd> s-[l5]sa poi(nt!PsInitialSystemProcess) l200
8a672764  "System"
```

以上结果表明在内存地址 8a672764 处找到了"System"字符串，事实上这正是系统进程的名字，也就是_EPROCESS 结构的 ImageFileName 字段。

第二种用法是在指定内存地址范围内搜索与指定对象相同类型的对象，这里的对象是指包含虚拟函数表的使用面向对象语言（如 C++）编写的类（Class）对象，其格式如下。

```
s -[[Flags]]v Range Object
```

例如，在我们编写的 MfcHello 程序中，CMfcHelloDlg 类定义了 CButton 类的 5 个实例 m_Button1～m_Button5。通过观察我们知道 m_Button1 对象的地址是 0x12fe4c，CMfcHelloDlg 类实例的地址是 0x12fc30，因此我们可以输入以下命令来搜索与 m_Button1 同类型的其他对象。

```
0:000> s-v 0x12fc30 l1000 0x12fe4c
```

但是在 6.7.5.1 和 6.8.4 版本的 WinDBG 中，s 命令的这种用法总是返回错误信息 "Object '0x12fe4c' has no vtables"。

s 命令的第三种用法是在指定范围内搜索某一内容模式，其语法格式如下。

```
s [-[[Flags]]Type] Range Pattern
```

其中 Type 用来指定要搜索内容的数据类型（宽度），它决定了匹配搜索内容的方式，可以为字母 b（字节）、w（字）、d（双字）、q（四字）、a（ASCII 字符串）或者 u（Unicode 字符串）之一，如果不指定类型，那么默认类型为 b，即按字节搜索指定的内容。Range 参数用来指定搜索范围，Pattern 参数用来指定要搜索的内容，可以用空格分隔依次要搜索的数值，示例如下。

```
0:000> s-w 0x400000 l2a000 41 64 76 44 62 67
0041b954  0041 0064 0076 0044 0062 0067 0000 0000  A.d.v.D.b.g.....
```

因为要搜索的内容可以表示为 ASCII 码，所以以上命令也可以等价表示为如下形式。

```
0:000> s-w 0x400000 l2a000 'A' 'd' 'v' 'D' 'b' 'g'
0041b954  0041 0064 0076 0044 0062 0067 0000 0000  A.d.v.D.b.g.....
```

要按字符串搜索，需要用双引号来包围要搜索的内容。

```
0:000> s-u 0x400000 l2a000 "AdvDbg"
0041b954  0041 0064 0076 0044 0062 0067 0000 0000  A.d.v.D.b.g.....
```

以下是搜索双字的一个例子。

```
0:000> s-d 12fe4c l20 782e35fc
0012fe4c  782e35fc 00000001 00000000 00000000  .5.x............
```

可以借助!for_each_module 扩展命令在当前进程的所有模块中进行搜索，例如，以下命令会在每个模块中搜索字符串 Debugger。

```
0:000> !for_each_module s-a @#Base @#End "Debugger"
```

```
00420e4c  44 65 62 75 67 67 65 72-50 72 65 73 65 6e 74 00  DebuggerPresent.
10304b1a  44 65 62 75 67 67 65 72-50 72 65 73 65 6e 74 00  DebuggerPresent.
```

其中 @#Base 和 @#End 是 !for_each_module 命令定义的别名,除了这两个还有 @#ModuleName（模块名称）、@#SymbolFileName（符号文件名称）、@#Size（模块大小）和 @#SymbolType（符号文件类型）等。

30.15.5　修改内存

命令 e 用来修改指定内存地址或者区域的内容,我们按用法来介绍。

第一种是按字符串方式编辑指定地址的内容,其一般格式如下。

```
e{a|u|za|zu} Address "String"
```

其中 Address 是要修改内存的起始地址,za 代表以 0 结尾的 ASCII 字符串,zu 代表以 0 结尾的 Unicode 字符串,a 和 u 分别代表不是以 0 结尾的 ASCII 与 Unicode 字符串。

仍然以 MfcHello 小程序为例,在 CMfcHelloDlg 类中我们定义了一个 TCHAR m_szBuffer [MAX_PATH]成员,在构造函数中将其初始化为"AdvDbg",使用 CMfcHelloDlg 实例的地址作为开始地址搜索"AdvDbg"字符串,我们可以找到 m_szBuffer 成员的地址。

```
0:000> s-u 0x0012fa20 l200 "AdvDbg"
0012fc94  0041 0064 0076 0044 0062 0067 0000 cccc  A.d.v.D.b.g.....
```

从上面的命令结果知道从内存地址 0012fc94 开始存放着 Unicode 类型的字符串"AdvDbg",它是以 0 结尾的,0 之后是初始化时填充的 CC,现在可以输入如下命令修改这个字符串的内容。

```
0:000> ezu 12fc94 "DbgAdv"
```

使用 dw 命令观察,可以看到修改成功了。

```
0:000> dw 12fc94
0012fc94  0044 0062 0067 0041 0064 0076 0000 cccc
0012fca4  cccc cccc cccc cccc cccc cccc cccc ccc......
```

将上面命令中的 ezu 换成 eu 得到的结果也是一样的,但是如果新的串比原来的串长,再使用 eu 命令就可能导致原来的字符串失去结尾的 0,而无法正常显示。

```
0:000> eu 12fc94 "Advanced Debugging"
0:000> du 12fc94
0012fc94  "Advanced Debugging 쳴쳴 쳴 쳴 쳴 쳴 쳴 쳴 쳴 쳴 쳴 쳴 쳴 쳴"
0012fcd4  "쳴쳴쳴쳴쳴쳴쳴쳴쳴쳴쳴쳴쳴쳴쳴쳴쳴쳴쳴쳴쳴쳴쳴쳴쳴"……
```

这时如果恢复程序运行,那么可能导致程序错误,只要使用 ezu 编辑一下,就恢复正常了。

```
0:000> ezu 12fc94 "Advanced Debugging"
0:000> du 12fc94
0012fc94  "Advanced Debugging"
```

也就是说,ezu 命令会保证在编辑好的串末尾加 0,而 eu 不会。类似地,ea 和 eza 的差异也是这样。

第 2 种用法是以数值方式编辑,其格式如下。

```
e{b|d|D|f|p|q|w} Address [Values]
```

其中,大括号中的字母用来表示要修改数据的类型,也决定了修改内存的方式。Address

用来指定要修改内存的起始地址。Values 用来指定新的值，其表示方法与前面搜索内存中字符串的方法相同。Values 参数的多少决定了要修改内存的长度，例如以下命令将从 0x12fc94 开始的 5 个 WORD 都改为 0x41（字符 A）。

```
0:000> ew 12fc94 41 41 41 41 41
```

显示修改后的内存。

```
0:000> du 12fc94
0012fc94  "AAAAAced Debugging"
```

如果在命令中没有指定 Values 参数，那么 WinDBG 会以交互方式来让用户输入，命令提示符会改变为 "Input>"，即图 30-17 所示的样子。

根据命令中指定的编辑类型，WinDBG 会先显示出要编辑的内存地址（12fc94）和当前的取值（0041），然后等待用户输入。此时可以输入新的值，然后按 Enter 键提交输入值。如果想保留当前值，那么可以先按空格键然后按 Enter 键。如果想停止输入，那么直接按 Enter 键。

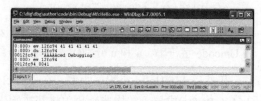

图 30-17　交互式的内存修改中的提示符

30.15.6　使用物理内存地址

前面讲的命令中使用的都是虚拟地址，如果要显示和修改物理地址，那么需要使用扩展命令!d{b|c|d|p|q|u|w}和!e{b|d}，其用法与前面介绍的很类似，但只有在内核调试时才可以使用这些命令。

30.15.7　观察内存属性

使用扩展命令!address 可以显示某一个内存地址（区域）的特征信息，它的基本格式如下。

```
!address [Address]
```

其中 Address 是要观察的内存地址，比如，以下是关于 m_szBuffer 变量所在内存的信息。

```
0:000> !address 12fc94
1    00030000 : 00126000 - 0000a000
2        Type     00020000 MEM_PRIVATE
3        Protect  00000004 PAGE_READWRITE
4        State    00001000 MEM_COMMIT
5        Usage    RegionUsageStack
6        Pid.Tid  e00.c9c
```

其中第 1 行的含义是，指定的内存地址属于一个从 00030000 开始的较大内存区（region）中以 00126000 开始的较小内存区，这个内存区的大小是 0000a000。

第 2 行是内存类型，可以包含标志位 MEM_IMAGE、MEM_MAPPED 或者 MEM_PRIVATE，分别代表从执行映像文件映射的内存、从其他文件映射的内存和私有内存（不是从文件映射的，也不是与其他进程共享的）。

第 3 行是内存的页属性，可以包含标志位 PAGE_READONLY、PAGE_READWRITE、PAGE_READONLY、PAGE_EXECUTE、PAGE_GUARD 等值，其含义请参考 MSDN 中关于 VirtualAlloc API 的说明。

第 4 行是内存的状态，可以为 MEM_COMMIT、MEM_RESERVE 和 MEM_FREE 之一，分

别代表已经提交的内存、保留的内存和标志为释放的内存。

第 5 行是内存区的用途,可以为常量 RegionUsageIsVAD(虚拟地址描述符)、RegionUsageFree(空闲)、RegionUsageImage(执行映像的映射)、RegionUsageStack(栈)、RegionUsageTeb(线程环境块)、RegionUsageHeap(堆)、RegionUsagePageHeap(页堆,第 23 章)、RegionUsagePeb(进程环境块)、RegionUsageProcessParametrs(进程参数)、RegionUsageEnvironmentBlock(环境块)中的一个。

第 6 行的内容会因为用途的不同而有所不同,因为上面的内存地址属于栈,所以显示的是这个栈所属的进程 ID 和线程 ID。

以下是另一个例子,它显示的是字符串常量"AdvDbg"所在地址的信息。

```
0:000> !address 41b954
    00400000 : 0041b000 - 00004000
                        Type      01000000 MEM_IMAGE
                        Protect   00000002 PAGE_READONLY
                        State     00001000 MEM_COMMIT
                        Usage     RegionUsageImage
                        FullPath  MfcHello.exe
```

因为常量是作为映像文件的一部分而映射到内存中的,所以可以看到它的用途是 RegionUsageImage,最后一行的信息是映像文件的名称,内存页属性是只读的。

如果不指定地址参数,那么 WinDBG 会显示当前进程(或者内核空间——对于内核调试)中的所有内存区域和关于这些区域的统计信息。例如,清单 30-18 给出了针对 MfcHello 进程的显示结果。

清单 30-18 !address 命令针对 MfcHello 进程的显示结果(节选)

```
0:000> !address
    00000000 : 00000000 - 00010000        【空指针区】
        Type      00000000
        Protect   00000001 PAGE_NOACCESS   【不可访问,一旦触及便导致异常】
        State     00010000 MEM_FREE        【尽管属性为空闲,但是永远不会使用】
        Usage     RegionUsageFree
    00010000 : 00010000 - 00002000        【环境变量区】
        Type      00020000 MEM_PRIVATE
        Protect   00000004 PAGE_READWRITE  【可读写】
        State     00001000 MEM_COMMIT
        Usage     RegionUsageEnvironmentBlock
...  【省略用于进程参数的一段和两段空闲区】
    00030000 : 00030000 - 000f5000        【初始线程的栈内存区,又分为多个子区】
        Type      00020000 MEM_PRIVATE    【这个区是尚未提交的保留区】
        State     00002000 MEM_RESERVE
        Usage     RegionUsageStack
        Pid.Tid   e00.c9c
        00125000 - 00001000               【这是保护页面使用的区域,大小为 4KB】
        Type      00020000 MEM_PRIVATE
        Protect   00000104 PAGE_READWRITE | PAGE_GUARD 【具有保护属性】
        State     00001000 MEM_COMMIT
        Usage     RegionUsageStack
        Pid.Tid   e00.c9c
        00126000 - 0000a000               【已经提交的区域】
        Type      00020000 MEM_PRIVATE
        Protect   00000004 PAGE_READWRITE 【可读写】
        State     00001000 MEM_COMMIT     【已经提交】
        Usage     RegionUsageStack
```

```
          Pid.Tid  e00.c9c
......   【省略很多个用于堆、VAD 和模块的区域】
------------------- Usage SUMMARY --------          【根据用途统计的报表】
  TotSize (      KB)   Pct(Tots)  Pct(Busy)   Usage
    e2b000 (   14508) : 00.69%      47.54%   : RegionUsageIsVAD
  7e222000 ( 2066568) : 98.54%      00.00%   : RegionUsageFree
    c3e000 (   12536) : 00.60%      41.07%   : RegionUsageImage
    100000 (    1024) : 00.05%      03.36%   : RegionUsageStack
      1000 (       4) : 00.00%      00.01%   : RegionUsageTeb
    260000 (    2432) : 00.12%      07.97%   : RegionUsageHeap
         0 (       0) : 00.00%      00.00%   : RegionUsagePageHeap
      1000 (       4) : 00.00%      00.01%   : RegionUsagePeb
      1000 (       4) : 00.00%      00.01%   : RegionUsageProcessParametrs
      2000 (       8) : 00.00%      00.03%   : RegionUsageEnvironmentBlock
      Tot: 7fff0000 (2097088 KB) Busy: 01dce000 (30520 KB)
------------------- Type SUMMARY ---------          【根据类型统计的报表】
  TotSize (      KB)   Pct(Tots)  Usage
  7e222000 ( 2066568) : 98.54%   : <free>          【仍有很大的可用空间】
    c3e000 (   12536) : 00.60%   : MEM_IMAGE       【映像文件】
    ca8000 (   12960) : 00.62%   : MEM_MAPPED      【内存映射】
    4e8000 (    5024) : 00.24%   : MEM_PRIVATE     【栈、堆和环境信息等】
------------------- State SUMMARY --------          【根据状态统计的报表】
  TotSize (      KB)   Pct(Tots)  Usage
  1170000 (   17856) : 00.85%   : MEM_COMMIT       【已经提交】
  7e222000 ( 2066568) : 98.54%   : MEM_FREE        【空闲】
    c5e000 (   12664) : 00.60%   : MEM_RESERVE     【保留】
Largest free region: Base 10320000 - Size 27be0000 (651136 KB)          【最大空闲区】
```

在按用途统计的报表中，第 1 列是总字节数，第 2 列是以十进制表示的千字节数，第 3 列是占总内存的百分比，第 4 列是占繁忙状态的百分比，第 5 列是用途。在另两个报表中，去除了第 4 列。总内存大小是按用户空间的总长度 2GB 来计算的。

除了 !address 命令，还可以使用 !vprot 命令来显示一个内存地址的属性，它的显示结果与 !address 类似，示例如下。

```
0:001> !vprot 12fc94
BaseAddress:        0012f000                          【区域的基地址】
AllocationBase:     00030000                          【虚拟内存区的基地址】
AllocationProtect:  00000004   PAGE_READWRITE         【保护属性】
RegionSize:         00001000                          【区域大小】
State:              00001000   MEM_COMMIT             【状态，已经提交】
Protect:            00000004   PAGE_READWRITE         【保护属性】
Type:               00020000   MEM_PRIVATE            【类型，私有】
```

也可以使用扩展命令 !vadump 来显示当前进程的所有虚拟地址，其显示结果与不带参数的 !address 命令类似，但没有统计报表。

除了以上介绍的命令，在内核调试中，还可以使用 !pte 命令来显示指定虚拟地址所属的页表项（PTE）和页目录项（PDE），示例如下。

```
kd> !pte 801544f4
                   VA 801544f4
PDE at 00000000C0602000   PTE at 00000000C0400AA0
contains 0000000000741163  contains 0000000000154163
pfn 741 -G-DA--KWEV   pfn 154 -G-DA--KWEV
```

其中，第 3 行显示的分别是 PDE 和 PTE 的虚拟地址，第 4 行是 PDE 和 PTE 的内容，第 5

行将第 4 行的内容按高 20 位和低 12 位分解为 PFN（Page Frame Numer）和页属性。PFN 用来转换物理地址，规则是先将其（PFN）乘以 0x1000（页大小，也就是左移 12 位），然后再加上虚拟地址的页内偏移量，即后 12 位。因此，以上虚拟地址的物理地址为：

```
154*0x1000+4F4 = 1544F4
```

分别使用!dd 命令和 dd 观察内存地址 1544F4 与 801544f4，可以看到它们的内容是一致的，这说明以上转换结果是正确的。页属性中的 G 代表全局（Global），D 代表数据，A 代表访问过（Accessed），K 代表这是内核态拥有的内存页，W 代表可以写，E 代表可以执行，V 代表有效（Valid），即对应的内存页已经在物理内存中。关于虚拟内存和内存保护的更详细介绍，请参阅第 2 章。

30.16 遍历链表

链表是非常常用的一种数据结构，Windows 操作系统的很多重要数据是以链表方式组织的。在任何一个用户态调试会话中执行 dt ntdll!*List*可以看到很多种链表类型，如 LIST_ENTRY64、LIST_ENTRY32、_LIST_ENTRY 等。在调试 Windows XP 的内核调试会话中执行 x nt!*List*可以显示出 300 多个符号，有些是用来记录链表地址的全局变量，有些是处理链表的函数。

30.16.1 结构定义

Windows 系统主要使用两种链表，一种是双向链表，另一种是单向链表。链表的每个节点都由两部分组成。一部分是起连接作用的 LIST_ENTRY 结构或者 SINGLE_LIST_ENTRY 结构，我们将它们统称为链接结构。另一部分是负载，也就是链表要管理的内容。清单 30-19 给出了两种链接结构的定义。

清单 30-19 两种链表结构的定义

```
typedef struct _LIST_ENTRY {            //用于双向链表的链接结构
   struct _LIST_ENTRY *Flink;           //指向前向节点
   struct _LIST_ENTRY *Blink;           //指向后向节点
} LIST_ENTRY, *PLIST_ENTRY, *RESTRICTED_POINTER PRLIST_ENTRY;
typedef struct _SINGLE_LIST_ENTRY {     //用于单向链表的链接结构
   struct _SINGLE_LIST_ENTRY *Next;     //指向下一个节点
} SINGLE_LIST_ENTRY, *PSINGLE_LIST_ENTRY;
```

30.16.2 双向链表示例

下面我们先来看一个双向链表的例子。第 10 章曾经介绍过，Windows 内核使用 EPROCESS 结构来记录每个 Windows 进程，并使用双向链表来把每个进程的 EPROCESS 结构串联在一起，全局变量 PsActiveProcessHead 记录着这个链表的起始地址。EPROCESS 结构中的 ActiveProcessLinks 字段便是起连接作用的 LIST_ENTRY 结构，使用 dt 命令可以观察到这个字段。

```
lkd> dt _EPROCESS -y ActiveProcess
nt!_EPROCESS
   +0x088 ActiveProcessLinks : _LIST_ENTRY
```

值得注意的是，ActiveProcessLinks 字段在结构中的偏移量是 0x88，也就是说，它并不是位于结构的起始处，这意味着这个双向链表是通过每个元素中部的链接结构衔接在一起的，即图 30-18 所描绘的样子。

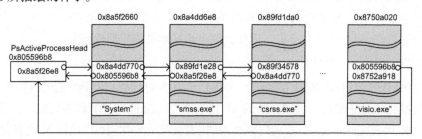

图 30-18　记录进程执行结构的双向链表

　　图中给出的地址值是笔者试验的结果，给出这些地址的目的是更清楚地观察地址间的相互关系。其中，全局变量 PsActiveProcessHead 的地址是 0x805596b8，取值是 0x8a5f26e8，而 0x8a5f26e8 正是系统进程的 EPROCESS 结构的 ActiveProcessLinks 字段的地址，也就是说，PsActiveProcessHead 变量指向的就是系统进程的 EPROCESS 结构中的链接结构（_LIST_ENTRY）。地址 0x8a5f26e8 的值是 0x8a0475c8，指向的是下一个进程（smss.exe）的 EPROCESS 结构的 ActiveProcessLinks 字段，以此类推，直到最后一个进程的 ActiveProcessLinks.Flink 指向 PsActiveProcesHead，形成一个回路。

　　PsInitialSystemProcess 记录了系统进程的 EPROCESS 结构的地址，我们可以使用 dt -l 命令列出从这个地址开始的所有节点，清单 30-20 给出了执行这个命令的部分执行结果。

清单 30-20　dt-l 命令的部分执行

```
lkd> dt nt!_EPROCESS -l ActiveProcessLinks.Flink -y Ima -yoi Uni poi(PsInitialSystem
Process)
ActiveProcessLinks.Flink at 0x8a5f2660   //链表节点的起始地址
------------------------------------------            //开始显示链表节点的内容
UniqueProcessId : 0x00000004             //进程 ID
ActiveProcessLinks : [ 0x8a4dd770 - 0x805596b8 ]   //链接结构_LIST_ENTRY
ImageFileName : [16]  "System"           //进程的映像文件名称
                                         //两个节点之间空一行
ActiveProcessLinks.Flink at 0x8a4dd6e8   //第 2 个链表节点的地址
------------------------------------------            //分隔线
UniqueProcessId : 0x000005f8             //进程 ID
ActiveProcessLinks : [ 0x89fd1e28 - 0x8a5f26e8 ]   //链接结构_LIST_ENTRY
ImageFileName : [16]  "smss.exe"         //会话管理器进程
……//省略很多其他节点
```

　　需要注意几点。第一，以上命令中 poi（PsInitialSystemProcess）是作为地址参数传递给 dt 命令的，这个地址指向的是系统进程的_EPROCESS 结构，而不是 LIST_ENTRY 结构。因此，尽管 dt 命令的结果中提示 ActiveProcessLinks.Flink at 0x8a5f2660，但 at 后的地址并不是 LIST_ENTRY 结构的地址，而是链表节点的起始地址，也就是 EPROCESS 结构的地址。二者的差异就是 ActiveProcessLinks 字段在 EPROCESS 结构中的偏移量，即 0x88。举例来说，PsActiveProcessHead 的值是 0x8a5f26e8，它指向的是 ActiveProcessLinks 字段，即 0x8a5f26e8 = 0x8a5f2660+0x88。为了避免这种额外的换算，大多数链表节点把链接结构放在节点的开始处。

　　第二，–l 开关后的字段参数的作用是帮助 dt 命令寻找下一个 LIST_ENTRY 结构，它可以使用 "子结构字段.字段" 的形式，比如上面指定的是 ActiveProcessLinks.Flink。尽管 Flink 字段指向的是下一个类型结构中的 ActiveProcessLinks 字段地址，而不是 EPROCESS 结构的地址，但我们不用担心，dt 命令会帮我们自动将 ActiveProcessLinks 字段地址减去这个字段在结构中的偏移量而得到 EPROCESS 结构的地址。观察上面的命令结果，第一个 EPROCESS 结构的地址是 0x8a5f2660，它的 ActiveProcessLinks.Flink 的内容是 0x8a4dd770。在显示下一个 EPROCESS 结构时，dt 命令提示它的地址为 0x8a4dd6e8，可见此时 dt 已经对 0x8a4dd770 做了调整，调整的幅度恰好是 ActiveProcessLinks 字段的偏移量，即 0x88 = 0x8a4dd770–0x8a4dd6e8。

30.16.3 单向链表示例

下面我们再给出一个单向链表的例子，以 TEB 结构中的异常处理器登记链表为例。

```
0:000> dt -r2 _TEB
   +0x000 NtTib            : _NT_TIB
      +0x000 ExceptionList : Ptr32 _EXCEPTION_REGISTRATION_RECORD
         +0x000 Next       : Ptr32 _EXCEPTION_REGISTRATION_RECORD
         +0x004 Handler    : Ptr32         _EXCEPTION_DISPOSITION
```

其中 ExceptionList 字段指向的是一个 EXCEPTION_REGISTRATION_RECORD 结构，用来记录异常处理器链表的起始地址（第 24 章）。EXCEPTION_ REGISTRATION_ RECORD 结构的 Next 字段指向下一个 EXCEPTION_REGISTRATION_RECORD 结构，Handler 字段和其后的数据是链表的负载。使用～命令列出当前进程的所有线程。

```
0:000> ~
.  0  Id: 1700.164 Suspend: 1 Teb: 7ffdf000 Unfrozen
```

因为 NtTib 在 TEB 结构的开始处，而 ExceptionList 又是在 NtTib 结构的开始处，所以 TEB 结构的地址（7ffdf000）也就是 ExceptionList 字段的地址，于是可以使用 dt _EXCEPTION_ REGISTRATION_RECORD -l Next poi（7ffdf000）命令显示出当前线程的所有异常处理器（清单 30-21）。

清单 30-21 显示当前进程的所有异常处理器

```
0:000> dt _EXCEPTION_REGISTRATION_RECORD -l Next poi(7ffdf000)
dbgee!_EXCEPTION_REGISTRATION_RECORD
Next at 0x12fd0c                          //链表的第一个节点的地址
---------------------------------------  //开始显示节点的内容
   +0x000 Next    : 0xffffffff _EXCEPTION_REGISTRATION_RECORD
   +0x004 Handler : 0x7c90ee18 _EXCEPTION_DISPOSITION ntdll!_except_handler3+0

Next at 0xffffffff                        //下一个节点的地址
---------------------------------------  //开始显示节点的内容
   +0x000 Next         : ????  //读取内存失败
   +0x004 Handler      : ????
Memory read error 00000003
```

因为 dt 命令使用 NULL 来判断链表结束，而异常登记链表使用 0xFFFFFFFF 来表示链表结束，所以上面的结果中的错误是因为 dt 命令试图读取位于 0xFFFFFFFF 处的节点而造成的。

30.16.4 dl 命令

除了 dt 命令，也可以使用 dl 命令来遍历链表，其格式如下。

```
dl[b] Address MaxCount Size
```

其中 Address 是链表的起始地址，它应该指向 LIST_ENTRY 或者 SINGLE_ LIST_ENTRY 结

构；MaxCount 用来指定要显示的最多节点数；Size 用来指定链表节点的结构长度，或者说希望显示的结构长度，它是以指针长度为单位的。仍以进程链表为例，使用如下 dl 命令可以显示出进程链表中的所有元素。

```
lkd> dl nt!PsActiveProcessHead 1000
805596b8  8a5f26e8 87c76d18 00000001 ac3bda6c
8a5f26e8  8a4dd770 805596b8 00000000 00000000
8a4dd770  89fd1e28 8a5f26e8 00000280 00001884
......
```

以上结果中，每一行对应一个链表节点，即一个_EPROCESS 结构，第 1 列是 LIST_ENTRY 结构的地址，也就是各个进程的 EPROCESS 结构的 ActiveProcessLinks 字段的地址。第 2 列是 ActiveProcessLinks 字段的 Flink 子字段的值，第 3 列是 Blink 子字段的值，第 4 列和第 5 列是 EPROCESS 结构中 ActiveProcessLinks 字段后的内容，即 QuotaUsage（偏移量+0x090）和 QuotaPeak（+0x09c）字段的值。因为我们没有指定结构长度参数，所以 dl 命令使用默认值显示 4 个指针长度的值，或者说它默认链表节点的结构长度为 4 个指针长度。可以使用@@c++(sizeof(_EPROCESS)/sizeof(int *)) 来指定 EPROCESS 结构的长度。

从上面的结果我们还看到，因为 dl 命令假定 LIST_ENTRY 结构是定义在链表表项结构的头部的，所以它在显示完 LIST_ENTRY 结构后，会显示与其相邻地址的其他数据。但这种假设有时是不成立的，比如 EPROCESS 结构就把 LIST_ENTRY（ActiveProcessLinks 字段）定义在中间。对于这种情况，我们需要把 dl 命令显示的 ActiveProcessLinks 字段地址减去它的偏移量才能得到 EPROCESS 结构的地址。可见 dl 命令功能简单且比较有限。

30.16.5　!list 命令

也可以使用扩展命令!list 来遍历链表，显示链表的每个元素或者对其执行一组命令，!list 命令的格式如下。

```
!list -t [Module!]Type.Field -x "Commands" [-a "Arguments"] [Options] StartAddress
!list "-t [Module!]Type.Field -x \"Commands\" [-a \"Arguments\"] [Options] Start
Address"
```

例如，可以使用!list "-t _EPROCESS.ActiveProcessLinks.Flink -e -x \"dd @$extret l4; dt _EPROCESS @$extret -y Image\" poi(nt!PsInitialSystemProcess)"命令来枚举系统内的所有进程，显示出每个进程映像文件名称。

命令中的$extret 是!list 命令所定义的伪寄存器，用来代表当前链表节点的地址，上面的命令可以分解为如下几个部分。

（1）使用-t 开关指定的数据类型和它的链接字段。这里的数据类型是指链表所链接的那个数据结构，在本例中也就是 EPROCESS 结构，为了与它所包含的 LIST_ENTRY 结构相区别，我们将这个较大的数据结构称为外层结构（outer structure）。链接字段是供!list 命令寻找下一个元素的。外层结构和链接字段使用点相分隔，与编程语言中的表示很类似。这与 dt 命令将类型放在前面，然后使用-l 来指定链接字段不同。

（2）使用-x 来指定对每个节点所执行的命令，我们在上面的例子中指定的命令是 dd @$extret l4; dt _EPROCESS @$extret -y Image。

（3）使用-e 或者-m 来指定执行选项，-e 的含义是显示（echo）针对每个节点所执行的命令。

-m 加一个数字用来限制最多显示的节点数。

总结一下，dt、dl 和!list 3 个命令都可以遍历链表结构，dl 命令最简单，只需向其提供链表开头的地址。!list 命令最复杂，它可以对每个节点执行一组命令。!list 与 dt 命令的地址参数指定的都是外层结构的地址，而不是 LIST_ENTRY 结构的地址；而 dl 命令的地址参数必须是链接结构（LIST_ENTRY 或者 SINGLE_LIST_ENTRY）的地址。

〖 30.17 调用目标程序的函数 〗

本节将介绍如何使用 WinDBG 的.call 元命令来从调试器中调用被调试程序中的函数。我们通过一个示例来看这个命令的用法，然后再讨论它的工作原理。

30.17.1 调用示例

使用 WinDBG 打开 dbgee 程序（调试版本），当初始断点命中时，执行 bp wmain 对程序的主函数设置一个断点，当这个断点命中时，执行如下命令。

```
0:000> .call MSVCR80D!wprintf(argv[0])
```

因为 WinDBG 总是使用 C++表达式评估器来解析命令中的函数参数，所以这里我们使用了 C/C++的语法（argv[0]）来引用 dbgee 程序的命令行参数。发出以上命令后，WinDBG 提示如下信息。

```
Thread is set up for call, 'g' will execute.
WARNING: This can have serious side-effects,
including deadlocks and corruption of the debuggee.
```

第一行信息表示 WinDBG 已经为函数调用做好了准备，输入 g 命令将执行这个函数。因为在目标程序中执行要调用的函数，所以需要目标程序恢复执行后这个函数才能执行。后两行信息警告我们，这样调用目标程序中的函数可能有严重的副作用，包括导致被调试程序死锁和崩溃。通常我们应该只调用比较单纯的函数，这个函数不依赖太多其他函数，它执行完某个操作就立刻返回。

输入 g 命令来恢复目标运行，但 WinDBG 很快便又进入命令模式，并显示以下内容。

```
.call returns:
int 51
```

以上信息的含义是函数调用的返回值是整数 51（int 51）。同时，函数返回值还存放在伪寄存器$callret 中，可以使用 r 命令来观察。

```
0:000> r $callret
$callret=00000033
```

对于多线程程序，为了减小副作用，可以使用～. g 命令只恢复当前线程。

30.17.2 工作原理

简单来说，.call 命令采取的主要动作如下。

（1）在栈上插入一小段代码，这段代码用作要调用函数的父函数，让被调用函数执行后返回这段代码中。这段代码的内容就是中断指令，目的是让被调用函数返回后便立刻触发一个断点中断到调试器。

（2）在栈上建立一个新的栈帧模拟调用.call 参数中指定的函数，压入指定的参数和返回地址，返回地址的值就是上面那段代码的地址。

（3）修改寄存器，使程序指针寄存器指向要调用函数的起始地址，以便当前线程恢复执行后便执行这个函数。

对于上面的例子，在执行.call 命令前的函数调用关系如下。

```
00 0012ff68 00411ad6 dbgee!wmain [c:\dig\dbg\author\code\chap28\dbgee\dbgee.cpp @ 11]
01 0012ffb8 0041191d dbgee!__tmainCRTStartup+0x1a6 [f:\rtm\...\crtexe.c @ 583]
02 0012ffc0 7c816ff7 dbgee!wmainCRTStartup+0xd [f:\rtm\...\crtexe.c @ 403]
03 0012fff0 00000000 kernel32!BaseProcessStart+0x23
```

寄存器内容如下。

```
eax=003a5c20 ebx=7ffd4000 ecx=003a2e90 edx=00000001 esi=0125f774 edi=0125f6f2
eip=004113a0 esp=0012ff6c ebp=0012ffb8 iopl=0         nv up ei pl nz na po nc
cs=001b  ss=0023  ds=0023  es=0023  fs=003b  gs=0000         efl=00000202
dbgee!wmain:
004113a0 55              push    ebp
```

记下以上内容后，执行.call 命令，然后再观察栈中的函数调用情况。

```
00 0012ff5c 0012ff68 MSVCR80D!wprintf [f:\rtm\vctools\crt_bld\self_x86\crt\src\
wprintf.c @ 49]
WARNING: Frame IP not in any known module. Following frames may be wrong.
01 0012ffb8 0041191d 0x12ff68
02 0012ffc0 7c816ff7 dbgee!wmainCRTStartup+0xd [f:\rtm\...\crtexe.c @ 403]
03 0012fff0 00000000 kernel32!BaseProcessStart+0x23
```

可见，此时 WinDBG 已经模拟好了当前线程在执行 wprintf 函数的假象。第 3 行的警告信息是说 wprintf 函数的返回地址 0012ff68 不属于任何模块，这是因为这个返回地址是指向栈上那一小段代码的，当然不属于任何模块，执行 u 命令可以看到它的内容。

```
0:000> u 0012ff68
0012ff68 cc              int     3
0012ff69 ebfd            jmp     0012ff68
0012ff6b cc              int     3
0012ff6c d6              ???
0012ff6d 1a4100          sbb     al,byte ptr [ecx]……
```

从前面的寄存器信息我们知道执行.call 命令前的栈顶指针指向 0012ff6c，所以那一小段代码其实就是 0012ff68 到 0012ff6b 的 3 条指令（占 4 字节）。

此时的寄存器内容如下。

```
eax=003a5c20 ebx=7ffd4000 ecx=003a2e90 edx=00000001 esi=0125f774 edi=0125f6f2
eip=1029ed60 esp=0012ff60 ebp=0012ffb8 iopl=0         nv up ei pl nz na po nc
cs=001b  ss=0023  ds=0023  es=0023  fs=003b  gs=0000         efl=00000202
MSVCR80D!wprintf:
1029ed60 55              push    ebp
```

可见程序指针寄存器的值已经被修改为 1029ed60，即 wprintf 函数的地址，另外栈顶指针寄存器的值也变了，因为需要为 wprintf 函数压入返回地址和参数。使用 dd 显示栈上的原始数据。

```
0:000> dd 0012ff60
0012ff60   0012ff68 003a2e98 ccfdebcc 00411ad6
0012ff70   00000001 003a2e90 003a5c20 a87c6bd4
```

其中 0012ff68 是函数返回地址，即那一小段代码的地址，003a2e98 是参数 argv[0]，第 3 个

DWORD（ccfdebcc）就是那一小段代码的机器码，00411ad6 是 main 函数的返回地址，再后面是 main 函数的参数。

通过以上分析我们便很容易理解.call 命令的工作原理了，简单来说，WinDBG 就是在当前线程的栈上模拟出函数调用现场，将参数、返回地址和寄存器等准备好，然后恢复目标执行，目标线程恢复运行后便执行这个要调用的函数。

30.17.3 限制条件和常见错误

首先，.call 命令只能在调试用户态活动目标时使用，不能用在内核态调试和调试转储文件的情况下。其次，必须有被调用函数的私有符号，也就是包含类型信息的函数符号。如果对没有类型符号的函数执行.call 命令，那么 WinDBG 会提示错误。

```
0:000> .call dbgee!wprintf(argv[0])
                     ^ Symbol not a function in '.call dbgee!wprintf(argv[0])'
```

另外，每个线程一次只能调用一个函数，只有当这次调用结束后，才能再调用另一个，否则便会得到如下错误。

```
0:000> .call MSVCR80D!wprintf(argv[0])
            ^ Thread already has call in progress error in '.call MSVCR80D!wprintf
(argv[0])'
```

但可以使用.call /C 来清除当前线程中的函数调用。

〖 30.18 命令程序 〗

类似于 DOS 或 Windows 控制台中的批处理命令文件和脚本文件，WinDBG 也支持把一系列调试器命令放在一个文件中，然后以文件的形式提交给调试器来执行，这样的文件称为调试器命令程序（debugger command program），简称命令程序。在命令程序中，除了可以使用WinDBG 的标准命令、元命令和扩展命令，还可以使用专门用来控制执行流程的流程控制符号，使用别名和各种伪寄存器来充当变量，下面我们分别来介绍。

30.18.1 流程控制符号

模仿 C/C++语言中的流程控制关键字，WinDBG 定义了一系列元命令和扩展命令来实现流程控制，统称为流程控制符号（control flow token），列举如下。

（1）用作分支和判断的.if、.else 和.elseif。

（2）用作循环的.do、.while、!for_each_module、!for_each_frame 和!for_each_local，以及用在循环体中的.break 和.continue。

（3）捕捉异常的.catch 和从.catch 块中退出的.leave。

（4）定义代码块的.block。因为大括号（{}）已经在别名和很多命令中有用途，所以不可以单独使用大括号来定义代码块。

以上符号的用法大多与 C/C++语言中的同名关键字类似，我们不做详细说明，稍后我们会通过几个例子来演示它们的用法。

30.18.2 变量

编写程序总离不开变量，在 WinDBG 命令程序中可以使用如下几种变量。

（1）自动的伪寄存器，即 WinDBG 调试器内部已经定义好的模拟寄存器，比如$peb、$ip 等。这些寄存器不需要定义和初始化，可以直接使用，WinDBG 会自动将它们替换为合适的值。

（2）用户赋值的伪寄存器，共有 20 个，$t0～$t19。这些伪寄存器的默认类型是整数。可以使用 r 命令为其赋值，但也可以使用 r?命令让其自动获取所赋参数的类型。比如 r $t1 = 7 将$t1 赋值为整数 7；r? $t2 = &@$peb->Ldr 让$t2 获取 Ldr 字段的类型_PEB_LDR_DATA，&符号用来取地址，含义与 C++中相同，如果有&符号，那么$t2 的值为 Ldr 字段的内存地址。举例来说，如果 PEB 结构的地址为 7ffdf000，那么$t2 的值为 7ffdf00c，因为 Ldr 字段的偏移量为 0xC，如果不带&符号，那么$t2 的值就是 Ldr 字段的内容。

（3）用户定义的别名，可以通过 as 命令来定义别名，然后使用，不用时使用 ad 命令删除。

（4）自动别名，如$ntsym、$CurrentDumpFile 等。

（5）固定名称的别名，共有 10 个，分别为$u0～$u9。定义固定名称别名的等价量时应该在 u 前加一个点（.），如 r $.u5="dd esp; g"。

如果使用的表达式评估器为 MASM，那么引用伪寄存器的方法有两种，一种是在$符号前加@符号，另一种是不加@符号，但如果使用 C++表达式评估器，那么一定要加@符号。引用（解释）别名的典型方式是使用${}。

30.18.3 命令程序示例

下面通过一个例子来说明命令程序的编写方法。清单 30-22 列出了一个典型的命令程序，它可以按照加载顺序列出当前进程中的所有模块。

清单 30-22　命令程序示例

```
1     $$ 获取模块列表的头节点，存入$t0
2     r? $t0 = &@$peb->Ldr->InLoadOrderModuleList
3
4     $$ 遍历列表中所有节点
5     .for (r? $t1 = *(ntdll!_LDR_DATA_TABLE_ENTRY**)@$t0;
6          (@$t1 != 0) & (@$t1 != $t0);
7          r? $t1 = (ntdll!_LDR_DATA_TABLE_ENTRY*)@$t1->InLoadOrderLinks.Flink)
8     {
9         $$ 获取基地址，并存入$Base
10        as /x ${/v:$Base} @@c++(@$t1->DllBase)
11
12        $$ 获取模块的全名并存入$Mod
13        as /msu ${/v:$Mod} @@c++(&@$t1->FullDllName)
14
15        .block
16        {
17            .echo ${$Mod} at ${$Base}
18        }
19
20        ad ${/v:$Base}
21        ad ${/v:$Mod}
22    }
```

在以上清单中，第 1、4、9、12 行都是注释行，尽管*也可以作为一个注释行的开始，但是在命令程序中通常需要使用$$，其原因是命令程序执行时会自动合并为一行，换行符被替换为分号，而*注释符注释整行，$$注释到分号为止。

第 2 行把当前进程 _PEB 结构（使用伪寄存器$peb 代表）的 Ldr 子结构的 InLoadOrderModuleList 字段的地址赋给$t0 伪寄存器，并使之自动获得 InLoadOrderModuleList 字段的类型_LIST_ENTRY。

第5～7行开始一个 for 循环，与 C++中的 for 语句类似，第5行给循环变量（伪寄存器$t1）赋初值，也就是让 $t1 等于 $t0 所代表地址处的值，并且把这个内容转换为 ntdll!_LDR_DATA_TABLE_ENTRY*结构。第 6 行是循环条件，即 Flink 的值（$t1）不为空，并且 Flink 不等于$t0 所代表的起始节点地址，这是遍历链表的典型判断方法。第7行更新循环变量，为下一轮循环做准备。

第8～22 行是循环体，用于显示$t1 所指向的_LDR_DATA_TABLE_ENTRY 结构的内容。

第 10 行是定义一个用户命名的别名$Base，用其表示模块的基地址。其中的@@c++用来强制使用 C++表达式评估器，/x 是使这个别名取后面表达式的 64 位值，/v 用来阻止别名替换，不管其是否已经定义，因为此时尚在定义别名的阶段，省略亦可，加上更稳妥。

第 13 行定义另一个别名 Mod，使其值等于 FullDllName 字段的地址。其中的/msu 用来使别名 Mod 等价于后面地址处的 UNICODE_STRING，因为它要求后面是一个地址，所以小括号中的取地址符号&不能省略，否则便会产生如下错误。

```
0:000> as /msu ${/v:$Mod} @@c++(@$t1->FullDllName)
Type conflict error at '@@c++(@$t1->FullDllName)'
```

第15～18 行定义一个块，尽管其中只有一行命令，这个块定义仍是必要的，它起到的作用是强制评估块中的所有别名。第 17 行用.echo 命令显示别名$Mod 和$Base 的值。第 20 和 21 行删除别名定义，然后开始下一轮循环。

30.18.4 执行命令程序

将清单 30-22 所示的内容保存为一个文件，然后便可以在 WinDBG 中通过如下命令来执行它。

```
$><c:\dig\dbg\author\code\chap30\lm.dbg
```

以下是在调试 dbgee 程序的会话中的执行结果。

```
C:\dig\dbg\author\code\chap28\dbgee\Debug\dbgee.exe at 0x400000
C:\WINDOWS\system32\ntdll.dll at 0x7c900000
C:\WINDOWS\system32\kernel32.dll at 0x7c800000
C:\WINDOWS\WinSxS\x86_Microsoft.VC80...-ww_f75eb16c\MSVCR80D.dll at 0x10200000
C:\WINDOWS\system32\msvcrt.dll at 0x77c10000
```

$><的含义是让 WinDBG 读取后面的文件，并将其中的内容浓缩成一个命令，然后执行，浓缩时，WinDBG 会自动把换行符替换为分号。

如果不希望 WinDBG 进行浓缩处理，那么可以将$><换为$>，这样 WinDBG 每次从文件中读取一行，然后执行。对于我们上面的 lm.dbg 文件，这样执行到第 5 行时由于这一行并没有包含完整的.for 命令，便会出错。

也可以使用$$><或者$$<来执行一个命令文件，它们与$><和$<的差异就是允许文件名前有空格，并允许使用双引号包围文件名。

如果要为命令文件指定参数，那么可以使用如下形式。

```
$$>a< Filename arg1 arg2 arg3 ... argn
```

另外，在命令程序中可以像使用别名那样使用参数，比如$\{\$arg1\}$。

『 30.19　本章总结 』

本章比较详细地介绍了 WinDBG 调试器的用法，覆盖了常用的功能和命令。WinDBG 是个多用途的调试器，因为篇幅有限，我们没有按照调试目标分别介绍 WinDBG 的每一种用途，而是集中精力介绍了普遍适用于大多数调试任务的一般知识和要领。

WinDBG 的帮助文件是学习 WinDBG 的一个宝贵资源，它详细介绍了 WinDBG 的所有功能和命令。本章的目的是帮助大家更好地使用帮助文件，弥补帮助文件的不足，而不是替代它。首先，本章对数百万字的帮助信息进行了归纳和浓缩，使读者可以在较短的时间内了解到 WinDBG 的全貌。另外，我们选取了帮助文件中介绍较少或较难理解的内容，比如遍历链表（30.16 节）、事件处理（30.9 节）和理解上下文（30.7 节）等。建议大家在阅读本章和日常调试时经常打开帮助文件，慢慢加深对每个命令和功能的理解。

除了 WinDBG 的帮助文件，WinDBG 工具包中还包含以下几个文档。

（1）kernel_debugging_tutorial.doc：位于 WinDBG 的根目录中，详细介绍了如何使用 WinDBG 进行内核调试。

（2）symhttp.doc：位于 symproxy 子目录中，介绍了如何建立符号服务器。

（3）srcsrv.doc：位于 sdk\srcsrv 子目录中，详细介绍了源文件服务器的概况和如何建立与配置源文件服务器。

（4）dml.doc：位于 WinDBG 的根目录中，介绍了 DML（Debugger Markup Language）的用途和编写方法。DML 是一种标记语言，用于标记 WinDBG 或扩展命令的信息输出。

（5）themes.doc：位于 themes 目录中，介绍了主题（theme）的概念（一个主题代表一套特定风格的界面布局和工作空间配置）和如何加载及使用该目录中的 4 套主题配置。

（6）tools.doc：位于 WinDBG 的根目录中，介绍了 WinDBG 附带的 PDBCopy 和 dbh（DbgHelp Shell）两个命令行工具的用法，前者主要用来复制调试符号，后者用来调用调试辅助库（DbgHelp.dll）的各种功能，包括处理模块和调试符号。

（7）pooltag.txt：位于 triage 目录中，包含了 Windows 内核模块和驱动程序所使用的内存分配标记。在启用了 Windows 操作系统的内存池标记（pool tagging）功能后（Windows Server 2003 开始永久启用，之前的 Windows 系统需要用 GFlags 来启用），系统会为每个内存块维护一个分配标记来标识它的使用者。用于显示内存池使用情况的扩展命令!poolused 就是使用这个文件来查找每个分配标记所对应模块的。

参 考 资 料

[1]　Debugging Tools for Windows 帮助手册. Microsoft Corporation.

[2]　WinDBG SDK 中的 Debug Help Library 文档（\sdk\help\dbghelp.chm）. Microsoft Corporation.

◀ 附录 A 示例程序列表 ▶

程序名称	说　　　明	对应章节
Err2Fail.exe	演示在特定条件下才表现出来的错误	1.6.1*
AccKernel.exe	从用户空间访问内核空间	2.5.2*
AcsVio.exe	写代码段导致非法访问异常	2.5*
ProtSeg.exe	应用程序代码不可以直接修改段寄存器	2.5*
Fault.exe	使用结构化异常处理器处理除零异常后恢复程序运行	3.3.3*
B2BStep.exe	分支到分支单步执行	4.3.4*
HiInt3.exe	在代码中插入断点指令	4.1.1*
DataBP.exe	手工设置数据断点	4.2.8*
TryInt1.exe	在用户态代码中插入 INT 1 指令会违反保护规则	4.3.1*
CpuWhere.exe	使用 CPU 的调试存储机制记录 CPU 的执行路线	5.4*
Bts.sys	支持 CpuWhere 的驱动程序	5.4*
LBR.dll	使用分支记录功能的 WinDBG 扩展模块	5.2.3*
McaViewer.exe	读取 MCA 寄存器	6.3.2*
Breakout.exe	试验应用程序自己调用 DbgUiRemoteBreakin 的效果	10.6.4
DebString	用于验证 OutputDebugString API 的工作原理	10.7
EvtFilter.exe	用于试验 VC 调试器的异常处理选项	10.5.5
HungWnd.exe	用于观察被中断到调试器后的程序窗口	10.6.9
MiniDbgee.exe	用作调试目标的简单 Win32 程序	10.4.2
TinyDbge.exe	用作调试目标的简单控制台程序	10.4.2
TinyDbgr.exe	使用调试 API 编写的简单调试器	10.4.2
SEH_Excp.exe	探索 SHE 机制的异常处理	11.4.3
SEH_Trmt.exe	探索 SHE 机制的终结处理	11.4.2
SEH_Mix.exe	嵌套使用 SEH 的异常处理和终结处理	11.4.6
VEH.exe	演示向量化异常处理器的用法	11.5.3
JitDbgr.exe	一个简单的 JIT 调试器	12.5.3
UdmpView.exe	读取和解析用户态转储文件	12.9.4
UEF.exe	触发未处理异常的控制台程序	12.1
UefWin32.exe	触发未处理异常的窗口程序	12.1
UefSndThrd.exe	在第二个线程中触发未处理异常的控制台程序	12.1
UefSrvc.exe	触发未处理异常的系统服务程序	12.1
UefCSharp.exe	触发未处理异常的.NET 程序	12.1

程序名称	说　　明	对应章节
UefSilent.exe	不显示"应用程序错误"对话框	12.4
ErrorMode.exe	观察 SetErrorMode API 的效果	13.6.1
HiCLFS.exe	使用 CLFS API 创建日志文件和读写日志记录	15.6
Crimson.exe	演示 Crimson API 的用法	16.9
ETW.exe	演示使用编程方法控制 NT Kernel Logger	16.7.2
RawLog.exe	不使用清单文件而直接输出日志信息	16.9
KdTalker.exe	与内核调试引擎的对话程序	18.5.7
Verifiee.exe	探索程序验证器的分析目标	19.4.1
AllcStk.exe	演示栈的创建过程和栈溢出	22.2.3
BoAttack.exe	缓冲区溢出攻击的基本原理	22.10.2
BufOvr.exe	存在缓冲区溢出错误的小程序	22.10.1
CallConv.exe	包含各种函数调用协议的小程序	22.7
CallCV64.exe	演示 64 位 Windows 系统下的函数调用协议	22.7.6
CheckESP.exe	不遵守栈平衡原则的小程序	22.6
HiStack.exe	用于观察栈的小程序	22.3.3
LocalVar.exe	用于观察局部变量的小程序	22.4.1
SecChk.exe	演示编译器的安全检查功能	22.11
StackChk.exe	演示栈检查函数的工作原理	22.8.3
StackOver.exe	通过死循环导致栈溢出的小程序	22.8.2
StkUFlow.exe	存在栈下溢错误的小程序	22.9
MemLeak.exe	使用 CRT 的调试支持自动转储内存泄漏	23.15
FreCheck.exe	用于分析释放堆块时触发的堆检查	23.8.3
HeapHFC	演示 Win32 堆的释放检查机制	23.6.2
HeapMfc	演示内存泄漏的 MFC 程序	23.7
HeapOver	演示发生在堆上的缓冲区溢出	23.8
HiHeap.exe	用来分析基本内存分配和释放操作的控制台程序	23.3
SBHeap.exe	使用 CRT 的小堆块	23.11.2
Interop.exe	用于分析在同一个程序中使用两种异常处理机制	24.7
SehComp.exe	用于分析 SEH 编译方法的调试目标	24.5.2
SehRaw.exe	手工注册异常处理器	24.4.1
VC8Win32.exe	用于分析异常处理有关的安全问题	24.6
HiWorld.exe	VC2005 产生的典型 Windows 程序	25.4.1
PdbFairy.exe	直接读取 PDB 文件的小程序	25.6.5
Sig2Time.exe	将 PDB 文件中的时间戳转换为时间	25.8
SymOption.exe	试验不同的符号文件选项	25.2

续表

程序名称	说　　明	对应章节
SymView.exe	符号文件观察器	25.6.8
D4D.dll	演示可调试设计的 DLL 模块	15.4*
D4dTest.exe	使用 D4D.dll 的测试程序	15.4*
PerfView.exe	演示性能监视程序的工作原理	15.5.3*
MulThrds.exe	用于演示线程控制命令的调试目标	30.13.1

注：凡标注*的章节号指卷 1 内容，没有标注的为本卷内容。

附录 B　WinDBG 标准命令列表

	命　令	功　能	对应章节
A	a	汇编	—
	ad, aS/as, al	删除、定义和列出别名	30.4.3 节
	ah	控制断言处理方式	—
B	ba	设置硬件断点	30.12.2 节
	bp, bu, bm	设置软件断点	30.12.1 节
	bl, be, bd, bc, br	管理断点	30.12.6 节
C	c	比较内存	—
D	da, db, dc, dd, dD, df, dq, du, dw, dW, dyb, dyd	显示内存，d 后的字符用来指示显示格式，a 代表 ASCII 码，b 代表字节，c 代表 ASCII 码和数字，d 代表双字，D 代表双精度浮点，f 代表单精度浮点，w 代表字，W 代表字和 ASCII 码，y 代表二进制	30.15.1 节
	dda, ddp, ddu, dpa, dpu, dpp, dqa, dqp, dqu	显示被引用的内存	—
	dds, dps, dqs	显示内存和符号	—
	dg	显示段选择子	2.6.4 节*
	dl	显示链表	30.16.4 节
	dv	显示局部变量	30.14.2 节
	ds, dS	显示 STRING、ANSI_STRING 或者 UNICODE_ STRING 类型的结构	30.15.2 节
	dt	显示数据类型	30.15.3 节
E	e, ea, eb, ed, eD, ef, ep, eq, eu, ew, eza, ezu	编辑内存	30.15.5 节
F	f, fp	填充内存区，fp 用来填充物理内存	—
G	g, gc, gh, gn, gu	恢复执行	30.10.3 节
I	ib, iw, id	读 I/O 端口	—
J	j	根据指定条件选择执行一组命令，Execute If - Else	30.4.5 节
K	k, kb, kd, kp, kP, kv	显示栈回溯	30.14.1 节
L	l+, l-	设置源文件选项	—
	ld	加载调试符号	30.8.4 节
	ls, lsa	显示源代码	—
	Lm	显示已经加载的模块	30.8.5 节
	ln	显示相邻的符号	30.8.7 节
	lsf, lsc	加载和显示源文件	—
M	m	移动内存	—
N	n	设置数字基数	30.4.1 节
O	ob/ow/od	写 I/O 端口	—
P	p, pa, pc, pt	单步执行	30.11 节
Q	q, qq, qd	退出调试会话	30.6 节

续表

	命　　令	功　　能	对应章节
R	r	读写寄存器	30.7.3 节
	rdmsr	读 MSR	—
	rm	设置寄存器显示掩码	—
S	s	搜索内存	30.15.4 节
	so	设置内核调试选项	—
	sq	设置静默模式	—
	ss	设置符号后缀	—
	sx, sxd, sxe, sxi, sxn, sxr	设置调试事件处理方式	30.9.3 节
T	t, ta, tb, tc, tct, th, tt	追踪执行	30.11 节
U	u, ub, uf, ur, ux	反汇编	—
V	version	显示调试器和扩展模块的版本信息	—
	vertarget	调试目标所在系统的版本信息	—
W	wrmsr	写 MSR	—
	wt	追踪执行	30.11.5 节
X	x	显示调试符号	30.8.6 节
Z	z	循环执行，即 Execute While	30.4.5 节
‖		显示调试目标所在的系统信息	—
|	|, |<n> s	显示和切换被调试进程，<n>是进程编号	—
	|#,|.,|<n>	放在命令前限定这个命令所针对的进程	30.4.6 节
~	~, ~#s	显示和切换被调试线程，<n>是线程编号	—
	~<n>f, ~<n>u, ~<n>n, ~<n>m	控制线程，<n>是线程编号	30.13.2 节
	~<n>	放在命令前限定这个命令所针对的线程	30.4.6 节
?		显示标准命令列表	30.2.1 节
	? <MASM 表达式>	评估使用 MASM 语法的表达式	30.4.2 节
	??	评估 C++表达式	30.4.2 节
$		执行命令程序	30.4.2 节
$$		注释	30.4.2 节
!		所有扩展命令的起始符号	30.2.3 节
.		所有元命令的起始符号	30.2.2 节

注：凡标注*的章节号指卷 1 内容，没有标注的为本卷内容。

◀◀ 附录 C NT 内核部件缩写列表 ▶▶

缩写	描述
Adt	高级发布工具包（Advanced Deployment Toolkit）
Alpc	高级本地过程调用，参见第 5 章
Arb	资源仲裁
Asl	ACPI 源程序语言（ACPI Source Language）
Bcd	启动配置数据
BCrypt	启动阶段的密码学支持函数
Bg	基本的图形支持，用于启动和蓝屏时显示
Bi	负责引导（boot）功能的内部组件
Bvga	基本的 VGA 显示函数
Cc	文件缓存管理器
Cm	配置管理，即注册表
Dbg	调试支持
Dbgk	用于支持用户空间调试的内核函数，参阅第 9 章
DrvDb	驱动信息数据库
Efi	扩展固件接口
Etw	Windows 系统的事件追踪（Event Trace for Windows），参阅第 16 章
Ex	执行体公共函数
Fs	文件系统
Hv	HyperV 虚拟机监视器工作函数
Inbv	基本的显示函数，用于启动和蓝屏时显示
Io	输入/输出管理器
Kd	内核调试引擎，见第 18 章
Ke	NT 内核的核心部分
Ki	NT 内核核心部分的内部函数
Kse	内核垫片引擎，参阅第 6 章
Ldr	镜像文件加载器（loader）
Lpc	本地过程调用，参阅第 5 章
Mi	内存管理器内部函数
Mm	内存管理器
Nls	多语言支持
Nt	系统服务函数

缩写	描述
Ob	对象管理器
Pcw	性能计数器
Pf	电能管理内部函数
Pi	即插即用（Plug and Play）管理器内部函数
Pnp	即插即用管理器
Po	电能管理
Ppm	CPU 电能管理
Ps	进程管理器
Rtl	运行时库函数
Sdb	垫片数据库，参阅第 6 章
Se	安全管理
Sm	存储管理器（Store Manager），在内存空间中模拟存储空间，主要供内存压缩技术使用
Tm	事务管理器（Transaction Manager）
Verifier	驱动程序验证器，参阅第 19 章
Vf	验证器工作函数
Vi	驱动程序验证器内部函数，参阅第 19 章
Vm	虚拟内存管理
Vsl	基于虚拟化的安全
Wdi	Windows 诊断基础设施
Whea	Windows 硬件错误架构，参阅第 17 章
Wmi	Windows 管理接口
Zw	NT 内核的服务函数

◀ 持之若痴——代跋 ▶

2005 年 6 月 12 日，乔布斯（Steve Jobs，1955—2011）出席斯坦福大学的毕业典礼，并做了大约 15 分钟的演讲。在这次著名的演讲中，乔布斯讲了他人生中的 3 个重大事件：第一个是他从大学辍学，第二个是他被迫离开自己创建的苹果公司，第三个是他在前一年里被查出癌症。结合这 3 个重大事件，乔布斯分享了他的人生哲学。其中，他反复强调的一个词汇就是热爱。"我坚信唯一使我一直走下去的，就是我热爱我所做的事情。你必须找到你所爱的东西。这不仅对于恋爱是真理，对于工作也是如此。你的工作会在你的生命中占据大部分时间。让你真正感到满足的唯一方法就是要做你认为伟大的工作。而要做伟大工作的唯一方法就是要热爱你所做的。如果你现在还没有找到，那么继续寻找，不要停止。"

结束演讲时，乔布斯送给学生们两句非常简单却意味深长的话："Stay hungry. Stay foolish."。对于这两句话，不同人可能有不同的理解。中文的翻译方法也有很多种，比如，"求知若饥，虚心若愚。"放下第一句不谈，对于第二句，我觉得这里的 foolish 与中文的"痴"字意思很近。

在英文中，foolish 的本意就是"傻"，这也正是"痴"字的基本含义。在《现代汉语词典》中，痴的第一个含义就是"傻，愚笨"。《现代汉语词典》为"痴"字列出的第二个含义是"极度迷恋"。这刚好与乔布斯在演讲中说了 11 次的"love"（爱）一致。

1936 年，林语堂（1895—1976）告别上海，到美国生活（参见卷 1 之跋语）。到了美国后，非常热爱生活的林语堂很快找到了一项既有趣又别致的活动，那就是到大海里钓鱼。

在等待鱼儿上钩的时候，林语堂一边欣赏海上的风景，一边张开想象的翅膀，思接千载。他思考苏东坡是否钓过鱼，思考陆游是否钓过鱼，思考的结论是他们都不曾钓鱼，原因是像苏东坡和陆游那么爱写诗的人，如果钓过鱼，那么一定有诗记录。他继续思考古代的文人和士大夫为何不钓鱼，得到的结论是他们认为自己的身份不该做钓鱼那样的体力活，"文人不出汗，出汗非文人"。

林语堂把这些思考写了下来，这便是著名的散文《记纽约钓鱼》。"纽约处大西洋之滨，鱼很多，钓鱼为乐的人亦自不少。长岛上便有羊头坞，几十条渔船，专载搭客赴大西洋附近各处钓鱼。"

"记得一晚，是九月初，蓝鱼已少，但特别大。我与小女相如夜钓，晨四点回家，带了两条大鱼，一条装一布袋，长三尺余，看来像两把洋伞，惊醒了我内人。"

多么生动的描写啊！除了优美的叙事，在这篇散文里，林语堂还提出了一个鲜明的论点，这便是著名的林氏名言："人生必有痴，而后有成。"

林语堂从钓鱼想到痴，因为他爱上了这个活动，经常这么做，以此为乐。不过，钓鱼只能算是一种休闲活动，与乔布斯所说的能让人实现满足感的工作是不同的。林语堂或许意识到了这一点，在文中特别解释道："痴各不同，或痴于财，或痴于禄，或痴于情，或痴于渔。各行其是，皆无不可。"

或许，把对钓鱼的"痴"换成另一个汉字"癖"更合适。"癖"字的结构与痴很类似，都带

"病"字旁，也是常常贬义的，类似的字还有"疵"，即瑕疵的疵。关于"癖"和"疵"，明末清初的著名学者张岱（1597—1679）有一句名言："人无癖不可与交，以其无深情也。人无疵不可与交，以其无真气也。"

在张岱看来，人有癖才会有深情，有疵才会有真气。仔细体味，特别是结合生活中或者历史上的人思考一下，便觉得更加贴切。

如果把钓鱼这样的癖好算作小痴的话，那么乔布斯所说的对伟大工作的不懈追求则可谓"大痴"。除了有深情和有真气外，要做到"大痴"还必须有耐力，坚韧不拔，有恒心和毅力。以《富春山居图》著称的元代大画家黄公望很喜欢用的一个别号便叫大痴。他创作《富春山居图》时，已经年近八十，用了几年时间才画成。

林语堂痴于钓鱼，因为他和他之前那些代的文人很难把兴趣和工作合二为一。感谢计算机先驱们的努力，让我们能以软件为生。根据笔者 20 多年来的经验，要把软件做好，也需要有一颗痴心。要写出优秀的代码需要有真气，要和团队协作一起开发出好的产品需要有深情，要解决复杂的问题需要有毅力。年轻人要做到这三点，则需要长时间的修炼。如何才能长期修炼而又保持热情呢？

《论语》里给出的答案是"知之者不如好之者，好之者不如乐之者"。有人把它看作学习的三层境界——知、好、乐。其实不仅学习如此，工作也是如此。做学问如此，做软件也是如此。

如何能沿着孔子说的"知、好、乐"三层境界不断提升呢？南宋的著名理学家张栻（1133—1180）为我们准备了一个很好的回答："知而不能好，则是知之未至也；好之而未及于乐，则是好之未至也。"

张栻话中的"至"代表一种程度。简单解释上面这句话，就是说不能从第一层境界"知"升级到第二层"好"境界的原因是知道的知识还不够多，不能从第二层境界"好"升级到第三层境界"乐"的原因是喜好和热爱的程度还不够。

那么如何才能推进"知"的数量和"好"的程度呢？华罗庚引用了韩愈的"书山有路勤为径，学海无涯苦作舟"。朱熹的回答是"格物"，今日格一物，明日格一物，日积月累便会融会贯通。以在荒漠中隐居著称的圣安东尼（St. Anthony，约 251—356）教父的回答是"苦修"。乔布斯给出的建议是"Stay foolish"，笔者提议把它翻译为"持之若痴"。

《软件调试》第 1 版出版 12 年后，第 2 版之卷 2 即将付印，略缀数语于书后，与亲爱的读者共勉，并向本卷的编辑团队陈冀康、吴晋瑜和谢晓芳致敬。

张银奎
2020 年 7 月 5 日
于上海